基于可持续的超高层建筑全专业参考手册

The Tall Buildings Reference Book

[英] 戴夫 · 帕克（Dave Parker）　[美] 安东尼 · 伍德（Antony Wood）　编著

高庆龙　郑　勇　南艳丽　罗臣佑　李越洋　译

罗　隽　校

中国建筑工业出版社

著作权合同登记图字：01-2023-5070 号
图书在版编目（CIP）数据

基于可持续的超高层建筑全专业参考手册 /（英）戴夫·帕克（Dave Parker），（美）安东尼·伍德（Antony Wood）编著；高庆龙等译．—北京：中国建筑工业出版社，2023.6
书名原文：The Tall Buildings Reference Book
ISBN 978-7-112-28228-9

Ⅰ.①基… Ⅱ.①戴… ②安… ③高… Ⅲ.①高层建筑—建筑设计—手册 Ⅳ.① TU972-62

中国版本图书馆 CIP 数据核字（2022）第 231739 号

The Tall Buildings Reference Book/Edited by Dave Parker and Antony Wood
ISBN: 978-0-415-78041-4

责任编辑：毋婷娴　戚琳琳
责任校对：王　烨

基于可持续的超高层建筑全专业参考手册
The Tall Buildings Reference Book
[英] 戴夫·帕克（Dave Parker）　[美] 安东尼·伍德（Antony Wood）　编著
高庆龙　郑　勇　南艳丽　罗臣佑　李越洋　译
罗　隽　校
*
中国建筑工业出版社出版、发行（北京海淀三里河路 9 号）
各地新华书店、建筑书店经销
北京雅盈中佳图文设计公司制版
河北鹏润印刷有限公司印刷
*
开本：880 毫米 × 1230 毫米　1/16　印张：$30^1/_2$　字数：846 千字
2023 年 12 月第一版　2023 年 12 月第一次印刷
定价：**99.00** 元
ISBN 978-7-112-28228-9
（40687）

超高层建筑在世界各地的城市天际线中总是占据最为显眼的位置，高层建筑已成为显示城市可持续发展活力的重要表现形式。高层建筑几乎涵盖了居住建筑、公共建筑及商住建筑，高楼林立已经成为国际大都市的重要标志。

本书几乎涵盖了高层建筑的所有问题，包括从项目招标投标、设计、施工过程、新技术应用以及高层建筑对城市环境的影响等方面。案例研究部分重点介绍了当今新建或具创新性、环保性和设计灵感的高层建筑。本书由 50 多位高层建筑各方面专家共同完成，期望为建筑师、工程师和开发商提供丰富信息和灵感。

戴夫·帕克（Dave Parker）曾担任《新土木工程师》杂志的技术编辑长达 12 年，2006 年 5 月离职后成为一名自由撰稿人和记者。他的兴趣包括微型发电技术和结构安全，他成功地在英国发起了结构安全保密报告计划（CROSS，The confidential reporting scheme on structural safety）。

安东尼·伍德（Antony Wood）是高层建筑和都市人居学会的执行主任，伊利诺伊理工学院建筑学院的副教授。他的专业方向是高层建筑的可持续设计。他在博士阶段，研究了高层建筑之间天桥连接等多学科问题。

目 录

编著者介绍

汤姆·阿克斯特莱姆（Tom Akerstream）拥有30多年的能源管理经验，是马尼托巴水电局大楼的能源顾问，负责确保马尼托巴水电站成为北美最节能和可持续发展的办公大楼。他因在能源效率和可持续性方面的工作而被加拿大标准协会（CSA）授予了著名的功勋奖章（Award of Merit）。

沃伦·亚历山大·派伊（Warren Alexander Pye）是高级项目经理，也是梅斯（Mace）施工管理团队的核心成员。他曾在伦敦桥塔（London Bridge Tower）的夏德大厦工作过三年，并在一些项目管理、施工管理和施工前报建方面积累了经验，其中具有在伦敦金丝雀码头（Canary Wharf）两年的施工经验。

杰森·D.艾弗里尔（Jason D.Averill）是美国国家标准与技术研究院（NIST，America National Institute of Standards and Technology）工程实验室工程消防安全小组的组长，该实验室位于马里兰州盖瑟斯堡。自1998年加入NIST以来，艾弗里尔先生一直致力于通过将数值模拟与火灾实验相结合，从实验到现场测试研究火灾对居住者和急救者的伤害进行定量评估。

克莱德·N.贝克（Clyde N. Baker）是艾奕康公司（AECOM）的高级首席工程师。获得了弗吉尼亚州威廉玛丽学院物理学士学位，麻省理工学院土木工程学士和硕士学位。在2010年之前，担任了芝加哥大部分高层建筑的岩土工程师或顾问，以及世界上11座最高建筑中的6座，包括吉隆坡双子星塔、台北101和迪拜塔（Burj Khalifa）。

威廉·福·贝克（William F. Baker）是SOM的结构工程合伙人。在整个职业生涯中，他一直致力于高层建筑的结构创新，最引人瞩目的是为迪拜塔开发“扶壁核心”结构系统，该塔是目前世界上最高的人造结构。他是2008年“法兹勒·汗终身成就奖”奖章的获得者。

莎拉·比尔兹利（Sara Beardsley）是阿德里安·史密斯和戈登·吉尔建筑事务所（AS+GG）的高级建筑师，该事务所专门从事高性能超高层建筑。她为世界各地的高层建筑项目做出了贡献，包括提议对韩国首尔的110层威利斯大厦和韩国经济人联合会（FKI）总部进行现代化改造，并就改善现有高层建筑的能源性能进行了广泛的演讲。

杰弗里·博伊尔（Jeffrey Boyer）是富力伯有限责任公司（Flippr LLC）的创始人，也是AS+GG清洁技术集团的前负责人，此前他参与了HOK建筑师事务所和美国绿色建筑委员会的海地项目。杰弗里横向整合的整栋建筑设计经验挑战了传统的分类，从先进的系统能源建模和环境物理分析到国际上可再生能源和现场发电的宏观经济研究。他创建的富力伯公司是一个非常先进的制造中心，将设计师、制造商和消费者聚集在一起，进行“逆向拍卖”[①]式招标，以显著节约成本和能源。

鲍勃·B.布伦南（Bob B.Brennan）是马尼托巴水电公司的前任总裁兼首席执行官。作为一名注册会计师，他在电力行业有着广泛而多样化的背景。马

① 译者注：逆向拍卖是一种有一位买方和许多潜在卖方的拍卖形式。

尼托巴特许会计师协会选举鲍勃为特许会计师协会（FCA）会员。

比尔·布朗宁（Bill Browning）是亮绿龟公司（Terrapin Bright Green）的合伙人，绿色建筑和房地产行业最重要的思想家和策略师之一。他的专业知识已被世界500强企业、一流大学、非营利组织、美国军方和外国政府等众多组织所发掘。他的客户项目包括迪斯尼香港、卢卡斯莱特曼数字中心（Lucasfilm's Letterman Digital Center）、白宫的绿化、悉尼2000奥运会运动员村以及马来西亚吉隆坡的118层高塔。他还是美国绿色建筑委员会的董事会成员。

约瑟夫·伯恩斯（Joseph Burns）既是一名工程师，也是一名建筑师，他在建筑设计、调查和翻修方面有30多年的经验。他擅长复杂结构系统的设计，包括地震工程和动力分析。

里克·库克（Rick Cook）是库克福克斯建筑师事务所（COOKFOX Architects）和亮绿龟公司的创始合伙人，这家公司致力于创造环境友好的高性能建筑，包括LEED白金美国银行大厦（曾获CTBUH 2010年美国最佳高层建筑奖）。在过去的25年里，作为一名纽约市建筑师，他以创新、获奖的建筑设计而闻名。2006年，里克和鲍勃·福克斯与比尔·布朗宁和克里斯·加文共同成立了亮绿龟有限公司，一家致力于通过公共和企业政策、环境绩效战略和绿色发展改善人类环境的环境咨询公司。

罗杰·库特内（Roger Courtenay）是艾奕康华盛顿特区办事处的一名校长和副总裁。他的工作重点是可持续的公共设计，包括历史和文化景观和设施、博物馆和纪念馆，以及公共和私人城市领域，包括智能街道和公园、使领馆、公园和开放空间，以及大规模商业城市设计。

史蒂夫·埃吉特（Steve Edgett）是埃吉特·威廉姆斯咨询集团（Edgett Williams Consulting Group, Inc.）的总裁，该公司是美国一家专门从事电梯的咨询公司。在他30年的职业生涯中，埃吉特先生在全世界20多个国家从事重大项目。2010年，他的公司完成了600m上海中心的施工项目，后来又陆续在中国建造一些超过400m的高层建筑。

伊恩·埃格斯（Ian Eggers's）曾效力于迈升工程技术咨询公司，此前曾为博维斯在包括布罗德盖特在内的多个著名项目工作过。在梅斯工作期间，伊恩升任施工管理总经理并管理迈升生活的子公司业务。伊恩在迈升职业生涯中的一些亮点包括成功地谈判了在伦敦桥塔建造碎片大厦的合同，还获得了有史以来最年轻的年度建筑经理奖获得者。离开迈升后，伊恩目前正在成功地经营他自己的建筑业务——瑞思。

斯蒂芬·恩格布隆（Stephen Engblom）是AECOM的高级副总裁，是AECOM设计+规划和经济实践的美洲实践领导者。作为一名城市设计师和建筑师，他在美洲、亚洲、欧洲、中东和非洲的城市更新项目上拥有超过20年的专业经验。

盖尔·芬斯克（Gail Fenske）是罗杰威廉姆斯大学建筑、艺术和历史保护学院的建筑教授。她著有《摩天大楼与城市：伍尔沃思大厦与纽约的现代制造》（芝加哥大学出版社，2008年）。她是注册建筑师，并获得麻省理工学院建筑史、理论和评论博士学位。

罗杰·弗雷谢特（Roger Frechette）是一名注册专业工程师，有22年的工作经验。他的工作包括许多重要的国家和国际项目，从能源总体规划、实验室、医院、教学楼和公司办公室到各种各样的政府建筑和博物馆。罗杰最近的项目包括中国广州71层的珠江塔和迪拜的哈利法塔。

克里斯·加文（Chris Garvin）是亮绿龟公司的合伙人，一位成功的实践者，也是可持续设计社区的积极代言人。自1998年进入新的工作岗位以来，他一直致力于环境建筑和材料研究，同时在许多咨询委员会和倡导可持续性设计的组织中任职。他目前担任城市绿色委员会（Urban Green Council）、美国绿色建筑委员会（US Green Building Council）纽约分会的董事会成员，以及市长迈克尔·布隆伯格（Michael Bloomberg）长期规划和可持续发展办公室的顾问委员会成员。

罗素·吉尔克斯特（Russell Gilchrist）， 苏格兰人，注册建筑师，现任詹斯勒建筑事务所（Gensler）北京办事处的设计总监，之前主要在美国和英国担任 AS+GG 和 SOM（芝加哥）、RSHR 事务所[①]和福斯特建筑事务所（Foster+Partners）（伦敦）的总监。获奖的项目作品包括广州珠江塔、普罗托斯酒厂、西班牙佩纳菲尔、伦敦伍德街 88 号、柏林国会大厦、巴黎日彭市长和苏塞克斯郡格林德伯恩歌剧院。

阿利斯泰尔·古思里（Alistair Guthrie）是奥雅纳（Arup）全球建筑可持续性的主管和领导者。他是 Arup 研究员，诺丁汉大学建筑环境学院环境设计荣誉教授。他于 1979 年加入奥雅纳，并参与领导艺术和文化、教育、商业和高层建筑的设计。他曾在美国、欧洲和亚洲广泛工作。他的专长是应用建筑物理和微气候设计在建筑环境中寻找可持续的解决方案。

马尔科姆·汉农（Malcom Hannon）是 MLogic 的董事总经理。他为各种客户成功管理了施工组织团队。马尔科姆将他的经验和专业知识带到了一系列复杂项目的协同施工组织管理中，包括伦敦桥塔的碎片大厦和希斯罗机场 5A 航站楼。

史蒂夫·汉森（Steve Hanson）是艾奕康（AECOM）旧金山办事处的负责人，自 1989 年以来一直在实践景观建筑。他的作品包括该公司最负盛名的一些项目，包括纽约世贸中心遗址的公共领域设计、备受赞誉的东京市中心项目，以及中国十多个新的大型混合用途高层建筑开发项目。

罗伯特·汉德森（Robert Henderson）是奥雅纳建筑旧金山分部的高级工程师，曾参与世界各地几座高楼的设计和施工，包括伦敦桥碎片大厦、首尔 Parc 1 大厦和首尔龙山地标大厦。他参与了一系列项目的设计，包括艺术文化、教育、商业和交通建筑。

尼古拉斯·霍尔特（Nicholas Holt）是 SOM 事务所的董事。于 1995 年加入 SOM，负责监督纽约办公室完成的所有项目的技术工作。是 SOM 高性能设计计划的高级领导，这是一个正在制定标准和目标的内部智囊团，通过这些标准和目标，SOM 将实现未来几年的净零碳、零能源、零废物和零废水目标。他还是建筑科学与生态中心（CASE）的负责人，该中心是 SOM 和美国伦斯勒理工学院联合成立的一个研究合作机构。

彼得·欧文（Peter Irwin）是安邸建筑环境工程咨询公司（Rowan、Williams、Davies and Irwin，Inc.）的负责人，1980 年加入公司，1999—2008 年担任总裁。他在风工程方面的经验可以追溯到 1974 年，包括在风荷载、气动弹性响应、风洞方法和仪器方面的广泛研究和咨询，以及监督数百个主要结构的风工程研究。曾在吉隆坡的彼得罗纳斯塔、台北 101 大楼、香港国际金融中心二期和迪拜塔项目上工作过。

理查德·基廷（Richard Keating）毕业于加州大学伯克利分校。他在芝加哥加入 SOM 后，成为该公司最年轻的合伙人之一。在芝加哥工作 8 年后，创建了休斯敦办事处，后来接管了洛杉矶办事处。随后，成立了自己的公司，最近被雅各布斯收购，他现在担任建筑和设计总经理。他以其在得克萨斯、加利福尼亚和韩国的高层办公大楼以及遍布美国和亚洲的众多企业项目而闻名。

托尼·基弗（Tony A. Kiefer）在伊利诺伊大学获得了工程学学士和硕士学位。他有超过 27 年基础工程工作经验。作为艾奕康的首席工程师，他曾负责芝加哥 50 多座高层建筑，以及目前正在建造的一些世界最高建筑的领事馆，如釜山洛特城大厦、多哈会议中心及塔楼以及沙特阿拉伯的王国大厦。

罗恩·克莱门西克（Ron Klemencic）是马格努森－克莱门西克联合公司（MKA，Magnusson Klemencic Associates）的总裁，这是一家屡获殊

① 译者注：RSHP（Rogers Stirk Harbour Partnership），是一家合伙人制建筑事务所，原为 1977 年的理查德·罗杰斯建筑事务所。2007 年公司更名为 Rogers Stirk Harbour+Partener，2022 年更名为 RSHP 建筑事务所。

荣的结构和土木工程公司，总部位于西雅图。他在20个国家和22个美国州工作过；最近的一些项目包括卡塔尔的多哈会议中心和塔楼、阿联酋阿布扎比瑰丽酒店、旧金山林孔山顶点大楼（One Rincon Hill）、芝加哥伦道夫东街300号的蓝十字蓝盾大厦和肯塔基州路易斯维尔的博物馆广场。

格雷厄姆·克纳普（Graham Knapp）是法国国家建筑技术中心（CSTB）的一名专业风力工程师，他使用风洞试验和计算模型来预测强风与建筑环境之间的相互作用。他是英国风电工程学会的通讯编辑和前执行委员会成员。

西蒙·雷（Simon Lay）曾任CTBUH高层建筑消防安全工作组主席和CTBUH指导委员会成员，并撰写了许多有关消防工程和高层设计的论文和文章。他为超过3000层的高层住宅、酒店和办公室设计制定了整体设计策略，包括高度超过750m的项目和高度超过250m的多种混合用途项目的方案。

理查德·马歇尔（Richard Marshall）是标赫（Buro Happold）的合伙人，领导他们的高层建筑专家社区。他1992年毕业于坎特伯雷大学，1997年加入波罗哈波德。曾在亚洲、中东、美国和欧洲从事过数十个高层建筑项目，同时在各地标赫办事处工作。

戴夫·帕克（Dave Parker）曾担任《新土木工程师》杂志的技术编辑12年，2006年5月离职，成为一名自由撰稿人和记者。他的兴趣包括微发电和结构安全，成功地在英国发起了建立跨机密报告计划的运动（CROSS）。

马克·保尔斯（Mark Pauls）是马尼托巴水电大厦的建筑能源管理工程师。他参与了该大楼的机械和电气调试，目前正在监控和优化该办公大楼的能耗。

詹森·波默罗伊（Jason Pomeroy）是一位屡获殊荣的建筑师和学者，也是波默罗伊工作室的创始负责人，这是一个由国际建筑师、城市学家、设计师和理论家组成的设计工作室，处于绿色建筑环境议程的最前沿。他在剑桥的研究考虑了21世纪垂直城市模式下天空庭院和天空花园的社会空间功能。除了领导工作室外，他还广泛演讲和出版，著有《创意之家：今日热带生活的未来》一书。他是菲律宾马普阿技术学院的兼职教授和诺丁汉大学的名誉教授，还担任高层建筑和城市人居委员会的编辑委员会成员。

丹尼斯·潘（Dennis Poon），美国TT结构师事务所（Thornton Tomasetti）副主席，拥有超过30年的经验，熟悉各种类型建筑结构工程，从大跨度结构到超高层建筑，包括台北101大楼和另两个中国的最高建筑：632m的上海塔和660m的平安国际金融大厦。他专门研究结构系统的抗震设计和优化。

法希姆·萨德克（Fahim Sadek）是马里兰州盖瑟斯堡国家标准与技术研究所工程实验室结构小组的组长。自1996年加入NIST以来，萨德克博士一直致力于研究在极端荷载作用下结构的非线性静态和动态响应以及倒塌的建模。他的研究专业包括减轻渐进式结构倒塌、结构动力学和地震工程、风工程和结构可靠性。

斯温纳尔·萨曼特（Swinal Samant）是诺丁汉大学建筑与建筑环境系的副教授。她获得了建筑学士（1992）、建筑学硕士（1998）和博士学位（2011），并在印度和英国拥有广泛的实践、研究和学术经验。斯温纳尔对“环境可持续性”的研究横跨“建筑科学”和“城市设计”两个领域，并在这些领域产生了相当大的影响。

肯·沙特尔沃思（Ken Shuttleworth）于2004年创立了迈卡雷（Make），在福斯特建筑事务所工作期间，他曾在一些世界上最具标志性和开创性的建筑地标上工作过。迈卡雷是一个富有创意和想象力的国际公司，以创新和环保的设计为标志。这一公司目前正在进行一系列广泛的项目，从住宅楼、运动场馆和办公楼开发到医院和城市总体规划。最近完成的项目包括2012年伦敦奥运会的手球竞技场、中国威海馆、伯明翰的立方体、日内瓦汇丰私人银行的办公室翻新以及诺丁汉大学的门户建设。

斯·希拉姆·桑德（S. Shyam Sunder）是马里兰州盖瑟斯堡国家标准与技术研究所工程实验室主任。其在NIST的许多领导角色中，他承担了2001

年9月11日恐怖袭击后世界贸易中心灾难的美国联邦建筑和消防安全调查。在1994年加入NIST之前，他获得了结构工程博士学位，并在麻省理工学院任职教员。

沃纳·索贝克（Werner Sobek）在斯图加特大学学习土木工程和建筑。自1995年起担任斯图加特大学教授，2008年起，他还担任了芝加哥伊利诺伊理工大学密斯·凡·德·罗研究会主席。他成立于1992年的工程和设计咨询公司沃纳·索贝克（Werner Sobek），目前在斯图加特、开罗、迪拜、法兰克福、伊斯坦布尔、伦敦、莫斯科、纽约和圣保罗设有分支机构。他是2005年“法兹勒·汗终身成就奖”奖章的获得者。

菲尔·所罗门（Phil Solomon）是梅斯公司领导施工管理和重大项目规划团队运营总监，领导施工管理和主要项目规划团队。他在公众关注度高、质量重要的项目上具有广泛的规划和施工前工程经验。他为许多复杂的项目做出了贡献，包括形成伦敦市的塔楼天际线的几个项目。

大卫·泰勒（David Taylor）是一位研究建筑和建筑环境问题的作家。他是《新伦敦季刊》（New London Quarterly）的编辑，这是一本获奖的杂志，它涉及所有行业的关键问题，因为这些问题影响着英国首都。他还写了很多书并为之贡献了自己的一份力量，其中包括一本关于建筑师杰斯蒂科·惠尔斯的书；一本关于建筑师斯坦顿·威廉姆斯的书；接着是一本关于建筑师巴克利·格雷·伊奥曼的书；《有生之年非看不可的1001座建筑》（*1001 Buildings You Must See Before You Die*）；《利物浦：城市中心区的更新》（*Liverpool: Regeneration of a City Centre*）；《建筑与商业：伦敦的新办公楼设计》（*Architecture & Commerce: New Office Design in London*）。

斯科特·汤姆森（Scott Thomson）是马尼托巴水电公司的总裁兼首席执行官。他是加拿大电力协会、加拿大天然气协会、加拿大CIGRE和一些志愿者委员会的董事。他还是不列颠哥伦比亚省（BC）天使飞行的志愿者飞行员，该组织将癌症患者从偏远地区运送到其他地方接受治疗。

理查德·托马塞蒂（Richard Tomasetti）是桑顿·托马塞蒂的创始校长，美国国家工程院院士，哥伦比亚大学兼职教授。他是2012年“法兹勒·汗终身成就奖”奖章的获得者，并为一些世界最高建筑的工程做出了贡献，包括上海66号广场和台北101大楼。《工程新闻记录》杂志（*ENR, Engineering News-Record*）引述了他为高层建筑开发的薄壳筒体结构。

史蒂夫·瓦茨（Steve Watts）是总部位于英国伦敦的AECOM公司威宁谢工程咨询公司[①]的董事。作为专业的成本顾问，他领导着公司的全球高层建筑集团，该集团拥有500多个高层建筑项目的丰富经验。史蒂夫曾亲自在许多高塔上工作过，包括位于金丝雀码头的汇丰银行总部、伦敦金融城的兰特荷大厦以及已经具有标志性的伦敦桥塔碎片大厦。在担任理事会金融和经济工作组主席期间，他曾多年担任世界高层建筑与都市人居学会（CTBUH）的英国领导人，并于2011年9月当选为理事会董事会成员。

克劳斯·彼得·韦勒（Claus Peter Weller）曾在斯图加特大学学习建筑学，2010年之前一直是斯图加特沃纳·索贝克的门面团队成员。在博士期间，他专门研究创新幕墙结构体系。

克里斯·威尔金森（Chris Wilkinson）是威尔金森·爱建筑师事务所（Wilkinson Eyre Architects）的负责人和创始人，该事务所是英国领先的建筑实践之一，曾两次获得里巴·斯特林奖（RIBA Stirling Prize），此外还获得150多项国际设计奖。克里斯最近的项目包括广州国际金融中心、2011年CTBUH亚洲及澳大拉西亚最佳高层建筑奖和2012年Lubetkin奖。

① 威宁谢工程咨询公司是一家酒店项目管理公司。

托马斯·温特斯特（Thomas Winterstetter）在多特蒙德大学和埃森大学学习土木工程。他是沃纳·索贝克公司·斯图加特分公司的首席执行官，同时也是该公司立面设计团队的负责人。其他职责包括斯图加特大学讲师和魏纳索贝克绿色科技公司的总管。

安东尼·伍德（Antony Wood）是高层建筑和城市人居学会的执行主任，伊利诺伊理工大学建筑学院的副教授。他的专业领域是高层建筑的可持续设计。他在博士期间的研究是高层建筑之间天桥连接方面的多学科问题。

致　谢

戴夫·帕克和安东尼·伍德感谢所有为这本书做出贡献的人，特别是那些付出时间和专业知识却没有经济回报的 47 位作者。感谢建筑和结构工程实践为案例研究提供了数据，没有这些数据，本书将是不完整的。

编辑们还要特别感谢泰勒 – 弗朗西斯出版集团（Taylor & Francis Group）项目经理卡罗琳·马林德（Caroline Mallinder）。她的献身精神和组织能力对这本书的成功出版至关重要。

关于世界高层建筑和都市人居学会（CTBUH）

世界高层建筑和都市人居学会（The Council on Tall Buildings and Urban Habitat，CTBUH），总部设在芝加哥伊利诺伊理工大学，是一个由建筑、工程、规划、开发和建筑专业人员支持的非营利性国际组织，旨在促进参与规划、设计各个方面的人员之间的交流与高层建筑的建造和运营。

该学会成立于 1969 年，其目标是传播有关高层建筑和可持续城市环境的多学科信息，最大限度地促进参与创造建筑环境的专业人员的国际互动，并以有益的形式向专业人员提供最新的知识。

通过出版书籍、专著、会议记录和报告；组织世界大会、国际、区域和专业会议和研讨会；维护一个面向公众的网站和建筑数据库来传播其发现，并促进在建和拟建建筑商业交流；每月发布国际高层建筑电子通讯；维护国际资源中心；颁发年度设计和施工优秀奖与个人终身成就奖；管理特别工作组 / 工作组；主办技术论坛；出版 CTBUH 期刊，这是一本专业期刊，包含由研究人员、学者和执业专业人士撰写的推荐论文。理事会与其成员和工业伙伴一道，积极开展有关领域的研究，并建立了一个国际“国家代表”网络，由 CTBUH 区域代表承担在全球推广理事会的使命。

该学会是高层建筑高度测量和评价的仲裁者，可以评定哪个建筑是“世界最高建筑”。CTBUH 是致力于高层建筑和城市人居领域的世界领先机构，也是这些领域公认的国际信息来源。

献给盖伊·帕克

1972-2009

前言
高层建筑的发展趋势

安东尼·伍德（Antony Wood）

有必要读这本书是无可争辩的。在过去的20年里，高层建筑类型学的发展比前一百年更为迅速，但目前绝大多数关于这一主题的书籍都属于装帧精美咖啡桌类书籍——形象高，内容少，特别缺少技术性内容。高层建筑的形式和建筑设计、与城市人居的关系、结构体系、提升技术、施工方法、环境策略、对立面的态度等各个方面在21世纪的头十年都有了重大发展，因此，这本书不仅是及时的，它的目的是捕捉“艺术状态”，这是绝对必要的。

过去十多年来，高层建筑建设的繁荣是人类历史上前所未有的。尽管在整个19世纪末的历史上，芝加哥、纽约装饰艺术中心或“二战”后的欧洲，在特定的地理区域，高楼大厦的建设经历了激烈的时期，例如20世纪90年代和21世纪的繁荣几乎遍及全球，从布里斯班到北京、里约到利雅得，多伦多到东京。似乎全球几乎所有的城市都在向上发展他们的城市栖息地。

同时，高层建筑的许多特点也在20世纪的大部分时期发生了根本性的变化。呈现了一些新的发展趋势。

趋势

趋势一：数量增加

该学会对高层建筑和城市人居环境的研究表明，高层建筑数量最近呈爆炸式增长。通过绘制自1960年以来每年竣工200m或更高的摩天大楼数量（图0.1）显示，20世纪90年代期间，摩天大楼数量稳步增长，21世纪中期以后则呈指数增长。尽管最近由于2008—2009年的全球经济危机（反映在2012年全球完成的摩天大楼数量与前一年相比有所下降），大多数西方国家的摩天大楼活动明显下降，但从长期来看，这通常被亚洲和中国的活动所抵消，特别是：我们现在预计，在可预见的未来，全球每年建成的高层建筑数量将继续攀升。另外值得注意的是，虽然2012年的建筑竣工数量较上年有所下降，但2012年的数据仍然超过了历史上200m的第三高建筑竣工数量。

详细的统计数字是相当惊人的。截至本文撰写时（2013年1月），目前世界上100座最高建筑中，约56座已于2005年底竣工。此外，预计到2013年底，还会有24座建筑进入榜单，

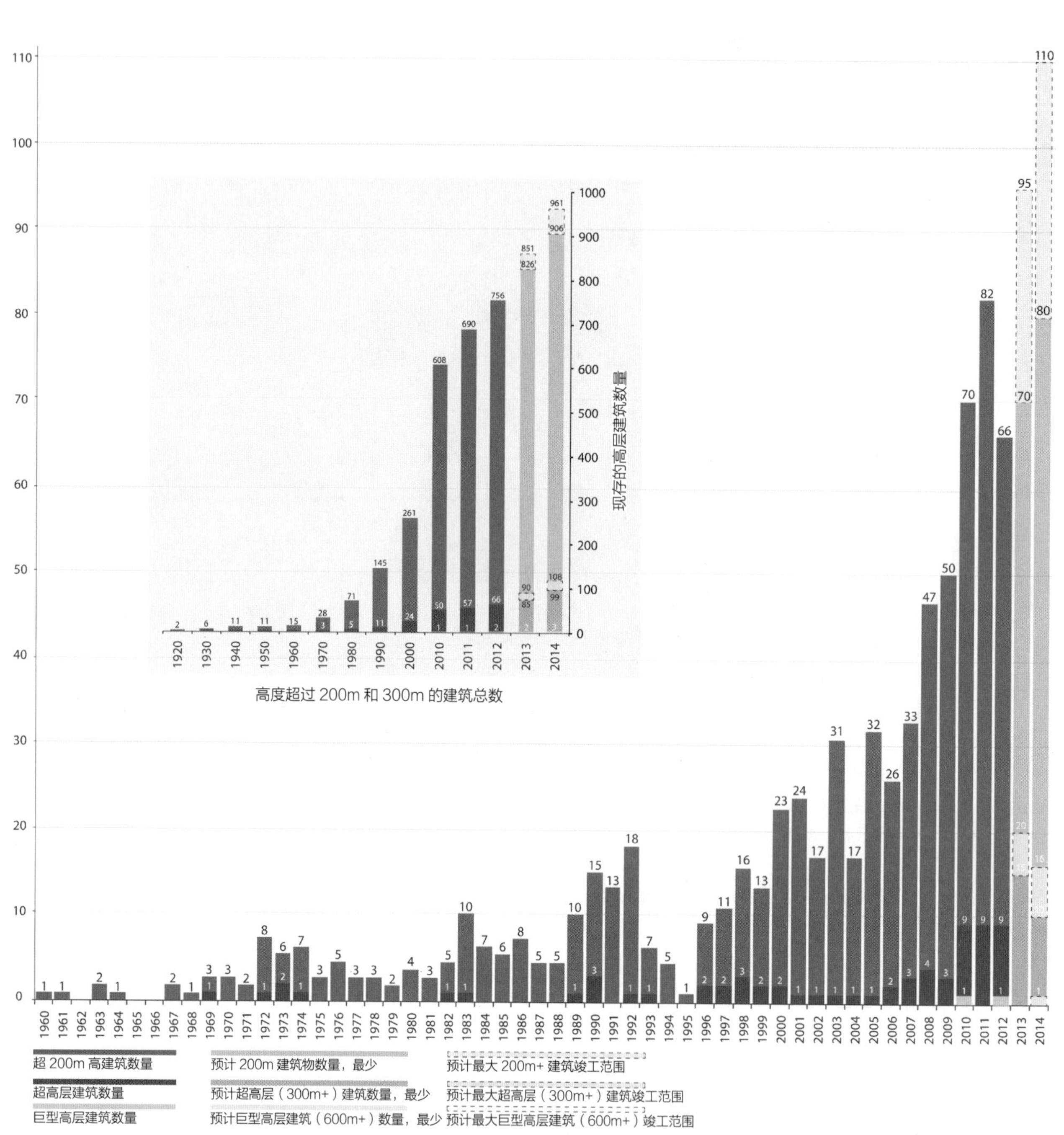

图 0.1　自 1960 年以来，每年建成的 200m、300m 和 600m 以上的高楼。插图显示了按十年计算的完工建筑总数，显示出指数增长率（截至 2013 年 1 月的数据）。2013—2014 年，根据建筑项目预测，建筑完工；2001 年后的总数中去掉了被损毁的世贸中心 1 号和 2 号楼。①
版权方：© CTBUH

这将在短短 8 年内转化为“全球 100 座最高建筑”68% 的变化（这一变化考虑到了自 2005 年竣工但随后又被更新、更高的建筑挤出榜单的那些建筑）②。

① 译者注：截至 2022 年底全球已建成 150m 以上建筑总数 6592 栋，200m 以上 2008 栋，300m 以上 204 栋，其中中国在三种类型中的建筑数量均约占 50%。

② 译者注：截至 2022 年底，全球 100 座最高建筑全部竣工，名单可在 CTBUH 网站查询。

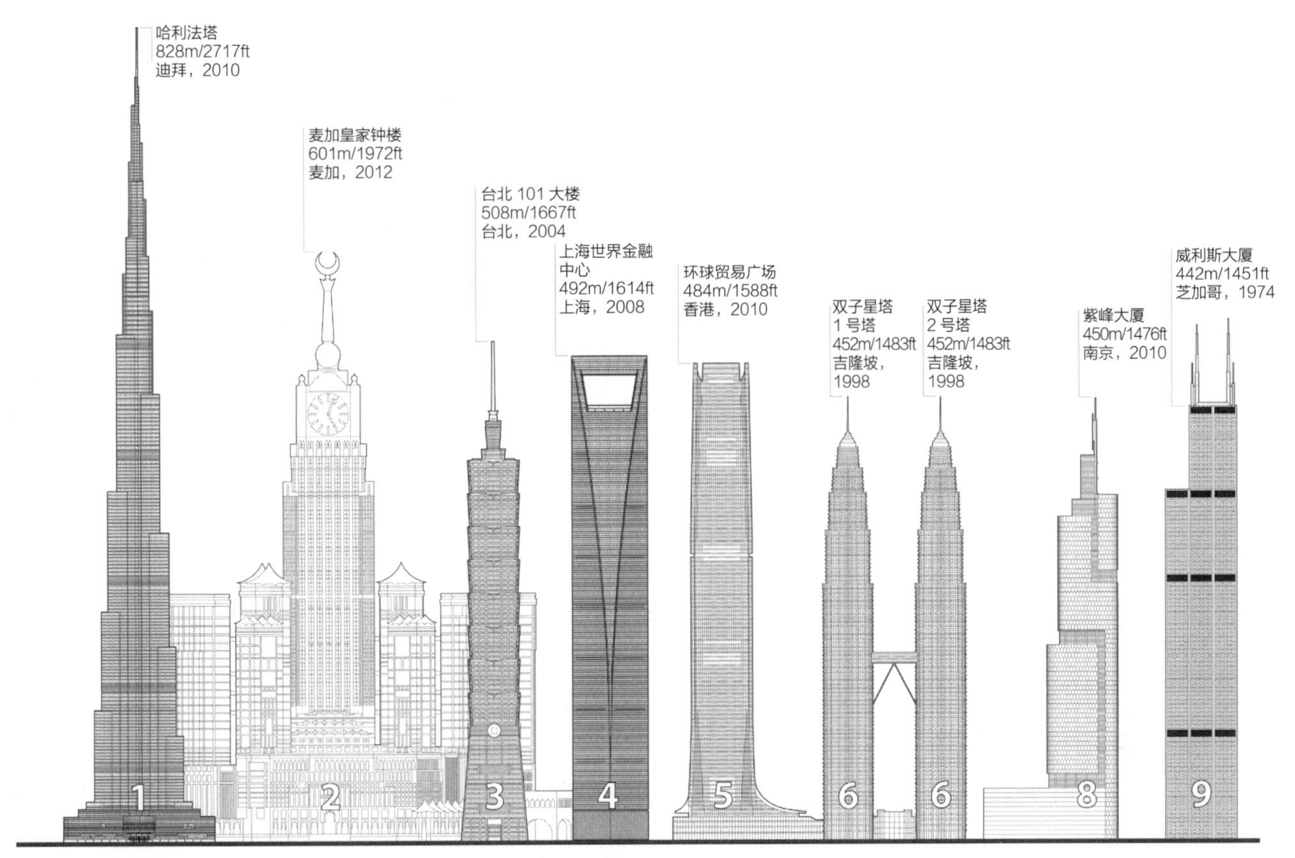

图 0.2　根据 CTBUH“高度到建筑顶部”的标准（2013 年 1 月的数据），世界上最高的 20 座建筑的示意图
版权方：© CTBUH

为了将统计数据转化为实际建筑，图 0.2 显示了目前世界上最高的 20 座建筑。其中，自 2005 年底以来已完成 11 项，占 55%。

趋势二：高度增加

无论是最高的还是全球平均高度，高层建筑高度持续增加是无可争议的。正如过去 80 年世界 100 座最高建筑的平均高度图表（图 0.3）所示，高层建筑的平均高度增加了一倍以上，仅 2000—2010 年间就增长了 13%。2010 年，迪拜 828m 高的哈利法塔竣工，这是高层建筑史上“世界最高”的一年。

在“世界最高建筑”名头不断更新的历史上（图 0.4），没有任何一座建筑超过前身 68m，但哈利法塔超过了先前的世界最高建筑台北 101 大楼 320m，是飞跃式的增长。哈利法塔的总高度仅比帝国大厦和马来西亚石油塔（这两座曾经是“世界最高”的建筑）的高度之和低 5m。

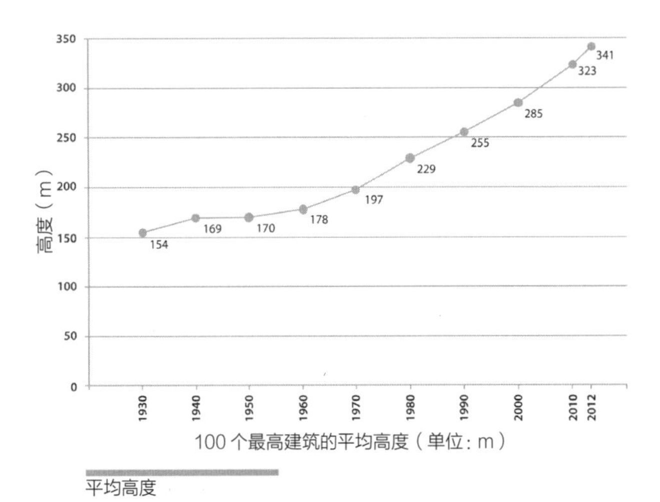

图 0.3　1930—2012 年，每十年 100 座最高建筑的平均高度（截至 2013 年 1 月的数据）
版权方：© CTBUH

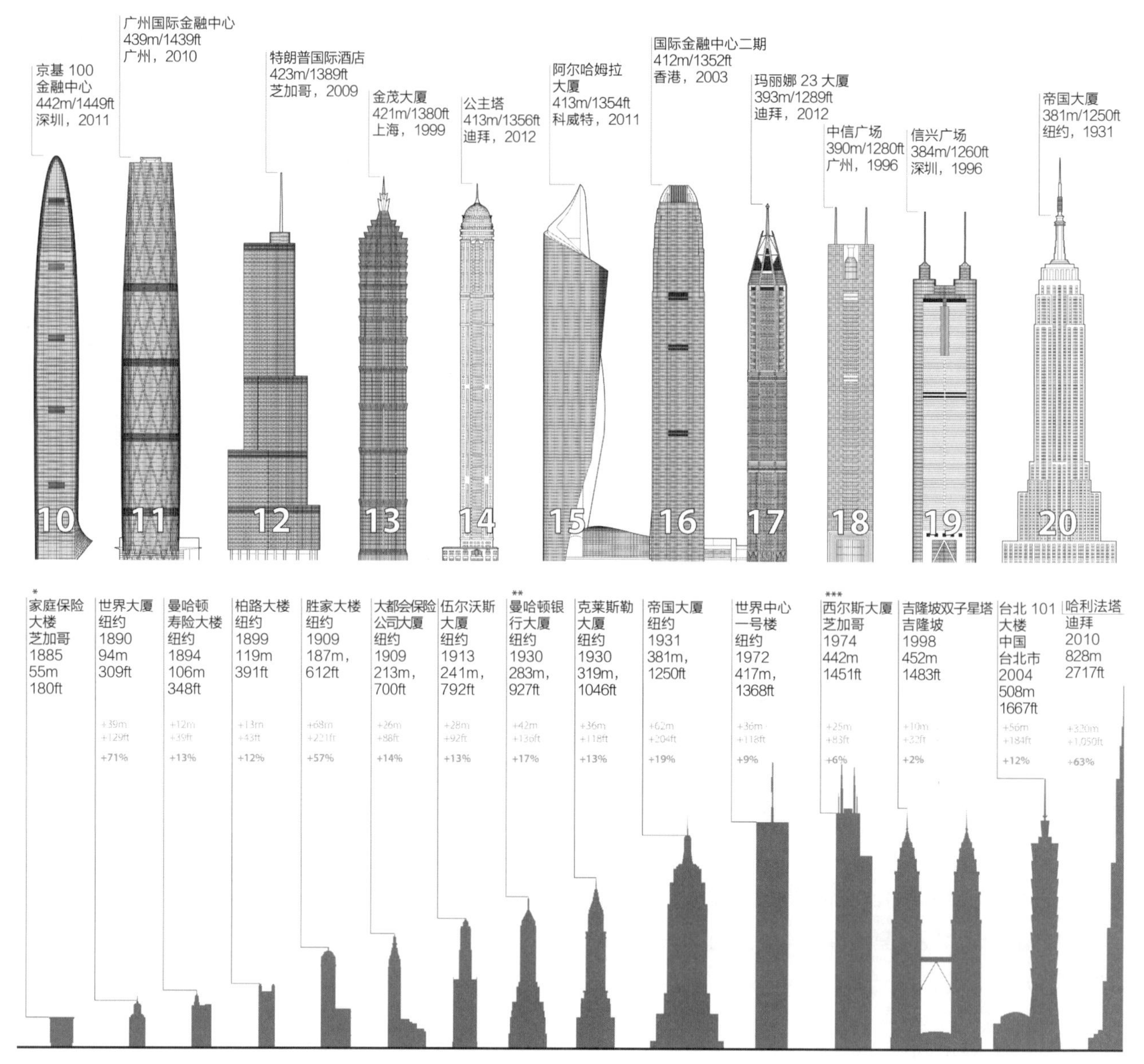

图 0.4 “世界最高建筑”的历史（截至 2013 年 1 月的数据）

* 虽然家庭保险大楼从来都不是世界上最高的建筑，但它被认为是世界上建造的第一座摩天大楼（有框架的 / 非承重的立面建筑），因此也是 CTBUH 定义的第一座“高楼”。

** 现在被称为特朗普大楼（Trump Building），“曼哈顿银行大厦”（Bank of Manhattan Building）曾有“世界最高建筑”的称号。

*** 西尔斯大厦（Sears Tower）——现在被称为威利斯大厦（Willis Tower），当它是“世界最高”的时候，这是这栋大楼的名字。

版权方：© CTBUH

延续这一轨迹，下一个“世界最高”——预计位于沙特阿拉伯吉达的王国大厦将超过 1000m 高。然而，值得一提的是：尽管“超高”的两栋建筑现在已经达到了令人难以置信的高度，但在撰写本文时（2013 年 1 月），全球仍只有 69 栋 300m 或更高的建筑完工①。因此，尽管最近“世界最高”的成就往往会扭曲人们对高楼高度的印象，但现实是，300m 以上的超高层建筑的建成，仍然是一项重大的城市和技术成就。

---

① 译者注：截至 2022 年底，全球已完工 100 栋最高建筑中，高度均超过 333m，全球超 300m 的建筑已达 204 栋。

趋势三：地理位置的变化

世界上最高建筑所在区位也发生了大的变化。在 1990 年，“世界最高 100 个建筑”中有 80 个位于北美，现在这一数字只有 23 个，另外亚洲 45 个（中国就有 31 个）和中东 27 个（仅迪拜就有 20 个）（图 0.5）。

趋势四：功能上的改变

几十年来，办公室的功能一直占据着“100 个最高”的榜单。我们现在看到的是住宅和混合用途的功能，在过去的十年里从 12 栋增加到 45 栋（图 0.6）。

发展中国家的快速城市化（见“驱动因素”一节）部分解释了为什么许多这些建筑现在是住宅性质，而不是商业性质的，以容纳不断增长的城市人口。然而，离开办公功能还有其他原因，特别是在混合使用的情况下，通过将办公 - 住宅 - 酒店功能的需求全部纳入建筑项目，对波动的需求进行“对冲押注”的商业激励。考虑到项目的主要目标是高度，采用住宅而非办公功能更容易实现这一目标，这种趋势也是有意义的。住宅楼楼层面积往往比办公楼小得多这是一个优势，当材料受到风和其他压力时，几乎在天空中一公里，也需要更少的占地面积 - 消耗电梯和其他垂直服务来支持功能。换言之，如果“世界最高建筑”的创建是主要动力，那么更容易实现这样一个功能，即在塔顶减少持续占用的人员，从而减少容纳这些人员所需的楼层和支持这些人员所需的服务。

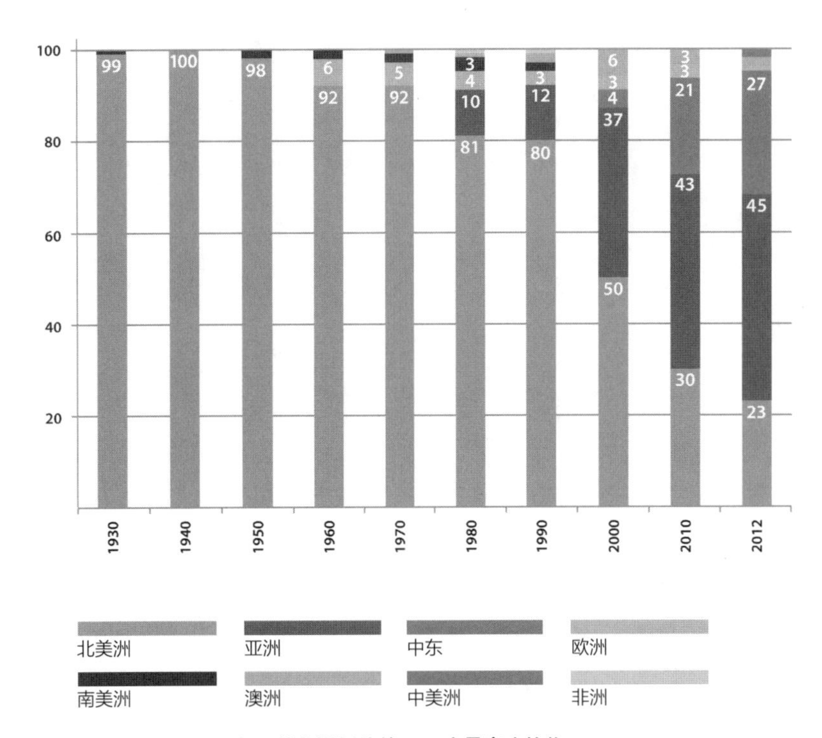

图 0.5　1930—2012 年，按位置划分的 100 座最高建筑物（截至 2013 年 1 月的数据）

版权方：© CTBUH

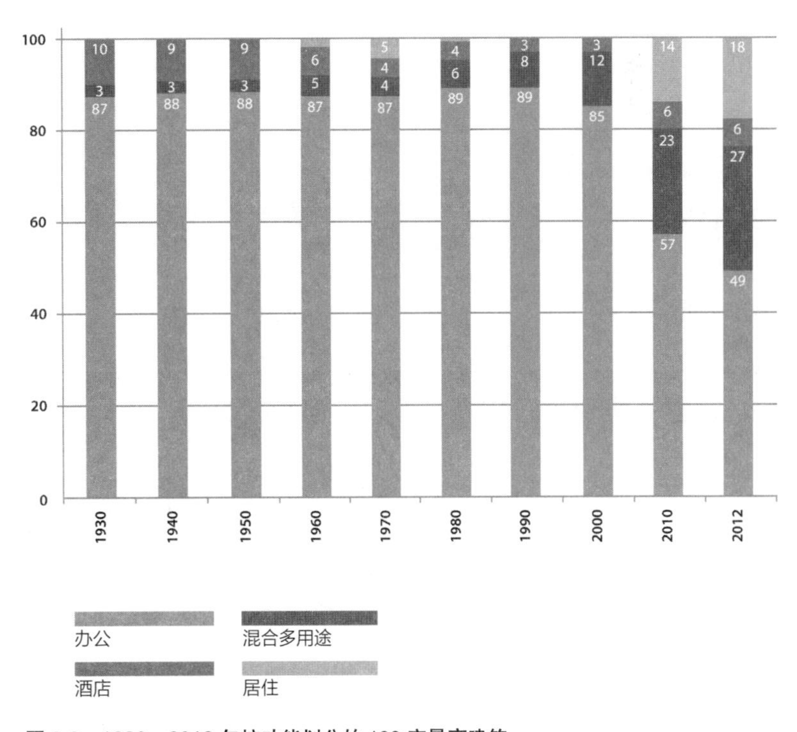

图 0.6　1930—2012 年按功能划分的 100 座最高建筑（截至 2013 年 1 月的数据）

版权方：© CTBUH

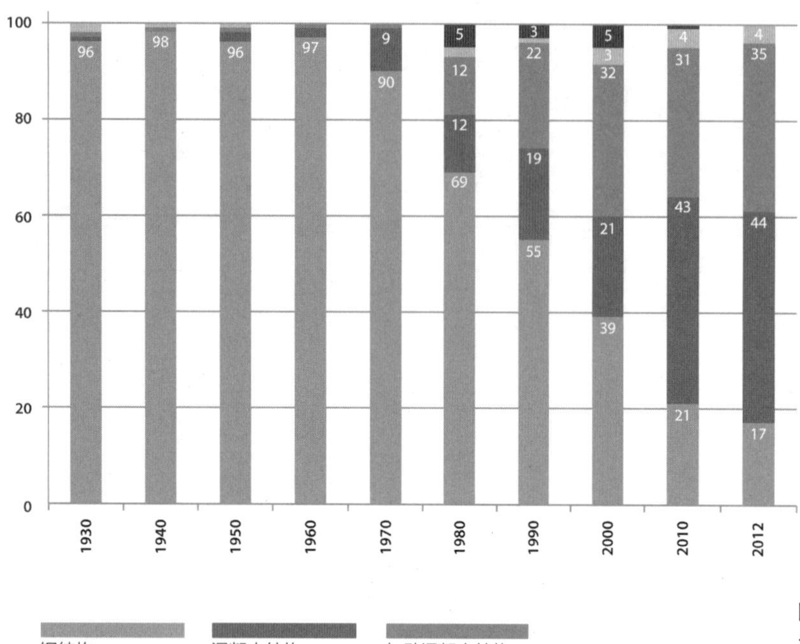

图 0.7　按结构材料划分的 100 座最高建筑，1930—2012 年
（截至 2013 年 1 月的数据）
版权方：© CTBUH

趋势五：结构材料的变化

结构材料的变化在过去几十年里也非常显著。在“100 个最高建筑”名单中，所有钢结构建筑的比例从 1970 年的 90% 下降到 17%，转而青睐混凝土或复合结构（图 0.7）。

世界最高建筑中混凝土或复合材料结构的发展趋势是多层次的。部分原因是这些项目所在的发展中国家的特点，这些国家在混凝土方面比钢铁方面更有可能拥有技术专长。成本也是一个重要因素，混凝土被认为更便宜。上述对住宅和混合用途功能的改变也有影响，因为“居住”的火灾、声学和细胞要求更适合于混凝土施工，而不是露天刨钢。也有许多人认为，结构在超高度时所需的性能提高、运动阻尼（尤其是在住宅塔楼中）以及垂直荷载的传递，可以通过钢和混凝土共同作用而不是单独使用一种材料来更充分地处理。

驱动因素

所有这些变化都有许多相互关联的原因。这里描述的驱动因素 1—3 可能被认为是“传统的”驱动因素，他们在 120 多年的历史中影响了高层建筑的发展。驱动因素 4—6 或许与过去 10 年左右经历的大规模增长更为相关。

驱动因素 1 和 2：土地价格和投资回报率

历史上，城市中心区（绝大多数高层建筑所在地）土地成本较高一直是高层建筑的驱动因素。较高的土地成本，既促使开发商需要通过创造更多的销售或租赁建筑面积来抵消这一成本，也促使开发商有机会通过开发高层建筑来获得更大的投资回报。应该指出的是，通过提供更多的建筑面积而获得的更大投资回报显然被高空所需高性能材料和系统的更高建造成本所抵消，从而最终达到财务回报与成本之比的“高度阈值”。这一高度门槛特定于某些项目和地点，材料成本和“标志性”的溢价或回报率等问题将起到一定作用。

驱动因素 3 和 4：将建筑作为企业品牌，将天际线作为全球品牌

而高楼大厦在其历史上一直被用作描绘企业活力的营销工具，现在它们越来越多地被用于描绘一个城市或国家在竞争激烈的世界舞台上的活力。这反映在以前被命名为伍尔沃斯、西尔斯或彼得罗纳的建筑本身的标题中，他们现在更可能被命名为上海塔、台北 101 或芝加哥尖顶。许多城市，特别是发展中国家的许多城市，认为有一个标志性的天际线才能被认为是成功和繁荣的，因此，建筑物正被用来给城市打上烙印。

驱动因素 5 和 6：快速的城市化和气候变化高层建筑的增加

还有其他原因，也许更令人信服，而不仅是企业或城市品牌。据信，这个星球上现在每天有近 20 万人在城市化过程中（联合国 2007、2008；另见 http：//esa.un.org/unup），每周需要一个约 100 万居民的新城市。但这种从农村向城市的迁移主要发生在人口众多的发展中国家，如中国、印度、巴西和印度尼西亚，这些人不是涌向新城市，而是涌向现有城市，因而对现有的城市空间和基础设施造成重大压力。

未来展望

无论是在新的还是现有的城市，如何安置这些新的城市居民是一个具有挑战性的问题。人们越来越认识到，由于所需基础设施（道路、电力、照明、垃圾处理等）的增加，美国的模式是一种不可持续的模式，即密集的市中心工作核心区和不断扩大的低层郊区，以及由家到工作单位通勤的能源消耗和碳排放影响。因此，人们意识到，城市需要更加密集，以创造更可持续的生活模式，减少基础设施网络的横向扩展，提高土地利用效率，部分原因是为了保留“自然”土地用于农业。尽管高层建筑并不是所有城市实现高密度的唯一解决方案，但它们也可以成为某些城市解决方案的一部分。这种城市密度驱动因素，加上城市象征性 / 标志性驱动因素，无疑对发展中国家正在建造和规划的高层建筑数量的增加产生了影响。

然而，高层建筑数量和高度增加的趋势以及类型学特征的变化只是等式的一部分。在社会、城市、文化和环境方面，人们越来越多地提出垂直发展是否适当的问题，而答案往往只是部分的。这本书的后记将具体地解决这些问题，但首先，以下各章主要关注当前的“艺术状态”在全球高层建筑……

参考文献

United Nations (2007) *World Population Prospects: The 2006 Revision*, Department of Economic and Social Affairs, Population Division. New York: United Nations.

United Nations (2008) *World Urbanization Prospects: The 2007 Revision*, Department of Economic and Social Affairs, Population Division. New York: United Nations.

注释

1. 请注意，本研究的重点是高度超过 200m 的建筑物，是为了确保数据的准确性，而不是认为 200m 是确定“高楼”的门槛。即使高度超过 200m 的项目也很难跟上，特别是在中国等快速发展的市场，因此在较低的高度阈值下，数据的准确性会降低，尽管趋势大体相同。更多有关高层建筑的 CTBUH 定义及其测量高层建筑高度的标准的信息，请参见 http：//criteria.CTBUH.org.
2. 超高层建筑可以定义为任何高度超过 300m 的建筑。顺便说一句，2012 年 1 月，CTBUH 引入了“超高”一词来描述超过 600m 高的建筑物。截至 2013 年 1 月，只有两座建筑可以获得这一称号，即阿联酋的哈利法塔（Burj Khalifa）和沙特阿拉伯的麦加皇家钟楼（Makkah Royal Clock Tower）。

安东尼・伍德

第一部分

为何修建高层建筑

简介

安东尼·伍德（Antony Wood）

如本书导言所述，在过去20年中，高层建筑的类型经历了前所未有的增长和变化。建造高楼的行为有很多驱动因素，其中一些已经被提及：土地价格和渴望获得更大的金融投资回报；渴望一个“形象”来塑造或推广一个公司或一个城市；以及，越来越多的人需要密集的城市来应对气候变化和适应更多的可持续生活模式。本书第一部分探讨了这些主题，更详细地关注了“为什么要建高楼”这一问题。

第1章，“20世纪摩天大楼简史”考察了高层建筑从19世纪末在芝加哥诞生到一百多年后开始在世界各地的发展过程。在此过程中，它凸显了这一时期开创性建筑背后的许多不同动机。

第2章，“美学、象征主义与21世纪的地位”，延续了第一章结束时的历史观点，具体来看，20世纪后半叶和21世纪头十年的时期，高层建筑的盛行经历了从北美扩散到几乎世界上每个主要城市的重大转变。

第3章，“业主的观点”，详细阐述了仅为一个客户建造高层建筑的动机，在本例中，马尼托巴水电公司（Manitoba Hydro Electric company）在加拿大温尼伯（Winnipeg）的总部大楼屡获殊荣。这里介绍了支撑本书大部分内容的副主题——高层建筑需要关注可持续设计和施工方面的最佳进展，以及在这样做的过程中，它如何能够对社会和应对气候变化的挑战做出贡献。这座大楼试运行的故事表明，在广义上对可持续性的考虑会影响客户的许多决策。

高层建筑的经济性问题如此重要，本书于第4章“高层建筑经济学”专门讨论了该问题，带领读者了解高层建筑成本的基本知识、影响这些成本的驱动因素，以及发展筹资和创造价值等更广泛的问题。

在第一部分的最后一章，即第5章“翻新是更好的选择吗？”中，对现有建筑物的备选方案进行了详细审查。在这样一本书中，一旦所有的“新建筑”主题都已用完，翻修章节往往会被推到最后，本书却不是这样。因为每座高层建筑在能源和碳方面的投资，以及在时间、专业知识和财务成本方面的投资（更不用说拆除它们的困难），都意味着翻修几乎是所有高层建筑在其生命周期中的某个时刻都将面临的一种难题，翻新的机会只有一次，一旦错过就被拆除了。因此，在第5章中，我们将介绍翻修的基本知识，特别是从环境保护的角度，并给出了一些显著的案例研究。

第1章
20世纪摩天大楼简史

盖尔·芬斯克（Gail Fenske）

从19世纪末摩天大楼出现时起，它就被看作是一类难以解决的典型建筑。它以任性、不受控制的高度违反了历史上关于城市秩序的概念，造成交通拥堵、燃煤引起的大气污染，并给建筑投下了阴影，同时作为一种广告工具，它扰乱了城市的轮廓景观。这座城市的形象，以前是由尖顶或圆顶等公共符号主导的，现在却受制于个人或企业的意愿。

不过即使在19世纪，建筑师和建设者也表现出了对摩天大楼与城市环境关系的关注，特别是他们对城市文明设计或改善公共领域的重视，无论是从摩天大楼本身还是从其对城市环境的贡献来看都是如此。当20世纪接近尾声时，人们对这种关系的再次关注，使世界各地著名摩天大楼的设计与往不同。建筑师和建设者的重点已经从对高度的追求转移到一套新的竞争标准，其中许多标准旨在提高摩天大楼和城市的美学、空间和环境体验。

芝加哥和纽约的早期摩天大楼

这座摩天大楼是在芝加哥和纽约这两个独特的城市环境中出现的。芝加哥自1803年成立以来，就以其边疆城市而闻名，它的首要地位来自其在美国中部大陆大水路上的地理位置。1834年，该市的第一个规划是通过网格组织的，这表明与其说是规划了一个社区，不如说是设计了一个房地产彩票。1848年，伊利诺伊州和密歇根州运河开通，将该市与新奥尔良港连接起来，此外还通过伊利运河与纽约港相连。此后不久，1856年十条铁路干线于该市汇合，进一步加快了该市的发展步伐。到内战结束时，这座城市的人口增长了近十倍，并作为世界的牲畜、木材和谷物交易中心而闻名。

1623年，纽约作为荷兰的贸易殖民地成立，到1820年，纽约已成为荷兰的银行和金融中心，并在19世纪50年代成为全国卓越的进出口中心和欧洲奢侈商品的主要入境口岸。在纽约，商业活动集中在百老汇和相邻的“女人街”，这两个地方都是华丽的铸铁框架和铸铁点缀的建筑，是摩天大楼的前身。同样，在商人波特·帕尔默将他的帕尔默之家酒店作为商业发展的主轴，并对芝加哥的州立大街或者说“那条伟大的街道”改进和改造后，它变得出名了。鉴于纽约作为进出口中心的地位，该市的零售商通过橱窗里的商品在视觉上吸引着路人，通过在空间上与人行道上人群的接触，将商店的可

图 1.1 约翰·凯勒姆和桑，A.T. 斯图亚特的第二家商店，纽约，1859—1862 年，1868 年

图 1.2 吉尔曼和肯德尔建筑师和乔治·波斯特，公正大厦的营业厅，纽约，1889 年

版权方：由 AXA 公平人寿保险公司提供

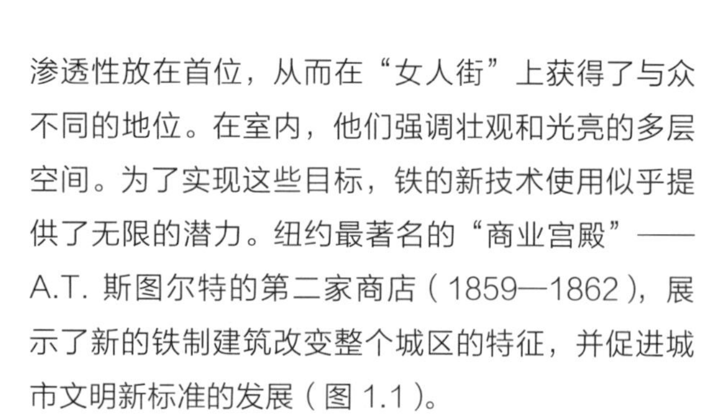

渗透性放在首位，从而在“女人街”上获得了与众不同的地位。在室内，他们强调壮观和光亮的多层空间。为了实现这些目标，铁的新技术使用似乎提供了无限的潜力。纽约最著名的“商业宫殿”——A.T. 斯图尔特的第二家商店（1859—1862），展示了新的铁制建筑改变整个城区的特征，并促进城市文明新标准的发展（图 1.1）。

芝加哥 1871 年的大火是一场史诗般的灾难，摧毁了市中心的大部分建筑，但到了 19 世纪 80 年代初，这座城市已经开始从灰烬中崛起，成为中西部的大都市。芝加哥市中心明显地被芝加哥河、缆车线和 19 世纪 90 年代的高架线所限制，几乎没有空间进行横向扩张。到了 19 世纪 80 年代初，土地投机者的利润动机将建筑推向了一个空前的高度，创造了一个新的办公楼高度“天花板”，现在被称为“电梯楼”，因为建筑商开始使用电梯。

纽约的电梯建筑，可以追溯到由亚瑟·吉尔曼（Arthur Gilman）和乔治·波斯特（George Post）设计的壮观的法国第二帝国风格的公平人寿保险协会大楼（始建于 1868 年，分别于 1875—1876 年和 1886—1889 年两次扩建），以其华丽的外观在城市环境中脱颖而出。伊丽莎·格雷夫斯·奥蒂斯（Elisha Graves Otis）在 1853 年展示了第一台电梯，但无论是蒸汽动力还是液压动力，直到 19 世纪 60 年代，这两项电梯新技术才达到了发展的高级阶段。保险协会大楼的特点是最早在楼中使用了两部蒸汽电梯，但更重要的是，作为世界上最富有的人寿保险公司的总部，在 1889 年后，它在空间的内部装修上与斯图尔特第二百货大楼展开竞争：两层 40 个办公室包围了一个纪念性大厅（图 1.2）。扩大了大厅建筑面积，其内部与一个由玻璃天窗覆盖的商铺拱廊融为一体，创造了当时人称之为“微型城市”的建筑。在城市区域内，为保险产品的客户和对大楼同等重要的访客们营造了亲切的空间。

1872—1875 年间，西联和论坛报公司在该市建造了电梯楼，成为该市最高的建筑物。这两家公司最近都在当时的两大通信行业中都获得了声望和权力：电报（西联建立了美国第一条电报线路）和报纸，它们都利用投机性融资来确保自己在城市中的地位。但论坛报公司的“简陋住宿条件”并没有显示公正大厦对内部规划的开明态度。此外，它们通过华丽和炫耀性的外观与现有的城市秩序惯例相矛盾的风格

图 1.3　伯纳姆和罗特，鲁克瑞大厦，芝加哥，1885—1886 年，室内

版权方：屋顶大厦，覆顶法院，芝加哥，伊利诺伊州，1883—1888 年，伯纳姆和罗特建筑师。来自内陆建筑师，瑞尔森和伯纳姆图书馆收藏，芝加哥艺术学院。© 芝加哥艺术学院

来达到广告的效果。

乔治·波斯特（George Post）的纽约农产品交易所（New York Product Exchange，1881—1884 年）证明，为商业用途而设计的建筑确实可以包含城市文明的元素。波斯特既是建筑师又是工程师，他将四层楼的办公室安排在一个具有宏伟天窗的中庭周围，利用“框架结构”建设中庭，目的是将整个内部开放并可获得自然光。波斯特的设计可能启发了伯纳姆和罗特在芝加哥建造的鲁克瑞大楼（Rookery）（1885—1886）——由波士顿的彼得和谢泼德布鲁克斯资助系列的办公楼之一（图 1.3），鲁克瑞大楼以其铁框轻庭院的优雅闻名，将优雅和城市化的新设计概念引入拥挤和快速现代化的市中心。斜角的、穿孔的熟铁横梁，花边似的细丝装饰，敞开的阳台似乎悬在半空中，戏剧般的皮拉尼斯式楼梯在芝加哥宣告了一种新的世界主义，暗指最新的巴黎百货公司，其中就有邦马奇百货公司。

波斯特曾在纽约农产品交易所的光厅进行过框架结构的试验，但威廉·勒巴伦·詹尼（William Le Baron Jenney）在芝加哥的家庭保险大楼（1883—1885）上层建筑中，把这个建筑作为一个

图 1.4　霍拉伯特和罗赫事务所设计，塔科马大厦，芝加哥，1886—1889 年

版权方：纽约公共图书馆，阿斯特勒法克斯和蒂尔登基金会

几乎完整的骨架，尽管它仍然是由铸铁柱锻铁箱形柱，以及贯穿螺栓连接的锻铁和钢梁拼凑而成的。这几乎没有显示出系统的抗风支撑方法，而且由于墙壁部分是自支撑的，这很难“纯粹”地演示“框架结构”。

相比之下，詹尼的学生威廉·霍拉伯特和马丁·罗赫采取了系统的方法来处理钢框架及其所需的围护结构表层，使得钢框架成为塔科马大厦（1886—1889；图 1.4）的审查对象。他们没有将铁质骨架嵌入砖石中，而是探索了框架和覆层之间合理的互补关系。考虑到建筑的轻盈性，他们巧妙地利用两片砖石墙作为加固物来抵御风的侧向力。

在 19 世纪 80 年代末和 19 世纪 90 年代初，在芝加哥和纽约的建筑师和工程师们积极探索抗风问题，提出了一系列创造性的解决方案。布拉德福德·吉尔伯特（Bradford Gilbert）在纽约的高而窄的塔楼（1889—1891）中取得了重大进展，他

采用了金属斜撑，灵感来源于古斯塔夫·埃菲尔（Gustav Eiffel）为自由女神像设计的锻铁骨架，从而证明了铁具有抵抗张力、剪切力和压缩力的能力。工程师科里登 T. 珀迪为他在芝加哥的老殖民地大厦（1893—1894）开发了另一种抗风支撑方法——较重的“排架”门拱系统。这两种类型的支撑和变化，后来都被用于支持纽约最高的摩天大楼的建设。

19 世纪 90 年代初：芝加哥的建筑热潮

在 19 世纪 90 年代，“摩天大楼”一词开始流行起来，因为芝加哥的防火钢结构建筑不可逆转地改变了芝加哥和纽约的天际线。芝加哥在 1889—1993 年间经历了一次建筑热潮，到了 19 世纪 90 年代初，这座城市已经成为美国和世界的焦点，呈现了一个大胆、新颖和具有戏剧性的例子，展示了这座高楼对城市的影响。尽管如此，许多评论家仍然认为这座城市是粗俗和应受谴责的；鲁德亚德·吉卜林评论它“是野蛮人居住的地方”（梅耶和韦德 1969：192）。伯纳姆和罗特的共济会寺庙（1891—1892）耸立在兰多夫街上，它作为城市最高建筑只是强化了人们对城市混乱和过度建设的看法。约翰·韦伯恩·鲁特（John Welborn Root）将共济会寺庙的内部采光中庭设计成一个令人震撼的垂直空间，以此缓解城市过度拥挤的现象。采光中庭是这座多用途建筑的中心，建筑功能包括办公空间、商店、酒店和屋顶天文台，恰似一个“小城市”。罗特的设计挑战了摩天大楼仅仅是一种普通投资商品的概念。

芝加哥在 19 世纪 80 年代末和 19 世纪 90 年代初经济的高度繁荣促进了著名高层建筑的建造，如伯纳姆和罗茨设计的莫纳德诺克（1889—1890）和 D.H. 伯纳姆与伙伴设计的瑞莱斯大厦（1894—1895），但它也标志着公民和文化精神的繁荣，这在 1893 年的世界哥伦布博览会上表现得尤为突出。在他们的马奎特大厦（1893—1894）中，霍拉比德和罗赫结合了关于城市文明和白领工作场所所需要的适当礼仪的新的和广泛的情感，采用简单、标准化和高效的设计，为摩天大楼的问题制定了“经典解决方案”。世博会开幕后不久，芝加哥市议会通过了一项法律，将建筑高度限制在 40m，即约 12 层。这项法律在 1920 年进行了更改，允许高度达到 80.5m，但尽管如此，它还是达到了为维护芝加哥城市的天际线的目的。

阿德勒和沙利文公司的路易斯·沙利文，因为 1886—1887 年芝加哥礼堂项目已成为著名的芝加哥建筑师，很可能把霍拉比德和罗氏的塔科马大厦（图 1.4）作为圣路易斯温莱特大厦（1890—1891；图 1.5）的参照。然而，沙利文却选择了给摩天大楼注入诗意，甚至精神层面的元素，灵感来自于他相信大自然有能力抵消典型的美国市中心明显的工业特征。正如他在 1896 年的“高大的办公楼艺术的考虑”中所说，他接受了“案件事实”，但仍然相信建筑有可能改变城市（Sullivan 1979）。他在 1891 年设计的阶梯形摩天大楼城市，是为了改善芝加哥的建筑过于密集的状况，预示着纽约 1916 年的区划法案（图 1.6）。

在设计温莱特大厦时，沙利文将注意力集中在摩天大楼的外观上——几乎将内部的办公室视为“案件的事实”，目的是以一种深刻而明显的方式将自然引入城市。他读了拉尔夫·沃尔多·爱默生和沃尔特·惠特曼的作品，并开始将艺术家视为本能而非理性的生物。他希望实现爱默生个人主义的信条——作为一个诗人、有远见的人，以及惠特曼的“预言家”。沙利文强调摩天大楼的高度与垂直，引入了他的功能主义的概念，同时使它成为一个“骄傲而高耸的东西”（Sullivan，1979：206）。在这个过程中，他将这种以工业为基础的类型融入他的视野中，在他看来，这种复杂的叶状图案使摩天大楼成为一种新鲜的、有活力的、自发的艺术作品。在这样做的过程中，他构思出了建筑学史上迄今为止最精致的植物灵感装饰系统，并为摩天大楼注入了许多与自然世界相一致的生命和活力。

图 1.5　阿德勒和沙利文，温莱特大厦，圣路易斯，1890—1891 年

图 1.6　路易斯·沙利文 1891 年提出的“高层建筑问题”表明了一项改善芝加哥建筑过于高大密集的建议，这是一个失败的摩天大楼城市，预测了纽约 1916 年的区划法案

版权方：Graphic 提供，摄于 1891 年

1900 年前后的纽约

1900 年前后，纽约的摩天大楼建设者们追求的是一套完全不同的目标。19 世纪 90 年代，纽约为实施高度限制所做的努力与芝加哥相似，但在 1916 年实施分区决议之前，尽管有一致的讨论和辩论，这些努力还是一再失败。这座城市的建筑师和规划师们提出了一连串的抱怨，嘲笑高大、无序的建筑狂热，并声称这些摩天大楼对城市环境的影响不亚于威胁，导致街道阴暗多风，助长交通拥堵，催生火灾，并滋生疾病。蓬勃发展的建筑业经济助长了这种狂热，在 1893 年经济衰退期间短暂的停顿之后，房地产投资的上升曲线仍在继续，对高度的追求也更加强烈。

布鲁斯·普莱斯（Bruce Price）的美国担保公司大楼（1894—1996）被设计成一个“钟楼”，标志着纽约接受了钢骨架建筑。到 19 世纪 90 年代末，乔治·波斯特（George Post）的圣保罗（St.Paul）和 R.H. 罗伯逊（R.H.Robertson）的公园排建筑分别上升到 96m 和 119m 的高度。为便于检查和更换，在圣保罗桥墩内表面内设置钢制井后箱柱，以防腐蚀，并采用 Purdy 的门拱抗风支撑系统，这可能是在纽约的第一次尝试。伯逊的公园街创造了另一项高度的世界纪录。这两个项目牢牢确立了该市作为技术实验中心的地位。1898 年，著名的记者和“揭发者”林肯·斯蒂芬斯谴责了“人人为我”的态度，这种态度未能把城市的公共利益放在首位（Landau and Condit 1996：276-277）。但到 1900 年，纽约在探索破纪录高度的潜力方面已经超过了芝加哥，并在这个过程中创造了世界上第一个“标志性天际线”。

从 19 世纪 70 年代开始，纽约著名的电梯建筑是前面提到的西联大厦和论坛报业大厦，证明了纽约建筑商的雄心壮志。这种趋势在乔治·波斯特的笼框世界建筑（1899—1990）中表现得尤为强烈。它为 1900 年后纽约脱颖而出的新型摩天大楼奠定了基调：华而不实、追求公众形象、在高度上竞争激烈。世界大厦的内部装修几乎没有什么特色，只有其创始人约瑟夫 - 普利策的办公室例外，该办公室位于摩天大楼镀金圆顶的下方，以其奢华、宽敞和全景而闻名。但它五颜六色、华丽的外表和显眼的皇冠为这座城市 1900 年后更具标志性的摩天大楼奠定了基调：辛格大厦、大都会人寿大厦和伍尔沃斯大厦。在追求高度和城市形象时，他们采用了最新的（尽管是基于历史的）风格繁荣的现代法国、威尼斯文艺复兴以及

图 1.7　欧内斯特・弗拉格，纽约辛格大厦，1906—2008 年
版权方：MNYC/ 欧文・昂德希尔，1913 年

图 1.8　理查德・鲁梅尔在《国王视角下的纽约》（1911 年）中展示“未来的纽约”的插图

哥特式风格，打造令人难忘的广告商标，在天际线上脱颖而出。

欧内斯特・弗拉格（Ernest Flagg）将 1906—1908 年的辛格大厦（图 1.7）设计成一个 186.5m 的细长“钟楼”，其高度几乎是公园街大厦的两倍。辛格当年在海外扩张，在伦敦和格拉斯哥设有销售办事处，并在俄罗斯取得了显著的成功，因此急于宣布其在世界商业市场上的新角色。辛格大厦的工程师奥托・弗朗西斯・塞姆什（Otto Francis Semsch）巧妙地利用了最新的抵抗侧向力的技术，其中包括整个大厦的交叉支撑和将大厦的柱子固定在基墩上的锚杆，以对抗向上的力量。然而，对于弗拉格来说，辛格大厦的重要性在于它给出了控制建筑高度和拥挤的具体的解决方法。

弗拉格认为，纽约的摩天大楼应该用一条平坦的檐口线建造，其高度由街道宽度决定，塔楼应限制在场地的 25%，但可能会上升到一个不确定的高度。由此产生的“塔楼之城”是弗拉格构思的，它与当代流行文学中的插图相对立，这些插图显示未来的城市被不受控制的土地投机的狂热混乱所统治，其中包括理查德・鲁梅尔在 1911 年的《国王视角下的纽约》杂志中插图（图 1.8）。

大都会生活塔（1908—1909）由拿破仑・勒布伦父子公司的皮埃尔・勒布伦设计，伍尔沃思大厦（1910—1913）由卡斯・吉尔伯特设计，可能补充了弗拉格提出的“塔之城”，但弗朗西斯・金博尔的城市投资大楼（1906—1908）的墙壁直接从人行道向上升起，成为该市迄今为止最惊人的笨重建筑，

图 1.9　卡斯－吉尔伯特，伍尔沃思大厦，纽约，1910—1913 年
版权方：国会图书馆

丹尼尔·哈得逊·彭汉与团队 D.H. 伯约姆公司的公正大厦（1912—1915）也说明了《国王视角下的纽约》中所描述的趋势的持续性。公平交易会的庞大体量给周围的街道和建筑物投下了巨大的阴影，这只会加剧制定控制高度和体量的法规的压力。1913 年的《建筑高度委员会报告》对这一问题进行了深入研究，构成了 1916 年纽约区划法案的基础。

卡斯－吉尔伯特（Cass Gilbert）为伍尔沃斯大厦设计的构图，是一座办公大楼，其中延伸出一座优雅的哥特式塔楼，暗指中世纪的弗拉芒自由贸易城市，其中包括布鲁日（Bruges）（图 1.9）。吉尔伯特旨在将纽约这个“国家的企业总部”与中世纪浪漫而怀旧地联系起来，同时唤起他的客户，零售商弗兰克－伍尔沃斯的公民义务感（Fenske 2008：48）。吉尔伯特依靠冈瓦德·奥斯的工程技术建造了 241.5m 的世界最高的塔楼。奥斯建议用有史以来设计或建造得最广泛的门拱支撑系统来对抗风的侧向力。

更重要的是，吉尔伯特效仿了早期的辛格和大都会人寿大厦的榜样，将一个优雅的公共大厅纳入其中，此外，还有一系列公共和半公共的内部空间，其用途从购物街到健康俱乐部，从拟议中的市中心俱乐部到壮观的尖顶天文台（图 1.10）。这些空间的特点各不相同，从“庞贝式浴场”到“中世纪德国拉斯凯勒”和“伊丽莎白时代英国银行大厅”，因此在为租户提供“城中之城”的舒适度的同时，模拟了国际化旅游的体验。来到伍尔沃思的游客可以通过参观尖顶天文台（pinnacle observatory）获得全景，从而增加体验的戏剧性，使摩天大楼成为城市的目的地和观光胜地，与城市最著名的地标建筑相媲美。伍尔沃思酒店不仅营造了一系列公共和半公共景点的优雅和都市气息，还预测了 20 世纪 20 年代纽约阶梯形摩天大楼的特点和规模，为摩天大楼与城市的关系设立了新的标准。

纽约作为一个摩天大楼大都会：20 世纪 20 年代

20 世纪 20 年代，纽约产生了一连串的阶梯形摩天大楼，它们上升到前所未有的高度，形成了一个典型的现代大都市，其视觉特征引起了建筑师、艺术家、摄影师的想象力，使其闻名于世。这座城市的重心已经转移到了市中心，那里的基岩接近地表，而现在的阶梯式建筑，很多都有细长的塔楼，似乎真的从基岩中升起，当它们伸向天空时，变得更轻更空灵。20 世纪 20 年代大都市的这种新的城市特征在很大程度上可以归功于 1916 年的区划法案。

拉尔夫·沃克（Ralph Walker）的巴克莱·维西大厦（Barclay Vesey Building，1923—1926），其垂直的桥墩和自然启发的装饰，都是对沙利文的回报，非常清楚地说明了当时新法律的形式含义。但芬

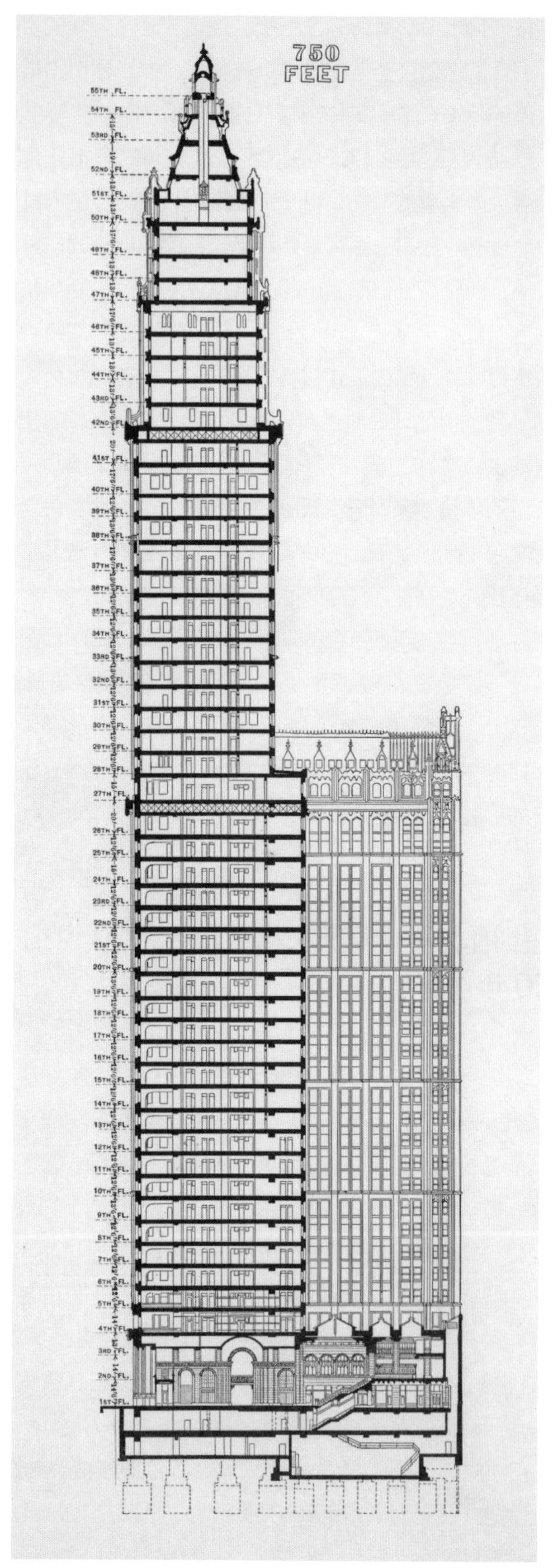

图 1.10 卡斯吉尔伯特，伍尔沃思大厦，纽约，1910—1913 年
版权方：纽约历史学会

兰建筑师埃利尔 · 萨里宁（Eliel Saarinen）在 1922 年参加芝加哥论坛塔（Chicago Tribune Tower）比赛时，在美国建筑界广受好评，被认为是“非正式的赢家”，同样强烈地影响了这座未来的城市。它是最早的阶梯式建筑之一 ——雷蒙德胡德的美国暖炉大厦（1923—1924），并在整个 20 世纪 20 年代对建筑师的想象力产生了强大的影响。

1916 年的区划法案对城市规划的影响超出了对高度和体积的简单甚至平淡无奇的规定，这在很大程度上可以归功于休 · 费里斯的绘画。在他的《明日之都》（1922—1929）中，费里斯用极具视觉力冲击的绘画作品展示了一个管理良好的未来大都市的艺术潜力（图 1.11）。几座城市街区上都是一簇簇像大山一样的阶梯形摩天大楼。这些建筑建立在一个强有力的有序关系中，建立在连接他们的交通基础设施的机械之上，在他们的阶梯中为花园提供了露台，向阳光和新鲜空气开放，暗示着一系列新型的公共空间被提升为迷人的社会环境和高处的壮观景观。费里斯呼吁在城市规划中体现人文价值，他曾设想过这样一个未来的大都市，这与他所说的“拥挤的塔楼”完全不同，或者说是一个过度建设的城市噩梦，几乎没有生活的尺度，人们淹没在噪声、黑暗和混乱中，几乎无法居住（Ferriss 1929：62）。

图 1.11 “商业中心”，来自休 · 费里斯的《明日都市》，1929 年
版权方：艾弗里图书馆

图 1.12　威廉·范·阿伦，克莱斯勒大厦，纽约，1928—1930 年
版权方：国会图书馆

20 世纪 20 年代，纽约退台式摩天楼，或者说地产资本应对区划法案的结果，改变了整个地区（包括服装区商圈）的功能，它们就像一个舞台，为一系列令人眼花缭乱的新地标搭建了一个创纪录的高度（威利斯 1995：16）。在很短的一段时间内，位于 42 街的 198m 长的香宁大厦（1926—1929）在市中心保持着历史记录，它的设计更像是一个板楼而不是塔楼，因为它位于区划法案规定的三个高度区的交会处。这座摩天大楼较低的楼层采用了后来被称为“装饰艺术”的新装饰风格，但在香宁大厦竣工之前，威廉·雷诺兹就提出了建设克莱斯勒大厦的设想（图 1.12）。

雷诺兹是康尼岛“梦幻之地”的建筑商，他的目标是在建筑高度竞争中超过伍尔沃思，所以他委托建筑师威廉·范·阿伦在列克星敦大道和第 42 街设计了一座更高的大厦。由于无法实现这一计划，雷诺兹将这片土地和范·阿伦的设计卖给了汽车大亨沃尔特·克莱斯勒，范·阿伦将摩天大楼标志性的皇冠重新设计成一个奇妙的阶梯形穹顶，像车轮一样的辐条，象征着公司和汽车，同时与纽约最新的百老汇表演的戏剧性能量产生共鸣。在其底部，克莱斯勒大楼直接连接到地铁和中央车站，在其顶层设有“云端俱乐部”，以及一个“观景厅”，向内倾斜的墙面是根据德国表现主义电影设计的，而灯具则设计成微型土星的形状。

对于评论家道格拉斯·哈斯克尔（Douglas Haskell）来说，克莱斯勒大楼的戏剧化仅仅是“特技和效果”，但范·阿伦和克莱斯勒却打算迎合大众的口味。这一点在城市对高度的竞争达到白热化时变得很明显，而范·阿伦也因为他个人与其前搭档克雷格·塞伟雷斯（H.Craig Severence）的竞争而引起了新闻的关注。范·阿伦和塞伟雷斯在不太友好的条件下分道扬镳，塞伟雷斯通过他为华尔街更高的曼哈顿银行公司的最新设计寻求报复，他把他的塔楼升到了 71 层 282.5m 的高度。范·阿伦进行了反击：他从隐藏在克莱斯勒大厦冠层的一个竖井中，将一个 56.5m 的钢制尖顶升至 319.5m，并宣称这是“世界上最高的一块固定钢铁”。在下一个 Beaux 艺术舞会上，范·阿伦穿上了他设计的衣服，赢得了“建筑业中的齐格菲尔德”的称号（Stern、Gilmartin 和 Mellins 1987：605-606）。然而，塞弗兰斯的曼哈顿银行公司还是为华尔街和整个金融区创造了一个引人注目的形象，它与另外三座同样纤细优雅的新楼——城市服务大厦、城市银行农民信托大厦和华尔街 1 号大厦——连接在天际线上，这种安排今天仍被许多人视为“经典”天际线。

到 1930 年，芝加哥也宣称拥有了独特的天际线。30 多个尖塔突破了原先 79m 的高度限制，最高的是 186.5m 的贸易大厦。与纽约的区划法案不同，芝加哥 1923 年的规划法规不允许塔楼高度不受限制；相反，它规定在 25% 的土地上建造的塔楼不应超过建筑物最大立方面积的 1/6。虽然这限制了塔楼层数为 17—20 层，但芝加哥还是形成了一个新的城

图 1.13 纽约洛克菲勒中心，1929—1940 年屋顶花园计划，1932 年
版权方：洛克菲勒中心公司

市身份，即“塔楼之城”。

尽管弗兰克·劳埃德·赖特（Frank Lloyd Wright）在 1924 年为国家人寿保险公司（National Life Insurance Company）设计了一套摩天大楼，但新的天际线还是让人想起了曼哈顿的塔楼，这是一个史无前例的项目，它通过铜片、玻璃和人体尺度的“墙屏”来关注自然采光的质量。在纽约，对高度的争夺仍在继续，最终在帝国大厦（Empire State Building）达到顶峰，该大厦的系缆桅杆高达 381m，比克莱斯勒大厦的塔尖高出 61m。帝国大厦在天际线上孤立地站立着，因为它的位置就在城中心充满活力的建筑场景的南部，其独立性和独特性表明了这样一个在美学上优雅而独特的地标能够塑造一个城市的身份。

鉴于 20 世纪 20 年代经济混乱导致建筑活动的低迷，并最终导致 1929 年华尔街股市崩盘，以洛克菲勒中心（Rockefeller Center）所代表的城市现象作为一种反常现象而引人注目（图 1.13）。洛克菲勒中心始建于 1926 年，是当时规模最大的项目，占据了第五大道沿线的几个街区。从一开始，它的建设者就采取了一种“开明”的方式，提出了如何布置一组摩天大楼，同时关注公共领域，以便共同支持城市的生活。洛克菲勒中心最初被认为是大都会歌剧院的所在地，最终形成了一组办公楼，其中包括一系列精心设计的街道级公共空间，以及上面由跨越城市街道的桥梁连接的高架长廊。这些长廊通过横跨城市街道的桥梁连接起来。约翰·洛克菲勒于 1928 年加入了这个项目，他被认为是“大都会广场公司”的创始人，并任命了工程公司托德、罗伯逊、托德进行财务研究，以及该项目的“联合建筑师”，包括雷蒙德·胡德和哈维·威利·科贝特，共同推进项目设计。

该项目的最终版本以“G3 方案”为基础，将 RCA 大楼①作为一个突出的垂直标志，取代了大都会歌剧院。屋顶上的景点暗示着巴比伦空中花园的形象，这与费里斯的“城市高空”形象相符，RCA 大楼楼下的广场（agora）成为城市公共生活的一个主要中心：通过雕塑“普罗米修斯”，吸引了城市人群在夏天去咖啡馆或在冬天去溜冰场。它将人行道上的广场和低层的购物广场结合在一起，宣告一种新的空间奢华，这正是城市化的标志。这一奢华用一道亮光挑战了大萧条时期黑暗的气氛，而这反过来又象征着该建筑内部最好的空间——无线电城市音乐厅。对于像西格弗里德·吉迪翁这样的现代主义批评家来说，洛克菲勒中心预示着城市规划的新理想。作为一种广受认可的旅游景点，它继续提醒人们，城市的结构可以被改变，不仅仅是为了个人，也是为了整个社区。

① 译者注：1986 年通用公司迁入该大楼，并将名称改为通用电气大楼（GE Building）。

20 世纪 50 年代：战后的摩天大楼和“重回地球”

与 20 世纪 20 年代的大都市的建设者相比，他们放弃了当时的土地投机热潮和对建筑高度的竞争，用历史学家温斯顿 · 魏斯曼（Winston Weisman）的话说，20 世纪 50 年代建造城市的人体现了一种“重回地球”①的思想（魏斯曼 1950：197）。20 世纪 50 年代特有的企业工作环境，旨在支持打字机和新的电子计算器，并促进建立合理化的工作流程，需要大而无障碍的内部空间，以及保证更高标准的人体舒适度的新建筑系统——空调和灯光照明。这种开放的工作环境现在可以通过支持无柱空间的结构设计来实现，而获取大量的自然光，比追求建筑高度更为重要。

同样重要的是，希格拉姆公司（Seagram Company）雇佣了密斯 · 凡 · 德 · 罗（Mies Vander Rohe）作为他们的建筑师，利华公司（Lever Company）选择了密斯的仿效者斯基德莫尔（Skidmore）、奥文斯（Owings）和美林（Merrill），旨在于城市中树立一个贵族企业形象（图 1.14、图 1.15）。因此，他们并不以建造最高或最炫的摩天大楼为目标。每座大楼都采用了朴素而优雅的现代主义风格，目的是要在城市中营造出一种庄重、矜持而强大的存在感。这一新的企业现代主义与 1932 年现代艺术博物馆的“国际风格”展览有着强烈的一致性，其脉络可以追溯到 20 世纪

图 1.14 密斯 · 凡 · 德 · 罗，希格拉姆大厦，纽约，1953—1954 年
版权方：© 贝特曼 /CORBIS

图 1.15 SOM，利华大厦，纽约，1951—1952 年
版权方：SOM/Hedrick Blessing

① 译者注：建筑界“重回地球”的思想是要把绿地、风、光、水引入建筑系统，实现与自然共生的思想。

20 年代欧洲前卫艺术的实验，其中包括沃尔特 · 格罗皮乌斯（Walter Gropius）参加芝加哥论坛报大厦比赛（Chicago Tribune Tower competition）和勒 · 柯布西耶（Le Corbusier）为“当代城市”设计的钢、混凝土和玻璃摩天大楼，两件事都发生在 1922 年。或许同样重要的是，美国最早的这类摩天大楼，豪伊和莱斯卡泽在费城的 PSFS 大楼（1929—1932），以其不对称的构图、突出的结构以及简洁高效的形象，标志着美国商界对这种前卫的欧洲现代主义的接受。

密斯为希格拉姆大厦（1953—1954；图 1.14）所做的设计具有高贵、微妙和沉默的特点，恰好打动了希格拉姆公司总裁塞缪尔 · 布朗夫曼（Samuel Bronfman），他渴望改善公司的公众形象。该公司曾有不那么光彩的过去，包括禁酒令期间走私。最近，他完成了湖岸大道公寓的两座摩天大楼，他在其中开发了原型金属和玻璃系统，并将继续在未来的摩天大楼中使用。现在，密斯完善了他的摩天大楼的现代元素词汇，在显眼位置使用青铜工字梁作为标志。同样重要的是，他将自己的现代纪念碑（或公司“精神代表物”）安置在距地块界线 27.5m 的一个空旷的广场上，进一步实现了布朗夫曼的贵族权利的目标：希格拉姆放弃了其他可建设的空间，用来建造广场以提高城市的公共生活。

由于意识到这类广场对城市的积极影响，纽约市规划局于 1961 年参与修订了 1916 年的区划法案，并将希格拉姆项目视为新法令的典范，最终形成了以容积率为基础的城市规范。密斯颇具影响力的设计和规范，强调了公共空间的重要性，这将显著塑造城市的未来。

SOM 设计的利华大厦（1951—1952；图 1.15）在希格拉姆大厦之前打破了纽约公园大道的标准开发模式，其设计师采用了与密斯类似的策略。然而，相比之下，SOM 的设计依靠水平板块和垂直板块两个体量的微妙平衡实现了惊人的视觉效果，每一个细节都不放过，并且用对环境敏感的吸热蓝绿色玻璃幕墙包裹，这是最早使用这种完整的幕墙，投射出令人难忘的轻巧、优雅和空灵的形象。

利华兄弟公司（Lever Brothers）生产用于清洁的家用产品，并希望其客户能将建筑外观的“清洁度”与这些产品联系起来。和希格拉姆大厦一样，利华大厦也表明其建造者并不关心以最高或最炫的摩天大楼来赢得竞争。相反，他们放弃了城市这些本可以“建造到极限”的空间。这无疑是培养一个与城市文明相关的积极企业形象的良好策略。

20 世纪 60 年代和 70 年代的超高摩天大楼

20 世纪 60 年代摩天大楼建造者对高度的重新追求，代表了与 20 世纪 50 年代大胆“回归地球”的不同。赖特在 1956 年用他的“一英里高摩天大楼”预测了这一趋势。这是一个富有想象力但完全不切实际的项目。尽管如此，在十年内，工程师法兹鲁 · 汗（Fazlur Khan）与 SOM 的建筑师布鲁斯 · 格雷厄姆（Bruce Graham）合作，构思出了一种新的结构范式，可以现实地支持壮观的高度，如约翰 · 汉考克中心（1965—1970）和芝加哥西尔斯大厦（1968—1974）（图 1.16、图 1.17）。

法兹鲁 · 汗的突破意味着要以全新的方式将高层建筑概念化，即将高层建筑作为“管”，而不是作为框架结构。由于密斯的形式创新有很深的造诣，以至于为法兹鲁汗戏剧性的作品提供环境。这似乎不太寻常，但自从其诞生以来，该公司在为建筑师和工程师提供合作框架方面获得了声誉。1930 年加入该公司的工程师约翰 · 梅里尔（John Merrill）和伊利诺伊理工大学从事研究的建筑师兼工程师迈伦 · 戈德史密斯（Myron Goldsmith）对 SOM 的工程创新方向产生了重大影响。

在 1965 年设计 100 层 343.5m 高的约翰 - 汉考克中心时，法兹鲁 · 汗和格雷厄姆对“筒体结构系

图 1.16　1965—1970 年芝加哥约翰 – 汉考克中心 1.16 号
版权方：马歇尔 · 格罗梅塔

统”进行了一次壮观的测试（图 1.16）。汗使用计算机分析精确地确定由柱子和巨型交叉支撑的管道在三维和动态上对风力的响应。这座摩天大楼的外观以“石油井架”的美感著称，为观众呈现了一幅清晰的塔楼结构行为视觉图。均匀分布的刚性地板作为刚性横隔梁，将横向荷载分配给管道的结构部件，有助于设计高效地使用结构钢。作为世界上第一座超高摩天大楼，也可以说是第一座真正的“多用途”摩天大楼，汉考克中心将办公、公寓、商业空间、天文台、餐厅和单一结构内的停车场等一系列活动空间整合在一起。

汉考克中心很快就赢得了很高的声望，但批评人士问：这是好的城市化吗？其基地的广场既不是一个令人印象深刻的入口，也不是一个生机勃勃的聚集空间。占据塔楼的人几乎没有发现与城市有任何联系。此外，重复的楼板确保了塔楼作为一个桁架管的有效行为也决定了塔楼内部的空间关系，几乎不允许有空间变化，更不允许创造明显的公共空间，更不用说创建大规模的公共空间，使得租户可以在其中聚集，从而培养一种社区意识。简 · 雅各布斯（Jane Jacobs）的《美国大城市的生与死》（1961）定义了一个可行的城市社区的特征，其中包括人行道、公园、多样性和小街区，这些都无法描述汉考克中心内或周围的城市环境。

法兹鲁 · 汗和格雷厄姆在 1968—1974 年设计了西尔斯大厦（现在的威利斯大厦），创造了 110 层（442.5m）的新高度纪录（仅受联邦航空局指南的限制），并提出了摩天大楼和城市之间更大胆的关系（图 1.17）。在结构概念上，西尔斯塔是一个“筒束”，与带桁架整体连接，在结构上表现为一个整体。这九个筒道在平面上代表一个正方形，并在不同楼层提供各种办公室形状和面积的选择。但格雷厄姆最重要的是为天际线寻找一种独特的形式——“又一座山……平原上的这座城市”——它的功能相当于汉考克中心（Ali 2001：231）的筒状结构。对于西尔斯 · 罗巴克公司（Sears Roebuck and Co.）来说，这座大楼是一个引人注目的象征。西尔斯 · 罗巴克公司自 1893 起就在芝加哥设立了总部。虽然它与城市环境之间没有什么积极的联系，但它本身过高的高度却提供了一些补偿：顶层的办公室总是被占用，而每年接待 140 万游客的天文台则提供了传奇般的景观。

在纽约，世贸中心的双子塔（1962—1967，1968—1973）代表了当时最宏伟的“筒体概念”的部署，目的是达到极高的高度，塔高分别达到 415m 和 417m。该项目的工程师莱斯利 · 罗伯逊（Leslie Robertson）在 1962 年写道，他在设计中使用了“筒体概念”，也许这是第一次，尽管汗将这个想法的

图 1.17 芝加哥西尔斯大厦，1968—1974 年
版权方：SOM/Hedrick Blessing

起源追溯到 1961 年："法兹鲁和我独立地想到了这个想法"（Ali 2001：43）。西尔斯大厦一年后在芝加哥建成，它的高度上升了近 30.5m，但世贸中心的可出租总建筑面积是它的两倍，其交通和购物商场的基础设施覆盖了 12 个城市街区。在构思这个项目时，纽约港务局局长盖伊·托佐利（Guy Tozzoli）指示该项目的建筑师山崎实（Minorou Yamasaki）："肯尼迪总统要把一个人送上月球，你要想办法为我建造世界上最高的建筑"（Glanz and Lipton 2003：108）。托佐利以其对租户和港口管理局的宣传价值来证明塔楼的高度是合理的，旨在集中城市的航运和进出口商品的许多方面，从而促进其衰落的港口的命运。

为了获得建造世贸中心的场地，建筑商们在当地人的抗议下拆除了 164 座建筑，并将当地旧有的水、污水和煤气管道等基础设施一并清除。旧的哈德逊码头有两个街区，作为项目的交通节点，可以通往 IRT、BRT 和 IND 地铁线以及港务局的跨哈德逊铁路系统。最初，评论家们对这些大楼赞不绝口，但随着 20 世纪 60 年代的结束，文化发生了改变，沃尔夫·范·埃克卡尔特（Wolf van Eckardt）将它们评为"令人恐惧的城市工具"，艾达·路易斯·哈克斯特布尔（Ada Louise Huxtable）称它们"没有风度"，而其他人则嘲笑它们的"巴克·罗杰斯"品质，注意到这些新技术往往带来新的弱点（Gillespie 1999：175）。大楼与人行道在一个开放的广场上相接的方式相当突然，对许多人来说，代表了雅各布斯的城市"邻里"思想的对立面。

在 20 世纪 70 年代和 80 年代世界各地设计的摩天大楼中，"筒体结构概念"激发了结构的变化和可能性，这甚至是汗或罗伯逊可能没有想到的。此外，许多摩天大楼在处理人的尺度和旨在支持公共或半公共领域内的人类活动的空间方面，显示出比它们的前身更多的细腻性。其中包括 1970—1977 年由休·斯塔宾斯和工程师威廉·勒梅苏里埃设计的纽约花旗银行中心，以及贝聿铭和莱斯利·罗伯逊设计的香港中国银行（1984—1990）。贝聿铭将中国银行构想为一个由四个垂直筒组成的"筒束"，每个筒都是三角形的，随着建筑的上升，停在一个特定的楼层，从而形成了一个看起来"被雕刻"的轮廓，就像一个梦幻般的岩石晶体在逐渐错位的几何游戏中升入天空 72 层（图 1.18）。

尽管罗伯逊承认结构转角处的细节是有问题的，但这是一种"胡思乱想"，部分原因是客户希望避免大的"X"形，这对风水师来说是失败的象征。尽管如此，中国银行还是建议将建筑和结构结合起来，与汉考克中心或西尔斯大厦并不一样。这种多面性、晶体状的结构为香港提供了一个城市的标志，并在一系列的视觉媒体中使用。但更重要的是，它产生了一系列令人愉快的内部空间，其中包括银行大厅和上层的中庭，它充满了阳光和绿色植物，提供了壮观的景色，并为租户提供了休息的地方，作为办公室日常工作的休息场所。

南北向向西

0 —— 26m

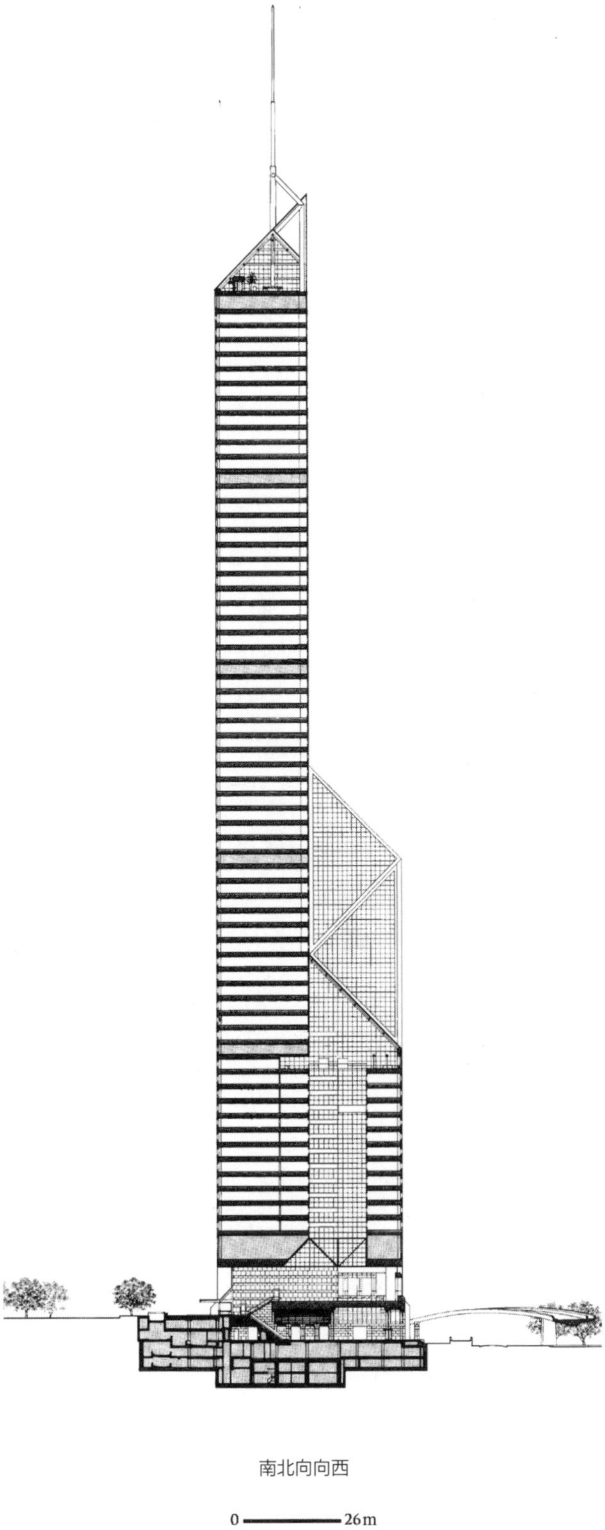

图 1.18　中国银行，香港，1984—1990 年，剖面图
版权方：贝聿铭，自由人和合伙人

“绿色摩天大楼”和城市化的潜力

在 20 世纪 90 年代，设计师们开始探索摩天大楼设计的一些新方向：日益增长的环境意识催生了“绿色”摩天大楼；对城市社区的高度关注丰富了早期的文明观念；而重振公共领域的目的是鼓励他们在摩天大楼及其周边空间内寻求一种社区感。

1989—1992 年，杨经文（Ken Yeang）在马来西亚雪兰莪州建造了 IBM 大厦，即梅那拉 · 梅西加尼亚塔楼（Menara Mesiniaga）（图 1.19），他称之为“生物气候摩天大楼”，并提出了一个引人注目的摩天大楼的新概念类型。外部种植、“天庭”、东

图 1.19　T.R. 哈姆扎和杨经文设计，IBM 大厦，梳邦再也，雪兰莪州，马来西亚，1989—1992 年
版权方：哈姆扎和杨经文

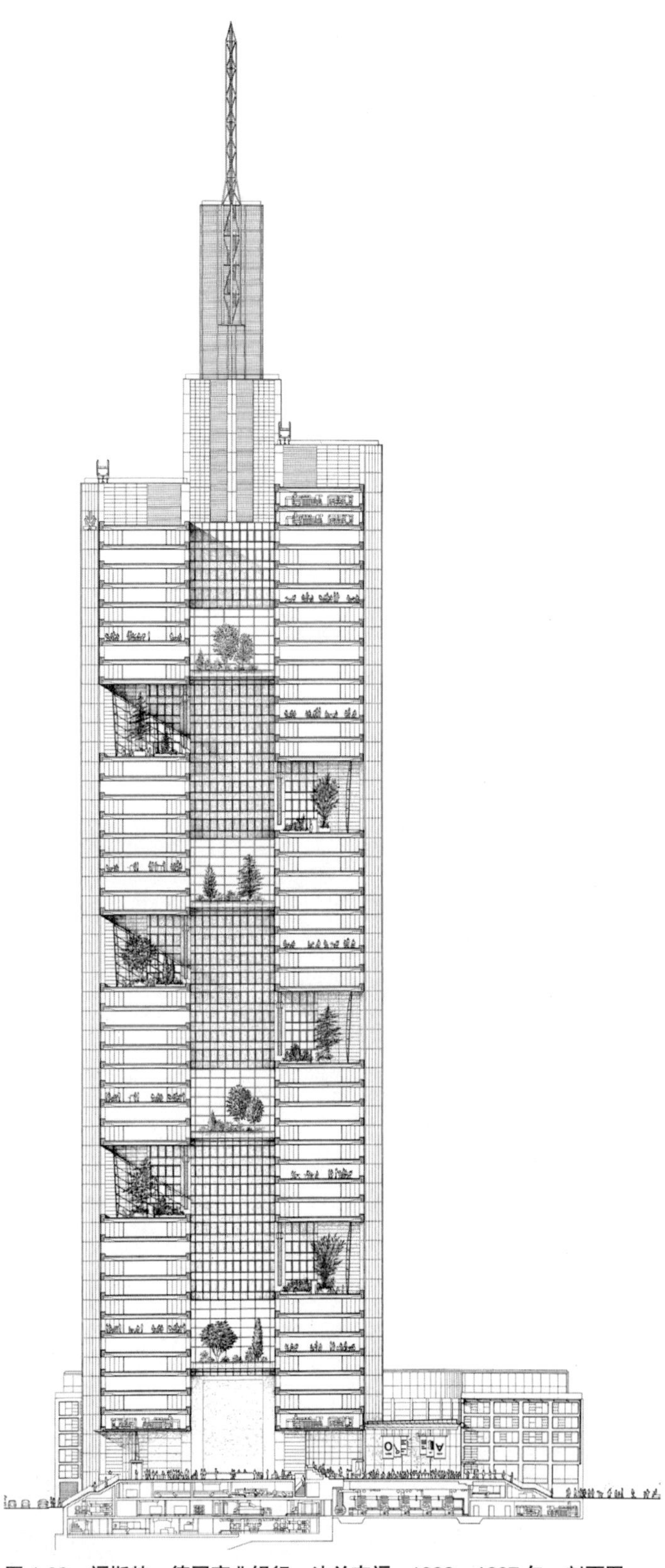

图 1.20　福斯特，德国商业银行，法兰克福，1993—1997 年，剖面图
版权方：福斯特提供

西向的窗户以减少太阳辐射，以及屋顶上由翅片和百叶窗遮挡的无露台，都是杨经文在其创新的、对环境敏感的设计中所总结的特点。

杨经文设计的边庭从一个三层楼高的种植土堆开始上升，并沿着建筑物的表面螺旋上升，沿途与以绿色植物为特色的中庭相交。他的设想是建立与自然的联系，同时引导空气的流动，提供阴凉，并支持富含氧气的环境。杨经文的生物气候摩天大楼是以严格的研究和开发计划为前提的，包括“太阳路径计划”“风玫瑰计划”“覆层和表皮计划”和“基于生态原则的生活方式模式”。杨经文计划的核心是“节能”和将建筑设计为“开放系统”。

像杨经文一样，福斯特也致力于改造摩天大楼。由该公司设计的位于法兰克福的德国商业银行（Commerzbank，Frankfurt，1993—1997）为了成为当时欧洲最高的摩天大楼，增加到 60 层，高 259m（图 1.20）。因此，诺曼 · 福斯特认为在设计中引入补偿设施和节能措施是明智的。他与奥雅纳（Arup）合作，对典型的摩天大楼内部进行了改造，将其“内翻外”以适应周围环境。他利用一个三角形平面图，每个角落都有结构服务核心（电梯、公共设施、结构支撑），将一个空间竖井作为中央通风中庭，并结合了九个有主题规划的花园，每个花园四层楼高，横跨结构服务核心之间的整个距离。这一设计为办公室提供了最佳的日照量，同时也为居住者提供了重要的半公共空间，使他们能够在工作空间之外聚集。它采用双层玻璃窗和电动控制装置，来循环外部的新鲜空气。德国商业银行立即获得了“绿色摩天大楼”的美誉，今天仍然是“绿色摩天大楼”的一个经典案例。

这座针状的超高层摩天大楼与“绿色摩天大楼”的出现同步进行。西萨 · 佩里 1989 年为芝加哥设计的米格林 · 贝特勒大厦，比世

图 1.21　Cesar Pelli，双子星塔，吉隆坡，1993—1998 年
版权方：托马斯 · 万霍史 / 弗里克，根据知识共享许可证

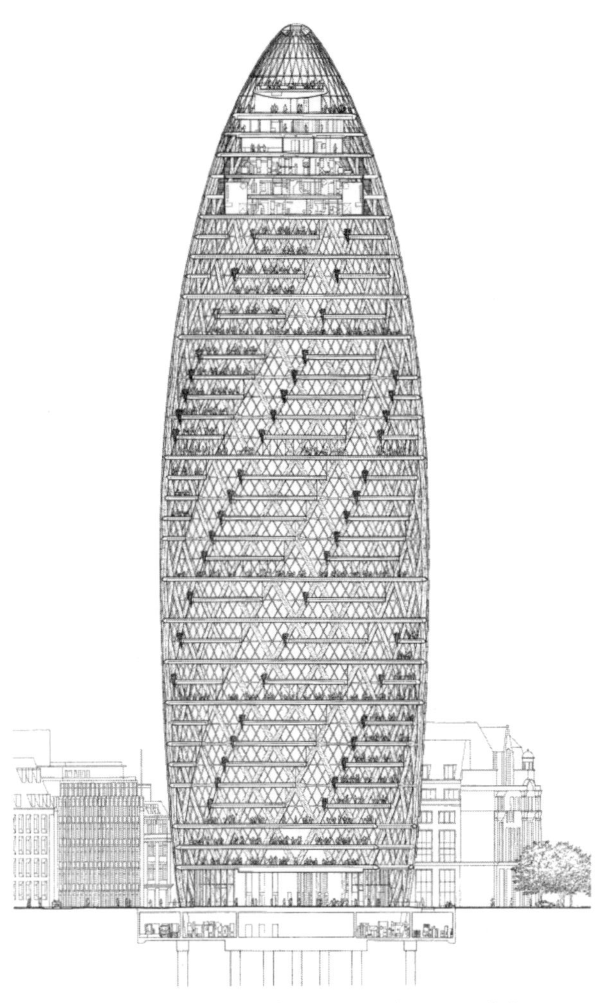

图 1.22　福斯特及合伙人事务所，伦敦圣玛丽斧街 30 号，1997—2004 年
版权方：福斯特提供

贸中心还高，但建筑面积减少了 10 倍，旨在容纳许多小型创业企业，而不是大型企业，它是摩天大楼新理念——尖顶的典型代表。佩里在马来西亚吉隆坡的双子星塔（Petronas Towers）进一步提出自己的想法（图 1.21）。马来西亚国家石油公司的大厦在 1997 年竣工时，高 452m，是世界上最高的。佩里与桑顿托马塞蒂公司的查尔斯桑顿（Charles Thornton）工程师合作，设计了一种由高强度混凝土制成的核心墙和周边柱组成的结构体系。佩里有说服力地写道，摩天大楼有能力象征性地标志着全球文明中的一个特定的地理位置，他的大厦与马来西亚清真寺和城门的细长塔楼遥相呼应，同时象征着吉隆坡登上全球经济舞台。

20 世纪即将结束之际，一些建筑商放弃了“为了高而高”的做法。福斯特（Norman Foster+ Partners）作为工程师与奥雅纳协商，在伦敦重新出现的关于建筑高度的争议中，设计了圣玛丽斧街 30 号（1997—2004 年；图 1.22）。在 180m 和 40 层楼高的地方，有一个圆形的钢芯和一个“对角形”的互锁钢构件，这些钢构件绕着塔的外缘向上盘旋，在顶点汇合，圣玛丽斧街 30 号的特点是其内部的体量关系：6 个三角形的光井穿透每个圆形的地板，每个地板依次轻微旋转，使光井围绕塔表面向上旋转，垂直向上输送空气，同时降低能耗。塔的表皮驱散了两层玻璃之间空气空间的热量。同样重要的是，光井服务于社区功能：

作为聚集空间，它们提供多个俯瞰点，促进了社会互动。楼的形状符合一种空气动力学形式，可以减少阵风的向下冲刷，其好处是为天际线增添了一个现代而优雅的地标，经常与圣保罗大教堂（St. Paul's Cathedral）的圆顶并列展示，人们亲切地称之为“小黄瓜”。

在21世纪，对高度的追求仍在继续，迪拜哈利法塔的建成就说明了这一点，它高达828m，许多人计划在世界各地的城市，特别是中国、韩国和中东建造更高的塔。然而，正如其他设计师的作品所示，其中包括伦佐·皮亚诺（Renzo Piano）2012年的伦敦桥塔，该塔拥有一个宽敞的冬季花园和上层中庭，竞争已经转向了更多的社会意识标准：生态责任、社区创建、城市文明和公共领域的保护。

参考文献

图书

Ali, Mir M. *Art of the Skyscraper: The Genius of Fazlur Kahn.* New York: Rizzoli, 2001.

Billington, David. *The Tower and the Bridge: The New Art of Structural Engineering.* New York: Basic Books, Inc., 1983

Bluestone, Daniel. *Constructing Chicago.* New Haven: Yale University Press, 1991.

Boyer, M. Christine. *Manhattan Manners: Architecture and Style, 1850–1900.* New York: Rizzoli, 1985.

Bruegmann, Robert. *The Architects and the City: Holabird & Roche of Chicago, 1880–1918.* Chicago: University of Chicago Press, 1997.

Condit, Carl. *The Chicago School of Architecture.* Chicago: University of Chicago Press, 1964.

Domosh, Mona. *Invented Cities: The Creation of Landscape in Nineteenth-Century New York and Boston.* New Haven: Yale University Press, 1996.

Fenske, Gail. *The Skyscraper and the City: The Woolworth Building and the Making of Modern New York.* Chicago: University of Chicago Press, 2008.

Ferriss, Hugh. *Metropolis of Tomorrow.* New York: Princeton Architectural Press, 1986 (first published 1929).

Flowers, Benjamin Sitton. *Skyscraper: The Politics and Power of Building New York City.* Philadelphia: University of Pennsylvania Press, 2009.

Gissen, David. *Big and Green: Toward Sustainable Architecture in the 21st Century.* New York and Washington, DC: Princeton Architectural Press and National Building Museum, 2002.

Gillespie, Angus Kress. *Twin Towers: The Life of New York City's World Trade Center.* New Brunswick, NJ: Rutgers University Press, 1999.

Glanz, Jim and Eric Lipton. *City in the Sky: The Rise and Fall of the World Trade Center.* New York: Henry Holt and Company, 2003.

Hoffmann, Donald. *Frank Lloyd Wright, Louis Sullivan and the Skyscraper.* Mineola, New York: Dover Publications, 1998.

Jacobs, Jane. *The Death and Life of Great American Cities.* New York: Random House, 1961.

Jordy, William H. *American Buildings and Their Architects: The Impact of European Modernism in the Mid-Twentieth Century,* vol. 5. New York: Oxford University Press, 1972.

King, Moses. *King's Views of New York 1896–1915.* New York: Arno Press, 1977.

Krinsky, Carol Herselle. *Rockefeller Center.* New York: Oxford University Press, 1978.

Landau, Sarah Bradford and Carl Condit. *Rise of the New York Skyscraper, 1865–1913.* New Haven: Yale University Press, 1996.

Mayer, Harold M. and Richard C. Wade. *Chicago: Growth of a Metropolis.* Chicago: University of Chicago Press, 1969.

Merwood-Salisbury, Joanna. *Chicago 1890: The Skyscraper and the Modern City.* Chicago: University of Chicago Press, 2009.

Moudry, Roberta, ed. *The American Skyscraper: Cultural Histories.* New York: Cambridge University Press, 2005.

Mujica, Francisco. *History of the Skyscraper.* Paris: Archaeology and Architecture Press, 1929.

Pelli, Cesar and Michael Crosbie. *Petronas Towers: The Architecture of High Construction.* London: John Wiley & Sons, 2001.

Report of the Heights of Buildings Commission. New York: Board of Estimate and Apportionment, 1916.

Riley, Terence and Guy Nordenson. *Tall Buildings.* New York: The Museum of Modern Art, 2003.

Shultz, Earle and Walter Simmons. *Offices in the Sky.* Indianapolis: Bobbs-Merrill, 1959.

Solomonson, Katherine. *The Chicago Tribune Tower Competition: Skyscraper Design and Cultural Change in the 1920s.* New York: Cambridge University Press, 2001.

Sorkin, Michael and Sharon Zukin. *After the World Trade Center.* New York: Routledge, 2002.

Stern, Robert A.M., Gregory Gilmartin, and Thomas Mellins. *New York 1930: Architecture and Urbanism between the Two World Wars.* New York: Rizzoli International Publications, 1987.

Stravitz, David. *The Chrysler Building: Creating a New York Icon, Day by Day.* New York: Princeton Architectural Press, 2002.

Tauranac, John. *The Empire State Building: The Making*

of a Landmark. New York: Scribner, 1995.

Willis, Carol. ed. *Building the Empire State*. New York: W.W. Norton & Company and The Skyscraper Museum, 1998.

Willis, Carol. *Form Follows Finance: Skyscrapers and Skylines in New York and Chicago*. New York: Princeton Architectural Press, 1995.

Yeang, Ken. *Bioclimatic Skyscrapers*. London: Artemis, 1994.

文章及章节

Bletter, Rosemarie, Haag. "The Invention of the Skyscraper: Notes on Its Diverse Histories," *Assemblage* 2 (February 1987).

Bruegmann, Robert. "The Marquette Building and the Myth of the Chicago School," *Threshold* (Fall 1991).

Clausen, Meredith L. "Paris of the 1880s and the Rookery," in John Zukowsky, ed., *Chicago Architecture, 1872–1922: Birth of a Metropolis*. Chicago and Munich: The Art Institute of Chicago and Prestel, 1987.

Fenske, Gail and Deryck Holdsworth. "Corporate Identity and the New York Office Building, 1895–1915," in David Ward and Olivier Zunz, eds., *The Landscape of Modernity: Essays on New York's Built Environment*. Baltimore: Johns Hopkins University Press, 1997.

Jordy, William H. "The Tall Buildings," in Wim de Wit, ed., *Louis Sullivan: The Function of Ornament*. New York: W.W. Norton & Company, 1986.

King, Anthony. "Worlds in the City: Manhattan Transfer and the Ascendance of Spectacular Space," *Planning Perspectives* 11 (1996): 97–114.

Robertson, Leslie and Saw-Teen See. "Structural Systems," in A. Eugene Kohn and Paul Katz, eds., *Building Type Basics for Office Buildings*. New York: John Wiley & Sons, 2002.

Siry, Joseph. "Adler and Sullivan's Guaranty Building in Buffalo," *Society of Architectural Historians Journal* 55 (March 1996): 6–37.

Sullivan, Louis H. "The Tall Office Building Artistically Considered" (first published 1896), in *Kindergarten Chats and Other Writings*. New York: Dover Publications, 1979.

Van Zanten, David. "Twenties Gothic," *New Mexico Studies in the Fine Arts* 8 (1983): 19–23.

Weisman, Winston. "Skyscrapers: The Return to Earth," *Architectural Review* (March 1950): 197–202.

第2章
美学、象征主义与21世纪的地位

克里斯·威尔金森（Chris Wilkinson）

当路易斯·沙利文在1896年的文章《从艺术角度考虑的高层办公楼》中创造了“形式永远跟随功能”这一短语时，他不可能想象到最近在超高层建筑形式方面的一些发展，扭曲、曲线、褶皱、锥形和悬臂只是在寻求创新的新形式中所探索的一些几何构思。

他热衷于去掉对建筑物不必要的建筑装饰，但他的美学智慧在近一个世纪的“现代主义”中是正确的，在这一时期，大多数建筑物的形式是由相当简单的结构原则决定的。最近，复杂的三维建筑造型程序和结构工程师的快速应力分析建模程序的新进展对这一切提出了挑战。

很明显，建筑的发展正处于一个新的转折点，在这里，几乎所有可以想象的形式都是可能的，但仍需决定什么是合适的。这种情况对塔楼和摩天大楼的设计尤其重要，因为这些建筑所需的巨大财政投资带来了认可和地位，但这只能通过定制的、个性化的建筑形象来充分实现。因此，人们正在探索令人兴奋的新结构体系的解决方案在技术上可以实现的时期。这与摩天大楼的演变完全一致，它总是与建筑技术的新发展以及地位和权力的表达相联系。

声明

一座超高塔楼的象征意义与财富有很大关系，但这是相对的，其总是可以与附近的其他塔楼、城市或世界其他地方的塔相比较，这就是为什么塔楼在高度和身份方面存在如此多的竞争。在高层和超高层的专属世界里，仅仅拥有100层以上的楼层是不够的——整体视觉冲击力也是至关重要的。这个深奥的问题引发了关于塔楼建筑的论战，以及应该如何评判一座塔楼。虽然审美和美丽是根本，但其他标准，如创新、个性、地位、象征意义和背景也很重要。一旦建筑物及其组成部分大大超过人习惯的尺度，有关规模和比例的正常判断就会变得具有挑战性。视觉外观更有可能从形式、结构和用于表皮的材料方面进行评估。在这些领域，建筑的范围在过去十年里大大增加，这引发了试验和创新。

例如，挤压的垂直形状，无论是矩形还是弧形，都被更复杂的几何结构所取代，这些几何结构在天际线上提供了更有趣的轮廓。结构形体有助于选择折叠的晶体形状或曲线有机形状。幕墙的发展为探索这些新形式提供了更多的自由，同时也提供了更多的提高能源效率和更加可持续的解决方案。高度现在更多关注的是经济因素和获取殊荣的意图，而不是技术限制。

打破束缚

在早期，由于工程技能不足、使用天然材料、消防安全问题、水压以及由于没有电梯而需要攀登的台阶数量，建筑物的高度受到了严重的限制。如第 1 章所述，第一批真正的摩天大楼在 19 世纪末才在美国出现。

在 20 世纪的大部分时间里，纽约是摩天大楼世界的首都，是资本主义和技术时代的缩影。明亮、闪亮的塔楼相互争夺日光和天际线的份额，楼群成为一个整体比作为独立的个体更加具有重要性。

建筑方面的突破出现在 20 世纪 50 年代初，有两个项目确立了高层建筑的“国际风格”，成为其他人效仿的视觉模板。这就是 1951 年 SOM 设计的利华大厦和 1957 年由密斯 · 凡 · 德 · 罗与菲利普 · 约翰逊合作设计的西格拉姆大楼。简单的形式，完全由重复的幕墙包覆，它们几乎相对坐在纽约的公园大道上，都在自己的城市广场上。在某种程度上。它们将包豪斯的许多理想带到了纽约，但规模更大，更具有商业吸引力。

开发商认为，这两栋楼的设计，以矩形地板和中央结构核心，代表了完美的办公楼布局，有灵活性和有效的净建筑面积比。多年来，高层塔楼典型楼层平面的首选尺寸有所增加，以适应现代办公实践，外观也有不同的反复，但这种基本形式至今仍是世界各地城市中高层塔楼的流行选择。

然而，随着新技术的出现，超高层塔楼的形状变得更加复杂。这主要是由于一个不可回避的事实——即带中心核心的传统矩形框架需要某种形式的额外外部支撑，以应对超高层塔楼带来的额外风荷载，这可以通过在周边设置一个紧密的刚性柱网格来实现，正如在纽约世贸中心率先实现的那样；在香港国际金融中心采用超柱和外伸支腿；在芝加哥约翰 - 汉考克中心上使用的某种外部斜框架结构；由芝加哥西尔斯大厦的 SOM 的法兹勒 · 汗首创的“筒中筒”的结构。

风的影响

2010 年完工的迪拜哈利法塔也发展出了结构概念的衍生，该建筑也是 SOM 设计的，高达 828m，是世界上无可争议的最高建筑，令人印象深刻。它采用阶梯形的筒状多重结构，以“Y”形排列，支撑六角形的中心结构核心，在所谓的“支撑核心”系统中。首席设计师阿德里安 · 史密斯（Adrian Smith）声称，水鬼蕉的花朵是这种形状的灵感来源，但它也受到公寓和酒店房间最大化视野和光线的实用性的影响。该建筑的表面积超过 167,225m^2，覆盖着一个重复的玻璃和不锈钢幕墙系统，该系统遵循筒状结构的弧度每隔 30 层就有一个两层的带状结构。每隔 30 层就有一个特殊的水平包层，将机房包围起来（图 2.1）。

这座建筑很难评估，因为它的设计是由高度和形状决定的，但是它的概念是清晰的，它的完整性基于健全的工程原理。依靠这些管子创造出一种逐渐变细的螺旋形，似乎以一种“建构主义”的方式强调了建筑的高度，这与弗兰克 · 劳埃德 · 赖特关于一英里高的塔楼的富有远见的项目有着相似之处，遗憾的是，一英里高的塔楼尚未被建造。

独立自主

螺旋形在自然界中经常出现，而在哈利法塔中，几何形状提供了一种优雅的平衡。大部分的酒店都在较低的水平，这使得基地显得非常广阔。然而，这对建筑的环境影响很小或根本没有影响，因为它位于自己的领域，与城市的其他部分相对无关。在这方面，它并不是真正意义上的城市建筑，而是一个自给自足的大都市。

建造哈利法塔无疑是一项令人难以置信的成就，它使世界的注意力集中在这个相对较小但雄心勃勃的阿拉伯联合酋长国公国身上。不幸的是，由于世界金融衰退，规划和建设这样一个重大项目所花的时间严

图 2.1　迪拜哈利法塔的包层
版权方：SOM/ 尼克 · 梅里克

图 2.2　中国台北 101 大楼
版权方：台北金融公司

重影响了它的命运。这里没有什么新鲜事，就像 20 世纪 30 年代大萧条时期帝国大厦开建时发生的一样，它大部分空间空置了很多年，赢得了“空置国家建筑”的绰号。

也许现在判断哈利法塔的全部意义还为时过早，但关于建筑工人的恶劣条件和对其巨大的碳足迹的担忧仍在不断涌现，该项目被描述为“一个由信贷驱动的过度消费时代的纪念碑，既不负责任又不可持续”。这座位于沙漠边缘的世界上最高的建筑，可容纳 35,000 人。它象征着财富和雄心壮志，但其合理性仍有待商榷。

象征与传统

中国台北 101 大楼（图 2.2）在 2004—2010 年期间占据了人们梦寐以求的“世界最高”位置，但它的审美观却大不相同，充满了与当地传统相关的象征。它的建筑师李祖原（C.Y.Lee）非常希望通过融入有意义的亚洲参照物和符号，将这座建筑打造成现代台湾的标志性建筑。它的形状是为了唤起中国宝塔的风潮，在精神上把天空和大地结合在一起。它的 101 层与新千年有关，因为它是 2000 年后建成的第一座大型摩天大楼。在中国文化中，数字 8 与繁荣和好运联系在一起，所以这栋建筑由 8 个向上的 8 层盒子组成，每个盒子的形状像一个中国的钱箱，代表着富足。字节的数字单位，由 8 位组成，也被引用。如果这还不够作为象征意义的话，在楼顶安装了 4 个大圆盘，入口上方有代表财富的金币徽章，整个建筑中都出现了“如意”图案，寓意提供满足和保护。

对于这些历史和文化参照物在一个与中国台湾建筑规模完全不同的高科技超级大厦中的相关性，存在着一个哲学问题。这可能被视为一种重要的方式，为这个诞生于纽约和芝加哥的美国概念提供一些本地意义。

1998 年，由西萨·佩里设计的吉隆坡双子星塔竣工时，也有人提出了类似的问题。在描述这一概念时，这位建筑师说："我试图表达我所认为的马来西亚的精髓、丰富的文化和对未来的非凡憧憬。"这座建筑根植于传统，体现了马来西亚的抱负和雄心壮志。

它的正面与其说是一座现代摩天大楼，不如说是一座伊斯兰纪念碑，并不是一个平滑、清晰的形式。平面形状的几何学是基于两个互锁的正方形，创建了一个八角星形，八个半圆插入内角，从而使外观看起来更加柔和。塔楼的上层是锥形的，有五个台阶，最上面的墙壁倾斜成一个尖顶。

据说："在建筑上，这些形式反映了伊斯兰统一、和谐、稳定和理性的至高无上的原则"，但无论如何诠释象征意义，这些建筑都有着与传统的美国摩天大楼截然不同的独特外观。

1998 年建成后，双子星塔取代威利斯大厦成为世界上最高的大厦，并帮助吉隆坡成为一个主要的国际城市。它们在视觉上的突出表现，很大程度上取决于第 41 层和 42 层楼由一座细长的人行天桥连接的同一双塔的力量（图 2.3）。在肖恩·康纳利和凯瑟琳·泽塔·琼斯主演的电影《诱捕》中如此戏剧性地描绘了这一优雅的联系，它是独一无二的，并对建筑物的身份作出了有力的说明。

这一点得到了塔楼建筑师西萨·佩里的加强，他强调了建筑物之间空隙的重要性，称之为"描绘一条看不见的对称轴"，这也与古代道教哲学家老子的著作有关。

另一个从亚洲传统美学中汲取灵感的项目是 SOM 设计的上海金茂大厦。虽然它有一个完全现代化的项目，在 50 层办公楼之上有一个 38 层的酒店，但它的视觉外观借鉴了中国传统建筑，有一个阶梯状的宝塔状立面，当它上升到一个中央尖顶时会逐渐变细，与马来西亚石油塔楼相似。

金茂大厦对数字"8"的象征性引用，与台北 101 大楼也有相似之处，事实上，"金茂"这个名字的字面意思是"金色的繁荣"。为了最大限度地体现与数字 8 的关系，该建筑被设计为 88 层，围绕着一个八角形的核心有 16 个部分。这是一座独特而极为成功的建筑，是最早表明中国在超高层建筑中的地位的建筑之一。然而，就纯粹的功能而言，在其使用寿命内，这座建筑物幕墙高度铰接的复杂性可能会被认为是一个问题，因为任何表面积的增加和连接处节点数量的增加，会导致更高的维护成本和使用的低效，会影响到它的使用寿命。同样的警示也适用于双子星塔和中国台北 101 大楼。

图 2.3　吉隆坡双子星塔第 41 层和 42 层的天桥
版权方：安东尼·伍德

美学的另类方法

在许多方面，有一个案例可以将超高层塔楼的设计类比为飞机的设计，因其具有光滑的空气动力表面，在表面积、风化和维护方面都有效率。遵循这种审美观的一个特殊建筑是威尔金森·爱的广州国际金融中心（图 2.4；另见案例研究 7）。广州拥有强大的工业基础，是中国第三大城市，也是中国最古老、最具历史意义的城市之一。作为广州正在崛起的国际实力的象征，这座新建筑的高度达到了

图 2.4　广州国际金融中心

版权方：威尔金森·埃尔（Wilkison Eyre）

437.5m，没有桅杆。它优雅而简单的形式只有通过复杂的几何才能实现。平面图是一个三角形，由三个小摆线组成（小摆线是当圆沿着直线滚动时，由圆上的一个固定点描述的曲线），每个小摆线的半径为 5.1km，最宽的点在高度的 1/3 处，在顶部逐渐变细到最窄。

与金茂大厦的布局类似，下面69层为办公用地，上部 33 层为酒店，103 层为观光用地，楼顶有直升机降落场。酒店大堂位于 70 层，通向一个巨大的中庭，其高度足以容纳圣保罗大教堂及其穹顶。

横向稳定性是通过一个复合结构的外骨骼框架来实现的，该框架是在一个大的顺序上设置的，是由 12 层以上 48m 高的圆筒和两层以上的节点构成的菱形结构。总建筑面积为 28.5 万 m^2，由一层简单的无框玻璃单元包围，这些单元横跨一层又一层，具有平齐接缝。平板玻璃单元是重复的，只有在弯角处出现变化，在弯角处，面板仍然是平的，但只有正常宽度的一半；在厂房 / 避难所的双层地板上，窄面板是按照一板一板的方式布置的，以便通风。

对玻璃的选择非常谨慎，以便在保持透明度的同时实现必要的环保性能。这意味着从外面可以清楚地看到内部结构，这样一来，凸显形式的主要建筑部件的表皮和结构就可以清楚地被看见，不会分散注意力。

另一座有趣的塔楼即将在广州落成，是 SOM 的珠江城大厦。这座建筑的初衷是通过产生比它所使用的更多的能源，为塔楼的可持续性提出新的标准，然而，遗憾的是，由于种种原因，这一雄心壮志现在还没有实现。塔楼的独特形式由三个互相叠放的枕头形状组成，其设计目的是通过两个中央缝隙来吸引水平风力，这些缝隙容纳了可以为塔楼的加热、冷却和通风系统提供动力的风力涡轮机。此外，塔楼有一个高性能的立面，带有集成的百叶窗和自然通风系统，用于冷却地板下的空腔，以及土壤源地源热泵系统，以提高制冷机的效率。有了这些和其他设备，设计师们希望能提供一个零碳塔，这将是第一个案例，并为其他设计师提供一个模板。

中国的崛起

中国近年来兴起的许多超高层建筑，都在中国探索新的几何形态，以实现独特而创新的身份。例如，由 KPF 设计的位于上海浦东地区的上海环球金融中心，以令人印象深刻的剃刀切割形状成功地达到了预期的“惊喜因素”，当它到达天空时逐渐变细，并在顶部形成一个矩形开口，这个优美的空洞被赋予了许多意义，起初是圆形的，但后来因为可能象征性日本国旗的图案标志而发生了变化。

这座塔高 492m，靠近金茂大厦和构成金融区的其他建筑，这座塔在上海的天际线上给人留下了深刻的印象。然而，它与格伦斯勒定于 2014 完成的 632m 高的上海中心大厦相比，注定要相形见绌。

这座新的大厦采用一种“扭曲”外形，包裹在玻璃幕墙的外皮内——目前，扭曲在大厦设计中非常流行，这是圣地亚哥 · 卡拉特拉瓦在其位于瑞典马尔默的扭转大厦公寓楼中首次尝试和测试的，而迪拜的无限塔则是由索姆设计的，在 330m 高度内旋转了 90°，也在建设中。虽然上海塔的建筑可能比它的邻居略显傲慢，但它将是世界上最高的建筑物之一，毋庸置疑，它将成为一个无与伦比的综合体的壮观组成之一（图 2.5）。该楼建成彰显了上海在国际经济中的地位。

和世界其他地方一样，在中国，超级大楼具有巨大的象征意义，城市之间也存在着相当大的竞争。这些高度最终由政府控制，但鼓励金融投资于高层城市内部发展似乎是一个战略目标。志向似乎仍在上升，建筑高度的不断增加就是明证。有趣的是，广州国际金融中心、上海世界金融中心等近期竣工的塔楼都在 400m 以上，但规划中的下一代塔楼将在 600m 以上。例如，上海中心大厦 632m 的高度在 KPF 设计的深圳平安国际金融中心 648m 的高度下黯然失色。在撰写本文时（2011），这是在建的最高建筑；建成后将成为中国最高、世界第二高楼。

图 2.5 上海金融区，展示了三座超级塔楼的集群。上海中心大厦在左边，右边是上海环球金融中心，后面是金茂大厦
版权方：Grenslev

图 2.6 中央电视台北京总部
版权方：OMA

当然，高度并不是唯一的衡量标准，可以通过其他方式实现，比如说独特性。例如，OMA 设计的北京中央电视台总部（图 2.6）放弃了传统的结构原则，采用了一种全新的建筑形式制作方法。两个“L”形塔斜放在一起，顶部和底部相连。这种不寻常的结构，类似于一个矩形的莫比乌斯环，是北京金融区边缘一个令人兴奋的城市干预措施。

奥雅纳与华东建筑设计研究院（ECADI）紧密合作，以创造性的工程设计解决了该建筑结构的复杂性。虽然这个形状在视觉上看起来很有挑战性，但它提供了一些新鲜和独特的东西，并很快变得亲切而令人愉快。建筑的丰富性因其非凡的表皮设计而得到加强，其中的玻璃层大体上是按照结构中的支撑线的受力模式进行的。

不可避免的是，世界各地还有许多非同寻常的方案正在考虑之中。世界各地正在考虑更多的特殊方案。对创新设计的追求从未停止，随着建筑不断发展，技术挑战和激发人类建造高楼的欲望仍在继续。

参考文献

Sullivan, Louis H (1979, first published 1896) 'The Tall Office Building Artistically Considered', in *Kindergarten Chats and Other Writings*. New York: Dover Publications.

第3章
业主的观点

鲍勃·布伦南（Bob B.Brennan），斯科特·汤姆森（Scott Thomson），
汤姆·阿克斯特莱姆（Tom Akerstream），马克·保尔斯（Mark Pauls）

2009年，这座高115m、共22层的马尼托巴水电站办公大楼在加拿大温尼伯落成，被誉为北美乃至世界上最可持续发展的建筑之一。本章由建筑物的所有者/开发商介绍建筑物而形成的独特故事。它提供了一个有价值的洞察客户的观点，根据一个特定的流程开发一个高层建筑。

客户和简报

马尼托巴水电公司是一家皇家公司，是加拿大马尼托巴省的主要电力和天然气公司。该公司总部设在温尼伯，拥有超过120亿美元的资产和6千多名员工。其输电和配电网为该省50万用户提供电力，并出口到北美其他30多家公用事业公司。在开始马尼托巴水电站项目（见第六部分案例研究4）之前，该公司从未委托新建办公大楼。在过去的四十年里，它的主要建设重点是水电设施和输电线路。然而，从这些项目中获得的经验对于采购新的总部大楼至关重要，因为新的总部大楼有着雄心勃勃的目标。

2002年，马尼托巴水电公司收购温尼伯水电公司，成为该省唯一的电力公司。作为收购协议的一部分，马尼托巴水电公司同意在温尼伯市中心新建一个总部。在交易之前，马尼托巴水电公司并没有向温尼伯市中心供电，而是由一个低层的总部办公楼以及分布在温尼伯郊区的20多个较小的办公室运营。两家公用事业公司的合并成为该项目的起源，该项目将马尼托巴水电公司的员工聚集在一个单独的、更大的办公楼中，并将这座建筑安置在一个处于缓慢但稳定的城市复兴过程中的市中心。

将2000名员工从郊区办公室转移到市中心是一项重大挑战，需要员工的同意。温尼伯曾被称为“北方的芝加哥”，曾遭受城市扩张及其相关问题的困扰，目前正处于复兴的中间阶段。马尼托巴水电公司的员工早已习惯于短时间通勤和大而便宜的停车场，搬到市中心无疑会遇到通勤时间延长和停车费昂贵的问题。因此，有人认为，新的总部必须是一座世界级的建筑，在反映公司核心价值观的同时，能维持使用者高效工作效率和健康。人们认为，一个独特的建筑需要一个相对独特的建筑流程方法。

40年的水电项目施工经验确实为采购过程提供了一些重要的有用参考。例如，充分认识到在项目早期让所有利益相关者参与的重要性。此外，该公司了解合作方式的价值，而且绝对重要的是，认识到建筑

不应该是一个线性的过程，即设计从一个专家到另一个专家的顺序递送。

内部组织

这一过程从指派3名马尼托巴水电公司员工到项目开始，一名担任项目经理，另一名担任项目协调员，第三名担任全过程能源和可持续性顾问。这三个职位发挥了关键作用，在建筑的设计、施工和试运行过程中，维护了能源效率和可持续性这两个企业目标。这三个人为员工创造高质量的空间，通过确立以下六个总体目标来启动设计：即

1. 首屈一指的大楼；
2. 成为北美最节能的办公楼；
3. 尽可能绿色可持续；
4. 为温尼伯市中心的城市结构做出贡献；
5. 展示标志性建筑；
6. 具有成本效益。

为了让所有员工都参与到市中心的搬迁中来，项目团队成立了一个内部咨询团队作为员工和项目团队之间的沟通渠道，在整个过程中让所有员工都了解情况，并确保项目团队能充分解决员工的问题。不久后，又成立了外部咨询小组。作为一家皇家公司，马尼托巴水电公司最终对马尼托巴公众负责。在整个过程中，它必须平衡公司对项目的目标和对纳税人的公司和财政责任。外部咨询小组由市中心的企业主和公众组成，并提供公众反馈。

选址

随着主要利益相关者就位，下一步是选择一个支持项目目标的地点。市中心地区有许多场地，并根据六个关键目标对所有场地进行了全面评估。此时，这座建筑的结构，无论是低层还是高楼，都尚未确定。团队中增加了一名倡导者建筑师，以指导公司完成设计过程。选址过程历时6个多月，根据数百项标准对众多潜在场地进行了评估，包括公共交通连通性、日照和太阳能潜力、风效应、停车问题、地热（地源能源）潜力、场地概况，与附近开发相关的潜在问题和安全问题。当一个潜在地点的候选名单被开发出来后，他们会在市中心的一个展览中向公众展示。邀请公众向项目组提供意见，并在最终选址之前考虑这些意见。

综合设计团队选择

在最终确定选址期间，确定满足设计目标的唯一方法是利用综合设计过程。一个完整的设计过程意味着设计中涉及的所有学科都将从一开始就参与进来。马尼托巴水电公司正指望早日让主要参与者参与进来，从而产生协同效应，既能创造新的设计方法，又能通过让不同学科协调工作来节省资金。考虑到这一点，设计团队的选择开始了。

建筑师是第一个被确定的人选，人们认为，允许建筑师在选择组成团队的其他成员时参与是很重要的。甄选过程中的一个关键优先事项是顾问的协作能力。其目的是将尽可能最好的顾问团队聚集在一起，因此马尼托巴水电公司作为业主，必须领导选择过程。在一个典型的设计过程中，建筑师一旦被选中，就会组建一个熟悉的顾问团队。在这种情况下，我们的想法是吸引有着过去从事“最先进”设计的经验那些“最优秀”的顾问。

为了吸引潜在的设计建筑师，进行了全球征选。这特别需要候选人在项目团队章程中规定的目标方面的经验，例如曾完成高质量的办公环境、能源效率和可持续设计。感兴趣的建筑师也被要求在他们的建议中专门有一页对他们的设计理念的描述。事实证明，这是提交材料中有价值和见地的一部分。从这一页中，我们可以看出潜在的建筑师与马尼托巴水电公司

的企业理念和项目愿景的匹配程度，以及他们在综合设计过程中的领导能力。

这一征选吸引了北美和欧洲的主要建筑公司，这在很大程度上是由于该建筑所提出的高效能源和可持续性目标。对任何一个申请者的技术能力都没有疑问，最终决定的是被认为最了解当地环境并能在合作环境中茁壮成长的建筑师。入围的 8 家公司都接受了一整天的面试。

选择设计团队的其他成员

建筑师协助选择设计团队的其他成员。虽然设计建筑师在场，并在整个选择过程中提供意见，但最终决定权留给马尼托巴水电 3 名团队成员和主建筑师。最终，组建的综合设计团队由一整套建筑专业人员组成，包括设计建筑师，记录建筑师，气候工程师，设备和结构工程师，工程量测量师，施工经理，系统调试工程师等。这个团队包括来自加拿大各地的成员和来自德国的一名气候工程师。设计团队来自于不同地方带来了很大的挑战，这些挑战在很大程度上是由一系列设计技巧和共享电子文件存储系统解决的，该系统包含所有项目文件和图纸。

设计研讨会

一旦整个团队被组建，他们就聚集在温尼伯附近的一个度假胜地，进行第一次设计研讨会，历时三天。这么做旨在让团队在轻松的氛围中相互了解，让每个人都参与到设计的各个方面，整个团队都按照相同的标准工作。第一章的一个关键成果是定义了一个设计章程，该章程将早期项目目标集中于六个具体目标：

1. 为员工提供一个健康有效的工作环境；
2. 相对于《加拿大国家建筑能源示范法》，减少 60% 的能源消耗；
3. 在 LEED 可持续发展评级系统中获得金奖；
4. 对温尼伯市中心有积极的贡献；
5. 展示标志性建筑；
6. 符合成本效益和预算。

一旦设计章程定稿，整个项目组和马尼托巴水电公司的所有管理人员都将签署该章程。该文件成为整个设计过程中的一个关键资源，也是评估困难决策的框架。

第一次研讨会提出了独特的挑战，并在随后的会议上得到解决。例如，设计团队有 30 多名成员，因此很难以一种有效的方式从团队的每个成员那里征求意见，因此，有效促进会议的重要性立即变得明显。人们发现一个权威的主持人非常重要，他可以确保相关人员都能参与会议，并且保持讨论的集中性。

我们采用了一种市政会议式的安排，即允许在特定讨论领域中起关键作用的个人组成的内部圈子为思想交流做出贡献。设计小组的其余成员参加了外部工作，充分了解了讨论情况，并可以向他们在内部的代表提供意见。这种安排平衡了高效讨论和整个团队广泛沟通的需要。它促进了团队成员之间的巨大协同作用，并在讨论过程中发挥了非常好的作用。

高层建筑的设计开发

很快，温尼伯的气候对能源效率的提高将被证明是一个挑战。温尼伯是世界上最冷的大城市之一，全年气温变化超过 70℃（冬季 -35℃，夏季 35℃）。然而，这里的气候也为设计团队提供了巨大的可能性。当地充足的阳光，特别是在最冷的月份，以及主导风向为南风，都是可以反映在建筑设计中的气候要素。

该设计在十几次设计讨论会上形成。在小组会议期间，顾问们会进一步详细地研究想法，为下一次讨论会准备更多的资料。建筑物的形式是一个明显源

图 3.1　马尼托巴水电站大楼鸟瞰图

于设计团队合作的决定。数以百计的形式被讨论和争论，有广泛的标准，从美学到声学影响。能源计算模型被用来作为设计工具，以评估各种形式的能源影响。这些能源目标对最终的建筑形式有很大的影响。

两个关键的决定很早就出现了。第一个决定是为了实现前所未有的能源目标必须有一个范式的转变，从传统的节能做法到气候响应的设计。满足设计宪章的唯一途径是建造一座高层建筑。必须利用自然过程，如风效应、被动式太阳能采暖和照明，以及堆栈效应。高大的塔楼使两千名员工能够被安置在一个狭窄的楼板结构中，产生良好的外部视野和自然光。高度使得自然通风和潜在的太阳能烟囱能够得到最佳利用，而这些都依赖于烟囱效应。

经过无数次的迭代，最终将形式缩小为日光塔、舒适塔和太阳能塔三个选项，每个选项都以不同的方式满足设计目标。这三种选择在无数次的公众咨询中再次向公众提出。马尼托巴水电公司的主管和员工在选择他们最喜欢的表格时也有意见。在所有情况下，第三种选择，太阳能塔，走在了前面。在平面图上，太阳塔的形状是一个大写的“A”。它采用了最经济、矩形的高层办公楼形状，向南张开，向北倾斜（图 3.1）。这种形式非常适合于保持核心区的关键服务，同时最大限度地发挥南侧的热太阳能潜力，最大限度地减少北侧的热损失。

马尼托巴水电公司能源和可持续发展顾问在这一过程中的重要性没有得到足够的强调。该顾问是整个项目中效率和可持续性的倡导者，并不断考虑设计决策对这些目标的影响。马尼托巴水电公司希望证明，节能建筑不必牺牲员工高质量的办公空间，能源和可持续发展顾问还确保建筑本身固有的效率措施。在价值工程阶段，节能措施经常被添加到设计中，并且很容易被剔除。然而，在马尼托巴水电站，综合设计过程允许提升能源效率被动措施嵌入建筑中。

例如，在塔楼南端有 3 个六层的冬季花园（图 3.2）。这些冬季花园在建筑上是很有趣的空间，有六层朝南的玻璃、木质装饰的楼梯和从地板到顶棚

图 3.2　马尼托巴水电站冬季花园

的 22m 高的水景。显然，这些空间基本上是机械室，充当通风空气的自然空调。这些“建筑之肺”利用南向的阳光来加热通风空气，而水的特性提供了湿度控制。由于烟囱效应，空间的高度允许空气自然上升，并以最小的能量消耗被吸入六层活动地板。这些冬季花园是将能效直接嵌入建筑设计目标的结果，只能在高层建筑中实现。

实物模型

作为这个综合设计过程最终产品的客户和最终占有者，马尼托巴水电对独特和尖端的设计元素有些谨慎。虽然该公司希望以身作则，但它不愿意接受与新技术相关的“前沿”风险。为了消除这种担忧，其与当地一所社区学院建立了联系，双方同意与学院的建筑技术部门合作，建造一个带有几个关键系统的完整塔楼间模型。这使得设计团队能够监控拟议的双立面幕墙的性能，例如，一种独特的设

计，它在外部放置了一堵双立面幕墙，在内部放置了一堵墙，以应对温尼伯寒冷的气候。这被认为是世界上唯一的一类系统。除了验证设计的基础之外，模型还有助于加强与学院的联系，并为参与的学生提供宝贵的经验。

这种关系还产生了其他好处。例如，与学院的合作完成了一个独特的湿度感应系统的安装，使新建筑的绿色屋顶未来的任何湿度损害都能被准确定位。这些独特的合作是互利的，并确保马尼托巴水电站反映了建筑技术的最新水平。

图 3.3 马尼托巴水电站

继续协商

在整个设计和施工过程中，内部和外部咨询小组继续为公众和员工提供宝贵的意见。在确定如何最好地加强市中心并确保不受损害方面，市中心企业的意见至关重要。即使是办公大楼的形式也是以城市化为基础设计的。该建筑的下部填充了一个城市街区的三层裙楼，裙楼与周围的规模和环境相适应。下层不是办公空间，而是由租户空间组成，旨在增加街道的活力。塔楼的高度反映了市中心邻居的主要担忧。马尼托巴水电站的拐角处有一个充满活力的公园，夏天的几个月里，许多上班族在那里享受阳光，商贩在那里出售他们的商品。当一项遮阳研究确定，拟议的塔将使这个受欢迎的公园在夏天的中午时分处于阴凉处时，塔的位置就被调整以适应市中心的发展。

结论

马尼托巴水电站（图 3.3、图 3.4）于 2009 年秋季正式开业。虽然施工过程中不乏挑战，但最终的产品超过了公司的预期。为员工提供的空间质量与空气质量都非常好，每个人都能看到风景，从而提高了生产力，最明显的是减少了旷工。马尼托巴水电站已经接受了市中心的搬迁，增加的这个积极影响，并没有被忽视。市中心商业集团注意到周边地区的销售和发展有所增加。这座建筑已经成为温尼伯的标志性建筑，并在北美和欧洲赢得了许多奖项。从可持续性的角度来看，项目团队对结果非常满意。工地上的现有建筑被拆毁，超过 94% 的材料被重新使用或回收用于新建筑或场外。与典型的拆迁所有的材料都会被填埋相比，拆除工程的成本不到一般拆除工程的一半。

员工们也接受了选择其他的交通方式。在旧的总部，超过 95% 的员工把车停在大型停车场，而在市中心的马尼托巴水电广场，超过 70% 的人乘坐公共交通，地下自行车停车场在夏季也是满载状态。特别选择这个地点是为了确保员工能尽可能多的选择公共交通，指标已经超过了《设计宪章》中的可持续发展目标。马尼托巴水电站是加拿大第一座 LEED 白

图 3.4 马尼托巴水电站大楼

金认证办公楼。实际能源数据表明，与国家能源规范范本相比，能源效率几乎减少了 70%。人们对该建筑的兴趣是如此之大，仅在运营的第一年半，就有超过一万人前来参观。马尼托巴水电公司为这座建筑感到非常骄傲，也为设计团队在一座优雅的建筑中实现了《设计宪章》的所有目标而感到骄傲，认为马尼托巴水电站大楼是将建筑艺术和工程技术结合在一起的高层建筑。

前进

对项目目标的承诺并没有在入住时终止。例如，一个能源咨询小组和一名全职能源管理工程师将落实到位，负责监测能源消耗，并进行不断地调试和优化，以确保达到高效的能源目标和提高建筑物的舒适度水平。项目继续与当地大学建立联系，并鼓励进一步利用建筑管理系统中的 25000 多个监测和控制点研究该建筑。希望马尼托巴水电能项目继续体现公司对创新的承诺，并作为一个有生命力的实验室，对各种建筑技术和控制策略进行测试和评估。

最后，虽然马尼托巴水电作为一家公司将继续从作为公司总部的大楼中受益，但该项目真正的价值可能是在负责这一结果的综合设计过程中产生的团队。马尼托巴水电站项目汇集了一批非常有才华的顾问，这些人以及整个建筑界都将把这座改变模式的建筑作为下一代应对气候变化、高质量、高层办公楼的里程碑。

第 4 章
高层建筑经济学

史蒂夫·瓦茨（Steve Watts）

简介

“高”的构成因视角不同而不同，如建筑、城乡规划、技术、消防和生命安全或其他视角。从金融的角度来看，这并不简单，判断是相对的，而不是绝对的。这有很多原因，但主要因素是建筑所处的位置和建筑形式，这在一定程度上是相互依存的。

这也是一种可以随着时间而改变的观点。多年来，高层建筑一直是许多国际化大都市天际线的主要特征，但在一些历史悠久的城市却并非如此，例如伦敦，它提供了一个很好的例子，即使与其他全球城市相比（图 4.1），而且在大伦敦范围内，位置的影响也是如此。东伦敦码头区金丝雀码头的“肥胖、功能性”塔楼与该市的“高塔尖式、地标式”塔楼（图 4.2）形成了对比，不同的成本构成与其截然不同的形式相匹配。

对于高层建筑类型的新方法，采用在新的地点和以其他方式引入混合用途——使人们关注其各自的成本和价值驱动因素，以及形式和高度如何决定这

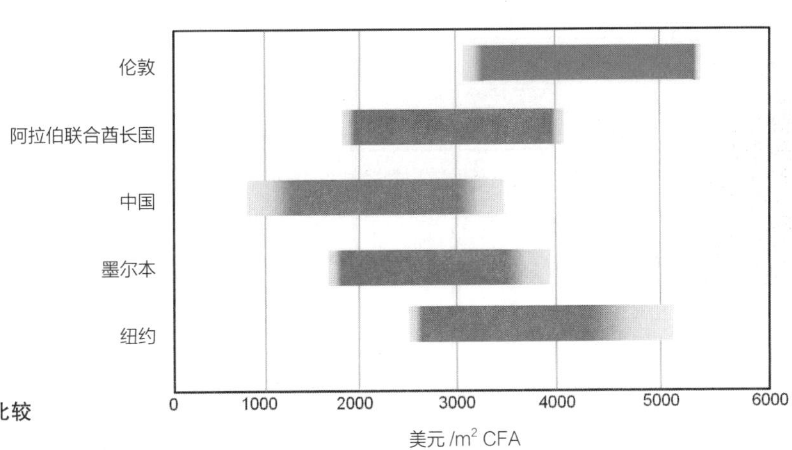

图 4.1 建筑土建与机电成本的全球比较
版权方：Davis Langdon

图 4.2 （上）伦敦未来城市与（下）金丝雀码头
版权方：（上）Hayes Davidson，Nick Wood；（下）Stephen Earnshaw

些。这并不是要低估高度的影响，特别是随着超高层建筑的出现。显然，建筑物越高越复杂，挑战就越大，包括财务挑战。有趣的是，米勒（2000）的研究成果涵盖了从石油钻井塔到海港等 40 个基础设施项目的案例研究，这表明，这样一个项目的共同特点是：

- 是协商妥协的产物；
- 是基础设施网络的一个组成部分；
- 受到有争议的外部因素影响；
- 是多年来精心设计的；
- 面临政治风险；
- 跨多个监管框架进行审批；
- 涉及大量不可逆转的承诺。

与高层建筑的共鸣强度取决于高度、形式和位置。高层建筑越像一个大型的工程项目，在成本、时间和效率等关键指标方面的挑战就越大；越容易受到全球趋势的影响；建筑与周围环境之间的关系也就越大。

尽管快速的城市化和不断变化的人口结构为适当的高层建筑发展提供了理由，但当前全球经济衰退和气候变化的双重挑战给支持这些发展的基本因素带来了压力，并增加了审查难度。有人认为，这应该促使人们消除过去的一些过度设计（某些建筑评论家呼吁建立“紧凑的建筑”）。尽管如此，标志性建筑的需求仍然存在。

很明显，高层建筑的价值和成本，无论是标志性的还是其他的，都需要被理解，尽管详细的可持续性经济超出了本章的范围，但可持续性的三重底线——经济、社会和环境（或利润、人类和地球）也需要被充分理解。

挑战

高层建筑提出了许多基本挑战，在城乡规划过程中，要创造一个不仅能满足各种不同的利益相关方的建筑，而且在经济指标上也是如此，同时以适当的条件获得资金。

监管税

芝加哥和纽约见证了 20 世纪早期现代摩天大楼的诞生。这两个城市的开发商在法定的限制条件下塑造了他们的作品：前一个城市的特点是高层建筑屋顶形成的“高原”，因为地块在水平和垂直方向上都被完全填满，在高度上受到限制；后者则是“阶梯”效应，因为高层建筑形式适应阶梯式效果，以反映在某些高度不同的建筑面积限制（图 4.3）。卡罗尔 · 威利斯在其开创性的著作《形式追随财力》（1996）中以清晰和洞察力描述了这一点。

为了摆脱大量类似的、“方方正正”的建筑，改善天际线，芝加哥当局允许在建筑物顶部设置尖塔，允许在超出正常限制的情况下增加高度，超过建筑物占地面积的 10%。不足为奇的是，考虑到办公楼的建造方式和建筑方式一样，开发商随后通过在额外被允许的容积率内尽可能高效地建造更多的可出租面积来寻求经济效益。纽约的“婚礼蛋糕”风格也是对基于类似原则的法定限制的回应。

大约八十年后，在伦敦市中心等敏感地区，所有建筑项目都面临“监管税”。这些严格的规定对高层建筑的设计方案施加了一定的限制，不仅从规格、材料和细部设计方面告知了设计质量，而且还告知了建筑的基本形状。英国土地公司（British Land）位于伦敦金融城的列敦贺（Leadenhall）大楼由理查德 · 罗杰斯合伙事务所（现为罗杰斯 · 史达克 · 哈伯合伙事务所）设计成楔形形状，以便从舰队街（Fleet Street）看到圣保罗大教堂（St Paul's Cathedral）（图 4.4）。

尽管它们在建筑和城乡规划方面有很多优点，但所有这些例子都说明了对利润的追求与监管的冲突。对大楼的建筑、环境和经济影响的日益严格的审查意味着必须花费时间、精力和金钱，以确保成功通过城乡规划过程。在像伦敦这样的敏感地区，这种投

图 4.3　1913 年芝加哥和 20 世纪 30 年代纽约的天际线
版权方：摩天大楼博物馆，纽约

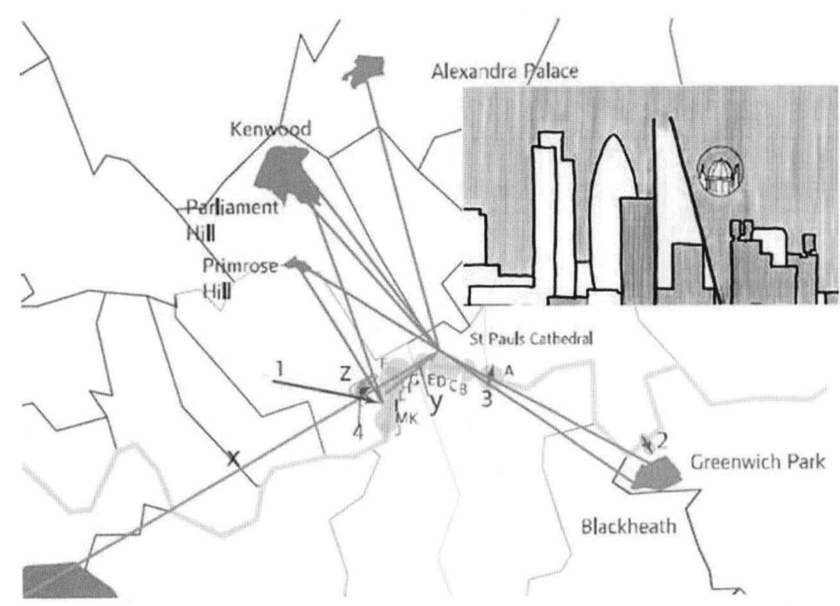

图 4.4 形式遵循规定：莱登霍尔建筑倾斜的南立面避开圣保罗大教堂的观景走廊
版权方：罗杰斯事务所提供

资可能是巨大的，需要使大量的利益相关者对计划满意并相信计划照顾到各方利益。

成本、时间和面积效率

大楼的单位建筑面积成本更高，开发和建造时间更长，净效率更低：总建筑面积比低层建筑面积高。图 4.5 表示商业高层建筑开发的关键财务指标。它们之间的相互关系紧张而复杂，但对项目的成功至关重要。我们面临的挑战是，如何获得每一种可能的效率——每一美元的节省，每一天的日程安排，每创造一平方米的可出租面积，都会减轻对底线的压力。

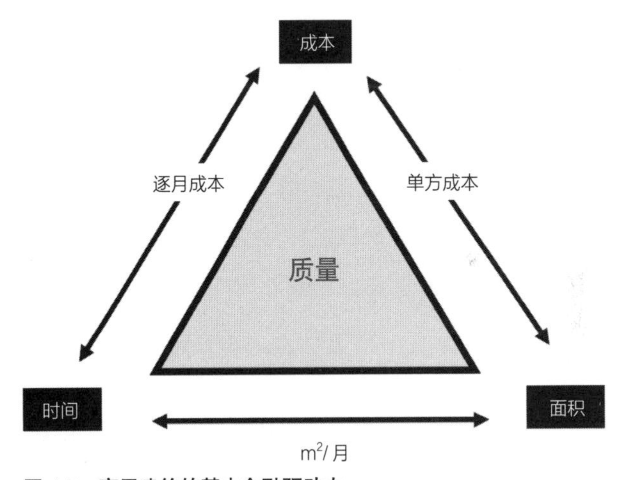

图 4.5 高层建筑的基本金融驱动力
版权方：Davis Longdon

成本

一般来说，塔架成本的增加由以下原因造成的（无先后顺序）：

- 塔架的风荷载增加，框架更重；
- 电梯的数量、容量和速度增加；
- 机电设备（机械、电气、管道）设备所需的负荷及容量增加，以及在竖向上输送距离增加；
- 会增加管道的水头损失，再加上考虑节能运行策略的复杂的控制弱电系统；
- 建造高层建筑现场运输及施工组织工作，包括大量的起重机或吊装和施工周期的延长；
- 与规模和独特性相关的风险；
- 反映地标性建筑的设计和材料更高质量的要求，包括与街景和周边建筑风格协调一致的压力；
- 单层面积较小带来的成本效率降低，包括较高的墙地比。

伦敦市中心低层和高层土建和安装工程成本的概念比较，显示了典型的基本建设项目 **表 4.1**

影响要素	伦敦市中心建筑土建和安装工程成本（£/ft^2，内部总面积*） 低层建筑	高层建筑
下部结构	18	20
上部结构	36	45 (40–70)
外围护结构	30	52 (50–65)
内墙及装修	18	23
机电（安装工程）	35	42
电梯	8	18
附加成本	35	50
总费用	180	250

* 该处内部总面积，是指包括走廊等辅助功能部分的总净面积。
版权方：Davis Longdon

低层建筑的成本溢价水平将取决于相对重要的上述因素，以及该方案对稍后概述的成本动因的响应程度。

典型的“地标性”高层建筑所固有的各种建筑和工程技术措施需要大量的成本，这可能会从根本上抬高成本，但也限制了高层建筑的其他成本的增加。表 4.1 不仅显示了上部建筑和外围护结构的潜在巨大溢价，而且还显示了这两个要素成本范围。

时间

通过规划审批，再加上确保经济合理（而且越来越重要的是，资金得到保障），意味着高层建筑的筹备期可能会很长。而一旦到了施工阶段，在竖向的施工比在下部裙房施工需要更长的时间。它还涉及不确定性，不仅是在预测未来的建筑成本方面，还包括在评估需求和价值方面。

这就把焦点放在了施工进度上，面临着将完工日期尽可能提前的压力。从一开始就需要通过战略规划和尽快通过各种审查来加快施工进度。

与成本控制一样，即使不超过限制高度，复杂性和衔接性也是影响推动高层建筑进度的原因。与设计一样，应考虑工艺和方法：协调运输和吊车槽，通过增加福利设施等方式，最大程度地提高劳动效率。换句话说，需要规划和优化建筑的各个方面包括施工组织与管理。

在加快建造进度的投入资金时需要论证，通常花在加快进度上的钱会在节省的财务费用和/或提前的收入流中得到回报（同样重要的是，减少风险）。

楼层面积

高层建筑的效率低于低层建筑，因为：

- 它们的结构体积更大；
- 更多的核心区域被管道井占据；
- 有更多数量和较大尺寸的电梯，有更多空间用于相关大厅和流通的交通。

建筑面积效率有三个基本衡量指标：总使用面积、地上毛使用面积、典型平面毛使用面积，而高层塔楼在这三个方面都受到不利影响，尽管影响与楼层平面的尺寸和规则性以及楼层数有关。

总使用面积：总建筑面积效率是最常见的基准，因为它最符合可行性因素——建筑物的租金收入是基于使用面积（或使用面积的变体），并且开发项目的价值对相对较小的变化很敏感。

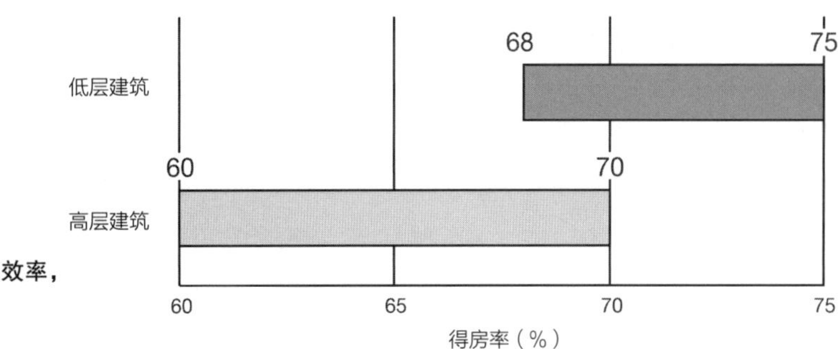

图 4.6　总净值：总建筑面积效率，低层与高层（合理化范围）
版权方：Davis Longdon

比如说，65% 与 70% 的典型总效率将意味着总建筑面积为 92903m^2 的建筑损失 4645m^2，而在伦敦市中心，这意味着 5000 万英镑的资本价值差异，其他都是相等的。当然，这是一种简化，但它确实从使用面积效率的角度阐述了高层建筑的挑战。

融资

尽管随着全球经济重心向新兴国家转移，“两个世界的故事”仍在继续，但世界是一个更加紧密联系的地方，一些“大趋势”和“超力量”的出现将在当地范围内产生影响，从而使世界变得更加紧密：经济、人口和资源的阶梯式变化。建筑物越高，就越容易受到这些趋势的影响。2008 年出现的全球经济危机已经对发展融资造成了重大制约，发达国家债务持续严重。对于高层建筑来说，资金水平越高，投资回收期越长，风险状况越难预测。

巴塞尔协议的最新修订版《巴塞尔协议Ⅲ》将迫使银行保持较高的流动性和较低的杠杆率，并限制对房地产的融资规模。因此，银行正在关注它们持有的房地产风险，这意味着风险加权溢价将被纳入财务费用。换句话说，不仅是融资受到挤压，可用的融资也变得更加昂贵。

资金获取的困难开始影响某些地区高层开发商的盈利，从而影响他们对高层建筑类型的态度。随着开发商寻求合作伙伴分担高层开发的财务负担和风险，这也促使合资企业越来越普遍。投资者（主权财富支持或其他）投入更多时间，并密切关注此类计划的适当尽职调查。他们也在寻求大量的预租来筹资启动开发。然而，这确实有助于确保高层建筑的商业案例尽可能地健全，并确保参与者有最好的机会获得他们想要的长期红利资产。

经济周期

很难为变化莫测的经济和发展周期制定规则。在 18 世纪，经济学家坎蒂伦（1755）描述了低利率在刺激货币供应的作用，因此创造了对投资的吸引力；这特别适用于像高层建筑这样的资本密集型项目。

安德鲁·劳伦斯（Andrew Lawrence，1999）对经济周期和超高层塔楼建设的分析表明，廉价的融资是导致这种现象的原因，这是如今臭名昭著的摩天大楼指数的基础，在哈利法塔竣工后，媒体越来越多地引用了该指数。劳伦斯认为，世界最高建筑的完工与大范围的金融崩溃之间存在着某种关系。例如，克莱斯勒和帝国大厦在 20 世纪 30 年代大萧条的一年内完工；纽约的世贸中心和芝加哥的西尔斯大厦在美国经济滞胀中完工；吉隆坡的双子星塔在亚洲金融危机来袭之际接近完工；2010 年 1 月，哈利法塔在大张旗鼓和焰火中正式开放，当时信贷紧缩正牢牢笼罩着世界经济。

在许多方面，21 世纪的摩天大楼取代了工厂和铁路成为发达国家的主要经济活动，正如信息和服务业取代了重工业和制造业，可以说，现代商业大厦是全球资本主义和商业的纽带，是商业周期的一个重要表现，就像大型工程项目在以前的时代一样，这一点也不令人惊讶。

或许正是这一商业周期——或者准确地说，它与超高层塔楼的发展周期不一致——决定了摩天大楼指数的关键，因此代表了投机性建造高层塔楼的最大挑战之一。房地产周期的不确定性使大多数商业开发成为一个挑战。对于高层塔楼来说，由于需要花费时间将旧建筑从地面上拆除并建造新建筑，因此这一决定更加艰难。更高、更复杂的高层建筑可以跨越两个甚至三个地产周期，这就使得在时间上很难把握好时机。

高层建筑发展的驱动力

鉴于面临的重大挑战，高层建筑的驱动力需要更加有说服力。它们的范围从宏观到微观，随着高度、规模和复杂性的增加，挑战和驱动力之间的联系越来越紧密。

创新

现代高层建筑是通过创新技术实现的——特别是钢结构框架的发展和电梯的发明——这就是为什么这里要提到的第一个因素。后来，幕墙技术的进步在密斯·凡·德·罗第一次勾勒出一个笼罩在玻璃外皮中的塔楼设想之后的几十年里得以实现。

从那时起，除了计算机的力量，几乎没有什么基本的技术进步，它使设计更复杂的结构和形式成为可能。事实上，设计方案已经变得非同寻常，以至于被指责为非理性的繁荣，超过了建筑声明的价值超过其成本或风险的程度——尽管“价值”有很多解释。

尽管创新可以成为超高建筑和“超级标志性建筑”的驱动力，但哈利法塔证明了这样一个事实，即这与（建筑师和工程师）的智慧一样重要。专业知识可以创造出真正具有开创性的、但又具有成本效益的东西；正如库尔特·勒温（Kurt Lewin 1952：346）所说，“没有什么比好的理论更实用”。

在未来的某个时候，一个根本性的进步将创造一个全新的高层建筑类型，并以不同的成本构成为基础——这是一个阶梯状的变化，可能来自于深度和计算机、机器人、纳米技术等的普及或其他一些大趋势。最简单形式的发展方程——价值减去成本等于利润——将保持不变，但现金流的重要性（因此时间的重要性）也将保持不变。

经济增长与发展方程

合理规划的城市化往往会增加富裕程度，而富裕程度又要求开发高等级的商业空间，同时为快速增长的人口提供住房。土地需求增加，推高了土地价格，势必增加建筑密度，以获取开发的利润。

对于开发商来说，到目前为止，像任何商业建筑一样，建造高层建筑最重要（如果不是唯一的话）的一点就是赚钱，而高层建筑基本上是通过在一个地块上创造更多的楼层空间，增加开发的价值来做到这一点的。

为了说明这一点，我们使用了一个过于简化的开发方程式（例如，忽略了租户诱导的可能影响），让我们假设内部总建筑面积为 27871m^2（表 4.2），在总体净效率为 72% 的情况下，内部净面积为 20067m^2（合理地假设内部净面积与可出租面积相同）。每平方英尺 45 英镑，每年可提供 9720000 英镑的租金收入。如果采用 6.00% 的典型投资收益率（这意味着开发商或投资者希望在 16 年半多一点的时间内收回资金。考虑在此之前出售的可能性，这是一个理论要求），那么租金将转化为 1.62 亿英镑的资本价值。

在成本方面，该建筑的平均成本为每平方英尺 225 英镑，超过其内部总面积，包括：拆除和启用工程；基础建筑加上开发商的装修；外来服务和外部工程。再加上专业和其他费用以及所有其他开发商的成本，包括财务变动，开发成本总计为 9140 万英镑。

如果开发商为这块土地支付了 3000 万英镑，那么他的努力所获得的利润将达到 4060 万英镑。

然而，理论上，该地块上可开发的面积越大，利润就越大，尽管与高度相关的开发成本增加，建筑面积效率也会受到影响。表 4.2 所示的是，如果开发

汇总开发评价——剩余利润计算　　表 4.2

要素	低层建筑	高层建筑
1.　室内毛面积（ft^2）	300,000	1,200,000
2.　得房率（%）	72	67
3.　室内净面积（ft^2）	216,000	804,000
4.　单方租金（£/ft^2、y）	45	55
5.　年收租金（£/年）	9,720,000	44,220,000
6.　投资回报率（%）	6.00	6.25
7.　投资回收期（年）	16.67	16.00
8.　Gross development value (5 × 7) (£)	162,032,000	707,520,000
9.　建造成本（£）		
300,000 ft^2 GIA at £225/ft^2	67,500,000	—
1,200,000 ft^2 GIA at £300/ft^2	—	360,000,000
13% 专业服务费	8,775,000	46,800,000
保险费 1%	762,000	4,000,000
法律顾问、出租营销费 5%	3,375,000	18,000,000
调查、杂项费	1,000,000	3,000,000
规划建设和限高审批	2,500,000	7,500,000
30 个月建设期内贷款年利率	7,500,000	—
50 个月建设期内贷款年利率	—	60,000,000
建造成本总计（£）	91,412,000	499,300,000
10. 土地成本（£）	30,000,000	30,000,000
11. 利润（8-9-10）（£）	40,620,000	178,220,000

版权方：Davis Longdon

商是第一个在现场建造塔楼的，那么他就有可能赚取暴利。换言之，如果他能够说服规划者相信塔楼方案的突出优点，并因此获得在同一地块建造 4 倍面积的许可，一旦购买，那么他的利润可以增加近 5 倍（土地成本不受影响）。

重新进行低层评估，以反映开发 50 层以上的高层建筑的优势，结果显示，假设内部净面积为 74,694m^2，年租金从 970 万英镑增加到 4420 万英镑（假设净面积减少：总效率为 67%，但租金价值增加，则成为更具“吸引力”的建筑）。投资收益率可能会向上调整以反映风险，但开发项目的价值增长惊人，超过 7.07 亿英镑。

在第二种情况下，单位面积的建筑成本现在增加了 30% 以上，达到每平方英尺 300 英镑，包括开发商的所有成本，特别是财务变化的相关溢价。尽管总建筑成本因此上升至 4.99 亿英镑，但约 4000 万英镑的利润率增加在 4 至 5 倍之间，达到 1.78 亿英镑。

当然，这种情况只会发生一次，这种意外的利润会进入土地价值，下一个买家必须开发至少同样多的建筑面积才能证明购买价格的合理性。

城市竞争和路标

1991 年，萨斯基娅 · 萨森（Saskia Sassen）

引入了“全球城市”的概念，这意味着城市将以四种新的方式运作：作为世界经济高度集中的指挥点；作为专业服务公司的关键位置；作为生产和创新的场所；作为产品和创新的市场。换言之，这些城市需要提供和支持多种设施和功能，它们是同一联盟中其他城市的竞争形式。

正是在这些复杂的问题和竞争激烈的世界环境中，高层建筑的利弊对历史环境和新兴经济体来说都是需要考虑的。事实上，随着城市和特大城市数量、规模和实力的增加，以及全球化使市场更加紧密，全球城市之间的竞争只会变得更加激烈，更何况它们还代表着推动各自国家进步的经济引擎。

当一个全球城市变得比另一个更成功时，它将扩大规模，减少主要建筑用地，并造成建设用地供需失衡。为了适应更大的空间需求，避免过度扩张，一个成功的全球城市最终将需要建设高层建筑。

20 世纪初，当高楼大厦在美国城市景观中出现时，它们聚集在一起，将大量人群集中在步行可达的范围和主要的公共交通系统可达的范围。尽管近年来有人提出通信技术和互联网的发展应减少经济活动实际集中的必要性，但似乎对商业中心和经济集群（或“好地址”）的需求仍在持续，商人们在其中聚集、交流和集中。像爱德华 · 格雷泽（Edward Glaeser）这样的经济学家在他2011年出版的《城市的胜利》一书中雄辩地提出了城市和密度推动进步的论点。

在最充分利用基础设施和交通网络的地方安置住宿设施也有很好的可持续性论证。当然，这座城市的基础设施将拥有最大的承载能力，届时必须得到扩展和增强。从这个意义上说，塔楼和城市是相互支撑的。

与商业一样，城市也需要自我推销，而城市的天际线是城市日益繁荣的一个标志：高质量地标性建筑的发展可以标志着城市出现在世界舞台上。即便是单体建筑也能在很大程度上让它们的所在城市“登上地图”——正如伦敦出租车司机、公众和评论员亲切地称之为“小黄瓜”的圣玛丽斧街 30 号的标志性地位一样。同样，英国《金融时报》仍以德国商业银行大厦的形象作为法兰克福的象征；吉隆坡双子星塔、西尔斯（现威利斯）大厦和帝国大厦分别与吉隆坡、芝加哥和纽约等城市紧密相连。

激励措施

政府可以通过在不太活跃的地区，如伦敦金丝雀码头和上海浦东地区，为集群发展提供具体的激励措施来解决上述所有因素，这两个地区都是具有税收优势和基础设施投资显著的企业区的典型例子。他们还创造了“磁石”塔（具有吸引力的高层建筑）——分别是加拿大广场和金茂大厦——作为进一步发展的催化剂（图 4.7）。

对单体建筑也可以给予鼓励，常被引用的例子是法兰克福的德国商业银行大厦，当时执政的当地绿党为此给予了一定的补贴，以奖励该计划的可持续性特点。

价值创造

建筑物产生价值的方式多种多样，期望越高，对其中一些方面的关注就越强烈：

- 资本价值或交换价值的开发；
- 体现生命周期价值与未来相关的运营成本；
- 在业务流程中操作价值生成的有效性；
- 品牌价值，福利企业形象（2010 年威利斯集团购买，如，芝加哥著名的纪念碑西尔斯大厦的冠名权）；
- 如上文所述，对其周围环境或价值或开发项目的倍增效应；
- 对社区居民有价值的影响。

虽然开发评估仍然侧重于短期利润，但受该计划资本价值的驱动，业主越来越关注建筑物的全生命成本，其中最重要的是人力资源相关成本，因此高层建筑应该被“卖掉”，因为它们有能力吸引和留住员工，提高生产力。三重底线中的“人”和“行星”元

图 4.7　上海金茂大厦的磁性（对城市建设的带动和对高层建筑的聚集效应）

版权方：© SOM/ 中国金茂集团有限责任公司

素可能比“利润”元素更难准确评估，但它们的影响可能要大得多（这是“高层建筑的经济未来”一节中提到的“未来办公室”研究的主题）。长期以来，企业都明白，通过占领和拥有地标性塔楼（landmark towers）来强化品牌的潜力，而这一点甚至可以追溯到建筑本身的命名。

虽然更高、更复杂的塔楼的财务状况更难叠加，但这些建筑可以提供一个“目的地”，提高更广泛的房地产价值。哈利法塔对周围的建筑有着明显的影响，包括许多埃马尔集团更大开发项目的组成部分。同样，伦敦桥上的碎片对伦敦东南部伯蒙德西区的商业价值，特别是住宅价值产生了重大而积极的影响，作为该区持续更新的催化剂，并为当地的营利发展（包括同一开发商购买和拥有的土地）提供跳板。

需求

高层建筑发展的驱动力，需要有对产品的需求。不同的产品满足不同的需求高层建筑也一样。例如，在伦敦，英国办公室理事会于 2002 年进行了一项研究，得出结论认为，对高层建筑的需求可分为两类：

大面积需求者，他们希望利用整合的优势，加强企业形象和文化。

小面积需求者，享受优质环境带来的好处，以及拥有地标性建筑的声望和知名度。

这些不同类型的消费者喜欢伦敦非常不同类型的高层建筑，前者如全球金融机构，需要周边商业区（如金丝雀码头）提供的大型建筑和大量客户，而后者则适合在尺寸更小、连接更紧密的空间中使用城市和中心区的标志性建筑。

经济学家会认为，资本主义安排提供了最有效的市场经济，因此全球城市都居住着为满足特定市场需求而开发的塔楼，例如英格兰北部利兹的“宿舍工人”，它在一个拥有五所大学的城市里满足了部分对住宿条件要求较高的学生需求，或是孟买北郊的 Hirandani 镇上住宅楼内装饰豪华的昂贵公寓。

自我

虽然几乎没有失败的商业案例，但毫无疑问，“自我”在高楼的建造过程中会起到一定的作用，当然也会决定塔的高度和形式。“自我”可能表现为个人的虚荣心（如，“我希望我的建筑是这个地区最高的”）或企业的威望——否则，伦敦纳特韦斯特大厦（现为 42 号楼）的设计方案为什么会和公司的标志一样？台北 101 大楼的开发商林熙蕾（Harace Lin）说，“这样的‘突发奇想’可能会影响其他功能，例如层数：100 本是最完美的数字，但我希望它比完美还要完美”（Binder 2008 年引用）。

也许延伸了自我的定义，也有一些美丽而成功的建筑例子，它们的设计不是完全由经济因素驱动的，而是由诸如“情境建筑”之类的问题驱动的。在一个越来越由全球项目决定的世界里，高度国际化的团队聚集在一起，创造和交付世界级的建筑，像金茂大厦这样的标志性建筑，其平面和立面反映了中国古代的宝塔，在设计时非常注重当地文化。事实上，正如这座建筑的设计师阿德里安 · 史密斯所说，“让城市先行，让自我得到个人的支持，但不要压倒我的自信”（2007：9）。

然而，自我并不一定是坏事。有时候，那些接手一个困难而富有挑战性的高层建筑项目的人会说，如果没有一个非常坚定的企业家在背后支撑（如果你愿意这么说的话），这是不可能的。

高层建筑成本影响因素

影响成本的基本因素

无论建筑用途如何，支撑高层建筑可行性的基本措施是成本、时间和建筑面积，如图 4.8 所示。

这些指标之间有着紧密且复杂的联系，例如成本和高度之间的关系并不是一个简单的关系。这在一定程度上是因为某些因素在不同的高度发挥作用——例如，电梯和结构将受到低于电气服务的高度的影响——但关键的是，建筑平面和剖面的形状至少与高度同等重要。而一系列截然不同的建筑和工程解决方案意味着，不仅塔楼在所有三个领域都普遍受到不利影响，而且其成本、方案和净值的范围也更大：总效率也更高。

因此，这座高楼的财务挑战也是它的机遇：解决三个财务驱动因素中的每一个，将它们推向各自范围内更好的一端。规模经济意味着对细节的关注可以提供杠杆回报或杠杆损失。成本节约或成本溢价在应用于整个建筑中的组件或细节时会成倍增加。

影响成本的关键因素

形状

形状——特别是平面的尺寸和配置——决定了建筑的效率和施工速度，作为成本驱动因素，形状往往比高度更重要。这一点，再加上它对上层建筑和立面的成本有着深远的影响（这些成本加在一起可以占到总净要素成本的 50% 或更多），正是为什么它出现在图 4.8 中列表的顶部。

1 **形状**

2 **结构体系**

3 **建筑外围护结构**

4 环境策略

5 竖向交通电梯

6 市场条件

图 4.8 主要高层建筑成本动因

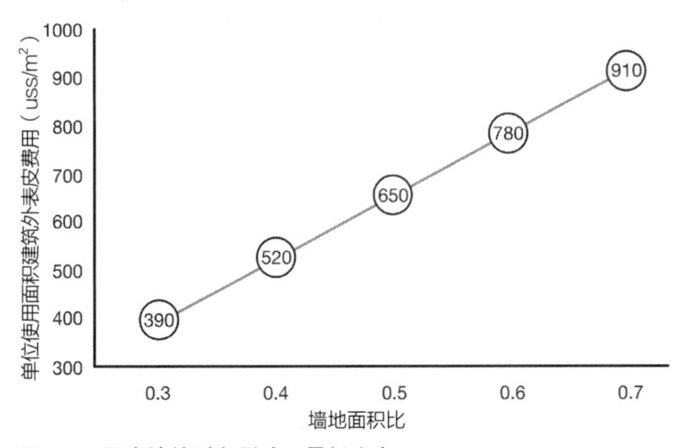

图 4.9 隔离墙的财务影响：最低比率

版权方：Davis Longdon

高层建筑的形状在很大程度上决定了影响成本和价值这两个关键参数：

- 墙地面积比 *：墙面积与建筑面积的比值；
- 得房率：使用面积与总建筑毛面积比值。

墙地面积比是形状的主要含义之一。它表示每单位建筑面积必须建造的墙面积，因此从成本角度看，越低越好。例如，墙地面积比为 0.40（对于低层办公楼是典型的，但对于高层建筑也是很可能的）意味着该建筑每 $100m^2$ 的总建筑面积拥有 $40m^2$ 的立面。比例为 0.60（对于标志性的高层建筑来说并不罕见）会使每 $100m^2$ 的建筑面积中，外墙的相对面积增加到 $60m^2$。图 4.9 显示了这种效果，假设普通的平均立面成本为 $1200uss/m^2$。在所有其他条件相同的情况下，增加额外 50% 的墙地面积比从 0.40~0.60 增加了外墙的成本，如果用建筑内部总面积来表示，则从 $520uss/m^2$ 增加到 $780uss/m^2$。对于一栋总面积为 10 万 m^2 的建筑，这相当于增加了 2600 万美元。考虑到外立面可以占塔楼总围护结构和结构成本的 20% 以上，这可能导致总建筑成本增加 10%。这就是为什么很难为成本与高度问题提供经验法则的原因之一。

结构体系方案

高层建筑的形式和结构在其影响和反应上是相互关联的。楼面的尺寸和形状将从根本上影响核心筒的位置和配置，核心筒的设计在最大限度地提高净建筑面积效率方面起着关键作用。

高度通常会降低这些效率，因为核心筒区和结构区相对于整个楼板展开，以满足垂直交通的要求并抵抗风荷载。楼层平面的尺寸和规则性将在很大程度上决定在净建筑面积和墙 - 地板比率上的综合影响程度。

亚太地区的一些最高建筑表明，高度和建筑意图可以与商业目标并驾齐驱，通过大而规则的地板（中心混凝土核心筒提供横向稳定性）和紧凑形式，提供额外的好处，避免在施工期间额外增加费用。

上层基础成本基本上是重量和复杂性的结果，前者决定材料的数量，后者影响每吨（钢结构）或每立方米（混凝土）的价格，两者都可能有很大差异。例如，全钢高层建筑塔楼的钢材重量从不足 150kg/m^2 至超过 250kg/m^2 不等，每吨的平均全钢价格相差可达 100%。

虽然将重点放在使框架尽可能具有实质性效率上显然是有效的，但必须注意的是，材料费只能占每吨钢结构总价的 25% 左右或更少。结构框架的复杂性将直接影响制造和安装成本，通常约占成本的 70%。因此，应充分关注安装方法（和临时工程），包括计件、构件标准化等，这些因素应在安装过程中相对较早地解决，因为它们会影响上部结构的基本设计，从而影响建筑概念。

尽管如此，大宗商品价格的持续波动正在影响这类成本构成，而且有人认为，从大宗商品和资源的角度来看，由于一些人认为世界可能处于商品和资源的重大拐点，基本结构选择的供需和成本的比较可能采取不同的方式。

设计方案的形状从根本上推动了框架重量和简单 / 复杂度，因此高层建筑形式的多样性解释了上层建筑成本的大范围。形状的重要性意味着某些形式可以创造一个结构上有效的解决方案，与上层建筑系统在不同阈值的理论变化相矛盾（图 4.10）。

立面规范

高层建筑的美学与性能之间存在着强烈的，有时甚至是政治上的关系，这一点在他们的立面中最为明显。塔楼的形式和表皮创造了它的身份，它的外墙在它通过城镇规划过程中起着至关重要的作用。但它们也必须满足一些性能标准，所有这些标准都存在一定的制约。塔楼立面设计和评估有五个关键参数。

一、建筑意图

考虑到高层建筑的突出和轮廓，结合其潜在的

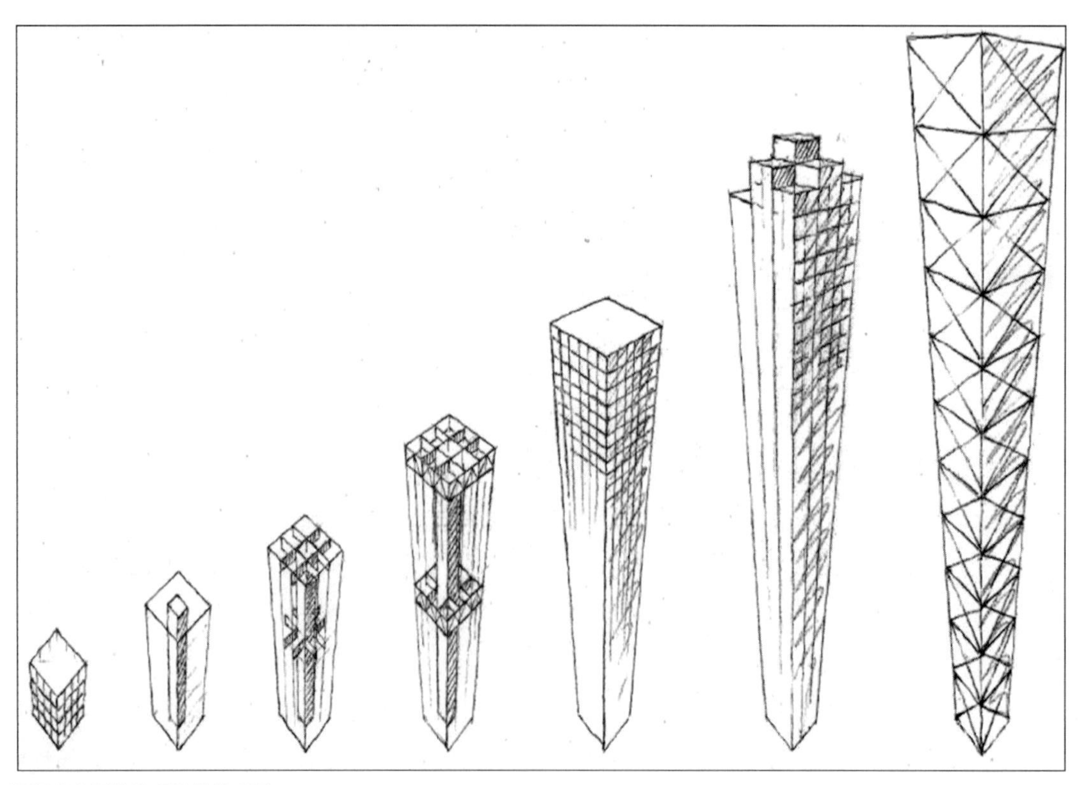

图 4.10 根据高度阈值的理论结构系统

版权方：Ron Slade，WSP

寿命，可以理解的是，建筑师的重点将转向它的外观：不仅是建筑表皮的形式，而是其清晰度、材料和细节（内部和外部）。

作为对客户简报的回应，架构意图代表了任何项目的催化剂。开发新产品和新技术是应该鼓励的，但规模会促使人们采取规避风险的方法，因此创造力必须受到实用主义的制约。很少有人愿意成为一只昂贵、引人注目的“小白鼠”。

二、性能

为室内空间提供自然光是通过玻璃实现的，这意味着解决方案倾向于将幕墙技术作为建筑外立面系统，这是因为此类系统解决方案能够适应其他项目特定标准的不同范围。

但是，最大化自然光不可避免地带来了太阳能过热和热损失的风险，或者在炎热的气候中获得热量，因此立面解决方案必须是灵活的，以解决项目特定的性能细微差别。

高性能镀膜玻璃单元通常与实心衬板结合，在西欧和美国的部分地区是一种经济有效的解决方案，而在寒冷的气候下，三层玻璃密封单元的引入更是引人注目。高反射率玻璃解决了在炎热的气候下强烈的太阳热风险，有多种解决方案将可视玻璃和固体面板结合在一系列饰面材料中，同样有助于在最大化透光率（LT值）和最大化太阳能透过率（SHGC值）之间实现必要的平衡，同时认识到减少热损失（U值），降低气流以及炎热气候下的热量增加。

这些解决方案有助于将立面深度保持在商业上有利的250—300mm。可以使用双层幕墙技术来保持这种深度，在这种技术中，玻璃可以是透明的（外部为单层玻璃，内部为双层或三层玻璃，具体取决于气候）。这些系统通过位于腔体内的电动百叶窗来调节遮阳，百叶窗通过传感器对太阳轨迹做出反应，自动关闭和打开，从而最大限度地提高透光率和视野（视情况而定）。

如今，双层表皮技术的创新已经见证了封闭式空腔立面的出现（相比之下，通风式空腔解决方案需要通过每个模块内的开口框架通道进入空腔进行清扫）。双层表皮立面无须引入外部遮阳（太阳光）或考虑坚固性（例如通过拱肩板），从而管理外部遮阳对高层建筑成本和坠落风险的影响（通过清洁通道和降低噪声）。

双层幕墙并不适合所有的气候，因此最终的立面解决方案取决于当地气候条件，在逐个项目的基础上，从最初的设计意图出发跳板。

最终选择外立面的设计方案的因素还包括适应项目特定标准，如风压和特定立面要求。

三、可建造性和可维护性

在绝大多数情况下，高层建筑需要预制单元幕墙的解决方案；也就是说，可以直接从底层逐层吊装到位的单元，避免任何外部通道的需要，并将塔吊的压力释放出来，从而与施工进度的关键路径方面相吻合。

这种方法的另一个好处是最大限度地提高质量和风险管理，在受控的工厂车间条件下进行非现场制造，并结合可靠的物流运输规划方法，在满足要求的基础上为建筑物提供立面单元。

一座高楼的巨大立面幕墙，便于维修和降低维修成本非常重要。因此，在设计阶段评估如何、多久清洁一次立面和更换面板，以及材料和组件的使用寿命至关重要。

四、采购

任何项目的先决条件都是确保建筑围护结构设计解决方案能够由一系列具有适当技能的专业承包商提供。这就降低了风险，最大限度地保证工期，而不管市场情况如何。设计团队应尽早为其项目确定可能的外立面承包商，并与他们合作，寻求专家意见，在不损害建筑创意、方案或质量的前提下，最大限度地提高设计效率。

早期聘用有能力的专家和保持竞争优势之间的平衡是一项困难但并非不可能的任务，其保证手段因项目和地域而异。

五、成本

墙体与楼板面积比率参数的重要性已在前面指出。图 4.11 将亚太地区的一些最高建筑与伦敦的一些建筑进行了比较，并展示了这一比率的潜在差异。单位建筑面积的外立面成本是两个因素的乘积：墙与楼面比率（如前所述）；外墙的基本成本，由规格、连接、标准单元的数量和细节决定。

简单地说，一个昂贵的立面与一个漂亮的塔楼相结合，可以创造出一个成本几乎是一个更普通的高层建筑的简单立面的三倍。因此，在设计的早期阶段，团队不能花太多时间试图优化建筑形式、立面性能和成本。

环境策略

尽管 MEP 服务或环境策略未被列为前三大成本驱动因素（图 4.8），部分原因是潜在成本范围相对较窄，但它们绝对是设计的关键要素，必须从一开始就考虑，尤其是因为服务设施的设计和塔楼的立面必须一起考虑和开发，以确保它们对该项目的环境战略做出协调一致的反应。

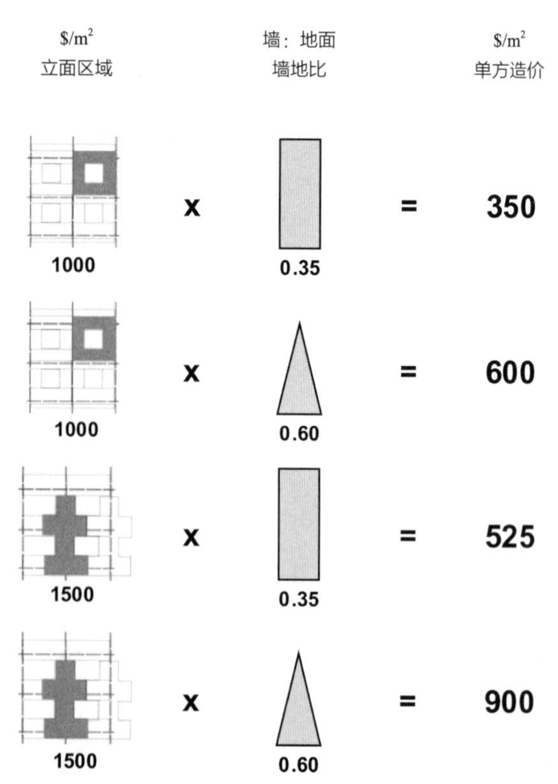

图 4.11　建筑立面与体型对造价的双重影响
版权方：Davis Longdon

除其他事项外，暖通设计工程师将提供有关隔热性能（“U” 值）和太阳能增益性能（“G” 值）的数据，以帮助建筑师、立面顾问或成本顾问评估在前面提到的五个立面标准中实现混合成功的最有效的方法。无论是通过机械方式（通风立面）还是物理方式（具有坚固性和 / 或遮光组件的简单立面）来解决太阳能得热问题，都是设计早期阶段需要解决的关键问题。

MEP 战略的另一个主要重点是设备主机房的位置及所需的空间大小，这可能对成本和设备系统效率产生相当大的影响。例如，分散式空气处理装置的成本会更高（主要是因为空气处理装置的数量增加），可能会影响到外立面，但可能会避免地下室的额外成本，或释放出地面上宝贵的空间，否则这些空间会被中间的设备层占用。分配给租户设备的容量也是一个重要因素。完工后安装发电机组或冷水机组等设备意味着，为未来的住户分配机组设备的冷量变得异常困难，特别是如果打算将建筑出租给多个租户。未来的升级可以通过增加设计容量来满足，这增加了 MEP 系统的基本构建成本，但避免了随后与租户及其代理纠纷。

高度意味着必须保持管道中水和冷却剂较高的液压，需要压力断路器等多个设备。因为其费用高昂，阀门的数量和额定值需要仔细考虑，需要考虑租户空间的供暖、通风和空调策略，以及在这方面需要的任何灵活性。关键是找到最具成本效益的热交换 / 立管和压力额定值组合，并额外考虑系统的冗余量。系统压力还驱动其他系统的选项，例如喷水装置和湿立管。

垂直运输（电梯）（VT）

与目前所考虑的塔楼构件相比，其电梯在总建筑成本中所占的比例相对较小。然而，它们是核心设计的一个组成部分，它们的策略将有助于确定建筑物得房率以及其运行效率。

有许多基本选择，它们的相对适当性主要取决于建筑高度、楼面尺寸和配置、使用或人员密度。这

些考虑影响因素包括:

- *楼层分区简单明了,有转换层;*
- *快速电梯提供服务的空中大厅;*
- *双层停靠电梯;*
- *以上这些方案的组合。*

诸如目的地楼层控制系统等复杂的控制正在成为高层建筑配置标准,它们成本相对较低。然而,电梯行业的特点是产品不断改进,最新的发展(如双层停靠电梯)必须与未经测试的性能相平衡,在保持单一来源选择的同时,商业杠杆也受到限制。

一方面,为建筑物的预计乘梯人数实现最佳运行时间等待间隔,将实现电梯数量、大小和速度之间的最佳匹配,同时必须对成本和面积影响进行评估。有时,可能会选择一种解决方案,因为它的面积减小,例如,因为这个原因,双层电梯被选择用于不是特别高的建筑物。建筑也可以发挥作用,例如,建议将转换层用于便利设施,或者需要在双层解决方案中仔细考虑入口大厅的要求。

另一方面,易用性和操作性问题同样重要,包括电梯运行策略如何影响建筑物入口处处理人员流动的方式。

有效和高效的电梯解决方案的关键性以及涉及的变量数量意味着早期的专家分析(以及同样重要的解释)是必不可少的,与设计团队和造价顾问一起工作,以确保协调一致的方法。

市场情况

建筑高度带来了风险,但也带来了成本增加。更确切地说,采用铰接结构或非标准尺寸电梯,以及缺少案例都会造成不确定性和风险。形状越不寻常,随高度变化越大,不利影响就越大。再加上细长的形状,成本与高度的关系变成对数关系。该项目的管理和施工也将更加困难和复杂,造成工期延长。

将所有这些投入过热的市场:有限的承包商和专家供应通常会避免风险或将避免高价购买电梯,是一个低效率、高风险(尽管是战利品)的建筑不但价格高,可能供货能力有限。特别是安装的进度取决于地点和当地的行业习惯,往往会让采购的战略变得更复杂,甚至会用边设计边施工的方式,以克服供货能力不足的问题。

所有这些都对项目"成本"的水平和稳健性产生重大影响:主要承建商组织施工成本(塔式起重机、工具和设备、围挡、管理人员、住宿、安保等)、管理费用、利润、风险津贴和应急费用的成本咨询达到峰值。由于这些项目的基准显示了20%—40%的范围,涉及如何推动风险、市场对风险的感知和偏好以及采购策略对风险的反应,在塔楼开发的经济性中至关重要。

成功的关键

"成功"对不同的人含义也不同。从房地产开发的商业角度来看,高层建筑的成功将以货币单位作为利润来衡量(尽管考虑到其可能的"或有"价值,不一定是孤立的塔楼)。这一程度将取决于该计划在前面概述的造价、工期和楼面积三者综合考量(图4.5),但这只是一个起点。

在很大程度上,常识通常是成功的关键,但鉴于房地产市场和建筑业的分散性,常识并不总是正确的,这或许并不奇怪。这些成功的关键是在一个高层建筑项目开始时就落实到位。

这些关键可以通过经验总结得出以下结论:

提出正确的概念

确保团队在一开始就了解并理解项目的潜在成本(和价值),从而优化塔的高度和形式,并尽快开发核心部分。同时团队明确说明,并形成简报告诉大家。

这是最关键的阶段,特别是对于一个高层建筑项目,在这期间,基本的经济驱动力将得到解决,并为商业上成功的高楼奠定基础。甚至比低层方案更需要时间和精力,在概念设计中融入金三角的尺度,创造出合适的高度和形状。

坚持运用概念原则

继续优化设计的每一个方面，检查“大票”项目，但也集中在微观规模，这样规模经济可以通过琢磨细节最大化。

通过相关基准（设计、施工方法和成本）和同行评审（包括适当的外部“审计”）检查进度和与以往案例对比。

为成功创造条件

合适的顾问要具备适当的经验和技能，同时能营造一种鼓励新想法的氛围。最重要的是，确保每个层面上的团队合作，以便考虑到备选方案的所有影响，并且每个决策都是协作性的。在可能的情况下，共同安排团队，特别是在交付阶段。

建立正确的项目管理、明确的角色和责任、快速的决策和对如信息发布等关键里程碑式的事件达成真正一致。

合理设计

投标前完成并协调设计，或至少明确后期需要完成和购买的内容。明确设计团队和承包商各自的设计职责。

在设计的早期阶段，以有针对性和协调性的方式聘请行业专家，在这种情况下，他们认为“合理性检查”在设计方法中很有价值，并考虑方法和可建造性问题以及更方便施工的方法，以避免不必要的增加成本。

正确的采购策略

使战略和建筑合同与当地市场保持一致，发挥客户、设计团队和承包商各自的优势。对承包商的风险程度和性质要绝对清楚和诚实。首先，把这个项目卖给市场。在努力打造一座高效、经济、可建造的塔楼之后，花时间向潜在的承包商展示这一点，以获得具有竞争力和现实价格的最佳机会。

高层建筑的经济前景

世界各地的投资者、开发商、业主和使用者都面临着前所未有的经济环境，这种环境对高层建筑市场产生了深远的影响，甚至可能永远改变某些动态。

经济学的条件和概念并不是固定不变的——任何房地产开发都有许多因素在起作用——但高层建筑开发越来越多地与全球和地区经济和政治联系在一起，而这些经济和政治继续表现出持续的不确定性。

有一些普遍的趋势似乎可能会在短期内变化，并对建造高楼的驱动力产生持久的影响，包括：

- 在发达国家应对经济紧缩的同时，许多新兴市场在投资和内需的推动下经历了显著的增长；
- 全球金融危机留下了巨大的债务负担，各国政府在协调公共财政方面面临巨大挑战；
- 除了金砖四国（巴西、俄罗斯、印度和中国），还有新的“冠军经济体”，具有巨大的建筑增长潜力——人口众多、快速城市化和工业化以及不断变化的行业；
- 通货膨胀，新兴经济体的国内高需求、货币政策（接近零利率和量化宽松）和商品价格上涨造成了强大的通货膨胀压力；
- 全球资本成本虽然因为信贷紧缩使融资成本更高、更难获得，但利率通常仍处于低位，原因有很多，包括成熟经济体的经济疲弱以及旨在刺激增长的央行政策。然而，越来越多的人预期，全球储蓄和投资的平衡将会逆转，从而使资本更加昂贵。

这些因素的结合正在创造一种独特的全球局势。经济、社会和环境可持续性的压倒一切的主题不仅使人们更加关注高层建筑的基本成本和价值驱动因素，而且应该鼓励人们对高层经济有更长远、更广泛和更深入的看法。

鉴于这些背景问题，威宁谢工程咨询公司与一个包括切尔斯菲尔德合伙公司，凯达、希尔森·莫兰合伙公司和 WSP 公司在内的团队一起，进行了一项

“未来办公室”研究（见 Mason 2012），目的是创建一个成本效益高、可持续发展的商业大厦，这种做法引发了这样的问题：

- *投资是否指向正确的结果？例如，花在昂贵的外墙上的钱是否可以转向提供灵活、适应性强、舒适和有效空间的高层建筑——所有这些都对商业占用者有实际价值？*
- *是否应该更加强调寿命、折旧、更换成本或适应性？*
- *一座更具成本效益的塔楼能让它的城市更具竞争力吗？*
- *与昂贵的技术修复相比，通过建筑修复是否能更好地实现可持续性（其中一些修复在适当考虑体现碳排放等因素的情况下仍具有可论证的“绿色”证书）？*

这项工作揭示了不同角度的成本效益分析结果：利润，人或地球。图 4.12 显示了可持续性评估矩阵，该矩阵总结了交通灯系统中不同方案相对于三个角度的相对性能。关键的是，研究的结果之一是，根据所应用的价值观，总是会得到不同的答案。更广泛的价值观的重要性与合作评估的必要性和长期改进框架（这将依赖于更广泛的分析和业务数据的收集）相结合，以形成研究产生的关键主题。这为未来高层建筑的竞争性商业案例提供了一个引人注目的议程。

高层建筑发展的挑战和驱动力依然存在，但它们的相对重要性将发生变化，不仅会随着时间的推移，而且会随着地理位置的变化而变化。像伦敦这样拥有标志性但相对昂贵的高楼的城市正在试验其他摩天大楼形式——事实上，他们正在重新评估金融危机前构思的一些高层建筑方案的适当性。在其他地方，

品牌			人群		
			使用舒适性	适应能力	平均得分
幕墙	大跨钢结构	分散式风机盘管空气处理机组	0.4	1.2	0.9
		集中式风机盘管空气处理机组	0.9	1.3	1.1
		分散式冷梁空气处理机组	0.6	1.3	1.0
		集中式冷梁空气处理机组	1.0	1.4	1.2
	大跨混凝土	分散式风机盘管空气处理机组	0.7	1.0	0.9
		集中式风机盘管空气处理机组	1.1	1.1	1.1
		分散式冷梁空气处理机组	0.8	1.1	1.0
		集中式冷梁空气处理机组	1.3	1.2	1.2
	短跨钢结构	分散式风机盘管空气处理机组	0.5	1.0	0.8
		集中式风机盘管空气处理机组	1.0	1.1	1.0
		分散式冷梁空气处理机组	0.6	1.1	0.9
		集中式冷梁空气处理机组	1.1	1.2	1.1
	短跨混凝土	分散式风机盘管空气处理机组	0.8	0.9	0.9
		集中式风机盘管空气处理机组	1.2	1.0	1.1
		分散式冷梁空气处理机组	0.9	1.0	1.0
		集中式冷梁空气处理机组	1.4	1.1	1.2
预制	大跨度钢结构	分散式风机盘管空气处理机组	0.6	1.0	0.8
		集中式风机盘管空气处理机组	1.1	1.1	1.1
		分散式冷梁空气处理机组	0.7	1.1	0.9
		集中式冷梁空气处理机组	1.2	1.2	1.2
	大跨度混凝土	分散式风机盘管空气处理机组	0.9	0.8	0.8
		集中式风机盘管空气处理机组	1.3	0.9	1.1
		分散式冷梁空气处理机组	1.0	0.9	0.9
		集中式冷梁空气处理机组	1.5	1.0	1.2
	短跨度钢结构	分散式风机盘管空气处理机组	0.7	0.8	0.8
		集中式风机盘管空气处理机组	1.1	0.9	1.0
		分散式冷梁空气处理机组	0.8	0.9	0.9
		集中式冷梁空气处理机组	1.3	1.0	1.1
	短跨度混凝土	分散式风机盘管空气处理机组	1.0	0.7	0.8
		集中式风机盘管空气处理机组	1.4	0.8	1.1
		分散式冷梁空气处理机组	1.1	0.8	0.9
		集中式冷梁空气处理机组	1.6	0.9	1.2

最大偏差

图 4.12 可持续性评价矩阵

盈利指标			环保指标	
净面积（m²）	单方造价（£/m²）	全寿命期费用（£/m²/60 年）	全寿命期 CO_2 排放（kg CO_2e/m^2）	单方运行碳排放（kg CO_2/m^2/ 年）
95,451	1,572	4,168	740	57.8
93,831	1,615	4,060	767	57.8
95,451	1,572	3,976	722	56.7
93,831	1,615	3,952	749	56.7
94,917	1,604	4,156	730	57.8
93,297	1,647	4,049	763	57.8
94,917	1,604	3,964	712	56.7
93,297	1,647	3,941	745	56.7
95,455	1,615	4,169	873	57.8
93,835	1,658	4,061	909	57.8
95,455	1,615	3,977	855	56.7
93,835	1,658	3,953	891	56.7
94,952	1,485	4,151	631	57.8
93,332	1,518	4,043	662	57.8
94,952	1,485	3,959	613	56.7
93,332	1,518	3,935	644	56.7
94,281	1,572	4,201	731	59.0
92,661	1,615	4,092	761	59.0
94,281	1,572	3,972	713	56.6
92,661	1,615	3,947	743	56.6
93,747	1,593	4,189	715	59.0
92,127	1,636	4,080	751	59.0
93,747	1,593	3,960	697	56.6
92,127	1,636	3,936	733	56.6
94,285	1,615	4,202	862	59.0
92,665	1,647	4,093	898	59.0
94,285	1,615	3,973	844	56.6
92,665	1,647	3,948	879	56.6
93,782	1,464	4,185	622	59.0
92,162	1,507	4,075	653	59.0
93,782	1,464	3,956	604	56.6
92,162	1,507	3,931	634	56.6
3%	12%	6%	34%	4%

图 4.12 可持续性评价矩阵（续）

像孟买这样的特大城市，印度将依靠它来帮助推动国家达到其作为世界三大经济强国之一的预期地位，正在应对更为根本的挑战，包括一系列高层建筑如何解决密度问题，克服基础设施缺陷，避免蔓延，提高质量为企业和人民提供住宿，向更广阔的世界宣传它的日益繁荣和发展。

当然，高层建筑类型学将继续发展，以响应特定的需求，反映不断变化的工作和生活模式，并作为不同用户如何在一栋建筑中共同工作以及一栋建筑及其城市如何相互支持的渐进式思考的结果。

由于经济和实际原因，全球范围内的工作重心普遍从垂直转向水平，交通系统和水利工程等土木工程项目占据优先地位。但金砖四国和冠军经济体强劲的经济增长，以及人口和城市移民的增加，给城市政策的提出带来了越来越大的压力，也暴露了城市政策的重要性。这突出了高层建筑与其环境之间的联系，以及两者兼顾的必要性。

在未来的某个时刻，技术将发生一个重大的变化，这将对塔楼的设计、建造和运营产生巨大的影响，但这超出了本章的范围。这种戏剧性的发展将影响高层建筑的经济性，但有些事情不会改变：发展程序的基本原则与为项目团队的成功创造条件的必要性能确保业务一直发展到后期。而高度仍然只是这些经济因素之一。

参考文献

Binder, G. 2008. 'The International Skyscraper: Observations', *CTBUH Journal*, 1.

British Council for Offices. 2002. *Tall Office Buildings in London: Giving Occupiers a Voice*. London: BCO.

Cantillon, R. 1755. *Essai sur la Nature du Commerce en Général [Essay on the Nature of Trade in General]*.

Glaeser, E.L. 2011. *The Triumph of the City: How Our Greatest Invention Makes us Richer, Smarter, Greener, Healthier, and Happier*. New York: Macmillan.

Lawrence, A. 1999. *The Skyscraper Index: Faulty Towers*. Property Report. Dresdner Kleinwort Waserstein Research, January 15, 1999.

Lewin, K. 1952. *Field Theory in Social Science: Selected Theoretical Papers*. London: Tavistock.

Mason, J. 2012. 'The Office Towers of the Future', *New London Quarterly*, 6. Available at: http://aedasresearch.com/files/publications/future_office1.pdf (accessed 1 September 2012).

Miller R.L.D. 2000. *The Strategic Management of Large Engineering Projects: Shaping Institutions, Risks, and Governance*. Cambridge, MA: Massachusetts Institute of Technology.

Sassen, S. 1991. *The Global City: New York, London, Tokyo*. Princeton, NJ: Princeton University Press.

Smith, A. 2007. *The Architecture of Adrian Smith: SOM: Towards a Sustainable Future*. Melbourne, Australia: Images Publishing.

Willis, C. 1996. *Form Follows Finance: Skyscrapers and Skylines in New York and Chicago*. New York: Princeton Architectural Press.

注释

请注意，本章中的所有数字截至 2012 年中均正确无误。它们的提出是为了展示相对表现，而不是代表每一种情况的绝对答案。

1. 内部净面积：内部总面积，或 NIA：GIA。世界各地的术语和定义各不相同，但净面积和总面积的基本原则仍然有效。

第5章
翻新是更好的选择吗？

莎拉·比尔兹利（Sara Beardsley），杰弗里·博伊尔（Jeffrey Boyer）

拆除和重建并不总是通往更好的高层建筑的唯一途径。许多高层建筑，甚至是最古老的建筑，都有健全的结构和外部建筑，这使得翻新成为拆除的首选方案。建筑物被翻新的原因有很多，从意外的损坏、维护问题或希望改变的风格到能源问题和对过时系统的现代化需求。整栋建筑的翻新可能比建筑的初始过程更复杂。然而，翻修能够利用建筑物原来的结构外壳，同时使从MEP（机械、电气、管道）系统到幕墙和内部的一切现代化，通常比完全重建所需的成本要低得多。对最近一个地标性塔楼项目的分析表明，翻修费用不超过3亿美元，而估计拆除和重建费用超过10亿美元。在整体嵌入式能源方面，翻新也比新建筑更环保。

摩天大楼的历史可以追溯到19世纪末，但世界上大多数超高层建筑的年龄从现在到大约80岁不等。与过去相比，现有的高层建筑仍然作为当今城市和经济结构的一部分在使用。这些建筑的业主们有许多挑战和机遇，不仅要保护这些建筑和确保居住者的安全，还要确保它们作为金融资产的可行性。

在现有建筑总量中，只有一小部分是由在当前能源意识时代建造的建筑构成的。尽管新建筑的智能化设计是一个积极的步骤，但更重要的是对现有建筑进行翻新，以减少城市的能源使用和碳排放。事实证明，高层建筑是一种典型的发展形势，通过提高城市密度来更好地利用资源和减少环境影响。特别是对现有高层建筑进行智能化改造，可以对碳排放产生有意义的影响。

本章将环境规划、改造、升级和绿色设施管理，作为可持续发展的一个突出方法，探讨了当前建筑存量的机会，并提出了一个四阶段系统的实施方法。还讨论了与翻新现有高层建筑有关的重要问题，包括历史保护问题、建筑规范的变化、建筑物流和居住者安全。

能源效率：分阶段方法

既有建筑是世界各地城市的重要组成部分。许多城市在历史上具有重要意义，形成了各种各样的城市结构，赋予城市独特的身份。然而，既有建筑也是在能源法规不存在或没有今天那么严格的时候建造的。因此，许多现有建筑每平方米的耗电量是同类较新建筑的几倍。如果他们的性能得不到改善，既有建筑将继续不成比例地向电网征税，这将使城市很难达

图 5.1 现有高层建筑的年龄、材料类型和高度各不相同，形成了具有市中心特色的城市结构
版权方：Sara Beardsley，AS+GG

到碳减排的标准。

1970 年 8 月，104 层的威利斯（原西尔斯）大厦开始施工，当时的能源价格实际上处于现代石油时代开始以来的最低水平。到 1974 年竣工时，由于阿拉伯石油禁运，美国陷入危机，能源价格创下历史新高。建筑的悖论，尤其是与高层建筑有关的悖论是，设计是对历史背景的回应。那么，我们如何创造灵活、适应性强的建筑呢？更重要的是，我们如何使对生态影响更大的既有建筑可持续发展？

放弃既有建筑不是解决之道。既有建筑在材料生产和运输、部件制造、施工和安装等方面消耗了数百万千瓦时的能源。如果一个旧的建筑被简单地拆除，所包含的能量损失是巨大的。相反，作为节能改造的一部分，最好是保存一些元素，如建筑物的结构、外壳，甚至在可行的情况下保留设备。由于建造于电力照明、供暖和空调出现之前的年代，其建筑特点在今天仍然具有节能的价值。

高性能建筑比传统建筑平均少用 40% 的水和能源。这些效率可即时和持续的节约运营成本，其回报可能是巨大的。对现有建筑进行绿色化改造，创造一个更清洁、更健康的工作环境，也是一种强有力的营销手段。

必须指出的是，没有一种单一的战略是万能的。每一栋建筑都是独一无二的，基于它的地点、建筑、系统、用途以及其所处的时代。面临的挑战是，根据总体目标和现有条件，独立审视每一栋建筑，找出最

有意义的措施。对现有建筑，特别是大型高层建筑进行绿色化改造是一项艰巨的任务。这是一个长期的过程，最好采用分阶段的方法。

第一阶段：未来规划

建立环境管理计划必须从建立和维持一个程序开始，以确定建筑物内活动的环境影响。通过早期量化能源消耗、水、废物和运输，设计和管理团队可以制定和支持一个战略框架。

这个过程需要业主、管理者、建筑工程师、设计专业人员，甚至租户之间的合作。为了解建筑物的性能，必须经常从许多来源收集数据。除了能源性能外，还必须考虑乘客舒适度、空气质量、维护、废物处理和操作实践等问题，以规划一个全面的计划来提高性能。通常，最有价值的信息可以来自在建筑物上工作或管理时间最长的团队成员，因为他们可以了解建筑物的过去以及多年来的演变。

图 5.2　威利斯大厦采用低成本、最小冲击的改造后，其能耗降低了 35% 以上。最近的一次管道改造使得每年节约了 1000 万加仑的水。这座大厦的业主们最近通过了一项长期计划，这项全面的现代化工程，可将能耗再削减 40%
版权方：Sara Beardsley，AS+GG

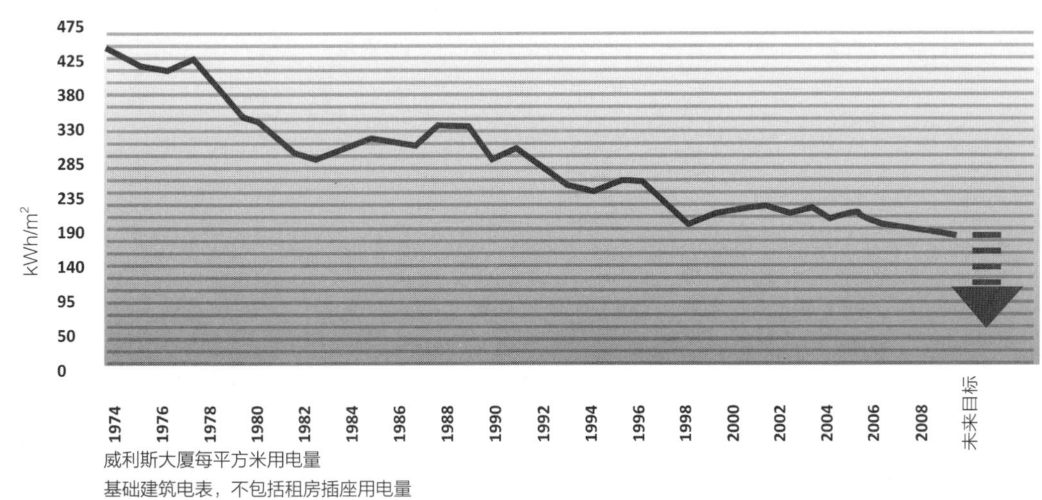

威利斯大厦每平方米用电量
基础建筑电表，不包括租房插座用电量
版权所有 AS+GG，2010

当战略团队开始为现有建筑的未来进行规划时，确定与可持续改进相关的目标、优先事项和预算就变得非常重要。小的改进通常可以作为当前运营预算或定期维护计划的一部分来实施。对于重大升级，可能需要在较长时间内寻求额外的资金来源。应始终考虑总体优先事项和现实的阶段安排。

现有建筑有许多评级系统，其中最常见的是BREEAM（英国绿建标准）、LEED（能源与环境设计领先）和Energy Star（能源之星）。这些系统通常在改造时使用，以便对性能进行基准测试。在使用其中一个系统进行评级之前，必须了解先决条件以及如何根据现有建筑调整评级系统信用。

评估一座建筑的能源性能的第一步是确定它使用了多少电、天然气和水。这可以通过对能源账单的审计来完成。然而，如果有多个租户，他们也许使用不同的电表，那么数据收集可能是一个复杂的过程。如果一个建筑没有正确的计量，就有必要更新或修改计量方法，以更好地跟踪不同区域的使用情况。一旦确定了能源使用情况，应研究建筑物的能源状况。建筑物会有不同的能源概况，这取决于它们的年龄、布局和占用的使用情况。通常，衡量节能潜力的最佳指标是确定哪些地方使用了大部分的能源。设计专业人士可以协助形成能源模型，可以针对节能领域。

此规划阶段的策略包括：

- 指派一名能源经理并建立一个策略团队；
- 审核当前的环境影响（能源、水、废物、交通）；
- 评估建筑的当前使用模式（设备、员工规模、工作时间）；
- 制定明智的（具体的、可衡量的、可实现的、相关的、有时限的）可持续发展目标；
- 正式确定一个意识计划，其中包括从主要利益相关者处购买；
- 评估沟通/教育机会；
- 制定预算和评估可用的援助，财务援助；
- 研究历史和预测的能源/运营，成本数据；
- 检查合作伙伴的机会与公司和机构合作，帮助实现可持续发展目标；
- 确定诸如“BREEAM”等评级产品是否适合；
- 通过访谈和“焦点小组”征求员工的意见。

第二阶段：启动环境计划（小升级）

考虑到高层建筑的规模时，一些最简单的改进可以给人留下深刻的印象。普遍来说，照明是建筑环境中最大的能源消耗部分之一，它只是许多简单的环境管理策略之一，在短期内只需低资本投资就可以实施，但却能产生巨大的长期效益。

通过简单的操作和行为调整，建筑物的能源、水和废物的利用性能也可以显著提高。考虑到空调的温度范围增加、夜间关灯和断电、推行绿色家政政策、实施回收计划和鼓励通过设置自行车库进行可持续交通，都可以极大地改变建筑物的运行特性。业主制定建筑标准也很重要，这样当一个空间翻新时，就可以实施诸如采光、使用可回收材料和低VOC（挥发性有机化合物）油漆等政策。在商业建筑中，应鼓励租户参与可持续做法。通过租户教育计划，建筑住户可以在实施照明操作、使用百叶窗和回收利用等措施时提供帮助。居住者可以在日常绿化实践中拥有所有权，同时，建筑管理者和业主可以从营销中获益。

在某些情况下，只需对现有设备进行优化就可以节省大量能源。调试是对建筑系统进行定期监控和优化，以确保最大性能，其好处远远超过成本。清洁设备、水力平衡、定期更换过滤器和修改启动和关闭顺序等做法都是可以节省能源的低影响措施。

照明设备的升级和照明密度的降低可以将最初按照20世纪中叶标准设计的建筑物每平方米的照明能量减少3—4倍。如果降低密度的成本太高，那么对灯具进行智能控制可以节省能源。改变灯具类型（例如用T5s代替T8荧光灯泡）也会产生很大的影响。LED技术在建筑中的应用也越来越具有成本效益，这取决于它的应用。

对变频设备进行机械改造可以使那些曾经一直运行的系统只在需要时使用能源。通常，从小型机械升级开始，最简单的地方是机械机房，在那里，建筑物所有者可以自由进出，不会有扰乱租户的风险。

在高层建筑中，外墙维护对建筑的节能和安全具有重要意义。随着时间的推移，密封件和垫圈的损坏会增加空气和水的渗透，这会对系统的热舒适性和整体寿命产生负面影响。一个积极主动的维护计划不仅可以节省能源，还能延长墙系统的寿命。

其中一个最大的负荷（特别是在医院和商业建筑中）是内部用电设备。这包括电脑、复印机、电器——任何东西和所有插在电源插座上的东西。尽管设备通常不是建筑的一部分，但建筑所有者应制定政策和激励措施，鼓励建筑使用者使用更高效的设备。对于业主来说，确保设备在不使用时关闭，并根据用户的需要调整大小也是很重要的。计算机系统，特别是数据中心和用于交易楼层的设备，消耗大量的电力并释放热量。在可能的范围内，该设备应集中，以便将其释放的多余热量限制在特定的小空间内。

未来，“瘦客户端”解决方案可能允许大型个人计算机和数据存储空间与办公环境分离，从而减少办公空间的冷负荷。瘦客户机依赖于中央服务器来提供大部分计算能力，以完成台式机的传统角色。瘦客户机上有许多变体；一些变体包括分布式存储，而另一些类似于没有存储的大型机和终端系统。当数据中心位于更适宜的气候条件下（那里的冷却能源需求较低），并且当它们与可再生能源共存以抵消其直接需求时，这些系统可节省能源。瘦客户机系统还可以显著降低办公楼的内部得热，从而减少维持舒适工作环境所需的空调用电。

第二阶段的策略包括：

- 小范围改善（密封件、垫片）；
- 窗户能量控制膜；
- 重新评估照明运行计划和高效；
- 配电升级到高效／高效灯具；

图 5.3 金茂大厦于 1998 年竣工，通过机电系统的重新调试可节能 20%
版权方：Travis Howe，AS+GG

- 降低照明密度；
- 重新评估温度设定点和暖通空调控制策略；
- 升级至能源之星设备；
- 升级至变速驱动／电子控制模块智能电机；
- 夜间净化操作／空气侧节能装置；
- 前厅／隔墙堆叠效果管理；
- 重新平衡和减震器升级；
- 自行车库；
- 低排放黏合剂和密封剂；
- 低排放油漆和涂料；
- 污染源控制；
- 加强制冷剂管理；
- 区域供冷；

- 改善废物管理（废物转利润；网络）；
- 综合虫害管理；
- 绿色家政政策执行；
- 可再生能源信贷；
- 碳补偿市场；
- 租户教育计划；
- 公共沟通 / 教育计划；
- 生命周期成本评估；
- 拼车网络 App。

第三阶段：扩大计划（主要翻新项目）

虽然通过实施一项基本的环境规划可以取得重大进展，但许多建筑物需要更广泛、更具影响力的翻修。这样的现代化项目可以大大提高能源节约和收益回报。它们也更加复杂，需要更高水平的投资、规划和阶段划分，以及设计专业人员对多种方法的评估。然而，大型翻修可以使旧建筑的性能达到相当于或甚至优于现有建筑的水平。翻新可以使现有建筑跟上当前的市场，在这个市场上，租户和居住者需要舒适、节能的空间。

当对任何系统进行重大改造时，都有很大的节能潜力。因此，以最可持续的方式进行装修设计，对建筑的长远发展做出积极的定位是很重要的。

建筑围护结构升级是最具建筑挑战性的翻修。这些可以包括修复立面接缝和密封、重新涂装、增加隔热层或重新建造外墙。建筑物围护结构的升级是最具建筑挑战性的改造。然而，就能量而言，建筑围护结构是最重要的元素，因为建筑的总热负荷和总冷负荷主要取决于围护结构的性能。可以说，建筑围护结构的升级应该放在第一位，而不是最后一位，因为机械改造可以考虑到建筑围护结构的改进。对居住者的舒适性也有显著的积极影响，例如增加日光、减少眩光和增加热舒适性，这些都难以量化，但有利于建筑物的长期受益。

图 5.4　20 世纪中期的现代立面，如面积较大的单层深色玻璃
版权方：Kevin Nance

多年来，建筑外围护结构技术有了很大的发展。许多 20 世纪中后期的高层建筑缺乏保温隔热措施（连接细节内部的屏障，防止热量从外部转移到建筑内部，反之亦然）。诸如石头或金属之类的固体材料可能具有较低的导热率。在 20 世纪 70 年代能源危机前安装的玻璃窗通常是单层的，而不是隔热的，即使在寒冷或温和的气候条件下也是如此。像 Low-E 这样的玻璃涂层技术在过去的十到二十年里已经有了显著的进步，现在可以让大量的自然光进入室内，同时也可以保护室内免受过多的太阳辐射[①]。20 世纪 80 年代和 90 年代，许多采用涂层技术的建筑缺乏自然光，这是因为在获得更高性能的涂层之前，暗色调和过多的反射率用于满足能源标准。这些类型的窗户增加了室内人工照明的需求。

在大型立面翻新中，需要考虑的可能影响成本和可行性的重要因素包括结构锚固和承载力、风荷载、传热系数值、热断裂、太阳得热和方向、爆炸和

① 译者注：Low-E 玻璃，特别是光谱选择性 Low-E 玻璃，可以让可见光谱段进入室内，而反射大部分不可见的红外辐射，而这部分能量占总辐射的约 50%。

图 5.5 印第安纳广场 36 层施工照片
版权方：Thornton Tormassetti Engineers

图 5.6 马都广场，建于 1965 年
版权方：Marc Detiffe

噪声要求、阶段划分、维护以及历史和美学影响。当建筑物被占用时，通常需要重新覆盖、重新上釉或修复建筑物的外立面，这要求建筑师和承包商设计一个可以快速拆除和安装的系统，对使用者的影响最小。由于成本问题，门面工程可能需要分阶段在数年内进行。在这些情况下，匹配现有的玻璃或面漆颜色是至关重要的，这样颜色差异就不易被发现。

对机械、电气、电梯和管道设备进行翻新可以大大节省水、电和煤气的使用。例如，旧厕所的耗水量是现在同类厕所的五倍。现代电梯系统比 20 世纪初到中期的系统耗电量少 40%。旧的机械系统通常以恒定的功率运行，比现在的可变频系统消耗更多的能量，后者根据需要改变其功率输出。

现代化的设备通常比旧的系统体积小，可以在建筑物中重新获得可用空间。升级后的机械设备可以节省大量的地面空间和管道井空间，特别是如果由于改善的围护结构性能系统可以缩小。较旧的电梯设备和某些类型的机械和电气系统的部件可以在现代化过程中完全移除，并用较小的数字等效物替换。

图 5.7 马都广场翻新后
版权方：ASSAR Achitects

图 5.8 现有的高层建筑通常由位于玻璃附近的大型周边供暖系统进行加热和冷却，以抵消通过立面的温度得热和损失

版权方：Sara Beardsley，AS+GG

图 5.9 在本例中，该建筑用辐射制冷地板进行了改造

版权方：CePeZed

在设备现代化过程中，始终必须考虑哪些系统是需要淘汰的，哪些系统可以成功地进行改造，以延长其使用寿命和提高效率，而不会产生过高的成本。有时大量更换是最好的选择。当一个完全不同的系统类型被认为适合于建筑物时，当由于设备老化而无法进行改造时，或者当旧设备处于非常糟糕的状态，以致无法在将来长期有效或可靠地运行时，这种情况就可能发生。

高层建筑的照明系统通常随着内部空间的翻新而更新。室内装修需要满足当前的能源标准，因此在一栋建筑内可能有各种各样的照明设计。在一次重大的翻修中，考虑建筑物的整体照明负荷是很重要的。全建筑范围的标准，如新设备、采光、占用率和调光控制，可以在整个建筑内节省大量能源。如果业主能够开始控制照明水平，并为个别楼层的翻新提供激励措施，那么整个建筑就可以达到当前的照明能源标准，并节省很大比例的总用电负荷。楼层的电量独立计量也很重要，这样住户就可以看到过度照明空间的环境影响和成本。

在任何重要的现代化建设中，不仅要考虑建筑本身，而且要考虑周围的场地。可持续的场地设计可以通过实施景观和透水区域来实现，特别是在停车场或大型石头广场，能有效减少城市热岛效应和雨水径流。该设计还可能有新的系统，如可再生能源或雨水回收的可用面积。

由于结构特性的原因，在现有建筑中使用绿色屋顶可能具有挑战性。在大多数情况下，上部结构可以支撑附加荷载，但在安装绿色屋顶之前，可能需要加固结构。有多种类型的绿色屋顶系统可用于各种应用。与较重的“密集型”系统相比，“模块化”绿色屋顶系统相对较轻，更适合现有建筑，托盘系统易于安装，但在大风地区可能是一个挑战，由于土壤深度的原因，轻型系统中的植物类型可能受到限制，但这些选择确实允许现有建筑物实现有益的雨水减少。在绿色屋顶成本高昂的改造中，浅色屋顶材料可用于降低表面温度和降低城市热岛效应。

第三阶段的策略包括：

- 更换高性能玻璃；
- 整体遮阳；
- 更换高性能制冷机 / 锅炉；
- 更换红外传感器；
- 二氧化碳监测；
- 更换室内 VOC 传感器；
- 更换再生制动电梯；
- 日光响应控制；
- 更换或升级暖通空调设备；
- 热回收；
- 干燥剂除湿；
- 管道布局改进；
- 雨水管理现场改进；
- 雨水收集系统；
- 低流量固定装置；
- 无流量小便器；
- 智能电网设备。

第四阶段：走向中立

在过去的十年中，碳中和操作（使用碳中和电源的建筑操作）的主题已经成为改造讨论的前沿。大多数国家的公用电网主要由发电供应，这会导致如煤炭或天然气碳排放和污染。随着高效改造建筑朝着“碳中和”方向发展，公共电网的压力可以减小。将建筑物完全从电网中移除，甚至让建筑物在高峰期将储存的能量贡献回电网，这是一个新兴的想法，可以帮助电力公司在更长时间内使用更清洁的资源。

电 / 碳中和运行是新的、具有挑战性的，即使是在适合可再生的清洁场地上，这些场地很适合使用可再生或存储系统。在现有建筑中，挑战可能比新建筑更为严重。现有建筑受到现有占地面积、土地面积、结构和空间限制。现有建筑的能源强度通常大于新建建筑，因此在使用可再生能源系统将现有建筑从电网中移除时需要克服更多的负荷。因此，在尝试电 / 碳中和运行程序之前，节能措施至关重要。

现有建筑物的优点在于其荷载分布是已知的，并且可以记录在案。现有系统的性能是已知的，因此可以非常有意义的方式评估储能或非高峰使用的机会。随着建筑物的翻新，设计专业人员可以找到创造性的方法来重新分配能源系统的空间，并在新建筑物和现有建筑物之间共享能源，以尽量减少对电网的总体影响。

现有建筑中用于电 / 碳中和运行的技术与新建筑中使用的技术类似：太阳能、风能、地热、储能和热电联产（见第 13 章）。一般来说，太阳能最适合用于无遮挡、朝南屋顶面积占很大比例的建筑，因此对高层建筑来说具有挑战性。当屋顶区域不可用时，立面改造是最可行的选择。光伏发电可以作为玻璃上的薄膜、固体拱肩板或遮阳板集成到外墙中。在改造中，风力涡轮机可以安装在屋顶上，也可以安装在立面上，但是需要考虑诸如振动、负载能力和移动等结构问题。可以使用 CFD（计算流体力学）模型或风速仪对现有建筑物进行研究，以确定涡轮机安装的最佳位置。

地源和水源能源热泵系统从地下、邻近建筑物或附近的开放水体中提取能量，由于它们通常需要大型地下管道或管道网络，因此很难对现有建筑物进行改造。这同样适用于含水层冷却系统等。现有建筑物可能无法进入地下区域，或者挖掘成本过高。不过，在大型场地或水体附近，现有建筑或许能够利用地面或水源能源。

热电厂不是碳中和的，但可以减少现有建筑的碳足迹。电池或冰蓄能可用于储存光伏电池板和热电联产等可再生能源产生的多余能量，或在非高峰时段储存能量，以便在高峰时段使用。

由于缺少管道或没有额外管道的空间，灰水系统在现有建筑中尤其具有挑战性。然而，这些挑战可以在现代化过程中被创造性地克服。雨水或冷凝水的循环利用通常是限制使用饮用水的最可行方法。

许多现有建筑的业主通过向电力供应商购买可再生能源信用额度，可以减少其对碳排放的影响。这种能量通常是在场外的风能或太阳能装置上产生的。尽管从电源到建筑物的电力传输存在损耗，但在理想的位置大规模建设可再生能源可以非常高效地输出。对于一些现有建筑，人们可以提出合理的论据，即支持场外可再生能源是一种比试图在现场获取能源更有效和成本效益更高地实现中和运行的方式。

翻新挑战

建筑翻修是设计与施工专业的一个重要专业。现有建筑物因其年代、状况或用途以及翻修范围而面临独特的挑战。现有高层建筑，特别是有人居住的高层建筑的翻修，必须包括承包商、业主和设计团队的额外规划和照顾。

计算回收期

大型翻修通常不是短期投资，获得融资是完成翻修的主要障碍之一。乍一看，计算可持续改造项目投资回报率（ROI）最明显的方法是简单的回收期（即投资成本除以年节能量等于回收期，单位为年），这通常会导致需要花费几年甚至几十年的时间。然而，在每座建筑的生命周期中，经历重大的翻新和升级时期是绝对必要的。有时，不对建筑物进行翻新的成本最终可能会更高，因为旧楼已经变得过时，其维修费用高昂，无法与市场上更新、效率更高的楼竞争。

在考虑重大翻新项目时，需要问的问题包括：

- 正在翻新的系统的剩余使用寿命是多少，以及新系统或翻新系统的预计寿命是多少？
- 每年的维修费可以节省多少？
- 对于过时的系统，每年在定制更换部件上花费多少钱，这些部件还能使用多久？
- 与基本的同类更换相比，更高效的翻新的成本溢价是多少？
- 是否可以对旧系统进行改造，而不是完全

图 5.10　乌得勒支的韦斯特拉文塔。高层建筑在后勤和监管方面可能会带来特殊的挑战
版权方：Jennes Linders

更换？

● 翻新是否会增加租金收入、入住率或建筑物的整体转售价值？

● 翻新是否会改善热舒适度、噪声和空气质量等因素？

● 用更小、更有效的设备替换更大的设备，可以增加可用面积吗？

● 一个系统的翻新是否可以节省另一个系统的成本或运营成本？

● 系统之间是否存在协同效应，这可能是有益的？

● 同时对多个系统进行翻修可节省成本吗？

● 在回收期内，水电费的预计变动是多少？

● 是否提供激励措施，如税收抵免、碳抵免、加速折旧、分区奖金、修复标志性建筑的赠款或低息贷款？

● 改造的整体节能目标是什么，项目的可用资金是否符合该目标？

监管和安全问题

由于建筑规范和安全条例在不断变化，现有建筑与当地规范条例间可能存在矛盾。许多老业主在翻修期间面临的一个挑战（取决于翻修项目的重要性）是要求使建筑物符合现行法规。常见的例子包括遵守生命安全规范，要求建筑物内的洒水装置和火灾警报覆盖范围要全面，以及满足与可达性相关、与外部空气有关的机械系统要求。翻新项目为执行这些升级提供了巨大的机会，但遵守现行规范也会增加翻新项目的成本和额外范围。在技术上或结构上不可行的情况下，设计专业人员需要与策划员一起开发解决方案。在历史建筑中，如果想要保留某一建筑的某些特征，可能会与现行法规相冲突，那么升级也可能是一项挑战。常见的挑战包括巨大的楼梯、大厅和不符合无障碍标准的老式厕所。

在适应性再利用项目中，现有建筑物改变其占用分类并不罕见。例如，许多现有的老建筑位于越来越住宅化的城市地区，由于它们的布局可能不适合现代办公空间，因此，旧办公楼的翻修可能包括将其用途改为住宅或酒店。在这些情况下，必须特别注意确保完全遵守规范和条例。

能源法规是在 20 世纪末制定的，这意味着许多老建筑在建造时不需要遵守能源基准。这就是为什么现在许多老建筑每平方米的能耗比新建筑高。然而，随着建筑规范和条例的发展，许多当局开始要求对现有建筑的能源使用进行监测，并对其系统进行升级，以达到更现代化的条例规定的能源基准。政府对能源改造的鼓励措施对于帮助建筑物遵守现行标准非常重要。

减少有害物质是建筑物翻新的一个重要成本和安全因素。20 世纪早期的历史建筑主要关注的是油漆和某些类型的密封剂中铅的使用。在中世纪的建筑中，石棉材料（ACMs）被广泛应用于防火和弹性地板的瓷砖和胶泥中，这些材料如果留在原地不一定有问题，但在翻修过程中会造成重大危险，因为干扰它们会污染空气。世界贸易中心北塔施工过程中，含石棉材料的有害影响暴露出来。40 层以下的所有楼层都有含石棉的防火材料，而上面的楼层则停止使用。许多早于 1970 年建造的现有建筑物，目前都设有含石棉的防火设施。

因此，在开始翻修旧建筑物之前，有必要对危险材料进行测试。有专门的顾问可以做这项工作。由于工人必须制造防护罩和穿防护服，因此减少这些材料的使用可能非常昂贵和耗时。由于建筑工人和居住在有 ACMs 的地区的人需要大量的保护，在一个地区翻修之前完全消除所有有害物质是很常见的。有害物质的存在常常阻碍业主在有人居住的建筑物中进行甚至是简单的改造项目。有时，最好的做法是分阶段地整修和减少整层通途的建筑物，而不是对小面积区域进行改造。

后勤问题

新建高层建筑时，承包商通常可以将整个场地用作材料的暂存区。建筑施工时，使用专用施工电梯和塔吊吊装材料。许多主要的机械设备是通过大的地板开口或由外墙尚未建造的区域引入的。

在现有的高层建筑中，材料的运输是一个重大的挑战。由于装卸平台、电梯、楼梯和门洞的尺寸，通常会对可运入的材料尺寸有限制。一些情况下，为了运输大型构件，有必要拆除建筑立面的一部分。在其他情况下，可以运用较少的元素作为解决方案来设计系统，这些元素可以很容易地运送到建筑中。

另一个挑战可能是外墙的承重问题。在老式的高层建筑中，其外墙可能没有足够的能力在进行洗窗和建筑维护中支撑吊起的材料，此外，建筑物维修系统可能不具备支撑参与外部整修的所有工人人数的能力。而在大型立面维修项目中，将新的起重系统安装在现有建筑物上，以便及时完成工作的情况，已经司空见惯。

在现有建筑物内移动材料，特别是在有人居住的建筑物内，必须考虑电梯的尺寸、速度和可用性，以及装货码头的可用性。建筑工人持续获取材料的需要可能与正在运行的建筑的需要相冲突。因此，许多翻新工作要么在晚上进行，要么在周末进行，这可能会增加劳动力成本。然而，这些成本有时可以通过提高工人的效率来平衡，这应该在项目阶段划分和预算编制过程中加以考虑。

正在整修的已入住建筑的业主必须仔细计划，尽可能地减少对其他租户的干扰，比如限制进入、系统关闭、安全问题和噪声投诉，都会对大型建筑产生负面的财务影响。然而，如果进行了适当的规划和沟通，租户可能会对建筑内小规模地升级，如自动喷水灭火系统、火灾报警系统，甚至机械分配或窗户更换等项目表示理解，并进行配合。

一些建筑物，如医院、学校、法院和监狱，他们的使用者比较特殊，在这些情况下，可能需要在项目期间腾出正在翻新的区域，在商业建筑中，租户的“流动”提供了一个升级楼层的机会。例如，当西尔斯·罗巴克腾出威利斯大厦的低层时，大厦的业主在新租户搬入这些楼层之前对照明和空气系统进行了升级。

未来

随着能源成本的上升，将有一种动力去推动人们发现减少能源使用的新方法。设计专家和政府官员开始认识到，现有建筑通过必要的改造，在减少能源使用方面是具有巨大潜力的。在一个70%的碳排放来自于建筑的城市，所有建筑节省50%的电力就可以减少35%的碳排放，这可能会导致所需的发电厂量减少，从而不再需要建造更多的发电厂，并使可再生能源能够在城市扩张的过程中提供更大比例的电力供应。广泛地去碳化可能是未来的一个漫长的过程，对现有建筑的处理是我们现在面临的巨大挑战之一——最大建筑的业主和运营商有机会成为负责任的改造运动的领导者。

第二部分

人、社会和城市问题

简介

安东尼·伍德（Antony Wood）

虽然这种性质的书通常会被视为支持高层建筑的建设，但我们需要承认，并非全世界所有人都赞同这一点。许多城市拒绝建设高层建筑（或者，仅仅只允许它们进入城市外围的“控制”区域），以保护具有历史意义的城市中心“特征”。即使在热捧高楼大厦的城市里，在社区层面上也经常有对具体建议，强烈且直言不讳的反对意见。阐述的许多论点都有很大的价值，而其他论点仅限于邻避效应（NIMBY）。第二部分开头的第6章“公共领域的高层建筑”，正面讨论了这个问题，并探讨了高层建筑、公众和他们居住的领域之间经常发生的不和谐关系。

在第7章“城市人居环境总体规划”和第9章“天空中的岛屿，地面上的城市：公共领域及其对高层建筑的影响”中进一步地阐述了这一问题，通过具体的案例研究展示高层城市领域好的和坏的例子，特别是其对地面空间的影响。在这两章之间的第8章“高楼：城市的未来”概括了书中这一部分的大部分内容：摩天大楼未来的发展方向，以及它们与城市和居住在其中的人们的关系。

世界各地对高层建筑的不满可以归结为两个因素：它们对城市领域（视觉上和身心上）的负面影响以及自身内部环境的缺陷。后一个因素是第二部分最后两章的内容，即第10章“内部环境与规划”和第11章“中庭：可持续高层建筑的重要组成部分”。这两个章节表明，我们需要摒弃追求最大化每平方米可销售或可出租楼层空间面积，并开始在高层建筑中引入支持性空间和功能，以提供更高质量的环境。这些空间需要为“社区”意识的发展提供机会，如此它能与地面空间更加自然融合。因此，城市中的公园、花园、广场、人行道、商店、餐馆、学校、医生手术室等城市空间和功能需要被提出。

在社会层面之外，这些空间还可以用于创造更广泛意义上的可持续发展的内部环境。中庭可以用来帮助自然通风，并将自然采光渗入建筑规划中，帮助减少对能源消耗和机械系统的依赖。然而，或许更需要重视的问题是，我们直到现在才开始意识到那些不太明显的好处。将建筑物的能源消耗减少30%，可能会使租户的总体运营成本节省不到1%，其中员工工资占了大部分的成本。对于典型的企业用户来说，减少30%的员工成本显然是一个更大的激励，但正如现在的研究表明，这可以通过提供更健康、更可持续的环境来有效实现，在这种环境中，更快乐的员工往往在很大程度上等同于提高生产率。

第6章
公共领域的高层建筑

理查德·基廷（Richard Keating）

自从新石器时代的第一块巨石被颠覆以来，人类就一直渴望扩大自己的影响力，克服自然的力量。从墓碑与阳历记载这些“石碑”的修建与倒塌周期，再到超高层建筑，纵观历史，这些“石碑”都有其社会意义。

对抗自然重力是象征着人类有能力思考并影响自然的一件事。正因为如此，这一象征意义已经从一个时代延续到另一个时代：哥特时期是对天堂的崇敬，20世纪是个人和企业权力的象征，也是对现代新兴国家地位的纯技术成就的反映。

当今世界，高层建筑是骄傲的源泉，也是敬畏的对象，即使是对那些从未进入高层建筑的人来说也是如此。同时，在其他国家和地区，它们代表了所有关于建筑和规划的弊端。有趣的是，后一种态度出现在被认为是最进步的城市之一的洛杉矶，前一种则出现在可能有些社会压抑的地区，例如中东的一些国家。

哈利法塔的最新图片展示了由SOM事务所设计的建筑的戏剧性精神。它完全是人类技术成就的惊人表现。在不断减少的楼层上的旋转扭曲所造成的形式主义否定了内部的充分合理利用，而幕墙几乎与SOM最近建造的其他建筑相同（甚至完全相同），

图6.1 巨石阵
版权方：Richard Keating

图 6.2 迪拜哈利法塔，建筑设计机构 SOM
版权方：SOM/Nick Merrick

但其高度却令人瞩目。它从环境残酷的平坦沙漠中脱颖而出，强调了对地心引力的征服，而在更大的城市中，类似的建筑则无法做到这一点。有趣的是，我们可以推测 SOM 合伙人比尔 · 贝克（Bill Baker）和阿德里安 · 史密斯（Adrian Smith）的这一工程壮举，将如何被该公司创始合伙人纳特 · 奥文斯（Nat Owings）所看待，他在生命的最后明确表达了自己的信念，即高层建筑违背了人类生存的本质。

这种对立是值得理解的。为什么这种看法既存在于洛杉矶的“邻避”支持者们的头脑中，也存在于纳特 · 奥文斯等建筑史上的主要人物中？他们反对的是物体本身，还是它所代表的东西？和内部功能有什么关系吗？在不同的社会中是什么使主流观点产生了差异？这与民主和专制有关吗？

美国的高层建筑

邻避效应者的力量与美国大多数城市缺乏政治领导能力的情况相类似。大多数的政客仅仅出于连任的需要，同时为了正确领导城市发展，他们不能超越自己的选区，也不能超越自己的执政时间。考虑到这一点，加上人口和拥挤度的不断增加，不可否认的是，美国的城市化正走向一个麻烦重重的未来。无序

图 6.3 首尔梅里茨（Meritz）保险大厦天空花园，建筑师理查德 · 基廷建筑
版权方：Richard Keating

图 6.4　天空花园，3161 Michelson，Irvine，CA，建筑师理查德·基廷建筑
版权方：Richard Keating

扩张、密度、交通和开放空间等问题是密不可分的。不幸的是，民主制度的一个明显缺陷，即不允许超越选民的个人需要来思考问题，这将对我们可预见的未来产生影响。我们现在的处境是，必须找到共同思考和行动的方法，以解决城市结构中日益增长的问题。通常，交通问题是个人提出的和政治家听到的与高层建筑有关的主要负面因素。大型建筑的规模问题，包括体积和阴影，在关注程度上仅排在第二位。

目前，促进以公共交通为导向的城市发展模式（TOD）是非常积极的一步，这可能是最终战胜交通拥挤的可行方法。人们可以提出一个强有力的理由，即对于办公室工作的功能而言，如果一个塔楼可以通过公交进入，并真正成为一个公交车站的地上表现形式，那么对交通的担忧就可以消除。事实上，在今天的绿色革命中，有很多关于交通系统功能密集化的问题可以而且应该被提及，这使得高层建筑比以往任何时候都更适合作为解决方案。瑞典和其他欧洲城市规划理念在过去 50 年中一直处于领先地位，从这些非常宜居的城市中可以学到很多东西，以应用于美国的模式。

在美国，有两种类型的城市：在汽车演变和影响之前，已经成熟的城市和没有成熟的城市。虽然这种分类类似于太阳带与铁锈带的划分（洛杉矶或休斯敦与纽约或芝加哥），但它也是汽车诞生前城市郊区边缘的一个问题。随着密集化和 TOD 在美国的流行，这在很大程度上是利用早期的、前汽车城市的遗传密码，为阳光带的城市植入干细胞。洛杉矶与亚特兰大、休斯敦和达拉斯有着相同的后汽车时代血统。由于缺乏广泛的交通系统和过度的扩张，这些城市将很难做出必要的调整，以发展成为它们必须成为的新有机体。

在流动性下降和交通拥堵加剧的时期，这将成为这些城市尤为关键的一个问题。他们的经济活力甚至能源消耗都会受到影响。我们可以节约能源的最大手段就是限制城市扩张。可持续城市是高密度城市的同义词，而高密度城市是城市运行的集成模式。美国城市不会有阿布扎比的马斯达尔市那样的开放机会，但肯定可以利用从这些实验中吸取的经验教训来进行调整。这些差异源于现有的人口需求，从而产生了高层建筑，并通过第三维度的建筑来适应新的城市形式。

在 2010 年孟买举办的世界高层建筑和都市人居会议上，当地建筑师查尔斯 · 科雷亚（Charles Correa）提出了一个令人信服的论点，即高层建筑的主要住房用途将剥夺除极少数人以外所有人的开放空间、学校、服务等的土地使用权。因此，与办公用途相比，高层建筑用于住房的潜力是有限的。然而，如果我们能够真正合理地将空中走廊用作为花园空间，高层建筑中的住房可能会变得更加舒适。

提供户外环境的公共使用空间为所有用户提供了明显的好处。具有远高于地面的主要户外空间的塔楼可能很吸引人，但由于风的作用，它们通常很难被使用，而且这样的环境中有各种各样的景观设计困难。今后，应探讨这一主题的变化，以便提高利用率。目前，这些空间仍然相对私密，但随着更高的密度和塔楼的混合使用，花园空间可以变得对居住者更有用和更有意义。

混合用途代表了更多垂直建筑的可行性，人们不禁要问，如果现实情况是高层建筑必然与交通相关，那么为什么医疗、高等教育以及宗教和文化功能等功能没有得到更多地发挥？

尽管有这样的担忧，但如果只是为了跟上人口

图 6.5 带有景观结构连接的三层塔楼
版权方：Richard Keating

的变化，美国城市的密集化终将不可避免地占上风。除了规划问题外，可能更需要关注规模、体积和风力问题。世界各地的许多高楼都坐落于重要的交通枢纽处，但几乎总是在其底部形成规模较小、多风的广场和不受欢迎的空间。理想情况下，中转站的设置应确保使用者在阳光下经过公园来到达。进入周围塔楼的垂直电梯可以与这一开放空间联系在一起，但仍需提供防风雨的连接。

这一概念的另一个版本是多座塔楼围绕着交通公园，使其他空中花园和公园在结构上进行连接。与景观天桥相连的塔楼为横向荷载提供了一个结构系统，同时关注用户空间之间的连接，而不是将每个塔楼作为一个单独的对象。值得一提的是，奥文斯称他的传记为《两者之间的空间》。考虑到需要为宜居性和娱乐性保留地面平台，高楼林立在交通中转站之间，可以预见弗兰克 · 劳埃德 · 赖特的广亩城市（Broadacre City）是一个合理的模式。

然而，归根结底，建造一座高楼的核心问题是权力，这意味着建造这样一个目标所需的资金和资源的筹集能力，在那些有这样能力的人和没有这样能力的人之间划分了一条分界线。在一个民主国家，当这个物体与周围社区环境异常不同时，这会让人们觉得很突兀。换言之，一座孤零零的塔楼会被认为是一个不同于城市常规模式的物体。

休斯敦的威廉斯（Williams）大厦被视为建设者的纪念碑，与市中心规模类似的富国银行（Wells Fargo）和大通银行（Chase）形成对比，后者被视为商业社区的一部分。 就连纽约的旧世贸中心也与城市的其他部分区别开来，也被认为是一个特殊的、值得抨击的对象。芝加哥的西尔斯大厦也与城市的其他部分分开，但不知何故，它的那些管道排布形式源自附近熟悉的形式，使得这座建筑似乎更像是芝加哥城市群的自然延伸，而不是作为一个单独的建筑物体发展（对于 110 层的塔楼来说，这是可能的）。

西尔斯也是为数不多的不对称塔楼之一，从定义上讲，它不太以自我为中心。被认为是权力的声明

图 6.6　迪拜扭曲塔
版权方：tvsdesign

图 6.7 FLW Burnham 平面建筑上的塔楼
版权方：Richard Keating

和财富与隐私象征的对象，最容易成为人们不喜欢甚至直接攻击的焦点。这些攻击可能仅仅来自暴躁的邻避者或恐怖分子。随着美国基于公共问题重新定义其对密度的需求，市民开始理解高层建筑具有更广泛的价值，这对社会是积极的，邻避者的反对也在减少。不幸的是，恐怖分子会被任何形式的权力和“其他”的象征所吸引，无论是默拉联邦大厦还是美国金融中心的最高建筑。就这一点而言，人们可以想到，他们对美国其他标志性建筑，如迪斯尼乐园或金门大桥的恐怖袭击，也会产生同样大的影响。

目前，在韩国、中国、沙特阿拉伯和印度，也有以旧模板为基础的建筑在设计或建造中。每次建筑被建造出来，大量新建筑的质量得到提升并超越过去、荣获工程成就奖时，这都令人印象深刻。这些建筑本身也非常杰出、引人瞩目。然而，同样明显的是，建筑形式已经变得有点类似于零售香水瓶，每一个都达到了基于意象本身的格式化。变得貌似不是城市的一部分，只是一个标记。当高层建筑仅仅是一种商品，一种形象或诱人的形式时，它将远离所有人，除了它的居住者，因为居住者拥有独特的、遥远的视野。

在整个城市结构中，高层建筑设计师应该探索高层建筑的一种构想，通过城市结构以解决城市及其居民成倍增长的问题。在保证人类对抗重力的同时，让这些建筑拥有远眺的机会，同时，也为新能源的使用提供解决方案。当由中转站、太阳能集热器、本地电源、废物收集和水塔组成的电网为建筑提供能源时，这些建筑将呈现出截然不同的设计方案和形象。通过有目的地融合，形成比住房、酒店和办公用途更广泛的混合用途，使它们向公众开放，不仅可以作为大厅观景平台，还具备除了社会所熟知的用途外的其他功能。建筑师和工程师们必须发展这种对高层建筑的设想，以创造一种积极的象征，使人们能够在大地上舒适地生活。未来，高楼需要成为城市系统的一部分，而不是一个单独的存在。

建筑与规划和城市是密不可分的。当我们经历后汽车社会带来的艰难改变，我们将重新定义高层建筑的特征，超越其目前的私人权力，使其更容易为我们自己的社区和世界所接受。

注释

1. 见 CTBUH 会议视频：http://www.ctbuh.org/TallBuildings/VideoLibrary/ConferenceVideos/ 2010_Mumbai_P1_Correa/tabid/2129/lan-guage/en-GB/Default.aspx.

第 7 章
城市人居环境总体规划

史蒂芬·恩格布隆（Stephen Engblom）

对于古希腊人来说，大都市是“居住”和“出行”的平衡，宙斯和泰坦玛雅的儿子、机智狡猾的赫尔墨斯与赫斯提亚之间的互补关系体现了这一平衡。就像指南针的作用一样，赫尔墨斯作为旅行者和空间的分隔符的角色（在大门、十字路口和城市入口）时，都离不开一个中心点：赫斯提亚和她的火炉。在这个范例中，一个“完美的城市”平衡了“居住”和“出行”，创造了一个城市栖息地，在这里，个人可以在社会中探索和交流思想，然后返回家园，在壁炉前休养生息。

几个世纪以来，城市都是在这种希腊模式下建立起来的：城市街道的网格代表着运动，而一幢幢的建筑提供了生活和工作的场所。在 20 世纪下半叶，也许是受工业时代城市的影响，现代主义建筑师和工程师们设想了一种不同的城市范式，其中“花园”被提供给人们的生活和工作，道路被隐藏起来。这是历史上第一次，将居住和出行分开。在 1939 年的世界博览会上，通用汽车公司的展馆向人们展示了一个由立体式的高速公路和绿树成荫的花园中的郊区房屋组成的世界。

70 年来，经济和技术使人们在前所未有的城市化和人口增长的情况下实现了郊区的分层。尽管其背后的意图是好的，但现代主义者最初所设想的无序扩张的城市已经在环境、经济和社会方面产生了意料之外的后果：未开发土地资源以前所未有的速度流失；全球水和空气质量面临挑战；社会结构受到侵蚀，加剧能源挑战，同时损坏城市建筑结构。所有这些问题都要求我们对城市的生存和发展之间的平衡进行重新思考。

因此，本章的主题是对高层建筑和围绕它们的城市人居环境的建筑师和工程师提出的挑战：重新审视如何将“出行”和“居住”系统重新组合在一起。在不恢复现状的前提下，交通系统如何与现代建筑联系起来，以避免（并解决）现代主义方法所固有的问题？像香港、温哥华和纽约这样成功地平衡了交通和城市结构的城市，以及像上海和迪拜这样拥有令人惊叹的新建筑和交通系统的城市，但遗憾的是这些城市很大程度上没有将两者连接起来。第三种类型也将进行调查——像巴西圣保罗、加州的洛杉矶和圣地亚哥、得克萨斯州的休斯敦这样现在正在积极地再次寻求平衡的城市。

城市的发展

城市继续吸引新居民、新投资以及文化和技术创新。当基础设施和公共领域同时改善发展时，高层建筑和密集的城市人居环境有潜力促进社会、经济和环境的可持续性。

根据最重要的标准衡量，发现密度可以节省环境成本。在一年中，一个典型的美国郊区的居民每人消耗 8.9t 石油和 2.5kW 的电力，相比之下，密集的曼哈顿分别是 3.0kW 和 1.5kW（Choa 2010）。同样，对比有无有效交通基础设施的城市，模式也同样很明显：伦敦的人均石油消耗量为 3.0t，阿布扎比为 6.8t。如果考虑城市的许多其他好处——居住邻近工作地、开放空间、购物、餐饮和娱乐这些便利设施对科技和创意部门员工的持久吸引力，密度似乎是不可避免的，唯一的问题是如何用最明智、最综合的方式实现它。在这方面，高层建筑可以发挥重要作用，特别是“联合”城市规划或公共 / 私人发展的新机制提出并得到利用时。

近年来，高层建筑如何帮助恢复 21 世纪的环境和社会平衡一直是人们广泛讨论的话题。一部分原因是越来越高的建筑对我们许多城市造成了影响；另一部分原因是为了适应全球日益增长的城市人口，越来越密集的发展似乎是不可避免的。城市规划者面临着一系列处于两个极端之间的挑战：孤立的、服务不佳的高层建筑发展，现在需要基础设施来支持；鼓励公共 / 私人伙伴关系或其他部署充分融合的新发展带来的巨大机遇。

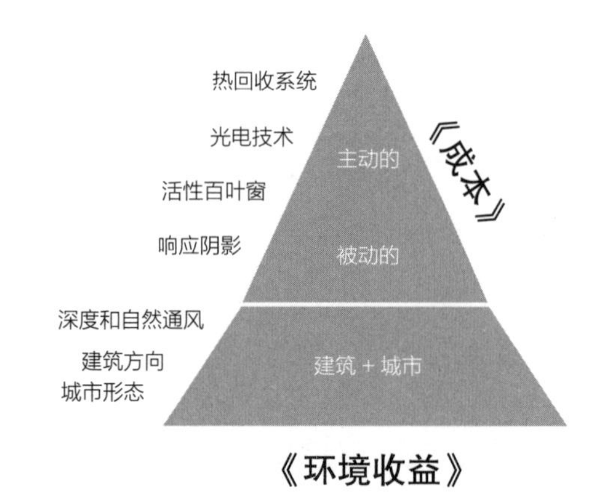

图 7.1 城市密度的特征显示了环境可持续性的好处
版权方：© 2011 AECOM

本章研究了一系列的城市以及其在迁移和定居之间寻找平衡所做的工作。尽管在其最初的规划、文化、政府和发展社区协调决策以及各种其他因素方面，每个城市都具有其独特性，但从两个极端的例子中了解规划的选择很有启发性，因为规划选择是在它们之间的连续统一体中进行的。

美国城市：曼哈顿、洛杉矶和休斯敦

这种平衡以最纯粹的形式在曼哈顿得到了最好的体现，在那里，街道和地下交通网络连接着建筑街区，随处可见的住宅、办公室、公共机构和公园为人们提供了一个生活、工作和娱乐的都市空间。曼哈顿被广泛认为是世界上最方便的和最具可持续的地方（更不用说它还是房地产价值最高的地方之一），曼哈顿的成功并不是因为它高耸的建筑之美，而是因为在纽约早期的城市化进程中，它的发展战略布局了一个通用的网格，以一种既允许移动又允许发展的方式组织这座城市。备受质疑的现代主义理想“花园大厦”在高耸入云的同时，也脱离了街道。与其形成鲜明对比的是，纽约的建筑延伸到城市的下方和远处，它们由世界上最古老、最常用的交通系统之一所支撑。由于其灵活的地下网络、交通与发展的基本融合，纽约得以持续地发展和繁荣。此外，它的成功还体现在其高层建筑的多种用途上。

在 21 世纪，现代主义城市规划者想要将人们居住的地方和移动的方式分离成不同的系统。把赫尔墨斯和赫斯提亚分开后，“二战”后的城市开始围绕一种新的基础设施模式——汽车和高速公路——来组织。形成了城市中心（人们工作的地方）和花园郊区（人们居住的地方）的主要模式。然而，很快，房地产开发商开始挑战这种模式，开始在城市的偏远地区建造高楼。这种分散化发展的结果是形成了一个拥挤的汽车高速公路网络，连接着新的多核心发展区。随着人口的增长和经济的蓬勃发展，交通拥堵随之而来，“解决方案”包括拓宽高速公路和建设更多的停车场，使来自偏远郊区的居民能够享受到城市的便利设施。但这些方法忽视了根本问题：单一用途的功能区、相互疏远的工作场所和“娱乐场所”，从本质上来说是不可持续的。

经过几十年的拓宽高速公路以跟上分散化的发展，洛杉矶、加州和得克萨斯州的休斯敦等城市目前正在对轻轨和公交系统进行改造，以连接和服务位于其边缘地带的高楼开发项目。这些地方面临着双重经济挑战：从历史上看，他们建造高楼作为分散城市的投资模型的一部分，现在他们不得不建造昂贵的交通系统来支持这些多核发展节点。在这些城市中，交通和经济之间存在着很强的相关性：在洛杉矶，由最早的交通枢纽支持的社区正在经历最蓬勃的发展，而许多最偏远的住宅区和办公园区在最近的经济危机中受到了沉重打击。在休斯敦过去十年中，对交通运输再投资的社区，也是对高附加值工作和生活环境投资最多的地区。市中心核心区现在与医疗中心和天文台（Astrodome）相连。

中国香港

将这些正在“迎头赶上”的城市与一个在历史上、在交通和房地产开发方面有着强烈相似之处的城市进行对比，是很有启发意义的。香港经常被认为是一个以交通为导向的模范城市，2010年8月，在全球最高的100座住宅建筑中，有31座位于香港。它也是世界上最“垂直”的城市之一，大量人口居住或工作在14层以上（摩天大楼博物馆2008—2009）。香港最大的房地产开发商是地铁公司（MTRC）。位于九龙塘中心的环球贸易广场和国际金融中心是世界上最高的两座建筑综合体，它们都位于地铁公司的机场快线的正上方。到达香港机场后，特快列车分别在15分钟和23分钟内把旅客送到这些高楼大厦。

在香港，这些高层建筑群和车站的选址绝非偶然。铁路公司有权在车站位置上开发多用途大厦，以换取开发铁路的权力。这些大厦，大部分结合了办公、商业和住宅用途，之后又建造了购物中心。事实上，将交通与多用途高密度大厦高效结合的方法，立即带来了租赁和惠顾，同时增加流动性和客流量。这一策略使香港成为地球上人口最密集的地方之一，也是最高效的通勤地之一。

中国内地

在过去20年，中国内地并没有以香港的交通为导向发展战略作为城市发展的先例。事实上，中国内地仍然不允许在公共基础设施之上开发任何私人房地产。直到最近，中国将美国的战后城市主义视为一个模式。对于第一次来北京的游客来说，北京让人想起了休斯敦，那里有庞大的环路网络，还有偏远的投机性开发区，居民需要花费长时间通勤。尽管在过去10年中对交通进行了大量投资，但将北京的所有发展节点连接起来仍然是一个挑战。在上海，时速431km的磁悬浮列车据称耗资99.3亿元。上海的磁悬浮列车将把游客快速带到浦东边缘的一个低密度社区中心，然后需要乘客换乘出租车，在车流中穿梭，向浦东或浦西的高楼群前行。

迪拜

香港也与迪拜形成了鲜明的对比。在迪拜，政府高度重视修建新道路和扩展公共交通，部分原因是严重的交通拥堵和预计到2017年将从110万增到大约300万的人口。一个高架铁路系统将不同的社区与迪拜国际机场连接起来，但是这些由摩天大楼建成的开发区，只有通过汽车绕道而行才能到达（Kamin 2010）。

随着许多宏伟的大规模公共交通项目规划的进行，

图 7.2 香港的环球贸易广场（左）及国际金融中心（右）位于海港的两边，是港铁公司（铁路公司）根据政府所批出的空运权而开发的地产价值，以换取兴建香港举世闻名的机场快线
版权方：© 2011 AECOM，Vorrarit Anantsorrarak 拍摄作品

迪拜清楚地意识到需要用更合适的“人员流动”方式来改造其密度，因此迪拜正在以积极的步伐推进这些项目。但是，这种工作的巨大费用和必然的被动性，清楚地说明了规划高密度的好处，不论是新建还是改建的，要么毗邻现有的交通设施，要么与新的交通发展相结合。

将密集的房地产开发与交通开发相结合可以实现经济的节约，尽管意义重大，但与环境效益相比，可能就显得微不足道了。降低碳排放不仅仅是减少汽车使用这一个重要因素，高密度建筑由于其冷凝的表面积、较大的锅炉和集中的燃气系统，通常每平方米的能源消耗也较少。另一个好处是，可以将白天（办公室）和夜间（住宅）的能源消耗集中在一个地点（多用途高层建筑），兼顾利用发展之间的协同效应，进行地区级能源规划。例如，某些建筑物在白天吸收和排出的热量可以在晚上反馈给需要热量的建筑物。另一项正在取得进展的创新是利用废料制作生物燃料和沼气，这可能会带来巨大的节约，因为无须将社区产生的废物运输到距社区数公里之外的地方，而是将其转化为当地使用的能源资源。

图 7.3 （上）迪拜交通和建筑明显的水平分离。（下）虽然这幅图展示了高层建筑和交通基础设施的毗邻，但如果不能规划好它们，让它们更好地融合，将会影响其未来的蓬勃发展

旧金山

在加州旧金山，跨湾发展规划，包括 13 座塔楼和 3 座“超高”建筑，是一个将能源和交通“联合”的优秀范例。该规划位于 Market Street 以南的一个新区，旨在补充城市北部现有的金融区（泛美金字塔和美国银行大厦的所在地，迄今为止旧金山最高的两栋建筑）。新一代的塔楼主要是由旧金山市中心的两个需求推动：改善交通和扭转工作岗位向郊区湾区办公园区迁移的趋势。

通过横滨联合电力局（Transbay Joint Powers Authority）和旧金山市政府发起的公 / 私人合作，新塔楼的开发（包括比现有高度限制高出 50% 的塔）是支撑 Transbay 巴士总站重建为多式联运交通枢纽

图 7.4　这两张图片显示了与跨湾码头开发项目相关的新大楼对旧金山天际线的影响，该项目将带来房地产价值
版权方：© 2011 SOM；由旧金山规划部提供

图 7.5　旧金山新的、交通便利的市中心核心地带与人性化的街景融为一体
版权方：© 2011 AECOM；由 Robin Chiang 渲染

的核心，它将把旧金山与地区高速铁路（CalTrain）连接起来。终点位于海湾地区快速运输（BART）线上，是城市市政公共汽车的主干道市场街的终点站，该市城市规划总监 David Alumbaugh 预计，客流量将从 75% 增加到 85%。

由于目前的结构受到地震的挑战，更换跨湾运输枢纽是必要的。这个新的交通枢纽还需出资修建一条新隧道，将加州铁路的服务从目前位于市中心边缘的无效位置，移到新的市中心区。这一替代方案不仅将为跨湾塔的新租户和居民提供服务，而且还将改善整个旧金山湾区的连通性。此外，高密度填充式商业开发为城市南部市场社区新一代可持续能源规划铺平了道路，它与最近建成的和正在建设中的一栋住宅楼相邻且互补使用。由于住宅区和新商业区的密度原因，可以实现新的能源效率。白天，办公大楼利用能源；晚上，居民可以充分利用该网络。

温哥华

当然，许多较老的高层建筑在作为城市结构中的轴心点或具有建筑或历史重要性的节点时，必须有效地“围绕”其进行规划；这个要求最好是通过研究运输和服务提供的基础系统来实现。再次强调，寻找一个成功的案例可以帮助跳脱传统的约束观念。与曼哈顿、温哥华一样，不列颠哥伦比亚省最初的底层网格也考虑到了密度，其规划历史中充满了利用交通基础设施价值的发展实例。温哥华已经是北美地区利用温室气体（GHG）排放来衡量气候影响的引领者，平均每人每年只有 1.5t 温室气体，仅次于挪威奥斯陆（Busby Perkins + Will 2010）等全球引领者。

温哥华致力于交通规划的最新例子是，该市投资建设了“加拿大线”（Canada Line），这是在该市获得 2010 年冬奥会主办权后，从机场出发修建的一条新铁路线。前温哥华市长萨姆 · 沙利文（Sam Sullivan）提出了“生态密度”（EcoDensity，即交通支持密度，支持更高级别的便利设施，最终这些便利设施可以创造出更宜居和可持续的社区）的概念。在此基础上，温哥华市议会批准了在加拿大线 8 个主要的节点站周围半径 500m 范围内发展混合使用密度的计划。每个节点都借鉴宜居的概念（如欧洲的“商业街”）来最大化步行性和生活质量（此外，在市中心核心区域之外，交叉口被快速公交线路一分为二，这些交叉口的发展条件也很成熟）。

无人驾驶、自动化，每辆列车的发车间隔约为一分钟，加拿大线刚好在 2010 年 2 月冬季奥运会期间完工，每个节点都被建议用于高密度开发。随着新线路的投资，新的城市规划条例也随之出台，而完善的交通系统也使它比其他许多城市更容易发展。

在过去的 20 多年里，温哥华一直被称赞为一个以交通为导向的伟大城市，现在它正在把一些“经验教训”输出到国外。迪拜前规划总监拉里 · 比斯利（Larry Beasley）已受聘于阿布扎比，这是该市推动自身定位为“更可持续的酋长国”的一部分。预计“阿布扎比 2030 年规划”将按照温哥华模式的思路，纳入关于“智能密度”的想法，并不是没有道理的。

墨西哥城

对于面临长期规划挑战的城市来说，高层建筑可能会是一种解决方案——尤其是以公 / 私合作的形式，其发展可以刺激所需的基础设施变化。温哥华明智地或幸运地避免了被高速公路分割，几十年来，墨西哥城一直在为查普尔特佩克大道（Avenida Chapultepec）这一中轴线的发展而努力，这条大道的路线可以追溯到哥伦布发现美洲大陆之前，阿兹特克人的城市水渠路线。几个世纪以来，这条走廊一直在城市生活中发挥着重要作用。20 世纪 70 年代，这座城市的第一条地铁线路在查普尔特佩克大道下建成，并在其顶部修建了一条高速公路，却没有相应的房地产开发策略，来吸引私人房地产沿着这条巨大的公共投资道路进行开发。目前，这条高速公路不仅是社区之间的隔离带，也是一个犯罪猖獗的地区。具有讽刺意味的是，这座城市的退化地区距离一些最昂贵的房地产只有几个街区。目前，政府正在努力解决查普尔特佩克沿线缺乏投资激励的问题，并且正在创造一个更好的自然环境。将高速公路移至地下一层，并以一个线性的公共公园取而代之，这无疑会创造一个更好的自然环境，但如果没有高楼林立于这条大道，该社区就缺乏转变为一个充满活力的城市中心的经济催化剂。

与横滨模式相呼应的是，查普尔特佩克大道的财务战略为私营经济提供了融资的机会，并获得了道路沿线的空中权利（对高层建筑开发至关重要）。在这项安排下，公共机构会批出空中权利，而私营机构则会承担提升高速公路和发展地下巴士站的工作。在地面上，线性公园——人们的街道——将为来自新高楼和附近的社区的居民和工人提供开放的空间，而高楼本身的混合用途将吸引居民和游客，并提供新的就业机会。

圣保罗

孤立于城市边缘的高层建筑会导致之前讨论过的环境和社会挑战：如果没有高层建筑提供的密度和城市便利设施，交通网络和城市核心功能都无法发挥最佳作用。巴西圣保罗是世界第七大都会区，拥有1400多万居民，长期以来一直以高楼大厦模式发展。几十年来，在城市边缘和更远地方轻松发展的机遇使该地区人口分散，无论经济水平如何，现在都面临着交通堵塞和社会隔离的问题，尽管这个城市有一个象征历史文化的核心建筑，且公园和交通网络为其提供了良好的服务。在离开发展中心外围五十年后，该地区正在经历一个重新审视和重新安置中心的转变。

这座城市被委任了一项研究，以重塑其历史核心，并在Nova Luz区创建一种真正的“城市生活方式”。充分利用该社区的两条（即将成为三条）交通线路和区域铁路，以及丰富的历史城市结构和被博物馆和公园环绕的现状，圣保罗押注该开发社区将实现这片土地的最大价值，并与其他城市合作，投资新的高价值的工作和生活环境，以吸引最优秀的、最聪明的、最有创造力的人。简而言之，圣保罗希望提供一个完善的、能重新平衡居住和出行的社区环境，而不需要在家庭、工作和休闲之间长途通勤。这一项目旨在扭转城市无序扩张的循环，有可能代表着巴西可持续化发展的一个转折点。

在21世纪头十年的经济背景下，全球对可持续性问题的认识日益增强，人口稳步增长，未来的发展方向可能是有多种用途和有效的公共交通服务功能的高层建筑。虽然这不是放之四海而皆准的方法，但在经济概况、能源消耗和生活质量指标方面，那些将高楼建设与基础设施规划相结合的城市和那些没有结合的城市之间的差异令人叹服。

超大城市是当今地球上城市化的主要形式，而将高层建筑适当地整合在一起，可以明显地促进可持续的密集化。许多城市已经朝这个方向发展。在加州南部城市圣地亚哥，一户独户住宅距工作地点可能有一个小时甚至更长时间的车程，这里不可再建设绿地了：开放空间作为重要的生态栖息地走廊应该受到保护。这给开发商和城市规划者带来了巨大的挑战，因为这个城市的许多社区（面积达963.7km^2，不包括更大的大都会区或与墨西哥蒂华纳接壤的大城市）缺乏综合交通系统。与美国和世界各地的许多城市一样，这座城市现在正面临着扩张带来的经济和环境后果，而避免一系列相关问题并为必要的基础设施提供资金的唯一方法是在城市结构中创建密度中心——也就是说，建立整合良好、充满活力的宜居密度区。

一个新的希腊理想

赫尔墨斯和赫斯提亚不是一对夫妻，也不是兄妹，他们都是地上的神，并不是天上的神。他们掌管着人类最基本的需求：温暖、友谊、商业和冒险。很长一段时间以来，城市规划的实践一直在测试这些相互关联的需求之间的联系，将其突破临界点。在希腊思想和近代城市的历史中，得到的教训都是一样的：当密度（居住）和交通（出行）处于平衡状态时，城市在经济、环境和社会方面的功能会发展得更好。20世纪的技术大爆发，超级高速公路和超级高楼的出现拉大了城市间的距离，对于参与城市规划、设计、工程和发展的专业人士来说，21世纪的挑战是进行学科融合，共同努力。

参考文献

Busby Perkins + Will (2010). “Busby Perkins + Will on EcoDensity.” Online. Available at: http://www.railvolution.org/rv2010_pdfs/20101910_10am_GrowBetter_Nielsen.pdf (accessed October 13, 2011).

Choa, Christopher (2010). “Dencity” (ecard). Online. Available at: ecards.aecom.com/dencity (accessed September 15, 2010).

Kamin, Blair (2010). “In Dubai, you can’t get there from here; architectural feats undercut by shoddy urban planning.” *Chigaco Tribune*, January 8, 2010. Online. Available at: http://featuresblogs.chicagotribune.com/theskyline/2010/01/in-dubai-you-cant-get-there-from-here-architectural-feats-undercut-by-shoddy-urban-planning.html (accessed January 8, 2010).

rudi.net (undated). "Trains, planes and automobiles: transport planning in Dubai." Online. Available at: www.rudi.net/node/17350 (accessed September 14, 2010).

Skyscraper Museum (2008–09) *Vertical Cities: Hong Kong/New York*, exhibition.

注释

1.See the CTBUH's global tall building database, The Skyscraper Center, at http：//skyscrapercenter.com/ create.php? search=yes&page=0&type_building=on&status_COM=on&list_continent=&list_country=&list_city=&list_height=&list_company=&completionsthrough=on&list_year=2010

2.See http：//www.skyscraper.org/showbitions/vertical_cities

第8章
高楼：城市的未来

肯·沙特尔沃思（Ken Shuttleworth），大卫·泰勒（David Taylor）

高楼将如何塑造未来的城市？当然，这是一个复杂的问题，答案必然不可避免地会混杂着各种预测、猜想、意见和事实。但有一点是肯定的：随着环境问题的日益突出，世界人口的不断增长，高层建筑将在未来的城市环境中大有作为。

对过去主要的高层建筑进行重新评估，我们可以学到很多东西。位于法兰克福高53层的德国商业银行项目建于1997年，由诺曼·福斯特（Foster+Partners）设计，是世界上第一座生态办公楼，也是欧洲最高的建筑，在技术和风貌方面，它仍然非常出色。但它所采用的自然通风方式在塔楼中还处于初级阶段。在未来十年里，这将变得更加普遍。

为什么要在这本书的前瞻性部分提到一座老建筑？德国商业银行制定了一些可持续的环境标准，这在更广泛的高层建筑背景下非常重要，因此该项目探索了办公环境的本质，为其生态和工作模式开拓了新思路。最值得注意的是，该设计包括环绕建筑的“空中花园”，将日光和新鲜空气引入中央中庭，并作为办公楼群的视觉和社交焦点。这个广泛涉及的设计主题，在伦敦圣玛丽斧街30号大楼（俗称“小黄瓜”）中得到体现。

高层建筑可能是帮助应对全球人口增长的最佳途径之一。然而，高层建筑的解决方案并不总是合适的；有时八层建筑加上广场和街道可以更好地为城市景观做出贡献。高密度的居住区与香港的一些地区形成了鲜明的对比，在那里，巨大的住宅楼会使人产生幽闭恐惧症，而且阳光很难照射进来，尤其是在低楼层区。这种不协调的现象在一定程度上是一种文化差异，英国人更喜欢住宅，而不是公寓。然而，许多国家在建造高层建筑时，把精力都集中在了公共交通交会处上方的结构设计，从而通过减少出行需求，使它们能够更充分地为其可持续发展做出贡献。

当然，同样应重视高层建筑作为可持续结构体的作用，来确保一栋高层建筑具有广泛综合用途的方向。伦佐·皮亚诺设计的伦敦“碎片大厦”就是一个例证，它的用途包括酒店、住宅和办公室。特别是在中国正在开发的许多混合用途的塔楼，住宅建造在写字楼和酒店的基础上。在今天的英国，住宅和办公楼混合的塔楼相对不常见，主要是因为租赁期限会有所不同。

当然，混合用途还有一个重要的生态效益，因为它意味着热量可以在建筑物内转移——例如，可以利用办公室的热量为住宅部分用水进行加热。这样的

图 8.1 莫雷罗伦敦东克罗伊登车站
版权方：Millar Hare

原理为各种热量用途的共享提供了可能性。

高层建筑场景中的另一个重要问题是背景和差异。在一个同质化盛行的世界里，伦敦的星巴克和马德里、迪拜、吉隆坡的星巴克一模一样，应该有一个设计来反映其地方独有的特质和丰富性：一种地域感。建筑必须具有文化意识，并能反映出其特定的当地环境，这样才能使其与众不同。

相比之下，千篇一律、一成不变的做法是建筑师最大的罪过之一。伦敦的金丝雀码头和巴黎的拉德芳斯会让人觉得：这是没有灵魂的地方，高楼大厦将实用性置于视觉吸引力之上。因此，当涉及中国这样的地方时，更好的设计师应该敏锐地寻求参照。

但是，环境背景或新的身份是不容易创造的，尽管通过弗兰克·盖里（Frank Gehry）的古根海姆博物馆（Guggenheim Museum）为毕尔巴鄂市带来了成功和全世界的赞誉。它是低层建筑的形式，但却让这座城市在地图上凸显出来，而其他国家的一些城市也试图通过委托建筑师设计和建造越来越高的建筑来提升自己的世界地位，作为其国际地位或抱负的象征。几十年来，高楼或高塔可以作为一种身份象征的理念一直是世界某些城市建造它们的主要因素。

但这个理念是有缺陷的。建一座楼仅仅是为了它的标志性地位，强化城市印象，这是值得考量的。举个例子，都柏林就不需要一座标志性的楼或者一个更好的场所。也许这种“不停地追求更高”的趋势在全球范围内正在减弱。在过去十年里，由于计算机辅助设计的进步和人们对与众不同的渴望，建筑很可能会偏离“有趣的形态”。它们将被规则的、简单的形式所取代，尽管如此，方盒子建筑还是会影响城市天际线。

这些建筑可能有精美的细节，但会简约得多。如果允许市场可以做任何事，而不对其进行规划控制，最终的结果将是以伦敦金丝雀码头为代表的典型方盒子建筑，在某种程度上纽约也会如此。而在新的时代，我们又回到了更直接、更简单、更直白的建筑。

也许，高层建筑历史上所有的转变中，最显著的变化是芝加哥的实心砖石建筑向玻璃幕墙建筑的转变，那时空调开始出现。空调的到来，使得所有建筑都被单层玻璃幕墙紧紧包裹。但这种情况即将变化：环境问题的议程一年比一年更受重视。许多事实证明了这一观点——2016 年有各种实现住宅零碳排放的政府任务，以及其他部门的进一步目标和 LEED 议程。但如果认为低碳运动仅仅是西方特有的原则，那就错了，因为中国也在大力推动建设更环保的建筑。

图 8.2　立方体，英国伯明翰
版权方：Chris Wade

这种趋势的主驱动力似乎是人们希望在这样的绿色建筑中工作。客户希望吸引最优秀的人才为他们工作。因此，客户希望为他们建造一个有吸引力的建筑，让他们在其中度过大部分的日常生活，这是一个强有力的手段，也是一种社会和环境意识的外在表现。因此，公司委托建造的办公楼不能只是一个“带狭小窗户的地堡”。公司希望被视为是低碳的，以吸引年轻的员工队伍，他们可能比年长、更资深的雇主

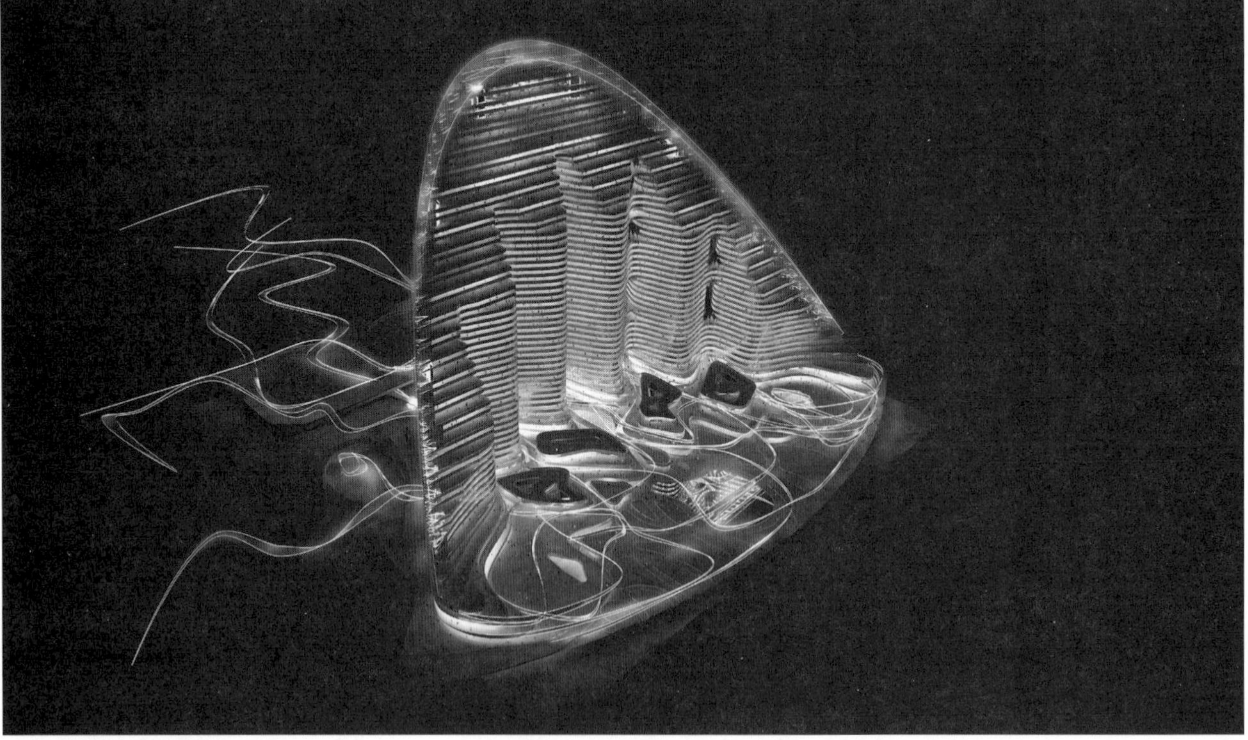

图 8.3　奥拉，中国北京
版权方：Make

更有环保意识。因此，他们也希望在未来五年内实现第一座零碳办公楼。

高层建筑对未来员工的吸引力如何？作为吸引优秀人才的诱饵，它的吸引力会比校园或低层“场所”高吗？有些公司，特别是金融或法律行业的公司，希望有一个象征他们财富的标志，以奠定里程碑。圣玛丽斧街30号就是其中之一，业主现在以该建筑为基础推销其“品牌”。但在未来，这座高楼将不会表现出过多绿色意识。例如，天际线不太可能出现一排带有风力涡轮机的塔楼。

未来，建筑师们将更多地关注在用建筑的碳利用和碳足迹，以及在拆除和重建时，使用例如铝而不是其他材料的碳成本。这种方法也将适用于高楼，对建筑是否有必要首先拆除和重建进行更严格的审查。寻求更多的重装和翻新解决方案可能是一个更好、更环保的目标：改善外墙围护结构、更换空调系统和升级饰面，而不是拆掉大楼重新开始。进行建筑翻新可能不会省钱，但通过保留框架的方式，确实可以节省时间。

展望未来，如果人们愿意，几乎没有什么可以限制建筑的高度：1km、2km或10km——尽管这些高度在几十年内不太可能达到。随着对土地建设的压力越来越大，为满足日益增长的人口，对更多的农田需求也越来越迫切。由于气候变化，更极端的天气和海平面上升将减少可用土地，使人们进入更为狭窄的环境。如果人口增加一倍或三倍，唯一的出路就是往上走。也许在一千年后，每个人都将生活在湖泊中间、山顶上的高楼里——谁知道呢？

由于人口的增长，高楼是未来的发展方向，但必须找到一个适当的解决方案。这是过去十年左右的经验教训——建筑必须具有响应性，并有着多重作用，因为它们不仅容纳一种活动。

随着建筑物越来越高，有更多的空间像“街道”一样连接高楼，但其形式比20世纪60年代更为成功，花园、桥梁和其他便利设施层出不穷。随着科技的发展，人们居住的地方和工作的地方之间的关系将变得更加模糊，可能会产生更多的混合用途高楼，从而实现人类作为社交性、群居性和虚拟现实技术之间的平衡，可以通过互联网举行会议，从而减少出差的需求。

归根结底，高层建筑是一个情绪化的话题，它们使公众意见产生分歧。虽然可能有些人觉得它们是社区中的异类存在，甚至认为它们是一个不祥的、隐藏的、在景观上造成阴影的存在，但也有人喜欢它们的象征性、威严性和它们带来的视野。高层建筑以其独创性、美感性和创新性，能充实人们的心灵，给人们生活带来欢乐。建筑师、工程师和其他顾问也很珍视它们所代表的技术挑战。他们的某些目标是使下一个高层建筑项目尽可能经济、纤细和美观。但塔楼未来面临的主要挑战是，通过环保的设计来增强和丰富它对城市的贡献。

第9章

天空中的岛屿、地面上的城市：公共领域及其对高层建筑的影响

史蒂夫·汉森（Steve Hanson），罗杰·库特内（Roger Courtenay）

因为高层建筑通常能赚钱，而景观很少能赚钱，甚至不能赚钱，所以城市公共空间的成功往往与高层建筑的成功直接相关。然而，从城市生活质量的角度来看，高层建筑只有在其促成的公共领域空间中才被视为“好”的。无论这些空间是传统的广场或绿色公园，还是以更新方式促进人类互动和健康的单元（如亚洲超高层建筑的“空中大厅”，或世贸中心遗址的恢复），它们与任何规模的建筑之间的联系都不容忽视。尽管建筑师可能会狭隘地关注高层建筑的标志性或美学质量，但城市设计师或景观设计师则将其视为城市环境的用户（社会结构）和资金（财务健康）的来源。

开放空间与开发密度之间的精确关系仍在研究中，这种关系的演变渊源深厚。许多已知的最早的高层建筑都具有神圣的重要性，它们在人类和他们所感知到的天空和地下的超自然元素之间建立了垂直联系。这些地方可能位于具有地理特征或自然或文化历史的地区，表示出超然的存在或与“圣物”的潜在互动（La Boda，Ring 和 Salkin，1996）。支撑维持社会等级的农业和社会结构的文明，与支撑持久耐用的高层建筑工程的文明是相同的。换言之，高楼建造背后的原因已经与小气候、地质学、地貌学、社会学、商业和文化联系在一起：所有这些都有助于营造一种归属感。

埃及人的金字塔是明显出于宗教和权力的原因而建造高楼的早期例子，布达拉宫是位于西藏拉萨的一座 17 世纪 13 层的大寺院，可能是整个 19 世纪世界上最高的有人居住的建筑（巴克利和施特劳斯 1992）。但正是高层建筑在西方生根发芽，宗教高楼才首次蓬勃发展起来。教堂或大教堂的尖塔可以作为一个路标，以及社区自豪感的象征。但是，阿姆斯特丹（荷兰人在 17 世纪的大部分时间里垄断了世界金融市场）这样一个典型的 4 到 5 层楼高的贸易中心的商业住宅，很好地说明了为什么围绕密集区开发的土地很早就被人们垂涎。仓库、商业、家庭和仆人的住所，以及一个制造或再包装厂，都可以挤在靠近核心区、靠近运河、靠近其他企业的小范围内。支撑更高建筑所需的许多组成因素已经完成：就业、贸易和资源的获取，以及人类心理所需的公共空间，严格意义上讲，实用的街道和小巷不包括城市广场和集市。

景观综合开发（使用、功能和规模的不断进化的模式）继续将重点放在商业和金融中心的高层建筑上，可以说，这些建筑在 20 世纪初的使用情况良好。然而，1902 年曼哈顿的熨斗大厦（Flatiron

Building），不仅在建筑外形上与其相邻建筑有所不同，而且在高度上也存在巨大差异（Alexiou 2010）——需要与景观建立新的联系，以便在城市结构中接受更高建筑类型和更高建筑密度的挑战和机遇。

洛克菲勒中心建筑群位于曼哈顿市中心 48 街和 51 街之间，是高层建筑 / 人口规模的一个显著成功例子。这是 20 世纪 30 年代的一项大规模工程，基本上在九年内完工，它最早的形式是由六个街区的十四座建筑组成。这座建筑的尺度和阶梯式的退台，以及所形成的空间规模，为六个街区提供了丰富多样的空间和场所。安全、宽阔的步行走廊占主导地位，但通常由植被来进行平衡，无论是树木还是种植园中健壮的灌木，都被认为是建筑设计优雅几何形状的自然延伸。行人不会被狭窄的空间和尺寸所淹没，而是可以在多个不同坡度的有利位置进行观察。加强对步行环境的关注，激发了人与建筑物之间的联系。

今天，公共空间的规划是中心区的一门艺术，其空间、场所和场地的设计都将作为整体体验的一部分进行考虑。大量的室内外艺术项目被融入开放空间。该区形成了一个充满活力和连续的模式，其中包括重要的公共空间、成功的零售业和许多其他具有公民意识的设施，包括花园、剧院、溜冰场和观景台。没有留下任何可填补空间的机会，洛克菲勒中心建立了一个有关社会责任道德的开发设计。

纽约世贸中心遗址在 2001 年因恐怖袭击被夷为平地而骇人听闻，即使在公众和项目众多利益相关者的关注下，这也是一个与城市环境融为一体的成功案例。纽约和新泽西港务局与私人开发商西尔维斯坦股份有限公司（Silverstein Properties，Inc.）将公共领域和建筑开发融为一体，曾经的“世贸中心”很快将变成 7 栋建筑，占地 16 英亩，与公共领域紧密相连。“9 · 11”纪念馆已经是开发项目的中心，这里有一个广阔的公园和与之相关的地上和地下建筑，专门用来纪念这场悲剧，并纪念那些受害者以及在救援中死去的人们。纪念公园周围是一系列步行的场所，该场所更为开放，对公众开放的街道、步行街和一些新的公共开放场所，包括哈德逊港务局（PATH）车站周围的广场和世贸中心 7 号前的一个小社区公园，该大楼是 2006 年 5 月在该地点开业的第一座办公楼。

这一地区的大部分核心区域都有地铁和公共汽车的通道，大部分建筑都与大片的零售区相连。地上和地下的公共区域和公共 / 私人区域的融合是规划和设计的一个关键元素。这些（非常高的）建筑物在地面上与地下的各楼层相接；与所有交通方式直接相连；与城市的运动和生活紧密联系。作为一个构思独特的地区，路面铺设、现场陈设、照明和服务将整合成一个有吸引力的整体，以彰显其对市民和城市的尊重，并为高层建筑创造了一个富有表现力的环境。这些建筑的大堂规模庞大、透明，吸引人们进入，为公共空间艺术提供了一个宏伟的画布。建筑领域所创造的神圣空间与城市领域相互交织，相互激励。

虽然世贸中心遗址所处的区域类型并不新颖，但这一高层建筑项目与城市基础设施和城市结构的联系方式将受到新闻界和周边社区的密切关注，因为其具有历史和情感意义。这个项目是独一无二的、模范的案例——很少有高层建筑的发展是因为需要纪念，同时又能促进经济的增长。世贸中心的入住率将与曼哈顿下城区的同类建筑相当，公共领域的面积虽大比例地增加，但仍与城市的电网紧密相连。这里不会有无聊的、空荡荡的广场；只有有用的、有吸引力的、充满活力的城市街道，以及供人沉思的，或“仅仅为艺术”的空间。

尽管有世贸中心和亚洲一些类似建筑的例子，但一些开发商和政府仍孤注一掷地认为公共领域无关紧要，并在不吸取历史教训的情况下继续建造越来越高的建筑。然而，城市设计专业的学生和从业者认为，建筑的整合仍然是有意义的，因为在不挽回社会和文化价值的情况下，这些建筑很大程度上是由人为驱动的房地产市场支撑的。

毫无疑问，这个问题最终会得到解决，但也许说明城市景观设计最好的方式是回顾一个地方，那里一些世界上最高和最美丽的建筑目前正在狂热地建设中，却很少或根本不考虑街面的公共领域。例

图 9.1　世贸中心遗址总体规划
版权方：AECOM 设计 + 规划

图 9.2 世贸中心发展——从灯光的角度看区域街景
版权方：AECOM 设计 + 规划
由纽约和新泽西港务局提供

图 9.3 世贸中心开发——中心广场街景
版权方：AECOM 设计 + 规划
由纽约和新泽西港务局提供

如，上海浦东黄浦江急转弯处形成的土地上的游客。河对岸是外滩滨水区，它有公共长廊和十层楼高的建筑：即使仅以游客数量来衡量，这也是一个城市成功的例子。然而，在河对面游客的这边，却是相反的情况：六车道、八车道和十车道的道路将半岛分割开来，使得步行者几乎不可能在大型街区之间通行。上海这一地区的高质量生活只能靠高昂的成本才能实现。在这些标志性的单体建筑中有一些奇妙的空间，其中一些本身就是非常美丽的“物体”。不过，在位于世界金融中心顶层的柏悦酒店（Park Hyatt），如果有客人到外面四处看看，可能很快就会回到楼上的大堂吧。在建筑及其周边，地面完全是乏善可陈，几乎没有可用的绿色空间，也没有零售或步行通道与之连接。（如前所述，“空中大厅”或超高层建筑中的电梯交会处，正在取代地面上的公共空间，成为人类互动的空间，至少对这些高楼中的精英居民是如此。关于这一点，请参阅第 25 章）这类建筑有很多值得欣赏之处，但让人们步行的唯一原因是需要重新进入并通过另一部电梯前往最顶层的观景台。

从城市设计的角度来看，高层建筑区是一种失败。一些规划者和业主已经认识到这个已经讨论过的问题。目前，一个“高架景观”的项目正在进行中，这是一个两层楼高的步行区，大概将连接浦东所有主要高层建筑的上部楼层。这可能是一个难以理解且昂贵的解决方案，为应对一个乏味和毫无吸引力的地面，但它至少认识到需要一个公共领域，并试图创造一个替代品。人们希望，这片高架景观将成为一种绿色景观，或至少能形成一种愉快的步行体验，类似于曼哈顿的高线公园，尽管高线公园要大得多，建造它是为了满足连接的特殊需要，而不是为了从废弃的工业遗迹中创造一个目的地。

这一失败也提醒我们，当考虑到公共领域时，世界上大多数高楼已经通过地铁系统与地下大城市相

图 9.4　世界贸易中心发展的空中渲染
版权方：Silversteill Propertios 有限公司

图 9.5 繁华的外滩海滨与浦东雄伟的天际线形成鲜明对比

版权方：Steve Hanson

连。例如，在香港的一栋高楼里，你可以从家里到办公室，再回到家里，这些过程都有可能没有出现在日光下和户外。这种现象使得超级街区发展成为与街道完全脱节的“孤岛”。东京的六本木新城（Roppongi Hills）就是这种岛屿模式的另一个例子。包括出租车在内的汽车被送到一个地下迷宫中，在远离熙熙攘攘的城市街道的地方随意下车；主要的公共开放空间和高楼的前门高出街道约三层。

在心理层面上，考虑到高层建筑的演变及其对公共领域的相关影响，这种运动形式让人想到了中世纪的堡垒。可以说，它有意表达了一种基本的精英主义，就像城郊封闭社区一样。因此，对于高层建筑而言，城市设计面临的最紧迫挑战之一是为其基本的封闭性空间提供健康的选择。这些新的自给自足的岛屿（或毗连的、不相连的岛屿组成的群岛）位于密集的城市中，但没有融入其中，形成了基于阶级的、阻碍街道社会交流的壁垒。

然而，在放弃城市地面作为社会融合调色板的巨大潜力之前，将浦东和东京的六本木新城与一座高楼进行对比，这座高楼本身作为艺术品可能不那么引人注目，但却提供了一种更加人性化的公共领域体验。东京市中城距离东京市中心的六本木新城仅一步之遥，但却有自己的地铁站。然而，考虑到地面层对人类心理的巨大影响，设计意图强化从街道进入开发区建筑的感觉。虽然建筑入口、广场，甚至街道都坐落在许多停车场和地铁隧道的顶部，但中城给人的感觉却是实实在在地站在地面上的。整个建筑群都沉浸在积极、有用的开放空间中，供开发区每天20,000名居民和无数游客使用。建筑被推到街道边缘，拥有活跃的零售业门面，然后对外开放，形成一个大型入口广场。虽然中城有一座标志性的塔楼（按照东京的标准，高达50层），但绿地并不仅围绕着塔楼。建筑围绕服务于公共领域的绿地——开放空间成为焦点。同样，开放空间本身的设计也反映了他们没有以建筑为中心发展的意识。

中央广场的铺面和种植是一个日本参照自我情况建造的系统，更现代和抽象地参考了日本榻榻米垫

图 9.6　东京中城的大草坪等大型公共绿地在日本并不常见
版权方：© 2011 AECOM; Dixi Carillo 拍摄

的比例和颜色。广场铺面有突出的黑色条纹，也是参考榻榻米的丝绸镶边。这些建筑与中央塔楼平行布置，但在其他方面与建筑物的立面没有任何关系。无论立面是金属、玻璃还是石头，在景观与建筑的交会处都没有任何边界、门槛或中介元素。简单地说，这些建筑包含了广场，但没有正式的“画框”来框住它。在某种程度上，这是开放空间的主要目标：对日本传统景观的非正式、现代的诠释。然而，这也是一个简单的功能，即围绕广场的三座建筑彼此不对齐，使得地平面几乎不可能以相同的方式与每个立面相交。其结果是，景观被设计成一个独立的系统，遵循其自身的规律，就像自然一样：景观即是地球。建筑物被置于其上或切入其中。

为了景观能达到这种独立于建筑的效果，当景观位于建筑之上时，必须在设计过程的早期就将结构系

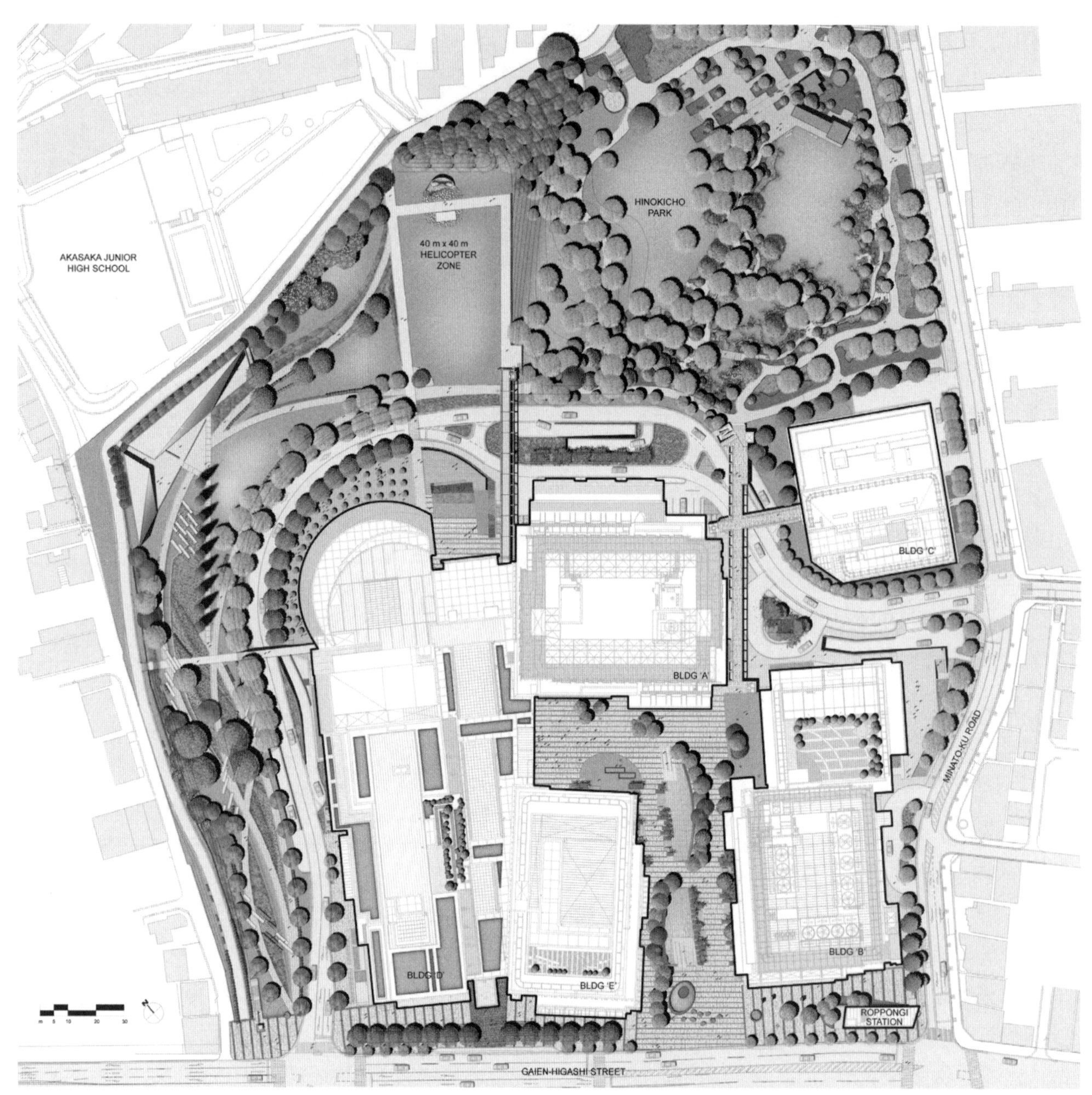

图 9.7 东京中城的总体规划

版权方：© 2011 AECOM

统协调一致。高层建筑的建筑师往往致力于用景观来解决问题，而不是承认项目的长期成功将由本章前面提到的两个基本因素来衡量：对用户的影响和经济回报。这两者必然紧密地交织在一起。在所有其他条件相同的情况下，一个缺乏令人愉快的、人性化的城市领域元素的开发，或者试图在以后纳入的开发，不会像从一开始就把它们纳入规划的项目那样成功。但是，对于开放空间的要求，任何景观设计师都会传达给建筑师和结构工程师，但几乎都被忽视了，因为景观往往会变成“额外的”空间，被建筑基础设施填充。

建筑师和工程师当然理解对大型无中柱室内空间的需求，但很少认可对同样灵活的室外空间的需求。看似微不足道的方面（例如，用于结构开发需要 2m 无阻碍的植筋深度）必须得到重视。树木是非常重的，虽然树木的网格布置也许是美观的，但它应该是设计意图的结果，而不是一个结构性的建筑网格。这样的“妥协”往往会带来既创新又美观的解决方案。在东京中城，中央广场下沉气流的解决方案是采

图 9.8　东京中城广场，其独特的榻榻米风格的铺面
版权方：Steve Hanson

图 9.9　广场铺面详图
版权方：© 2011 AECOM；David Lloyd 拍摄

用一个巨大的玻璃天篷，离广场大约 10 层楼。玻璃天篷位于巨大的白色树形柱子上，它在缓解气候问题和定义空间方面有显著效果。

中城是一个充满活力社区里面的一个热闹的地方。它的多种用途——零售、办公、酒店、住宅、博物馆和娱乐——确保了它的独立性，它也可以独立为一座岛屿。然而，它对街道的开放性和规划的开放空间网络确保了它作为城市社会结构的组成部分，而不是作为城市内部的一个岛屿。该项目从一开始就以洛克菲勒广场（Rockefeller Plaza）为原型，因此被称为“中城”（Midtown）。虽然绿化程度更高，但有一半的场地都用于开放空间，比如洛克菲勒广场，建筑构成了公共空间的框架，而不仅是将建筑置于其中，公共空间承载着各种社会活动和日常休闲活动，这些活动创造了城市人居环境，并定义了一个城市的特征。

东京中城模式是否会被公共领域的其他新建高层建筑所采用，还有待观察，尽管在填充式发展背景以及城市人口迅速增长的时代下，这似乎是最明智的方法。虽然它们的前身（如内布拉斯加州的奥马哈州立议会大厦，或纽约市的帝国大厦）在很大程度上通过作为城市象征的高度和重要性而获得了早期的标志性地位，但新的超级塔楼有更高的高度，并投下更长

图 9.10 东京中城——一个通风的玻璃雨棚高耸在上面，与下面的行人互动
版权方：© 2011 AECOM；David Lloyd 拍摄

的阴影。许多最早的“摩天大楼”的持续成功在很大程度上取决于城市基础设施和公共领域，这些都是随着它们作为建筑物的用途不断发展而来的；拆除它们，不难想象它们的文化意义会减弱，成为历史书上的脚注。虽然在较小的社区中，不规则的高层建筑仍然可以充当旧建筑的“尖塔”和权力象征，但在较新、密度较低的城市中，大多数塔楼没有与具有标志性象征的社区联系起来。

原因不难找到。在曼哈顿这样的地方，大量的高层建筑之所以成功，很大程度上是因为它们周围的城市核心是偶然出现的，这是几十年来房地产建设和拆除、服务、零售以及其他数百种富有地方意义的事物的结果，也是由一个社区随着时间的推移而表现出的特质。人们会聚集在一起，并丰富这些地方，吸引人们到任何地方的部分原因是城市体验的整体质量。

虽然建筑新的发展因其本身的性质和进程难以规划，但一种模式正在出现。在已经存在重要和成功社区的地方，高层建筑可能是一个短期的成功，它是一个吸引人们的新事物。然而，为了长期的成功，建筑必须“回馈”用户，支持用户的无形需求和支撑城市结构的经济性。高层建筑能否在分隔它们的空隙中发展出有意义的、和谐社会目标，这是需要在未来几百年里进行的一个探索。

参考文献

Alexiou, Alice Sparberg. (2010). *The Flatiron: The New York Landmark and the Incomparable City that Arose with It*. New York: Thomas Dunne.

Amsterdam.info (undated) "Amsterdam Architecture: Canal Rings Houses." Online. Available HTTP: http://www.amsterdam.info/architecture/ (retrieved October 26 2010).

Buckley, Michael and Strauss, Robert. (1992). *Tibet: A Travel Survival Kit*. South Yarra, VIC: Lonely Planet.

La Boda, Sharon, Ring, Trudy and Salkin, Robert M. (1996). *International Dictionary of Historic Places: Middle East and Africa*. Chicago: Fitzroy Dearborn.

第 10 章
内部环境与规划

詹森·波默罗伊（Jason Pomeroy）

简介

全球人口增长正在对我们生活的建筑环境产生重大影响。人口统计学家的共识是，到 2050 年，全球人口将达到 92 亿，几乎是 1950 年的四倍。2007 年，历史上第一次约有一半的世界人口生活在城市中，这表明，随着经济的快速发展，人口呈现向城市中心迁移的趋势。这些因素导致了城市人口和建筑密度的增加，并预示着高层建筑的出现，它不仅是城市的象征，或经济进步、权力和威望的代表，而是在地价日益高涨的情况下优化土地利用的一种手段。正如莱斯利·马丁和他的同事马克（1972）在对中低高密度建筑替代品的研究中阐述的那样，高层建筑绝不是高密度环境设计的灵丹妙药，尽管在更环保的替代设计被采纳之前，高层建筑仍是城市天际线上的一种建筑类型。公众和一些学者都认为高层建筑是许多社会生理和环境问题的根源。反复出现的感知密度、社交空间的缺乏、不可控性，以及健康、福利、噪声、安全和维护方面的问题，导致了困扰高层建筑类型的社区脱节感。

本章试图解决这些问题，首先考虑什么是社区，然后研究人口增长、技术、世俗主义和工业化对城市的影响。接着讨论了我们的社区意识和先前存在的社区活动和互动是如何被取代的；以及我们对内部和外部高密度环境的体验是如何被削弱的。通过一系列来自不同气候的建筑实例，说明高层建筑的设计模式已经发生了范式转变，即通过设置空中庭院和空中花园来寻求空间与建筑面积的平衡。研究认为，这些空间与历史建筑的先例具有一定的相似性，也改善了社会和环境。结论是，通过更客观的设计方法来创建空中庭院和空中花园，可以培养更好的社区意识，建设更舒适的内部环境。

定义社区

什么是社区？它可以被定义为生活在同一地区或有相同宗教、种族、职业或利益的一群人。它的各种书面定义总是提到建筑环境（“公社”“社区中心”“社区之家”），其中特别说明了社会群体与培养社区意识所需的空间或建筑之间的内在关系，如广场、清真寺、办公室、俱乐部或咖啡馆。这些环境为志趣相投的人提供了相互交往的机会，将空间转化为场所，通过随意的互动和共同参与，培养一种社区意识和认同感。

社区不必受到地理位置的束缚，正如我们在“聊天室”“脸书”或“跨空间社区”[1]的虚拟示例中所看到的，这些虚拟社区不依赖地点，是个人与一个机构、团体或协会协定的一部分。然而，城市学家爱德华多·洛扎诺（Eduardo Lozano 1990）认为，这种技术进步自相矛盾地促成了“城市生活和社区的解体……许多曾经发生在街道、广场和公园的人际交往已经被包装起来；浪漫已经被单身酒吧或电脑约会机构所取代”。洛扎诺认为，社区生活受到了技术进步的影响，受建筑专业实践与（生活、工作和娱乐的）社区居住环境形成的传统文化实践之间的脱节所损害，这无疑是一个令人信服的论点。社会学家理查德·森内特（Richard Sennett，1976）认为，人们被大量生产的商品所诱惑，以及个人对自己性格和个性的了解，越来越多地否定了公共社会互动的需要。在这两篇评论中，显而易见的是公共活动与城市环境的联系，更重要的是，那些曾经鼓励社会群体非正式集会的空间正在被侵蚀。从开放空间城市向物质城市转型的社会环境后果是什么？

从空间之城到物体之城

技术、工业资本主义和世俗主义引起的社会经济变化，对城市形态产生了相关影响。直到 18 世纪，城市是由外而内决定的，合理化的空隙作为室外空间，决定了城市的形状，并提供了一种有计划的社会互动或偶遇的方式，无论是贸易、商业、政治活动还是宗教和文化活动。同时，建筑的实体形态通过充当填充元素来适应城市的特点。这种对公共生活的颂扬重申了空间在城市中的支配地位。然而，到了 18 世纪中叶，“公共空间暗中被交易为私人物品；这项交易正式代表了公共空间终结的开始”（Rowe 1997）。社会格局的变迁，导致公共领域的衰落和独立私人客体的发展。对更多住房、改进的公共设施和交通基础设施的需求从内到外决定了空间，合理化的核心结构和服务元素决定了城市内建筑的形式，剩余的空间成为可居住的空间。到了 20 世纪，这一转变已经完成。独立的私人建筑坐落在开放的、没有差别的空间里，成为容纳城市特质的形式。现代城市的塔楼代表了传统城市的对立面，预示着物体凌驾于空间之上的优越性，以及对公共领域的侵蚀，否则，将由公共领域培养社会中的文明。城市学家柯林·罗（Colin Rowe）对传统和现代城市中截然相反的图底关系的描述清楚地概括了这种物理变化：“一个几乎全是白色，另一个几乎全是黑色……在这两种情况下，基本的空间促进了一个完全不同的图形类别—— 一个是建筑物体本身，另一个是描述城市空间”（Rowe and Koetter 1978）。

图 10.1　18 世纪罗马（上）和 20 世纪缅因州波特兰（下）的图形—底图说明了物体对空间的日益支配
版权方：Eduardo Moix

城市人居环境的这种范式转变，在很大程度上可以归因于勒·柯布西耶对位于巴黎奥斯曼（Haussmann）外墙后面的贫民窟的处理，他试图通过增加密度，并使用高层建筑这样的矛盾方式来缓解市中心的拥堵。这些建筑将包含“完美的人体细胞，最符合我们的生理和情感需求”（Hall 2002），同时允许汽车优先于行人。勒·柯布西耶等人对战后欧洲和世界各地的一代建筑师产生了巨大影响，催生了高密度发展的概念模型，这些概念大量借鉴了他的理念，用于解决城市过度拥挤的贫民窟清理、土地价格上涨和出生率上升等问题。“许多的大城市并不反对保留自己的居民，也不会把他们输出到新的和扩张的城镇，它们把这一切看作密集化和高楼化建设的一个信号”（Hall 2002）。

最好的例子是，在高密度环境中能拥有重新安置居民的能力，有配套的公共设施、室内街道和室外抬高的广场为其提供支撑。这在很大程度上归功于傅里叶和勒·柯布西耶的早期愿景，与此同时，它也为现有的社区空间使用形式敲响了丧钟。习惯了能随意互动的低层城市环境中的社会群体和完整社区，正在被拆除并重新安置到高层城市环境中。这个曾经聚集在一起劳作或参加共同活动的群体发现，允许这种公共活动和与邻里自发会面的空间机制正在被社区化和空间设计。在最坏的情况下，高楼、高密度的开发商未能理解这些空间对于改善舒适、福祉、健康、生产力和社会互动的重要性，他们往往由于经济原因忽略这些好处。

J.G. 巴拉德（J.G.Ballard）的小说《高层建筑》（*High Rise*）强调，开发项目可能是脱离周围环境的飞地[①]、被地方当局粗暴执行的小块土地，而在像伊利诺伊州普鲁伊特伊戈（Pruitt Lgoe）这样的真正高密度地产中，社会和自然的脱节非常明显。在这里，许多弊病导致了开发项目的最终放弃和拆除。技术的进步，也会加剧高层建筑类型中的社会生理、心理和环境问题。建筑越来越依赖高能耗的人工照明和空调，来抵消更深和更多的楼板，以及同一用途住宅从地平面的垂直挤压，进一步加剧了高层建筑与城市结构中丰富的开放空间和绿色植物的脱节，以及人们共同存在来建立社区意识的能力的脱节。由于缺乏自然光和通风而引起的与建筑物有关的疾病；由于社会和娱乐设施稀少或不存在，而引起的不安和社会混乱；一成不变的楼层难以辨认且缺乏多样性；以及缺乏主人翁意识和缺乏监控，导致犯罪率飙升，所有这些都导致了城市结构中高层建筑的形象受损。这引发了人们对高层建筑在社会和空间上的彻底反思。

从外到内到外

过去高密度高层建筑的发展带来了破坏性的后果，但学术界和建筑环境专业人士在越来越多地考虑高层建筑的解决方案，这些解决方案更具可持续性，可以减少能源消耗，同时培养社区意识和改善室内环境。在私人高层建筑对象的范围内提供开放空间，其方式与柯林·罗和科特在其著作《拼贴城市》（1978）中描述的空间/实物混合体不太相似，是正在探索的一种方法。它在很大程度上是基于对自然光和通风的积极属性的理解，以及它们在建筑、空间内的来源如何有利于个人、群体或协会的健康和社会幸福感。

自然光和通风对生物体的生存至关重要，在剑桥大学学者尼克·贝克（Nick Baker）和科恩·斯蒂默斯（Koen Steemers）（2000）的研究中，他们在制定LT计算方法时发现了建筑内部的定量规定，该方法考虑了照明和热性能的主动和被动区域，以形成更舒适的环境。空间对于社会互动和娱乐的进行是必不可少的，是勒·柯布西耶高密度社区的关键元素。在《走向新建筑》（*Vers-une architecture*）（1923）中，他的“第五点”是专门针对屋顶花园的部分，将其作为对地面上开放娱乐空间的补充。

① 译者注：飞地指在本国境内的隶属另一国的一块领土。

还考虑到平衡自然光和通风的潜在好处，可以通过开放空间（如阳台、空中庭院和露台）来促进更大的社区互动。本文作者推测，空中庭院和空中花园有可能成为替代性的城市空间，形成一个更广泛的多层次开放空间基础设施的一部分，旨在补充城市人居环境内的社会空间，并提供移动便利（Pomeroy 2008）。工程师肯尼斯参考了建筑师杨经文的作品，考虑在创造热带地区特征和环境响应之间的平衡，特别考虑了空中庭院的环境性能（莆田和 Ip 1986）。贝俊华博士（2004）进一步探讨了垂直梯田空间的社会环境复杂性，特别是他们重新解释坎蓬传统[2]本质的能力是否有利于形成一个高密度的户外生活环境，以促进类似的社区互动。罗杰·乌尔里希（1986）曾考虑将种植和景观作为一种手段，用于增强高密度建筑环境中个人生理、心理健康和幸福感。在芝加哥市长戴利的影响下，充分证明了屋顶绿化的环境效益，在芝加哥，约 232,258m^2 的屋顶进行了屋顶绿化，以减少附近的城市热岛效应（以及由此产生的环境温度和能量负荷），此外，加强生物多样性。杨经文（2002）关于可持续高层建筑设计的论文将城市的多样性混合，并将其垂直移植，以重新考虑高层建筑作为城市的混合用途空间，被开发空间分隔，有助于建立垂直社区的开放空间。

从业人员和专业学者采用的这些方法也许是一种受欢迎的改变，其告别了 20 世纪许多不连贯的、楼层叠放的高层建筑。可以说，它们强化了奥斯卡·纽曼关于减少犯罪和提高社区意识的社会理论（纽曼 1972）。他在 20 世纪 70 年代对纽约项目的研究得出结论，高楼更容易滋生犯罪和产生社会脱节，因为它们与街道上更为综合的环境脱节，街道上的环境为居住和工作在那里的人们提供了自然的监视，能进行社交互动，休息和休养，街道是充满活力的。这种理论引起了相当大的争论，例如，伦敦大学学院的比尔·希列尔教授和朱利安妮·汉森教授（1987）的论据证明，即在高度整合的街道组成的清晰网络中，能共同存在和识别谁是或谁不是陌生人的能力，创造了最有防御力的空间，而与之相反的是，公开的空间在功能上比较特殊，整合程度较低。

总的来说，这些特性不仅提供了更适合居住的可能性，而且还提供了更舒适的高大密集的建筑环境，这些环境鼓励了公共互动。特定的历史建筑类型证明，开放空间被纳入私人开发，有助于补充社区损失的空间，同时提高环境的效益。18 世纪的酒店是一座贵族私人住宅，在其宅邸内设有一个半公共庭院，可作为见面和问候的场所。它构建了一个空间等级体系，与之相对应的更大、形象化的公共空间，为人流、舒适度和公民社会的互动做出了贡献。

19 世纪的商业街廊是零售业的私人投机对象，包含了一条半公共大道，可作为较大公共空间之间的过渡手段，并与酒店一样，在更广泛的城市结构内为社会互动提供了环境。这种以庭院和拱廊形式的私人管理的开放空间伴随着街道和广场，作为平衡空间与物体的结构，并形成了一系列替代空间，试图在私人宅邸内重新获得公共生活的元素。因此，庭院和拱廊可能是 21 世纪高层建筑类型中替代空中花园和空中庭院社会空间的合适模式。

空中庭院和空中花园

空中庭院可以在空间上定义为间隙空间，平衡（私人）高层建筑实体中的象征性（半公共）空间。就像人们通常在混合用途的开发项目中发现，开放空间与建筑面积的比例一样，在高层建筑内部，空中庭院开始在垂直方向上平衡开放空间和建筑面积比例。如此，它们可以为社会群体的互动提供开放空间，让自然光和通风更多地渗透到更深的楼板中，从而进一步改善内部环境，使其更宜居，从而促进社区的发展。

新加坡纽顿轩公寓（Newton Suites）（2007）恰如其分地展示了空中庭院的社会环境效益。这座 36 层的建筑采用了一系列的空中露台，每 5 层为居民提供一个舒适的空间，通过这样的做法，在一个垂直的社区内灌输了亚社区的意识。特定的绿地和垂直绿化可作为低角度东、西向太阳的环境缓冲，从而有助于降低太阳热量的增加。这些空间从纵向重新诠释了热带走廊，基本上充当了社区内的社交场所和城市结构内的关键空间元素。

社会环境因素不必局限于外部空间，正如建筑师诺曼·福斯特的作品法兰克福商业银行（1997）所示。这座办公楼被誉为欧洲第一座生态高层建筑，被设计成三个三角形办公楼的“花瓣”，围绕着一个由全高中庭组成的中央“茎”。四层楼高的密封式空中庭院，从大楼中拔地而起，每四层楼旋转一次。这些设施使员工有机会俯瞰下面的空中庭院和城市景观，或者俯瞰上面的空中庭院和天空。

这些空间为办公室员工提供了一个社交中心，作为会议、活动、午餐或远程工作的场所。他们有一个社交的维度，咖啡吧和座位夹在植物中。它们是福斯特将塔楼视为一个村庄社区的内在因素，每个花园都是 240 名员工能直接俯瞰的乡村广场 / 绿地（Davey 1997）。

空中庭院，在高层建筑的间隙位置，也可以成为方便、娱乐和舒适用途的空间，无须前往地面购买杂货、参观体育馆或在开放空间放松。随着高层建筑越来越多地采用混合使用方案，空中庭院为建筑居住者之间建立新的社会关系提供了一个公共集会场所。就像水平混合用途之间的空间可以是休闲和舒适的地方，从而培养社区意识一样，空中庭院也可以作为社会空间的胶合剂，将垂直用途的混合建筑及其社会群体的联系结合在一起，从而促进垂直社区的发展。

图 10.2 沃哈设计的纽顿轩公寓采用空中露台，重新诠释了传统的热带阳台及其作为社区会议场所的作用

版权方：© Phillip Oldfield/CTBUH

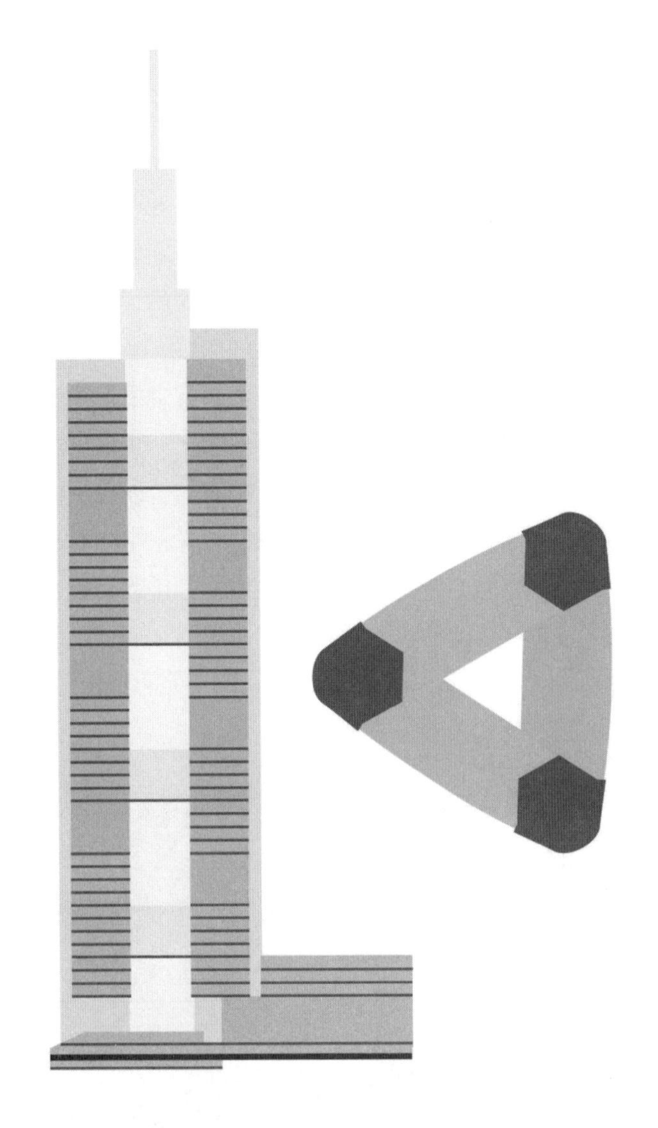

伦敦桥塔的碎片大厦就是一个很好的例子。这座塔有 72 层，略高于 310m，是欧洲最高的混合用途建筑。公共广场上方的前 26 层提供了 55,741m^2 的现代高规格办公空间和冬日花园。从 37 层到 51 层有着 200 间客房的一家五星级酒店，从 52 层到 63 层设有住宅公寓。将工作空间和生活空间分开的是中间的三层庭院，是将不同功能结合在一起的社区空间。这样的空间不仅可以提供令人难忘的伦敦景观，还可以容纳零售、酒吧、餐厅、休闲、表演和展览活动，以及塔楼居民和更广泛社区的社交空间。这座塔的建筑师伦佐 · 皮亚诺认为，它是一个垂直的小镇，约有 7000 人可以在里面工作和享受，还有数十万人可以参观。这就是为什么我们将商店、博物馆、办公室、餐厅和住宅空间融入其中的原因。

图 10.3　一个全高的中庭形成了诺曼 · 福斯特的法兰克福商业银行的“茎”，地板形成了“花瓣”
版权方：David Calder

图 10.4　天空球场，如商业银行大厦，作为社会焦点或“乡村绿地”
版权方：Foster

图 10.5 伦敦桥塔的碎片大厦将成为混合用途开发的典范，形成一个垂直社区，顶部有三层楼高的观景廊
版权方：Stellar Property Group

空中庭院还通过不同的垂直连接路通方式（无论是坡道、楼梯、自动扶梯还是电梯）在高层建筑内充当过渡管道。通往塔楼内更高楼层的进一步流通通常是通过换乘大厅实现的，空中庭院可以作为换乘大厅，从而增加通过法庭的人流，鼓励活动、偶然的会面和社会互动。当空中庭院通过空中通道、平台或空中桥与更广泛的运动策略相结合时，它可以通过行人的流动性——从城市的肌理到塔楼和其他地方——实现更大的社会融合。这减轻了视觉上的不连续以及与地面街道活动分离的风险，因为高层建筑群中的水平和垂直流通方式有助于创造“空中街道上的新眼睛”；可以通过识别谁是朋友谁是敌人来保障安全。此外，它还提供了一个通过天桥从一栋高楼逃到另一栋高楼的机会，优化了分阶段疏散的需求，但这种需求不仅在经济上不可行，也因为需要大量逃生楼梯，而可能影响到生命安全。

新加坡达士岭（2009）展示了这样一种方法，使用 12 个空中花园连接 7 个 50 层、高密度的社会住宅区，包括 1848 个家庭单元。天空花园将过去的社会住宅区的空甲板重新定义为一系列升高的社会空间。26 楼的中间花园只为居民服务，而 50 楼的屋顶花园则可供公众和居民使用。或许正是由于拱廊形成的行人运动感，让我们不仅将空中庭院视为娱乐和计划会议的目的地，而且将其视为移动和偶然相遇的过渡空间。

除了改善个人的内部环境和减少能源支出外，在高层建筑顶部加入空中花园还可以为人们提供令人难忘的天际线的视野（从而产生收入），或者提供一个具有相似兴趣的社会群体可以互动、玩耍或放松的附加环境。新加坡滨海湾金沙酒店是一个综合性度假胜地，也是一个可容纳 52,000 人的会议、奖励旅游、大会和展览（MICE）的目的地，是亚洲最大的此类设施之一。在这三座 57 层楼高的酒店塔楼的顶部，是一座高出地面 200m 的空中公园。公园面积超过 $1hm^2$，是世界上最大的公共悬臂，在郁郁葱葱的热带景观环境中提供了各种便利设施。

正如帝国大厦 86 层观景台在运营的第一年就创造了 200 万美元的游客收入，帮助开发部门度过了金融危机风暴一样，滨海湾金沙的空中公园也通过征收获得新加坡天际线全景的门票来成为一个创收点。它的屋顶酒吧、餐厅和花园已成为一个受欢迎的地点，为当地人和游客提供了一个白天到晚上的替代性社会环境，而它的屋顶游泳池和表演区则为付费客人提供进一步的娱乐和便利。

图 10.6 新加坡达士岭项目中的空中花园提供了一系列提升的社会空间，创造了行人通透性
版权方：Arham Daoudi

在所有这些例子中，时间是培养一个社区的关键因素。正如一部戏剧可能有各种各样的情节、子情节和不断变化的场景，这些场景在叙事过程中得到丰富，所以一个城市也有各种不断变化的社区场景，这些场景通过空间和时间被创造、改变、强化和融合。空中庭院和空中花园可以吸引不同的社会群体，在一天、一个月、一年或十年的时间里观看不断变化的天际线的视觉场景。然而，相同或相似的社会群体也是局部社会场景中的演员，这种场景可能会在一段时间内改变空中庭院或花园的功能。例如，利用空间作为观测日出或日落的场地，可能与在不同的时间将其用作娱乐目的地或会议场所有很大的不同；根据不断变化的社会需要，它可能包含完全不同的用途。

形成或解散的社区团体也可以在一个地方留下地域性的印记，从而含蓄地将人们排除在特定的社会场景之外。学生可以在课余时间聚集在空中庭院内在解散前分享笔记；办公室工作人员可以在一个工作日内与来自不同部门的同事会面，喝咖啡或吃午餐，然后返回各自部门；居民可以在周末或晚上与邻居和朋友见面，然后回家；旅游团可以聚集在一起观看全景，在关门时解散。

这表明，社会群体可以从空中庭院和空中花园发展而来，其用途往往取决于保留它们的主要高层建筑功能，如图书馆、办公室、公寓或酒店。这些空间有明确的排除规则，例如公司的营业时间或入场费和包含规则，例如作为学生、办公室、住宅或旅游社区的一部分。通过对超越传统时间、空间和社会结构的垂直混合体进行更深入的探索，这种社会规则在未来可能会受到挑战。就像伦敦桥塔的碎片大厦一样，在同一栋高楼内生活、工作、玩耍或参观的行为，可以在这些替代空间产生更大的社会融合，进而让空中庭院表现出 24 小时不同的公民特质。

图 10.7 滨海湾金沙天空公园为游客和当地人提供独特的体验，是一个重要的收入来源
版权方：Chloe Li

结论

空中庭院和空中花园的开放空间与高层建筑对象的建筑面积之间的平衡能力，挑战了传统的20世纪高楼的重复建设方式与更多的混合形式。这为公民社会在新的垂直城市人居环境中提供了更大的社会环境效益；它可以通过更多的社会互动和共同参与，来帮助改善内部环境和培育新的垂直社区。

在他们目前的外观下，空中庭院和空中花园可以被视为具有公共领域特征的半公共社会空间。它们构成了开放空间等级网络的一部分，补充和完善了现有的地面开放空间项目，体现了界定公民领域和更广泛社区的关键品质。它们在空间上受到高楼大厦的制约，这些高楼大厦往往与它们的功能有着强烈的一致性，在社会上受到一个社区的隐性规则或管理它们的机构、公司、协会或团体的明确规则的制约。当更多地融入建筑内部规划和垂直循环方式时，空中庭院和空中花园可以作为过渡空间（如拱廊）提供移动的便利；为目的地空间（如庭院）提供创收。

通过这些社交空间增加的客流量和更综合的移动模式为偶遇和新的关系提供了更多的机会；改进的监视系统也增强了安全性。空中庭院还可以为传统楼板提供更大的穿透日光和自然通风。当植被被纳入时，蒸发直接在环境中的冷却效应可以改善热舒适度，减少城市热岛效应，创造一个更有利于社会互动的环境，并带来社会及生理效益。

正是在这个社会环境的结合点上，空中庭院和空中花园的设计可以通过更客观的手段来加强。希列尔和汉森（1986）的“空间句法”方法量化了社会模式的各个方面，而没有提及个人动机、出发地或目的地、土地使用或密度，或其他可能有影响的因素。从而为基于空间认知的个体理性选择的群体运动预测理论提供了一种机制。随着混合用途高层建筑越来越多地被设想为垂直城市，空间句法高度适用于空中庭院的设计，并可通过高层建筑内部的空间重组来提高其社会空间整合性、可理解性以及行人渗透性。因此，能够促进社区互动的环境可以通过更可量化的方式得到加强。

翁文礼博士（2003）的绿色容积率旨在根据绿化表面积为特定植物赋值来解决这一问题。这是通过调整叶面积指数来实现的，叶面积指数是一个生物参数，用于监测自然生态系统的生态健康，并对代谢过程进行数学建模和预测。因此，它可被用于量化生物方面的规划指标（Ong 2003）。这种方法可以通过考虑水平面、对角线面和垂直面与草坪、灌木、棕榈树和树木一起种植来防止开发后的绿化损失，从而确保在现场保留相同（或更多）数量的植被，以帮助平衡生态系统。同样，考虑太阳路径、湿度、温度和风流量影响的环境建模有助于确定社会互动和优化行人运动的区域。

当这些客观的措施被应用于空中庭院和空中花园的设计时，也许可以创造更多的空间，帮助促进更成功的垂直社区。

参考文献

Baker, N. and Steemers, K. (2000) *Energy and Environment in Architecture: A Technical Guide*, London: Taylor & Francis.

Bay, J.H. (2004) 'Sustainable community and environment in tropical Singapore high rise housing: the case of Bedok court condominium', *Architectural Research Quarterly*, 8(3/4).

Davey, P. (1997) 'High expectations', *Architectural Review*, 202(1205).

Hall, P. (2002) *Cities of Tomorrow*, London: Blackwell.

Hillier, B. and Hanson, J. (1986) *Space is the Machine*, Cambridge: Cambridge University Press.

Hillier, B. and Hanson, J. (1987) 'The architecture of community: some new proposals on the social consequences of architectural and planning decisions', *Arch. Behav.*, 3(3).

Le Corbusier (1923) *Vers une architecture [Towards an Architecture]*, Paris.

Lozano, E. (1990) *Community Design and the Culture of Cities*, Cambridge: Cambridge University Press.

Martin, L. and March, L. (eds) (1972) *Urban Space and Structures*, Cambridge: Cambridge University Press.

Newman, O. (1972) *Defensible Space: Crime Prevention through Urban Design*, New York: Macmillan.

Ong, B.L. (2003) 'Green Plot Ratio: An Ecological Measure for Architecture and Urban Planning', *Landscape and Urban Planning*, 3(4).

Pomeroy, J. (2008). 'Skycourts as transitional space: using space syntax as a predictive theory' in *Tall and Green: Typology for a Sustainable Urban Future*, congress proceedings, Council on Tall Buildings and Urban Habitat 8th World Congress, Dubai, 3–5 March 2008.

Puteri, S.J. and Ip K. (1986) 'Linking bioclimatic theory and environmental performance in its climatic and cultural context: an analysis into the tropical highrises of Ken Yeang', in *PLEA 2006*, congress proceedings, 23rd Conference on Passive and Low Energy Architecture, Geneva, Switzerland, 6–8 September 2006.

Rowe, P.G. (1997) *Civic Realism*, Boston, MA: MIT Press.

Rowe, C. and Koetter, F. (1978) *Collage City*, Boston, MA: MIT Press.

Sennett, R. (1976) *The Fall of Public Man*, London: Faber and Faber.

Ulrich, R.S. (1986) 'Human responses to vegetation and landscapes', *Landscape and Urban Planning*, 13.

Yeang, K. (2002) *Reinventing the Skyscraper*, Hoboken, NJ: Wiley.

注释

1. “跨空间”分组涉及一种独立于空间的关系。例如俱乐部或家族的成员，或大学的客座讲师职位。
2. 坎蓬是一个传统村庄，由住宅和基本便利设施组成，通常使用当地来源的材料建造，是东南亚的本土居住区。

第11章
中庭：可持续高层建筑的重要组成部分

斯温纳尔·萨曼特（Swinal Samant）

中庭以大入口、庭院和半公共区域的形式出现已经有2000年的历史了（Saxon 1983）。19世纪工业革命的钢铁和玻璃技术催生了大型庭院的覆盖技术，室内气候得到了显著改善，中庭作为社会中心的概念使其在19世纪晚期被广泛应用于更高的公共建筑。中庭是纽约和芝加哥早期高层建筑的一个基本特征，它能够实现自然采光和通风，并排出燃油和燃气灯产生的烟气。尽管19世纪末和20世纪初在建筑中使用了中庭（尽管这种使用是相当保守的），但到第一次世界大战时，这一概念的发展已经下降到了停滞状态（Saxon 1983）。

这种下降主要是由于纽约建筑法规的变化，建筑发展向占地面积较小、楼层空间比例较大的高层建筑转变，最终导致了以机械调节和人工照明为主的全玻璃现代主义塔楼的出现。尽管许多先驱者推动了中庭的概念，但这一特殊的建筑特征在很大程度上仍未被使用，直到约翰·波特曼在20世纪70年代初将中庭作为美国凯悦酒店的标志性设计特征。自20世纪末以来，中庭被重新考虑往往是以气候改造和能源效率为理由，而最新一代的高层建筑在应对环境、社会、文化和经济问题方面也取得了令人钦佩的进展。

中庭的功能

中庭能够为高层建筑的几个方面做出贡献，这就为它的加入提供了令人信服的理由。高层建筑主要是通过其标志性的形式和高耸的高度来发表标志性的公共声明。在内部，由于中庭与其周围环境的对比，实际上是与人的比例对比，一个较高的中庭可以创造一种敬畏感。许多中庭，如上海金茂大厦（1999）的中庭，纯粹是为了审美愉悦而建造的，是财富与奢侈、权力与宏伟的表现。

这些动态空间的影响渗透到建筑的不同部分，使其具有社会性、功能性和空间连贯性（Bednar 1986）。中庭可以作为标志性空间的焦点，可以改善建筑物内部和建筑物之间的联系和方向。它们为建筑赋予了醒目的身份，加强了建筑的场所感，以及与城市景观和城市的关系。

中庭是一种有效的媒介，通过它，高层建筑与地面及其环境（城市结构、基础设施和更广阔的城市）相连。1995年大阪世贸中心中庭的设计，使其与周围环境融为一体，同时也提供了通往其塔楼的主要通道。让－保罗·维吉耶（Jean-Paul Vigier）2001年设计的巴黎拉德芳斯中心的Cœur Défense

图 11.1　新加坡 EDITT 大厦带垂直景观的社交空间
版权方：T.R.Hamzah & Yeang Sdn.Bhd.

大楼是欧洲最大的办公综合体，占地面积为 $1hm^2$。它成功地利用了一个中庭作为物理和象征性的统一体：高达 44 层的中庭空间连接着 180m 高的双子塔和其他三座八层建筑。它坐落在一个三层的基地之上，这是一个与戴高乐广场相连的顶级基地，能通往所有建筑、餐厅、会议中心和服务设施。

中庭形成了公共和私人领域之间的无缝连接，通过一个温馨的入口和接待空间将人们吸引到建筑的中心。这些特色的垂直拱廊可以是商店、咖啡馆、餐厅、表演或展览场所和零售设施，这些设施为社会互动、自然监控和人们参与活动提供了机会，增强了它们的商业可行性。新加坡 26 层的 EDITT 大厦采用生态方法，解决了典型高层建筑的水平街道和垂直密封环境之间缺乏连续性的问题，典型高层建筑的特点是重复的、分隔的楼层分层。它通过空中庭院、中庭空间、空中广场和垂直景观设计来实现这一目标，包括高达六层的宽阔景观坡道，并由商店、咖啡厅、表演空间和观景台组成（图 11.1）。

21 世纪城市密度的增加和城市内部的生活需求导致了高层建筑的增加，但也导致了公共领域质量的下降。这可以通过使用中庭空间在垂直结构中进行部分抵消，中庭可以包含多种功能，特别是与空中庭院和空中花园相结合时，可以创建生动、可持续的垂直社区（有关更多信息，请参阅第 10 章）。最近，各种大小、形状和方位的中庭，包括垂直堆叠的中庭，已在高层建筑中与较小的中庭空间、空中庭院和各种特色的花园结合使用，成功地在高度上扩展了公共设施空间。诺曼 · 福斯特 1997 年在法兰克福设计的德国商业银行大楼，在三角形平面的一侧有一系列四层楼高的空中花园。另一侧是 16.5m 深的办公室。这些办公室围绕着中央中庭盘旋，形成一个集群。这些空中庭院基本上用于会议、社交和放松，它们不仅能发挥生态作用，带来日光和新鲜空气，还能使内部和外部之间有视觉联系（图 11.2）。

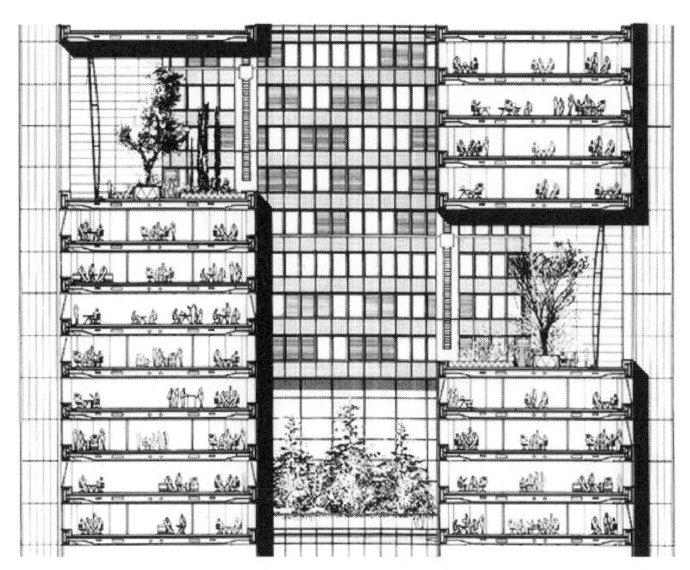

图 11.2　法兰克福商业银行展示中庭、空中花园和办公室之间关系的部分
版权方：Foster

这种中庭在建立空中庭院和上层不同空间之间的有意义的联系方面发挥了重要作用，创造了一个过渡和休闲空间的网络，并改善了城市垂直结构的移动和可读性。在城市的垂直结构中改善运动和可读性。由皮亚诺开发的伦敦桥塔碎片大厦（2012）是一个混合用途的开发项目，包括两个空中花园和一系列位于建筑内不同高度的中庭，以支持其 7000 居民的垂直社区的社会需求。鉴于城市人口的预期增长和城市环境中混合用途的高层建筑，这种中庭的使用是恰当的。

一个中庭可以帮助适应性再利用和敏感的历史建筑的翻新。WZMH 合伙人（1988）设计的加拿大丰业银行多伦多总部由一个引人注目的 14 层高的玻璃中庭将 68 层高的办公大楼与历史悠久的合众银行总部大楼连接起来，形成一个醒目的入口（图 11.3）。地下是人行通道，将该项目与多伦多 28km 的地铁人行

图 11.3　引人注目的入口中庭——多伦多斯科舍广场
版权方：WZMH 建筑师

网络和世界上最大的地下零售中心连接起来。在这里，中庭意义非凡，它连接了过去和现在，并在眼前和更广泛的城市背景之间建立了一个令人印象深刻的联系。

由于中庭的体积很大，其较大的封闭表面提供了展示艺术品的机会。在丰业银行（Bank of Nova Scotia）的中庭里，原银行总部北墙装饰的是一座宏伟的装饰性大理石浮雕雕塑；南墙装饰的则是加拿大有史以来最大的抽象油画壁画。

中庭的使用绝不局限于任何一种建筑类型，使用中庭的原因可能大不相同。在企业和商业环境中，它被用于创造强烈的形象、提高审美吸引力、增强日照环境和作为社交中心。为了表达其总部的透明度和可持续性，德国波恩的德国邮政股份公司大厦（2002）使用了一个玻璃中庭来连接两座大厦。可以说，中庭创造的采光良好的空间，使人能在大进深建筑中看到宜人的景色，这关系到心理影响、居住者幸福和办公室生产力的提高、学生在教育环境中表现和行为的改善，一个积极和治愈的环境有助于提高康复率以及医疗环境中病人、工作人员和来访者的健康和幸福。在教育和医疗环境中，中庭可以作为重要的社会节点，提高路径导向能力。东京50层高的蚕茧大厦（Mode Gakuen cococoon Tower）（2008）是世界第二高的教育建筑。它包括一系列三层楼高的日光中庭休息空间，分别位于东部、西南部和西北部，置于围绕中央服务核心旋转的长方形教室之间。杨经文（2009）将这些中庭称为更为熟悉的“学校庭院”，社交活动在这里蓬勃发展，并能欣赏到令人羡慕的城市景观（图 11.4）。三层楼高、约 20m 宽的中庭玻璃由每层楼的双拱形空腹桁架梁支撑，该桁架梁在不妨碍视线的情况下承载玻璃的重量，抵抗风压（Tange and Minami

图 11.4 东京蚕茧大厦中庭休息空间
版权方：Koji Horiuchi

2009）。

从经济角度来看，中庭建筑在市场方面具有竞争潜力，可以确保优质出租并创造收入（Bednar 1986）。浅平面的周边空间与中庭相结合，提供了自然通风和采光的机会，减少了通常与深平面建筑相关的运营成本。然而，更高的资本成本与更大的建筑占地面积、屋顶、天窗和遮阳装置、消防和防烟系统、维护和景观美化有关（Bednar 1986；Saxon 1983）。由于成本的增加，直到最近，中庭的使用才只限于企业委托的塔楼，在其他地方，财政支出和可出租建筑面积的减少让开发商望而却步。然而，随着人们对高质量设计和可持续发展重要性的认识不断提高，开发商和当局正在屈服于面积效率较低的建筑，以创造更节能的环境的概念。由开发商主导的 KFP 建筑事务所（科恩·佩德森·福克斯建筑事务所）设计的多租户乡村风格的苍鹭大厦（Heron Tower）就是一个例子（2011；见案例研究 17）。

中庭环境

中庭的环境潜力是基础，主要通过被动加热、冷却和采光来实现。中庭充当外部和内部之间的遮蔽或缓冲空间，可能没有完全适合的条件，但可以带来日光，同时排除了风、雨和极端温度的影响。中庭还可以用作散热器或蓄热室，用作回风室和通风室。因此，中庭在高纬度的较冷气候地区得到了特别有效的发展，在那里，大面积的玻璃不会受过多太阳辐射的过热影响，在较冷的时候，中庭为外部气候提供了热缓冲。然而，尽管中庭建筑遇到了较好的发展机遇，但它们往往只是因为其审美属性而被利用。

中庭：通风、防火、防烟

中庭可以增强自然通风，主要通过交叉通风和烟囱效应，与高层建筑的空中庭院和空中花园结合使用时效果尤为明显。然而，温度分层和空气在中庭内的无障碍流动可能会带来巨大的火灾风险；这些风险可以通过将中庭分成若干部分来控制，就像法兰克福商业银行（Commerzbank）的中央全高中庭那样，每隔 12 层就有一个水平的玻璃屏。

温尼伯的马尼托巴水电大楼（见案例研究 4）以注重气候设计和能源消耗减少 60% 为目标，这在气候条件极端的地方，是一个巨大的挑战。建筑主体位于三层裙楼上，由两座 18 层的办公楼组成，形成一个向北汇聚、向南展开的“A”形，在它们之间有三个 6 层高的中庭（图 11.5）。中庭最大限度地利用了被动式太阳增益和南风；它们作为缓冲空间，通过高架地板上的可调节通风口向相邻的空间输送预调空气。在冬季，利用排气余热和被动太阳辐射能对新鲜空气进行加热。这座建筑是根据温尼伯的季节性气候变化而设计的，每个中庭都有一个 24m 高的瀑布，对进入的空气进行加湿或除湿处理。在夏季和自然通风模式下，建筑完全依靠室外新鲜空气，使用自动和手动操作的窗户。北面的一个高耸的太阳能烟囱用于被动通风，这依赖于中庭内的自然烟囱效应；太阳能烟囱顶部的玻璃百叶窗在夏季和过渡季节期间排出不新鲜的空气，在冬季，从排气中回收热量以加热多层停车场并预热进入的冷空气（KPMB，2009）。在这种情况下，中庭成为一个更大的环境战略的一部分，同时提供了宝贵的通透空间，增强了不同办公楼层之间的视觉联系。

中庭建筑需要在有效的消防安全策略方面进行特殊的设计考虑，在早期设计阶段就将其纳入，对减少在经济、功能和美学方面的影响至关重要。“中庭提供了一条通道，通过该通道，烟和火可以从一层蔓延到另一层，比同等的非中庭建筑传播得更快”（BSI，2008）。然而，“控制火势在中庭建筑中的蔓延比烟雾蔓延对生命安全造成的危害要小”（Bastings，1988）。如果火灾期间产生的烟雾扩散到中庭的相邻空间，则会严重危及居住者的安全。火灾和烟雾可能通过中庭蔓延，会对处于危险中的人员、逃生程序和消防员的活动产生重大影响（BSI，

图 11.5　温尼伯马尼托巴水电站中庭环境
版权方：KPMB 建筑师

2008）。

如何为中庭建筑选择合适的策略取决于各种因素，包括建筑的功能和居住者的性质、建筑的物理特性和开放程度。这些因素对疏散路线的设计有重大影响。中庭周围的阳台不得用作逃生路线，除非它们被适当密封起到防烟雾泄漏的作用。此外，中庭的大小、比例和其他特征在设计自然通风及其相关防烟策略的综合方法方面发挥着重要作用。例如，中庭的高度将影响烟囱效应，而中庭墙内的开口度、进出口的大小以及相邻房间内的压力将决定烟雾的流动和控制。最后，研究建筑物与周围环境的关系，对于防止火灾蔓延到邻近的财产是至关重要的。其他各种策略也很有必要，包括适当设计安全逃生路线，避免火灾或烟雾的影响；在中庭墙壁上使用耐火材料，以减少火灾蔓延的风险；以及使用洒水装置，以抑制火灾和降低温度。

中庭和采光

采光被认为是中庭形式的主要优点之一，有助于完善建筑的美学、体验和环境。中庭玻璃空间允许相邻空间有更大的窗户，而不会有相当大的热量损失或热增益，潜在地增加了使用自然采光的空间，从而取代人工照明和相关的制冷负荷。

中庭建筑的采光性能是复杂的，主要取决于天空条件、屋顶和开窗系统、中庭方向和几何结构、中庭立面和地板的设计和反射以及相邻空间的特征。

冈加尔维斯（Goncalves）（2007）强调，改善办公建筑的采光是全世界可持续高层建筑中最值得考虑和最理想的发展方向；这通常是通过中庭、多层外围和内部公共空间的结合来实现的。欧洲的模式是根据当地的气候和建筑的功能，采用加入了更多细节的外墙。高端玻璃外墙，包括双层和三层玻璃外墙，在玻璃层之间有阳光控制装置，保持了大众广泛追求的高科技美感，在提供遮阳和通风、减少噪声传播、改善热性能和控制外部空气和水渗入的同时，还能实现较好的视野和日光穿透效果。

可以利用特殊的屋顶类型和中庭几何形状将日光引入低层。其中包括双面和三面中庭和空中庭院；较高的中庭表面反射率和中庭外墙的可变开口，顶部开口较小，下部开口逐渐增大；以及较高的楼层高度和较浅的相邻空间。

在罗杰斯－史达克－哈伯建筑事务所（Rogers Stirk Harbour+Partners）的伦敦劳埃德船级社航运综合体（2000）中，两个玻璃中庭夹在辐射状的14层办公翼之间，作为热缓冲器，使得日光能渗透到办公空间，提供良好的建筑视野。与大理石地板一起，中庭的玻璃外墙起到了反光的作用，增强了照明效果，同时限制了夏季的太阳热量增加和冬季的热量损失。玻璃栏杆和轻质不透明墙的使用使中央中庭空间变得透明，并创造了明亮的日光条件。

位于悉尼菲利普街126号的法兰克福银行广场（2005），是诺曼·福斯特和哈塞尔（Foster+Partners and Hassell）共同打造的一座优质可持续混合用途的办公楼，是广泛的建筑能源建模和细致透明的测量和评估过程的结果。160m高的中庭贯穿了整个建筑的高度，其设计是为了从各个方向引入日光；这是通过使用高性能玻璃和立面系统实现的，具有较高的遮阳系数，同时优化了日光传输到中庭及其相邻的办公室的过程。

伦敦的苍鹭大厦在设计中采用了中庭，将36层的建筑垂直细分为三层“区块”，每个区块都由北面玻璃立面的三层中庭连接，作为运营中的重点休闲空间（图11.6）。一个混凝土核心保护着南立面，而东立面和西立面是三层玻璃，带有防眩光和耐热百叶窗。在每个“街区”中，上面的两层楼都在中心位置凹陷，使日光能够进入办公室。考虑到建筑和中庭的方位，不需要任何遮阳。除了利用烟囱效应外，这些“区块”还得到了局部供暖和机械通风的支持，并配有热能回收系统，同时，在开窗时还会有额外的用户控制系统。该建筑解决了高层中庭空间的温度分层和

图 11.6 伦敦苍鹭大厦三层中庭
版权方：赫夫顿 · 克劳，库恩；佩德森 · 福克斯事务所

日光分布不均的问题，降低了与大规模集中式机械系统相关的成本，并确保了对环境的有效管理。

结论

中庭建筑改善了古罗马的居住条件，在复兴后的今天，它们正在帮助创造经济、社会和环境方面的可持续发展的建筑。据估计，到 2030 年，世界人口的 61% 将生活在城市环境中。加上预计到 2050 年世界人口将增长到 91 亿（联合国，2005），这意味着资源将变得捉襟见肘。在可持续的未来，生活、工作和休闲相结合的多用途高层建筑将在城市环境中无处不在，中庭将在其中发挥核心作用。中庭在建筑上、程序上和结构上构成了建筑实质的核心。最近，中庭以具有卓越美学品质的各种休闲空间的形式，在高层建筑中发挥了更广泛的社会作用，创造了以人为本的垂直社区。通过对中庭和空中庭院的成功使用，一些当代建筑为新的、可持续发展的摩天大楼的建设开创了先例。

中庭建筑在设计时往往缺乏对能源方面的考虑，导致其效率低下。如果开发主要由建筑美学和对标志性建筑的追求驱动，那么它们的整体可持续性则有待商榷。能源效率低下可能归因于建筑的特殊场地特征、建筑经济性和规划要求。且由于复杂的结构和施工要求，这种建筑类型可能导致空间利用率低、高能耗和建筑成本的增加。正如贝克和斯特默（2000）所说，“现在中庭是大型公共和商业建筑的一个非常普遍的特征，确保它不会使建筑终生处于高能耗状态就变得更加重要”。

然而，中庭实际上为改善高层建筑的环境可持续性提供了绝佳的机会。中庭是一个必不可少的全天候社交空间，为引入植被和连接室外或建筑物内部之间的封闭空间提供了机会。它提供了一个中间环境，可以过滤和操纵环境因素，通过被动方式创造理想的条件。中庭表现出自然通风、采光、被动式太阳能、遮阳和蒸发冷却等反复出现的主题，但这些主题的结合才是至关重要的。

高层中庭建筑的成功有赖于对各种性能变量的全面评估以及它们之间的综合权衡，以得出一个较优的解决方案，同时保持设计的完整性和固有的建筑优点。在材料和结构技术、机械控制、遮阳装置、高性能双层和三层外墙（包括先进的玻璃和屋顶技术）、智能照明系统，精密的防火、防烟和空气处理设备等方面的进步，都可用于开发创造性的环境响应。中庭的表现形式已经改变，反映了由于先进的计算能力而实现的技术发展和复杂的几何图形，从而产生了更多的创新形式和更节能、更具成本效益和响应能力更强的当代建筑。虽然这为建筑师提供了更大的自由度，但基于性能的集成设计方法和设计师与工程师之间的增强协作仍是至关重要的。随着可持续发展的高层建筑得到更多的认可及其可行性的提高，中庭将成为这个新时代的重要决定性因素。

致谢

作者感谢她的学生米格尔·华雷斯和菲利普·奥卢瓦托因在数据收集方面的帮助。

参考文献

Baker, N. and Steemers, K. (2000) *Energy and Environment in Architecture: A Technical Design Guide*, London: Taylor & Francis.

Bastings, D. (1988) *Fire Safety in Atrium Buildings*, BRANZ Study Report SR15, Building Research Association of New Zealand.

Bednar, M. (1986) *The New Atrium*, McGraw-Hill.

BSI (British Standards Institution) (2008) *BS 9999:2008 Code of Practice for Fire Safety in the Design, Management and Use of Buildings*, London: BSI.

Goncalves, J.C.S. (2007) 'Sustainable and Tall', *CTBUH Journal*, 18–21.

KPMB (2009) *Manitoba Hydro Place*, KPMB. Available at: http://www.kpmbarchitects.com/index.asp?navid=30&fid1=0&fid2=37#desc (accessed 9 October 2011).

Saxon, R. (1983) *Atrium Buildings: Development and Design*, New York: Van Nostrand Reinhold Company.

Tange, P. and Minami, M. (2009) 'Case Study: Mode Gakuen Cocoon Tower,' *CTBUH Journal*. Available at: http://www.ctbuh.org/LinkClick.aspx?fileticket=c2hAbvHAGUQ%3D&tabid=71&language=en-US (accessed 10 August 2010).

United Nations (2005) *Population Challenges and Development Goals*, Department of Economic and Social Affairs of the United Nations Secretariat. Available at: http://www.un.org/esa/population/publications/pop_challenges/Population_Challenges.pdf (accessed 10 August 2010).

Young, N.M. (2009) 'Tokyo Give Us an Education,' editorial, *WorldArchitectureNews.com*, 23 January. Available at: http://www.worldarchitecturenews.com/index.php?fuseaction=wanappln.projectview&upload_id=10970 (accessed 9 October 2011).

第三部分

可持续责任与风险

简介

戴夫·帕克（Dave Parker）

高层建筑——摩天大楼——从19世纪的起源发展到现在已有很长一段时间了。这种演变很少是平稳线性的和可预测的，因为它被技术突破和经济困境扭曲了。然而，在20世纪末的一二十年里，有一个进化的高峰。高层建筑成了大多数城市天际线的一个基本特征，它们的开发、设计和建造也变得一如既往地按常规进行。然而，现在一切都变了。

在这个高峰时期，建筑师们觉得他们有语言和理解力来翻译客户的诉求，无论是地标性的、可能获奖的设计，还是将最大的净可出租建筑面积与最低的建筑成本结合在一起的建筑，既能满足客户的期望，又能吸引足够的租户，使项目经济可行。工程师们用设计工具将建筑师的设计转化为结构安全和高效服务的建筑。诚然，与今天的常态相比，人们对居住者长期福利的考虑要少得多，而且有一个潜在的假设，即能源将保持廉价和充足，但总的来说，在这几十年中建造的高层建筑都按预期进行。

然而，到了21世纪之交，开发商、房客和整个社会的期望值要大得多。正如第二部分所解释的，人们越来越意识到高层建筑可能对居住和工作在其内部和附近的人产生的影响。内部环境的规划成为几乎等同于外部形式设计的优先事项。大约在同一时间，另外两个必要因素出现，这些因素最终会加速高层和超高层建筑向21世纪独特形式的演变。“9·11事件”后，人们对地标性建筑的安全和安保的舒适假设破灭了。全球变暖和石油峰值的双重“幽灵”在高层建筑社区掀起了冲击波。

可持续发展成为客户和租户的口号，他们至少必须做出节能和循环利用的行为。在一些错误的开始之后，取得了真正的进展。最新一代的建筑也更有弹性，能够更好地应对从恐怖袭击到极端天气等潜在的创伤事件。所有这些快速的进展都归功于为设计师和施工人员提供的新工具。

在第三部分中，杰出的贡献者考虑了目前可用的高级结构分析软件对高层建筑设计的影响。直线型的玻璃塔现在绝对是20世纪的产物；在21世纪的头几十年里，建筑师们尝试了几乎令人难以置信的各种形式，从优雅、令人兴奋的形式到怪异甚至可笑的形式——结构工程师们使这些想象变成了现实。正如其他章节所揭示的，新的和改进的材料和技术正在发挥它们的作用，回收材料现在在许多项目中已经司空见惯，并且具有运动光伏板和/或风力涡轮机的高层建筑数量正在稳步增长。在日益复杂的外墙下，现代建筑融入了复杂的减灾系统。由于近十年来高层建筑的加速发展，高层建筑的居住者现在变得更安全、更舒适、更高效。这一演变可以帮助城市社会应对我们有生之年肯定会面临的多种挑战。

第 12 章
可持续性和能源考虑

里克·库克（Rick Cook），比尔·布朗宁（Bill Browning），克里斯·加文（Chris Garvin）

2009 年，人类进入了一个新的阶段——已经成为一个城市物种。历史上第一次，住在城市的人比住在农村的人多。预计在未来 30 年里，全球 70% 的人口将居住在城市。人口低密度时，城市景观蔓延，消耗农田、栖息地、水、能源和材料。随着人口密度的增加，个人住房面积越来越小，交通和便利设施被更多的人共享，从而降低了人均资源消耗。纽约市地铁列车在高峰时段达到每 229 位乘客消耗 1L 汽油能行驶 1km，比汽车通勤效率高 20 倍，汽车在高峰时段通常难以达到每 10 位乘客消耗 1L 汽油能行驶 1km 以上，因为大多数车只载一个通勤者。高层建筑往往被整合到更紧密、更高效的公共基础设施中，并且可以依赖于在较低密度下经济上不可行的高效区域供热和制冷系统。在这种背景下，高层建筑具有真正可持续发展的潜力。

新型混合用途高层建筑，将住宅、酒店、办公室和娱乐设施整合在一起，可以减少交通需求，更重要的是，可以在不同用途之间有效地共享资源，以提高效率和平衡高峰负荷。例如，办公楼会排出大量的热量，这些热量可以通过住宅和酒店的热水供暖来利用。这种综合系统方法对于在建筑物内实现真正的可持续利用至关重要。

在城市环境中，有机会最大限度地提高建筑物内和较大社区内的资源效率。高层建筑通常比较小的建筑更耗费资源，但也比小型建筑更耐用。第一步是将建筑系统与气候联系起来，最大限度地发挥采光、太阳辐射、自然通风、雨水收集和地热（地源能源）的潜力。随着新高层建筑的开发和现有建筑的翻新，了解如何优化资源、能源、水、废物和材料的流动，以及这些流动与社区内相邻的建筑和基础设施系统之间的关系，是非常重要的。利用分布式基础设施系统进行发电、雨水管理和废水处理，可以在城市环境中从单个建筑扩展到地区和邻里水平。

人类的舒适、健康和生产力可能是任何高层建筑能否正常运行和实现功能遇到的最重要问题，也是建筑师和工程师努力的真正目的。高层建筑由于其高度造成的脱节有其独特的问题。21 世纪的建筑必须更加贴近周围环境，提高资源利用率，增加能源输出，并使所有居住者健康。

能源

在面积小于 10,000m^2 的小型建筑中，建筑表皮的热量损失和增加是主要的能源消耗。大型商业建筑往往被人、灯和办公设备的热量所产生的内部负荷所支配。住宅和酒店建筑的内部负荷不同，热水需求较高，但照明和办公设备负荷大大降低。节约能源的方法应该是通过创新系统利用余热或自然通风，尽量减少内部负荷和消耗。一旦实现了这一点，中央机械系统和围护结构的设计就可以发展成为一个综合系统，可以利用可再生资源进行现场发电。由于高层建筑的规模和复杂性，这是可以实现的。

外围护结构是高层建筑设计的关键组成部分，尤其是与采光和能源需求相关的部分。在过去的二十年里，玻璃技术有了巨大的进步。现在可以指定玻璃让可见光的量增加到红外光的两倍（红外光在很大程度上会导致不必要的热量增加，尤其是在办公室环境中）。通过在纽约市布莱恩特公园的美国银行大厦等建筑中使用低铁玻璃，视觉透明度得到了最大程度的提高。通过一个高性能的玻璃系统带来日光，然后用光架、重新弯曲的百叶窗，甚至顶部控制的百叶窗将光线反射到天花板平面上，有助于自然采光和控制眩光。一些建筑使用玻璃上的陶瓷熔块图案来控制光线，另一些则使用更为活跃的自动百叶窗和遮阳系统。一个设计良好的任务 / 环境照明系统，能够对日光量做出响应，其工作照明负荷可低于 4.3W/m^2。随着周长和照明负荷的减少，对冷却负荷的要求也降低了。

随着高层建筑的楼板越来越小，人们在外墙附近花的时间越来越多，因此玻璃面板的表面辐射温度成为人们感知舒适的重要因素。如果表面温度明显高于或低于室内空气温度，则居住者会认为空间太热或太冷，与实际空气温度无关。添加低辐射（Low-E）涂层、气体填充物和悬挂 Low-E 薄膜可显著提高玻璃的热性能，在某些情况下，可消除周边加热。包括玻璃框架中的断热桥对于提高玻璃系统的整体性能也非常重要。在建筑围护结构的不透明部分添加保温层也将提高围护结构的性能。

由于板边缘的间隙，与使用填充嵌板相比，使用幕墙系统通常更容易使外表皮保持热连续性。在某些情况下，双层幕墙是有意义的，外部玻璃层与内部玻璃层之间的距离为 12.7cm 到 1m 或更多。通过空气在空间中的移动，玻璃部分缓冲并有助于最大限度地减少、相邻占用空间中的热量增加或损失。在呼吸式双层幕墙中，外部空气进入装置底部，并在顶部排出。贝尼施合作伙伴在汉诺威的北德意志州银行采用开放式双层幕墙，将庭院的新鲜空气引入办公室，同时将外部噪声和污染降至最低。在更恶劣的气候条件下，空气会从建筑物内部抽出，然后排到回风层中。

气流组织对人体舒适性至关重要，是建筑中的主要能源消耗者。在商业建筑中，高效变风量（VAV）系统是标准配置。这些系统是众所周知的，并且有良好的记录，尽管它们往往需要足够的间隙空间来协调建筑结构、布线和管道。使用活动地板作为配电室的地下送风系统越来越受欢迎，原因有很多，

图 12.1　剑桥公共图书馆立面内部。在双层外墙中，动态气候控制设备可以与 MEP 策略集成，以提高建筑的能源性能、采光和外部景观

图 12.2 高性能低铁玻璃单元提供自然采光和能源效率，此外，与相邻功能建立强大的视觉连接——这里展示的是一个布莱恩特公园（库克福克斯建筑师事务所）

版权方：Couresy COOKFOX Architects

包括管道工程和风扇箱的大幅减少，通过在每个工作站上使用小的可操作通风口进行个性化气流控制，易于重新配置布线和空间，降低风扇功率，更高的空气输送温度允许更多地使用直接的室外空气，并且由于污染物置换而不是扩散，使得空气质量更好。

由于一些非常高的建筑在不同的高度有不同的用途，例如较宽的楼板用于下部的办公室和中间的酒店，较小的上层楼板用于住宅，因此在塔楼中使用多个 MEP 解决方案并不罕见。同时，在极高建筑物中，有可能在底部遇到冷负荷，在顶部遇到热负荷。

一些高层建筑正在探索天气条件适宜时利用自然通风。一般来说，这些建筑的楼板相对较窄，并位于温和的气候条件下，例如德国埃森的莱茵集团总部、法兰克福的德国商业银行总部、伦敦的劳埃德船级社和加利福尼亚州的旧金山联邦大楼。在这些气候条件下，结合立面设计、机械系统的功能和控制，以及居住者的使用和可控性，可使机械系统节能 30% 以上。

垂直运输的能耗比例随着电梯数量的增加而增加，策略的复杂性随着高度的增加而增加。在大多数高层建筑中，电梯通常不是一个巨大的能源消耗装置。从混合动力汽车中引入再生制动技术的概念，大大降低了它们的能源消耗。然而，在非常高的建筑物（60 层以上）的某一点上，垂直运输成为能源的重要消耗点。电梯井也会使建筑物产生压力变化，这会给气流组织带来挑战，并增加能源消耗。

高效的围护结构、采光、照明系统和空间调节都可以减少高层建筑的能源消耗。另外一个降低与高碳电网连接的建筑总碳排放量的策略是使用热储存。可以小规模利用相变干墙来调节温度波动，也可以大规模使用冰蓄冷罐来降低峰值冷却需求。美国银行大厦使用了 44 个冰罐，在夜间冷却，然后在下午融化，以平衡建筑的能源需求。虽然这一策略略微增加了建筑物的净能源使用量，但它可以大幅度减少碳排放，因为它避免了当公用电网达到峰值，并使用碳密集型发电机时的电力消耗。

图 12.3 改造旧的高层建筑将是许多城市最重要的可持续发展战略之一。柏林的 GSW 大楼是一个非常成功的例子，它为现有的高层建筑添加了一个新的高性能外壳。南立面采用了居住者可调节的滑动面板，作为调节光线和气流系统的一部分

版权方：© Bill Browning

一些高层建筑也被用来探索现场发电的可能性。纽约市时代广场 4 号的康泰纳斯特大厦和索莱尔大厦是最早将光伏板融入立面的两座高层建筑。在这两种情况下，太阳能电池提供了建筑总能源负荷的一小部分，但它们确实有助于减少峰值需求负荷，从而降低能源消耗。美国银行大厦使用一台 4.7MW 的燃气轮机发电，然后将余热用于内部加热负荷和运行吸收式制冷机。这大大节省了能源成本。

下一步是净零能耗建筑的概念。这些建筑使用现场可再生能源系统，每年生产的能源量超过电网或其他化石燃料的消耗量。这座拟建于纽约曼哈顿下城的 52 层混合用途大厦于 2007 年被设计成一座高而薄的建筑，表皮采用像素化的玻璃板和太阳能电池板。建筑的下三分之一大部分是玻璃，包含办公空

图 12.4 计划在曼哈顿下城修建的混合用途水街大厦，利用 BIPV（建筑集成光伏）实现几乎净零能耗
版权方：COOKFOX 建筑事务所

间，而上三分之二将越来越多地被光伏电池覆盖，并包含住宅单元。在这种接近净零能耗的方案中，太阳能电池将产生足够的能量，在白天为办公空间供电，而住宅单元将从夜间电网中获取电力。目前项目处于暂缓状态。

由 SOM 事务所设计位于中国广州的珠江大厦（2011）被认为是一个非常大规模的建筑综合可再生能源建设实验。该建筑有一个内部通风的双层墙，以减少热量的增加，并使用辐射冷却和置换通风，以减少能源消耗。它狭长的平面允许最大程度地采光。光伏电池被整合到屋顶和东西立面的水平遮阳板中。该建筑有两个区域，立面向内弯曲，将空气导入装有风力涡轮机的建筑通道中。虽然风力涡轮机只产生一小部分的建筑用电，但通过建筑通道的使用将大大减少结构风荷载，从而使建筑结构更轻、更高效。

水资源

通常，高层建筑中的用水被认为是一个线性过程：饮用水进入并被泵送到各种用途，而废水和雨水则被排放到下水道中。饮用水是建筑物居住者的必需品。虽然与能源不同，没有便利的可互换替代品，但有办法从根本上重新考虑高层建筑的用水需求。在任何建筑项目中，真正理解水的最好方法是制作一个动态水平衡图。这项工作将列出水的所有用途（数量和所需质量）、水源以及可回收、捕获或再捕获的水量。然后，可以选择最有效的用水设备来进一步减少负荷，并且可以确定非饮用水的使用区域。这些策略可以将高层建筑的饮用水需求减少 40%—50%。

在许多地方，雨水径流被视为一个必须加以管理的问题；相反，它可以成为机械系统补给、厕所冲洗和工艺用水的一个重要资源。美国银行大厦捕捉落在屋顶和外墙上的雨水，并且当它们落在电梯的核心和下方的混凝土基础中时，将其储存在一系列阶梯式蓄水池中，这些蓄水池放置在电梯上方。

图 12.5 位于中国广州的珠江大厦（SOM 事务所）将风力涡轮机集成到两个水平开口中，利用风的加速度穿过建筑物的表面。该项目设计目标为净零能耗

版权方：SOM

这一战略成本相对较低，因为结构已经到位。该建筑还从水槽中收集灰水，从污水泵中收集地下水。这些地下水，像雨水一样被过滤、清洁并储存在蓄水池中。

材料和废物资源效率

大量的人口会产生大量的废物。在一栋高楼中运送这些物资可能是一场后勤噩梦。在许多建筑物里，所有的废物都被混合在一起。在一些地方，可回收材料是被分开单独运输的。一些有独立的内部竖井，用于垃圾和可回收材料，而另外一些使用压实机处理。系统的选择基于空间限制和所管理的材料类型。通常，这些材料被打包并从现场输出。减少废物的一个契机是利用厌氧消化将有机废物和造纸废物转化为堆肥、灰水和建筑中的能源。厌氧消化是一种利用微生物在缺氧条件下分解有机物的生物过程。

高层建筑对可持续性和材料使用的考虑通常集中在材料生产、材料到现场的运输、材料的能量含量的碳影响及其对室内环境健康的影响。具体化能量—制造一种材料所需的能量—是其碳足迹的指标。混凝土是最普遍的建筑材料，占全球二氧化碳年排放量的 8%。水泥生产是能源密集型的，固化过程会释放出额外的二氧化碳，1t 硅酸盐水泥的生产会释放出 1t 二氧化碳。为了减少这种影响，许多项目正在通过使用粉煤灰（PFA）、磨细高炉矿渣（GGBFS）或其他具有不同程度反应性的加工废料来减少混凝土混合物中的硅酸盐水泥量。此类材料具有长期的成功使用记录，如果使用得当，可对新鲜混凝土性能及长期强度和 / 或耐久性产生有益影响。也有许多已被证实的化学外加剂，可以降低硅酸盐水泥含量或提高长期耐久性。美国银行大厦的建设者们用 PFA 取代了部分水泥混凝土中的硅酸盐水泥，使其碳足迹减少了 56250t。

钢是高层建筑中使用的另一种主要材料。建筑用钢通常含有高达 90% 的可回收材料，显著降低了其所包含的能量含量。幕墙建筑用铝的碳足迹完全取决于回收利用的含量。在低层建筑中，材料的重量几乎没有影响；但是在高层建筑中，重量具有重大的复合结构影响—重材料需要更多的结构来支撑它们。高层建筑通常按照更高的标准建造，使用更耐用的材料，这就减少了建筑物使用寿命期间的更换需求。

考虑建筑物的整体寿命很重要。在许多建筑中，材料的内含能量仅占整个建筑寿命内总能量足迹的 20% 左右；剩余的大部分能量是在运行中使用的。因此，随着时间的推移，控制系统和操作团队对于维持和提高塔楼的可持续性至关重要。

对材料的最后一个关注点是其对健康的影响。避免使用对工厂工人、建筑工人和建筑物居住者健康产生负面影响的材料是所有建筑物需要解决的主要问题。挥发性有机化合物的排放通常是室内健康问题中比较棘手的一个；这可能来自材料本身，也可能来自清洁过程中使用的化合物。同样重要的是要确保材料和空气处理系统不含有微生物。

幸福感

高层建筑的一个真正挑战是，由于高度太高，它们将居住者与更大的城市社区断开了联系。高楼会使一些人眩晕和生病。居住者的幸福感是所有建筑项目的关键组成部分，因此高层建筑必须解决脱节的问题。

经营一座商业建筑的真正成本是投入到人民中。在美国，能源成本通常占总工资、福利和个人设备总额的 1%，而租金通常占总工资的 10%。因此，生产率提高 1% 就相当于消除了能源支出。从 20 世纪 90 年代开始，一些案例研究发现绿色建筑的生产率提高了 6%—16%。

这些收益虽然在财务上意义重大，但在许多方面只是一个更重要问题的占位符：人民的福祉。生产力的提高是通过执行提高能源效率的措施而产生的，这也产生了改善实际工作环境的积极副作用。作为创造一个更健康、更可持续的社会愿望的一部分，如何设计能最大限度地提高人类福祉的建筑和场所的问题浮出水面。其中一部分是确保防止毒素进入使用空间。那么，怎样才能使建成的环境成为人们生活和工作的最佳场所呢？

关于最大限度地提高人们福祉的思考框架来自爱德华·威尔逊的“生物亲和力”概念，即“人类与其他生物天生的情感联系”（威尔逊 1993：31）。这一新兴的研究领域结合了进化心理学、人类学、考古学、地理学、神经科学和其他一些学科的工作，以评估建成的环境如何影响人类福祉。现在有几百篇论文记录了人类与自然接触的各个方面，以及这种相互作用的心理和生理影响。通过这项工作，建筑师们认识到，通过在空间中实现自然、自然模拟和空间的自然，可以引发一种亲生物反应。

空间中的自然，或将植物、水和动物带入建筑环境，是人类自古以来所做的事情。曾经有几个高楼大厦的设计特别引入了自然元素：德国法兰克福诺曼·福斯特商业银行的空中花园；纽约市凯文·罗氏和约翰·丁克洛的福特基金会；以及杨经文摩天大楼的热带植物和空中花园。

自然模拟是使用自然的材料和图案，可分为三大类：装饰、生物形态和“自然材料”的使用。世界各地的文化用自然来装饰他们的建筑，如水果、花、叶、橡子、贝壳、鸟以及其他动物的雕刻和绘画。芬兰建筑师埃罗·沙里宁（Eero Saarinen）和西班牙建筑师圣地亚哥·卡拉特拉瓦（Santiago Calatrava）以创造出明显的生物形态建筑而闻名，这些建筑看起来像树木、贝壳、骨头和翅膀。最后，自然材料是另一种自然模拟物，它们的固有特性是可以察觉的。

空间的性质涉及人们对不同空间体验的心理和生理反应。英国地理学家杰伊·阿普尔顿也许是第一位试图编纂人们认为最具吸引力的景观元素的现代研究者，但空间的性质触及了许多传统风水系统中的人类遗产。对首选景观中的空间模式的研究试图对其有一个更深入的、非文化特定的理解。今天，研究人员引用了 7—16 种模式，例如“诱惑”或“危险”的体验。例如，横跨远处风景的高架景观是阿普尔顿称之为“前景”的高度优先的空间模式。如果它包含阴影、树木和水，那么这个景观就更加吸引人。

一个对比鲜明但也更受欢迎的空间模式是阿普尔顿所称的“避难所”，在这里，空间背部由头顶上的遮蔽物保护，这样的空间就可以拥抱和养育住客，就像在壁炉旁边的一个角落里一样。当各模式一起出现时，亲生物的体验更强。例如，作为一个既有前景又有遮蔽物的空间，就像坐在平房的高耸门廊的悬挑屋顶下。考虑到高楼大厦的性质，它将我们提升到高于周围环境的高度，通常会有一种被分离的感觉，利用这些亲生物技术可能会有所缓解。

图 12.6 中国上海的上海大厦的空中大厅——反映中国具有亲生物特征的“空间中的自然”（花园）和“空间的性质”（前景）
版权方：Gensler

图 12.7 艾迪特大厦的设计将新加坡的开发与生态恢复结合起来。这种方法试图通过实现生态演替过程恢复这一城市遗址。一个独特的特点是将精心规划的外墙和植物梯田延伸到整个建筑

版权方：© 2010 T.R.Hamzah and Yeany Snd.Bhd.

未来的挑战

如果高层建筑能够最大限度地提高资源利用率，并与健全的交通系统相邻，为人们在城市中工作和生活提供健康的环境，那么随着城市的不断城市化，高层建筑的发展可以提高城市的可持续性。同时，为了保护文化遗产和城市多样性，同时创造未来可持续的城市，必须对现有的高层建筑和其他结构进行升级改造。

最近纽约市标志性的帝国大厦的翻新就是一个很好的例子。该建筑最初的设计是为了自然通风和景观，随着时间的推移，这座建筑在机械调节方面发生了翻天覆地的变化。瑞典建筑公司 Skanska 的新办公室旨在恢复一些原有条件。通过库克福克斯建筑师事务所设计的一系列努力，该项目将空间的能源使用量减少了 49%，该项目获得了美国绿色建筑委员会（US Green Building Council）的 LEED 白金评级。此外，该建筑的业主最近开始对该建筑的基础设施和立面进行为期多年的升级。帝国大厦建成近八十年后，我们有机会对其进行改造，再加上本章中的其他例子，让我们了解到城市高楼可以成为可持续发展的建筑。

参考文献

Heerwagen, Judith and Orians, Gordon (1993) "Humans, Habitats and Aesthetics," in S. Kellert and E.O. Wilson (eds.) *The Biophila Hypothesis*, Washington, DC: Island Press, 141–56.

Kaplan, Rachel, Kaplan, Stephen, and Ryan, Robert (1998) *With People in Mind: Design and Management of Everyday Nature*, Washington, DC: Island Press.

Kellert, Stephen (2008) "Dimensions, Elements, and Attributes of Biophilic Design," in S. Kellert, J. Heerwagen, and M. Mador (eds.) *Biophilic Design*, New York: John Wiley & Sons, 13–15.

Wilson, E.O. (1993) "Biophilia and the Conservation Ethic," in S.R. Kellert and E.O. Wilson (eds.) *The Biophilia Hypothesis*, Washington, DC: Island Press, 31–41.

图 12.8 国会街取代波士顿的政府中心，其设计旨在重新融入细密的城市结构，以便将现场及其建筑与城市的人民、地方感和自然环境重新连接起来。无论是从内到外还是从外到内，该项目将重新编织周围的社区，在天际线上创造一个可识别的图标，并在波士顿创造出最高水平的可持续工作场所

第 13 章
走向能源独立

罗素·吉尔克斯特（Russell Gilchrist），罗杰·弗雷谢特（Roger Frechette），戴夫·帕克（Dave Parker）

超高层建筑常被称为城市本身。这种由钢、混凝土和玻璃构成的垂直组合体包含了许多与在其他任何小城市中可以找到的相同的活动。一座高楼要发挥作用，必须提供能源，否则商业就不能发生，社会就不能繁荣发展，生活就不能维持。目前，世界上的高楼大厦毫无例外地会与提供天然气、电力和饮用水的国家公司相连，因此即使是间接的，也是化石燃料的主要消费者。即使没有大气中二氧化碳含量增加引发气候变化的可能性，建筑业主也很快将面临化石燃料价格飙升的影响。建筑师和工程师们正被要求建造更加节能的建筑，尽量减少对化石燃料的依赖，并大大减少他们项目的碳足迹。实现这些目标需要采取整体办法。

在本章中，高性能塔楼（HPT）被定义为在其施工、运行、维护和最终拆除过程中需要显著降低化石燃料输入的结构。数学公式 $HP=R^2AG$ 为设计过程的基本要素提供指导，其中

R= 减少—减少 HPT 的消耗需求

R= 回收——旦引入能量，就反复使用它

A= 吸收—利用与 HPT 接触的自然能量流

G= 发电—将 HPT 变成高效发电厂

减少用量

也许在高层建筑设计中，最直接、最明显的节能方法就是降低建筑的“消费欲望”。与过去相比，现在有许多战略和技术可用于实现电力和饮用水需求的大幅减少。这种一般方法被称为“减少用量”，在第 12 章中有更详细的介绍。

回收利用

高层建筑每天需要大量的能源来运作。回收利用的原理很简单：一旦能量被注入建筑物中，就应该尽可能多地收集和再利用这些能源。每一个重新捕获的电子或水分子都会减少“新”能源的总消耗量。这对能源消耗、碳排放和公用事业成本的影响是巨大的。下面是一些回收策略的例子。

雨水回收系统

在许多环境中，实施雨水回收系统每年可节省大量的水，最多可节省 50%。如果没有这些设施，

这些水流通常在进入市政处理设施之前就会与其他受污染的废水流源结合在一起。然后需要对所有受污染的水进行处理，以便向消费者提供饮用水。然而，现在大多数建筑物使用饮用水作为冷却塔、景观灌溉和许多其他应用的补充水，而饮用水的质量与这些应用无关。大量的饮用水可以通过替换为从新的不透水区域收集的雨水来节约，然后再与更多受污染的污水流混合。收集到的水首先通过雨水管理过滤系统进行处理，然后转移到一个大型储罐中。

灰水回收系统

建筑物的水槽、淋浴和洗衣系统的废水通常被称为“灰水”。这些水可以处理和储存，然后用于冲厕、冷却塔补水和现场灌溉。然而，由于需要高水平的卫生设施，卫生保健设施为其废水系统提供大量的抗菌肥皂和清洁剂，因此不建议在医疗设施中使用生物灰水净化技术。

混合用途高层建筑提供了可平衡的用水量和灰水生产概况。例如，在混合用途建筑中，大量的灰水可以从建筑物的住宅区捕获，那里的灰水产量很高。这些回收的水可以转移到办公楼的冷却塔，那里的水消耗非常高，没必要使用饮用水。

一些地下室很深的建筑物依靠污水泵来保持地下室的干燥。以这种方式收集的地下水也可以通过雨水过滤系统后储存。

冷却盘管冷凝水回收

高塔需要大量的外部通风空气。通常，这些空气必须先冷却和 / 或除湿，然后才适合在建筑物中使用。该过程可产生大量高质量的冷凝水，这些冷凝水可从建筑物的通风系统冷却盘管中提取，并与再生雨水收集在同一个存储库中。凝结水一般不需要经过初期水处理过滤过程，可直接排入灰水储存器。

热回收

在正常的建筑运行过程中，内部空气和水会吸收能量，其中大部分能量在使用后随着空气和水排放回环境中而损失。回收相当一部分通常被浪费的能源是相对简单的，成熟的技术是广泛可用的，从长远来看，这样的回收可以带来经济效益。

外部空气被引入建筑物进行适当的通风和建筑物增压，内部“使用”空气被排放到室外以去除污染物。进入的空气需要加热或冷却，以保持舒适的室内环境。空气—空气能量回收系统从一个气流中吸收多余的能量并将其转移到另一个气流中。因此，排气预先调节进入的空气，减少了通过其他方式进行节能空调的需要。焓轮—基本上是旋转式空气—空气热交换器—可以集成到大多数 100% 的外部空气处理单元中。当排气流可能具有异常高的水分含量或高水平的污染物时，可以使用板式或热管能量回收装置。

尤其是灰水通常含有大量的能量，这将提高任何废水储存的温度。这可能会刺激不受欢迎的细菌生长，包括臭名昭著的军团杆菌。让灰水通过一个简单的热交换器，然后再将其排放到储存池中，这将提取有用的能量，至少有助于减少生活热水的能量需求。

电梯再生制动系统

传统上，电梯轿厢通过滑轮系统与配重相连。一辆满载乘客的上行车厢显然需要动力来提升车厢，通常是电力。一辆满载的车厢下降也需要能量来控制下降速度，并在选定的楼层刹车。在典型的非再生驱动中，当制动发生时，能量作为热量在一组电阻器中耗散，从而降低效率并在建筑物中产生额外的废热负荷。

相反，对于再生驱动，当电梯以轻载向上移动、以重载向下移动或在电梯减速时产生电力。这些电被送回大楼的电网，再用于照明和取暖。与采用非再生驱动的系统相比，这种回收系统可将电梯的整体能耗降低高达 70%，从而降低整个建筑的运营成本，并每年为业主和租户带来可观的经济节约。

吸收率

高大和超高层建筑通常远离邻近建筑，并且比“地面建筑”更容易受到更高、更稳定的气流和太阳照射。高风荷载和太阳能增益通常被视为负面因素，需要采取周密的预防措施，将其对建筑物及其居住者的影响降到最低。然而，随着客户和设计师开始意识到风能和太阳能是一种能量流，可以通过一系列行之有效的技术被建筑“吸收”，这一点正在开始改变。调整建筑物以确保最大限度地受益于这些能量流是第一步，也可能是最关键的一步。然后就可以选择技术了。

混合模式通风

供暖、通风和制冷（HVAC）通常占建筑物能源需求的 50% 以上，因此自然通风的潜在好处是相当可观的。可以大幅降低机械冷却系统的初始成本和使用寿命成本。在许多高层建筑项目中，捕风器及其近亲开始出现；然而，自然通风不太可能提供建筑物所需的所有供暖和制冷。自然通风和机械通风的“混合模式”组合通常是最实用的选择。

地热系统

地热能源最初被定义为来自地核的热量。它是一种清洁的、几乎无限的资源，但不幸的是，全世界只有少数几个地方可以直接开采这种能源，大部分靠近构造板块边缘，在那里可以发现相对靠近地表的热火山岩。深孔钻至热点，流体循环，产生电力和区域供暖。很少有设计团队有幸拥有这样的选择；一种更现实的选择是从地表以下几米处提取热量。这几乎完全是地球吸收的太阳能，温度很低但非常稳定。

根据经验，年平均土壤温度可以作为年平均气温，一般在 7—21℃之间。一个重要的因素是，浅层土壤温度滞后于气温的程度是深度的函数，一般冬季高于环境气温，夏季低于环境气温。这种滞后现象在 3m 左右的深度更容易被利用，那里的最高土壤温度出现在北半球的 10 月或 11 月。地下土壤的性质和地下水的运动影响着整个场地能抽取多少能量。

土壤温度通常太低，无法加热——尽管它们很容易用于夏季降温——但土壤中仍有大量能量，可以通过热泵提取和“浓缩”。热泵可以被认为是“反向冰箱”，通过被称为“地回路”的地下管道循环流体，然后从流体中提取能量并将其传输到空间供暖或家用热水系统。实际上，大多数现代热泵可以使用 1kW 的能量从地面或其他来源（如池塘、湖泊甚至地下蓄水层）提取至少 3kW 的能量。

如果最初更便宜的选择是空气对空气或空气源热泵（必须安装在外墙上），那么在美学上就不那么吸引人了。在较温和的气候中，这种方法最有效，因为那里很少出现长时间的零下温度。

热泵通常可以作为冷却器反向运行，可将废热排放回大气，可在更先进的应用中，将其转移回地下或水中，以便在今年晚些时候重新利用（见“能源储存”一节）。绝大多数的热泵是电动的，相比之下，吸收式热泵是由热量驱动的，热量可以来自太阳，也可以来自建筑物本身的余热。效率低于传统蒸汽压缩

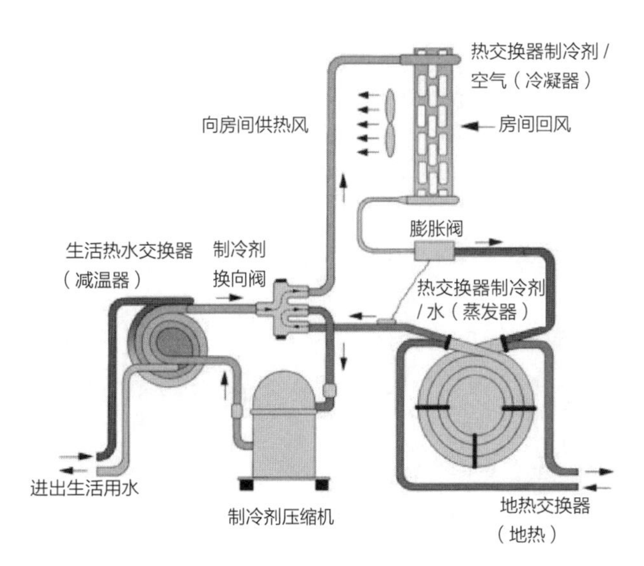

图 13.1　热泵从土壤、空气或附近的水收集和集中热量
版权方：俄克拉荷马州立大学

热泵，但维护成本也往往较低。

高层建筑通常有相对不太大的占用空间，坐落在受限制的地方。这限制了直截了当的浅层地面循环的机会，必须考虑较深的钻孔，或者可能将管道工程并入深层建筑基础桩中。然而，机会可能仍然存在：未加遮蔽的停车场是一种可能性，即便只是为了夏季降温，任何蓄水层或建筑物下方或附近的其他水体的潜力往往值得调查。

太阳能集中器

自古以来，太阳热能就被用来改善建筑物的内部环境。专用太阳能集中器最初是在 19 世纪的瑞典用于此目的，现在有几种成熟的技术可用于收集和利用太阳能热能。收集的能量可用于空间和水加热、驱动吸收式制冷机或储存以备日后使用（见“能源储存”小节）。

一个典型的高或超高层塔楼几乎不能利用一些类型的太阳能集热器，因为它相对缺乏其他未使用的水平或倾斜区域。塔楼的平屋顶可能只能容纳足够的真空管或复合抛物面集中器，以产生足够的高温水来驱动吸收式制冷机，但对于空间和热水供暖，在大多数情况下，唯一现实的选择是立面。

立面集成太阳能集热器有多种尺寸、表面处理和复杂程度。一些吸收液体中的太阳热，另一些产生热空气。在夏季，这样的集热器也有一个重要的遮阳功能。多余的热量可以排放回大气或转移到能源库中（见“能源储存”小节）。这种系统中的水泵和风扇越来越多地直接由光伏阵列供电（见“光伏”一节），这再次有助于最大限度地将建筑的整体电网依赖性降低。

为了最大限度地提高效率，所有形式的太阳能集热器都需要与太阳对齐，市场上有许多系统，集热器都是机动的，全年都跟随着太阳的路径。当然，这种更高的效率是以较高的资本和维护成本以及潜在的较低的可靠性为代价。如果可以选择这样的对齐方式，通常赤道以北的折中方案是以纬度角安装收集器，离赤道越远，面板的角度就越陡。这给靠近赤道的地方带来了一些挑战，那里的收集器应该与水平面对齐。当然，与此相反的是这些纬度地区更大的太阳能潜能，它可以补偿集热器效率的任何损失。

图 13.2　多伦多皇家银行广场（1979 年）曾经以玻璃上的节能镀金而闻名，当时使用的黄金价值超过 100 万美元，现在使用安大略湖水供冷

发电

国家和地方电网很方便，但效率不高。发电站燃烧的化石燃料中高达 67% 的能源在发电和输电过程中流失。曾经有一段时间，发电站相对较小，位于供电城市附近或在供电城市内。这不仅减少了传输损耗，还为利用发电机产生的余热进行

图 13.3　太阳能集热器现在可作为立面安装系统使用
版权方：© Sonnenkraft

区域供热计划提供了机会。伦敦标志性的巴特西（Battersea）电站实际上为泰晤士河对岸的一个住宅小区提供了供暖用水。但是，随着发电站为了追求更高的热效率而变得更大，它们搬到了农村，地区供热的机会消失了。

生产电力和可利用的热量被称为“热电联产”，而且越来越多的单个建筑或建筑群有可能走上这条道路。许多选择涉及更有效地燃烧化石燃料或富含碳氢化合物的废物。同样，由于空间要求，这些选择中有一些对高层建筑来说吸引力较小。然而，由于相对较大的立面面积可以用来收集太阳能，以及在高处安装风力涡轮机，高层建筑确实提供了许多机会。各种类型的微型发电自然会增加初期建设成本，但随着化石燃料需求的飙升推高了价格，以及对供应安全的担忧日益增加，微型发电的长期效益看起来越来越具有吸引力。

目前，世界各国政府都在提供一系列财政激励措施，鼓励建筑业主投资于微型发电技术。对于任何特定项目的最适合技术或技术组合，在很大程度上取决于其位置和功能。在少数情况下，可能有机会进入附近的河道并建立一个小型水电项目。这样做的好处是可以合理地预测能量输出而不受日变化的影响，尽管可能有季节性变化，但很少有项目能够幸运地拥有这一选择。这里描述了更广泛可用的技术。

热电联产、三联产及其他

从一个装置同时产生可用的热量和电力被称为“热电联产”；将热量同时用于在冬季空间供暖和在夏季驱动吸收式制冷机被称为“三联产”。一些装置还产生大量可用于工业用途的高温蒸汽，而术语“四联产”正开始用于此类系统。

大多数装置由某种形式的碳氢化合物燃料提供动力，最常见的是天然气。许多还可以利用厌氧消化和热解等过程产生的各种富含碳氢化合物的废物排出的生物气体运行。对于大多数高层建筑来说，由于所需的存储空间和频繁交换的需要，后一种过程不太可能成为可行的选择。这同样适用于木

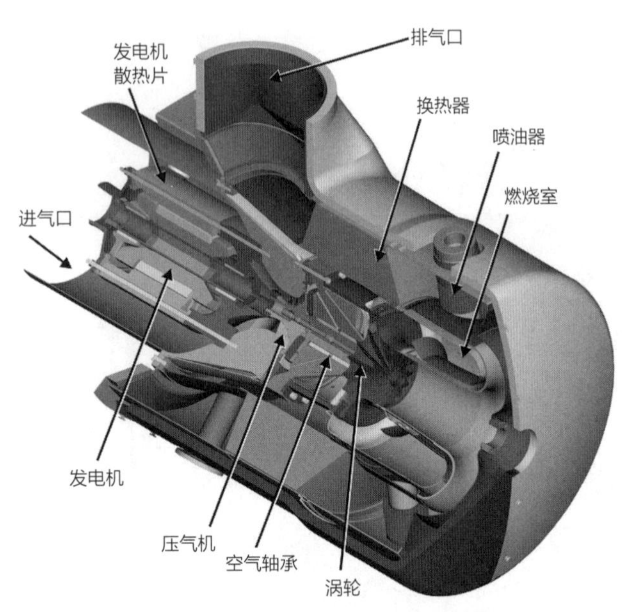

图 13.4 微型涡轮机是几个成套热电联产系统的核心
版权方：顶石涡轮机公司

片的直接燃烧等，当地的、可持续的来源往往很难找到。

无论燃料来源是什么，它都可以在现代高性能蒸汽机、传统内燃机、平稳运行的外燃恒速斯特林发动机及其多种变体中的任何一种，或新一代高速微型涡轮机中燃烧；都可以驱动传统的发电机，同时装置安装产生的废热则被收集起来再利用。

虽然潜在效率很高，但有一个内在的特点必须考虑。功率和热输出之间会有一个固定的关系，这意味着经常会有一个或另一个过剩的时刻。多余的电能可以“储存”在电网上；多余的热量可以用于其他用途或转移到能源库（见“能源储存”一节）。

燃料电池是微型涡轮机等的一种潜在替代品，目前已有多种类型的燃料电池可供选择。它们将富含氢的气体与空气中的氧结合在一起，通过“反向电解”过程产生电能和热。早期的燃料电池设计需要非常纯净的氢，并且在高达 1000℃的温度下工作，但目前的产品在某种程度上更加宽容并对用户友好。以天然气和沼气为基础的燃料电池包现在可以使用了。从历史上看，燃料电池发展的动力来自航空航天和国防工业，因此这项技术可能还没有准备好在典型建筑中实际应用。

太阳能光伏

太阳能光伏（PV）技术有着诱人的简单性。一个经典的光伏装置没有活动部件，安静而不引人注目，几乎不需要维护。它产生低压直流电，通常经过整流以产生高压交流电和大量热量。事实上，电力输出与光伏元件的温度成反比，因此冷却是必不可少的。如果不是以热电联产为目标，利用排放到大气中的余热进行被动对流冷却通常就足够了。

目前可用的绝大多数光伏均使用硅半导体技术。基于稀有且通常有毒的金属如镓、镉和铟的更有效的材料是可以以一定的价格买到的，但有关这些材料长期可持续性的问题仍然没有得到充分的回答。另一种替代方法是使用效率较低、毒性较低且价格明显较低的材料，这些材料可以在更大范围内经济地使用，甚至现在还可以使用光伏屋顶膜，将整个屋顶转化为光伏阵列。

晶体硅光伏电池由刚性模块组成，模块组装成面板和阵列。它们的外观与众不同，可能不是每个人都喜欢。另一种选择是将半透明和“透明”的光伏电池粘在玻璃上，但如果用在单层外墙上，由它们产生的热量会对建筑的内部环境造成问题，它们似乎更适合使用在双层的外墙上。

光伏阵列的方向遵循与太阳能集热器相同的规则。如果面板能够追踪太阳轨迹，效率同样会提高。大规模跟踪的两种方法是使用镜子和透镜将太阳光从大范围的角度集中起来，或是驱动单个电池板跟踪太阳。至少有索福克斯（SolFocus）和索莱瑞亚（Solaire）两家美国公司提供基于这些技术的光伏电池板。

太阳能光伏发电最适合办公楼的白天需求，而其产生的热量则满足晚上住宅住宿的大部分需求。为了平衡这些相互矛盾的需求，并解决太阳能间歇性问题，通常需要某种形式的能量储存（见下文）。例如，为了满足典型办公楼每年 10% 的需求，每 $1000m^2$ 的建筑面积至少需要 $80m^2$ 的标准硅电池。

图 13.5 伦敦苍鹭大厦采用立面安装的太阳能光伏阵列
版权方：Kohn Pederson Fox

迄今为止，为数不多的投资于大规模光伏发电的高楼之一是位于英国曼彻斯特的 118m 合作保险大厦。它建于 1962 年，最初的覆层是由 400 万个单独的镶嵌板组成的马赛克，马赛克在建筑完工后的 6 个月内开始脱落。2005 年，它以 550 万英镑的价格重新铺设了 7244 块集成硅太阳能电池板，其中一些在立面阴影区域看起来像“仿制品”。近 5000 块有源面板的额定功率均为 80W，潜在峰值输出功率接近 400kW，尽管初期出现故障，但有望实现年发电量 18 万 kW · h 左右。这仍然是欧洲最大的立面集成光伏阵列。

伦敦的苍鹭大厦也有一个主要的光伏设施（见

案例研究 17）。位于南立面的 3374m² 硅阵列预计将使该建筑的总碳足迹每年减少 2.2%。在政府越来越有力的补贴刺激下，其他概念相似的建筑也开始从制图板上落地。

风力涡轮发电机

风能具有许多潜在的优势，是目前世界上发展最快的能源。部分原因是人们认为风力发电是一种清洁、无排放和可持续的技术。同样，与其他可选择的能源相比，风力发电是一项成熟的技术，只需要相对较低的资本投资。有几个实际问题需要解决，尤其是风力发电的间歇性问题，许多国家都有声势浩大的团体以风力发电对环境的视觉影响、给候鸟和蝙蝠带来的风险，以及需要使化石燃料发电机保持在线以补偿低风速条件的必要性为由游说反对风力发电场。然而，高层建筑和风力涡轮发电机的结合可以回答许多反对意见。

相对较小的水平轴风力涡轮发电机安装在城市环境中的中低层建筑的屋顶上已经被证明是无效和不经济的。湍流的低层城市气流是造成这一糟糕性能的主要因素；同样，就风力涡轮发电机而言，尺寸决定一切。风电场通常在开阔的沼泽地或海上安装大型涡轮发电机，现在塔高达 70m，叶片直径超过 50m，每个叶片的发电量超过 5MW（兆瓦），在那里，风的模式更加稳定和可预测。高层建筑经历相似的风模式，因此开发这种自由的、取之不尽用之不竭的能源流的潜力很大（尽管最近有人怀疑，在风和天气模式受到不利影响之前，全球到底能从风能中提取多少能量；Miller、Gans 和 Kleidon，2010）。

简单地将风电场规模的水平轴涡轮发电机固定在高层建筑的屋顶上不太可能是一个实际的选择。因为这样会使进入建筑物结构的荷载非常高，振动也可能是一个主要问题。一系列较小的涡轮发电机将是一个更现实的选择，虽然振动仍然需要考虑。

一个鲜为人知但几乎同样成熟的替代方案是垂直轴风力涡轮发电机。这样做的优点是将重型涡轮发电机安置在设备内部的较低位置，简化了维护并减轻了结构重量。已经开发出几种类型。与水平轴设计相比，两个固有的缺点降低了它们的效率：在旋转过程中，叶片在一定程度上逆风运动，而且它们通常要低得多，因此在靠近地面的湍流气流中工作。后者在高层建筑的屋顶上可能不是一个重要影响因素。

从积极的方面来说，垂直轴涡轮机输入结构的负荷和振动将显著降低，因为垂直轴机器不会受到影响其水平轴的非对称叶片负荷的影响。一些制造商现在提供第三种类型，基本上是水平安装的经典螺旋叶片垂直轴设计。尽管有些建议将其垂直安装在高层的建筑角落，但这些主要是用于屋顶和女儿墙。

也许近年来最有趣的发展是建筑一体化风力涡轮发电机。这样的设计可以包括塑造屋顶，通过安装在管道中的一系列相对较小的涡轮发电机来加速盛行风，或者塑造整个建筑，以较少的大型涡轮发电机产生相同的效果。后一种方法最近的一个例子是中国广州的珠江塔。建筑物的形状优化了建筑物迎风侧和背风侧之间的压差，以提高通过位于建筑机械层的两个空气动力学形状隧道的风速。每个隧道包含两个垂直轴涡轮发电机，它们利用增加的空气流速产生显著的功率。

在伦敦，43 层住宅楼的独特轮廓已经成为当地的地标性建筑。预计三台高水平的综合风力涡轮发电机每年发电约 50MW 时，约占大楼总能源需求的 8%。建筑师 BFLS 表示，环境顾问 IES 的独立分析证实，与英国现行建筑法规相比，该建筑最终将实现 70% 以上的二氧化碳减排。

风力发电最广为人知的缺点是其间歇性和不可预测的输出，对于连接到国家或地方能源网的建筑物来说，这已不再是一个问题。在公用事业供应商的合作下，短期盈余可以“储存”在电网中，任何短缺都可以从电网中弥补。世界各地都有各种各样不同程度的计量安排。

一个更实际的反对意见是，安装规模庞大，但产生的能源仅占建筑能源需求的一小部分。虽然估算

图 13.6 综合风力涡轮机预计将产生伦敦 Strata SE1 能源需求的 8%
版权方：Yui Law/BFLS

各不相同，但一个经验法则是，一个现代高规格的办公空间每年每平方米将消耗 200kW · h 左右。比如说，要从风能中提供这一数字的 20%，就需要安装一个年发电量为每平方米 40kW · h 的装置，这意味着实际上每 1000m^2 的办公空间就需要一个直径为 20m 的安装在 30m 高的塔楼上的水平轴风力涡轮发电机，额定功率为 100kW。由于方向固定，建筑一体化涡轮发电机将不得不更大。

能源储存

风能和太阳能的供应尤其受到间歇性和不可预测性的影响。电可以“储存”在电网上，但如果电网断开，储存的电就不可用。夏季的热量经常处于令人尴尬的过剩状态，而在寒冷的冬季则处于短缺状态。将电和热同时储存在建筑物内现在正成为一种更实际的选择，特别是如果储存设施是作为正常建筑方案的一部分设计和建造的话。

化石燃料备用发电机通常是为了防止电网故障而安装的。它们仍然有自己的位置，但新一代的液体电池、低温和飞轮储能装置，以及由太阳能光伏电池板和风力涡轮机供电的联合再生燃料电池，总有一天会提供更大程度的独立性，而不受化石燃料和电网的影响。然而，这种独立性将是有代价的：如果电力盈余预计不大，那么在电网上储存就显得不切实际并且经济上没有什么吸引力，最简单的选择是将电量盈余转化为热量，并将其储存在热储存器中。

世界各地都在使用许多类型的蓄热器，从高温水箱到低温地下坑，包括更加有效地使用相变材料。一些应用基本上是反向运行的地源或水源热泵，将热量从建筑物中转移出来，通过反向热泵储存起来以备日后回收。白天储存的热能在白天吸收，晚上释放，中间储存的能量足以补偿几天无风和无阳光的天气，季节性储存可以保存夏季的热量供冬季使用。

在暖通空调系统中增加有效的热存储可以显著提高大多数替代能源系统的效率。一种选择是通过使用混凝土结构元件或相变材料来增加建筑物的热质量。这只是日间储存：在地下室增加一个由防水轻质混凝土建造的低温中间水储存库将提高性能。这可能与雨水或灰水储存并存。高温储水或相变储水是其他选择。这样的储存库可以接收太阳能热板、光伏板冷却、灰水换热器等的输入，既有助于将建筑的整体能源需求降至最低，又有助于调节输入和输出的变化。

结论

少数建筑，即使是高性能的高楼，也无法完全摆脱对国家电力和饮用水电网的依赖，因此在可预见的未来，它们将是化石燃料的重要消费者。然而，就其本质而言，高层建筑为设计师提供了独特的机会，使这种依赖性最小化，并达到显著且令人放心的自给自足程度。做出不仅仅是以象征性的姿态来减少碳足迹是一项具有挑战性的任务，一些因其开创性的“可持续”设计而备受赞誉的项目实际上只是见利忘义的“绿色清洗”的例子，但路线是很好的。高层建筑依靠现成的能源，沐浴在现成的能源中，相对发达的技术可以用来开发这种能源。此外，由于对高层建筑进行了更多的财政和专业投资，也许可以证明更多的试验性可持续技术是合理的，这可能对整个建筑环境都有好处，忽视这些机会不再是明智的选择。

参考文献

Miller, L.M., Gans, F. and Kleidon, A. (2010) ‘Estimating maximum global land surface wind power extractability and associated climatic consequences’, *Earth Syst. Dynam. Discuss.*, 1, 169–89.

第 14 章
技术、工艺和材料的最新进展

理查德·马歇尔（Richard Marshall），格雷厄姆·克纳普（Graham Knapp）

简介

高层建筑传统与创新联系在一起，电梯的引入引发了建筑楼层数量的变化。这就导致了对现行施工方法的挑战，以及从承重砌体结构到钢框架结构建筑的转变。

近年来，项目设计的方式发生了根本性的转变，使用了更为复杂的分析和绘图方法，这意味着要建造更为复杂的结构，包括倾斜和扭曲的结构，而这些结构在以前的设计上是不切实际的，更不用说建造了。

建筑技术的变化反映了高层建筑设计方法的变化。特别是通过广泛使用三维建模和细节设计软件以及自动化制造方法，可以制造出更复杂的三维形状。随着已建成的超高层建筑数量的增加，我们对建筑物的工作原理和性能的集体认识正在发生变化。随着对可持续设计的日益重视，从能源或材料使用的角度理解已建项目的性能显然是必不可少的，以便为今后的设计提供有意义的目标和标准。

这种设计技术创新是形势变化的一个方面；另一个方面是各种材料的可用性——高强度混凝土、复合材料、不同模块化系统和“新材料”。

似乎可以肯定的是，通过对“需求”方面的更多理解，以及对建筑性能和材料的改进（或可变）性能的更多理解，未来将会在建筑中更有效地利用材料。目前最雄心勃勃的概念“高楼”一定是美国宇航局正在研究的所谓“太空电梯”，它将由碳纳米管建造，高度约 36,000,000m，大约是目前“世界最高”的哈利法塔的 45,000 倍。这证实了高层建筑仍有很大的持续创新和发展空间。

本章从三个不同的方面探讨了高层建筑设计中的新材料和创新：第一，与设计技术相关的创新（如新的分析方法）；第二，建筑技术（有效改变设计方法）；第三，施工技术和新材料（材料选择的变化以及如何安装和建造高层建筑）；最后，考虑了高层建筑的未来发展。

设计技术

信息革命是近几十年来整个社会变化的特征，它也对高层建筑的设计方式产生了（公认的缓慢而谨慎）影响。高层建筑结构设计的变化可以分为影响力学性能“需求”侧的变化（例如，针对不同或

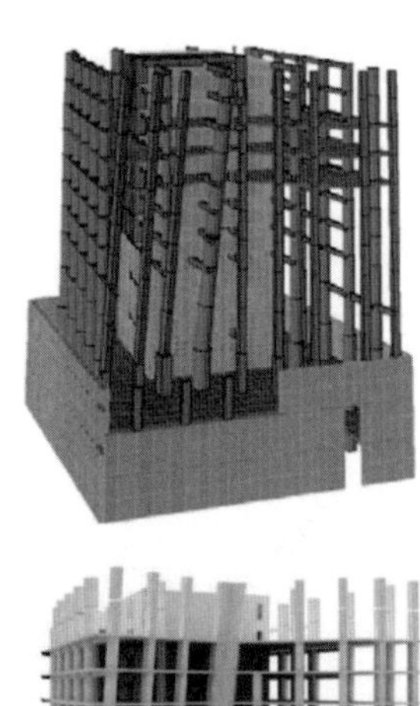

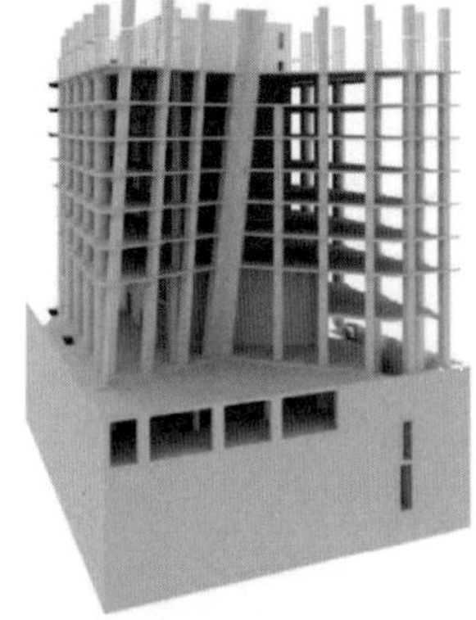

图 14.1 改进的三维建模使复杂的形式得以实现——海合会银行，阿卜杜拉国王金融区，利雅得
版权方：由 Gensler 和 Buro Happold 提供

更低的力进行设计，或更好地理解刚度和质量要求以达到可接受的人体舒适度）和影响“能力”方面——例如更复杂的分析工具和处理非线性行为的概念（弹性设计是结构工程师早期为高层建筑开展的许多工作中的一个关键基础假设）。下面是一些具体的例子。

非线性分析，包括分阶段施工和推覆

传统上，当工程师分析高层建筑时，他们依赖于线性弹性分析模型——有效地“预测到位”结构。几十年来，人们已经认识到，这对结构中特别是差异运动分析的准确性有影响。这主要被认为是一个“适用性”问题，在柱缩短超过核心的情况下，通常会导致地层“超出公差”。计算垂直缩短的方法（特别是混凝土结构，它当然会受到时间非线性的影响，即收缩和徐变效应，随着时间的推移，这些效应会继续改变结构的几何形状）已经开发出来并在项目中使用。有两种情况证明以前使用的方法是不充分的。首先，当不同的“垂直”构件连接在一起时（尤其是外伸支架，还包括连接梁、转换梁等），由于“内部约束”而在构件中产生的力变得显著。第二种情况是作用在建筑物上的净力明显“失衡”（例如，扭曲或倾斜的建筑物，或“削减”），这是两种情况中更具挑战性的预测和补偿。

最近的一个进展是在一个常用的分析程序（ETABS）中引入了“分阶段施工”功能，这意味着至少可以更容易地研究建筑物位移和力的部分时间变化。这不考虑与收缩和徐变相关的长期位移，因此对于混凝土结构，需要将工程判断应用于问题分析部分。

除了这些具有挑战性的“静态”问题外，还需要考虑建筑物的动态分析，特别是抗震设计。新西兰和日本最近发生的地震强调，即使在有着悠久地震工程传统和明确的地震荷载规范的地震活动频繁地区，仍然很难设计出能够抵抗比根据以往经验设想的更高水平地震加速度的建筑物。已经开发出的一种方法是“静力推覆”（pushover）分析的概念——有效的迭代分析，逐步向结构增加横向荷载，直到结构形成“机制”和“倒塌”。

更详细的荷载信息，如风洞试验和特定场地风速，以及特定场地地震危险性研究

确定作用在高层建筑上的风力和地震力大小的传统方法是基于相对有限的小型风效应模型，它们被用来作为“典型”建筑制定实践规范和标准。几十年来，人们认识到，为了设计高效和安全的高层建筑结构，有必要了解风荷载水平，使其比简单规范方法更精确。

传统的方法是，根据航空和海洋工程的信息，利用风洞试验来确定建筑物的“阻力”，假设它实际上是一个“刚性”物体。然后，根据工程师对建筑结构的分析所确定的动态特性，对荷载的动态部分进行数值添加。另一种方法是使用测压模型确定静态压力，然后用数值添加动态部分，建立气动弹性模型，以简化的方式有效地模拟建筑物的动态行为，以便直接记录总荷载的动态分量；或者使用数值方法。对于实际设计目的来说，这些被认为不够可靠或速度不够快。通过使用更好的分析方法“添加”风荷载的动态部分，并通过更详细地了解适用于特定场地的风速，提高所确定的风荷载的精度。

在过去20年中，定制风洞试验的数量大幅增加。这使得主要的风洞中心可以投资于更先进的测量设备和模型建造设施。模型的快速原型制作正在成为常规，这与前面描述的3D建模的增加有关，并且过程正在变得越来越简化。计算机能力的增加使得这些中心能够处理成百上千个测压口产生的结果，充分考虑到整个建筑的时变压力。这也可能使得对结构性能进行更复杂的时域分析。随着建筑物越来越高，尺度效应变得越来越显著，需要更大尺度的模型来验证小尺度试验的结果。

另一个趋势是研究特定场地的地震危险性评估，特别是对于超高层建筑和当地法规“较旧”且通常不准确或过于保守的地方建筑。由于在高地震风险区域，地震荷载主导着建筑结构的设计，特别是设计成具有延性结构的详细要求，因此有效的方法是查看适当的场地设计谱，而不是使用简化的峰值地面加速度。

基于对舒适度和位移标准更广泛理解的性能设计

据观察，纽约世贸中心双子塔等项目是采用基于性能的风力工程方法设计的，由于当时整个项目不在经验方法、标准和规范的范围内，因此有必要考虑实际限制标准（加速度、摇摆、层间漂移、电梯缆绳运动）是什么。然而，这种方法尚未编成文。

近20年来，基于抗震的性能设计得到了成功

的发展。本质上，它包括设置性能标准（如无可察觉的损坏、结构元件无损坏和无坍塌），然后是预期事件能够达到性能目标的重现期。这实质上是正常使用和承载能力极限状态概念的发展，以涵盖进一步的“极限状态”，这是早期考虑设计静态、弹性方法的发展。这项工作目前正在扩展到基于性能的风力设计的开发中。与50年的重现期不同，风速被作为结构适用性和（计算）极限状态应力发展的基础，也就是说，不同的重现期用于不同的风速（以及风荷载），以便根据其他标准评估结构的性能。

与此同时，在理解运动感知的基础和应由规范规定的建筑运动极限方面也取得了进展。通常，目标是将荷载作用下的横向摇摆限制在对非结构性建筑构件（如覆层、隔板和饰面）没有损害的水平，无论是通过限制总漂移（例如，总建筑高度除以500）或通过限制层间位移（不太保守的限制）来实现。这随后将其改变为限制层间漂移的倾斜分量（认识到覆层和隔墙受到局部位移的损坏，而不是发生在低于水平的位移）。这实际上意味着挠度限值的放宽，它对加速度和扭振速度做出了限制，其目的是将运动限制在一定的回报期内反对的人口百分比水平（例如，10年重现期内反对的人口比例为2%）。最近的发展包括更清楚地了解我们坐着、躺着或工作时是如何感知运动的，以及我们对不同运动频率反应的理解。研究正在进行中，例如，罗文 · 威廉姆斯 · 戴维斯和欧文（RWDI）正在纽芬兰对为海军建筑开发的测试阵列进行运动研究，以证明个体感知运动能力的变化。代码限制目前基于极限加速度，但研究表明，加速度变化率“急动度”更为相关；然而，估算“急动度”的限制和可用方法目前尚未到位。

这两条途径肯定会带来更高效的设计，因为它们为高层建筑结构设计提供了更“可调”的基础。

用于承载能力极限状态设计的分布式阻尼

传统的高层建筑设计方法是将风荷载下的总摇摆限制在特定的高度比（例如，总高度除以500）。但随着更高、更轻的建筑形式的出现，以及意识到人们对运动的感知更为关键，并且更多的是与风荷载引起的建筑物横向运动下的加速度有关，这种情况已经改变。

建筑物的设计标准随着时间的推移而不断调整，例如，从针对不同用途的10年重现期加速度限值改为不同重现期的若干不同加速度标准。为了控制建筑物的加速度，通常情况下允许使用一种形式的附加阻尼，通常是调谐质量阻尼器（TMD），尽管已经使用了各种其他形式的阻尼装置（包括调谐流体阻尼器和晃动阻尼器）。这些装置往往位于建筑物上的一个位置——由于第一种类型通常占主导地位，因此在建筑物顶部的一个物体“摆动”以抵抗建筑物的摆动是最为有效的。由于缺乏冗余和对维护的依赖以确保设备工作，通常的做法是设计这些装置以降低正常使用极限状态（SLS）下的加速度和运动幅度，但仍需设计承载能力极限状态（ULS）强度，而不考虑附加阻尼的影响。

图 14.2 分布在多个位置的黏弹性阻尼使承载能力极限状态设计具有冗余性和可靠性

版权方：由 Buro Happold 提供

最近，人们考虑了各种形式的分布阻尼系统，例如在斜撑和梁单元中加入黏弹性阻尼器，以及流体黏性阻尼支腿（见第16章）。为了使用这种方法，必须考虑冗余、可靠性、维护、差异缩短、地震荷载下的性能以及防火措施。这似乎是一个非常有用的为高层建筑设计的概念方法。未来几年，随着不同系统的迅速发展，可能会有一些改进和合理化。

计算风工程

计算流体力学（CFD）①方法越来越多地应用于建筑设计的早期阶段，以测试想法、说明关键效应和增加对高层建筑周围风流动的理解。这些技术来自航空航天和汽车工业，适用于通常在建筑环境中发现的更大的几何形状和更多变的条件。尽管人们很容易从“风洞与CFD”的角度来思考，但最好的结果往往来自于结合CFD和风洞研究，利用两者的优点。CFD技术现在已经发展到可以在现实的项目时间尺度内对大场地的环境风条件进行检查的程度，并且成本比风洞测试低。然而，这项技术还不能可靠地用作确定复杂建筑结构荷载的唯一方法。

与风洞试验一样，高质量的CFD模拟本身不足以了解风对发展的影响。CFD必须结合现场风速、周围地形的影响以及对人体舒适度、污染物扩散、结构荷载等方面的影响进行统计设计。

计算建模的主要好处是：

- 所选事物的快速成型和测试；
- 可以比风洞测试的成本更低；
- 灵活的几何定义；
- 对平均风况的良好理解；
- 完整的三维风模式，而不仅仅是点值。

缺点是：

- 目前不建议用于结构荷载；
- 需要专业人员、软件和硬件；
- 通常比风洞测试阵风效果的效率低。

建筑技术

斜肋构架和外骨骼结构的更广泛应用

目前，钢和混凝土的斜肋构架结构以及外骨骼结构已经被设计和建造。它们代表了目前流行的结构形式“支腿和核心”结构的替代方案（与法斯·勒汗在20世纪60年代末和70年代初提出的早期管道、捆绑管和其他“管道”变体相比——见第16章）。

钢斜肋构架结构的例子从更“传统”的圣玛丽斧街30号（瑞士再保险大楼）和赫斯特总部，到最近的广州国际金融中心，再到更“极端”的版本，如阿联酋阿布扎比的首都门项目，该项目有一个复杂的三维扭曲的斜肋构架与一个垂直预应力核心一起工作，以控制由于建筑物不对称而引起的横向位移。

这些“外部”结构的形式很有趣，因为它们提供了建筑形式的相对自由度和抵抗垂直和横向荷载的相对有效的结构。另一个优点是，在保持同心或在偏心支撑的情况下，斜肋构架的模式可以被改进——目前，在抗横向荷载系统中，存在一些尚未探索的机会来“调整”建筑响应形式（剪力与弯曲/框架弯曲），并为地震带内的区域纳入更多的内延性细节。

监测建筑物的性能并将数据用于新项目

高层建筑设计师经常会感到一种挫败感的是，从设计到施工，很难对建筑性能进行基准测试，并与

① 译者注：计算流体力学（CFD）是近代流体力学、数值数学和计算机科学结合的产物，是一门具有强大生命力的交叉科学。它将流体力学的控制方程中积分、微分项近似地表示为离散的代数形式，使其成为代数方程组，然后通过计算机求解这些离散的代数方程组，获得离散的时间/空间点上的数值解。

图 14.3 使用 CFD 模拟进行环境建模——沙特阿拉伯王国达曼阿卜杜勒阿齐兹国王世界文化和知识中心
版权方：Buro Happold

其他建筑进行各种标准比较。

为了有效地进行设计，需要能够验证已被用作设计基础的理论在已建造的建筑物中是否匹配。特别是对于结构工程，这将是所建结构的固有阻尼系数（在实际振幅下）、在规定风荷载下的建筑物摇摆（在规定的重现期）以及建筑物加速度和速度。目前的趋势是，在高层建筑中指定各种形式的监测，特别是超高层和巨型高楼，采用主动或被动阻尼系统。

正在取得进展的另一个领域是在施工期间使用仪器，以核实和完善设计期间对建筑物移动的评估。这在非对称建筑中尤为重要，为了在垂直度公差范围内建造核心，必须按照修改后的几何结构建造，以便其变形为预期的最终几何结构。

多孔建筑、塔顶和各种几何形状高层建筑

关于高层建筑的一个容易观察到的事实是，顶部的风“荷载”通常是决定下列因素的驱动因素：第一，作用在建筑物上的风切变（即风荷载的大小）；第二，引起的弯矩（考虑到风荷载的动态和静态分量）。

在减少风荷载的同时创造建筑形式的一种方法是在建筑结构中加入孔隙率。这可以在卡塔尔多哈的体育城市大厦（Aspire Tower）中观察到，该建筑实际上是一个由中央实心核心和悬挂的“控制”模块组成的网状建筑，也可以在沙特阿拉伯利雅得的利雅德塔（Arriyadh tower）项目的设计中观察到。在这里，塔顶采用了类似的概念，为涡流脱落

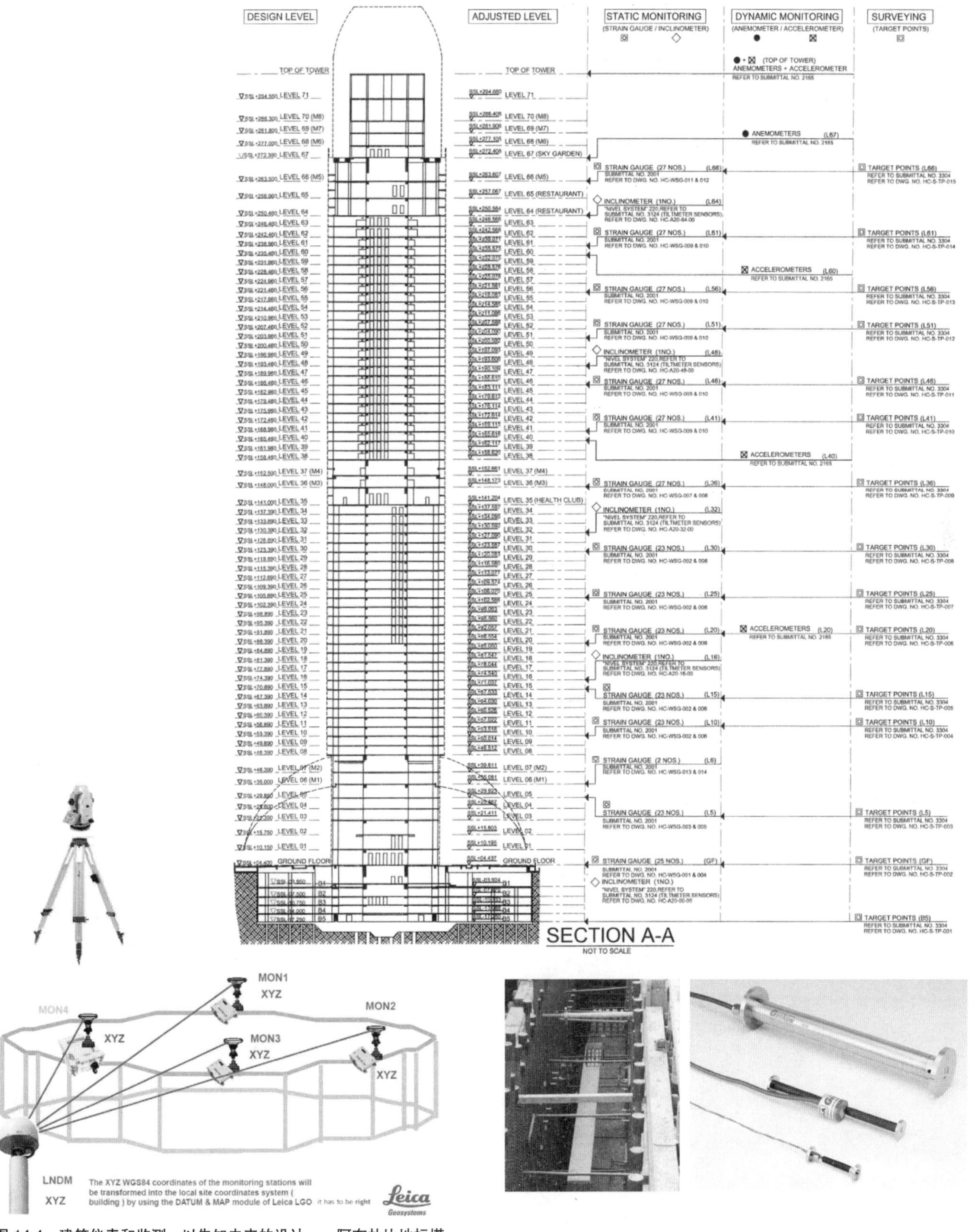

图 14.4　建筑仪表和监测，以告知未来的设计——阿布扎比地标塔

版权方：Buro Happold 和 Leica Ceosystems 提供

行为创建了被动阻尼系统，从而降低了整体风荷载和风引起的横向加速度。考虑许多项目在顶层、居住楼层上方的顶部融入建筑特征，这似乎是一种在保持所需建筑外观的同时减少总体风荷载的有用方法。可以将其与随着盛行风移动的各种高层建筑一起考虑，也就是说，高层建筑通过改变几何结构对施加的风荷载作出响应。

建筑技术和材料

混凝土技术

20 世纪在北美建造的高层建筑中，很大一部分的主要结构体系是用钢建造的。然而，在国际上，有些地区使用混凝土的情况要多得多；这通常是由于各种因素的综合作用，主要是经济因素和当地承包组织对混凝土使用的熟悉程度等因素。特别是高强度混凝土的使用，几十年来一直是全世界的惯例。

混凝土技术的一些新进展引起了高层建筑设计师的兴趣。超高强度混凝土（VHSC），定义为具有特有的抗压强度 f'_c=240MPa，并且已经被开发。该混凝土含有钢纤维钢筋，并达到 40MPa 的弯曲抗拉强度。人们注意到，典型的高强度混凝土混合料具有延展性和抗拉能力，但其抗压强度没有得到很大的提高——VHSC 试图克服这些问题。考虑到高层建筑可使用楼面面积的溢价，VHSC 为高层建筑中较小的核心和柱提供了一条潜在的路线。

自密实混凝土（SCC）已被广泛应用，在高层建筑设计中的具体应用是大面积大体积的混凝土浇筑，如高层建筑的筏板基础。典型的例子是利雅得的阿法沙利亚大厦（以 375m^3/hr 的速度浇筑 6000m^3）和阿布扎比的地标塔（以 400m^3/hr 的

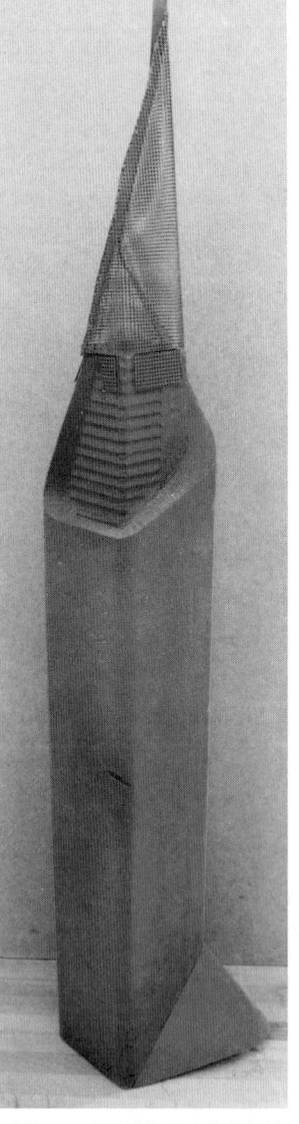

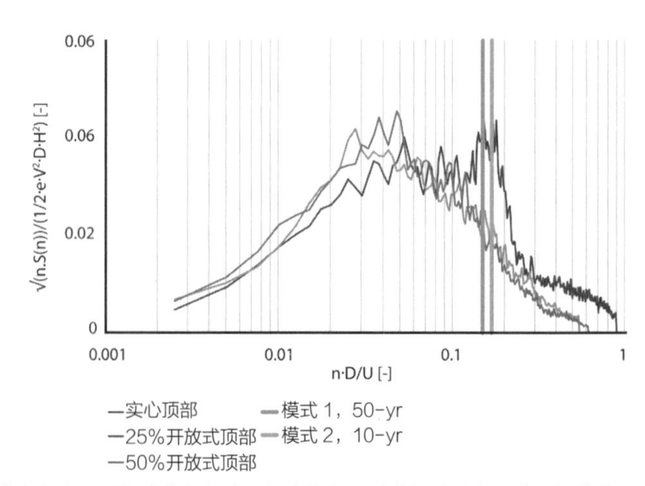

图 14.5 调查建筑形式以减少结构荷载——利雅得丽思卡尔顿酒店。（左）实心顶部（中）多孔顶部（右）通过增加孔隙率显著降低载荷

版权方：Buro Happold 和 BMT 流体力学提供

图 14.6　使用 SCC 进行大面积筏式浇筑，采用多层钢筋——世界上最大的连续混凝土浇筑作业之一阿布扎比地标塔
版权方：Buro Happold 提供

建设浇筑 16,000m^3），使用 SCC 可以在没有施工缝的情况下进行全部浇筑（以及相关的延迟、风险和潜在的大量界面抗剪钢筋）。同样重要的是，在使用多层大直径钢筋的情况下，SCC 降低了混凝土浇筑和压实问题的风险。

使用轻质混凝土在高层建筑环境中有明显的优点。通常使用的“结构”轻质混凝土的密度约为 14—19kN/m^3，并已被有力地使用，例如，休斯敦的壳牌广场一号项目（1971），该项目高 52 层，是世界上最高的轻质混凝土建筑。一个潜在的轻质混凝土替代形式的例子是纤维增强加气轻质混凝土（FALC）。这是一种结合纤维增强混凝土（提高弯曲和拉伸强度，从而提高延性）和轻质混凝土优点的尝试。对聚丙烯和碳纤维增强混凝土的机械性能进行了研究，表明其密度在 11—15kN/m^3 之间，强度在 12—40MPa 之间，其性能似乎最适合用作结构（尤其是板）构件。

钢复合地板

在高层建筑设计中，地板结构的重量一直是一个问题，采用轻质混凝土和复合钢解决方案来降低重力和抗震荷载系统所需处理的荷载。另一种已在体育场工程中使用并对高层建筑具有潜在效益的地板结构形式是 SPS 地板系统。其包括两块用聚氨酯弹性体核心黏合在一起的钢板，实际上是一块钢制复合地板。与传统的钢筋混凝土楼板相比，具有与非现场制造相关的优点，并且重量减轻，特别是对于钢结构建筑经济的位置和自重特别重要的位置。例如，斯诺赫塔建筑事务所（Snohetta）和布罗·哈波尔德工程公司（Buro Happold）考虑将其用于倾斜和扭曲的哈伊马角门户大楼，以减少施工期间需要“建造”的运动，当然还有重力二阶效应（P-delta effects）[①]的大小。

压电材料、智能材料和智能建筑

压电材料是指在材料受到压力时将机械能转换为电能的材料。压电阻尼器已经发展成为一种“可控制材料”的例子，可用于建筑物中。阻尼器被用作“智能”结构系统的一部分——它们可以在没有传感器和执行器的情况下对结构运动做出响应。

这种形式的阻尼已经在日本的一栋30层高的公寓楼上进行了测试，结果表明，与无阻尼情况相比，这种阻尼能有效地将特定风荷载水平下的加速度降低高达50%。

分布式且不依赖于集中式传感器和控制阵列的应用阻尼形式是达到能够自信地设计到特定（更高）阻尼水平的重要步骤，以减少工程高效建筑结构解决方案“需求”方面的问题。

还有其他形式的“可控”材料，包括形状记忆合金（SMAs），它们已经在航空工业中使用。从概念上讲，“可控”材料使建筑能够在本地适应特定的环境需求，而不需要整体控制系统。类似的方法是在设计过程中使用优化分析（迭代程序，旨在根据设定的标准优化结构系统），这在理想情况下会使结构根据其（理论）环境进行修改。综合利用，提高建筑效益。

高强度钢、大直径钢筋

设计高层建筑结构系统时，有两个标准：一是强度，二是使用性能（通常归结为刚度）。设计师面临的压力是，最大限度地减少建筑服务的垂直循环以及结构和相关饰面占用所产生的“浪费”空间。这促使设计师选择减小特定垂直抗荷结构的尺寸。

一种选择是使用如前所述的高强度混凝土；另一种选择是增加钢筋的屈服强度。钢筋生产取得了进展，例如，SAH公司生产的S670级钢筋已用于美国（迈阿密Epic Tower）和德国（Operturm）的高层建筑项目，直径达75mm。在减少钢筋堵塞方面有一些优势，特别是在接近楼底的具有非常重荷载和高度加固的柱中。这些措施将包括增加高达20%的钢筋，再加上较高的屈服强度，显然可以提高给定截面尺寸的承载能力。但也有一些缺点——例如，钢筋套筒连接件只适用于抗压钢筋而不适用于抗拉钢筋——这将妨碍它们的使用，但随着超高和超高结构数量的增加，对“更大更强”的需求也在增加。

铸钢件和实心钢柱

对于非常高的建筑，如芝加哥尖塔项目（610m），已经提出使用由钢板焊接而成的实心钢柱，以最大限度地减小柱的尺寸并最大限度地扩大可出租面积，同时确保建筑外观保持“轻盈”。这种方法在纽约的《纽约时报》大楼中获得了成功，其中使用了高达762mm^{2}的实心截面。芝加哥尖顶的设计也采用了同样的理念，但由于高度更高，因此截面尺寸更大。

使用非常大的钢截面（包括实心截面）的一个问题是连接的实际性，特别是在倾斜构件（桁架

① 译者注：侧向刚度较柔的建筑物，在风荷载或水平地震作用下将产生较大的水平位移，由于结构在竖向荷载P的作用下，使结构进一步增加侧移值且引起结构内部各构件产生附加内力。这种使结构产生几何非线性的效应，称之为重力二阶效应。

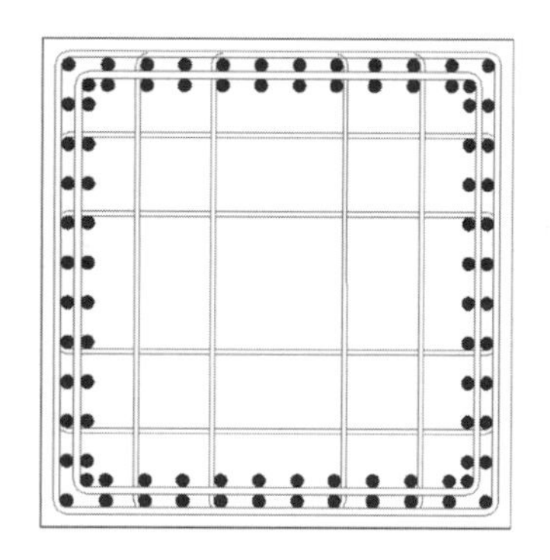

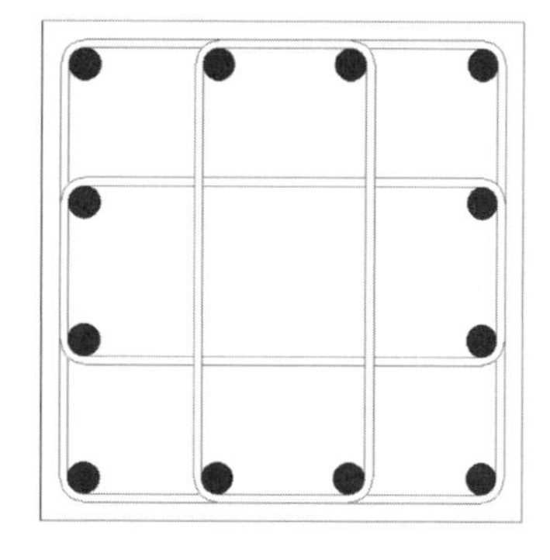

图 14.7 （左）高强度、大直径钢筋，以减少受压控制截面的钢筋堵塞。（右上）标准钢筋，6%；（右下）高强度，大直径钢筋，6%

版权方：Buro Happold

腹板构件、转移构件等）相交的地方。一个答案是使用铸钢件，而不是使用组合截面；这是为芝加哥尖塔基础部分提出的解决方案。铸件可以制造成复杂的几何形状，使构件成为带有机加工端的简单“棒”。显然，成功的关键是铸件的生产没有任何缺陷（这需要昂贵的制造工艺和测试来证明其完整性）以及足够精细的公差使构件能够放置在铸件上“支承”（因为对于非常大的钢对钢连接来说，主要的力传递是通过直接轴承而不是通过焊缝或螺栓）。

模块化结构

模块化建筑实际上是对建筑部件的工厂生产，它可以减少现场工种的数量，特别是在完成装饰时“湿作业”工种。这一概念主要是针对劳动力成本高、缺乏熟练或半熟练的现场劳动力以及出于健康和安全的原因而被提倡的。浴室的“吊舱”已经被使用了几十年，但模块化结构的概念现在正得到越来越广泛的应用，例如在酒店建设中。该方法可用于浴室或整个酒店或医院房间等元素，或用于电气室等组件。

模块化结构概念，如斐尔巴斯系统（Verbus[①]），可以大大加快施工速度，但通常用于低层和中层建筑。目前，起重机的起重能力和起重速度，以及除了模块自身的结构特性外，还需要大量的垂直和横向抗荷载结构，这使得将这一概念应用于超高层或超大高层项目变得更加困难。

① 译者注：Verbus 系统是一项经过验证的全球部署专利技术，它可以低成本生产高质量的模块化住宿并交付到世界上的任何地点。

重型起重设备和钢绞线顶升：建桥经验教训

近年来，高层建筑的几何结构越来越不同于传统的“单尖塔”形式。例如，在新加坡的滨海湾金沙项目中，上面的天空公园连接了下面的三座塔楼；阿拉伯联合酋长国的迪拜明珠项目也有类似的概念。考虑到高层建筑的“优质”空间在顶部，建筑水平高度的吸引力是显而易见的——伦敦的“对讲机大厦”（Walkie-Talkie）①（芬乔奇街 20 号）也展示了类似的驱动因素，它随着高度的增加而变宽。

为了在高空建造如此大的截面结构，最近的一个趋势是考虑使用桥梁建造中的重型起重技术。例如，在滨海湾金沙项目中，使用可变安全标准的“钢绞线顶升”技术将空中乐园分段提升到位。

相变材料

相变材料是较新技术非结构应用的一个例子，相变材料（PCMs）是指当温度达到某一点时发生液化并吸收和储存热量的物质（如水），当温度下降时发生相反的变化。

PCM 已开发（例如，由巴斯夫公司开发）并将其结合用于建筑材料中，如石膏板或砌块。他们的目的是降低白天的最高温度，提高夜间的低温——也就是说，调节建筑物内的温度。

双钢和钢板剪力墙

在过去，通常用于钢结构建筑的结构系统类型是框架或支撑系统，其中单个构件是热轧型钢。对于混凝土结构，传统的方法是将建筑物电梯井和楼梯井周围的墙壁用作“剪力墙”。最近的一种结构方法是使用钢板剪力墙。

这方面的一个例子是康力斯公司②的“双钢”系统——模块化钢板，面板通过横向钢筋连接在一起，形成空心截面。这些截面，通常是地板到地板的高度，被竖立和拴接在一起或现场焊接在一起，每一个空腔都依次被混凝土填充，使最终结构成为“复合”结构钢 / 混凝土剪力墙。优点包括在混凝土中更难实现的弯曲面板，同样刚度的较薄截面，减少了施工时间（由于非现场制造），比同等的预制板更容易提升的面板，（尽管对于高层建筑而言，提升对项目施工规划很重要）。

另一个类似的例子是在中国天津金塔大厦使用钢板剪力墙（SPSW）。该工程采用了组合截面（柱为混凝土填充钢管柱，梁为热轧 H 形钢梁）、框架和核心筒中的抗弯构件都采用填充钢板组合结构。该工程改变了支撑框架，然后在顶部更改为抗力矩框架，核心和周边系统通过不同工厂水平的支腿连接。这种结构与典型的混凝土与钢的组合比较有许多共同的优点和缺点（例如防火的需要和对起重机的影响），但对于重力荷载分布不规则的高层建筑（即倾斜或扭曲的塔）来说，它有一个关键的优点，即钢结构，其运动可比类似的混凝土结构更精确地计算和接受，尤其是在这种结构中，很难预测长期的垂直和横向位移以及支腿荷载的相应变化，从而确定缓解措施。

未来

未来似乎由人类（包括工程师）面临的几个关键挑战所主导：

1. 资源匮乏
2. 全球化
3. 气候变化

很明显，高楼大厦的趋势将继续下去，主要是在中国、印度和巴西等新兴市场，也会在成熟市场，正如最近的项目如伦敦的碎片大厦、巴黎的天帆超高

① 译者注：又称对讲机大厦，位于英国伦敦芬乔奇街 20 号，楼高 37 层，建筑面积 100,008m^2。

② 译者注：1999 年 6 月，英钢联和荷兰霍高文公司宣布了合并的计划，这意味着一个金属工业的新巨人将要产生。之后数月，随着新的经营结构和管理方式的确定，新公司的成立变成了现实。1999 年 10 月 6 日，新的公司正式宣告成立。同时，康力斯集团的股票开始进入交易市场。

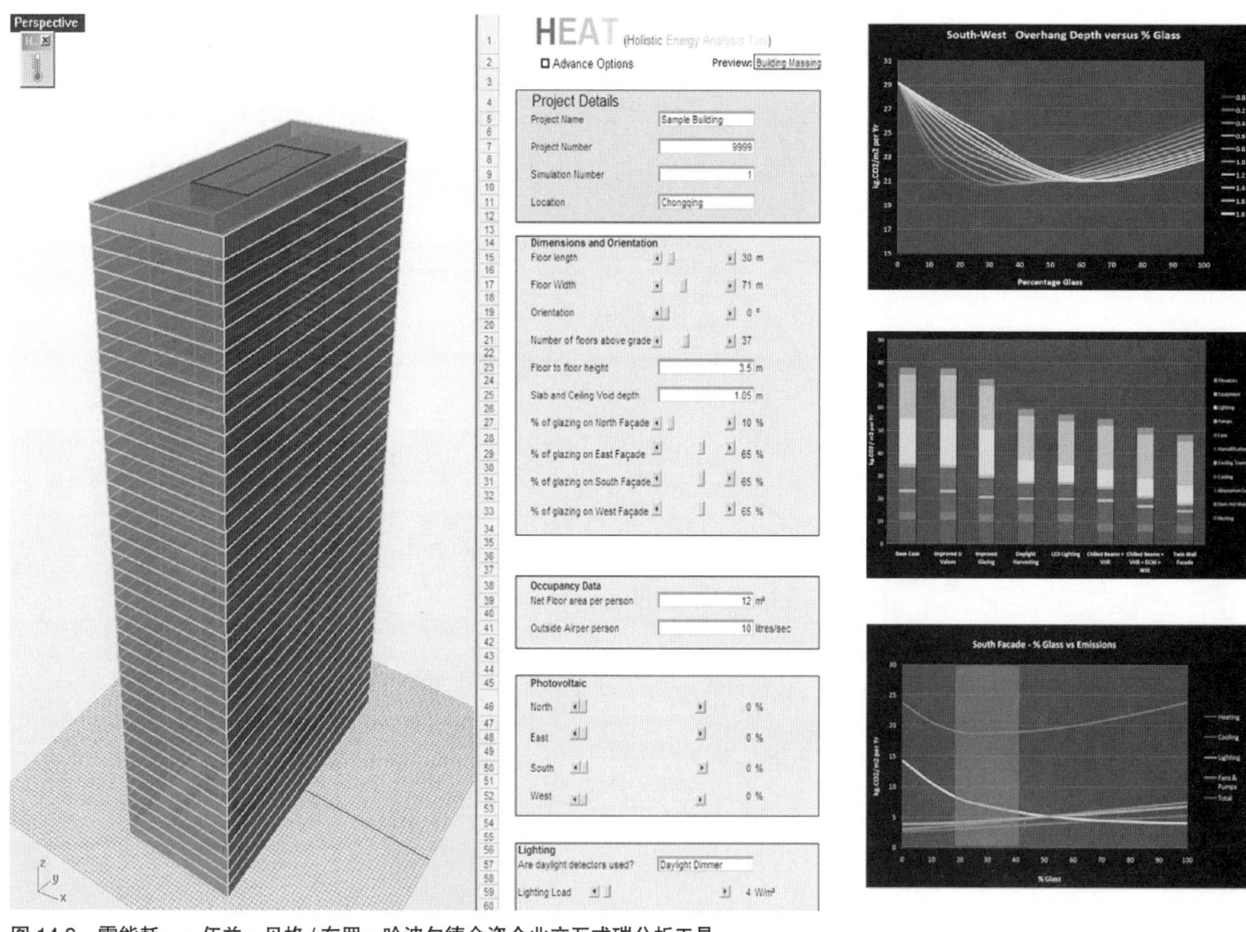

图 14.8　零能耗——伍兹·贝格/布罗·哈波尔德合资企业交互式碳分析工具
版权方：Buro Happold

层大楼（Tour Phare）和纽约的自由塔就说明了这一点。对关于能源使用、总体可持续性，特别是效率的立法将产生越来越大的影响。这可以从城市的范围来看，将高层建筑视为可持续社区或总体规划中的一个关键要素，可以实现高效率。

目前，已经制定了各种方案，或多或少地提高了通过光伏发电、风力涡轮机和移动建筑物发电的效率。有一种趋势是“零能耗”设计，有效地设计具有净零能耗影响的建筑——这种趋势有望继续下去。

智能建筑是通过改变其物理特性（根据风荷载改变几何结构、根据环境温度使用相变材料改变热特性）来有效地响应环境变化（地震事件、风、夜间和白天）的建筑。随着所需技术和配套设计方法的发展，此类建筑似乎是一种合乎逻辑的趋势。

长期以来，人们一直期望建筑业将遵循成熟度曲线，成为一个“制造”过程，而不是一个“贸易”过程——虚拟原型设计、模块化设计和非现场制造过程可能会融合在一起，从而实现更具挑战性的高度、结构和几何构造。

在新的“金砖四国”中，从经济角度来看，发展中国家对技术和创新的兴趣很可能会推动一个结构和立法不如欧洲的环境尽早采用新的概念和材料，这与电信部门观察到的技术发展“跳过”现象类似。同样，21 世纪初中东高楼大厦的繁荣也导致了人们对高楼大厦设计和建造的理解有了重大进展，然后这些又都反馈给发达经济体，将金砖四国视为迅速出现重大发展的地方是合乎逻辑的。

在撰写本文时（2011），当前世界金融环境大多不佳，但全球仍需要高层建筑。这种情况将继续下去，尽管其形式不如经济衰退前那么极端。在未来几十年里，我们对高层建筑设计和建造的理解和能力将发生迅速变化。

第 15 章
高层建筑设计中的风险考虑

斯·希拉姆·桑德（S.Shyam Sunder），杰森·D.艾弗里尔（Jason D.Averill），法希姆·萨德克（Fahim Sadek）

简介

当公众使用商业、机构或住宅建筑时，会期望一定程度的安全。 公共安全是通过系统评估和减少风险来管理的。风险的概念被用来描述不利结果或事件的可能性。风险是基于危险发生的可能性和由此产生的后果，通常分为三个部分（图 15.1）:

- 危险，是有可能造成不必要后果的事件。
- 脆弱性，是建筑物的特征，致使建筑物由于危险发生而易受损害。
- 后果，是反映损失程度、持续时间和性质的危害和脆弱性的结果，如建筑物损坏或倒塌、人身伤害或生命损失、经济和财产损失、作业中断和对环境的破坏。事件的后果可以用价值体系或度量标准来衡量。高层建筑故障的后果可能是灾难性的，通常分为人类影响（公共健康和安全）、经济影响（直接和间接影响）、心理影响（公众信心）和功能影响（继续运营；见 FEMA 426/BIPS 06 2011）。因此，应特别注意管理风险和减轻高层建筑的脆弱性。

在概率形式中，风险可以表示为损失发生的概率大于某一损失度量 LM[①]，并可以评估为:

$$P[\text{损失}>LM]=P[\text{危害}]P[\text{损害}\,|\,\text{危害}]\,P[\text{损失}>LM|\,\text{损害}],$$

其中 P[危害] 是危险发生的概率，P[损害 | 危害] 是损害的条件概率，给定危险的发生（脆弱性的度量），P[损失 >LM | 损害] 是给定损害发生的损失或后果的条件概率。

Elms（1992）引入了背景作为定义风险的附加元素。背景为风险分析和评估提供了一个参考框架，在不同的利益相关者之间可能有所不同，包括建筑使用者、管理团体、政府机构和其他决策者。一般来说，个人都是风险厌恶者，并期望通过接受风险的边际增长而获得实质性收益。政府和大型自保组织倾向于风险中性（见 Ellingwood 2001，NITIR 7396 2007，CIB 2001）。

① 译者注：损失度量（Loss metric=LM），是用来衡量决策结果与期望结果之间差异的指标。

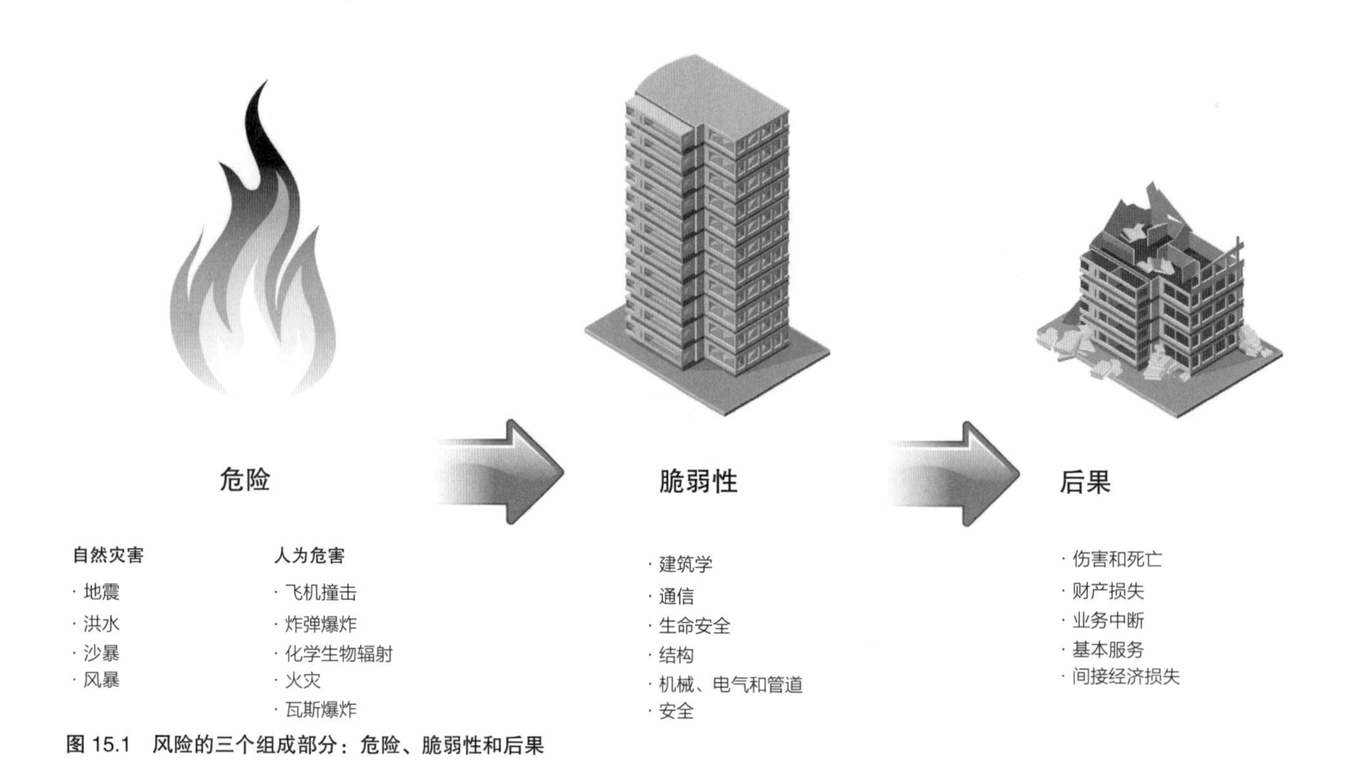

图 15.1　风险的三个组成部分：危险、脆弱性和后果

此外，公众并没有“理性地”平等考虑所有风险：对于公众来说，他们对低概率、高后果事件的容忍度比高概率、低后果事件的容忍度更低。公众对涉及大量人员的事件的看法也不同于涉及个人的事件，例如航空事故和汽车事故。同样，公众也不喜欢高层建筑发生多起死亡火灾，但一般来说，他们对住宅建筑每次事故的死亡人数较少的情况不太关心。最后，背景取决于风险管理的需要，在风险缓解方面的投资需要与可用资源进行权衡。

在高层建筑的设计中，存在着多种不确定性来源。其中一些不确定性是固有的（隐含的），例如危险发生和材料强度，而另一些是基于知识的（认知的），例如设计假设和分析模型中的近似值。对于结构设计，危险和强度的不确定性在历史上都是在可靠性框架内使用荷载和阻力系数计算的（ASCE 2010）。风险是不确定性的自然结果。因此，风险虽无法消除，但必须通过加以管理降低风险。利益相关者和社会必须接受一定程度的风险才能实现目标。高层建筑的设计者和业主需要的是社会可接受的风险水平的量化。

建筑规范和标准中隐含的是社会可接受的建筑危害后果或可接受的建筑危害风险；见美国土木工程师协会 ASCE 7-10（ASCE 2010）的 C1 和 C2 章。然而，高层建筑的“可接受风险”并没有明确量化，它是一个相对的术语，只能在其他领域常用的情况下确定（例如癌症风险或核工业、化学工业和近海工业中的风险），略微降低风险所需的投资，以及风险增加造成的损失（Ellingwood 2001 年）。根据佩特·康奈尔（1994）的说法，在社会一般不要求任何监管指导的情况下，失败的风险概率每年约为 10^{-7}。如前所述，可接受的风险水平取决于不同利益相关者的观点。风险管理程序用于评估人们安全性增加、损坏减少、维修成本、停工时间减少、高层建筑和其他花费之间的经济和社会权衡。

危害和脆弱性

高层建筑由于其复杂性，被认为是一个具有许多相互作用、相互依存系统的体系。其中包括（图 15.1）：

- 建筑系统，包括建筑布局、内部空间平面图、隔墙、玻璃和覆层（立面）系统；
- 通信和信息技术系统；
- 生命安全系统，包括主动和被动消防系统、火灾报警系统，以及出口和应急响应通道系统；
- 结构系统，包括重力和横向负载—抵抗系统；
- 机械、电气和管道（MEP）系统，包括供水和分配、天然气配电、发电和配电，以及空气处理系统（加热和冷却）；
- 安全系统，包括物理屏障和安全计划、设备、操作和程序。

单个危险可能影响、损坏或中断多个系统的操作。例如，在给定的危害期间，结构系统的性能可能会直接影响其他系统的性能，包括建筑和生命安全系统，此外，还包括安置在建筑物内部、顶部或下方的公用设施基础设施。最终，当危险导致结构系统崩溃时，所有其他系统也会失效。

危险可以是自然的，也可以是人为的。“自然灾害”通常指自然事件，如风暴或地震。相反，人为危险源于人类活动，包括意外（技术）危险和蓄意攻击，如纵火或恐怖主义。意外危险，如意外火灾或意外车辆撞击，会产生意外后果。蓄意攻击是指对人或财产的恶意武力和暴力行为，如炸弹爆炸或化学、生物或放射性（CBR）攻击。

通过危害的年概率或平均发生率来量化危险是可取的。泊松概率模型已被用于对时间上随机发生的事件进行建模，例如自然和意外危险，这些危险不会因人为干预而改变（Melchers 1999，Ang 和 Tang 1975）。但是，泊松模型不适用于涉及恐怖或纵火事件的骚乱，因为这些事件是针对特定目标的蓄意事件，目的是最大限度地扩大社会破坏和影响。

建筑规范和标准在设计高层建筑时，通过明确规定最低设计基础，考虑自然灾害，如地震和风荷载。一般来说，高层建筑的设计符合规定的要求，因此可能容易受到超出建筑规范和标准要求的罕见自然灾害（如龙卷风或大于设计规定的地震）的影响。

在评估暴露于各种自然和人为危害的高层建筑的风险时，考虑多种危害可能会节省成本、提高效率并改善性能。多重危害设计应仔细考虑各种危害缓解策略之间的协同效应或缺乏协同效应。例如，由于增强了结构的完整性和冗余度，抵抗连续性（渐进）倒塌的设计可能有利于抗震，反之亦然。另一方面，建筑物周围的物理屏障对防止汽车炸弹是有效的，但一旦发生火灾，可能会给消防车进入造成困难。另一个例子是地震和爆炸荷载之间的冲突，质量的减少可以提高抗震性能，但会降低抗爆性。本节概述了可能对高层建筑产生重大不利影响的主要危险，并强调了建筑系统的脆弱性。

自然灾害

有大量的统计和科学信息表明，可以利用数学概率估计未来自然灾害的发生率。例如，地震的严重程度可以根据与给定年数（比如 50 年）中超出概率（比如 2%）相对应的震动水平（加速度值），或在给定时间段（比如 2500 年）中超过震动水平的概率来指定，或者与定量风险相关的震动。地震、严重风暴和洪水的概率通常用术语“重现期”或“平均重现期”（MRI）来表示。它们被定义为具有指定强度的事件的预期发生次数之间的平均时间（以年为单位）。最近对遭受非同时多重危害的结构的研究表明，极限状态的 MR1 在多重危害下可能比在任何单独危害下都短（Duthinh 和 Simiu 2010）。

气候变化可能影响未来自然灾害的发生频率和强度。根据政府间气候变化专门委员会（IPCC）的说法，大气中温室气体的增加可能会提高大多数陆地表面的温度，尽管具体的变化会因地区而异。气候变化对自然灾害产生的影响可能包括（气专委 2007）:

1. 强降水事件频发，导致许多地区，特别是高海拔地区山洪和大面积洪水频发。

2. 增加野火的频率和强度，特别是在森林和泥炭地。

3. 热带气旋活动强度增加，包括飓风和台风。

4. 由于海平面上升和更强烈风暴的共同作用，风暴潮更加频繁和强烈。

地震

定义地震危险性的主要参数是地震动峰值加速度、强震持续时间及其频率特性，这些参数可以用地震反应谱来描述。地震会造成灾难性的破坏，包括建筑物倒塌和巨大的生命损失（图 15.2）。高层建筑的结构体系特别容易受到地震的影响。结构构件（如梁、柱、墙、支撑和连接）可能因地震激发而受损。结构损坏和/或结构严重变形会损坏其他非结构系统，包括建筑、生命安全和 MEP 系统。地震还可能导致天然气管道破裂或产生其他可能导致震后火灾的危险条件。更多信息见本书第 19 章。

风暴（飓风、台风、旋风和龙卷风）

定义风危害的参数是风速、方向和建筑物的空气动力响应（取决于建筑物的形状、几何结构、高度和暴露程度），包括可能的气动弹性效应。新的压力测量技术与计算机密集型方法结合使用，可以大大改善对高层建筑风效应的估计。最近的研究表明，对于对风有动态响应的高层建筑，可能需要实施更大的荷载系数，以考虑与动力特性（如阻尼比和固有频率）相关的附加不确定性（Gabbai 等人，2008）。建筑外壳（玻璃和覆层系统；图 15.3）和结构系统可能容易受到严重风暴的影响。结构损坏和/或严重变形会损

图 15.2　在 2010 年 2 月 27 日智利马乌莱 8.8 级地震中，康塞普西翁的托雷奥希金斯办公楼 21 层的部分倒塌和严重损坏
版权方：Jay Harris.NIST.

图 15.3 2005 年卡特里娜飓风造成新奥尔良商业区有 26 层的凯悦酒店建筑外壳损坏。破碎的窗户使雨水和碎片进入建筑物，造成额外的损坏

版权方：Keith Porter，科罗拉多大学博尔德分校 SPA 风险有限责任公司

坏其他非结构系统。层间漂移会损坏玻璃和覆层系统，并且增加速度会导致人的不适。此外，风暴期间的风载碎片和水渗透也是高层建筑所关注的问题。

沿海和河流洪水

沿海洪水（正常潮位以上的海水淹没海洋海岸沿线的陆地区域）包括热带气旋天气系统（飓风、热带风暴和台风）期间的风暴潮和地震后的海啸（地震活动引起的浪涌）。河流洪水包括由于降雨或融雪径流累积而造成的洪泛区淹没。定义危害的参数是水深，包括风暴潮时的浪高、水动力效应的水流速度和洪水持续时间。对于高层建筑，洪水会导致较低楼层和其中的建筑系统（包括应急发电机、消防系统和电梯井）被淹没和被水损坏，但通常不会危及建筑的结构安全。然而，洪水的范围可能足够大，严重影响人们在正常或紧急模式下从大楼撤离的过程。

沙尘暴

沙尘暴是一种通过空气携带沙子，在地面附近形成云的风暴。这种现象在干旱和半干旱地区很普遍。空气中尘埃的主要来源是撒哈拉沙漠和阿拉伯半岛周围的旱地。当风达到临界速度时，沙粒开始沿着地面向前滚动。在更高的风速下，沙粒以“跳跃”的方式移动，在这个过程中，沙粒被暂时提升，然后以跳跃的方式沿表面反弹。与其他危害相比，沙尘暴对高层建筑的危害较小，但可能导致沙子渗入建筑物，影响覆层、居住者、电子和机械设备、食品和饮用水。

人为灾害

与自然灾害相比，人为灾害发生的概率更难估计。例如，蓄意攻击是社会政治趋势的作用，可能很难确定其发生的概率分布。可以从世界各地的各种组织中获得有关人为危害的统计数据和趋势，例如，对于世界各地的恐怖主义袭击，可从美国国家反恐中心（2009）获得数据。以下是在高层建筑的设计和风险评估中可以考虑的几种人为风险。

飞机和车辆撞击

定义飞机撞击危险的参数包括飞机质量、撞击速度和方向以及喷气燃料量。建筑物并不会专门设计来承受满载燃料的商用飞机的冲击，建筑规范也不要求建筑物考虑飞机的冲击。然而，1945 年一架 B-25 轰炸机撞上帝国大厦后，高层建筑的设计者开始意识到飞机可能与建筑物相撞。国家运输安全委员会（NTSB）等组织负责统计民用航空事故数据，包括涉及建筑物的事故数据。根据国家运输安全委员会的数据，一半以上的事故发生在机场，只有 30% 的事故发生在距离机场 8km 以上的地方。军用飞机的建筑碰撞率低于民用飞机。因此，对于距离机场一定距离的建筑物，每年的撞击概率小于 10^{-7}（NISTER 7396 2007）。但是，某些高层建筑可能需要进行特定于场地的分析。飞机和/或其碎片路径上的所有建筑系统都可能容易受到飞机撞击。结构部件的损坏会导致结构系统逐渐失效，这也可能损坏非结构系统。由于喷气燃料的散布而产生的撞击引起的火灾是另一种危险，它会对许多建筑系统造成重大损害，并导致渐进性故障。有些设计还可能考虑到车辆碰撞的可能性，暴露在车辆中的结构元件和其他系统可能容易受到伤害。

火灾

定义火灾危险性的参数包括可燃物负荷、可燃物性质、隔间通风和边界表面。隔间面积大于 1000m^2 或存在高火灾危险的材料，如大型燃料负载场地、储气罐、易燃液体或爆炸性材料，代表着更高的威胁。2003—2006 年间，美国的高层建筑平均每年发生 13400 起火灾，造成 62 人死亡，490 人受伤，1.79 亿美元的财产损失（Hall 2009）。此外，高层建筑的火灾更难扑灭。高层建筑火灾的主要火源是电气和燃气设备、香烟和电路短路（USFA 2002）。办公室和商业设施的火灾平均发生概率约为每年每平方米 10^{-6}（CIB W14 1983，SFPE/SEI 2003）。

着火后，火灾探测和缓解系统的存在和可靠性会影响闪络效应（能够造成重大结构损坏的完全发展的火灾）的可能性。鉴于典型的闪络概率为 0.01—0.02（假设有可用的洒水系统），因此，结构性重大火灾的平均发生概率约为每年每平方米 10^{-8}（NIST TN 1681 2010）。高层建筑火灾的例子包括纽约的纽约广场（1970）、洛杉矶的第一洲际银行（1988）、费城的子午线广场（1991）、纽约的世界贸易中心（WTC）7 号楼（2001）、马德里的温莎大厦（2005）和北京的文华东方酒店（2009）。图 15.4 显示了由于火灾而造成的立柱和地板损坏的示例。暴露于火灾中的建筑系统，包括结构、建筑和 MEP 系统，可能容易受到火灾的破坏性影响。火灾对结构系统的主要影响是热膨胀及强度和刚度的降低，可能导致构件和连接件损坏或失效，如果这种情况广泛存在，可能导致火灾引起的建筑不均匀地倒塌。

火灾还对建筑物的居住者构成危险。居住者可能暴露在高温、烟雾和有毒气体中。有效剂量分数（FED）和有效浓度分数（FEC）是评估疏散期间居住者可能接触的各种有毒气体累积量的常用方法（ISO 13571 2007）。更多信息见第 23 章。

炸弹爆炸和气体爆炸

定义炸弹爆炸危险的参数包括以三硝基甲苯（TNT）的当量磅为单位测量的炸弹尺寸，以及从炸药中心到引燃部件的距离。高层建筑通常位于密集的城市环境中，并包含地下停车场和装卸码头，使其对汽车炸弹具有吸引力。例如 1993 年纽约世贸中心北塔爆炸案；1993 年伦敦纳特韦斯特塔主教门爆炸案；1996 年沙特阿拉伯霍巴尔塔爆炸案。仅在 1998 年，美国就有超过 225 起针对建筑物的爆炸袭击，其中不包括住宅（FBI 1998）。这表明，每栋建筑的爆炸年发生概率约为 2×10^{-6}。然而，此类事件的发生频率每年都可能有很大的差异。

瓦斯爆炸对天然气管道所在的高层建筑构成潜在危险。莱耶德克和伯内特（1976）指出，美国住宅内气体爆炸的平均发生概率约为每年每个住宅 2×10^{-5}。这一比率大约比英国低一个数量级。在拥有大量住宅单元的建筑物中，爆炸发生率高于单户建筑物。

炸弹爆炸和气体爆炸可能对靠近爆炸源的居民造成严重后果。此外，所有暴露的建筑系统都可能受到爆炸冲击波或爆炸的影响。由于爆炸导致建筑物的关键结构部件（如柱或转换梁）损失，可能造成额外的结构损坏，甚至连续性倒塌。爆炸引起的二次火灾是另一种可能造成重大损害的危险。

图 15.4 （右）9 层 WTC 5 中柱和梁翼缘的屈曲，以及（左）38 层的子午线广场办公楼中的地板系统因火灾而下垂
版权方：（右）FEMA 403（2002），（左）USFA-TR-049（1991）

化学、生物或放射（CBR）攻击

定义 CBR 攻击危险的三个参数包括暴露、持续时间和 CBR 试剂的浓度。每个不同的 CBR 剂的影响和攻击方法可能都不同。CBR 攻击是一种新兴的威胁，由于受污染面积大，受影响人数多，响应和恢复的经济成本高，因此备受关注。CBR 威胁可从外部或内部传递到建筑物。外部威胁可能在远离建筑物的位置释放，也可能通过进气口或其他开口直接释放。内部威胁可能会传递到无障碍区域，如大厅、收发室、装货码头或出口路线。特别令人关切的是使用一种放射性扩散装置，称为“肮脏的核武器”或“脏弹”，它将常规爆炸物与放射性物质结合起来，目的是在大面积散布危险数量的放射性物质。建筑物的空气处理系统和供水系统特别容易受到 CBR 攻击。

风险缓解

在考虑对高层建筑的威胁时，有两种主要的降低风险的方法：（1）防止危险发生，（2）一旦危险发生，设法应对危险产生的影响。预防几乎总是首选的战略（尽管通常不可能对自然灾害进行预防），因为预防避免了对后果应对的需要，而且可能更具成本效益。例如，如果飞机撞击被认为是一种潜在的危险，预防可能是最合理的方法，因为处理事故可能会使成本高昂。对于其他威胁，预防和缓解战略的结合可能是最合适的。例如，高层建筑的消防安全将强调既要防止不必要的内部火灾（例如，防火家具的使用）又要减轻火灾影响（例如，喷头）的战略制定。

风险评估方法

为了评估缓解策略，需要一个风险评估框架。明确的风险评估技术起源于20世纪30年代和40年代，有几种风险评估方法，其复杂性各不相同：清单法、叙述法、索引法和概率法（Watts 1981）。清单法列举了特定威胁和目标的脆弱性和风险缓解考虑因素。叙述法比清单法更为复杂，它定性地描述了考虑威胁和/或目标的风险缓解最佳做法。指数法是以一套预先确定的危险和脆弱性标准和标准值对建筑物的风险和后果的定量评估。最后，最复杂的技术是概率法。概率法使用事件树、故障树或影响图等技术来量化风险的组成部分。

针对建筑物的保护，FEMA 426/BIPS 06（2011）和FEMA 452（2005）基于指数法正式确定了风险评估过程，采用四步风险评估方法：

1. 评估建筑物的危害；
2. 评估脆弱性（根据危害和保护措施评估场地和建筑系统设计）；
3. 使用资产价值（包括资产的临界性和人员数量）作为衡量标准来确定危害的后果；
4. 评估风险（在缓解措施的背景下，每种威胁的可能性和影响）。

为每个潜在的危险和建筑功能及系统定义危险、脆弱性和后果等级（从低到高，范围在1到10之间）。风险矩阵的计算公式如下：

风险等级 = 危害等级 × 脆弱性等级 × 后果等级

基于风险等级，采用基于风险的框架，对得分最高的矩阵元素制定缓解策略。其他风险评估和缓解资源包括国际建筑理事会（CIB 2001）的土木工程风险评估和风险沟通、世界高层建筑和都市人居学会（CTBUH 2002）的建筑安全指南，美国供暖、制冷以及空调工程师协会的《在建筑物中公共健康和安全风险管理指南》（ASHRAE 2009）和结构安全联合委员会（JCSS 2008）的《工程风险评估》。

高层建筑的设计方案取决于经济和性能方面的考虑因素。生命周期成本评估方法已经标准化（见ASTM E917-05，2010），用于测量建筑物和建筑系统生命周期成本的标准实施规程）。使用共识一致的经济标准可确保充分考虑建筑设计方案的前期和长期成本（或节省）。当成本效益分析与风险评估工具相结合以评估设计和缓解方案时，利益相关者能够优化设计决策。

缓解策略

在识别特定危害和脆弱性的基础上，可针对每个建筑系统实施缓解策略，以最大限度地减少不必要的后果。缓解策略的有效性通常取决于其可靠性、能力和冗余度。以下是主要建筑系统常用缓解策略的简要概述。

建筑系统

建筑设计是决定高层建筑在自然灾害和人为灾害中性能的重要因素。建筑结构应允许有效的设计以抵御危险，而结构必须支持建筑的功能和美学。因此，必须在架构师、工程团队和安全专家之间进行密切的协调，以确保架构特性不会导致不理想的性能。建筑结构配置，包括尺寸、形状和比例，影响着建筑的刚度和质量分布。对于抵抗地震和风荷载的横向阻力，理想的配置可能包括降低高度与基础的比率、相等楼层高度、刚度或质量无突变、对称的平面形状、各个方向的平衡抗力、最大的扭转阻力以及没有悬臂梁的直接传力路径。

某些建筑结构，如U形或L形，以及具有凹角的建筑，往往会捕获和反射冲击波，放大爆炸效果。长而不间断的跨度和大隔间可能会使建筑物易受火灾影响（NIST NCSTAR 1A 2008），需要采取特殊的防火措施，并评估结构部件和连接件抵抗火灾影响的能力。隔墙、覆层和玻璃系统需要适应横向荷载下的层间位移，并正确地固定在主要结构系统上。战略性材料选择（窗户、窗帘或覆盖层）可用于抵抗来自建筑围护结构外部的爆炸压力或发射物，以及强风和风载碎屑。更多详情见 FEMA 426/BIPS 06（2011）和 NAEIM（2001）。

安全系统

安全性是人为威胁的主要防御措施，并根据个人威胁情况进行调整。安全措施需要纳入建筑物的建筑布局中。安全计划和设计的关键是实施适当的对策，以阻止、延迟、检测和拒绝攻击。通常，应对措施包括分层防御概念（“洋葱”理念），它规定了从建筑场地外部到内部更受保护区域的更高安全级别。为了防止车辆或其他爆炸装置靠近，可设置障碍物和物理屏障。

可使用机器扫描、视频、动物或训练有素人员对入口点进行筛选，以检测更多便携式威胁。可以在特别重负荷的位置（如调谐质量阻尼器、发电机、保险库、水箱和游泳池），以及敏感区域（如收发室和空气处理系统）提供安全通道。此外，封锁或其他隔离方法可能有助于减少武装攻击的可能性。有关更多详细信息，请参阅 Conrath 等人（1999）、FEMA 426/BIPS 06（2011）和 UFC（2003）。

结构系统

已经进行了大量的研究并总结设计经验为设计和减轻自然灾害，特别是地震和风的影响（见第 19 章和第 20 章）。最近，为减轻爆炸影响（Conrath et al.1999）、连续性结构倒塌（NISTIR 7396 2007）和火灾对结构系统的影响（NIST TN 1681 2010）制定了最佳实践指南。

所有竖直和横向传力路径连续的结构系统是非常理想的，其中结构构件与能够发挥构件全部承载力的连接件结合在一起。结构冗余增强了建筑的稳健性，减轻了连续性倒塌的可能性。冗余度是基于为建筑物的垂直和横向抗荷载系统设计的交替荷载路径。延性设计和细节设计也提高了损伤容限，因为结构构件及其连接件需要在承受大变形时保持其强度。结构系统冗余度的增加使建筑能够减轻损伤而不会倒塌；世贸中心的外墙在飞机撞击造成的广泛损伤后仍然屹立不倒就是一个很好的例子。此外，加固关键结构构件以抵抗异常荷载也是一种有效的缓解措施。

生命安全系统

生命安全系统包括主动和被动消防系统、火灾报警系统、出口和应急响应通道系统。消防系统（包括洒水装置和其他专业灭火、火灾探测或警报、分隔、烟雾控制和结构防火装置）对高层建筑安全至关重要，因为在使用寿命内发生火灾的可能性很高。降低内容物的可燃性和易燃性，使用防烟屏障或防火组件控制热量和烟雾，以及使用火灾报警系统通知居住者火灾的发生，是减少居住者火灾威胁的主要手段。消防系统的有效性取决于其可靠性、尺寸能力和冗余度。

高层建筑由于其高度，给疏散和应急响应规划带来了独特的挑战。因此，高层建筑设计应考虑在危险情况发生时的总体人员疏散时间，包括行程距离、出口数量和位置以及楼梯间和通道门的宽度。在紧急情况下供居住者和急救人员使用的电梯设计方面的创新，可能会显著改善高层建筑的疏散和急救人员通道。请注意，对于某些威胁，最好是提供就地避难所。此外，紧急情况下出口 / 入口系统的可用性可能取决于部件对特定威胁的抵抗力（例如，使用防火隔墙或硬化的电梯井围墙防止超压）。

设备、电气和管道系统

供暖、通风和空调（HVAC）系统可能会造成关键脆弱性，因为它们通过地板、墙壁和天花板组件中的贯穿件连接建筑物的大部分。尤其是，管道系统提供了将有毒气体和颗粒分散到整个建筑物中的方法。通常有几种防御措施用于保护空气处理系统：源保护、分区、传感、分离和过滤。源保护可防止供气装置无意或故意将有害气体或颗粒吸入系统。将进气口设置在远离地面的位置可最大限度地减少意外污染（例如，来自空转车辆的污染）的进入，并最大限度地减少有意引入危险物质的可能性。分区包括将暖通空调系统划分为独立的部分，这些部分可以限制建筑物不同区域之间空气传播物质的分布。

传感器可以安装在空气处理系统内，以检测烟雾或其他有害颗粒的存在，但这种方法目前还没有广泛应用。据推测，随着传感器和控制技术的进步，传感器可以被集成到建筑报警系统中，并可被设计用于做出特定的行动，例如分离。分离包括在系统内打开或关闭风门，以停止气流或将气流转向排气口。

最后，可以使用过滤器确保有害颗粒被捕获在系统中，从而减少潜在后果。空气净化越来越多地应用于去除有害气体。对于沙尘暴，使用防沙进气口和使用可清洗的过滤器可以提供保护措施。更多信息，见 CDC/NIOSH（2002、2003）。

通信和信息技术系统

通信系统对应急管理和响应至关重要。首先，火灾报警系统、公共广播系统和其他大规模通知技术的设计应能在一系列危险中为居住者提供正确的保护措施。特定的行动可以通过声音或基于文本的指令来传达。其次，应建立通信系统，并由应急响应人员进行测试，以确保对整个建筑的有效性；由于高层建筑通常使用大量混凝土和钢材，因此应特别注意射频传输。此外，还应为关键信息技术设备和数据提供额外的安保和防护。

建筑规范和标准的作用

建筑规范和标准对于管理公共健康、安全和福利方面的风险至关重要。传统的、规定性的建筑规范和标准提供了最低的安全阈值水平。但是，基于性能的方法能够实现创新和成本效益高的设计解决方案，并且可能需要考虑超出规定规范范围的危害和业主要求。基于性能的设计是一种正式的方法，用于预测建筑物在特定危险或危险范围内的性能。在过去 20 年中，在支持基于性能的自然和人为危害的设计评估所需的计算方法和软件工具的准确性和效率方面都取得了实质性的改进。

作为基于性能的方法文件记载的一个例子，2009 年 ICC 性能规范（ICC〔国际准则理事会〕2009）通过详列一系列事件规模的性能要求，获取了建筑物资产价值的概念（后果的衡量）。2009 年 ICC 性能规范根据一系列自然灾害的平均重现期对设计事件规模进行了量化。性能水平（例如最大可接受损伤）是建筑物重要性和事件规模的函数。高层建筑通常被归类为性能组Ⅲ，除非它们包含对生命安全服务持续性至关重要的租户（如消防、警察或政府官员）、包含危险材料或关键基础设施（如发电或配水），在这种情况下，该建筑将被归类为性能组Ⅳ去设计。例如，在一个小规模的事件之后，高层办公楼的预期性能将立即被重新占用，但是在一个大型事件之后的重新占用之前，可能允许短时间的修复。

基于性能的设计文件记载的另一个例子是 NFPA 5000：建筑施工和安全规范（NFPA〔国家消防协会〕2009），它为建筑设计提供性能目标，而不是规定性要求。此外，世界各地也有国家和国际机构正在为自然和人为危害制定性能规范和标准。英国标准协会（UK）、法国标准协会（AFNOR）、德国标准协会（DIN）和澳大利亚标准协会（Standards Australia）就是全国性的例子。

欧洲联盟（欧盟）创建了欧洲标准化委员会（CEN），以代表欧盟的集体观点（尽管个别国家机构继续运作），并且成员国在制定 CEN 标准的情况下，不得制定国家标准。同样，根据《维也纳协定》，欧洲标准化委员会遵守国际标准，包括国际标准化组织（ISO）；见 Bukowski（2002）。

建筑规范和标准会因重大损失事件而修改。例如 1911 年纽约市发生的三角衬衫厂火灾、1968 年的罗南角公寓倒塌、1994 年的北岭大地震和 2001 年的世贸大厦倒塌。新的规范要求可能反映了从事件分析中获得的新见解，基于事件后研究的新理解，或者可能只是反映了公众对先前已知问题支持的转变。

根据对世贸中心大楼倒塌的调查，美国国家标准与技术研究院（NIST）发布了30项改进高层建筑规范、标准和实践的建议（NIST NCSTAR 1 2005，NIST NCSTAR 1A 2008）。这些建议背后的前提是，与低层建筑中的相同危险或一系列危险相比，高层建筑的故障或倒塌的后果是巨大的。因此，高层建筑的业主和设计师以及公职人员必须为因位置、用途、占用率、历史或标志性地位等而面临风险的建筑确定适当的性能要求。NIST的这些建议导致了美国建筑规范和标准的重大变化，包括：

- 对于高度超过128m的建筑物，增加一个出口楼梯或人员疏散电梯；
- 对于高度超过37m的建筑物，至少增加一台消防电梯；
- 提高防火黏结强度；
- 防火现场安装要求；
- 设备、电气、管道、喷水装置和天花板系统粗略安装后的防火厚度、密度和黏结强度的说明；
- 128m及以上建筑物的结构构件和装配件的耐火等级提高1小时；
- 采用"结构框架"的耐火评级方法，要求主要结构框架的所有构件都具有柱子通常要求的较高的耐火等级；
- 在高度超过23m的建筑物内划定出口路径（包括垂直出口围墙及通道）的发光标记；
- 新的结构完整性要求提高对连续性结构倒塌的抵抗力。

总结

高层建筑的故障或倒塌的后果是灾难性的。因此，在评估和管理高层建筑的风险并减轻其脆弱性时应格外谨慎。本章将风险的概念定义为危险发生概率、建筑物脆弱性和由此产生的后果的产物。本章还确定了影响高层建筑的最常见的自然和人为危害，并提出了管理或降低各种高层建筑系统风险的缓解策略。此外，还讨论了社会期望，包括建筑规范和标准在高层建筑风险管理中的作用。

致谢

作者从NIST的以下专家的评论中获益：斯蒂芬·考夫曼、罗伯特·查普曼、理查德·甘恩、约翰（杰伊）哈里斯、埃里克·莱文、H.S.卢、约瑟夫·梅因、特雷斯·麦卡利斯特、南希·麦克纳布、安德鲁·佩斯利和埃米尔·西米。然而，这一章内容的责任人是作者。

参考文献

Ang, A. H-S. and Tang W. H. (1975) *Probability Concepts in Engineering Planning and Design: Basic Principles*, John Wiley, New York.

ASCE (2010) *Minimum Design Loads for Buildings and Other Structures*, SEI/ASCE 7-10, American Society of Civil Engineers, Reston, VA.

ASHRAE (2009) *Guideline for the Risk Management of Public Health and Safety in Buildings*, ASHRAE Guideline 29-2009, American Society for Heating, Refrigeration, and Air-Conditioning Engineering, Atlanta, GA.

ASTM E917 – 05 (2010) *Standard Practice for Measuring Life-Cycle Costs of Buildings and Building Systems*, ASTM International, West Conshohocken, PA.

Bukowski, R. W. (2002) "The Role of Standards in a Performance-Based Building Regulatory System," in Almand, K., Coate, C., England, P., and Gordon, J. (eds.) *Performance-Based Codes and Fire Safety Design Methods*, 4th International Conference Proceedings, March 20–22, 2002, Melbourne, Australia, pp. 85–94.

Bukowski, R. W., Budnick, E. K., and Schemel, C. F. (1999) "Estimates of the Operational Reliability of Fire Protection Systems," in *International Association of Fire Safety Science (IAFSS)*, October 4–8, 1999, Chicago, IL, pp. 87–98.

CDC/NIOSH (2002) *Guidance for Protecting Building Environments from Airborne Chemical, Biological, or Radiological Attacks*, Publication No. 2002-139,

Center for Disease Control and Prevention/National Institute for Occupational Safety and Health, Cincinnati, OH.

CDC/NIOSH (2003) *Guidance for Filtration and Air-Cleaning Systems to Protect Building Environments from Airborne Chemical, Biological, or Radiological Attacks*, Publication No. 2003-136, Center for Disease Control and Prevention/National Institute for Occupational Safety and Health, Cincinnati, OH.

CIB (2001) *Risk Assessment and Risk Communication in Civil Engineering*, CIB No. 259, Conseil International du Bâtiment, Rotterdam.

CIB W14 (1983) "A Conceptual Approach Towards a Probability-Based Design Guide on Structural Fire Safety," *Fire Safety Journal* 6(1), 1–79.

Conrath, E., Krauthammer, T., Marchand, K. A., and Mlakar, P. F. (1999) *Structural Design for Physical Security: State of the Practice*, American Society of Civil Engineers, ASCE/SEI, Reston, VA.

CTBUH (2002) *Building Safety Guidebooks: Assessment Guidebook/Enhancement Guidebook*, Council on Tall Buildings and Urban Habitat, Chicago, IL.

Duthinh, D. and Simiu E. (2010) "Safety of Structures in Strong Winds and Earthquakes: Multi-Hazard Considerations," *Journal of Structural Engineering* 136, 230–3.

Ellingwood, B. R. (2001) "Acceptable Risk Bases for Design of Structures," *Progress in Structural Engineering and Materials* 3(2), 170–9.

Elms, D. G. (1992) "Risk Assessment," in D. Blockley (ed.), *Engineering Safety*, McGraw-Hill International, Berkshire, UK, pp. 28–46.

FBI (1998) *1998 Bomb Incidents*, FBI Bomb Data Center General, Bulletin 98-1, Federal Bureau of Investigation, Washington, DC.

FEMA 403 (2002) *World Trade Center Building Performance Study: Data Collection, Preliminary Observations, and Recommendations*, Federal Emergency Management Agency, Washington, DC.

FEMA 426/BIPS 06 (2011) *Reference Manual to Mitigate Potential Terrorist Attacks Against Buildings*, Department of Homeland Security, Washington, DC.

FEMA 452 (2005) *Risk Assessment: A How-To Guide to Mitigate Potential Terrorist Attacks Against Buildings*, Federal Emergency Management Agency, Washington, DC.

Gabbai, R. D., Fritz, W. P., Wright A. P., and Simiu, E. (2008) "Assessment of ASCE 7 Standard Wind Load Factors for Tall Building Response Estimates," *Journal of Structural Engineering* 134, 842–5.

Hall, J. R. (2009) *High-Rise Building Fires*, National Fire Protection Association, Quincy, MA.

ICC (2009) 2009 *ICC Performance Code for Buildings and Facilities*, International Code Council, Falls Church, VA.

IPCC (2007) *Climate Change 2007: Synthesis Report: Contribution of Working Groups I, II and III to the Fourth Assessment Report of the Intergovernmental Panel on Climate Change*, IPCC, Geneva, Switzerland.

ISO 13571 (2007) *Life-Threatening Components of Fire: Guidelines for the Estimation of Time Available for Escape Using Fire Data*, International Organization for Standardization (ISO), Geneva.

JCSS (2008) *Risk Assessment in Engineering: Principles, System Representation and Risk Criteria*, Joint Committee on Structural Safety, Zurich, Switzerland. Available at: http://www.jcss.ethz.ch/publications/JCSS_RiskAssessment.pdf

Leyendecker, E. V. and Burnett, E. (1976) *The Incidence of Abnormal Loading in Residential Buildings*, Building Science Series No. 89, National Bureau of Standards, Washington, DC.

Melchers, R. E. (1999) *Structural Reliability: Analysis and Prediction*, John Wiley, New York.

Naeim, F. (ed) (2001) *The Seismic Design Handbook*, 2nd edition, Kluwer Academic Publishers, Boston, MA.

National Counterterrorism Center (2009) *2009 Report on Terrorism*, Washington, DC. Available at: http://www.nctc.gov/witsbanner/docs/2009_report_on_terrorism.pdf

NFPA (2009) *NFPA 5000: Building Construction and Safety Code*, National Fire Protection Association, Quincy, MA.

NISTIR 7396 (2007) *Best Practices for Reducing the Potential for Progressive Collapse in Buildings*, National Institute of Standards and Technology, Gaithersburg, MD.

NIST NCSTAR 1 (2005) *Federal Building and Fire Safety Investigation of the World Trade Center Disaster: Final Report of the National Construction Safety Team on the Collapses of the World Trade Center Towers*, National Institute of Standards and Technology, Gaithersburg, MD.

NIST NCSTAR 1A (2008) *Federal Building and Fire Safety Investigation of the World Trade Center Disaster: Final Report of the National Construction Safety Team on the Collapse of World Trade Center Building 7*, National Institute of Standards and Technology, Gaithersburg, MD.

NIST TN 1681 (2010) *Best Practice Guidelines for Structural Fire Resistance Design of Concrete and Steel Buildings*, National Institute of Standards and Technology, Gaithersburg, MD.

Paté-Cornell, E. (1994) "Quantitative Safety Goals for Risk Management of Industrial Facilities," *Structural Safety* 13(3), 145–57.

SFPE/SEI (2003) *Designing Structures for Fire*, Society of Fire Protection Engineers, DesTech Publications.

UFC (2003) *DoD Minimum Antiterrorism Standards for Buildings, Unified Facilities Criteria (UFC) 4-010-01*, Department of Defense, Washington, DC.

USFA (2002) *Highrise Fires*, Topical Fire Research Series 2(18), U.S. Fire Administration.

USFA-TR-049 (1991) *Highrise Office Building Fire, One Meridian Plaza (Philadelphia, Pennsylvania)*, Technical Report Series, U.S. Fire Administration.

Watts, J. (1981) "Systematic Methods of Evaluating Fire Safety: A Review," *Hazard Prevention* 18(2), 24–7.

第四部分

高层建筑结构

简介

戴夫·帕克（Dave Parker）

1984年，诺贝尔奖获得者生物学家彼得·米达沃爵士写道：

> 考虑到美国人对拥有一栋比别人高的摩天大楼有较大的公民自豪感，人们可能会想为什么摩天大楼的高度没有城市居民所希望的那么高。这个问题的答案是显而易见的：除非上层保持无人居住，否则分配给下层电梯的建筑面积比例很快就会变得非常不经济——事实上，电梯由外面升上来的那些高层建筑生动地提醒了我们这一点。

这是在一本名为《科学的极限》的书中写的，它警告人们凝视水晶球的危险，特别是在自己的专业领域之外冒险的风险。由于彼得爵士于1987年去世，他对哈利法塔或双子星塔的评价是不可知的。历史上到处都是这样的例子：科学和技术的发展速度让受人尊敬的专家们显得很愚蠢。在过去的二三十年里，高层建筑专业人员的知识基础得到了极大扩展，同时新的工具和材料也得到了广泛应用。第三部分描述了这些新的可能性是如何塑造高层建筑的，以及在21世纪，标志性的摩天大楼是如何发展的，远远超出了在1984年所能想象的范围。在第四部分中，重点是如何将客户和建筑师的愿景和概念实现为稳定、高效、安全和耐用的结构。

正如第四部分前两章所证实的那样，高层建筑的结构极限仍然遥不可及，任何项目可能追求的高度更多的是由客户的乐观情绪或自我决定的，而不是材料强度的不足或结构工程师的聪明才智。建造一座高达828m的哈利法塔的动机不太可能是重大的技术突破，尽管必要的技术和专业知识已经存在。政治和民族主义可能是主要由主权财富基金支持的驱动力，象征意义将比经济意义重要得多。

随着人类成为主要的城市物种，城市变得越来越大、越来越密集，一个似乎正在出现的趋势是，为高层建筑开发场地，即使在几年前也会被视为不切实际或风险太大。曼哈顿和芝加哥的良好地面条件和可忽略不计的地震鼓励了现代摩天大楼的发展；现在，超高层建筑在地震活跃地区的100多米深的地基上拔地而起，并受到飓风或台风的影响。正如第四部分后三章所展示的，我们有足够的技能和技术来现实地处理这些极端条件。即使在极端的风力条件下，也能保持居住者的舒适性；即使在大地震中，也能保证居住者的安全。

再过四分之一个世纪，这些想法可能会让人发出与上述彼得·米达沃爵士同样的苦笑。希望实际的未来会比现在任何人都能想象的要精彩得多。

第 16 章
材料和结构的限制

理查德·托马塞蒂（Richard Timasetti），约瑟夫·伯恩斯（Joseph Burns），丹尼斯·潘（Dennis Poon）

简介

时间是有局限性的。随着技术变革步伐的加快，今天的极限往往是昨天的科幻小说，也可能是明天的常规标准。诺贝尔奖获得者彼得梅达瓦尔爵士（见第四部分的介绍）并没有预料到双层电梯、穿梭机和空中大厅会克服超高层建筑垂直运输的“明显”限制。因此，明智的做法是以谦逊的态度来回答“我们能走多高？”这个经常被问到的问题：明天的技术肯定会超过今天的答案。但即使在今天，在考虑建筑高度以英里或公里为单位之前，也没有理论上的结构极限。

材料性能的限制如何影响上述问题的答案？结构系统的限制会影响答案吗?

例如，考虑到一个具有 80MPa（兆帕）抗压强度（今天的一个合理值）的均匀的混凝土棱柱，仅仅由于其自身的重量就会在大约 2590m 的高度达到其额定强度极限。抗压强度为 345MPa 的均匀钢柱将在 4480m 的高度达到其额定强度极限。将任何一个柱子均匀地变细，其最大高度就会增加三倍；出于同样的原因，锥形钢丝被用在绞车上进行深海采样。展望未来，美国国家航空和航天局预测，使用碳 / 环氧树脂复合材料理论上将扩大自重的限值达到 114km。

然而，这些高度要求有足够的横向支撑，应使用 1.0 的荷载系数（无安全系数）而不是 1.4，并且柱子不支撑其他荷载。从本质上讲，该建筑将是一个由柱子组成的森林，没有楼层。显然，这是不现实的，因为柱子的目的是支持由占用的楼层区域施加的活荷载和恒荷载。风荷载和地震荷载将产生倾覆力，从而增加某些柱子的轴向荷载，以及增加轴向应力和弯曲应力。所有这些影响都会降低实际的最大高度。横向荷载引起的极限摇摆和加速度将进一步影响特定建筑设计的实际高度限制。

由于单靠强度不能很好地预测高层建筑的设计极限，因此需要考虑材料特性相互作用的其他方式来影响高层设计的性能因素。这些相互作用不同于低层建筑设计。高层建筑结构的影响性能因素通常包括在动态风荷载和地震荷载作用下的极限横向挠度（摇摆）和加速度（居住者舒适度），以及在高层建筑上升结构框架——“空中岛屿”上的施工速度。相比之下，低层建筑的影响性能因素通常是由于垂直和横向荷载引起的强度和局部稳定性（屈曲）。

这两种说法并不相互排斥。对于低层建筑，挠度可以影响单个构件的设计，而对于高层建筑，单个构件（例如较低楼层的柱子）的设计通常由强度决定。对于高层建筑，当横向荷载和竖向荷载作用于挠曲结构（二阶效应）时，整体稳定性可能是一个影响因素。那么哪些材料特性与这些影响性能因素相互作用呢？

1. 承载力，其中结构承载力起主导作用。

2. 刚度（弹性模量，或 MOE），受挠度影响。刚度与材料选择有着微妙的关系：结构钢的刚度与强度无关，混凝土的刚度与强度的平方根近似成正比。

3. 延展性，以抗震标准为准。延展性材料在失效前接受超过其比例极限的巨大变形，并在此过程中吸收能量。为了获得良好的延展性，还需要适当的构件比例（紧凑型截面）、构件细节（约束）和连接细节。

4. 固有阻尼，其中加速度标准起主导作用。阻尼降低了风和地震条件下循环激励的加速度，它也有助于减少横向动力和由此产生的建筑挠度。

5. 质量，其中地震力、大风条件下居住者的舒适度或横风激励产生的动态风荷载起主导作用。

6. 强度 – 重量比，其中强度和质量都是考虑因素。

7. 刚度 – 重量比，其中刚度和质量都是考虑因素。

8. 长期行为，包括蠕变和收缩。

更高的建筑物需要更多的建设预算来控制动态特性，抵抗更大的力量，并应对在高空放置和使用材料的特殊施工挑战。基于材料特性的创新和创造，可以产生一个协调好建筑设计、预算和整体可接受建设行为的符合成本效益的结构。

强度和强度 – 重量比

本章开头指出，如果只考虑自重，高强度混凝土柱假设可以延伸到 2590m 的高度，如果是锥形则可到 7770m 的高度，而在相同的条件下，钢柱可以延伸 4480—13,410m。不同的高度反映了高强度混凝土的强度—重量比，约为结构钢的一半。这并不意味着钢材是超高层建筑支柱的首选，因为还涉及其他因素：例如刚度、质量、阻尼和地板结构。

建筑物包括可居住空间的楼板，它增加了重量、累积了活荷载和额外的恒荷载。如果考虑到在设计中应用荷载系数、均匀楼层高度和逐渐减小柱子尺寸，但没有横向荷载或刚度要求，则可以确定一些假设的基于强度的示例的高度限制：

- 对于全混凝土结构，柱子的抗压强度为 80MPa，占地面面积的 10%，建筑物可以达到约 1070m。
- 对于全钢结构，柱子的抗屈强度为 345MPa，覆盖地面面积的 5%，建筑高度达到约为 3200m。
- 对于一个混合结构的塔楼，在钢梁上有混凝土填充的金属地板，以及占地面层面积 10% 的混凝土柱，最大高度约为 1220m。这表明，使用较轻的楼板可以建造比全混凝土的情况下更高的建筑。

对于必须满足横向荷载和刚度要求的超高层建筑设计来说，混凝土柱系统的最大高度必须减少约三分之一，钢柱系统的最大高度必须减少约一半到三分之二。

上面的例子是有限的，因为他们考虑的是棱柱形建筑形状，尽管柱子是锥形的。额外的高度可以通过非棱柱形建筑形状来实现，例如沙特阿拉伯吉达正在建造的 1000 多米的王国大厦，这将是世界上最高的建筑（图 16.1）。王国大厦的设计理念是风力工程、建筑和结构工程的综合。结构系统包含了建筑空间，是由垂直和倾斜的钢筋混凝土承重墙和连梁组成。

基层条件下的重力荷载强烈影响着成本效益和更高的实用性。当一座摩天大楼建在质量好的浅岩石上（比如说允许 1010MPa 承载力），地基可能是简单的、经济的，只需要建筑建造预算的一小部分。但是当质量好的岩石远低于地下室开挖深度或太深时，

图 16.1　吉达王国大厦（渲染效果图）
版权方：© Jeddah 经济公司 /Adrian Smith+Gordon Gill 建筑事务所

不能用传统的钻孔方法找到，正如世界上许多地方的情况一样，地基可能需要建造非常深的结构元件，例如大桩、摩擦沉箱或承重杆，通常由一个大而厚的基础垫层覆盖。

例如，在马来西亚 452m 的双子星塔中，地基深度几乎是建筑物高度的 30%（图 16.2）。这影响了不同强度 - 重量比的相对应力：对于一个坐落在贫瘠土壤上的建筑来说，任何减少建筑总重量的机会都有助于降低相对昂贵的地基范围和成本。

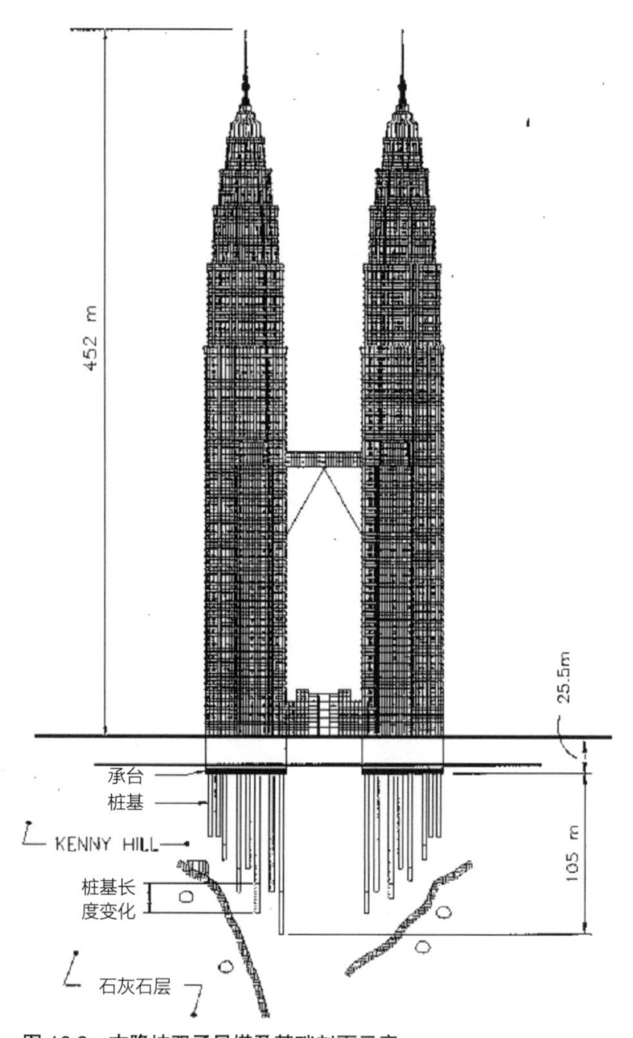

图 16.2 吉隆坡双子星塔及基础剖面示意
版权方：Thornton Tomasetti（TT）结构工程公司

刚度

令人满意的建筑设计同时满足强度和使用性能的要求。对于超高层建筑来说，强度关系到居住者和邻居的安全，而使用性能（非结构元件的性能和在大风条件下的舒适性）关系到居住者。强度和使用性能都与结构刚度有关。

刚度与达到稳定性的强度和风荷载有关。建筑物整体横向稳定性的一个重要组成部分是 P-Delta 效应：当重力荷载（P）因风、地震或不平衡重力荷载而横向位移一定距离（Delta）时，它会在整个结构中产生更大的力和附加挠度。附加的挠度会在迭代循环中产生进一步的 P-Delta 力和挠度。为了保证结构的稳定性，需要一定的结构刚度，在构件超载前，使结构达到平衡的挠度形状。如果一个结构过于灵活，挠度会随着随后的循环不断增加，直到一个关键构件发生弯曲或超载。请注意，控制 P-Delta 效应并不是简单地添加结构材料的问题：这虽然会减少 Delta 效应，但会增加 P 效应，只会使挠度减到很小。更有效地分配结构材料是使刚度最大化的更好方法。

与强度有关的刚度的另一个方面是地震荷载作用下的层间位移。建筑规范在预期地震条件下限制层间位移。根据漂移测定方法，限值不同。例如，在 ASCE7-10（ASCE 2010）中使用的是放大设计水平值，而在中国规范（2010）中使用的是对常见（63 年）事件的弹性响应和对罕见（重现期为 2475 年）事件的非弹性响应。这些限制的应用有四个原因：

- 限制地震期间的破坏程度，尽管规范预计在任何大事件中的破坏都会很严重。
- 避免地震能量的集中和“薄弱”楼层的破坏。
- 避免“棘轮式”变形导致的失稳失效，在这种情况下，楼层漂移太大，无法恢复，因此在随后的运动循环中会增加。
- 避免通过间隙或地震缝撞击相邻结构。

在 ASCE7-10 中，对于高占用率的高层商业建筑，地震层间位移最大限制在层高的 1.5%。有关抗震设计的更多信息，请参见第 19 章。

风荷载是一个更复杂的问题。阻力和由此产生的顺风偏转与建筑物形状（流线型）和风速平方直接相关，如 ASCE7-10 等建筑规范参考文件所述。在传统建筑的建设周期范围内，阻力对建筑周期的变化相对不敏感（每一阶振型摆动周期的秒数，或 1/f 频率）。风也会产生升力或侧风力。由此产生的侧风偏转是动态的：与建筑周期、建筑形状和建筑尺寸有关的周期性摆动。侧风效应是由涡流脱落引起的（图 16.3）。风的离散旋涡与建筑物表面分离，产生交变的侧风吸力，从而产生动力，引起横向和扭转偏转和加速度。由此产生的运动称为涡激振荡（VIO）。

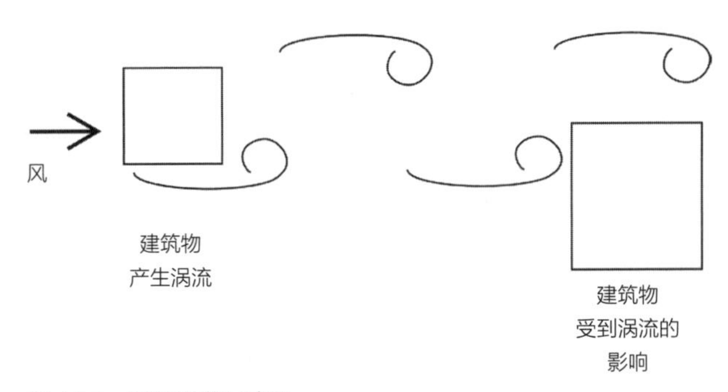

图 16.3　涡流脱落示意图
版权方：TT 结构工程公司

正是对加速度和扭转旋转的感知导致了居住者的不适感，这是最重要的适用性考虑因素之一，因此在高层建筑设计中，必须尽量减少风引起的加速度和旋转。涡流脱落的速度由建筑平面尺寸和风速决定，当旋涡脱落的频率接近建筑物摇摆的固有频率时，横风加速度就变得更成问题。增加建筑物刚度会增加建筑物的摇摆频率，进而增加共振涡脱落所需的风速。刚度足够高，以避免在可能的风速范围内发生涡流脱落的共振，将是我们的目标。

然而，还需要考虑其他动力效应：

- 横向加速度与建筑物变形有关。如果可以在不改变任何其他动力特性的情况下增加建筑刚度，则减小的变形将降低加速度。
- 横向加速度与建筑周期成反比。如果能在不改变建筑质量的情况下将建筑加固 21%，周期就会缩短 10%。较短的周期将增加加速度，抵消了部分减少变形带来的好处。
- 横向加速度与建筑质量成反比。如果可以在不改变刚度的情况下增加 21% 的建筑质量，比如说增加较厚的楼层，那么建筑周期将延长 10%，而不改变形状。只要周期变化不引起 VIO 共振，加速度就会减小。
- 如果建筑刚度和建筑质量都增加了（当增加的刚度来自于增加的材料这一种现实情况），那么建筑周期可能不会改变。虽然变形和加速度会减小，但这种方法并不能解决 VIO 共振问题，增加建筑物的重量才是提高居住者舒适度的好方法。
- 加固建筑物以避免 VIO 峰值在预期使用（即风速为 10 年一遇或 10 年以下的风暴）范围内发生共振，在“极限”（700 年以上）风速下，风速比强度设计要求高 50%—70%，可能无法避免 VIO 的强度设计。强度级风速下的 VIO 共振可能导致实际设计中用力过猛。
- 当增加的刚度（和质量）可能无法通过风引起的加速度实现居住者舒适性时，或者考虑强度水平 VIO 时，使用辅助装置或空气动力学塑造增加建筑阻尼成为更实用的方法。对于同时具有低频（长周期，如 8 秒以上）和高风速的非常高的建筑物，近几年开发的将建筑和结构结合起来的其他设计策略已经证明是有效的。在本章关于动态特性的章节中，将进一步讨论塑形和阻尼。

可使用性还必须考虑结构框架与其他建筑构件的相互作用，包括正面、非结构性隔墙、电梯（关于建筑物晃动引起的电缆晃动）、建筑机械、电气、管道和消防设施以及建筑饰面。通常，这种相互作用由使用水平偏移限制（通常使用 10 年风荷载下的初步总偏移目标限制在建筑高度 /500 至高度 /400）和适当细节（允许预期的差异运动，如内部隔墙顶部轨道）的组合控制。扭转变形可能会增加楼板间的框架，特别是沿着外墙的框架，必须在设计早期确定，并在可行的情况下减轻。扭转可能是由于建筑物形状不对称、影响风荷载的周围环境、刚度中心与风荷载中心的偏心、刚度中心与质心的偏心以及横向刚度系统中的偏移引起的。扭转刚度可以通过尽可能远离建筑中心放置抗侧力构件来提高，例如沿着立面放置支撑框架或力矩框架。

所有这些问题都与结构系统中的材料刚度有关，这些结构系统对建筑高度设置了“非结构性”限制。有效利用结构材料控制挠度，首先要考虑高层建筑的特性。

高层建筑顶部的整体摇摆在考虑风条件下的居住者舒适性时最为重要，对于非常高的建筑，在确定电梯性能时也是如此。摇摆是由弯曲行为（图 16.4a）和剪切行为（图 16.4b）组合而成（图 16.4c）。上部楼层因挠曲引起的层间位移增加。剪力引起的层间位移与层间剪力刚度有关，当层间剪力较小时，层间位移可能减小。通常关注层间位移，但当考虑非结构立面和隔墙与主要结构系统的相互作用时，层间架最为重要（图 16.4d）。

支撑桁架通过使用周边柱的垂直刚度，在支撑核心对核心倾斜产生力矩（图 16.4e），减少弯曲引起的整体和层间位移。多个水平的外伸支架可以更有效地减少整体和楼层漂移（图 16.4f）。在所有周边柱都由支腿和带状桁架连接的情况下，当核心和周边一起移动时，支架会大大减少（图 16.4g）。在案例 14 中提出的上海塔是一个很好的例子：在多个水平的支腿将混凝土核心与混凝土巨型柱子连接在一起时，这些巨型柱通过带状桁架承载周边。所有的垂直建筑元素一起工作，以尽量减少位移和支架。

当一栋建筑变高但不变宽时，它的长宽比就会增加。满足强度要求、偏移极限和加速度极限变得更加困难。仅仅增加柱子的面积来抵抗更大的垂直荷载将不足以处理越来越大的横向荷载和挠度。对于超高层建筑，控制建筑物的挠度和平均沉降最实用有效的方法是采用一种夸张的锥度，它同时减小了高层风的剪切和倾覆，大大增加了较低层的倾覆惯性矩。古斯塔夫 · 埃菲尔（Gustave Eiffel）利用这一概念建立了其同名塔楼的轮廓，并以修改后的形式出现在破纪录的哈利法塔中，这是一种加固的核心设计（图 16.5）。

由于横向刚度和强度要求受建筑长宽比、材料弹性模量、构件面积、楼层尺寸和柱布局以及当地风和地震条件的影响，因此无法确定考虑横向影响的理论最大塔高。

动态行为

如前所述，建筑物的风特性包括顺风和横风效应。涡流脱落（图 16.3）引起侧风动力，从而导致横向加速度，引起居住者不适。高层建筑通过一种或多种控制策略来控制横向加速度。通过避免涡流脱落和建筑物摇摆率之间的共振来减小 VIO 是一个重要的策略。如前所述，通过结构硬化避免共振具有实际局限性。但由于涡流脱落率与风速、建筑平面尺寸和形状有关，因此可以采用其他策略。为了控制 VIO，设计师可以：

- 加固建筑——这是一个潜在的昂贵且有限的策略（如前所述）。
- 使建筑物变尖。涡流脱落率取决于风速和建筑平面尺寸，因此随着高度的变化，平面尺寸的变化，在相同风速下，塔的不同部位将以不同的速率发生涡流脱落，这将减少在所有风速下建筑物上的总体侧风力。
- 改变建筑物形状，使其在不同高度和不同方向上“看起来与风不同”，以抑制漩涡的同步形成。与等效棱镜盒塔设计相比 632m 的上海塔的锥形、扭曲的外皮使横风倾覆力矩减小了 30%（图 16.6），当扭转角度从 100° 变为 120° 时，侧风倾覆力矩减少了 10%。即便如此，设计横风力矩仍为顺风力矩的 170%，因为沿着风向的塔台在它的周期性挠度向上风方向移动时，沿风塔的运动会自动受到阻尼。
- 设置不规则表面。就像赛车上的扰流器或飞机机翼上的襟翼一样，建筑物的突出物或不规则结构

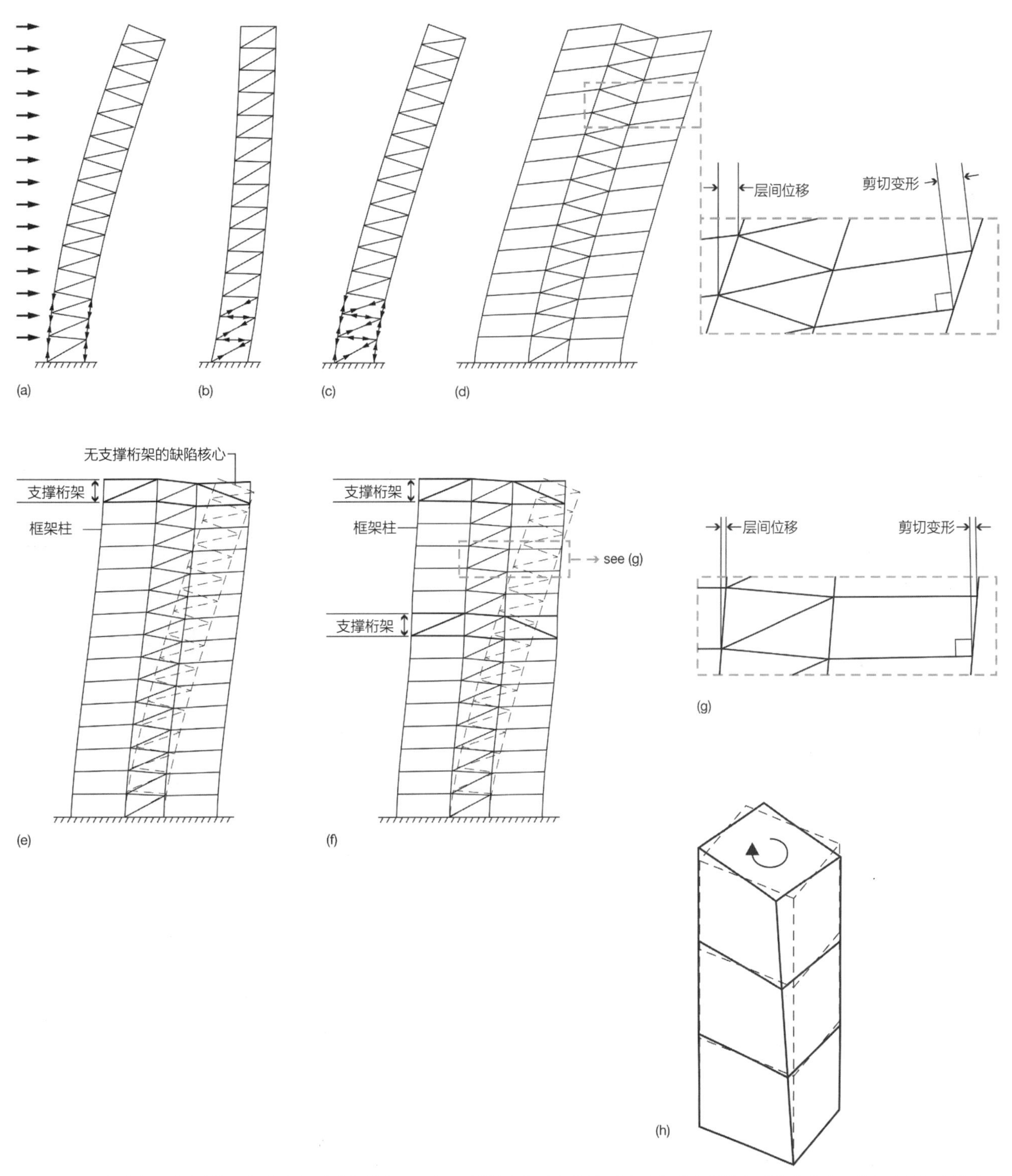

图 16.4 （a）管材或弯曲摇摆；（b）框架或剪切摇摆；（c）组合摇摆；（d）层间位移和支架（如果核心单独作用）—剪切大于层间位移；（e）顶部支撑桁架；（f）两个支撑桁架；（g）核心带支撑杆的层间位移和剪切，剪切和层间位移大大减少；（h）扭转

图 16.5 （左）哈利法塔，（右）埃菲尔铁塔

版权方:（左）SOM/Nick Merrick © Hedrich Blessing（右）Lucavanzolini/Dreamstime.com

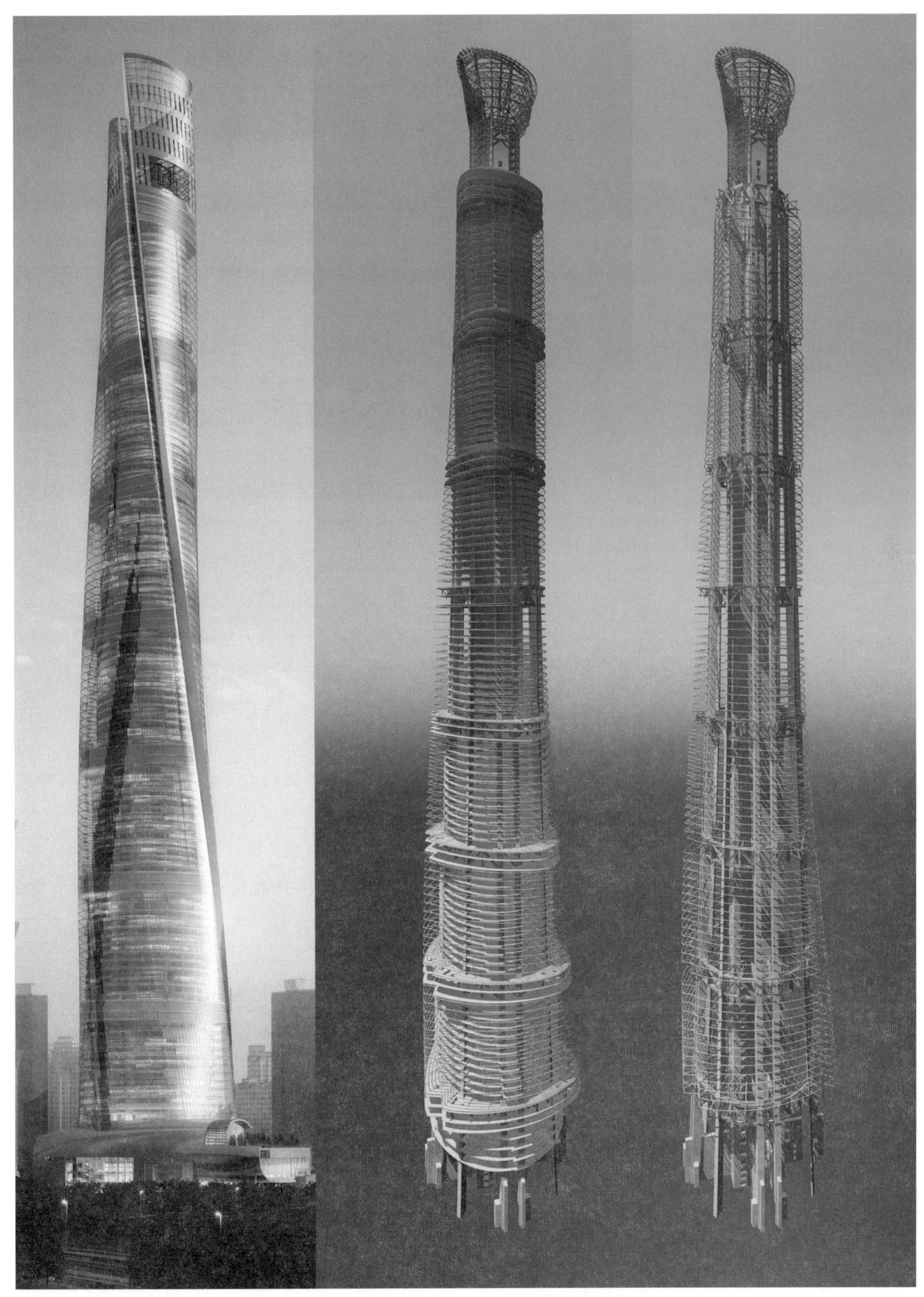

图 16.6　上海塔：不均匀，扭曲和锥形，形状（左），建筑结构（中），表皮支持（右）
版权方：（左）Gensler（中和右）Thornton Tomasetti

图 16.7 台北 101 楼梯转角
版权方：Thornton Tomasetti

会破坏形成强大涡流所需的平滑气流，从而避免产生巨大的侧风效应。508m 高的台北 101 号大楼的双楼梯拐角处，本项目采用了更为适度的倒角和槽口，极大地减少了这个台风多发地区的常遇风速和极限风速的 VIO 效应（图 16.7）。

● 放气。穿过建筑物角落的孔将迎风面空气加压输送至侧壁抽吸区，扰乱涡流。这一策略已在一些既有和规划中的高层建筑中得到应用。

● 补充阻尼，成型后已融入设计中。阻尼通过将建筑物摇摆所包含的能量的一小部分转化为热量，直接降低了建筑物的加速度。更少的能量意味着更小的偏转和更小的加速度。在每一个循环中排出一点能量，对于减少引起侧风激励的涡流能量积累特别有效。

建筑物在结构和非结构构件（如隔墙和覆层）之间以及结构材料（如混凝土中的微裂缝）内部的摩擦中具有一些固有阻尼。具有混凝土抗侧向荷载系统的高层建筑通常被认为具有 1.5%—2% 的固有阻尼（100% 的临界阻尼将阻止移位的建筑中间位置的摇摆）。高层钢框架建筑通常被认为具有 1% 的固有阻尼。地震等严重事件下的较大变形被认为会产生高达 5% 的临界阻尼。但这不适用于正常使用条件，如风环境下的居住者舒适度。当固有的阻尼与合理调整刚度和质量不足以达到预期的加速度的情况下，大型建筑已经成功地使用了附加阻尼，以达到 4%、6% 或更高的总阻尼，从而显著降低使用水平加速度。虽然附加阻尼也可以减少极限风荷载下的建筑受力，除非它可以被认为是故障安全的，否则不用于确定强度设计力。在高地震区，建筑质量被最小化以减少地震力，同时结构要有硬度以控制层间位移。当由此产生的相对较短的周期造成高使用水平的风加速度时，附加阻尼提供了一种经济有效的解决方案。附加阻尼解除了建筑高度的一个潜在限制，降低了混凝土和钢结构固有的不同阻尼值的重要性。

● 多个系统已成功地提供了使用（风舒适性）或最终（地震）效益的附加阻尼：

● 黏弹性阻尼是以许多小阻尼器的形式分布在纽约世贸中心整个框架内。它使用设计成在剪切中应变的聚合物薄层，然后及时松弛，以使应变方向反转。

● 黏性（与速度有关的）阻尼器既可作为分布式元件使用，也可集中在单一元件中使用。与汽车减震器一样，它们在长途旅行中也能高效工作。分布式阻尼器与链杆和杠杆一起使用或巧妙地支撑几何来放大局部结构运动。

● 调谐质量阻尼器（TMD）中的集中阻尼器被一个大的运动质量的惯性所驱动，进行大的相对运动，以与建筑物相同的速率和相反的方向摇摆（见第 19 章）。质量大小取决于预期的阻尼能量和调谐精度，质量较大的 TMD 更能容忍轻微的失调。

图 16.8 台北 101 被动调谐质量阻尼器
版权方：Motioneering

- 被动式 TMD 使用重力摆或连杆，无须外部电源或控制系统，因此理论上始终可用（图 16.8）。
- 主动式 TMD 在概念上类似，但依靠的是电子监测和控制系统来激活并向设备提供反馈。随着更精确地调谐质量，较小的质量就能提供同样的能量吸收能力。
- 水基调谐液柱阻尼器（TLCD）是一种端部向上的狭长水箱，其大小使水在端部交替上升和下降，与建筑物的晃动同步，水流湍急地通过金属栅吸收能量。
- 水基调谐晃荡阻尼器（TSD）的尺寸为以产生横穿水箱和通过一个或多个金属格栅的浅水波。与制造的液压阻尼器相比，水紊流提供的阻尼效率更低，因此水箱和充水的重量远大于被动或主动 TMD 的重量，但施工成本可能更低。

为了保持居住者的舒适性，在 10 年的设计重现期内，住宅建筑的加速度一般应低于 15—18mg，办公建筑的加速度一般应低于 20—25mg。对于周期很长的超高层建筑，也会在与一个月到一年重现期相关的风速下检查加速度。对于一年重现期风速，建议住宅加速度低于 10mg，办公室加速度低于 15mg。

延性对抗震性能的影响

在地震活动性较强的地区，结构体系的延性对工程的经济性和实用性至关重要。在地震中，一个高韧性的系统可以接受大的非弹性变形，吸收能量而不发生破坏。建筑规范通过允许延性系统设计为较小的力来反映这种能力。为了合理保证延性，规范为构件比例、连接设计和结构系统提供了指导和要求。对于更高的建筑物，许多规范包括对双重系统的要求，其中刚性核心或核心和触发器的结构体系被一个能够抵御破坏性弯矩的框架所加强，该框架能够抵抗至少 25% 的设计楼层剪力，即使其相对刚度所吸引的力较小。作为回报，设计力可能略低，尽管旨在覆盖来自更高模态效应的力的最小基底剪力可能无论如何都适用。

现在，可以通过“基于性能的设计”或基于位置的动力学（PBD 算法）来研究和比较双系统方法所提供的效益程度，在 PBD 中，反映材料延性和几何非线性（P-Delta 效应）的计算机模型受到多个地震事件的时程影响，并按当地地震灾害等级进行调整。通过跟踪模型在短时间内的行为，可以将结构的瞬时挠度和构件应变映射到材料的非线性行为曲线上，以确定单元是否仍然具有弹性，是否已经屈服或已经进入其工作硬化范围，以及抵抗未来荷载循环或未来地震事件的有限能力。PBD 有助于识别最关键的单元和荷载路径，以帮助正确确定结构单元的尺寸，并最大限度地提高结构的整体延性和抗震性能。

建筑规范是针对最典型的小型项目而定制的。PBD 提供了一种方法来支持并证明，建筑规范没有预见到的创新结构设计是实现下一代超高层建筑所必需的。设计师们已经使用 PBD 方法来证明在某些司法管辖区的非双重系统是合理的，旧金山和加利福尼亚州洛杉矶都有这方面的 PBD 指南。土耳其正在制定自己的 PBD 指南。在我国，PBD 被用来确定双系统设计在规范下的性能。

有关抗震性能的信息，另见第 19 章。

结构系统

图 16.9 中的图表由 Fazlur Khan 制定并由 CTBUH 于 1980 年发布（Khan and Moore 1980），为不同的结构体系指定了最佳高度范围。尽管对于最高的塔楼来说，新的建筑技术已经超过了它，但它仍然适用于许多设计：

- 超高层塔楼使用的是悬臂式系统，比图表上显示的 60 层高得多。这是通过使用高强度混凝土剪力墙提供的刚度实现的，与力矩框架相比，简单钢框架相对于剪力墙的相对施工成本较低，因而具有经济吸引力。这种更宽的、无柱的开放式、玻璃幕墙空间受到了建筑和租赁偏好的欢迎。范例出现在本书末尾的案例研究中（见案例研究 1、8 和 14）。这些设计通常包括带状桁架，将所有周边重力荷载转移到几个巨大的支撑柱上，以最小化其净提升，并从用于横向刚度的构件中获取最大强度效益。

- 翼墙正在从核心区扩展到高层住宅塔楼的周边，以在隔离墙内提供支腿优势。828m 哈利法塔是一个极端的例子，中心核心的“Y”楼层平面图由沿着每条腿的走廊墙和横跨每条腿的挡土墙支撑。

- 外部对角线将外部立柱和斜撑替换为能够抵抗重力和侧向荷载的对角构件。这与旧图表中的外部斜管不同。双功能对角杆件能更有效地利用材料，但需要构件在地震中保持弹性；否则，在构件屈服或屈曲时，将失去横向和重力支撑。阿布扎比塔梅尔塔的最初设计就是一个很好的例子（图 16.10）。

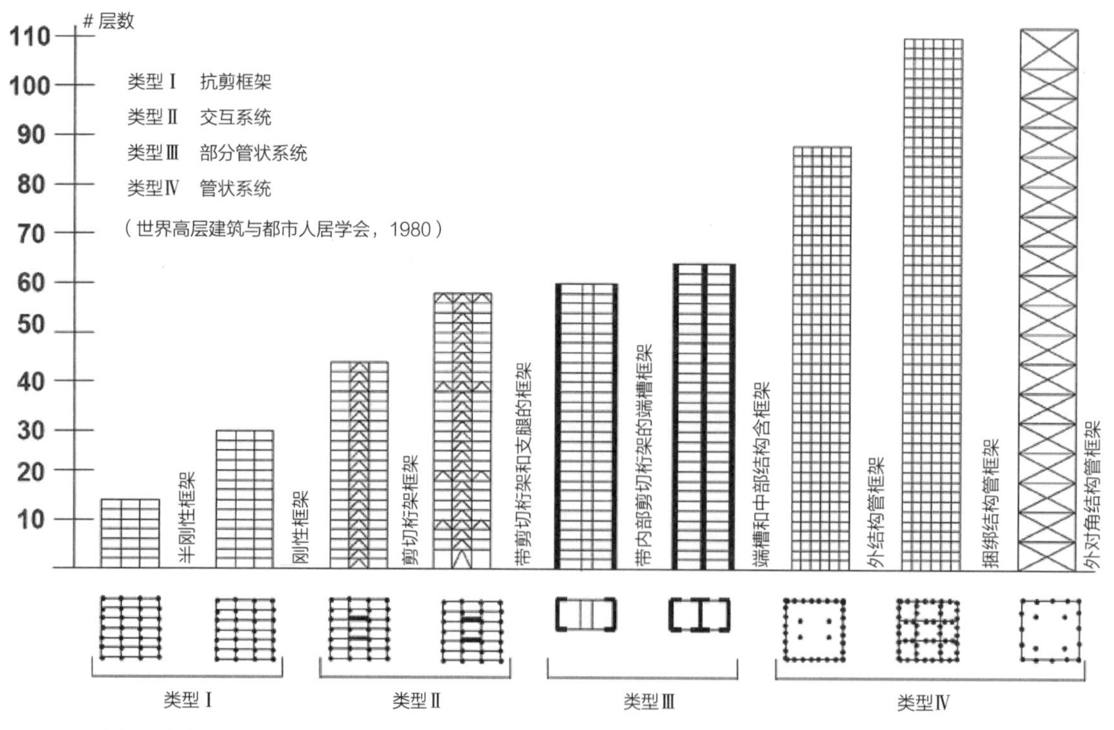

图 16.9 结构系统的一般限制
版权方：CTBUH

图 16.10 最初的塔梅尔塔设计采用斜面外观，倾斜构件同时充当柱和支撑，渲染图
版权方：Gensler

长期性能

混凝土，而不是钢，已越来越多地被用于最近的超高层建筑结构。高强度混凝土经济地提供强度和刚度，提供更大的固有阻尼，并通过使用地基泵在高空以自爬升的形式浇筑而简化施工。然而，蠕变和收缩是这种材料的长期体积变化特性。高层结构的累积缩短量可以增长到显著值，使得差异缩短量的预测和控制成为重要的设计和施工要求。

- “蠕变”是指在恒定的压缩应力作用下，构件长度随着时间的推移而不断减小，这在高层建筑的柱和墙中很常见。随着时间的推移，蠕变逐渐减少，大多数蠕变发生在建筑物寿命的最初几年，但有些蠕变会持续几十年。
- “收缩”是指新浇混凝土在初始水化阶段后，混凝土构件尺寸逐渐减小。收缩反映了这样一个事实，即混凝土浇筑时的“便利水”超过了水化化学过程所需的水量，水的蒸发会产生收缩混凝土的内应力。即使没有蒸发，混凝土的化学性质也会产生一些自发的（不干燥的）收缩，但这种影响较小。
- 潜在的蠕变和收缩量随混凝土配合比设计和掺和料的使用而变化。
- 实际的蠕变和收缩量也受钢筋数量（更多的钢筋限制并减少徐变和收缩）和混凝土最终达到平衡的环境相对湿度的影响。
- 蠕变和收缩的时间受施加在构件上的压缩应力的时间和水平（较早和较大的荷载都会导致更大的蠕变）与构件表面体积比（较高的比例允许更快地干燥，相应地，收缩和蠕变也会更快）的影响。

虽然这些影响与时间有关，但有几种方法可以对蠕变和收缩进行良好的估计，从而允许结构工程师和承包商实施一些方法来减轻对已完工结构的影响。

对于高塔，主要关注的是核心柱或墙与周边柱之间蠕变和收缩的数量和时间的差异。即使两组构件使用相同的混凝土混合物，它们通常具有不同的应力水平、配筋率和表面体积比，从而导致不同的蠕变和收缩值和速率。如果一个结构有一个混凝土核心和钢围柱，随着时间的推移，差异会变大很多，因为钢柱不会蠕变或收缩。高层建筑中的框架不会受到不同垂直结构元素之间差异缩短的全部影响，因为它们是在很长一段时间内逐步浇筑的。在此过程中，某些程度的补偿是自动的，例如，楼面浇筑层不会受到该层以下出现的差异性缩短的影响。有意补偿可能包括“柱拱度”，延长选定的柱或墙，以便将来缩短。由于楼板的水平度会随着时间的推移而变化，所以这种策略要由工程师和承包商根据业主的意见进行协调。

消防

消防安全是高层建筑设计的一个重要组成部分，无论是对人员安全撤离还是对结构倒塌的抵抗力（另见第 23 章）。钢和混凝土具有与时间和温度相关的特性，这些特性是从 19 世纪末高层建筑开始建造以来的广泛试验中得知的。钢可以接受许多防火材料中的任何一种，从古老的、沉重的和昂贵的混凝土或陶土包装，到现代的防火喷涂，再到更高成本的抗冲击水泥基喷涂、板条加固喷涂和膨胀涂层。如果钢仅用于居住者偏移舒适性控制，而不是用于系统强度和稳定性，甚至可以让钢筋暴露在外。超高层建筑的耐久性、成本和性能的适当平衡点正在被不断讨论中。

混凝土本质上是耐火的，但它不是防火的。它的阻力来源于钢筋保护层、热质量、自由水蒸气和破坏水化化学键的共同作用。钢筋的混凝土保护层要求旨在延迟钢筋的温升，以避免其强度损失。更多的覆盖厚度被指定用于更高的防火等级。热质量解释了混凝土板提供耐火性的原因：混凝土板需要足够的时间加热，以达到对面受保护侧的临界着火温度。自由水产生的蒸气既有好处，也有风险：当温度逐渐升高时，蒸气可以在混凝土表面以下形成，然后通过自然形成的孔隙逸出。

当温度上升很快时，例如在石油火灾中，密集的高强度混凝土中的有限孔隙可能不容易轻易排气，内部压力可能会累积到表面区域破裂的程度，导致逐渐剥落，从而减小构件尺寸并使钢筋暴露在更高的温度下。在混凝土中加入聚丙烯超细纤维有助于在纤维熔化后形成额外的排气通道，从而最大限度地减少爆炸性剥落。一旦火灾开始破坏水合键，混凝土就不再具有结构价值，因此这一过程是不可持续的。火灾后混凝土的破坏程度可以通过一个简单的化学指标来确定。随着建筑物越来越高，考虑到到达和扑灭火灾所需的时间以及未能在合理时间内扑灭火灾的后果，可能会重新检查防火要求，以确定所需的每小时额定值是否符合要求。

毫无疑问，任何用于提高强度和稳定性的新结构材料都必须至少达到与混凝土和受保护结构钢相同的耐火等级。目前高强度复合材料主要依靠对温度敏感的有机树脂黏结剂，使得防火更加困难。新材料可能会提供一种绕过这一限制的方法。

致谢

感谢 Len Joseph，P.E. 和 James Kent 对本章内容的仔细审查和评论。

参考文献

ASCE (2005) *Minimum Design Loads for Buildings and Other Structures*. Reston: American Society of Civil Engineers.

Code of China (2010) *Technical Specification for Concrete Structures of Tall Buildings*, JGJ 3-2010. Beijing: Code of China.

Khan, Fazlur R. and Moore, Walter P. (eds.) (1980) *Tall Building Systems and Concepts*, Council on Tall Buildings and Urban Habitat Monograph on Tall Buildings Series. Reston, VA: American Society of Civil Engineers.

第 17 章
结构可能性

威廉·福·贝克（William F.Baker）

简介

摩天大楼的存在取决于结构。随着电梯的发明，高层建筑结构体系的诞生，使摩天大楼的时代得以实现。随着高层建筑结构工程的发展，创造以前不存在的建筑的机会也在增加。结构是建筑物所有其他部分所依赖的电枢，因此它必须对自然界的力量和塔楼的建筑功能作出反应并发挥作用。结构的可能性构成了摩天大楼可能性的基础。

在第二次世界大战后的几十年里，结构性解决方案，或者说“结构性可能性”已经得到极大的扩展。今天，已经成功地实现了一系列广泛的结构性解决办法，尽管应当指出的是，结构性的可能性并不仅限于目前现有的解决办法。在自然界中，新物种是通过现有生命的进化而产生的，高层建筑设计师也可以通过改进现有系统来创建（发明）新系统。与自然不同的是，设计师不仅局限于进化论，他们还有机会创造出全新的东西。解决方案受塔的高度、所在位置以及业主和设计团队愿望的影响，解决方案可以从高度理性到有点任性。所有的结构体系都必须满足自然的要求和建筑规范的要求，因此所有这些创作都必须接受一些首要的原则。此外，由于经济学通常是决定一栋建筑能否实现的决定性因素，成功的创作通常包含合理和高效的结构解决方案。这些以工程为基础的解决方案通常是扩展结构可能性的起点。本章将讨论创建合理、高效和经济的解决方案的挑战，因为这些属性构成了大多数已实现设计的基础；本章还将讨论最终偏离这些初始目标的设计。

除了进化和发明之外，还有新材料、建筑技术和计算工具发展的产物。随着对结构行为深入理解，这些进步提供了过去不存在的机会。随着技术的发展和新见解的出现，工程师和设计师将为高层建筑设计带来的挑战找到新的解决方案。

“构思”：作为悬臂梁的结构

高层建筑的基本概念简化为一个垂直悬臂梁。因此，它是由整体静态决定的，塔上的近似总力是已知的。此外，塔架上的力可以被概念化为倾覆力矩和剪力，从而导致概念梁的弯曲和剪切变形。

通过把一个巨大的摩天大楼，一个由成千上万个独立的梁、柱、墙和板组成的复杂的东西，想象成一个简单的实体，设计师可以合理地设计这些巨大的结构。所有的建筑物都像树或灯柱一样从地面伸出。从某种意义上说，高层建筑是所有结构问题中最简单的。支撑条件规定，荷载只有一个方向：从天空到地面。然而，高层建筑设计的艺术和科学在于选择适当的系统将这些力从它们在空气中发生的地方向下移动到结构的基础上。

具有结构讽刺意味的是，建筑物越高，梁就需要越纯粹，在某些方面，也需要更简单的解决方案。那么，一棵树对于一座细长的高楼来说，是一个很好的比喻。树木通常是非常纤细并具有奇异的结构，一根树干从地面伸出来，直到它退化成一系列从树干伸出的树枝。正是这种纯粹的等级制度，往往被成功的高层建筑设计所效仿。

快速浏览一下伊利诺伊州芝加哥的威利斯大厦就可以证明这一点。尽管这个体系通常被描述为一个捆绑的管子，但它是由无数梁和密集的柱刚性连接而成，就好像是一个巨大的有四个腹板和四个翼缘的钢箱梁从地面上伸出的悬臂梁。然而，框架中的开口将该梁的结构效率降低到没有开口的钢梁效率的 70% 左右，这种降低的效率是由框架中的剪切变形引起的。这种变形并没有否定梁的概念，但确实使概念性的评估比没有开口的梁更复杂，在这种情况下，剪切变形可以忽略不计。随着它从地面升起，威利斯大厦的结构框架变得更轻，建筑的后退进一步降低了它的刚度。这座塔本质上是一个具有可变截面的梁。图 17.3 显示了原始设计团队将塔架概念化建模为具有可变刚度（惯性矩）的梁的方式。

矮小的棚户区建筑在概念上可能更为复杂。虽然它们仍然是悬臂式的，但结构系统往往是一系列平行的子组件或单独的元素，以复杂的联合行动表现出来。

如前所述，工程师通常将悬臂结构称为“静态决定因素”，这意味着在建筑物的任何高度，整体力都是已知的。重力荷载是高于给定高度的所有东西的总和，风切变和倾覆力矩自上而下整合在一起，甚至地震力也可以这样近似。在设计开始之前，可根据全

图 17.1　芝加哥威利斯大厦——一根巨大的横梁
版权方：SOM/ © Timothy Hursley

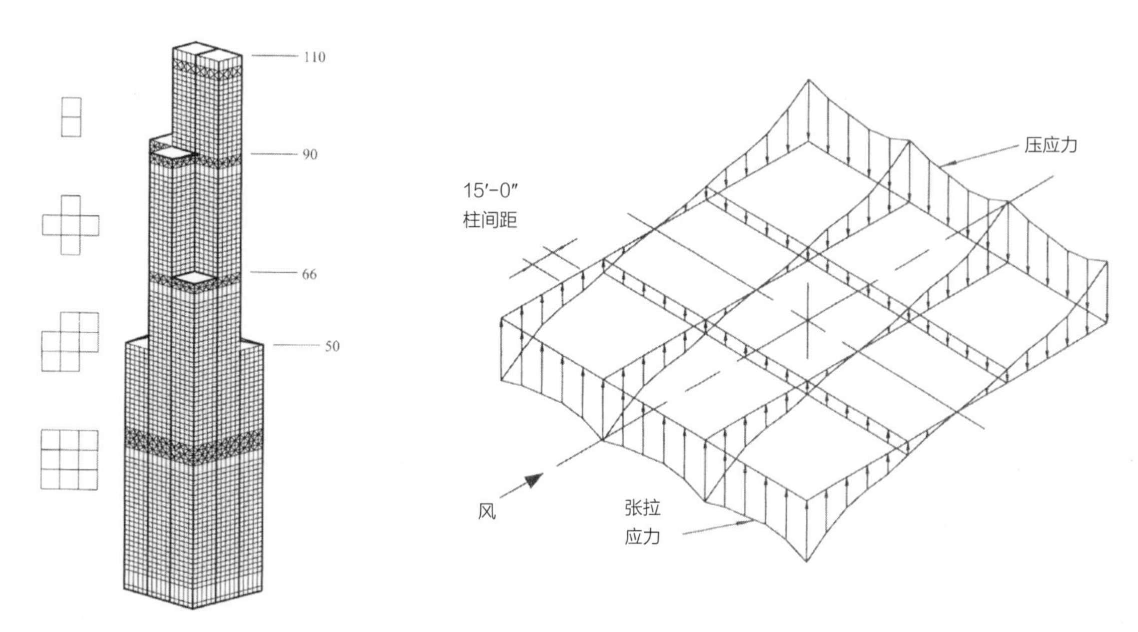

图 17.2　威利斯大厦为四腹板四翼缘箱梁
版权方：SOM

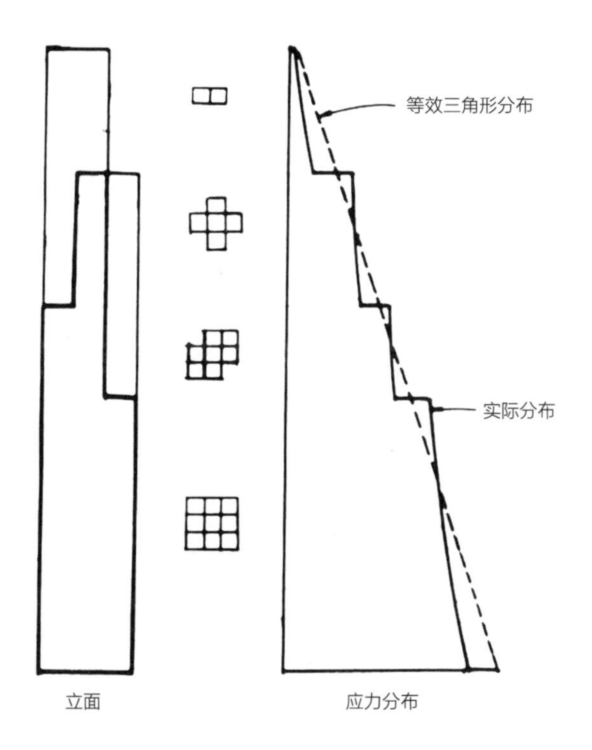

图 17.3　威利斯大厦作为变刚度梁
版权方：SOM

钢办公楼的密度（$1.6kN/m^3$）和完全由混凝土构成的住宅楼的密度（$3.2kN/m^3$）估算建筑物的重力和地震荷载。不仅在全球范围内已知力，而且通常也知道其行为；塔的移动量将限制在由建筑规范或良好实践确定的值内。例如，建筑的周期可以首先用简单的规则来近似，例如层数除以 10，或 $T=C(h)^x$（美国土木工程师学会，2010），其中 C 从 0.070 到 0.085 不等。（在这个方程中，T 等于建筑物的基本周期，而 C 和 x 是取决于建筑物横向系统的周期系数；h 等于结构的高度。）这种对整体力和变动的预先确定在概念上很重要，因为它使设计团队能够理解设计初始阶段的稳定性和倾覆范围。

一旦估计了建筑物的初始荷载，设计团队必须选择或创建一个结构系统来抵抗它们。一般来说，侧向力，特别是风荷载，是最主要的考虑因素，实际风力的大小很大程度上受塔的形状和谐波的影响。任何将风力带到地面的结构（无论是树、灯柱还是摩天大楼）都必须抵抗两种主要的结构现象：剪切和弯曲。

建筑物越高越细，抗剪系统的效率就要越高。无论是由斜撑、力矩框架、墙或单个构件组成，抗剪系统对于将横向荷载传递到垂直构件（进而抵抗悬臂上的倾覆力）是必不可少的。例如，在威利斯大厦中，与侧向力平行的四个框架形成抗剪（滑动）系统，将伴随的倾覆力传递给横框架。另一个例子是约翰汉考克中心，也在芝加哥。当 X 形支撑与风力平行时，其结构将风切变传递到角柱。然后，迎风面和背风面上的支撑框架在各柱之间分担风荷载，以抵抗倾覆风力。

对于整个建筑来说，刚性剪切系统是必要的，它可以充当单个巨型梁，而不是单个单元或子系统的集合。由于不可能形成完全刚性的剪切系统，因此存在一种称为"剪力滞后"的现象。当倾覆应变和应力从塔中心不呈线性分布时，就会出现这种现象，导致塔的垂直构件在抵抗结构倾覆力矩方面的使用效率降低。这一点在图 17.2 中很明显，在图 17.2 中，并非所有法兰连接中的柱都受到均匀应力。

虽然高效率的刚性抗剪系统可以将剪切变形减少到目标挠度的一小部分，但对于弯曲变形，这样做是不实际的。无孔工字钢梁的挠度几乎完全归因于弯曲。对于给定的布局，通常只能以增加柱或墙的尺寸为代价来减小此挠度。例如，通过将横截面面积加

图 17.4　芝加哥约翰汉考克中心
版权方：SOM/Ezra Stoller © Esto

倍，可以将梁挠度减半。但是通过增加竖向构件的横截面积来减少挠度而产生的巨大费用对减少挠度有非常实际的限制。

结构体系

摩天大楼已经存在了一个多世纪。随着材料越来越精细，新的施工技术出现，工程问题也越来越清楚。新的结构体系使塔楼变得更高更细。这些系统永远不会是完整的，只要摩天大楼被设计和建造，进化过程就会继续。

多年来，尝试过几次对适合各种高度和细长建筑物的结构系统进行分类。短或宽建筑物的横向系统不必像那些非常高、细长的塔楼那样高效或严格。如果一个正常楼层尺寸的结构在 20—30 层之间，简单的力矩框架通常足以抵抗荷载。简单的混凝土墙或围绕电梯组的钢支撑，往往是一个高度不高或长度不长的建筑所需要的稳定和抗侧向荷载的全部。

约翰汉考克中心和威利斯塔的首席结构设计师法兹鲁 · 汗（Fazlur Khan）绘制了一系列图表，说明了各种高度和材料的塔的潜在结构系统（Khan 1973：127）。他最初的工作涉及的建筑要么全是混凝土，要么全是钢，后来开发了同时使用钢和混凝土的复合系统。图 17.5 是汗早期图表的扩展。

这些结构系统的区别特征与其特定的抗剪系统以及抗剪系统向抵抗倾覆力矩的系统（弯曲系统）传递力的方式相关。对于钢结构和混凝土结构，剪切系统列表包括力矩（刚性）框架、对角支撑和墙。其中一些系统在一种材料中比另一种更常见。例如，钢结构通常使用力矩框架和斜撑，而力矩框架和墙在混凝土结构中很常见。然而，在这两种材料中实现的系统的例子确实存在。

抗剪系统越硬，可以抑制的剪切变形就越多，但这只有在将剪切传递到有效的抗弯曲系统时才能起作用。抗弯曲系统本质上是抵抗倾覆力矩的垂直构件（柱和墙）。对于梁，这些垂直构件离中心越远，它们的效率就越高。一个距离中心两倍的构件可以抵抗两倍的倾覆力矩，并且硬度是中心的四倍。

细长高塔的横向荷载会产生很大的张力。从实用的角度来看，张力和张力拼接是很难处理和昂贵的，尽管压缩力更需要重视，拼接和连接更容易实现。重力是有效的，在经济上有助于抵抗拉力。由于建筑物必须同时抵抗风和重力，但最经济的解决办法是建立一个能够同时实现这两个目的的综合系统，主

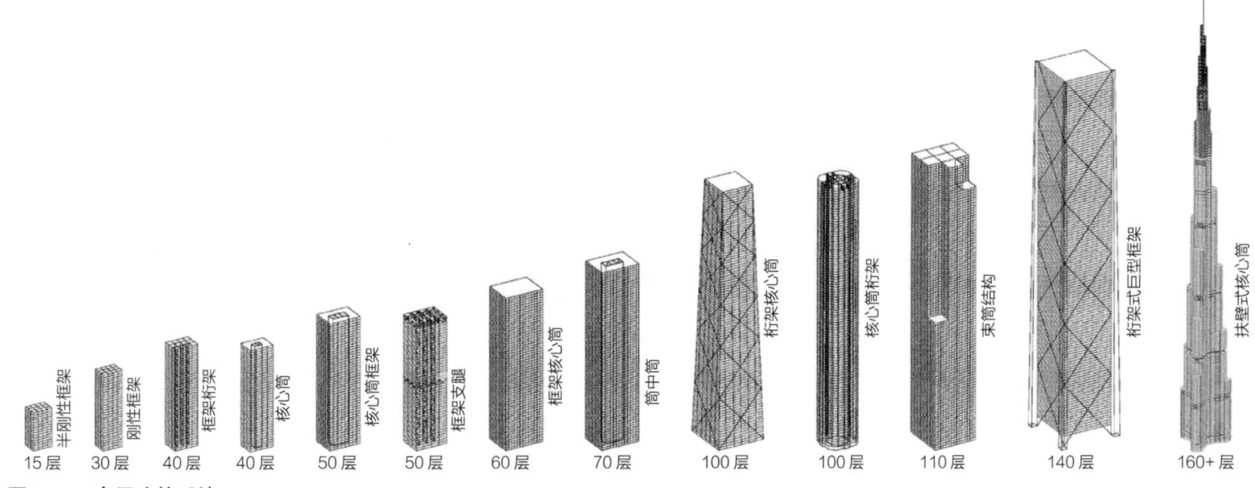

图 17.5 高层建筑系统
版权方：SOM

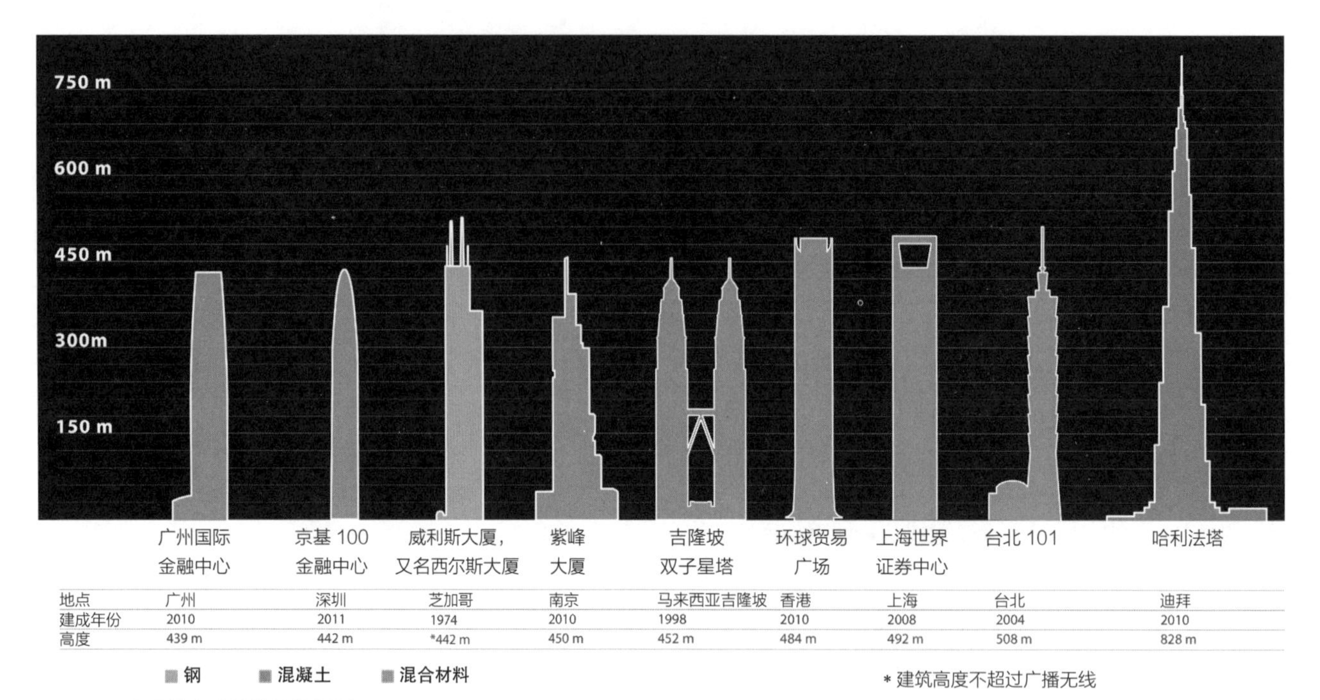

图 17.6　世界最高建筑的结构材料
版权方：SOM

要的抗重力柱和墙也充当主要的抗风柱和墙。由于最大重力和侧向荷载不太可能同时出现，因此使用一个结构系统的过剩承载力来抵抗另一个结构系统的力是经济的。如果抵抗这些张力的构件是用建筑物的重量预先压缩的，那么该结构比必须抵抗巨大张力的结构更容易设计和执行，而且成本更低。

结构材料：钢，混凝土，还是两者兼有?

对 2012 年底前竣工或接近竣工的十座最高建筑的审查显示，结构系统分为有限的几个类别。图 17.6 显示，系统主要由钢、混凝土或两者的复合混合物的结构组成。在摩天大楼时代的大部分时间里，结构钢一直是主要材料，但近年来，完全由混凝土或钢与混凝土混合建造的结构框架变得越来越普遍。结构框架材料的选择取决于许多东西，包括使用习惯、机械（HVAC）系统、本地建筑专业知识、材料成本和基础。

结构通常分为两个子系统：水平框架和垂直框架。建筑物预期用户的使用和感知期望通常决定水平框架或楼层框架的选择。尽管这些规则并不严格，但对于水平管道等需求有限的住宅建筑，通常采用薄混凝土地板建造，允许最小层间高度和建筑体积的高利用率。办公楼需要大跨度和广泛的水平机械分布系统，通常是钢框架。

垂直构件也可以是钢或混凝土。与结构钢相比，混凝土在压缩方面是非常经济的，而且在许多高层建筑中，垂直构件主要受压缩。混凝土竖向构件的负面属性是，它们往往比钢中相同的构件大、重，减少了地板的使用效率并引起地基问题。此外，高层建筑中的大部分结构都是用来承受结构本身的重量的。重型结构系统会产生级联效应，需要更大的柱和墙，而这些柱和墙又会导致更重的荷载和更大的结构。与钢结构构件相比，混凝土结构构件的尺寸更大，也容易导致建筑面积的损失。

混凝土建筑往往更大，这导致更昂贵的地基和更高的地震力。然而，较低的材料成本往往压倒了这些考虑。此外，虽然结构钢一直是一种高度工业化和机械化的技术，但混凝土最近在施工速度上已

图 17.7 自爬升模板和塔吊
版权方：SOM

与结构钢相当。考虑到大量楼层的建筑几何结构合理一致，现代自升式模板系统可以快速施工，塔楼基本上就像是一个垂直工厂。复杂多变的高塔在混凝土中是可能的，但由于需要不断调整模板或引入特殊的模板，施工速度往往受到影响。从风工程的角度来看，混凝土框架往往具有更多的质量和固有阻尼，这两者都有助于减少风的运动（见第 20 章关于风的设计）。

结构钢在受拉状态下工作良好，而混凝土在受拉状态下必须用钢加固。钢梁和钢柱通常比具有相同功能的混凝土构件轻得多。此外，钢结构系统的性能往往比混凝土结构系统的性能更容易预测。钢在尺寸上也更稳定，由于蠕变和收缩效应，混凝土构件随着时间的推移继续变形，这可能导致意外地移动和力的重新分布。钢结构通常更适合复杂多变的几何形状，因为在钢中定制形状通常更容易。从地震的角度来看，钢的质量较小，通常会导致地震力较低；钢的更大的延展性通常在抵抗地震力方面有优势。

复合系统，也称为混合系统，试图使用钢和混凝土的方式，结合每种材料的优势。这些体系经常被用作高层建筑的结构体系。尽管混凝土和钢系统的集成方式有很多种，但一个常见的方案是从围绕建筑中心的混凝土墙开始。然后，这些墙由结构钢地板框架包围，而结构钢地板框架又由钢柱或混凝土柱在周边支撑。如果核心本身太细，无法达到很高的高度，由钢或混凝土组成的外伸支架将连接核心与周边柱。这样，支架将倾覆力矩从较窄的核心转移到较宽的周边柱。

由于财政原因，这两种材料经常合并使用。结构钢通常是大跨度楼层规划的首选材料，正如人们在办公楼中发现的那样。然而，混凝土在承受压缩荷载时要便宜得多。当用于强度或刚度的压缩时，发现混凝土仅为钢材成本的五分之一到八分之一。因此，尽管混凝土柱通常比相应的钢构件大，但建筑面积的损失往往被经济收益所抵消。最可行的解决方案通常是两种材料的结合，钢地板框架和混凝土垂直构件。

长细比

长细比是高层建筑设计中的一个重要因素，塔的长细比通常定义为塔的高度与塔的最小基础尺寸之比。随着技术和施工技术的新进步，建筑物变得越来越细长。20 世纪 60 年代和 70 年代的所有钢塔的长细比在 6.0 ： 1—6.7 ： 1 之间，今天的混凝土塔和复合塔有时只有 8 ∶ 1 或 9 ∶ 1，有些塔甚至更为细长，但结构的成本随着超长而呈指数增长。

苗条的重要性怎么强调都不过分，因为苗条往往比身高更重要。一个非常细长的 40 层塔楼可能会有比一个 80 层塔楼更难解决稳定性和位移问题。根据位移与强度的相对重要性，在支撑楼面单位面积（千克每平方米的钢或立方米每平方米的混凝土）上标准化的结构数量通常会随着细长塔的长细比的立方而变化。

减少长细比的一种方法是利用建筑物的整个宽度来抵抗倾覆力（弯曲力）。在 20 世纪 60—80 年代的塔楼中，横向系统主要位于周边。这种方法有助于将塔的长细比降到最低。然而，连接垂直构件的抗剪系统往往导致结构密集，限制了建筑物的开放性，使塔的成型变得困难。

在过去的 30 年中，一个有趣的发展是朝着内部抗剪系统的方向，然后这些系统在离散的位置连接到内部周边，而不是外部。这有很多原因，但是为了理解系统的进化，首先必须了解系统本身的科学。一般来说，与外部系统一样，内部周界被认为是抵抗塔楼倾覆力矩最有效的地方，因为垂直构件距离建筑物中心最远。风的张力和压缩力随着距中心的距离成比例地减小，垂直构件的刚度随着距中心距离的平方而增大。虽然连续和不间断的系统（如实心墙或斜撑）能最有效地抵抗风切变，但是通常很难将这些元素放置在建筑物的周界，因为它们限制了塔外的视野以及操纵周界形状的能力。在这种情况下，可采用内部系统，即通过仔细布置电梯、楼梯和机械井，将墙壁和斜撑放置在建筑物的核心内，所有这些都需要垂直运行。在这些情况下，可以实现在剪力下非常坚硬的系统。然而，细长型核心筒的高度可能会受到过度弯曲变形的限制。这种困境突出了核心筒和框架系统的优势，其中核心抵抗剪力，而框架则将倾覆力矩传递给周边的垂直构件。

图 17.8 显示了截至 2012 年底世界十大最高建筑的横向系统。综述表明，较新的塔楼倾向于采用内部抗剪体系，其周边承受倾覆力。

规模

随着大厦越来越高，越来越细，规模的问题必须被解决。

就像自然界一样，在一个尺度上存在的系统在另一个尺度上也许是不可能的。系统的规模也会随着比例的变化而变化，比如老鼠骨骼的比例与大象骨骼的比例有很大的不同。一个建筑的适当规模取决于三个主要因素：高度、面积和从核心到周边的距离。

一般来说，建筑物越高，地基必须越宽。人类将脚分开以增加稳定性，同样，当建筑物变得更高时，地基也会相应地变得更宽和更厚。威利斯大厦、台北 101 号大楼、上海世界金融中心以及其他现存世界最高建筑，都以立方体为几何尺度。因此，如果威利斯塔的高度增加一倍，建筑面积将以立方（2^3）的形式增长，并增加 8 倍。从今天的情况看，这座建筑的底部尺寸为 69m × 69m，玻璃到核心的距离为 23m。威利斯大厦的钢框架系统已达到其规模的极限。如果把这座钢塔的屋顶改扩建到 610m，地基将扩大到 95m，建筑总面积将从 41 万 m^2 增加到 110 万 m^2。在这个高度，威利斯大厦的结构体系是不合适的，必须采用不同的结构体系。

总建筑面积是高层建筑设计中的一个主要因素，因为塔的总建筑面积有实际限制。一个庞大的建筑面积，除了装修成本巨大外，一个特定的房地产市场收纳这个面积的经济能力也是有限的。由于建筑面积过大的问题，许多最近提出的超高层建筑仍未实现。

另一个需要考虑的问题是，为了能够看到外部景观，也为了让光线进入室内空间，从核心区到窗户的距离有实际的限制，这与在高大建筑物上获得宽阔的占地面积的愿望直接冲突。由于这些原因，随着塔楼变得更高、更细，需要新的结构体系。

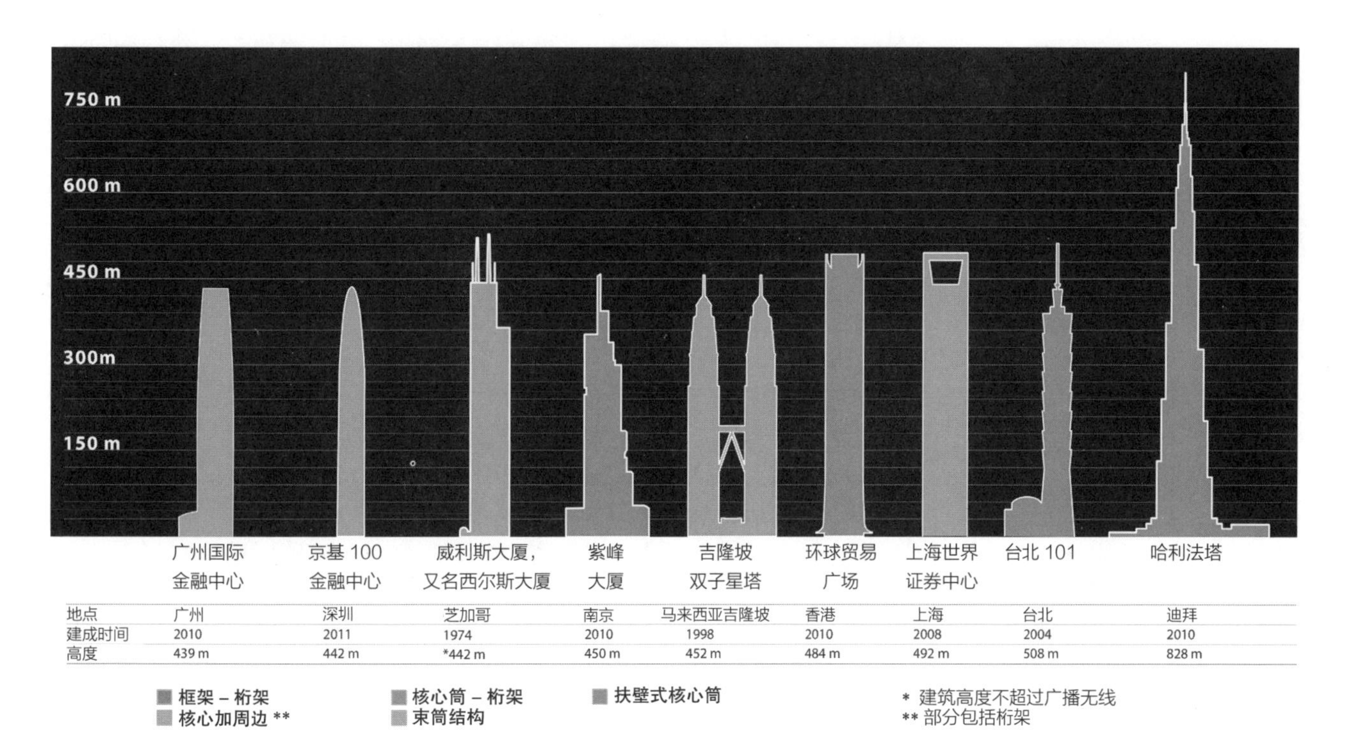

图 17.8　世界最高建筑的结构体系

版权方：SOM

建筑体量

也许高层建筑中最重要的结构参数是建筑的体量或形状。它不仅定义了塔楼的复杂性，而且通常对建筑物的风力有重大影响（见第 20 章）。

风是高层建筑设计中的主要结构考虑因素。高层建筑周围的气流通常是不稳定的。当风经过时，气流从塔的侧面分离，产生一系列的涡流，导致整个建筑的压差。虽然风对塔楼的阻力影响很重要，但这些力通常不是控制的因素。涡流造成的横风力才是最重要的，再加上塔楼的自然谐波，可能会导致垂直于风的方向的非常大的力。常见风事件发生的速度和建筑物宽度的正常范围内，会出现与塔楼自然谐波相匹配的涡脱落风事件。

这些旋涡发生的频率与风速与楼层的宽度和形状有关。虽然风速是自然形成的，但塔的几何结构是由设计团队设定的。如果建筑物的轮廓鼓励在与结构系统的固有频率相协调的频率下形成高度组织的涡流脱落，则会产生极大的力。然而，从上到下改变建筑物的形状，可以“瓦解”旋涡，因此在任何时候只有塔的一小部分会产生谐波频率的旋涡。建筑物的拐角处通常是涡流从流动到分离的地方，这里的涡流强度可以通过一个有点倾斜或弯曲的角来大大降低。其他几何条件也是如此，如凹口或开放的地板，可以让空气通过建筑物，阻止强大的旋涡的形成。几何形状导致形成的高度有组织的涡流作用在建筑物上的力，比为避免这种影响而设计的建筑物上受到的力大许多倍。

对于给定形状的建筑物，塔的动力特性也会对力的大小产生显著的影响。可以通过调整建筑物的刚度和质量分布来调整建筑物，以尽量减少建筑物寿命内可能发生的风暴的共振行为（图 17.9）。

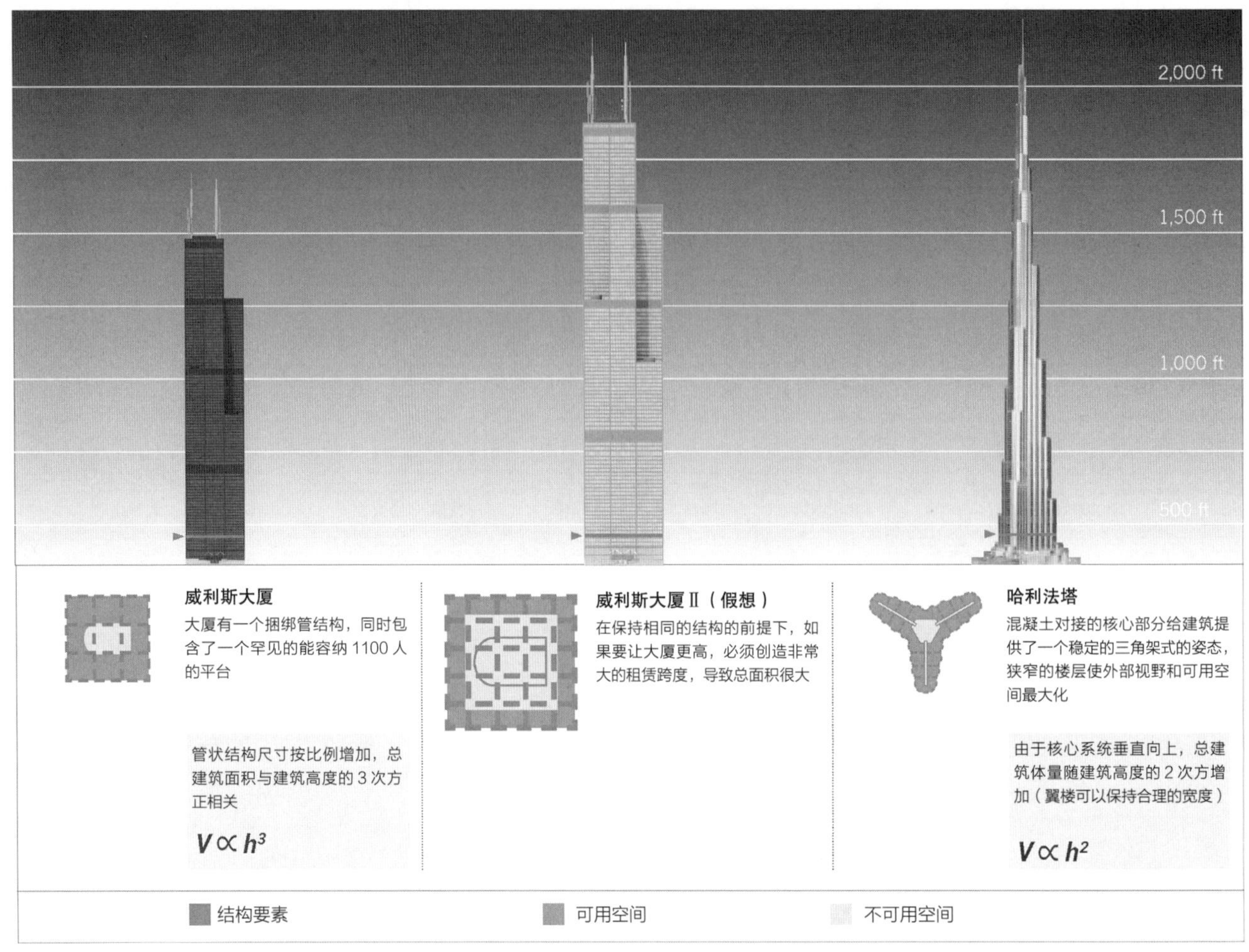

图 17.9 体量问题
版权方：SOM

设计理念

应该注意的是，许多拟建的高塔和大多数拟建的超高塔并没有最终实现。为了增加成功的机会，一个总体的设计理念可能会有帮助。许多已经完全实现的高塔有以下共同特点：

- 塔基于一个简单、合理的结构体系。该系统是一个驱动、中央组织装置，所有其他系统（建筑、机电、垂直运输）都安装在该装置上。
- 结构体系背后的结构理念是清晰的。如果一开始有一个清晰的结构理念，建筑将有一个内在的逻辑，反过来会更容易建设。
- 这些结构是高效和经济的。
- 这些建筑很容易建造。
- 这些建筑能够很快建成。
- 结构和建筑系统有一个清晰的层次结构。不是高层建筑的每一个组成部分都具有同等的价值。通过设置重要性等级，设计团队可以更熟练地解决可能出现的问题。通过设置层次结构，结构最终会更有组织性，设计得更周到（图 17.10）。

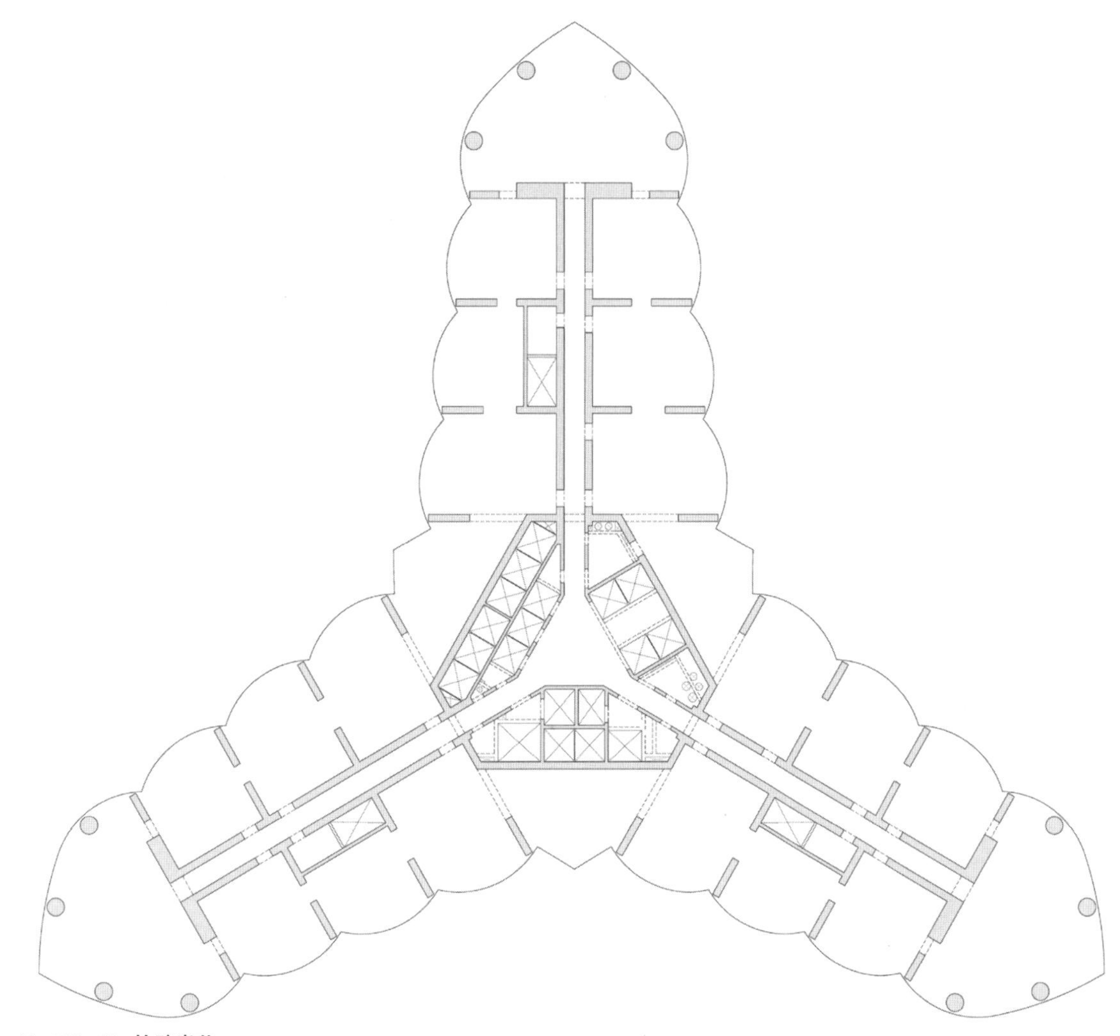

图 17.10　Burj Khalifa 扶壁岩芯
版权方：SOM

未来的塔楼

虽然只代表了所有高层建筑的一小部分，但超高层塔楼考验着设计团队的聪明才智，俘获了社会的想象力。这些设计处于可能的极限，因此，是新的想法和对高层建筑问题新见解的试验场。如前所述，随着建筑物变得更高，基础的尺寸需要变得更大，但楼层的高度可能不变。此外，通常拟建的超高层建筑总建筑面积非常大；总建筑面积需要在限制范围内。就其本身而言，过多的楼面面积会使提案不可行。哈利法塔可能为未来超高塔的发展提供借鉴。

哈利法塔的支撑核心结构系统能够将基础尺寸和租赁跨度问题分开。基础结构从中心延伸约 49m，但租赁跨度在 8—11m 范围内，这种特殊的结构体系与住宅布局很协调。由于租赁跨度一般与基础尺寸无关，所以总建筑面积也较为合理，但办公楼还需要其他布局。将会有创造性地解决这些问题的办法修建未来的超高层塔楼。

结构上的可能性仅限于我们为自然、高度、物质和梦想的需求创造新解决方案的能力。无论一个新的结构体系是从它的前身精益求精演变而来，还是作为一种全新的装置被创造出来，设计师和工程师都应该重新审视“高层建筑问题”，利用现代技术和材料的进步来创造下一代的超高建筑。从建筑本身就可以看出，天空才是真正的极限。

参考文献

American Society of Civil Engineers (2010) *Minimum Design Loads for Buildings and Other Structures.* Reston: American Society of Civil Engineers.

Khan, Fazlur (1973) "Structural Design of Tall Buildings" in P.K. Thomas (ed.) *Proceedings of the National Conference on Tall Buildings.* New Delhi: Indian National Group of the International Association for Bridge and Structural Engineering.

第18章
基础和地下室

托尼·基弗（Tony A.Kiefer），小克莱德·N. 贝克（Clyde N.Baker.Jr.）

简介

主要高层建筑的基础和地下室可能会对结构带来巨大的相对成本（和风险），尽管地面以下的改进很少被看到或欣赏到。如果在项目规划中不考虑场地地质，下部结构的安装成本和风险会大大增加。尽管如此，在规划建筑物时，似乎往往很少考虑地下可能存在的困难。

最近世界范围内的建筑热潮使得高层建筑以前所未有的速度建造。不幸的是，最近发生了一些与地下建筑有关的重大故障。这些失败例子中的许多都是通过视频拍摄并发布在互联网上的，在互联网上，数以百万计的观众观看了正在发生的灾难，或是在事件发生后的数小时或数天内看到了其直接后果。这些例子清楚地提醒我们，在地下施工时，生命、名誉、人身自由、巨额经济和施工进度通常都面临风险。这些记录的故障包括：

- 2007年，在中东，几秒钟内发生的挡土墙坍塌和多层地下室开挖被完全淹没。幸运的是，没有人死亡，但项目推迟了一年多。这段戏剧性的视频应该能让建筑师和工程师们相信在水路附近进行深基坑开挖的危险。尽管如此，由于我们的大多数城市都是在河流或海洋边缘的港口城市发展起来的，挖掘工作不断地通过软垃圾填埋场进行，通常离开阔水域只有几米远。
- 2009年中国在建多层住宅楼倒塌。毫无疑问，该建筑是针对风和地震作用下的侧向荷载条件而设计的，但却没有考虑到由于在建筑物的一侧开挖深坑，而在另一侧填土而产生的侧向荷载。结果这栋楼倒塌了，坑里的一个工人当场死亡，工程负责人正在服刑。这说明在设计过程中未考虑施工顺序可能导致荷载情况远远超过规范要求。
- 2009年，得克萨斯州一栋31层公寓楼发生内爆，在施工过程中出现超过30cm的不均匀沉降，无法进行可靠修复。这项工程受到了145,000,000美元的诉讼。这座建筑在该地区是前所未有的高度，因此关于地基系统如何执行的具体经验是不可用的，同行评审可能会避免这一失败。
- 新加坡2011年进行的桩荷载试验中，一个四层高的混凝土砌块桩发生坍塌。视频被拍下，并在数小时内传到了网上。幸运的是，这起事故中没有人受伤，现代的负载测试程序完全消除了反作用力框架和巨大的重量堆的风险和费用。是真正需要使用更古老、更耗时、更危险和更昂贵的程序，还是由于惰性、缺乏对当前实践的了解以及“这是我们一贯的做法”而选择这些程序？

紧密的团队协作

成功的建筑设计和施工的一个关键原则是，项目结构工程师、建筑师和岩土工程师需要在整个项目中成为一个紧密合作的团队。岩土工程师应理想地参与项目的规划和建议阶段，以提供地下条件和可能的基础和地下室的要求，甚至在项目开始之前就应该考虑。这项合作将有助于团队制定适合特定现场条件的勘探计划。在项目设计阶段，岩土工程师应参与项目会议审查拟议的设计变更，并应协助准备或审查基础设施的荷载试验规范和测试规范。岩土工程师的代表应该在地基基础施工期间充当建筑师和结构工程师的眼睛和耳朵，检查施工是否按照设计意图进行，如果出现设计中未考虑的任何低等级施工程序，则应及时提出警示。

同行评审

同行评审是基础和地下室设计的一个非常重要的方面，尤其是考虑到前所未有的建筑高度或挖掘深度。在这种情况下，由于缺乏类似规模项目的经验，当地岩土工程师可能变得非常保守或不保守。在这种情况下，建议由具有相关国际经验的工程师提供意见。在最好的情况下，在编写本地报告之前，项目的早期阶段应包括同行评审员，以便为勘探计划和建议的设计提供参考。进行团队协作，而不是产生可能的分歧导致项目瘫痪。顶级建筑师和结构工程师通常依赖他们最信任的岩土工程师对每个项目进行有效的同行评审，即使业主不知道或不直接为此服务付费。

地下勘探

在世界各地存在着明显不同的基础设计和施工实践。这些差异涉及当地先例和经验、当地法规与国际法规、劳动力成本与材料成本的差异以及法律和合同程序的变化。当然，可能影响当地实践和经验的最大因素是地质。世界上每个城市的地质情况都不尽相同，即使是在一个城市内，地下条件也可能存在重大差异。例如，在填海造地与山脚下的谷底和高地之间，应该会有明显的差异。由于这些差异，预计勘探计划将因地点而异。为便于说明，可将场地分为四种场地类型，如表 18.1 所示。

从表中可以看出，对于每个连续的场地类型，预计土壤或岩石强度将增加约 5 倍，土壤或岩石刚度将增加一个数量级。因此，在场地 1 型土壤上支撑的同一地基应预计沉降量为与现场 2 型土壤相同地基的 10 倍。这种 100 倍的强度差和 1000 倍的刚度差与混凝土等普通建筑材料形成了鲜明对比，后者的刚度可能只有 2 倍，强度可能只有 4 倍。这种巨大的差异解释了地下的一些风险，在施工过程中不正确地测

土壤剖面场地类型及其可能的主要特性　　表 18.1

场地类型	概述	单轴抗压强度典型值（MPa）	弹性模量典型值（MPa）	典型城市
1	深层软土，无基岩	0.1	2.5	拉斯维布斯，墨西哥城
2	普通岩土	0.5	25	芝加哥，伦敦，莫斯科
3	中级岩土（IGM）	1–5	250	迪拜，多哈，阿布扎比，吉达，马尼拉
4	由软到硬的浅层岩土	10+	1000+	纽约，首尔，釜山港，利雅得

量或解释地面或改变地面，建筑物的响应可能与预期的数量级不同。

钻孔和取样

典型的高层项目可能包括塔楼和低层裙楼。对于这种结构，塔架至少应考虑 5—9 个钻孔。根据当地实践，钻孔间距变化很大，但通常为 30—45m。对于双子星塔，例如 2 类场地条件，钻孔间距仅为 8m，以在非常深的岩溶石灰岩基岩中寻找溶洞。

钻孔深度将根据预期的基础类型和场地类型而变化。对于场地类型 1 和 2 的桩基础上的垫层，钻孔深度应等于垫板宽度的 2 倍。对于场地类型 3，深度为铺层宽度的 1—1.5 倍就足够了。对于不考虑空腔的硬岩场地，钻孔延伸至岩石中 6m（桩径的两倍）就足够了。对建筑结构进行的最深钻孔约为 150—200m。根据国际建筑规范（国际规范理事会 2009），地震场地分类至少需要 30m 的钻孔深度。

一个典型的裙楼可能有几层楼高，可能还有几个地下室。因此，裙楼中的荷载将比塔楼轻，并可能由于静水压力而导致抬升。平台钻孔深度应至少延伸至预期保持系统或桩深度加上额外的 5—10m。钻孔应沿着挡土墙施工的属性对齐，而不仅仅是在角落。如果挡土墙下方的涌水是一个问题，则钻孔深度可能需要通过渗透性砂层或砾石层延伸至不渗透层（黏土或泥岩），以便为施工排水或地下室排水设计进行有意义的渗透性试验。

原位测试

原位测试应是任何高层建筑勘探的一部分。与提取样品和在实验室进行测试相比，原位测试允许在干扰相对有限的地面上测试土壤或岩石。许多材料，包括砂、砾石和弱、风化和高度破碎的岩石或 IGM，不能在实验室完整取样和测试。

表 18.2 总结了最常见的原位测试方法。

在大多数高层建筑中，最重要的原位测试是旁压仪（PMT）。这是一个大约 300mm 长的探针，它被放入一个钻孔中，通常是在样品之间，在钻孔中，探针靠着墙壁膨胀，影响直径可能为 1m 或更大的土壤环。测量压力与孔径的增量，以提供土壤或岩石的应力—应变曲线。应选择适当容量的旁压计，以便土壤或岩石能够加载至破坏状态，并确定极限材料强度。因此，该装置的优点是，测试的土壤或岩石样本比返回实验室的 50mm × 100mm 样本大得多。此外，PMT 还测量地应力状态下的土壤或岩石，包括

大多数项目的基本现场试验　　**表 18.2**

测试方法	场地类型	深度极限（m）*	测试项目
旁压仪（Menard）美伊娜多	1, 2	100	土壤强度和刚度
旁压仪（埃尔 · 斯特 /TriMod/Probex）	2, 3, 4	100	硬软岩的强度和刚度
旁压仪（高压膨胀计，古德曼千斤顶）	4	100	中等到硬质岩石的强刚度
标准置入试验（SPT）	1, 2, 3	150	颗粒土相对密度和强度
锥体渗透试验（CPT）	1, 2	60	软土强度和水压
叶片剪切试验（VST）	1	25	软黏土强度
压水试验	1, 2, 3, 4	25	局部土壤式岩石渗透性
抽水试验	1, 2, 3, 4	25	全局土壤式岩石渗透性
PS 测井	1, 2, 3, 4	150	井下压缩速度和剪切波速度
井间测井	1, 2, 3, 4	30	井间剪切波速

* 基于典型可用设备的深度限制，物理限制，或建筑物可能需要的深度限制

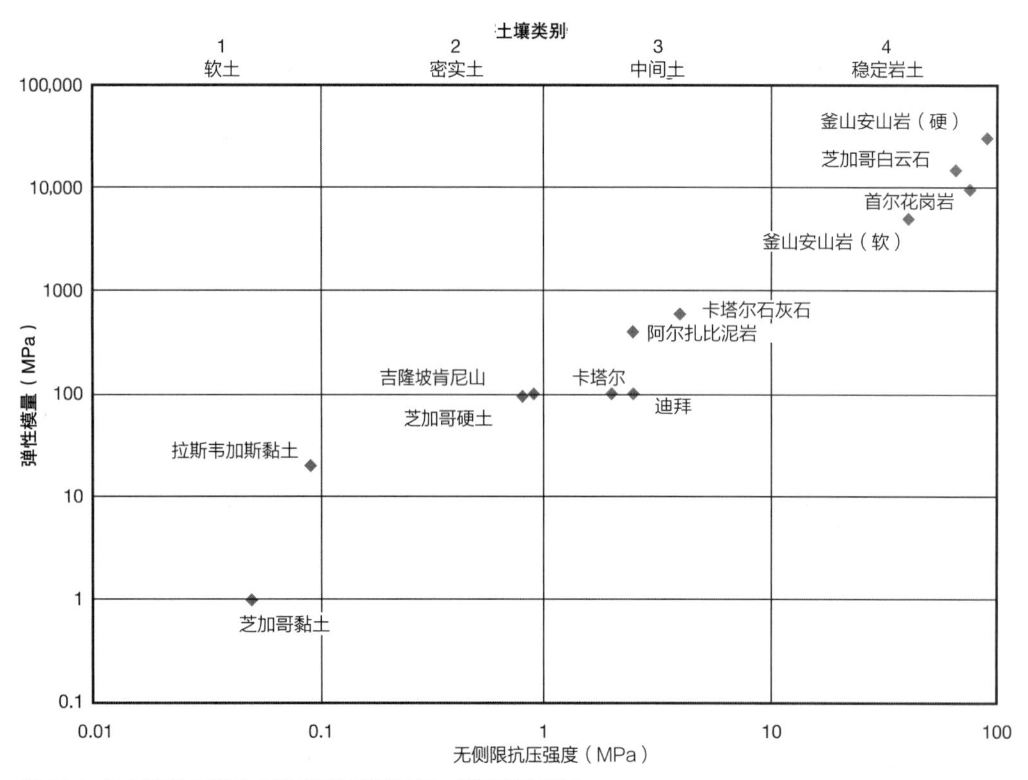

图 18.1　不同场地类型的土壤或岩石弹性模量，用旁压计测量

版权方：AECOM

可能存在的任何裂缝或裂缝。图 18.1 显示了 PMT 在全球主要项目现场测量的弹性模量图。

对于大多数项目来说，应该测量的另一个关键土壤或岩石属性是剪切波速度，横波速度需要测量到 30m 的深度。这需要根据 IBC 准确确定地震场地分类，也可以使用标准贯入试验（SPT）和无侧限强度测量，但这些方法可能导致测定不太准确。此外允许场地类别从 D 变为 C 或 B 变为 A 的测量并不罕见，这将导致地震基底剪力显著降低，这些削减将不仅仅影响支付测试的费用。地球物理勘探也用于获得土壤或岩石的低应变模量，并提供地面刚度变化的宏观视图。

荷载试验

对主要结构，深基础的荷载试验常常是最有用和最划算的测试方法，以帮助将基础设计精细地调整到最小尺寸，同时确定存在的真实安全系数。因此，对岩土破坏进行的牺牲性荷载试验应被认为是勘探过程中的一部分，以在基础设计过程中提供最大效益。然而，在实践中，进行荷载试验有许多其他原因，包括：

- 因为它们是法规或当地惯例所要求的；
- 作为生产桩的验证试验，以检查施工是否合格；
- 超出本地代码定义的允许容量；
- 证明可接受的性能（在沉降或挠度方面）；
- 检查承包商建造桩的能力和达到设计荷载的能力，特别是在提出新程序的地方。

通常，传统的桩设计方法包括有限的岩土工程勘察和原位测试，导致非常保守的设计值（以及大型昂贵的桩）。然后，在施工期间，随机选择生产桩并进行荷载试验，一个典型的标准是，可能 1%—2% 的桩应进行静态试验，另外 5% 的桩应进行动态试验。这些荷载试验不可能失败：桩的荷载可能只有设计荷载的 125%—150%。如果设计非常保守，则桩很可能很容易通过该试验，移动非常有限，通常只有几毫米。然后设计师和承包商可以拍拍自己的背，向业主展示良好的效果。

但这真的是从昂贵而耗时的负载测试中提取价值和获取信息的最佳方法吗？在许多情况下，一种更好的方法是在基础设计之前对牺牲桩进行预先荷载试验。此处的目的不是达到任意或保守的假定设计荷载，而是测试桩的岩土破坏，以便测量极限摩擦承载力和端部承载力。通过测量可实现的侧摩阻力和端部承载力，可以应用适当的安全系数（可能为 2.0），桩的结果比第一种情况下小得多。安全系数为 2.0 时，该桩在设计荷载下可移动 15—25mm，这是可以接受的。在这种情况下，业主不会为不需要的嵌入式高安全系数或性能付费。即使是世界上最高的塔楼，两到三个这样的提前荷载试验也证明是足够的。

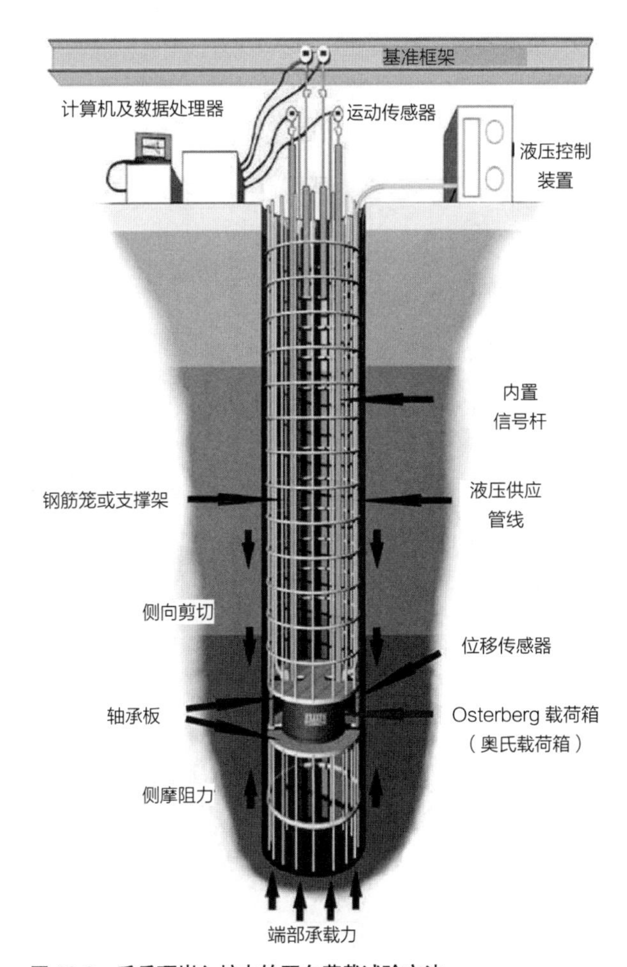

图 18.2　千斤顶嵌入桩内的双向荷载试验方法
版权方：Loadtest

现代方法

近几十年来，现代方法在荷载测试方面有了重大改进和创新，使得耗时的荷载框架、反力桩、系紧装置或压载桩的施工在很大程度上变得不必要。目前，建筑师和工程师需要注意的最佳方法是：

- 双向静荷载试验（奥氏测桩法）
- 大应变动力法
- 基桩静动态试验

图 18.2 给出了使用 Osterberg 测力传感器（奥氏传感器）的双向负荷试验方法的示意图。在这种巧妙的方法中，通常夹在桩顶和由反力桩或巨大重物下的荷载架之间的液压千斤顶被嵌入钻孔桩中。测力传感器的位置通常在桩的下半部分内。如果桩预计在无端部承载力的情况下承受摩擦荷载，则可将测力传感器放置在轴的中点。如果桩预计会产生摩擦和端部承载力，则可将测力传感器放置在桩的下三分之一处。相反，如果桩预计主要产生端部承载力，则可将测力传感器放置在桩的底部。

双向法除了节省成本和空间之外，另一个巨大的优势是可以达到更高的负载能力。对于传统的压载试验，最大实际荷载限值可能约为 30MN。图 18.3 为双子星塔架进行的 30MN 压载试验。对于使用压桩进行的荷载试验，实际极限约为 50MN。但是在双向法中，多个测力传感器（2—5 个）可以在一个水平上组合在一起协同工作。此外，可以将测力传感器放置在多个水平面上，这样单个测试桩可以分阶段和分段加载，所施加的双向荷载在每一级都是附加荷载。因此，采用这种方法进行了高达 350MN 的记录荷载试验（针对韩国仁川大桥和仁川塔）。图 18.4 显

图 18.3　马来西亚吉隆坡的双子星塔进行的 30MN 压载试验
版权方：AECOM

示了完成的钢筋笼，在两个水平面上嵌入了多个压力传感器，用于 96MN 的负载试验。

另一种创新的桩测试方法是大应变动力法。这是根据在冲击锤打入的桩上进行的桩监测改编的。在这个测试中，桩锤被一个大的重物代替，这个重物落在桩上，产生一个仅持续几毫秒的动态冲击。桩中的冲击波和由此产生的应力波由附在桩上的仪器测量，并由计算机记录。为了解释等效静荷载，需要对结果进行分析。为了测试受重高达 40MN 的大型桩的承载力，进行了 40t 重物从 1m 高处坠落的动态试验。图 18.5 所示为 40MN，2m 钻孔桩的试验装置。

静态（Statnamic）测试类似于大应变动力法，但它并没有直接下落重物，而是在钻孔桩顶部放置一个带有推进剂的反应室，并在桩上方建造一个装满砾

图 18.4　阿拉伯联合酋长国阿布扎比中央市场项目 96MN 负荷试验用钢筋笼，在两层嵌入四个双向称重传感器
版权方：AECOM

图 18.5　芝加哥 2m 直径钻孔灌注桩大应变动载试验
版权方：AECOM

石的大圆柱体。推进剂被点燃，并与砾石筒发生反应，向上扔的同时向下推。静态测试中的加载持续时间约为 1 秒。与动力试验相比，静力试验的一个优点是相对缓慢的推力不会迫使桩受拉，更类似于静载试验。静态试验在水上等困难条件下是适用的，也适用于横向荷载试验。目前，静态试验法已可以完成 40MN 的桩基承载力试验。

地下室

场地类型、地下水位深度、土壤渗透性、地下室深度、预期地下室使用功能、基础类型、土保持系统、传统与自顶向下结构、排水与不排水设计以及相邻结构和特征都是相互关联的和依赖的因素，它们非常复杂地交织在一起。最早阶段的规划对于考虑可行的方案和废弃的方法或材料至关重要，这些方法或材料可能会导致严重的成本增加或误工，可以通过挖掘一个更少的地下室层或简单地将更多的结构延伸到地面上来缓解。

常规建筑是单层地下室，几乎所有地方都是如此，在这个深度遇到水的可能性很大。单层可能是明挖的，或者相对便宜的护板或士兵桩和护板共同用于土方支护，可能作为悬臂结构，而不需要显著的支撑或系索。但是，延伸到一层以下，施工难度成倍增加。由于土压力和水压力随深度线性增加，两层地下室的保持系统将需要承受 4 倍于单层的横向荷载。再加上第三层，负荷将增加 9 倍。将静水压力加到土压力上，滞留系统或地下室墙壁上的荷载再次加倍。因此，如果地下室或临时接地支撑系统设计用于排水条件，则排水系统必须工作，否则设计荷载将是预期荷载的 2 倍，并且很可能发生故障或过度移动，特别是对于安全设计系数可能只有 1.5 的临时系统。

2009 年中国建筑物倒塌事件充分说明了分期施工和考虑不平衡横向荷载的重要性（如本章导言所述）。如果我们假设平均设计风压约为 2kPa，15 层 30m 宽的高层建筑的侧向力可能约为 3MN。相比之下，地下室的侧向土压力对于地下水位以上和以下的土壤可能分别约为 7kPa 或 14kPa。然而，这些压力值不是恒定的，而是每米深度线性增加。因此，对于 30m 宽、6m 深的地下室的侧向荷载约为 4—8MN，远远超过风荷载。侧向土荷载也是恒定的，并且总是不间断地作用，它不是在罕见风暴的高峰期短暂出现的短期间歇性风负荷。

塔楼下的深地下室能提供一个重要的好处，可以增加建筑可修建高度，特别是在 1 类或 2 类场地条件下。在地下室开挖中每清除 1m 深的土壤，就等于三层建筑的恒载。因此，将两层地下室开挖至 6m 可能导致土壤卸载，其重量相当于 20 层建筑的重量。即使在没有桩的垫层基础上构造，如果地基上没有净压力增加，则长期沉降将是零。这种结构称为“完全补偿”，基本上飘浮在土壤剖面内。墨西哥城和休斯敦的主要高层建筑都采用了这一原则。

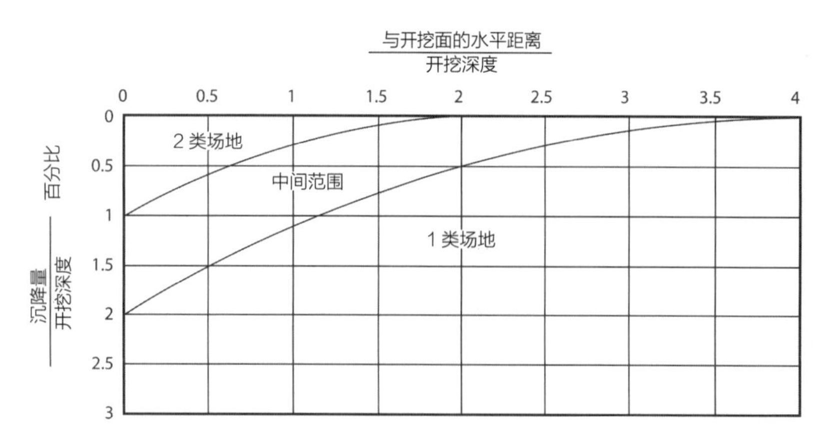

图 18.6 1 类和 2 类场地的士兵桩和挡土墙或钢板墙附近的预期沉降与开挖深度

版权方：改编自 Peck（1969）

虽然这种荷载消除有利于主要高层建筑的沉降性能，但如果开挖深度延伸至地下水位以下，则通常会对相邻的裙房造成重大损害。如果外部裙楼墙没有延伸到防渗土层以提供一个截止点，则可能无法（或不希望）泵送水并提供排水板设计。在这种情况下，将需要一个厚的压力板或垫子和净上升的静水压力。因此，单用垫子可能不合适，需要固定锚或张力桩。

有时，防水和抗拔设计似乎是一个地区的常见程序。但是，如果能够提供一个截止水位，或者如果土壤通常是黏性的，则流入的水量可能会低到足以泵送。如果排水设计能够完成，则通过削减厚垫或压力板、压桩和防水层的使用，可以显著节省项目成本。通过提供排水板，马石油塔楼的裙楼实现了显著的成本节约，尽管这不是该地区的常见做法。

在建筑地基的设计中，设计者必须仔细考虑施工排水方面。建筑必须建造到足以平衡静水压力的高度（和重量），然后关闭排水泵进行不排水设计。相反，如果要在结构完工前关闭排水泵，则压桩的设计应考虑在施工过程中可能出现的最大隆起，打桩设计中使用的荷载情况必须在施工文件中明确说明。

相邻运动

地下室开挖中，相邻运动对邻近结构的影响是最重要的考虑因素之一。岩土工程中的大多数诉讼涉及相邻开挖引起的地面移动（横向和纵向）对结构的损害。即使横向距离等于开挖深度，结构物也可能发生地面移动。移动取决于场地类型、墙刚度、支撑层间距和开挖分期等主要因素。即使是设计最合理的挡土系统，如果在现场没有遵循分段的规定，也可能会发生严重的移动，过度挖掘或未能安装所需的支撑或拉筋是最常见的故障原因。因此，通常明智的做法是，按照合同将土壤保持系统安装工作和挖掘机协同工作。图 18.6 所示为安装在 1 类和 2 类场地条件下的士兵桩或钢板挡土墙附近的预期潜在沉降。

开挖的另一个方面可能会对邻近结构产生很大影响，那就是排水。如果使用延伸至截止水位且系统相对不透水的挡土系统，则排水将仅限于清除开挖墙壁内的水。但是，如果考虑在地下水位以下进行明挖，则可能需要进行大量排水，地下水位的下降可能会超出开挖极限，延长一段相当长的距离（地下水位下降的 5—10 倍）。如果地下水位低于支撑在浅基础上的结构，建筑物可能由于水压力下降引起的土壤有效应力增加而沉降。在现有结构下，水位每下降一米，土壤应力就会增加 10kPa。脱水的另一个危险是可能导致细粒从开挖范围外迁移，从而破坏邻近结构。开挖区内的排水应通过滤水井和沉淀池进行，并对其进行监控，以检查抽水是否畅通。

自上而下施工

“自上而下”的施工技术：一楼楼板先浇筑，地下室和上部结构同时施工。相比传统的深地下室施工，主要好处是加快了上部结构的施工，因为不需要先完成整个开挖。这表明自上而下的方法可能不适用于只有一层或两层地下室的建筑物。随着地下室深度的增加，建筑时间节省自上而下增加，然而，对于超过四到五层的地下室的情况下，自上而下的方法会对地基造成严重的质量问题。深基坑自上而下法的另一个显著优点是，地下室水平底板作为保持系统的横向支撑，从而降低了支撑或回拉的成本。然而，这一体系也要求挡土体系成为永久性的地下室结构墙。这可能意味着，混凝土泥浆墙、斜面墙，甚至重型钢板将是唯一可行的挡土墙，需要具有固有的防水性。如果使用钢板，则应焊接联锁装置，以防止进水。在许多地下室用作停车场的项目中，保留的挡土墙被用作最终的建筑墙，只需进行清洁、小修补和喷漆。

对于自上而下的构造，基础类型仅限于单个基础元素可以支持单个列的那些类型。因此，钻孔桩由于较高的承载能力，将是最典型的基础类型。这将从接近原始街道坡度的地方建造，并在套管内有一个深的截水沟，或者可以在内衬内浇筑至坡度。在后一种情况下，随着开挖向下进行，桩本身将成为地下室中的结构柱。如果桩在地下室最低水平以下被切断，则需要临时钢护筒。然后可以将钢柱插入钻孔灌注桩的湿混凝土中，或者混凝土凝固，工人进入套管，清理桩顶并安装底板。钢柱甚至预制混凝土柱已经安装在套管内。这种施工方法是有风险的，因为如果采用导管法进行安装，钻孔桩内混凝土的潜在问题是如何通过管道将混凝土浇筑到水位以下。此外，桩的对准和垂直度也是至关重要的，这样柱就可以在不引起桩内不可接受的偏心率的情况下排列起来。设计人员应预计到截止高度的偏心度至少为深度的 1%，如果出现更大的偏心度，应制定应急计划。对于地下室为五层的大型工程，出现了超过 300mm 的偏心距。

基础

绝大多数大型高层建筑都是在钻孔桩基础上支撑的。在世界各地，钻孔桩也被称为“沉箱”。钻孔桩可能有直轴，也可能是未扩孔的。通常在钻孔桩的顶部浇筑垫子，特别是在地震区，或在地下水位以下有渗透性材料的深层地下室的地方。其余的高层建筑可以建在板条（用泥浆板挖掘机建造的矩形钻孔桩）、打入桩、单独的垫子甚至是基脚上。预计新的世界贸易中心塔楼坐落在纽约硬岩石地基基础上，釜山的两个天顶塔（75 层和 80 层）是由岩石上的垫层基础支撑的。

一个垫层可以用来支撑一栋高楼，其中地基位于承载力良好的岩石上。如果条件退化为 2 或 3 类场地，单独铺垫仍然可行，或者铺垫可以包括桩。在这些土壤中，适当的土—结构相互作用可以在垫层和桩之间分担荷载，节省大量成本。如果仅从承载力的角度来看，垫层就可以支撑结构，并且桩的添加只是为了加固地面和减少沉降。在这种方法中，桩可被视为地基改良设施，并可设计低至 1.2 的岩土和结构安全系数。即使在 1 类场地土壤中，如果通过挖掘足够深的地下室来补偿结构的重量来控制沉降，那么仅垫块就可以支撑高层建筑。

如果需要非常长的桩，可能需要使用泥浆墙板机建造的板条。巴特隆的塔被支撑在最深达到 135m 的基础上，被认为是世界上最深的建筑地基。由于场地类型 2 和倾斜基岩的条件，这些长度对于限制不均匀沉降是必要的（Baker 等人，1998）。

设计责任

令人吃惊的是，世界上没有关于谁应该负责基础设计的规定。例如，在英国和中东，打桩承包商是最常见的建筑地基设计和建造方。在这个过程中，承包商承担整个基础性能的风险。在美国和世界上大多数其他地区，结构工程师根据岩土工程工程师的设计来设计地基。承包商按照图纸和规范建造项目，因此只承担建造基础的风险。设计和性能风险由岩土工程师和结构工程师承担。

容许沉降

大型高层建筑的容许沉降量是多少？即使是今

天这个问题也很难回答，而且根据当地的现场条件和实践而有所不同。虽然对大多数人来说，最快说出的答案可能是 25mm（双子星塔），但主要高层建筑的设计预计将达到 60mm（哈利法塔），甚至高达 200mm（拉斯韦加斯酒店）。一些主要的现代高层建筑经历了高达 500mm 的不均匀沉降，至今仍在使用。可接受的总沉降和不均匀沉降取决于建筑结构和场地类型，4 类场地支持的项目沉降量不能超过几毫米，基桩的弹性压缩很可能大于桩的抗压强度。在 1 类场地剖面中，如果主要结构具有可构造性和经济基础，则在设计中可能需要更大的总沉降量和不均匀沉降量。高楼和附属的低层裙楼之间的差异沉降是造成最大的困扰。周围裙楼与塔楼的最终连接通常会尽可能推迟到最后一刻，以使塔楼在不破坏裙楼的情况下尽可能多地沉降。

桩设计

钻孔灌注桩由于其承载力大，几乎在任何场地类型都可施工，而且在价格上混凝土比钢便宜，所以最常用于高层建筑。芝加哥尖塔项目设计在直径 3m 的端承钻孔桩上，使用 80MPa 的混凝土，在 30MPa 的设计承载力下，将 2m 长的桩伸入白云石基岩，单桩最大设计荷载为 200MN。

桩基础可以设计为端承、侧摩擦或两者的组合。在 3、4 类场地条件下，仅当较浅的材料提供很小的侧摩阻力时，才可考虑端部轴承。端承桩也可用于 2 类场地条件。在芝加哥，高达 80 层的建筑物在高达 3MPa 的压力下，由硬冰黏土上的扩底钻孔桩支撑。60 层的蓝十字蓝盾建筑由桩身直径达 3m、底部直径达 8m 的扩底桩支撑。

承载力预测通常采用无侧限压缩试验和现场旁压试验以及半经验公式。用这些方法估计的承载力通常采用最小安全系数 3.0。

如果桩体通过致密土壤或中间土工材料长距离延伸，则会产生显著的侧摩阻力。在不易取样的土壤或软弱岩石中，经验公式可用于根据标准贯入试验锤击数、无侧限强度和定性岩石质量分类粗略估计极限侧摩阻力。从现场旁压仪数据中也可以更好地估计侧摩阻力。如果无法达到较硬的层，则需要延长摩擦桩的长度，以控制沉降并提供足够的承载力。长而薄的钻孔灌注桩比短而大直径的桩在摩擦方面更有效。直径为 1m、长 40m 的桩与直径为 2m、长 20m 的桩具有相同的侧摩阻力。然而，较小直径的桩将使用一半的混凝土，且沉降更小，因为 2 倍的剖面深度均由混凝土加固。

组合摩擦和端轴承设计也是可能的；但是这些设计必须考虑应变兼容性。极限侧摩阻力是在非常低的沉降下产生的，通常小于 5—10mm。然而，在致密土壤或 IGMs 中，端承可能需要 50—75mm 或更大的沉降才能获得极限承载力。此外，研究表明，当管座通过 IGMs 或岩石延伸，管座深度超过 1—4 桩直径时，到达桩底的荷载很小，允许的端承也在很大程度上取决于桩底清理工作的质量。

使用摩擦桩时，还必须考虑群桩效应。如果桩间距减小到约 6—8 个桩径或更小，则相互作用效应增加，群桩的承载力将小于单个桩承载力的总和。通常，最小桩间距取决于群桩数量，但通常不应小于 2.5—3 桩直径。通过比较整个群桩的周长面积与单个桩的周长面积之和来检查群桩承载力。因此，桩长可能需要更长，因为近桩间距会导致群桩效率低下。

抗拔设计

设计时还必须考虑上拔和横向荷载。通常，裙楼的抬升比塔楼的抬升更为关键。裙楼的抬升是由静水压力引起的，本质上是一个恒定的、无向上作用的恒载。在塔楼中，浮力是由间歇性风荷载（或可能是地震荷载）引起的，这种荷载只在设计风暴期间出现，可能每 50—300 年发生一次。在裙楼中，上拔可能比重力情况更为关键，因此可以控制桩的设计长度，同时必须检查桩的单个侧面抗剪承载力和整体抗拔力。随着桩间距的减小，桩间相互作用效应增大，不利于整体抬升控制。因此，在柱位置之间添加短桩可能不如从静荷载集中的柱上的长桩获得抗拔力有效。

对于高塔来说，净升力似乎并不常见，因为大多数设计师都喜欢较重的混凝土结构。然而，目前的趋势与越来越高的结构相结合，在相对较少的超柱中负载过于集中会导致更大的应力波动，使得基础在建筑期间可能经历 0 到 100% 个负载条件脉动。尽管关于建筑地基的足尺循环行为很少有真实的信息，但可以使用双向荷载试验方法对大型桩进行循环荷载试验。不幸的是，这种方法仅限于不少于 10 分钟的循环周期，不能施加真正的张力。

电力研究所在模型桩研究中进行了循环荷载评估（McManus 和 Kulhawy，1991）。其结论是，如果不发生实际应力逆转（即没有张力），循环蠕变将等于在相同静荷载持续时间内通常发生的静态蠕变。但当应力发生逆转时，蠕变会变得很大且不可预测。因此，如果地基在 1—3 类场地条件下建立，应尽可能避免拉伸与压缩之间的循环，桩的荷载变化最好不超过最大压缩荷载的 20%—100%。在合格的岩石条件下（4 类场地），蠕变不太可能是静态的或周期性的。

估算沉降

经验表明，大多数高层建筑都是作为一个整体沉降的。这尤其适用于桩间距小于约 6—8 倍桩直径的大型摩擦桩群支撑结构。重要的是，在这种情况下，即使进行了单桩足尺荷载试验，群桩的沉降通常也不会与单桩的实测沉降相同。桩群的沉降更多的是受群体效应影响。

等效地基法作为一种简单而强大的技术，已被用于世界上最高的建筑物的沉降估计。虽然有很多变化，但该技术将桩组建模为一个实体块，其长度介于整个桩长的三分之二和整个桩长之间。建筑荷载由作用在桩体周边上的极限摩擦力支撑，其安全系数通常为 1.5 或更小。任何不受周边摩擦力支撑的荷载都由端轴承中的整个块体底座支撑。块体底部的土壤或岩石必须具有超过该剩余压力的容许承载力。然后，块体的沉降主要由块体底部以下的土壤或岩石控制。块体本身的弹性压缩被加到估计的基底以下的沉降中。

最终，沉降量的估计取决于土壤和岩石的模量的精确程度。按照精度的升序，沉降量估算可通过：

- 经验图表和现场指数测试（SPT，岩石质量），
- 试验（固结或三轴）和理论公式，
- 在现场模量测试（差压仪）和经验公式计算，
- 基础构件的全尺寸载荷试验。

与历史案例比较

有限元建模是一种很好的沉降预测工具，但它似乎比大多数工具更容易被滥用，昂贵的研究根本不能保证更高的准确性，选择场地基础材料模量同样是关键。使用有限元的一个很好的方法是从全尺寸的案例历史或全尺寸的桩荷载试验中反演出适当的模量。对施加到结构上的实际荷载或应力进行建模，可以实现对差异性沉降和应力集中的监测，这是任何手工方法都无法实现的。

理想情况下，在规划有限元研究时，必须进行现场和实验室测试，以提供基础材料的模量数据。这应包括获得低应变模量（10—4 应变）的地球物理试验、旁压试验（0.5%—2% 应变）以及可能的实验室固结或三轴试验（2%—15% 应变）。图 18.7 显示了 3 和 4 类场地应变相关弹性模量数据图。当地基位于 1 类黏性土时，必须考虑时间相关的行为。

由于上部结构刚度对不均匀沉降的预测有重要影响，因此，应在至少 10—15 层剪力墙和结构就位的情况下对该问题进行建模。荷载应施加在结构构件的顶部，而不是简单地认为在垫层上平均分布。桩应单独建模。图 18.8 显示了在 3 类场地条件下，在核心部分和上层柱子下方具有可变长度桩的主要结构的沉降预测。

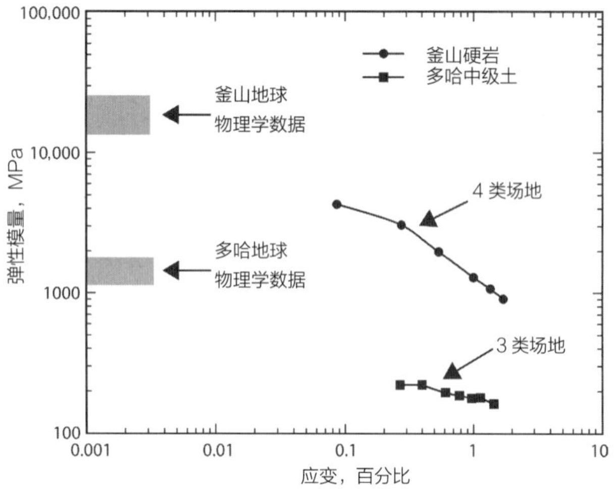

100,000
10,000
1000
100
弹性模量，MPa
0.001
0.01
0.1
1
10
应变，百分比
釜山硬岩
多哈中级土
釜山地球
物理学数据
多哈地球
物理学数据
4 类场地
3 类场地

图 18.7　3、4 类场地的弹性模量—应变曲线
版权方：AECOM

℄ 高层建筑
核心垫层
超柱垫层
0.0m
1.5m Ø PILES
-10.0m
-20.0m
-30.0m
-40.0m
-50.0m
-60.0m
深度（m）
沉降量（mm）
55
50
45
40
35
30
25
20
15
10
5
0

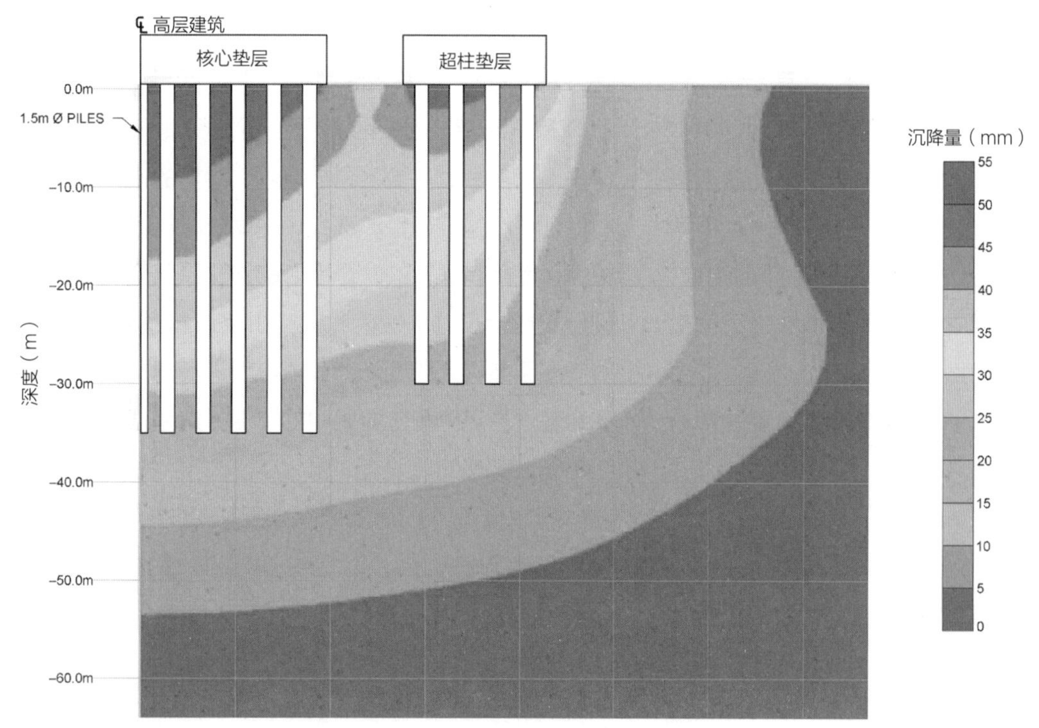

图 18.8　3 类场地地基中可变长度桩上核心和超级柱结构的有限元沉降预测
版权方：AECOM

钻孔桩施工

典型的钻孔桩直径范围为 0.8—3m，桩直径最大能达到 5m。钻孔桩钻孔深度可以延伸一到两个桩径进入坚硬岩石或达到 40m 进入 IGM，就像对哈利法塔所做的那样。钻孔桩的实际长度取决于设备类型，使用传统的吊桶或螺旋钻（必须钻入和钻出钻孔）时，50m 是一个典型的限制。对于更大的深度，需要使用带潜孔锤或钻头的反循环钻井（RCD）设备。在 RCD 方法中，膨润土钻井液用于将土壤或岩屑带到地面，而不是将钻头向下钻。钻孔桩可在干燥的黏土或泥岩中开挖，并可采用自由落体法填充混凝土，前提是基础必须清洁干燥。在芝加哥，混凝土已通过自由落体法浇筑到 40m 以上的深度（Kiefer 和 Baker，1994）。

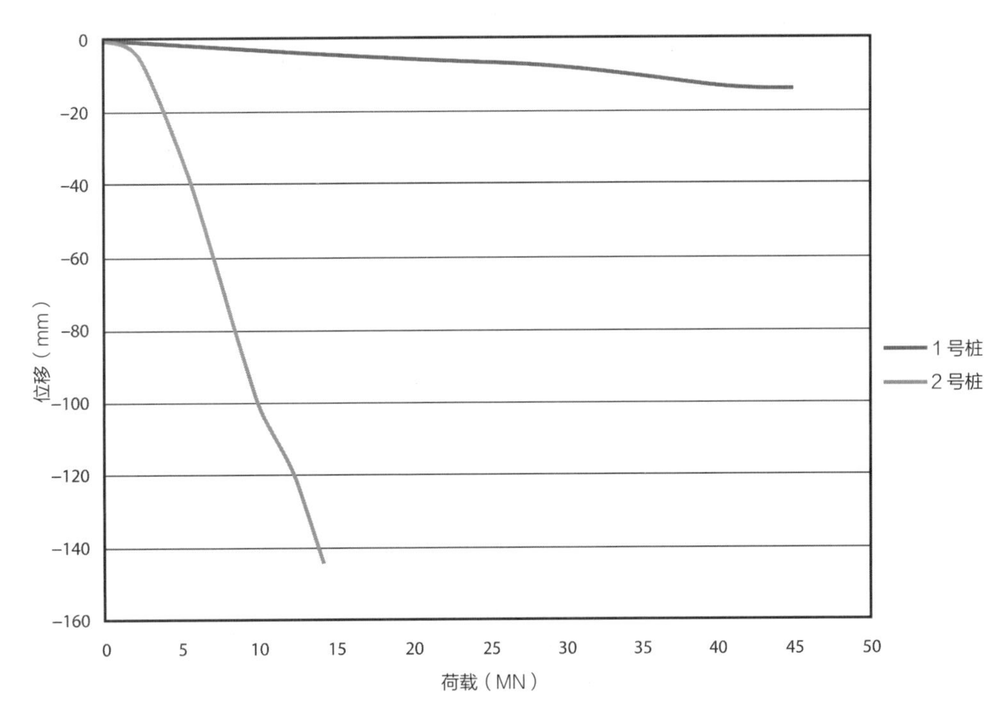

图 18.9　阿布扎比泥岩 1.5m 直径钻孔桩双桩荷载试验
版权方：AECOM

如果钻孔桩延伸至地下水位以上或以下的崩塌土壤或粒状土壤中，则需要临时套管、稳定钻井液（膨润土）或聚合物泥浆来保持钻孔的畅通。目前，由于减少环境处理问题、更容易清理泥浆、更好的井壁侧摩阻力等优点，聚合物泥浆钻井方法在很大程度上是首选的，而且聚合物泥浆不会在挖掘壁上形成“蛋糕”。虽然在某些地方聚合物泥浆的使用可能还是相对较新的，但它似乎在世界各地都很容易得到。

图 18.9 显示了阿布扎比泥岩项目中对钻孔桩进行的两次荷载试验的结果。尽管两个地点的土壤和岩石条件相同，但所获得的极限荷载相差 3 倍，沉降相差 10 倍！桩由同一个工作人员在同一地质条件下，按照相同的长度和直径进行施工，在两种情况下，均采用带聚合物泥浆的导管法。那么，是什么导致了如此大的差异呢？第一根桩达到预期承载力，但在第二根桩施工过程中，导管堵塞并被拉出混凝土，清除障碍物后将管道重新插入混凝土中，泥浆和混凝土之间没有适当的底部分离器。这一过程破坏了桩的下半部分，几乎没有产生端承或侧摩阻力。

这个例子说明了正确的施工程序和检查的重要性。无论设计是否源于最好的工程，还是采用奇异的现场测试和复杂的有限元程序，施工方法可以决定或破坏任何设计。这样看来 2.0 的安全设计系数看起来并没有那么大。

选择具有类似难度项目经验的承包商可以避免施工问题。然而，即使是最优秀的承包商和长期以来的共同成功的项目，建议采取的态度是“信任，但核实”。测试要求应反映设计的冗余、承包商的经验、施工方法、地质难度和安全系数。如果设计试图“突破常规”，则根据成本选择经验不足的承包商，设计以端承为基础，并使用导管浇筑法，说明详细的独立检查和无损检测以及生产桩验证试验。当单个桩在高承载力下为端承时，适当的底部清理程序比大型冗余群中的摩擦桩更为关键。

无损检测是一种重要的施工质量检测方法，通常用于检查施工期间钻孔桩的完整性。一般情况下，采用导管灌注工艺时，需要进行无损检测。如果混凝土可以浇筑到干净且“干燥”（小于 50mm 的水量）的竖井中，则无须进行无损完整性测试。当桩承受重荷载或高混凝土应力时，测试更为关键。通常，当混凝土应力等级超过0.15f'c时，井间声波测井（CSL）是首选方法。对于较低的应力水平，脉冲响应谱（IRS）方法就足够了。应计划对代表性桩进行取芯，以检查混凝土质量，并与无损检测结果进行比较。

参考文献

Baker, C.N., Jr., Drumright, E.E., Joseph, L.M. and Tarique Azam, Ir. (1998) "Foundation Design and Performance of the World's Tallest Building: Petronas Towers," Fourth International Conference on Case Histories, St Louis, MO.

International Code Council (2009) *2009 International Building Code*, Country Club Hills, IL: International Code Council.

Kiefer, T.A. and Baker, C.N., Jr. (1994) "The Effects of Free Fall Concrete in Drilled Shafts," ADSC International Association of Foundation Drilling, Dallas, TX.

McManus, K.J. and Kulhawy, F.H. (1991) "Cyclic Axial Loading of Drilled Shaft Foundations in Cohesive Soil for Transmission Line Structures," Rpt. EPRI-EL-7161, Palo Alto, CA: Electric Power Research Institute.

Peck, Ralph B. (1969) "Deep excavations and tunneling in soft ground" in *Proc. 7th International Conference on Soil Mechanics and Foundation Engineering*, Mexico City: Sociedad Mexicana de Mecanica de Suelos, 225–90.

第 19 章
抗震设计

罗恩·克莱门西克（Ron Klemencic）

简介

地震成为建筑结构设计时考虑的一个因素只有一百多年的时间。它确实是一门“年轻”的科学，有进一步发现、创造新技术的空间。同样，高层建筑的设计和施工也只有一百多年的历史。因此，在容易发生大地震的地区，高层建筑可以说是一种未经测试的建筑类型。虽然墨西哥城（1986）、旧金山（1989）、北岭（1994）、神户（1995）、智利（2010）和日本（2011）发生的重大地震为塔楼的抗震性能提供了素材，但仍有许多东西需要学习。

为了应对城市密度和经济压力，建筑物越来越高，也为高地震活动地区建筑的新想法、研究、进步和设计技术留下了充足发展的空间。

历史视角

在 1906 年旧金山地震之前，美国没有任何正式的建筑法规提出任何有关地震的设计规定。直到 1927 年，“地震”一词才首次出现在建筑规范中，当时加州帕洛阿尔托建筑规范给出了“可选”地震规定（McClure，2006）。

早期的地震工程方法很大程度上是基于观察和轶事证据，这些证据表明，考虑到适度的横向荷载（每平方英尺 15—30 磅）而设计的结构表现良好。例如，在 1923 年，人们观察到日本设计的建筑在地震中表现特别好，这些建筑的侧向力相当于其自重的 10%（McClure，2006）。这种基于有限侧向力的抗震方法的使用一直持续到 20 世纪 50 年代。

在这 10 年中，结构工程开始考虑每栋建筑的动力响应，与各类结构件相关的固有延展性及其在建筑中的总体布置。1967 年，加州结构工程师协会发表了一篇评论，为此后指导地震工程的理念奠定了基础。该评论指出，根据规范规定设计的建筑物应：

- 抵抗轻微地震而不造成损坏；
- 抵抗中等地震而不造成结构损坏，可以有一些非结构性的破坏；
- 抵抗加州经历的强度或严重性最强的大地震而不倒塌，可以有一些结构以及非结构的破坏（加州结构工程师协会地震学委员会，1967）。

从那时起，建筑规范条款就围绕着这些基本的哲学观点发展起来。即使在今天，随着高层建筑抗震工程的进步，这些思想依旧是基于性能的抗震设计（PBSD）的基础。

国际惯例

在加州制定规范的同时，世界各地也在制定地震设计规范。虽然各国的科学原则是相同的，但这些原则在适用范围上存在着不可忽视的差异。

日本和新西兰提出了一些最先进的抗震设计思想。一方面，日本设计和建造高层建筑的方法，主要是基于 PBSD 原则，旨在创建通常包含高度冗余的结构。在新西兰，地震工程深深扎根于基于抗震能力的设计方法，旨在将结构破坏的位置隔离到预定的构件或区域。

另一方面，中国的抗震设计规范在性质上往往更具强制性。然而，它们仍然基于 PBSD 原则：例如，高层建筑根据特定场地的地震等级，其设计必须满足特定的性能目标。

其他地震活跃的国家，如菲律宾和印度尼西亚，基本上遵循美国规范的规定，这些规定在很大程度上仍然是强制性的，因为它们涉及结构的抗震设计。

高层建筑适用性

使用规范条款进行设计的目的是让建筑物在遭受各种程度的地面震动时都具有安全和可接受的性能。然而，高层建筑有许多独特的特点，这些特点超出了大多数规范条款所体现的一般原则。因此，目前的规定是否充分考虑了高层建筑的性能是有争议的。高层建筑特有的一些问题包括其复杂的动力特性、轴向力、尺寸效应和阻尼。

复杂的动力特性

高层建筑对强震的响应通常会受到复杂动力特性的严重影响，包括高阶振型的影响。传统的工程实践在确定结构强度要求和侧向力分布时，只关注第一平移振型。然而，对于高层建筑来说，第二甚至第三种振动模式对于整个设计来说可能同样重要，甚至更重要。

高频振动模式的影响可能远远高于建筑物基础的弯曲承受能力（图 19.1），以及比典型规定性设计（图 19.2）预期的剪切承受能力大 3 到 4 倍。如果不了解这些要求并将其纳入塔楼的设计中，可能会导致建筑存在潜在的不安全结果。高层建筑受到过度破坏、发生较大的残余变形，以及在最坏的情况下部分或全部倒塌，都会造成巨大的经济损失和潜在的生命损失。

轴向力

由于高层建筑的层数很多，柱的轴向力通常会增加到很高的值。因此，柱和墙的横截面积会变得相当大。随着这些构件越来越大，由于它们与地板框架和支撑系统的相互作用，它们往往会承受额外的轴向力。由这些相互作用效应引起的额外力量的积累可能会超过柱子或墙的强度，可能会导致不安全的情况。在塔的结构设计中必须非常小心，要充分解决这种可能性，并保护柱不受轴向破坏，否则这会是灾难性的。

尺寸效应

大多数现有的研究，形成了钢和混凝土建筑规范中设计规定的基础，建筑规范中关于钢和混凝土的规定是小规模测试的结果。随着建筑物的增高，柱、墙和地基的尺寸往往会趋于成比例地增长，并且会远远超过先前测试的任何尺寸。目前的工程实践在很大程度上依赖于对小规模试验结果的推断，以证明这些大型构件的设计是合理的。然而，随着这些构件的尺寸越来越大，推断的研究结果和相关的规范条款就成了问题。举个例子，在一幢高楼的底部有一根柱子：3.0m^2，高 4.0m，这还是传统意义上的柱子吗？之前测试的大多数柱子尺寸不超过 600mm × 600mm，高宽比为 4 或 4 以上。建筑规范对传统柱子设计以及混凝土和钢筋的约束规定是

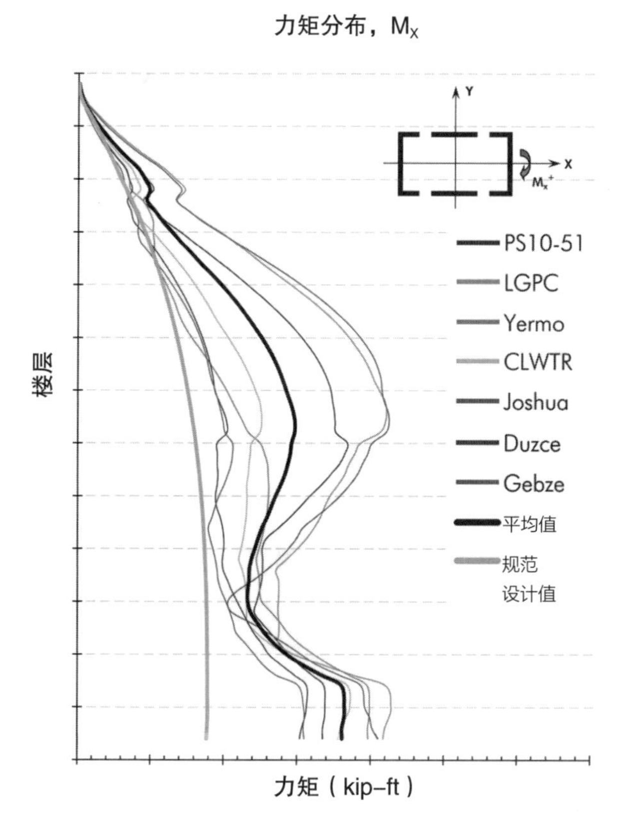

图 19.1 与高频振动模式相关的弯曲要求[①]
版权方：Magnusson Klemencic 协会

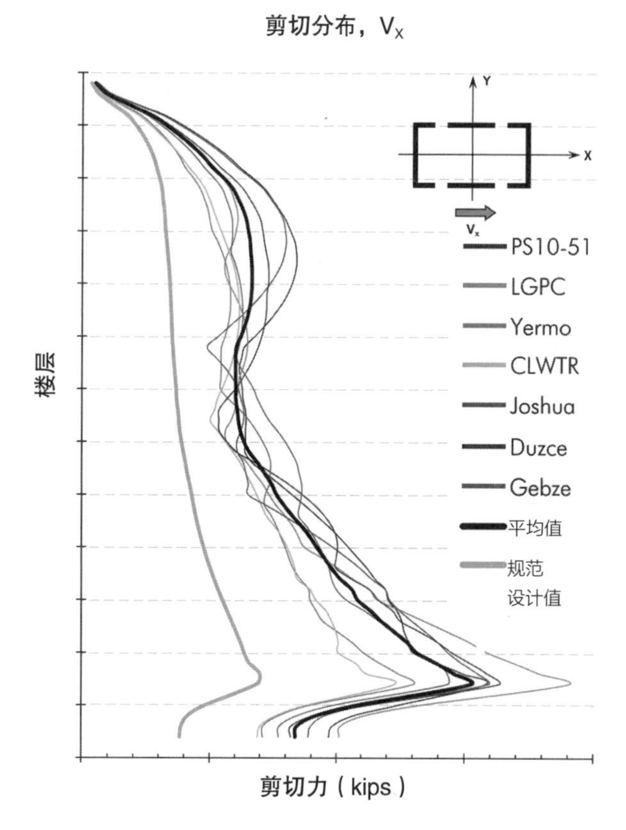

图 19.2 与更高振动模式相关的剪切要求
版权方：Magnusson Klemencic 协会

否仍然适用？当然，在这个领域和其他领域还需要更多的研究。

阻尼

关于高层建筑中固有的自然阻尼，仅有少量的数据。对高层建筑，特别是那些受到强烈地震的建筑，并没有大量的仪器检测。现有的数据表明，高层建筑中固有的自然阻尼量是相当小的：可能为 2%—3%，比地震设计中通常考虑的 5% 的传统值要低得多（高层建筑和城市人居环境委员会地震工作组，2008 年）。较低的自然阻尼量会导致整个塔楼高度的抗震设计水平较高。这是另一个领域，额外的研究将为高层建筑的性能提供更大的可靠性。

最先进的抗震设计

近十年来，高层建筑抗震设计有了很大的发展。为了创造安全可靠且经济的设计，结构工程师开发了广泛的结构系统。计算能力的显著进步促进了这些设计的实现，使复杂的非线性分析更容易实现。此外，风工程和风洞试验的进展也为高塔的风对策提供了更大的信心。

越来越多的人认识到，大多数建筑规范的规定性条款没有充分地解决高层建筑行为和性能的独特方面。一般来说，建筑规范是针对中低层建筑制定的，在这些建筑中，地震反应通常由结构的第一平移振动模式控制。PBSD 为结构工程师提供了一种方法，通过这种方法可以实现具有独特框架系统的更适当的高层建筑设计。

① 译者注：图 19.1- 图 19.2 中不同颜色线条为选用不同地震波的计算结果，对地震波名称不进行翻译。

PBSD 的原则是在满足不同的现场特定需求水平时，设计满足特定性能目标的建筑物。通过设计和分析，定量地达到了抗震设防的传统定性目标。这种设计方法科学地识别和量化特定建筑场地的地震危害和地面震动强度。然后，考虑到这些特定场地的需求水平，构思、设计和详细说明结构框架系统。先进的计算模型证实了设计的预期性能，其结果具有更高的安全性和可靠性。

基于性能的抗震设计指南

若干结构工程小组已就适当及持续应用 PBSD 发表指引及建议，包括：

- 北加州结构工程师协会，
- 旧金山市和县的建筑检查部门，
- 洛杉矶高层建筑结构设计委员会，
- 太平洋地震工程研究中心，
- 高层建筑与城市人居委员会。

虽然这些小组提供的具体建议存在一些差异，但一致意见是，PBSD 允许结构工程师更适当和直接地解决高层建筑抗震设计的独特方面。

应用于近期建筑

一些包括独特的结构框架系统和利用 PBSD 方法的近期建筑的例子：

- 派拉蒙大厦，旧金山，加利福尼亚州；
- 圣弗朗西斯香格里拉广场，曼达卢永市，菲律宾；
- 林肯山一区，旧金山，加利福尼亚州。

这些和许多其他建筑代表了高层建筑抗震设计的一个新方向，包括独特的结构框架系统，并使用先进的计算模型来预测和确认它们在不同水平地震地面震动强度方面的性能。

派拉蒙大厦

高 39 层的派拉蒙大厦（图 19.3）仍然是高地震区最高的预制混凝土框架建筑。该结构框架由查尔斯 · 潘科建筑公司和罗伯特 · 恩格尔柯克咨询公司的结构工程师共同设计，包括一个周边预制混合式抗弯框架。该框架最独特的方面是包含后张预应力筋，在大地震后为建筑物提供“稳定中心”能力。

在地震中，当地面震动将能量传递给建筑物时，派拉蒙大厦（和所有高层建筑一样）会左右摇晃。剧烈的地面震动将引发混凝土开裂，钢筋屈服。这种破坏将导致大多数建筑物在大地震后永久变形或“倾斜”。然而，在派拉蒙大厦中，大厦框架中的后张预应力筋将大厦拉回到中心，减少任何多余的变形，从而提高建筑的整体性能。

圣弗朗西斯香格里拉广场

作为地震和台风多发国家菲律宾的最高住宅塔楼，60 层 217m 高的圣弗朗西斯香格里拉广场（图 19.4）对结构设计的要求非常高。传统的抗震设计需要许多大型混凝土墙和刚性周边混凝土框架，但在该项目中设计团队创造性地使用带有 16 个黏弹性阻尼器的支腿墙，使得支撑系统更加高效可靠。由奥雅纳工程团队设计的结构系统允许减少墙体厚度和柱子尺寸，因此与这种高度的建筑通常所需的混凝土和钢筋数量相对大大减少。阻尼器作为减震器，有效地减少了地震和大风天气下塔楼的摇晃。

林孔山大厦

最近对世界著名的旧金山天际线的贡献之一是 60 层的林孔山大厦（图 19.5）。马格努森 - 克莱门西克联合公司（Magnusson Klemencic Associates）创建的结构设计包括延性钢筋混凝土心墙和一组防屈曲支撑（BRB）的组合，这些支撑

图 19.3　派拉蒙大厦

版权方：© David Wakely，工程由 Robert Englekirk 咨询结构工程师负责

图 19.4 圣弗朗西斯香格里拉广场
版权方：© David Wakely.Arup

图 19.5 林孔山大厦
版权方：Magnusson Klemencic 协会

用作核心部分的外伸支架（图 19.6）。这些支架有效地拓宽了塔的结构“站位”，从而提供额外的强度和稳定性。

BRB 的特性已被充分应用，并为有效加固塔架提供了可靠的方法。使用钢桁架或混凝土墙的更传统的支架系统可能会造成支撑柱过度受力，因为这些支架的上限强度难以控制和预测。BRB 提供可预测的上下限强度，使整个建筑性能更可靠。

作为加州最早采用 PBSD 方法设计的高塔之一，该设计受到独立同行评审小组以及旧金山市的广泛评审。由此产生的设计和方法有助于推动在地震工程实践中的若干进展。

未来趋势

虽然许多最近建造的建筑包括钢筋混凝土核心墙和支架系统，但是已经开始规划的更高的建筑（350m 高或更高）包括更奇特的结构系统。复合材料结构、被动式阻尼系统，以及超高强度的混凝土和钢将被用于解决建筑形式中日益复杂的问题。PBSD 方法学将为结构工程师提供一个追求新领域的框架。

高度限制的规范和民间传说

- 虽然规范规定的高度限制的绝对性表明结构性能中的某种“阶梯功能”，但事实是，这些限制是任意设定的，没有科学依据：
- 20世纪40年代末，人们开始研究地震对建筑物的影响，并提出具体的指导设计的建议和想法。
- 1951年，美国土木工程师协会（ASCE）发布了《地震和风的侧向力》，这是第一批涉及高层建筑抗震设计的文件之一。该文件关于135英尺（41m）以上建筑物的框架安装建议是笼统模糊的，而不是科学上合理的：“具有抗力矩框架的建筑物……有着非常好的记录。”
- 1959年洛杉矶取消了13层和150英尺（46m）的分区高度限制。这一限制是由市议会在20世纪20年代初制定的，目的是保持建筑间的距离，鼓励分散发展。
- 1960年，加州结构工程师协会（SEAOC）发表了第一篇关于建议侧向力要求的评论，指出“13层楼和160英尺的限制是任意确定的，有待进一步研究”（据报道，49m的限制是印刷错误，最初是为了与洛杉矶早期46m的限制相一致）。
- 1961年《统一建筑规范》对结构系统采用了新的高度限制，声明“高度超过13层或160英尺的建筑物应具有完整的抗力矩空间框架。”
- 1988年不列颠哥伦比亚大学（UBC）将剪力墙建筑框架系统的允许高度扩展到73m。但找不到这种改变的具体技术理由。

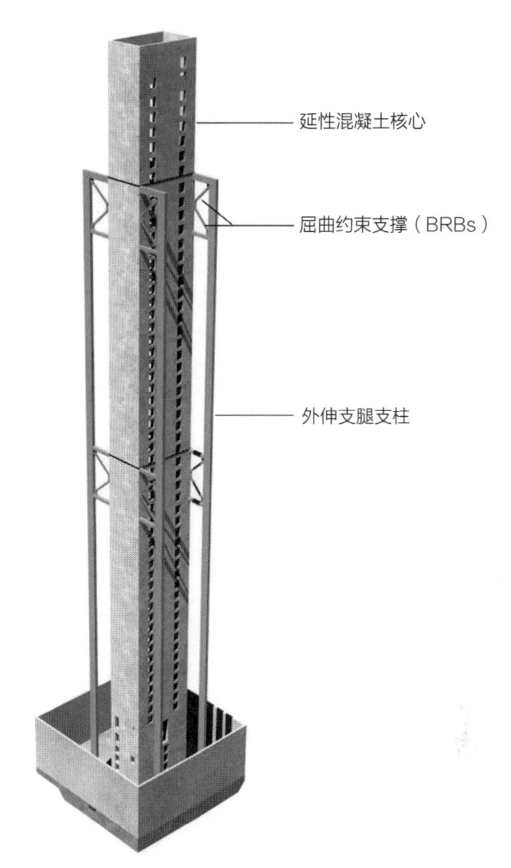

图19.6 林孔山大厦的核心和BRB
版权方：Magnusson Klemencic 协会

参考文献

American Society of Civil Engineering. (1951). *Lateral Forces of Earthquake and Wind*, American Society of Civil Engineering.

International Conference of Building Officials. (1961). *Uniform Building Code*, University of California.

International Conference of Building Officials. (1988). *Uniform Building Code*, University of California.

Structural Engineers Association of California, Seismology. (1960). *Recommended Lateral Force Requirements and Commentary*, Seismology Committee, Structural Engineers Association of California.

第 20 章
抗风的设计

彼得·欧文（Peter lrwin）

简介

对于高层建筑，风力和压力通常是结构系统设计和建筑围护结构强度的控制因素，甚至比地震力更为重要。本章描述了，当自然产生的不同类型的风遇到高层建筑时，它如何在空气动力学上表现其施加的力和产生的效应，以及建筑对这些力和效应的反应。本章主要讨论高层建筑中对风力的缓解。在第13 章中有对“风能作为一种潜在的能源发电机”进行介绍。

高层建筑与风进行相互作用的结果之一是：建筑物除了受风的持续力影响而偏移外，它还会进行摇摆和扭转运动。建筑物的运动会对结构系统产生很大的惯性力，从而有效地放大风力的影响。建筑物的居住者，尤其是上层的居住者能感觉到这些运动增加了建筑物的挠度。所有这些因素都会影响建筑的设计，因为它必须有足够的强度在极端的风条件下保持结构的完整性，它的楼层间挠度必须足够小，以避免对建筑外壳和内部隔墙施加过大的应力，从人体舒适的角度来看，这些运动必须保持在可接受的范围内。

虽然风荷载很重要，但解决其他风问题对于成功实现完整设计也很重要。这些问题非常多样，包括：尽量减少风对广场、露台和阳台上的行人和居住者的影响；处理入口门上的风压力和烟囱效应的组合；确保有问题的排气口远离敏感区域，如进气口和可开关窗户；避免风引起的噪声问题；避免屋顶铺装物被吹起，防止风进入诸如尖顶、遮阳棚和其他类似特征的柔性附件引起的振动；通过使用自然通风或通风墙系统来提高能源效率。设计师需要了解这些影响，但由于篇幅所限，本章无法对所有这些效果进行全面描述。

风气候及特征

风暴发生的范围很广，大尺度风暴通常比小尺度风暴持续的时间长。在赤道，风往往很轻，产生最强风的风暴很可能是雷暴等小尺度扰动，这种扰动几乎可以发生在全球所有地区。在赤道以北或以南大约5° 的纬度之外，海洋上空形成了热带气旋，其中最强的气旋（在大西洋地区称为飓风，在太平洋称为台风）在其所在的海岸形成最极端的风。由于这些风暴需要温水来维持能量，一旦经过陆地，它们就会迅速消逝。在大约 30° 以北或以南的地方，强风是由非常大规模的锋面和气旋系统（这里称为天气系统）产生的。它们的直径可能有几千公里，是由于极地冷空气和低纬度暖空气交汇处的不稳定形成的。通常雷暴被纳入这些天气系统中。此外，还有各种更为局部化的风暴模式，例如南亚的季风、中东的夏马风，以及北美落基山脉和欧洲阿尔卑斯山等山区的下坡风。

不管是哪种类型的风暴，地球表面附近的风都会因摩擦而减慢，形成一个行星边界层，在这个边界层内，平均速度随着高度的增加而增加，空气相当湍急。在有强风的大尺度天气风暴中，这一边界层可以长到几公里厚。在飓风和台风中，风暴的规模稍小一些，最强风区的边界层（眼墙处）通常厚 5—600m。在雷暴下风或下坡风中，边界层的深度可能只有 100m 左右，这些风的距离只有几公里或几十公里。龙卷风非常猛烈，但通常是雷暴中的小尺度现象，几乎没有边界层，因为龙卷风直径通常不超过几百米。因此，风速和高度的剖面取决于所考虑的风暴类型。

图 20.1 显示了几种风暴的平均风速分布。

在高层建筑结构设计中，大尺度的天气风暴、飓风和台风是风荷载的重要来源。由于这些风暴中的行星边界层厚度一般在 500m 至几千米之间，因此建筑物通常完全沉浸在边界层中，平均风速随高度增加而增加，并且在其整个高度上也是湍流的。因此，为了获得有意义的风洞试验结果，需要在风洞中对边界层的平均风廓线和湍流进行适当的模拟。这是通过使用特殊的“边界层”风洞来完成的，风洞具有长的工作段、粗糙的工作段地板，可以复制地球表面的粗糙度和特殊的湍流发生器（ASCE 1999）。同一边界层模拟通常用于确定建筑物围护结构的局部荷载和检查行人区的风速。

由于建筑物抵抗自然力的设计本质上是将失败风险降低到可接受程度的一项工作，因此风的统计数据是很重要的。为了确定极端风荷载，统计分析需要关注最强的风，包括速度和方向。这些强风的成因往往不同于那些常见风，并且很可能有不同的特点。例如，在沿海地区通常存在着陆上和海上风的昼夜变化，这些变化主导着更常见的风事件，但与大范围的同步天气没有什么关系。对于极端负荷的评估，可以根据所涉及的气象现象，将风记录分成不同的类别，从而获得更有意义的统计预测。图 20.2（a）显示了根据各种数据来源预测的芝加哥上空 600m 处风速与重现期的示例。这些预测扩展说明了风力统计中的不确定性。图 20.2（b）说明了芝加哥地区所有普通风和强风的方向特性。这类信息很重要，因为高层建筑的极端风荷载和运动的预测往往使其相对于最可能的强风方向的排列很敏感。

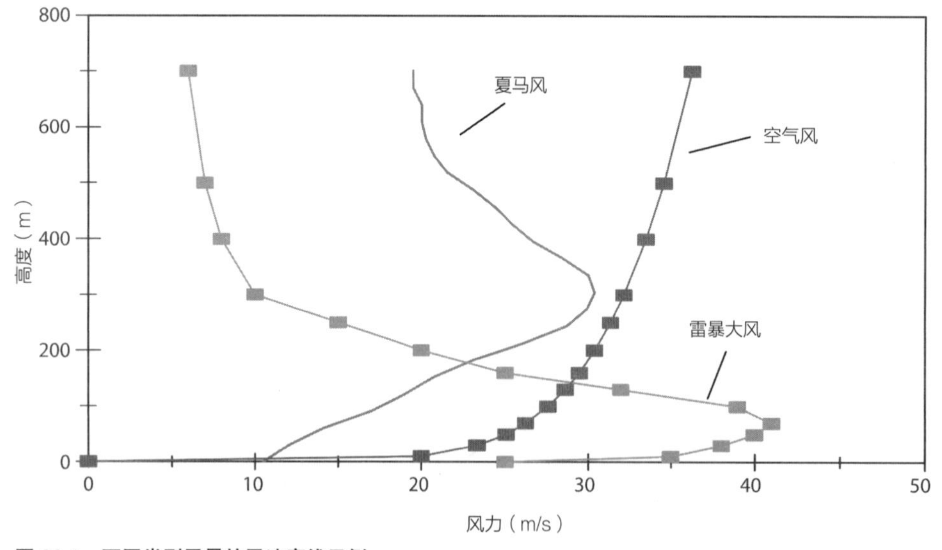

图 20.1 不同类型风暴的风速廓线示例
版权方：Peter Irwin，RWDI

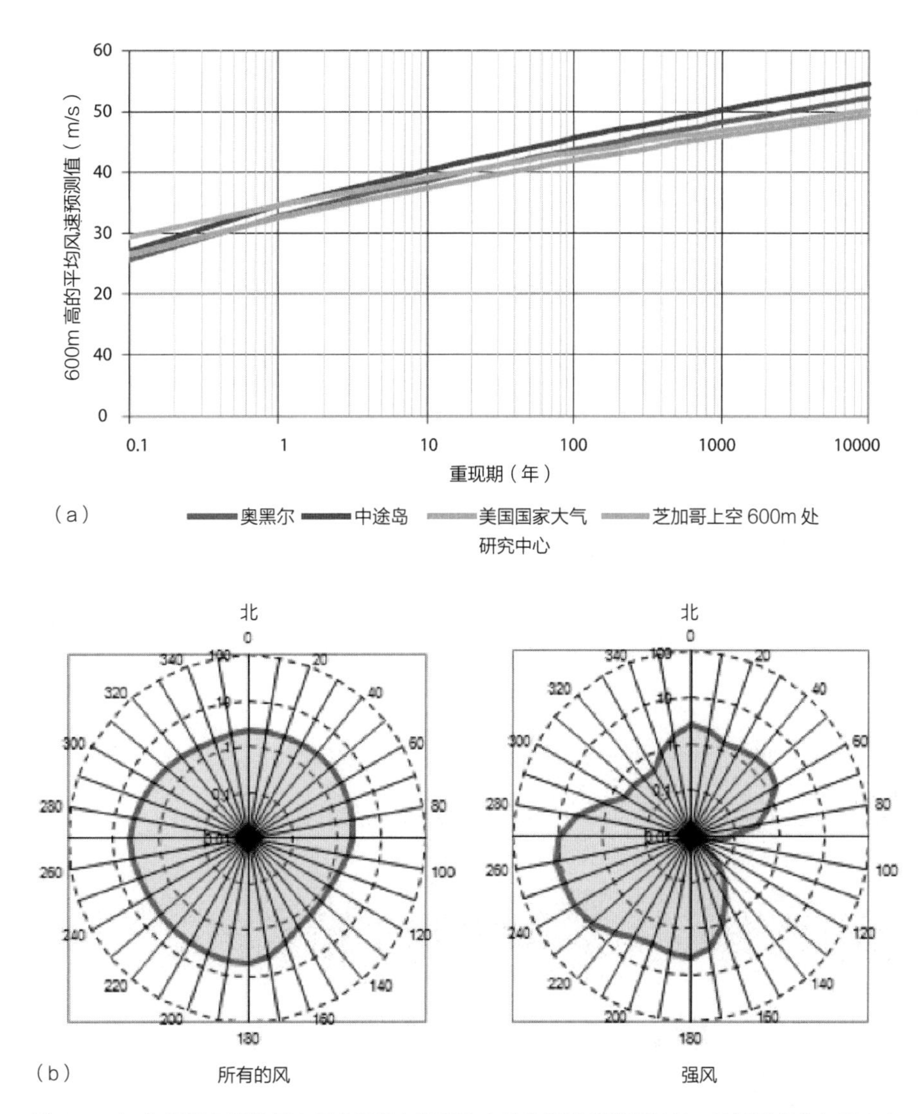

图 20.2 （a）根据各种数据来源（奥黑尔机场和中途岛机场的地面记录、美国国家大气研究中心重新分析数据和高空气球数据）预测的芝加哥上空 600m 处风速与重现期的图解；（b）芝加哥风向每 10° 范围内的风的百分比。径向刻度以百分比为单位，对数表示百分比的全部范围。左边的是所有的风，右边的是重现期 5 年以上的风

版权方：Peter Irwin，RWDI

建筑空气动力学

高层建筑周围的风流模式是建筑形状、风廓线和行星边界层的湍流，以及相邻建筑的空气动力作用的结果。最简单的情况是，附近没有其他高层建筑，图 20.3 说明了发生的典型气流。由于边界层的风速在较高海拔时较高，影响建筑物迎风面的空气在建筑物顶部附近产生的正压力比在建筑物底部产生的正压力高。因此，迎风面上有一股从大约四分之三高度的最高压力点向下的气流，通过迎风面中心的一个停滞点，流向压力较低的底部。

在迎风面的最顶端，正压力被风从屋顶上释放。因此，从四分之三的高度向上流动。迎风面向下的气流在接近地面时卷曲成一个旋涡，旋涡以马蹄形环绕建筑物底部，如图 20.3 所示。在地面上，旋涡往往会导致建筑物逆风处的强烈回流、建筑物逆风角周围的风加速，以及建筑物两侧旋涡下的强风。由这种旋涡模式引起的高层建筑底部周围的加速风会给行人造成不舒适甚至是危险的环境。

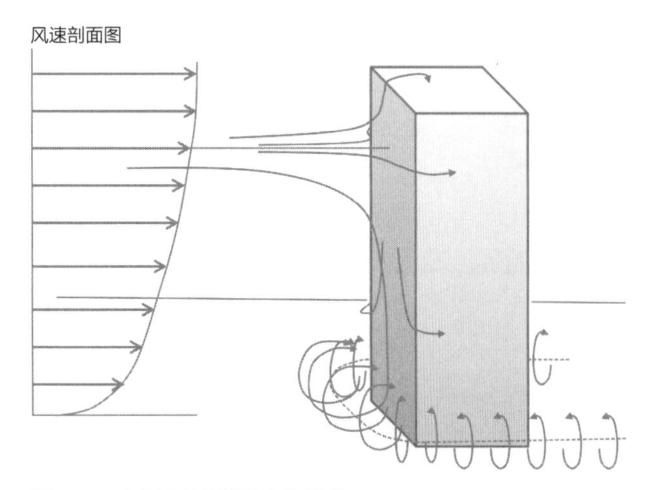

图 20.3 高层建筑周围的气流模式
版权方：Peter Irwin，RWDI

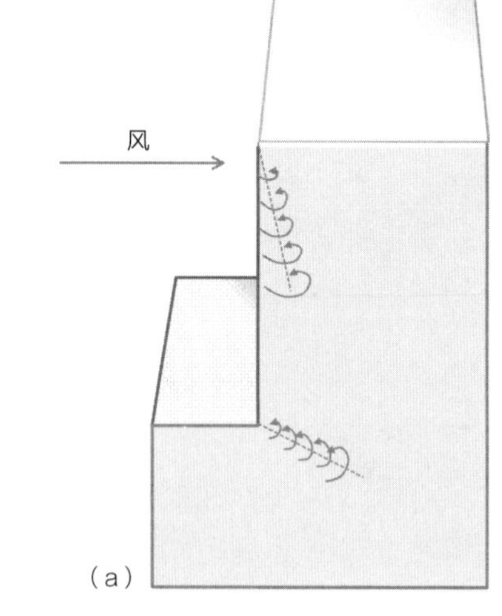

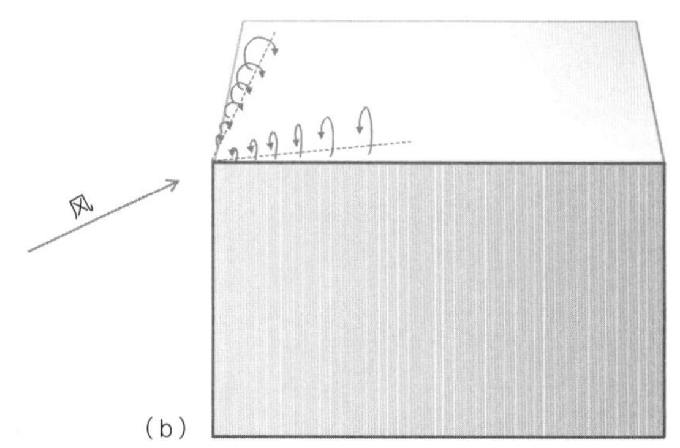

图 20.4 （a）在侧壁的上风边缘和后退的下风边缘形成的角涡（b）在屋顶形成的角涡
版权方：Peter Irwin，RWDI

一般来说，当风围绕这些面弯曲时，建筑物的侧壁是吸力区。如图 20.4（a）所示，在侧壁的迎风角附近，特别是在不连续点附近，如在顶角或倒退处，会形成强烈的局部涡流。这是这些位置吸力极高的原因，众所周知，这些涡流会吸出建筑物的窗户。当风处于四分之一角时，屋顶上也会形成类似的涡流，如图 20.4（b）所示，导致屋顶砾石冲刷和屋顶铺装剥离。

在暴露于低度湍流风中的高层建筑上，一个侧壁和另一个侧壁上可能交替形成大的连贯漩涡（图 20.5）。

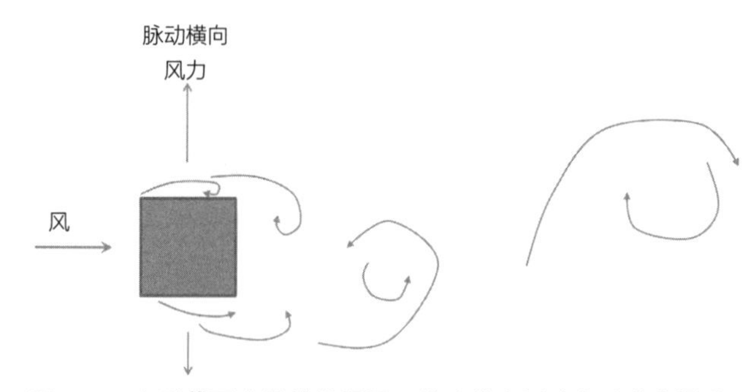

图 20.5 方形截面建筑的俯视图，该建筑在侧壁上形成大涡流，产生侧风力
版权方：Peter Irwin，RWDI

这些漩涡被抛入建筑物的尾部，并以一种被称为卡门涡街（以工程师西奥多·冯·卡门的名字命名）的规则模式顺风前进。当漩涡形成时，它们在建筑物上以一个非常明显的频率产生振荡的侧风力，称为斯特劳哈尔（Strouhal）频率——f_s，用公式（1）表示，

$$f_s = S\frac{U}{b} \qquad (1)$$

其中 S=Strouhal 数，U= 风速，b= 垂直于气流的建筑物宽度。斯特劳哈尔数是一个常数，其值通常在 0.10 到 0.30 之间（对于圆形建筑物，S 严格来说是雷诺数的函数，但对于工程而言，在雷诺数特定范围内它可以被视为合理的常数）。对于方形截面，其值约为 0.14；对于粗糙的圆柱体，其值约为 0.20。当 f_s 与建筑物的一个固有频率 f_r 相匹配时，会发生共振，从而导致放大的横向风效应。由式（1）可知，当风速为某一临界值时，为

$$U_{CRIT} = \frac{f_r b}{S} \qquad (2)$$

共振的后果对建筑物的结构设计非常重要，将

在“共振荷载和涡流脱落”部分讨论。

风荷载和影响：平均荷载和波动荷载

高层建筑上之所以存在风压波动不仅是因为迎面而来的风是湍流的，还因为建筑产生了自己的特征湍流，包括上一节提到的涡流。由于两种湍流源引起的波动比气象系统通过场地而引起的风速变化要快得多。大型气象系统的通过，速度的变化会持续数小时，而湍流则会持续数秒。观测者将后者视为阵风，而前者则视为一般风速大小的逐渐变化。湍流事件和大尺度气象事件持续时间的分界线通常定在 10 分钟到 1 小时左右。因此，通常将通过平均 10 分钟到 1 小时获得的荷载描述为平均荷载，它们与平均风速和该时间内平均方向相关。为了描述平均值在负荷中的变化，使用了统计描述，如平均周期内的负荷标准差和期望峰值负荷。

顺风、侧风和扭转空气动力荷载

必须注意的是，建筑物不仅在风向上，而且在与风向成直角（即在侧风方向）上承受空气动力荷载。对于缺乏对称性的建筑物，或者周围环境导致不对称的风向，平均和波动的侧风荷载都会出现。然而，即使是在不影响风向对称性的环境中完全对称的建筑物，虽然平均侧风荷载确实为零，但仍然存在大量的侧风荷载波动。这是由于迎风气流中湍流速度的横向分量和建筑物自身的特征湍流（即旋涡脱落）的影响。与平均侧风荷载一样，当建筑物和周围环境存在不对称时，会出现平均扭转荷载，但即使在完全对称的情况下，由于湍流效应，也会出现扭转荷载。

通过对整个建筑的风压进行整合，可以得到相应的瞬时基础空气动力剪切力或力矩。这些整体集成的空气动力剪切力和力矩称为背景载荷。空气动力基

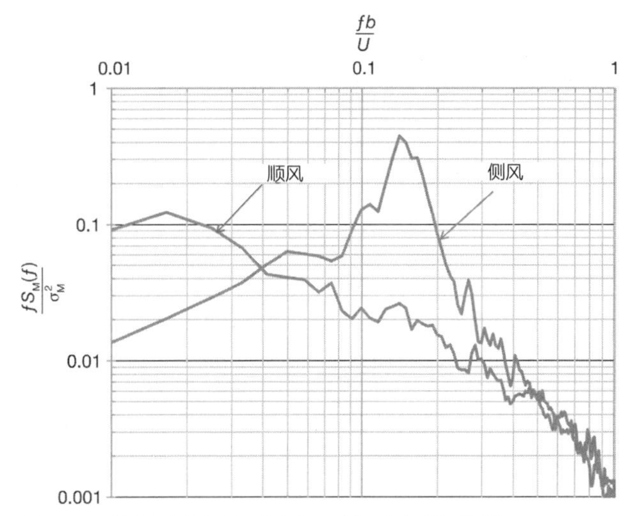

图 20.6　顺风和侧风空气动力基本力矩的功率谱示例
版权方：Peter Irwin，RWDI

本力矩的功率谱形状反映了不同频率范围对力矩的贡献，在计算建筑物的反应时尤为重要。图 20.6 显示了高层建筑的典型频谱示例，其中 $S_M(f)$ 是力矩的功率谱，用无量纲形式表示，

$$\frac{fS_M(f)}{\sigma_M^2}$$

其中 f= 频率，σ_M= 力矩的标准偏差。通过使用无量纲形式，并借鉴以往建筑的经验，可以更容易地比较不同建筑形状的空气动力特性。频率也以无量纲形式表示：

$$\frac{fb}{U}$$

图 20.6 中值得注意的是顺风谱和侧风谱之间的差异。在所示的例子中，侧风谱在无量纲频率值约为 0.14 处显示出一个明显的峰值，对应于涡旋脱落的频率。这是一个典型的高大，细长的建筑的大致矩形截面。顺风谱中的峰值通常出现在远低于侧风谱的频率处，并且与迎面风湍流的能量谱峰值相吻合。

总风荷载和相应的荷载谱对建筑物的形状和周围环境非常敏感。这种敏感性使得简化的建筑规范中风荷载公式难以提供风荷载和建筑响应的可靠估计。因此，通常需要特定的风洞试验来提供项目所需的精度和可靠性。风洞试验不仅提供了整体荷载谱，而且还提供了包层上的局部峰值风荷载谱。

共振荷载和漩涡脱落

背景荷载对建筑物的持续影响是使其以自然振动模式移动。一旦建筑物移动，其加速度在运动的结尾达到峰值，根据牛顿定律（力等于质量乘以加速度）在结构上产生惯性力。由于每种振动模式的影响而产生的惯性力与建筑物高度完全相关，并且是模式的固有频率、质量分布和变形形状的函数。虽然惯性载荷的来源是背景载荷，但两者之间几乎没有任何相关性。在非常高、细长的建筑物上，惯性荷载往往支配着背景荷载。

在某一特定振动模式下的共振响应，在该模式的固有频率下，会大大放大基础力矩的功率谱。如图 20.7 所示，其中水平轴是建筑物的频率与固有频率之比。放大效应在顺风和侧风方向都有，在扭转方向也有。如果侧风方向上的峰值共振放大到与图 20.6 所示背景谱中的涡旋脱落峰值一致，则会产生非常高的侧风荷载，是仅针对顺风荷载的建筑规范公式计算的荷载的几倍。涡流激励和共振响应对建筑物侧风效应的影响如图 20.8 所示，是风速的函数。

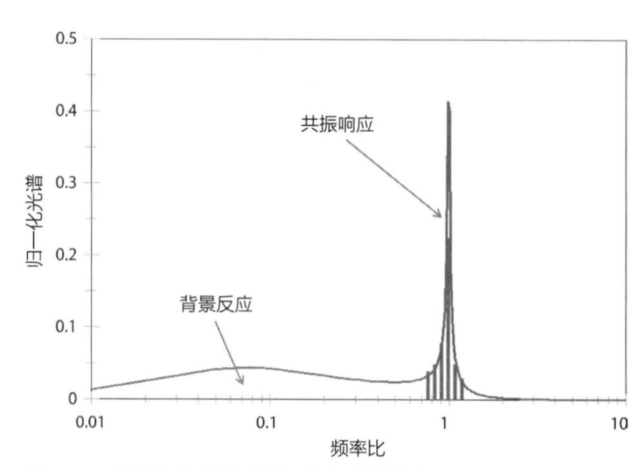

图 20.7 共振响应对基础力矩功率谱的影响
版权方：Peter Irwin，RWDI

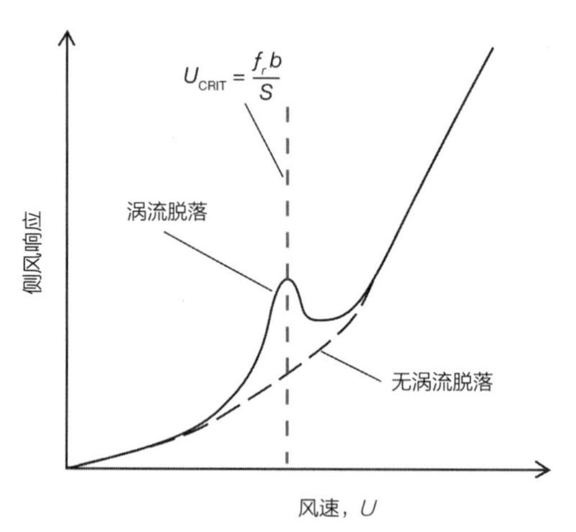

图 20.8 涡旋脱落对侧风响应与风速的影响
版权方：Peter Irwin，RWDI

风荷载分布、挠度和建筑物运动

结构设计需要了解风荷载随高度的变化规律。如上所述，荷载有三个影响因素：纯空气动力的静态或平均荷载和背景弯曲荷载，以及由建筑物质量运动产生的共振荷载。每种因素的影响因建筑物而异，但在细长的高楼中，通常背景荷载影响最小，而在侧风方向，共振荷载占主导地位。这些荷载随高度的典型变化如图 20.9 所示。背景荷载和共振荷载以平方和的方式组合，形成总荷载。然后将其代数地添加到平均荷载中，以获得总风荷载。

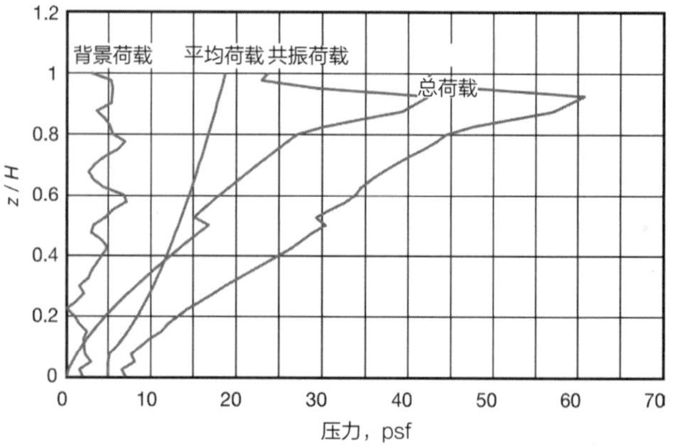

基于峰值荷载计算出的峰值挠度对幕墙系统和内隔墙的设计具有重要意义。同样，建筑物的加速度

图 20.9 平均荷载、背景荷载、共振荷载和总荷载随高度的变化
版权方：改编自 Peck（1969）

和速度也可以由荷载的功率谱和建筑物的结构特性（如质量、固有频率和阻尼）来确定。加速度和速度应满足使用者舒适性的标准。

覆层荷载

覆层主要受作用在建筑围护结构小面积上的外部局部风压的影响，例如单个玻璃或幕墙板的面积。如图 20.4（a）和（b）所示，在如此小的区域内，外部风压与高度相关，并可能受到局部流动现象的强烈影响，例如从建筑物角落脱落的旋涡。因此，确定覆层荷载的风洞研究涉及装有数百个测压口的模型，以测量详细的局部压力模式，包括正压力（即作用于建筑物内）和负压力（即作用于外部，通常称为吸力）。

由于覆层对其内外表面的净压力差有反应，因此需要提供内部和外部的压力设计。内部压力是通过建筑外壳的开口路径和开口位置的外部压力的函数，是由建筑的暖通空调系统和烟囱效应产生的所有附加压力。对于具有明显开口的建筑物，如可开闭的窗户保持打开或窗户被飞溅的碎片打破，相对于所有窗户或其他潜在开口关闭的情况，内部压力将趋于放大。在确定设计覆层载荷时，需要适当考虑内部压力效应。

强度、挠度和运动的标准

高层建筑的结构系统需要被设计成能在极大的风中保持其完整性。传统的方法是评估平均每 50 至 100 年才超过一次的风荷载。然后，根据地理区域和适用规范，将其乘以大约 1.4 到 2.0 之间的荷载系数，再由结构工程师应用于结构模型以检查其强度。施加荷载系数后，这些荷载通常称为极限荷载。荷载系数的影响类似于将重现期从 50 年到 100 年增加到 500 年到 2000 年的“最终”重现期。另一种越来越常用的方法是直接确定极限荷载，荷载系数为 1.0。为了评估挠度，通常对结构模型施加 20 年至 100 年的重复间隔荷载，目的是让这些重复间隔上的挠度不会导致幕墙系统或内部隔墙故障。建筑物上部楼层的加速度和扭转速度的确定通常耗时 6 个月到 10 年的周期，并与 CTBUH 和 ISO 发布的特定标准进行比较。

减轻风力和建筑物运动

传统上，结构工程师减轻风荷载和相关的高层建筑物的变形与运动的方法是使建筑物更加牢固，以增加固有频率。这样做的效果是将建筑物在设计重现期的共振响应移到图 20.6 所示谱的右侧，可以看出，只要保持在谱峰的右侧，随着频率的增加，空气动力谱中的功率会减小。另一种常用方法是在建筑物上部增加质量，通常与提高刚度结合使用。在保持或增加频率的情况下增加质量对降低加速度有效，特别是在图 20.6 波谱峰值的右侧特别有效。然而，对于非常高的建筑物，固有频率很可能使建筑物正好位于谱峰附近，而传统的加固或增加质量的方法可能变得成本高昂、不切实际，甚至适得其反。

随着 20 世纪末和 21 世纪初超高层建筑的大量增加，其他缓解措施也越来越多地被采用。其中一种方法是增加特殊的阻尼系统。这些方法有效地增加了建筑物消解振动能量的能力。到目前为止，附加阻尼系统的应用主要集中在减轻建筑物影响舒适性的运动，而不是减少考虑建筑物强度的荷载。依靠阻尼系统来减少强度设计所需的荷载，需要比考虑舒适性更具可靠性的阻尼系统，但使用这种方法似乎没有其他障碍。

涡流激振引起的问题是需要处理的，另一个策略是从源头上解决问题，而不是试图通过刚度、质量或阻尼措施来缓和涡流脱落的影响，即首先防止涡流的形成或至少削弱涡流。这可以通过对建筑外形进行空气动力学设计来实现。各种成形策略总结如图 20.10 所示。

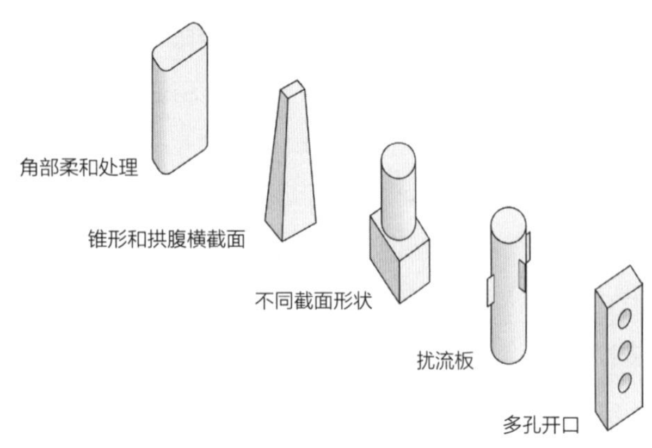

图 20.10　减少涡流激振的成形策略
版权方：Peter Irwin，RWDI

● 对于建筑物来说，正方形或长方形的圆角非常常见，并经历相对较强的旋涡脱落力。然而，我们发现，如果角部可以通过倒角、倒圆或向内移动来“软化”，则激振力可以大幅度降低。这种“软化”应该从拐角处延伸到建筑物宽度的 10% 左右。为了减少侧风反应和阻力，509m 高的台北 101 大楼被设置成阶梯状，从而使基础力矩减少了 25%（欧文 2005）。

● 如公式（1）所示，在给定风速下，漩涡脱落频率随斯特劳哈尔数 S 和宽度 b 的变化而变化。如果建筑物的宽度 b 在高度上逐渐变化，那么漩涡将会在不同的高度以不同的频率脱落。结果，它们变得“混乱”和不连贯，这可以大大减少相关的波动力。这种策略的一个例子是迪拜 828m 高的哈利法塔（图 20.11）的形状，它是在广泛的风洞试验过程中开发的。

● 通过改变不同高度横截面的形状例如从方形到圆形，可以达到类似的效果。在这种情况下，斯特劳哈尔数 S 随高度变化，根据公式（1），这同样会导致不同高度的脱落频率不同。一个很好的例子是 632m 高的上海塔（图 20.12），它从圆形截面变为三角形截面除了逐渐变细外，从底部到顶部旋转了约 130°，因此在不同的高度呈现出不同的形状和宽度。

● 也可以通过在建筑物外部添加扰流器来减少涡流脱落。最著名的扰流器形式是在圆形烟囱上使用的螺旋式破风圈。在建筑上和实践上，螺旋式样在建筑上还有一些不足之处，但其他类型的扰流板可能更

图 20.11　哈利法塔和风洞模型
版权方：Peter Irwin，RWDI

容易被接受，例如每隔一段高度就有一个垂直的面。这种方法被用来防止哈利法塔顶部圆柱尖顶的振动。

● 另一种方法是允许空气通过开口或多孔部分流经建筑物，涡流的形成会因为空气通过结构的流动而被削弱和破坏。韩国的一座拟建塔楼（图 20.13 和 20.14）就是一个使用开口抑制涡流脱落的例子。

图 20.12 上海塔与风洞模型
版权方：Peter Irwin，RWDI

图 20.13 韩国仁川拟建塔和风洞模型
版权方：Peter Irwin，RWDI

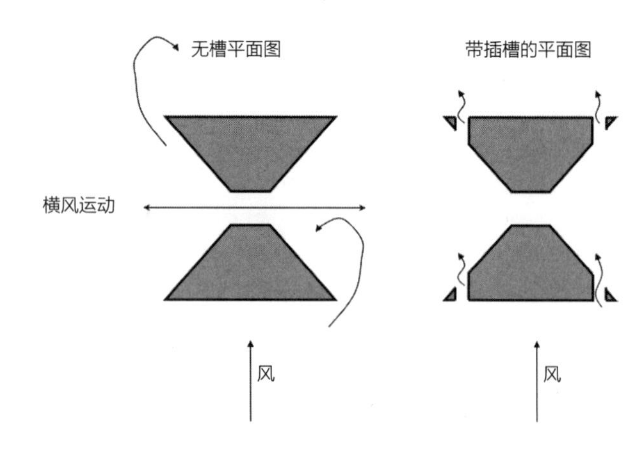

图 20.14 减少韩国仁川拟建塔的涡流脱落的插槽孔隙或开口
版权方：Peter Irwin，RWDI

行人环境与风声

在高层建筑底部形成的下沉气流和漩涡会形成风加速区。为了说明这对人们的影响，在此补充的数据是：在郊区，接近 200m 高的建筑顶部的平均风速通常比地面高 100%—200%，这些较强的风会吹到地面上。考虑到风的力量与速度的平方成正比，当行人在街道上靠近建筑物时，他们感受到的力量可能会被放大 4—9 倍。

有很多方法可以减小这种影响。改变建筑物的体量是最有效的，例如将建筑从周围街道设置回裙楼上，从而将加速风保持在裙楼内，使街道得到保护；或创建一系列建筑后退红线面对盛行风向，并打破向下的流动。如果无法改变建筑体量，则通过景观美化、屏风、柱廊和高架棚架或天篷可以有效地创建局部遮挡区域。

评价行人风况适宜性的标准分为两类：安全性和舒适性。美国土木工程师学会（American Society of Civil Engineers）在《室外人体舒适度及其评估》（*Outdoor Human Comfort and Its assessment*，ASCE 2003）一文中对评估标准和方法进行了审查。对于行人水平风的精确研究通常需要风洞试验，但计算方法的使用越来越多，特别是对于初始聚集研究。在安全方面，ASCE（2003）建议，每秒 25m 以上的阵风速度，足以将一些人吹倒，应限制在每年不超过两次或三次，相当于每小时发生的概率小于 0.1%。

为了舒适性，重要的是要考虑在建筑物的每个位置发生的活动类型，并根据活动类型改变标准。例如，ASCE 文件建议，当行人主要从一个地方步行到另一个地方的地区，平均风速应至少 80% 的时间保持在每秒 5.4m 以下。在人们期望站立的地方，例如在公共汽车站或在入口处等候，标准降低到每秒 3.9m，在他们将要坐的地方，例如室外咖啡馆或游泳池，标准进一步降低到每秒 2.6m。这些应该被视为指导方针，因为人们对风的容忍度差异很大，而且在正常有风的地理区域，人们可能会更宽容。因此，每个城市都需要进行一些局部校准。

风引起的噪声发生在风经过建筑构件时，这些构件以低于可听见范围的频率释放出小漩涡，这被称为风噪声（电话线的嗡嗡声就是一个例子）。在建筑物上，这种情况可能发生在幕墙系统的小凹处和狭缝处，或阳台栏杆、百叶窗等处。在栏杆和百叶窗的情况下，它们也可能由于漩涡脱落而振动，这可以通过进一步加强漩涡来放大噪声。另一种产生噪声的机制是风吹过与封闭的内部空间相连的槽或孔。这种机制的经典例子，是通过吹空瓶子的开口端而产生的嗡嗡声，被称为亥姆霍兹共振（Helmholtz resonance）。内部空间的空气像弹簧一样作用于瓶口周围的空气质量，它在里面振荡，导致声波以“质量一弹簧”系统的固有频率辐射出去。另一个噪声源是空气通过建筑物内电梯门上的小裂缝或通过封套上的其他小槽。这些流动是由烟囱效应和风共同作用的结果，在建筑物内外以及建筑物内部不同部分之间产生压力差。当内外温差较大时，烟囱效应是最为严重的，这使得室内空气要么对寒冷的室外温度具有正压力，要么对温暖的室外温度具有负压力。

参考文献

ASCE (1999) *Wind Tunnel Studies of Buildings and Structures,* Manuals and Reports on Engineering Practice No.67. Reston, Virginia: American Society of Civil Engineers.

ASCE (2003) *Outdoor Human Comfort and Its Assessment,* prepared by the Task Committee on Outdoor Human Comfort, Aerodynamics Committee, Aerospace Division. Reston, Virginia: American Society of Civil Engineers.

第五部分

围护结构、设备和施工

简介

戴夫·帕克（Dave Parker）

路德维希·密斯·凡·德·罗最常引用的一句格言是“上帝存在于细节中”，尽管这句话的实际作者从未被证实。但从长远来看，建筑行业中某一特定项目能否成功的决定因素包括覆盖层的性能和耐久性、服务设施和电梯的平稳运行以及发生火灾时建筑的安全性和复原能力。同样地，一幢建筑的建设若因成本和时间超支而受到影响，以及随后昂贵和耗时的诉讼，是不可能赢得很多赞誉的。在第五部分中，各位专业人士思考了高层建筑形成的最后阶段以及在此期间设计师和施工经理做出的一系列详细决定。

20 世纪中叶的某个时间，建筑师尤为中意玻璃的使用。玻璃技术的进步使得建造一座完全透明的建筑成为现实。完全用玻璃包裹的密封高楼拔地而起，依靠复杂的建筑服务技术，在巨大的能源代价基础上，创造了一个全年适宜的内部环境，尽管烧结工艺和类似技术的发展有助于将能源消耗控制在一定程度上；但那些在巨大的开放式空间中工作的人，即便没有明显的恐高倾向，也并非如设计师预想得那么轻松自在。在 21 世纪，使得居住者感到幸福的因素，尤其是生产力提高这方面得到了更好的理解和重视。

在第五部分的前两章中，我们详细讨论了影响高性能覆层设计的复杂因素。现阶段，幕墙设计仍在不断演变，特别是受到可持续性及碳中和的影响。传统的单层外墙正慢慢被双层甚至三层外墙所取代。自然通风被认为是可取的，但在实践中可能难以实现。恐怖主义的威胁和日益极端的天气事件也在以微妙但重要的方式塑造着高层建筑。

在实践中，高层建筑及其居住者最大的安全风险永远是火灾，然而火灾总是一触即发。第 23 章是对现代消防安全技术的综合评价。这些技术还会影响到现代高层建筑日益复杂和脆弱的服务要求。在第 24 章节中可以发现，随着建筑高度的增加，服务设计也在不断响应着新的需求。

高度和居住者密度对电梯的设计也有影响。现在的智能电梯，无论是双层还是穿梭式电梯，都能更快地将更多的人转移到更高的高度。第 25 章详细介绍了垂直交通领域的最新技术发展及其对建筑设计的影响。

无论是多么复杂和巧妙地构思高层建筑，但到了实施的时候必须破土动工，浇筑混凝土，架设钢材。正如第五部分最后一章所述，现代高层建筑结构几乎没有留下任何微小的容错空间。项目经理肩负着沉重的责任，幸运的是，对于成功完成一个重要的高层建筑来说，技能、经验和技术是必不可少的。

第21章
幕墙

尼古拉斯·霍尔特（Nicholas Holt）

幕墙

在广泛定义中，幕墙是附着或悬挂在建筑外部结构框架上的任何非承重外墙系统。独立于建筑物的主要结构系统，支撑自身并抵抗外力，如风或地震荷载等。这种类型的墙通常由一系列框架元素组成，最常见的是铝，填充材料有玻璃、金属、石板等。之后这些元素又被锚定回建筑的结构系统当中。幕墙的建设方法是在19世纪末发明的，当时随着大规模钢铁生产技术的进步，减少了对重型承重外墙的需求，在这个时间段，这种外墙已经是建筑整体结构体系的一个必要组成部分。

从砌体承重墙到幕墙的跳跃在生产效率方面意义重大，同时也促成了建筑内部体验和外部感知的巨大变化。除了新技术的进步外，幕墙的出现还将透明性和重复性作为一种社会价值观加以阐述。办公室的平面图变得更简单，允许更多的自然光穿透，使楼层工作更高效、更平等。一个早期的重要案例，是密斯·凡·德·罗1921年参加柏林弗里德里希斯特拉斯塔楼比赛的作品，一个晶体状的蜂窝状建筑，完全没有任何的装饰物。其普遍表现主义标志着建筑设计进入了新的时代。

近代，现代幕墙可追溯到密斯对斯基德莫尔、奥文斯和美林的影响。对于利华兄弟公司（Lever Brothers）的新总部（图21.1），SOM事务所采用了一种全新的金属玻璃幕墙，这在全世界掀起了一种新的设计美学。在1952年6月的一篇评论中，《建筑记录》对这座建筑的纤细轮廓感到惊奇，赞扬它为开放式办公室带来了阳光，这在当时是一个全新的概念，它反映了20世纪用户对个人卫生产品的愿景。这项工程开创了现代幕墙的新时代。

高层建筑幕墙初始设计参数的确定

高层建筑不可避免地要由相互依赖的系统网络组成，这些网络最终必须作为一个统一的整体，其中包含广泛的性能参数。因此，设计高层建筑的方法是多方向的；它是一个研究和决策的过程，在一系列反馈当中多尺度地强化和理解设计意图。

建筑如何对环境做出反应、如何达到其性能目标、如何经济地建造，这些都是必须协调考虑的因素。在建筑的建设过程中，这些因素主要通过幕墙的形象和性能来表达。

图 21.1　利华大厦，1952 年，SOM 事务所：从史前到后现代，作者特别提到利华大厦的开创性设计："它的 20 层薄塔楼按纽约标准来说价值很小（牺牲了潜在的房地产利润、美观和城市价值），但对于一座国际风格的建筑来说，它的价值却异常庞大。比例的掌握，尤其是细节的掌握，这在过去到现在都是非凡的，表现了金属玻璃幕墙的卓越技术，它将成为美国后现代主义建筑家的特殊领域。"
图片来源：Ezra Stoller/ESTO

形式创造的无限可能性使得建筑师有必要研究建筑形式以及与这些形式相互作用的大量力、能量流性能需求之间的关系。在对必要的城市分区参数进行分析之后，设计幕墙立面的关键主要是基本环境力（如风、太阳能、热能，其中最重要的是水分）是如何被处理和处理得当的。幕墙设计开始阶段，就要确定哪些参数将会驱动幕墙立面和整个建筑的形式和功能。

尽管各个项目的设计清单各不相同，但幕墙设计师可能都会问的一些初始问题包括：

气候

—设计需要考虑的气候是什么样的？

—哪些气候因素可以被利用？

—哪些气候因素需要缓解其不利影响？

能源性能目标

—追寻的是什么样的总体能源性能。对外立面参与实现该性能有什么样的期望？

—太阳、景观和风之间的几何关系是怎么样的？

—遮阳设备？

—允许或要求的玻璃百分比？

—集成在建筑上的光伏发电装置？

朝向

—在分区法规和城市规划的限制下，如何利用建筑朝向来提高太阳能利用性能和景观？

房地产业绩目标

—房地产业绩问题是什么？

—所需要的计划模块？

—全高窗户？

—景观？

自然通风

—可操作的窗户是否需要或必须具备？

—是否需要其他自然通风方式？

安全

—是否有安全或威胁方面的考虑（爆炸、弹道）？

监管

—是否有可能影响立面整体设计的地方规定或分区问题？

其他地域性或地方的考虑因素

—是否存在任何可能从根本上影响幕墙的区域因素（飓风、地震、文化因素）？

有了这些问题的答案，建筑师就可以从根本上理解幕墙的设计是如何发展的。一个伟大的幕墙设计概念将以迭代的方式发展，每个设计参数在系统内自行设置。当然，关键是在固有的柔性系统中调整不同的性能标准，可以有效地表达设计意图，并且使得制造和安装过程具有经济性。

插图说明：控制气候条件

第一步是分析对节能和自然通风的需求，这在气候温和的新建筑中已成为需要优先考虑的问题。对这个问题的思考已经出现在美国和世界各地。一个很好的例子是总部位于圣莫尼卡的建筑公司摩弗西斯利用动态幕墙将自然通风引入旧金山联邦大楼（图 21.2），该项目得到了加州大学圣地亚哥分校、阿鲁普分校、劳伦斯伯克利国家实验室以及部分美国能源部的帮助，这些机构为通风系统提供了计算机建模。建设这套系统的目的是利用当地的气候特点，夜间利用自动可操作窗户的交叉通风功能取代某些楼层的机械制冷。西北部和东南部玻璃幕墙上的遮阳窗可满足该区域 70% 的交叉通风需求。为了能够有足够的太阳能增益产生自然冷却，使用穿孔金属片保护东南部的幕墙免受太阳能热增益的影响，而磨砂竖直翅片为西部立面提供有效的遮阳。

系统的选择

基本分析与方向确定后，下一步是评估和选择最适合设计意图的基本幕墙系统。这一步将可施工性、预算和性能等问题与设计意图结合在了一起。

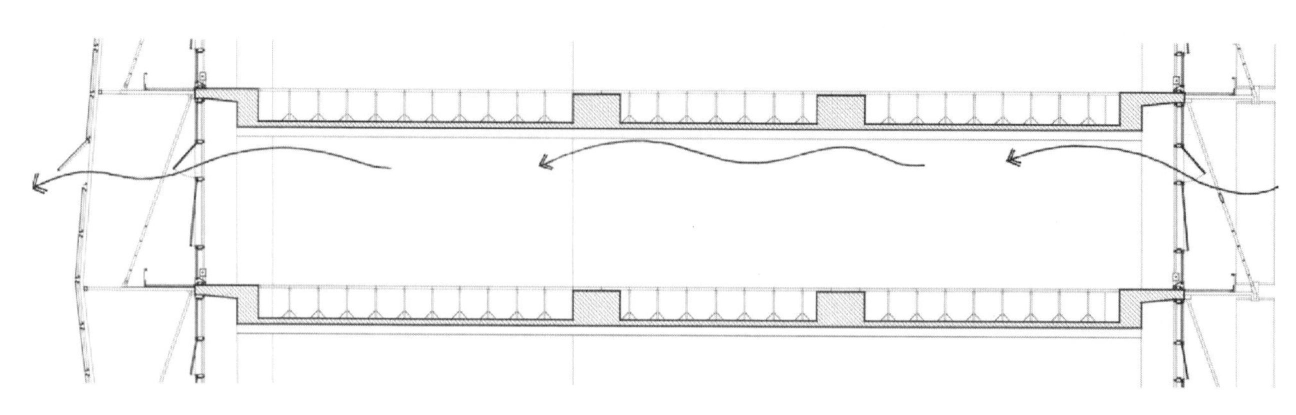

图 21.2　旧金山联邦大厦，2007，形态通风
版权方：© Morphosis Image：© Roland Halbe

现在使用的最基本幕墙系统通常被称为“框架式”和“单元式”。

- 框架式系统：框架式系统是第一代现代幕墙系统，由预制件或“框架组件”组成，在现场组装和上釉。严重依赖外勤劳动力，这既影响成本，也影响质量。框架式系统在拥有廉价外勤劳动力的地区得到了大量使用，但由于质量控制和劳动力成本等原因，在许多先进市场上逐渐失去地位。

- 单元式系统：单元式系统在工厂制造，现场安装成成品玻璃面板。这意味着质量控制工作主要在工厂这种更容易控制的环境当中进行。单元式系统还减少了安装设备所需的现场劳工小组的规模和他们需要处理的零件数量。一个关键因素是需要依据起重机和电梯的数量将幕墙组成单元运输至相应楼层进行安装，这是一个现场物流问题，关系到成本的多少。

这两种主要类型的幕墙系统确实存在差异，对于具有特定幕墙配置或场地约束的特殊项目可能是有利的。不同的例子包括窗墙系统（玻璃单元位于楼板边缘的顶部）、柱和拱肩系统（视觉单元填充在不透明的外部柱和拱肩镶板系统中）以及混合系统（包括位于楼板上的视觉单元以及悬挂在板边缘的拱肩镶板）。

图例说明：多单元嵌板系统

曼哈顿切尔西区哈德逊河附近的一栋23层公寓，由让·努维尔（Jeana Nouvel）工作室与总部位于纽约的拜尔·布林德·百奥（Beyer Blinder Belle）事务所的建筑师和规划师共同设计，是众多创新范例之一。在这个项目中，1700个独特的超大玻璃单元

图21.3 最基本的两种幕墙系统：框架式和单元式，在制造、组装和安装方式上有所不同。利华大厦（左）采用了框架式系统，而世贸中心（右）则采用了单元式的幕墙系统

版权方：Left courtesy Skidmore，Owings & Merrill Right © 2011 Port Authority of New York and New Jersey

在可见高度的外墙表面上形成了一个动态图案。在这种情况下，幕墙制造商将不同尺寸的灯组合成大型多单元面板，减少了安装人员必须在现场处理的工件数量。生成的幕墙就像是大小、颜色和形态不同的窗口。

开发并完善系统

选择了基本的幕墙系统后，设计师在思考设计、细节和规格时需要考虑一系列后续问题。

- 玻璃成分

美观、性能特性（低铁、透明、着色）、涂层（Low-E）、框架（不透明、有色和/或半透明陶瓷印刷）以及绝缘隔热玻璃单元（双层或三层玻璃、充气、密封剂类型和颜色）的装配都是必须考虑的因素。每个方案的总体成本与室内采光质量和系统能源性能十分相关，需要仔细考虑太阳能热增益系数、可见光透射率和U值之间的平衡。

- 饰面材料的选择

石材、陶土、金属及其他材料必须根据区域和当地环境进行适当的选择，并根据具体的结构要求进行验证。

- 涂层和油漆系统

最常用的金属饰面是阳极氧化、涂漆或粉末涂层。每种材料都有其优缺点，必须针对每个特定市场进行评估。喷涂系统很多，可根据内部或外部性能（在某些系统类型中，内外部涂层类型可能不同）、环境条件和维护计划来选择。

- 与建筑维修系统的协调

没有一个幕墙可以避免维修、更换与例行检查。建筑立面维护和检查的规定必须纳入设计。最常见的系统是间歇式锚固系统，该系统包括外立面维修平台

图21.4 100第十一大道，让·努维尔工作室，拜尔·布林德·百奥建筑事务所，多单元嵌板幕墙系统
版权方：Will Femia

的“按钮”回接装置以及将轨道集成在外立面用于接收来自维修平台滑轨的轨道系统。不同司法管辖区规定了使用这些系统的最大高度（综合轨道系统通常允许放置得更高）。这对竖框型材和配置有重大影响，应在设计过程中尽早确定。

- 与风洞测试结果的协调

规范值通常没有有效地考虑高层建筑的高度和几何因素。而风洞中确定的性能标准（正压力和负压力）往往最适合于高层建筑。因此，风洞试验结果通常比规范规定的计算值更有效并更具成本效益。

- 与建筑运动和结构考虑的协调

幕墙设计和建筑整体结构性能的协调是一个关键的早期决策，会直接影响成本，尤其是当幕墙标准要求更硬或更坚固的结构用以满足立面规定的移动或层间位移标准时，反之亦然。

- 抗冷凝性能及热功性能

根据规定的能量规范值和计算结果确定墙体的理想热性能，对于是否在墙体中提供热隔断很有必要（大多数情况下，它们是必需的）。这也会影响抗冷凝性能，这是可以计算的，但最好通过高级仿真软件进行测试，并在性能模型中得到确认。

- 空气和蒸汽阻力

有多种策略可防止空气和水分渗透密封幕墙。通常，需要多条防线（一级和二级密封）。雨幕系统则代表了另一种策略，该策略中，最外层的接缝保持打开，内部密封墙充当空气和湿气屏障。另一个进一步改进的装置是“压力均衡”雨幕系统，其外部开口接缝和内部密封接缝之间的一个优化的、内部开放的空腔能够平衡可能导致渗透的气压差和外力。

- 声学标准

必须考虑所需的声音传输等级（STC），该等级用于测量地板和租户之间声音传输的特定频率，以及室外—室内传输等级（OITC），该等级用于测量外部噪声的特定频率（重点是较低的频率范围，如卡车马达）。需要达到适当的性能水平，通常在住宅应用中更为严格，可能需要增加玻璃组件、板边缘细节和竖框的质量或密度。

- 窗户装置

在处理有眩光问题的幕墙系统时，提供的窗户处理装置（窗帘和/或百叶窗）需要与未来的租户的天花板选择相协调。一个值得考虑的问题是，从建筑外部看，是否有必要用深色或反光玻璃处理窗户？或是通过一系列记录在案的标准，为租户规定窗户装置的颜色和类型？在投资项目中，应考虑业主在租赁谈判期间采纳这些项目的意愿。

图例说明：详细说明立面

整合这些标准的一个典型案例是位于曼哈顿下城的世界贸易中心7号大楼（图21.5），由SOM建筑事务所设计。这座52层楼高的透明落地玻璃高楼在透明性和反射率之间建立了一种视觉上的模糊性——一种近乎液体的外观通过精心选择的超透明低铁玻璃反光涂层得以实现（去除了标准“透明”玻璃中的大部分典型绿色色调）。作为当时美国生产量最大的IGU（绝缘玻璃装置）产品（3.7m高，1.5m宽），SOM指定了一种比要求更厚的外部光源（10mm对6mm）以提高玻璃的平整度。在每一个IGU的上部，一个陶瓷熔块图案，应用在刻度点图案中，既减少了日照得热量，同时为建筑内部空间提供了良好的透光性。从内部看，全高透明度的玻璃面板和透明角提供了一种独特的开放感，因为全景从各个角度延伸。在项目的设计和文件编制阶段，具体的玻璃材料选择在许多小规模模型和最终的视觉模型实验中进行了测试和确认。这个可视化的模拟过程对于确保结果满足设计意图至关重要。

图例说明：将建筑立面与室内功能及能源性能结合起来

同样由SOM建筑设计事务所设计的纽约纪念斯隆·凯特琳·莫蒂默·扎克曼研究中心（图21.6），设计小组开发了一系列对环境变化敏感的设计策略，

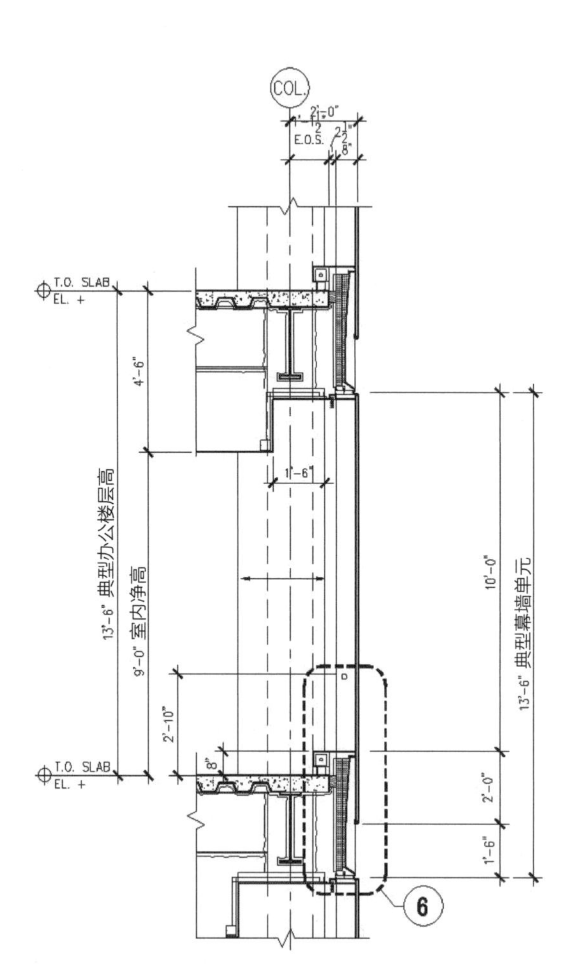

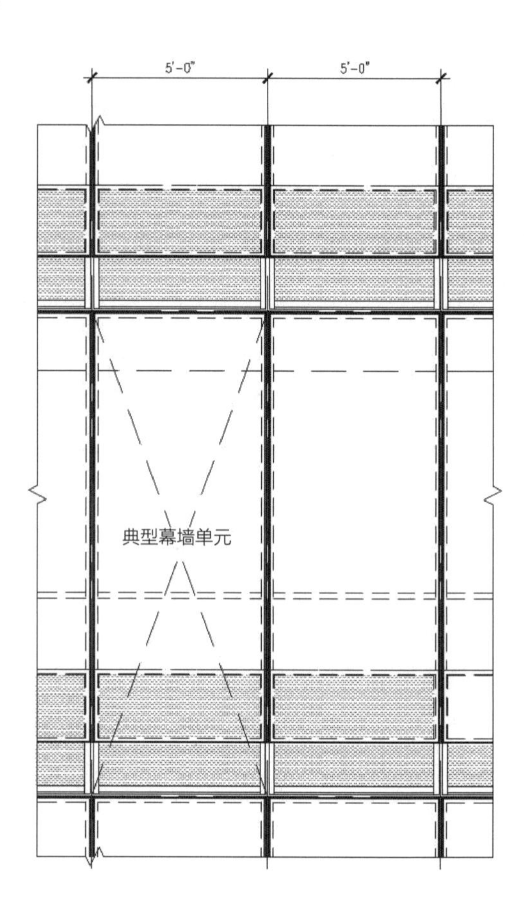

图 21.5　7 个世界贸易中心，2006，SOM 事务所

版权方：© SOM Image：© David Sundberg/ESTO

并对整栋建筑进行模拟测试。计算机建模有助于评估能源消耗和成本矩阵，最终美国绿色建筑委员会（U.S.Green Building Council）给出了LEED银级认证。

虽然该建筑的盖楼程序组织创造出一个独特的外部轮廓，呈现出四个不同的面向社区的立面，但立面的发展需要仔细研究城市背景和环境问题。透明、半透明和不透明的玻璃上面刻着具有密度梯度的陶瓷彩釉（烤瓷釉的图案），包围了实验区域。

在达到预期透明度的同时也降低了日照得热量，使建筑能效超过了城市规范的要求。将Low-E涂层与彩釉相结合的应用在设计过程中相对较早，需要进行大量的研究和开发工作，以便在满足建筑使用者需求的同时达到预期的效果。

为了实现这一点，设计团队开发了一个定制的计算工具，该工具将放置彩釉的AutoCAD指令链接到图形模型中。有了这个新工具，设计者可以很容易地微调熔块点图案的尺寸和间距，并避免莫尔条纹产生，优化日照得热性能，在最有效的地方创造出高透光率区域。反过来，这些AutoCAD文件被提供给制造商，以便将彩釉图案准确地放置在玻璃面板上。将彩釉的位置和密度与建筑居住者需求的功能相协调，形成了覆盖实验楼正面整个表面的交替棋盘式图案。透明度更高的区域为实验室过道，而透明度更高的区域在不过度限制所需日光的情况下减少了实验楼上的眩光和日照得热量。这种编织模式有助于减少40%的建筑能耗，同时在所有被使用的空间实现76%的采光系数。

图例说明：结构整合

新北京保利广场（图21.7）是一个强有力的例子，展现了如何将立面设计与结构设计充分结合以应对环境问题，而不是受环境问题影响而妥协。该建筑高90m，宽60m，需要创新的方法来解决其规模

图21.6 纪念斯隆·凯特林·莫蒂默·扎克曼研究中心，2008年，斯基德莫尔、奥文斯和美林

版权方：David Sundberg/ESTO

和建筑所在地地震带所特有的设计、工程和施工问题。建筑与工程的结合最强烈的地方是围绕主中庭的引人注目的线缆网墙，这是目前世界上最大的该类型幕墙。线缆网墙由垂直和水平线缆组成，这些线缆排列成一个直线网格，用来支撑包围中庭的玻璃幕墙。传统的想法是将玻璃墙作为一个单一的平面来支撑，但是使用笨重的桁架会破坏透明感。取而代之的是使用强大的 V 形线缆，可以为中庭和城市之间带来连接感。缆绳由一个悬挂的灯笼（实际上是一个独立的小建筑）来抵消重量，这个灯笼由一个特别设计的摇杆滑轮来补偿主缆绳在地震期间的移动。将线缆网壁折叠到 V 形线缆上，可减少大风造成的挠度，从而减少支撑线缆的重量，同时为外壳增加了多面尺寸。

可视化和性能模型

计算机模拟和建模工具对于施工前预测建筑物的性能至关重要。然而，仍然需要现实世界的实验来测试解决措施并研究替代方案。全尺寸实体模型提供了仅靠仿真无法提供的洞察力。不同类型的实体模型可适用于设计过程的每个阶段，并在一定程度上取决于客户预算、特殊要求（视觉、风、爆炸、性能）、各个系统的复杂性以及各系统性能间的相互影响。实物模型也有助于研究人为因素，包括租户经验、操作和维护以及施工安装问题。从实体模型收集的数据对设计假设的正确性给予判定，并为建筑师、客户、承包商和立面制造商提供了宝贵的信息。

图 21.7 新的北京保利广场，2007 年，斯基德莫尔，奥文斯和美林
版权方：Tim Griffith

从小型桌面组件和缩放模型到以全尺寸构建的大型实体模型都可以展示幕墙的视觉效果。通常，较小的模型用于引导早期的设计决策，然后在全尺寸模型中得到确认。全尺寸实体模型对于最终确定材料选择和向客户展示设计意图以获得设计的最终批准至关重要。视觉模型通常由近似的组件构成（就算是玻璃和油漆饰面等元素也必须精确），其结构背后有简单的内部空间，以近似真实的背景来观察研究。通常，这些模型将被吊在起重机上，以模拟最终项目中最有可能的视角。

建筑师使用为测试实验准备的材料和方法，指导建设了部分幕墙的全面性能模型。组件建立在独立测试实验室的测试室上，将会接受一系列规定的测试（依据公认标准如AAMA），这些测试模拟了热性能和冷凝性能、动态风力、模拟风压、基本气压差、地震力和雨水等。这样做不仅是为了确保立面符合规定的性能标准，也是为了给安装人员提供正确的测试安装方法，给维修人员审查设计以及测试玻璃更换程序提供便利。性能模型的安装必须使用项目建议的实际详细设计和安装方法进行，这通常是幕墙制造商或安装商合作的早期阶段之一。因此，时间安排很重要，因为实验的失败导致需要修改一系列的细节或装配顺序，并在制造墙体构件之前修改设计。

性能模型测试的另一种补充方法是现场测试（同样依据公认的测试标准）。现场测试分为几个级别，包括简单的水测试，即利用软管喷洒水到立面的指定区域，以确定水是否渗透进入建筑物，还有更复杂的测试，包括在现场建造物理测试室。这种情况下，在安装的墙的一部分上建造一个密封试验室，以测试水密封性和空气渗透性。现场试验有利于测试现场安装的质量，但这一过程实施的时间较晚，无法经济地对幕墙的设计或工程进行有意义的修正。因此，现场测试通常与独立的性能模型一起进行；前者用于确认现场质量和调整安装方法，后者主要用于在实际制造和现场安装之前确定设计、工程和制造技术。

图 21.8 视觉幕墙模型测试墙壁的视觉性能，通常被起重机吊起以模拟最终视角；展现了性能模型测试系统的耐候性和结构完整性
版权方：SOM

下一个发展周期

现代的幕墙不再是一个被动的建筑包装物，它可以隔绝各种元素并引入日光。数十年来，节能玻璃、结构密封胶、复合建筑材料、高强度混凝土和光伏技术的改进，带来了即便是标准幕墙也将是高性能的装置的期待，能够与所有建筑系统以最佳水平进行交互。

目前，开发下一代幕墙的方法有两个初步的思想体系，大多数系统都会相互借鉴。第一个学派的思想集中在屏障技术上，在屏障技术中，建筑物被尽可能地密封，使机械系统的需求降至最低。这种方法最好的例子是在许多欧洲国家盛行的被动式节能标准。该标准下要求建筑围护结构的性能超越常规建筑。空气屏障、建筑围护结构中每个施工缝的仔细密封、额外的隔热层、有限的玻璃开窗、遮阳板以及所有贯穿件的密封都是该标准下的限制组件。这些思想已经应用在了小型住宅项目上，在高层建筑中同样有很大的应用潜力。

屏障技术的另一个例子是密封空腔立面，作为下一代双层幕墙而开发，这种类型在第 22 章中有更详细的描述。

类似于双层幕墙系统，密封空腔系统（图 21.9）由一个整体玻璃外层和一个内部隔热玻璃层组成，利用密封的空气空间产生隔离效果。密封的空腔系统性能取决于是否仔细平衡太阳能反射单板外层以及空腔中的电动百叶窗和高度绝缘的内层性能。将腔体内的温度保持在可接受的范围内，减少环境能量的增益和损耗是很有必要的。为了处理腔体中与温度相关的压力变化，允许少量空气从“密封”腔体泄漏到外部，同时腔体通过干燥和经过滤的空气供应保证正值的内部压力。由于空腔在概念上是密封的，因此不需要对空腔进行尺寸调整以使气流最大化，因此空腔的宽度可以减小到典型通风双层壁的一半，从而节省空间并降低成本。

开发下一代外墙的第二种方法是利用环境中的能量流。建筑科学与生态中心（CASE）的工作或许是最好的例证，该中心是由伦斯勒理工学院和 SOM 共同创建的一个多机构多专业研究合作组织。研究、测试下一代建筑技术，目的是在建筑项目中搭建高性能系统，并与制造商合作，使这些系统可供世界各地的设计师和建筑项目使用。建筑科学与生态中心的研究目前集中在下一代技术上，这些技术有望将包括太阳能和风能在内的周围能源流，以可控的方式引入建筑物中，从而显著提高建筑物性能（图 21.10）。

图 21.9　密封腔系统试验模型
版权方：SOM

未来的幕墙将依赖于动态元素，以满足能源、风、地震以及结构性能方面不断发展的标准。为此，帕马斯迪利沙（Permasteelisa）北美公司、SOM 和适应性建筑倡议（本身是 Hoberman Associates 和 Buro Happold 的合作）最近开始了一项合作研究，以调查下一代动态响应的外墙。

我们的目标是设计一个先进的建筑外壳原型，它借鉴了屏障学派的思想，也利用了来自环境的能量输入。考虑到这些环境输入本身是动态的（季节性的和昼夜的），团队正在寻找静态幕墙之外的解决方案，并试图为主动适应的幕墙开发可行的解决方案。HelioTrace 是一个典型例子，已经被开发出来，它改善了墙壁对于日光和眩光的性能，使日照得热量降低了 81%（图 21.11）。这反过来又促进了先进机械系统的使用，这些先进机械系统的理论总能量比纽约市现有建筑性能基准值高出近 63%（根据 ASHRAE 90.1 2007 计算）。鉴于潜在的回报如此巨大，这一思路似乎值得进一步研究。

设计界有责任积极地发展创新理念，帮助实现环境和客户投资的可持续发展。世界各地的市政当局和市场都要求能源、碳和水的使用目标在未来 20 年达到净零——碳中和（欧洲于 2020 年，美国于 2030 年）。虽然目前的技术已经改善了幕墙的性能，但随着碳中和设计的到来，需要在性能上有进一步的显著改善，这将需要在当前的墙体设计和技术上进行下一次重大的变革。总之，幕墙的未来是光明的，充满了精彩的技术挑战和设计机遇。

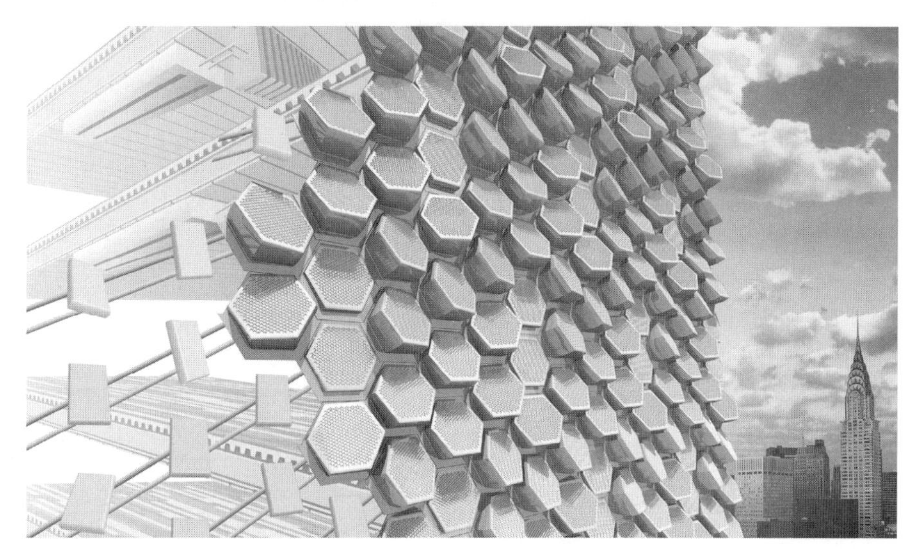

图 21.10　由 CASE（上）HeliOptix 开发的技术：使用超高效 PVs、聚光光学系统和基于流体的冷却系统，HeliOptix 能够提供低眩光日光，几乎消除太阳能热增益，并产生电力和可用热水，使系统总效率接近 80%；这与现代建筑集成光伏技术接近 15% 的效率形成鲜明对比。（中）太阳能水循环系统（SEWR）。通过将过滤后的灰水和黑水流经铸造的玻璃幕墙部件，SEWR 可以减少太阳辐射，降低眩光，并通过紫外线对废水进行消毒处理，这些水又可以作为灰水在现场重新使用。（下）气候伪装：采用创新配置的现成陶瓷材料，结合颜色、纹理和相变材料，气候伪装可以调整立面，在一年中的不同时间接受或拒绝热量。相变材料可用于地板辐射供暖或制冷系统，以显著降低建筑物内的暖通空调负荷

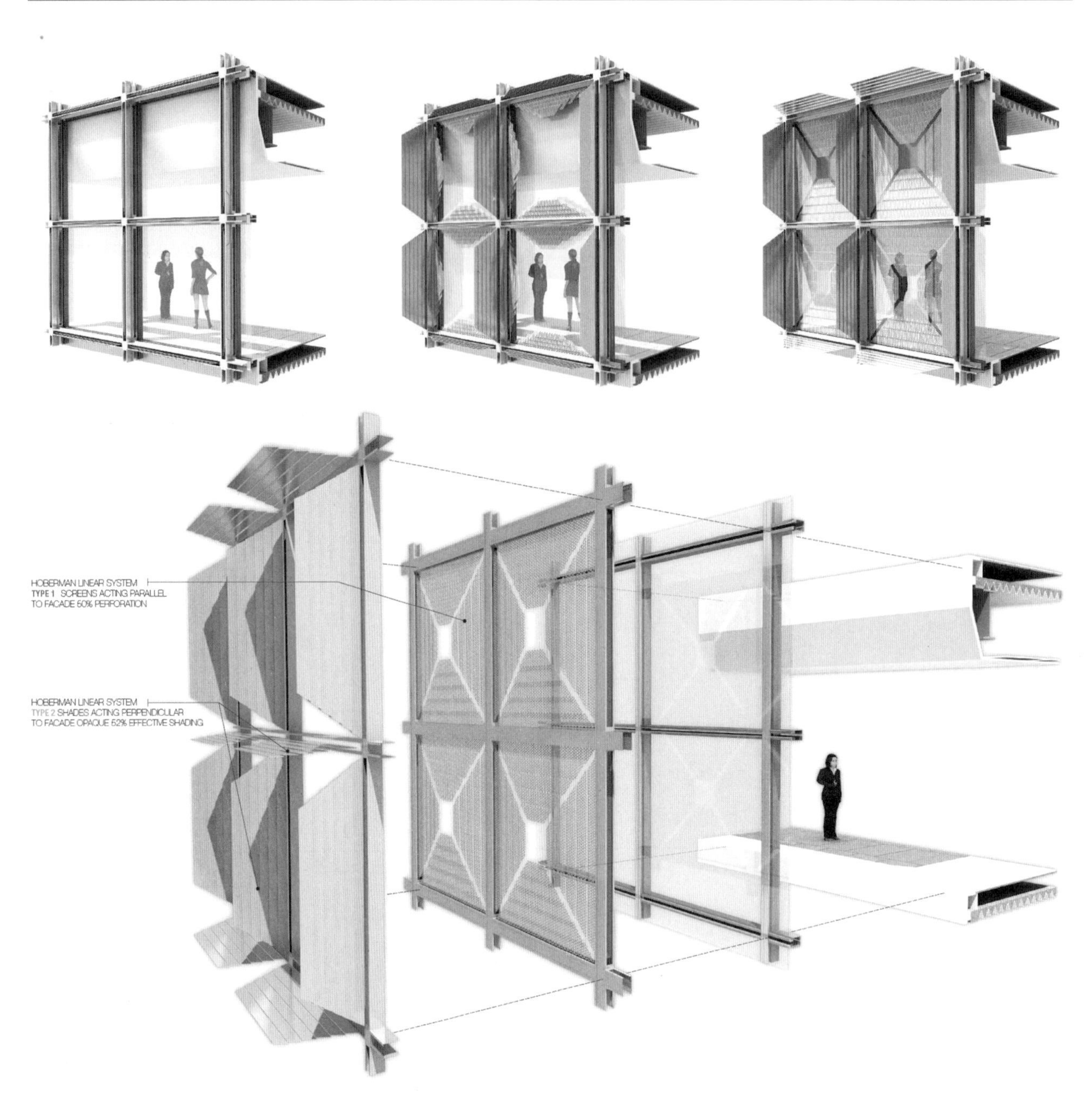

图 21.11 HelioTrace 幕墙系统作为一个动态幕墙系统，可以逐日逐年地追踪太阳的路径。该系统在消除眩光的同时，在周边区域保持高质量的日光，降低建筑物的日照得热量峰值

版权方：© SOM

参考文献

Architectural Record (1952) "Lever House," *Architectural Record*, June: 130–5.

Trachtenberg, Marvin and Hyman, Isabelle (1996) *Architecture: From Prehistory to Post-Modernism*. Upper Saddle River, NJ: Prentice Hall.

投稿人

本杰明 · 莱希（Benjamin Reich），幕墙专家，SOM 事务所。

第 22 章
走向双层外墙解决方案

沃纳·索贝克（Werner Sobek），托马斯·温特斯特特（Thomas Winterstetter），
克劳斯·彼得·韦勒（Claus Peter Weller）

简介

高层建筑设计对建筑师来说是个挑战；对于设计承重结构和幕墙的工程师来说，更加是一个巨大的挑战。风力、地震风险、减少资源消耗（这需要尽量减少使用的建筑材料）。同时建筑立面和结构本身透明度的最大化都必须考虑在内。因此高层建筑的规划是一个极其复杂的过程，需要非常高的专业知识水平。

本章对高层建筑立面的不同具体影响和要求进行了识别和说明。包括地震和风引起的建筑物移动、遮阳装置的集成、安装和维护以及防火方面的特殊要求。同时可持续性是近年来极为重要的一个问题，人们对此给予了特别关注。

需要注意并主要关注的是双层外墙，尽管其尚未在主要市场普遍使用，特别是在美国，单层外墙是目前高层建筑的标准解决方案。然而，人们认为，在许多情况下，双层外墙提供的优势，弥补了较高的初始成本，并正在世界各地被广泛地接受和使用。

关于双层外墙是否是一个合适的解决方案的问题，有如下讨论。

无论选择哪种特殊类型的双层表面，外表面和内表面之间的空间温度通常高于外部（环境）温度。白天，两层表面和它们之间的空气吸收太阳辐射，导致空间温度升高。夜间，由于系统冷却延迟，空隙中的温度仍然较高（相对于环境条件）。当建筑物需要加热时，这种效果是有利的，并且可以降低能耗。

然而，当需要冷却时，这种效果可能会导致对冷却能量的更高需求，使得建筑物内部有更高的辐射热负荷，并且当内表面的任何窗户打开时会有令人不适的热空气流入。然而，这些负面影响可以通过正确的立面设计和对空气动力学效应的智能使用来抵消。如果双层表面的设计考虑了局部、区域和建筑的特定效果，那么所描述的负面因素可能会立即转化为正面因素。在这种情况下，在间隙内安装的遮阳棚是一个非常重要的因素。必须指出的是，只有双层外墙允许在（内部）建筑表面的外部设置遮阳板，而外部立面保护遮阳板免受雨水、灰尘和风的影响。

封闭的遮光罩会大大减少建筑物的日照得热量；它们也会减少由内表面辐射到室内的热量并将部分热量反射回外部，另一部分热量被遮阳板本身吸收。其余的热量被外层表面和空隙中的空气吸收。除非采取进一步的反制措施，否则这些吸收效应（尽管

有遮阳板）可能导致系统内的温度升高。最重要的对策是适当的间隙通风。

间隙通风是影响双层幕墙热性能的一个重要因素。间隙内的气流有因空气动力摩擦而减速的风险。这可能是由于通道或空隙太小、进气口和出气口的尺寸不足和空气动力性能不足，或是封闭的遮阳板阻碍了气流导致的。为了保证双层幕墙的最佳工作效益，必须保证封闭式遮阳板与内遮阳板之间的气流不受限制。因此，在设计阶段早期必须特别注意这些方面。

一方面，双层表面在用户舒适度、生命周期成本等方面比单层表面更具优势；另一方面，它也产生了更高的安装和清洁成本（有四个而不是两个表面需要清洁）。然而，一般来说，一个设计和建造得当的双层表面系统的优点长期内将抵消这些缺点。

自然通风

良好的通风是建筑物可用性的主要因素。从长远来看，通风不足会影响建筑物使用者的健康。通风的质量不仅取决于流入室内的新鲜空气量——机械通风系统通常能够提供足够的空气供应——更重要的是，从心理学的角度来看，用户能够通过单独操作窗户或百叶窗主动与外界接触。尽管有这样的需求，许多高层建筑的立面仍然采用了完全固定的玻璃窗设计，用户不可能打开幕墙的任何部分。然而，即使在很高的高度，不需要任何特别复杂的技术，也有可能提供自然通风。

单独打开窗口的机会可以增加用户的舒适度。然而，它也可能影响建筑的服务系统，除非在非常早期的规划阶段就考虑到可能的交互作用。在高层建筑中提供自然通风是一项重要的任务，需要幕墙规划顾问、气候工程师和机电专业（MEP）进行仔细的规划和密切合作。建筑师和幕墙规划工程师之间密切的合作是最大限度地减少开窗通风影响的必要前提，可能采取的措施是修改楼层平面图和插入内部隔墙。

在考虑自然通风时，高空风速的增加是最关键的因素。这可能会导致外墙周围出现高达 30Pa 的风压差。这种高压使得人们几乎不可能打开窗户，除非采取进一步的预防措施，不仅是针对外墙，也需要针对整个建筑的空气流动。因此，必须适当地调整内墙和门的排列方式，以避免不利的气流。在这种情况下，尤其关键的是电梯井，除非采取相应的对策，否则电梯井会成为一个“空气加速器”。

高层建筑中允许自然通风的一个常见解决方案是使用双层外墙。因此，用户可以在主（内）立面中打开窗口，而压力差由次（外）立面缓解。这一解决方案已得到很好的证明，通常会产生令人满意的结果。但是，必须特别注意主次立面之间间隙的持续通风，否则间隙中的空气会因环境辐射而过热。此外，双层表面外墙的空隙需要一些额外的预防措施，例如防止噪声的传播或烟雾扩散（后者将在防火部分中进行更详细的讨论）。

最近开发双层立面的一个例子是位于慕尼黑的 ADAC 总部（2009，建筑师苏尔布鲁赫 · 赫顿，柏林）。由于当地的普遍情况，预计今年 70% 的时间内，大楼顶部风速将达到每秒 6m 甚至更高。为了防止气流渗透，在外立面和内立面之间集成了一个气流限制器。在这个装置后面有一个可操作的窗户，允许自然通风，而不受内外压差的影响。因此，无论外界条件如何，住户都可以随时打开窗户。

自然通风不一定依赖于双层表面的使用。慕尼黑的海莱特大厦（Highlight Towers）（2004，建筑师墨菲 / 贾恩，芝加哥）证明，安全自然通风在单层外墙中也是可行的。这个案例中，一个复杂的百叶窗系统允许从外部吸入新鲜空气，同时将流速降低到一个明确的最大限制值。该系统可以很容易地集成到其他单层立面外墙上。

图 22.1 德国梅因法兰克福 KfW Westakade 大厦双层立面的内部视图。建筑师：苏尔布鲁赫·赫顿，德国柏林

版权方：Brigida Gonzalez，Stuttgart

图 22.2 单层立面的自然通风：慕尼黑的亮点塔。建筑师：墨菲 / 贾恩，美国芝加哥
版权方：Rainer Viertlbock，Gauting，Germany

遮阳

现代立面中，高比例的玻璃表面允许大量自然光照亮室内。但同时，它使得遮阳和防眩光方面产生了新的需求。太阳光不仅含有可见光，还含有大量的红外线和紫外线辐射，导致室内受到太阳能加热。相对于建筑面积而言，立面面积越大，通过立面获得的能量就越多（确切的量取决于立面所用玻璃材料的传热系数）。考虑到玻璃对太阳辐射的高透射率，必须提供足够的遮阳装置，将冷负荷降至最低。

在规划的早期阶段必须考虑遮阳，不仅对建筑物的视觉外观有着重要影响，而且对建筑物本身的成本和热负荷也有重要影响。一旦安装了立面，就只能以相对较高的成本进行改造。因此，在早期阶段，遮阳必须被视为立面和建筑服务的一个组成部分，确保有一个可持续的和功能性的解决方案。

高层建筑的立面通常不被周围的建筑物或树木遮挡（或者仅仅是遮挡部分）。此外，内部热负荷通常高于类似的低层建筑。这使得通过使用外围遮阳元件来减少外部热负荷变得更加重要。然而，高层建筑的特殊性也限制了这种元素的使用，典型的百叶窗只能在每秒 10—15m 的风速下工作，这比一个高层建筑的上层通常出现的风速要低得多。维护是另一个问题——即使在很高的高度，也必须有可接受的维修或更换方式。最后，但并非不重要的是，遮阳设备不应影响窗外的景观，也不应大幅减少所需的日光增益。

基于此，有三种方法来应对这问题：

1. 应用特别设计的带加强层压板的百叶窗。

2. 固定遮阳元件（金属屏风或薄片，或带有薄膜光伏的玻璃板）。

3. 集成到双层表面或IGU（隔热玻璃单元）中的经特别保护的通风百叶窗。

第一种方法可以在风速高达每秒20—25m的情况下使用。加强型百叶窗能够承受除极端天气以外的所有天气条件；但是，与其他系统相比，它们还需要更高的初始投资和更多的维护。使用固定的屏风或薄板代替百叶窗是一种更简单、更便宜的解决方案，但由于这些设备的不可移动性，会产生其他的限制：使得太阳能增量减少（即使在需要时），可用自然光量也是如此。固定金属器件的一种替代方法是使用覆盖着光伏薄膜的玻璃薄片。这层光伏电池并不是完全不透明的，可以让一部分日光进入内部。还能产生电能，使玻璃薄板层结构成为一种多功能元素。

图22.3 秘鲁利马银行间大楼前由钛管制成的固定屏幕。建筑师：Hans Hollein，奥地利维也纳

版权方：Christian Richters，Münster，Germany

至少在西欧和中欧，经特别保护的百叶窗是最常用的解决方案。双层外墙需要更高的初始投资，但它们提供的各种优势之一是有一个额外的玻璃面板来保护遮阳系统。这种方法已经被很好验证过，并成功地应用于各种项目中，包括慕尼黑的ADAC总部和波恩的邮政大楼（2002，建筑师墨菲/贾恩，芝加哥）。

建造

高层建筑立面的安装受各种特殊情况的影响。一是高风荷载妨碍了外立面元素的处理；另一个是可达性：在很高的地方通常不可能使用脚手架，因此外墙必须从建筑物内部安装，或者从放置在楼上的起重机上安装。此外，对外立面固定件的精度要求非常严格。叠层接缝必须能够适应建筑物的位移，同时保持建筑物围护结构的紧密性，极其精确的安装是必不可少的。

为了应对上述情况，高层建筑的外墙通常设计成完全统一的系统，在地面预制，然后运送到建筑物的中央存储位置（通常直接存储在使用它们的楼层上或在上面的楼层）。随后在立面中安装单个面板，其最有效方法之一是使用单轨起重机，安装在目前正需安装立面的楼层楼板边缘。这是将重量可达1000kg甚至更重的单元移动到其装配位置的一种方便方法。由于单轨起重机和门面板之间的绳索长度可以保持很短，因此在风荷载作用下，门面板不易摆动。因此，可以非常精确地安装面板，大大降低了发生事故的风险。

高层建筑立面的安装主要是物流问题。面板应尽可能晚地到达其在建筑中的储存位置，以免限制现场进行的其他工作。同时，面板必须及时到位，以便安装不会受到任何延迟。此外，这些单元必须按正确

图 22.4　德国波恩，后塔楼双层立面的外部视图。建筑师：墨菲 / 贾恩，美国芝加哥

版权方：HG Esch，Hennef，Germany

图 22.5　德国波恩后塔楼遮阳：双层立面融入了百叶窗。建筑师：墨菲 / 贾恩，美国芝加哥
版权方：HG Esch，Hennef，Germany

的顺序存放：即使是在一层楼，面板之间也可能略有不同，这取决于它们在立面内的各自位置和功能。因此，为了使建设过程快速、安全，必须对安装进行详细的规划。

除了与安装相关的具体挑战外，高层建筑的立面对支架设计也有特殊要求。立面单元的固定件应位于楼板上方，紧靠楼板边缘。这使得这些单元可以从建筑内部安装，从而在方便和安全方面得到巨大的提升。将立面单元固定在楼板边缘前会妨碍安装，并对工人更加危险。所有这些都说明，安装必须从设计开始就被视为立面结构的一个组成部分。

消防

高层建筑必须满足特别严格的防火要求。这关系到紧急出口和楼梯的设计，而且还需要尽可能地长时间预防火灾蔓延。外墙在这方面起着主导作用，因为在这里楼层间火灾蔓延的风险最高。由于高层建筑的外墙通常设计成完全统一的系统，因此没有护栏来防止火灾从一层蔓延到另一层。此外，由于玻璃的耐火性相对较低，必须采取额外的预防措施。

通常有四种方法来满足高层建筑外立面防火的

图 22.6 在德国法兰克福 am Main 的 KfW Westakade 大楼用单轨起重机安装预制门面板。建筑师：苏尔布鲁赫·赫顿，德国柏林

版权方：Carsten Costard，Budenheim，Germany

特殊要求。第一种方法是关闭楼板边缘和立面平面之间的间隙，因为这是火灾和烟雾可能突破楼板平面的薄弱点。通常缝隙用硅酸盐板和矿棉封闭。第二种方法（对于双层外墙）是在幕墙的底部集成耐火板。这些面板减少了闪络的持续时间。由于正常立面构件的铝型材可能因过热而倒塌，因此这些耐火板不应与型材连接；而必须直接与混凝土板连接。耐火板与混凝土板的这种连接会产生额外的施工工作；此外，耐火板与混凝土板之间的连接也必须受到防火保护。尽管如此，这仍是一项重要措施，可以为建筑的消防安全做出贡献。

高层建筑外立面的第三种防火方法是在建筑周边设置较高的喷水装置。一旦发生火灾，喷水装置将有助于使立面温度尽可能降低，从而延长时间，直到幕墙面板在热量的影响下倒塌。玻璃窗通常是被火灾损坏的第一部分，如果不采取预防措施，玻璃窗通常在火灾开始 15—25 分钟后就会损坏。闪络通常在 30 分钟内发生。然而，实际测试表明，外墙的喷水装置会在玻璃窗附近产生一个低温区，从而防止由于热应力而导致的事故。

在火灾情况下，双层幕墙玻璃的失效尤其危险。除非有足够的规定，否则烟雾可能通过立面的缝隙扩散到整个建筑物。因此，如果使用双层玻璃幕墙，内层和外层之间的体积必须在水平和垂直方向上划分出明确定义的防火分区。这是高层建筑外立面的第四种防火方法。隔板通常采用硅酸盐板或防火玻璃。由于将立面划分为防火分区也会影响立面间隙内的通风，因此必须将其纳入通风概念的设计中。

清洁和维护

在高层建筑外立面设计中，如何清洁和维护建筑外部的问题常常被忽视。通常，这不是低层建筑的主要问题，因为大多数工作都可以在地面上完成。然而，在高层建筑中，如果没有适当的规定，立面的清洁和维护可能会变得非常困难（而且很昂贵）。正确的规划无疑有助于延长整个立面结构的使用寿命，但是清洁和维护成本，包括建筑维护单位（BMU）的安装和维护成本，仍然可能会增加相当大的金额。因此，在进行成本估算时，应明确说明这些成本，以确保客户在整个建筑生命周期内的成本安全。

维护和清洁建议必须确保最大的可达性。这还包括运输（重型）玻璃材质窗格并安装它们以替换损坏的窗格玻璃的能力。用于清洁和维护高层立面的最常见系统是 BMU。BMU 的承重结构通常放置在屋顶或服务层上，BMU 本身通过绳索降低到较低的楼

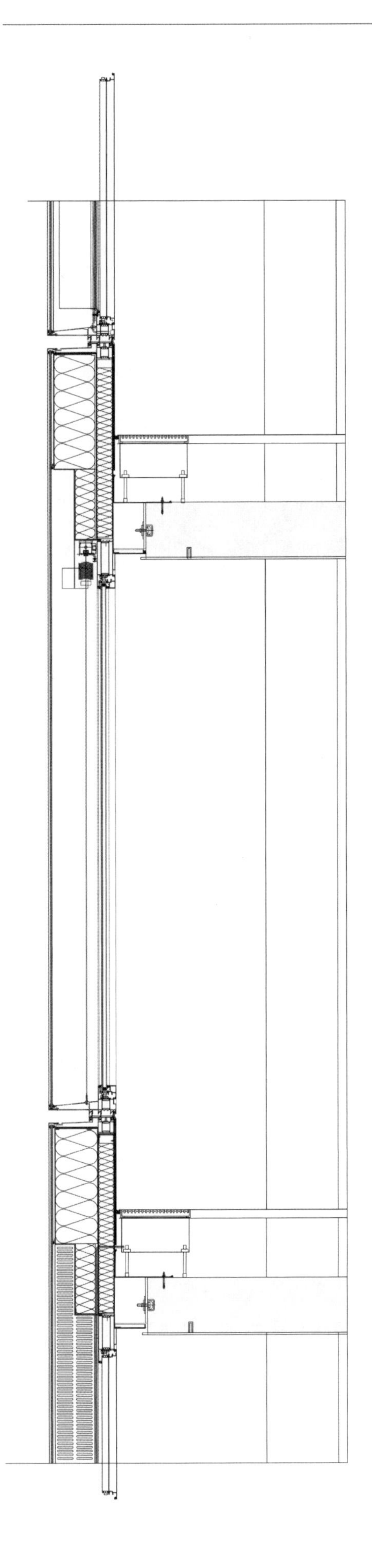

层。这样的系统是一个高效和经济的解决方案。其中重要的是为轴承绳提供固定件，否则 BMU 将开始以高振幅摆动。在规划的早期阶段，必须考虑到所有此类固定件，因为一旦将其安装在建筑物上，就不能将其附着在立面上。

由于许多现代高层建筑的几何复杂性越来越高，通常不再可能使用经典的 BMU。在这种情况下，有两种清洁立面的方法：手动（攀岩者）或机器人。这两种方法都相对昂贵，但是工作效果很好。然而，它们无法从外部更换玻璃单元。在这种情况下，唯一的选择是设计外墙，使得可以从建筑内部更换玻璃。这需要特殊的外墙型材，此外就是必须在早期规划阶段考虑该问题。

复杂几何图形

近年来，几何学已成为高层建筑中一个越来越重要的问题。高度不再是区分一座建筑物与其他建筑物的唯一标准。越来越多复杂几何和有机形式的使用对建筑轮廓产生了重大影响：高层建筑从立方体建筑逐渐转变为雕塑无规则几何体。这使得在功能、安装、紧密性和外观方面的协调急剧增加。因此，这些建筑的设计从外部开始向内进行。这需要设计师和幕墙工程师从建筑的最初草图有更紧密的合作。

图 22.7　ADAC 总部，慕尼黑，德国：双层幕墙中的防火栏杆图纸。
建筑师：苏尔布鲁赫·赫顿，德国柏林
版权方：Werner Sobek，Stuttgart，Germany

图 22.8　立面清洗机器人的设计研究
版权方：Werner Sobek，Stuttgart，Germany

基于 CAD 的三维设计工具是复杂几何体技术规划的绝对前提。使用 Cinema4D 和 3ds Max 等建筑设计软件生成的几何图形通常不够精确，无法提供给幕墙工程师所需的信息。因此，创建一个详细的建筑几何图形通常是幕墙工程师的工作。这样详细的数据不仅要保证技术的可行性，还要尽量降低工程造价。如果没有幕墙工程师的优化，复杂的几何结构会产生大量不规则的立面嵌板。建筑围护结构的几何结构越复杂，幕墙的构造就越复杂；复杂的几何结构可能导致一个立面中有数百种不同的嵌板类型。如此低的标准化水平将使幕墙设计变得非常困难，而单个面板的生产和安装将成为几乎不可突破的障碍，此外在成本上还会产生成倍的增加。

因此，在设计复杂立面时，最大的挑战是找到在不改变建筑整体外观的情况下减少不同立面元素数量的方法。这种优化涉及玻璃单元，因为不规则的窗格玻璃比矩形窗格玻璃更贵。巴库火焰塔（2012，建筑师霍克，伦敦）就是这样一个优化的典型例子。三座塔都有相似的形状，然而理论上它们的外墙板会显示出很大的变化，这不仅是因为塔楼的复杂几何结构，还因为它们的层高不同。因此，在设计过程中，幕墙工程师进行了几轮检查，以便找到其中的规律和简化方法，考虑到当地条件，例如高地震荷载和有限的生产能力。尽管存在困难的先决条件，但仍有可能开发出一种通用的面板设计，以满足所有的建筑和技术要求，而且也可以在当地生产。

图 22.9 巴库火焰塔：尽管几何形状复杂，层高不一，但仍使用标准化面板。建筑师：霍克，英国伦敦
版权方：HOK，London，UK

地震和风引起的建筑物移动

由于建筑高度较大，高层建筑的幕墙暴露在放大的运动中。这些运动是由风或地震活动引起的。这些运动的结果是楼层与楼层之间的偏移。

因此，对于导致建筑物移动的两个原因，有关幕墙设计的要求几乎相同。

1. 对相邻两层楼的幕墙板之间的水平堆叠接缝的影响——这种影响可能是由板挠度引起的垂直移动等因素造成的。

2. 对一层角落处的垂直叠合接缝产生的影响——这种影响可能是由热伸长引起的水平运动等因素造成的。

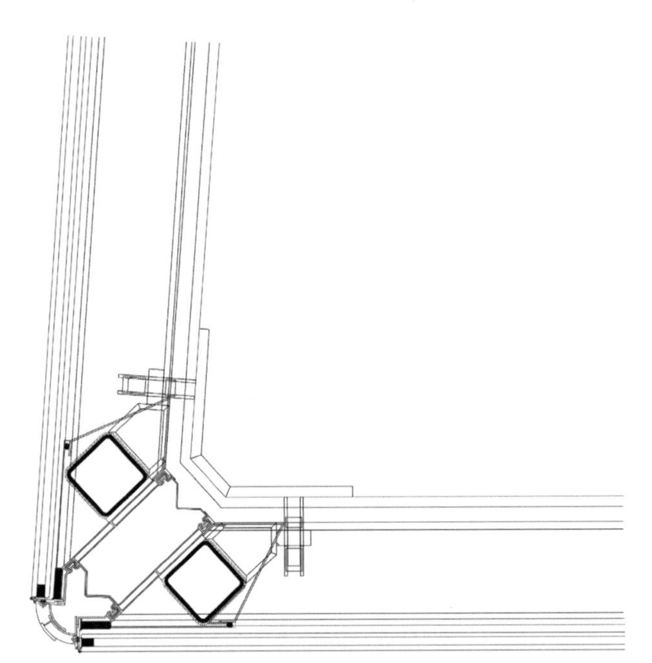

图 22.10 巴库火焰塔：带三元乙丙橡胶垫圈的特殊角型材。建筑师：霍克，英国伦敦
版权方：HOK，London，UK

处理第一个问题的常见解决方案是提供可滑动的堆叠接头。因此，省略了垂直连接的两个面板之间的彼此对齐。这个简单的解决方案使得在板挠度方面有完全不同的面板行为，因为面板接缝将在面板的下边缘展开。这种扩散的潜在程度必须被非常准确地控制：运动过大会导致气密性和水密性丧失。扩散也可能变成“负”扩散，导致两个相邻面板发生碰撞。这在一定程度上是允许的，因为运动可以通过两个相互倾斜的面板转移到下一个垂直堆叠接头。这种机制是一个适合用于单元立面的解决方案。然而，必须非常精确地进行模拟，同时需要考虑到典型荷载工况及在这些荷载工况下产生的特定运动。如有必要，必须在有关区域使用钢镶嵌加强面板轮廓。这些钢嵌层也有助于保持两个面板之间的最小距离。当使用结构玻璃时，这一点尤为重要：两个相邻玻璃面板之间的直接接触可能会造成严重的损坏，因为在局部机械应力较高时，玻璃很可能会碎裂。因此，适当地保护玻璃的边缘是很重要的。

必须记住的是，忽略幕墙面板之间的垂直连接并不能为建筑物的拐角处提供有效解决办法。除非找到合适的改良措施，否则滑动立面将与对齐的垂直立面发生碰撞。一种可能的解决方案是设计特殊的角板，这些角板固定在底部，并允许围绕其下面的连接线轻微旋转。当使用这种机制时，重要的是在角板边缘设计垂直接缝，以适应由于立面滑动而产生的整个水平运动。避免角部碰撞的另一种方法是使用带有特殊三元乙丙橡胶垫圈的大型垂直角叠接头。就技术复杂性而言，该解决方案相对简单，但与第一个解决方案一样，它需要在早期规划阶段设计特殊的拐角轮廓。

第 23 章
消防安全与疏散

西蒙·雷（Simon Lay）

高层建筑消防安全基础

主要消防和生命安全目标

设计师、审批机关、开发商、保险公司和公众都对高层建筑设计的防火和生命安全方面表示了关注和兴趣。对安全的看法往往会被已发生的灾难或相关电影和书籍中虚构叙述的情况所扭曲。然而，总的来说，高层建筑仍然是最安全的建筑形式之一，许多高层建筑的标志性性质使得它们在设计上吸引了应有的关注。

高层建筑消防与生命安全设计的首要目标是保证建筑物内人员、应急人员和邻近建筑物内人员的安全。除了这一主要目标外，还有一个次要目标是商业价值的保持，其形式可能是资本损失、收入的间接损失和影响到房屋承租人、房屋所有人以及房屋所在城市或州的负面公共关系。

高层建筑火灾与生命安全设计方法

表 23.1 详述了一系列功能目标，这些目标代表了高层建筑消防和生命安全设计的基本要求。为了达到这些功能目标，可以采取多种替代设计方法。

建筑规范和相关手册中提供了有关消防和生命安全设计的规定性指南。其中包括 NFPA 101、NFPA 5000、IBC、俄罗斯标准和英国标准（NFPA 2011、2012、ICC 2012、SNIP 1998、BSI 2008）。通常个别城市或经济区域会对高层建筑的防火和生命安全设计提出额外建议。例如《伦敦建筑法》第 20 条，以及孟买高层建筑委员会（经修订的 1966 年马哈拉施特拉邦地区和城镇规划法）和《纽约市建筑法》（纽约市建筑法，2010）的要求。

此类规定性建筑规范在本质上是强制性的，但更多情况下，它们认识到在设计要求方面可能需要一些灵活性，并允许采用替代性或“基于性能”的设计，但须经过有管辖权的当局批准。

通常认为建筑规范可以确保设计的安全性，但更多的时候，指导意见中会有一个警告，指出规范性的建筑法规是针对典型的模型建筑，需要对其在单个项目中的适用性进行验证。因此，建筑规范通常是建议性的，不能依赖它们来确保安全。

示范性高层建筑规范通常从建筑师和工程师可能并不觉得高的高度或层数开始计算。例如，在

高层建筑消防与生命安全设计基本目标 表 23.1

生命安全目标	确保有受灾风险的居住者可以逃脱 确保没有受灾风险的居住者能够在面临风险之前撤离 确保应急响应人员能够尝试适当的消防和救援活动 确保应急响应人员可以在需要时撤离 确保建筑物外或附近建筑物内的人员不会处于危险之中。
商业目标	最大限度地减少财产损失 最大限度地减少间接损失，如停工 防止对建筑物其所有者或租户产生负面看法 防止对建筑物所在城市或州产生负面影响。

NFPA 指南中，高层建筑通常大于 7 层，在英国指南中，高度超过 18m 的建筑通常被认为是高的。在许多规范中，高层建筑的设计指南并不随高度而变化，对于非常高的建筑几乎没有指导。示范建筑规范的另一个特点是，一般认为建筑物在使用类型上是同质的，或者将要求最苛刻的使用类型的设计指南适用于整个建筑物。

现代建筑规范倾向于咨询，缺乏针对非常高或混合用途建筑的指导，已经认识到先进的设计方法可以带来创新的解决方案，从而能够以较低的成本提高或维护安全，在高层建筑的防火和生命安全设计方面，已经朝着性能化的方向发展。可以证明，基于性能的方法可以实现表 23.1 的目标，比规范性法规的方法更可靠。基于性能的方法倾向于假设通过遵守规范建议，功能目标将会得到满足。

基于性能的设计本质上是非规定性的，在评估是否满足了单个功能目标时，有关于所采用的方法和关键性能目标的指导文件包括 NFPA 5000（NFPA 2012）、BS 9999（BSI 2008）或澳大利亚消防工程指南（ICC 2005）的相关章节。对于基于性能和规范的建筑设计方法，高层建筑的消防和生命安全设计本质上是整体的。它必须与项目的建设和运营目标一同起效，必须认识到建筑物在其生命周期中需要改变和适应。

高层建筑人员疏散

目标

保障生命安全是高层建筑消防安全设计的首要目标，首先是居住者的生命安全，同时也包括应急人员和周围人员的生命安全。为确保住户的生命安全，有必要在火灾发生时进行探测，启动疏散，并提供足够的逃生路线，以防止火灾和烟雾的危害。对逃生路线的保护将在后面的章节中介绍。本节介绍所需的逃生路线大小、位置和数量。

疏散设计方法

高层建筑可采用多种不同的疏散设计方法。这些总结见表 23.2。

术语“分阶段疏散”和“分段疏散”通常可以互换，尽管“分阶段疏散”通常指在中央消防队长控制下进行的疏散，而“分段疏散”通常指基于各部分之间的固定延迟的全自动撤离行动。

不疏散居住者，同时也让他们不知道在建筑的某个地方发生火灾被认为是有争议的，但阶段性的防御策略是大多数高层建筑设计的一个基本特征。如果不采用这些方法，就无法经济地建造高层建筑，不必

疏散设计方法 表 23.2

同时疏散	所有居住者都被指示在同一时间离开大楼。因此，人们通常认为这将形成最短的整体疏散时间 这种方案不是高层建筑设计的常见设计基础，因为它需要非常大的逃生通道来避免拥挤 在火场附近有直接危险的住户不会比那些可能离火场更远的住户更优先被考虑 即使火势得到控制或火势较低，大量的居民也可能被疏散 紧急救援人员的行动必须等待疏散工作基本完成。
分阶段或分段疏散	最危险的住户（通常是与火灾同层和邻近楼层的住户）被指示首先撤离 离火灾事故较远的住户被告知潜在的危险，以便他们能够准备撤离 一旦最初有危险的住户远离了火灾危险，下一个离得最近的住户就会开始撤离，这个过程在整个建筑物内层层递进 分期或分阶段的方法确保优先疏散那些最危险的人 在火灾危险得到解决的情况下，可以停止疏散，确保限制不必要的商业损失 逃生路线的大小可以基于同一时间内减少的居住者数量来确定，以保证更高的效率 紧急救援人员的行动可以与疏散人员的需求相协调 需要详细的管理和培训，以确保分阶段或分阶段的疏散是顺利和有效的 整个疏散时间可能很长，需要特别考虑到建筑物倒塌的情况。
原地防守	只疏散最初有危险的住户。通常情况下，只有那些在发现火情的隔间里的人被疏散，同一楼层的住户可能被留在原地 建筑内的其他住户没有被告知火情或被疏散 为了限制火灾或烟雾对其他住户的影响，有必要广泛使用小面积的隔间 可尽量减少逃生路线的划定 紧急救援人员可以在不影响住户疏散的情况下开展活动。

要的疏散会使居住者在发生事故时没有反应，从而使他们处于危险之中。

原地防御可能被视为最具争议的方法，但在住宅高层建筑设计中被普遍采用。因为防火分区通常可以保持较小。此外，虚假警报在住宅建筑中很常见，住户不要对警报反应迟钝，这一点非常重要。这类建筑中的另一个重要因素是，从火灾开始到人们意识到火灾和疏散开始可能会有明显的延迟。对于消防隔间里的居住者是如此，对于建筑中其他偏远地区的居住者更是如此。因此，在进行消防活动时，住户可能会尝试疏散，这可能会使他们面临相当大的风险。结论是，让不在防火分区内的居住者留在受分区保护的地方，而不是离开安全的地方，是可信的，可以说是更安全的。

表 23.2 中列出的基本方法可能有所不同。例如，根据香港等地的法规要求的避难楼层——是原地防御概念的一种变体，居住者被移动到一个公共的、受保护的位置。避难楼层的使用意味着避难所内的居住者等待紧急救援人员的救助。然而，这种方法被认为是有缺陷的，因为没有理由不制定保护性的逃生解决方案，以确保所有住户都能在不依赖外界帮助的情况下从高层建筑疏散。

图 23.1 英国曼彻斯特的贝特姆大厦采纳了针对居住者的就地防御疏散政策和针对酒店居民的分阶段疏散政策。该项目还采用了一种替代加压的方法来保护逃生和消防核心，同时使用了替代灭火技术

版权方：Simon Lay，WSP

疏散设计

逃生核心区的尺寸和位置可能对高层建筑的设计产生重大影响，必须在早期考虑。结构设计在高层建筑的形式中起着关键作用，在某些情况下可以确定逃生核心区的位置甚至尺寸。通常来说，基于性能的设计方法是必要的，以实现整体设计，确保在建筑形式内有足够的逃生设施。

高层建筑的疏散分为五个阶段：

1. 火灾事件的通知和人员疏散的开始
2. 疏散人员水平移动至出口
3. 进入垂直逃生路线
4. 垂直移动至地面
5. 水平移动到建筑的外部

为了发出警报，高层建筑应配备完全可寻址的火灾自动探测和报警系统。火灾位置应在中央控制面板或控制室显示，并自动传送给应急当局。但是，必须注意确保虚假警报不会导致不必要的疏散或向应急当局打骚扰电话。还应注意的是，许多高层建筑，特别是住宅楼，可能由于没有24小时管理能力，而遭受许多虚惊一场的事件。在这种情况下，火灾探测系统应侧重于危险人群的初步疏散以及安全系统（如防烟系统）的启动，消防楼层位置的通信对应急响应人员很有价值。使用适当的火灾探测和检测协议，如投票或“双击”，在启动警报序列之前结合管理调查周期激活多个火灾探测设备，也被认为是火灾探测和报警的一部分重要工具。

高层建筑的火灾报警应与其在建筑内的位置相适应。播放录音或实时信息的公共广播警报是分阶段疏散的重要组成部分，在启动疏散或准备方面具有很大的优势。在其他情况下，一旦乘客在疏散路线内，基于发声器或喇叭的简单警报就足够了。

一旦住户开始向垂直逃生路线水平移动，他们可能需要穿过开放的平面区域或沿着封闭的走廊移动。垂直逃生路线的入口点需要很好地分开，以确保火灾不会同时影响到多条逃生路线，设计师应考虑到，前往出口的乘客可能会发现该路线被火灾堵塞，必须使用替代路线。

当逃生通道穿过开放式区域时，逃生通道的标志非常重要，到出口的距离应该有限，以便简单快速地确定逃生通道的位置。如果通过走廊逃生，则可能需要保护这些走廊（通常达到30分钟的防火标准），特别是如果走廊通向死胡同时。

关于到达垂直逃生路线的最大可接受距离的建议，可在建筑规范中找到，并可随居住类型的不同而变化。例如，美国消防协会的指导规定，在有喷淋设施的办公室，到出口的最大行程为91m，在疏散路线开始时，单向或公共路径的行程限制为30m。就酒店而言，相应的数字分别为30m和15m。如果采用基于性能的方法，设计人员需要证明到达出口的时间小于防火室内出现无法维持的情况之前所用的时间。

与其他建筑类型相比，在高层建筑中，出口的行程距离限制没有本质上的不同，对于非常高或超高的建筑不需要改变。然而，在高层建筑中，确保垂直逃生路线彼此分离可能更为关键。NFPA 101（NFPA 2011）中建议的方法是采用“1/3规则”，该规则要求垂直逃生路线至少由最大建筑直径的三分之一隔开。这可能会对建筑核心区的位置产生重大影响，但其目的是在多个核心区在事故中同时受损的情况下提供弹性。这种分离特别与火灾以外的重大事件有关，例如炸弹爆炸。弹性核心设计（如混凝土芯体）的使用可能使这些分离要求具有一定的灵活性。

进入垂直逃生路线的入口点的宽度必须足够大，以确保乘客不必排队太长时间才能离开他们正在逃离的楼层平面。一般认为，某楼层的疏散应在住户开始疏散后不到2.5分钟内完成。通过假定的典型流量，可以计算出每人的出口宽度。一个常用的值是允许每个居住者有5mm的出口宽度。

一些建筑规范（例如印度国家建筑规范；BIS 2005）中仍然采用的方法是单位出口宽度法，其中出口路线的尺寸为500mm出口单位（或其一半单位），并且假设每个单位出口宽度足以容纳特定数量的人。然而，这种方法通常在较新的建筑规范中已经被淘汰，如 NFPA 101 和 IBC 规范。有鉴于此，建议优先采用单位出口宽度法或采用基于性能的方法；例如，采用 SFPE 手册中规定的计算方法，BS 9999 或国际消防工程指南（SFPE 2008；BSI 2005；ICC 2005）。

一旦乘客进入垂直逃生路线，他们应该在一个安全的地方。因此，必须正确保护垂直逃生路线，使用可靠的方法防止火灾或烟雾进入路线（关于防烟和防火，请参阅“防火和结构设计”一节）。

垂直逃生路线的尺寸应能保持人员流动，并使应急响应人员能够在需要时逆流移动。建筑规范通常认为，住户在楼梯上的移动速度比步行到达出口时慢，因此楼梯需要比通往出口的路线更大，以保持相同的流速并防止过度拥挤。例如，NFPA 101（NFPA 2011）建议，在确定楼梯尺寸时（对于典型的高层建筑），从楼层出口的每人 5mm 增加到每人 7.6mm。在 NFPA 指导下，也可以采用 SFPE 手册（SFPE 2008）中的计算方法修改此简单方法。

在 NFPA 指导下，用作确定垂直逃生路线尺寸基础的居住人数是逃生路线服务的任何楼层上的最大居住人数。这种方法被认为适用于采用分阶段疏散的高层建筑。

除了根据每个人的宽度确定逃生路线的尺寸外，通常还应采用最小宽度。建议逃生通道入口的最小宽度为 1000mm，楼梯的最小宽度为 1100mm。这一最小入口门宽度应确保轮椅上的人员能够安全地到达楼梯围挡，并且最小楼梯宽度应为紧急响应人员提供向上移动的空间，以防止乘客向下流动。

同时疏散

虽然同时疏散通常不是高层建筑设计的基础，但建议在同时疏散的情况下，对所有高层建筑的疏散时间进行评估。这是为了确保除火灾以外可能需要建筑物全面疏散的事件（包括恐怖袭击行为和自然灾害）得到适当考虑。NFPA 指南中也推荐了一种简单的方法，如果总建筑占用人数超过 2000 人，则需要采用 1420mm 的最小楼梯宽度。但是，在非常高的建筑物或混合用途方案中，建议进行一次全面的疏散建模练习计算，以检查同时疏散条件下的疏散时间。

当检查在分阶段疏散的基础上设计的建筑物在同时疏散条件下的总疏散时间时，疏散时间应符合表 23.3 中规定。在推导表中的限制值时，需要考虑在安全警报条件下能够合理到达出口的时间，建议将最大出口时间限制在 90 分钟内，这是结构防火的限制时间。

在任何高层建筑的出口设计中，都需要特别考虑为不能完全自行走动的人提供足够的出口。重要的是，必须为不能走下楼梯的住户提供足够的设施，以便使用疏散电梯进行自救，并在建筑核心内留出空间，供不能完全走动的住户休息，且不阻塞其他人的出口。

垂直移动的新兴技术

楼梯仍然是传统的、经过试验和考验的疏散方案，但自 2001 年世贸中心塔楼“9 · 11 事件”后倒塌以来，人们对高层建筑疏散的大部分注意力都转移到了电梯的使用上。表 23.4 提供了关于何时使用电梯有用或必要的建议。

建议的最大总疏散时间 **表 23.3**

	建议所有人员到达最终出口（外部）的最长逃生时间		
	低于 50 层	50—100 层	100 层以上
为同时疏散设计的建筑物	30 分钟	30 分钟	30 分钟
为分阶段疏散设计的建筑	60 分钟	90 分钟	90 分钟

版权方：Lay（2007）

疏散电梯使用指南 表 23.4

建筑高度	建筑用途	在疏散过程中电梯的使用
低于 50 层	办公室	○
	旅馆	—
	住宅	—
	公共空间	○
50—70 层	办公室	○
	旅馆	○
	住宅	○
	公共空间	●
70—100 层	办公室	○
	旅馆	○
	住宅	●
	公共空间	●
100 层以上	办公室	●
	旅馆	●
	住宅	●
	公共空间	●

— 电梯被认为是效益有限的
○ 电梯被认为有助于疏散行动的
● 电梯被认为是疏散的关键因素
版权方：Lay（2007）

表 23.4 中的建议考虑了下楼梯的疲劳、使用电梯疏散可能节省的空间、控制电梯疏散所需的管理复杂性，当电梯用于大量居住者时，需要对人群进行培训，并且在某些情况下，需要一群人待在一起。

表 23.4 并没有打算反映电梯疏散对行动不便者的益处。据调查，在任何超过 3 层楼高的方案中，电梯在支持行动不便人士疏散方面可能有相当大的好处，而在超过 6 层楼高的方案中，电梯的使用可能是必不可少的。

为在疏散时保护电梯，电梯机芯应采用混凝土结构（或混凝土填充、永久钢模板）。电梯系统设计应遵循消防电梯指南（如英国标准 BS EN 81-72；BSI 2003）。该指南将介绍备用电源供应、系统防水和附加控制系统的要求。

尽管电梯可用于快速疏散高层建筑中高层的住户，但由于电梯运行过程的周期性和“批量处理”的性质，与楼梯疏散的连续性相比，住户从危险楼层到达相对安全地点的时间可能更长。这就需要形成一个避难空间，居住者可以在那里安全地等待电梯的到来。

避难空间需要足够大，以使居住者感到舒适，并使他们能够在空间内移动（例如，如果他们决定使用楼梯而不是等待电梯）。应考虑以下要点：

- 人均最小建筑面积应不小于 0.5m^2。
- 避难所与防火层之间的防火距离应为 120 分钟（避难所的门可以是 60 分钟的带防烟封条的门）。
- 避难所应配备烟雾通风（加压或空气交换“冲洗”系统）。
- 避难所应包括一个通信系统，供居住者与建筑消防中心通话。
- 避难所应连接疏散电梯和楼梯核心。
- 避难所应照明良好，达到典型的日常标准。

在许多情况下，很难设计足够大的日常电梯大厅，以便在疏散过程中容纳乘客。因此，这可能需要留出额外的可借用区域，以应对小概率事件。有些地方可以利用与电梯大堂相连的卫生设施来扩大避难空间，但更常见的解决方案是使用楼梯将居住者移动到消防楼层以下的楼层，然后，在相对安全的地方，居住者可以利用一般办公空间或流通区排队等候电梯逃生。

通过楼梯将居住者转移到安全地方等待电梯逃生策略的自然延伸是考虑在非常高的建筑物中使用空中大厅。超过 70 层的方案通常有作为电梯网络设计部分的空中大厅（MEP 功能区域位于上方或下方）。这可能需要居住者走下 35 层楼，这与表 23.4 中的指导一致，是许多高层建筑的有效策略。

还应注意的是，在设计电梯疏散时，应意识到，一般公众已接受过培训，在发生火灾时不得使用电梯。这是大多数现有建筑的正常情况。在办公楼，员工培训可以克服这一挑战。然而，在公众可进入的建筑物内，必须有经过培训的工作人员指挥疏散（图 23.2）。

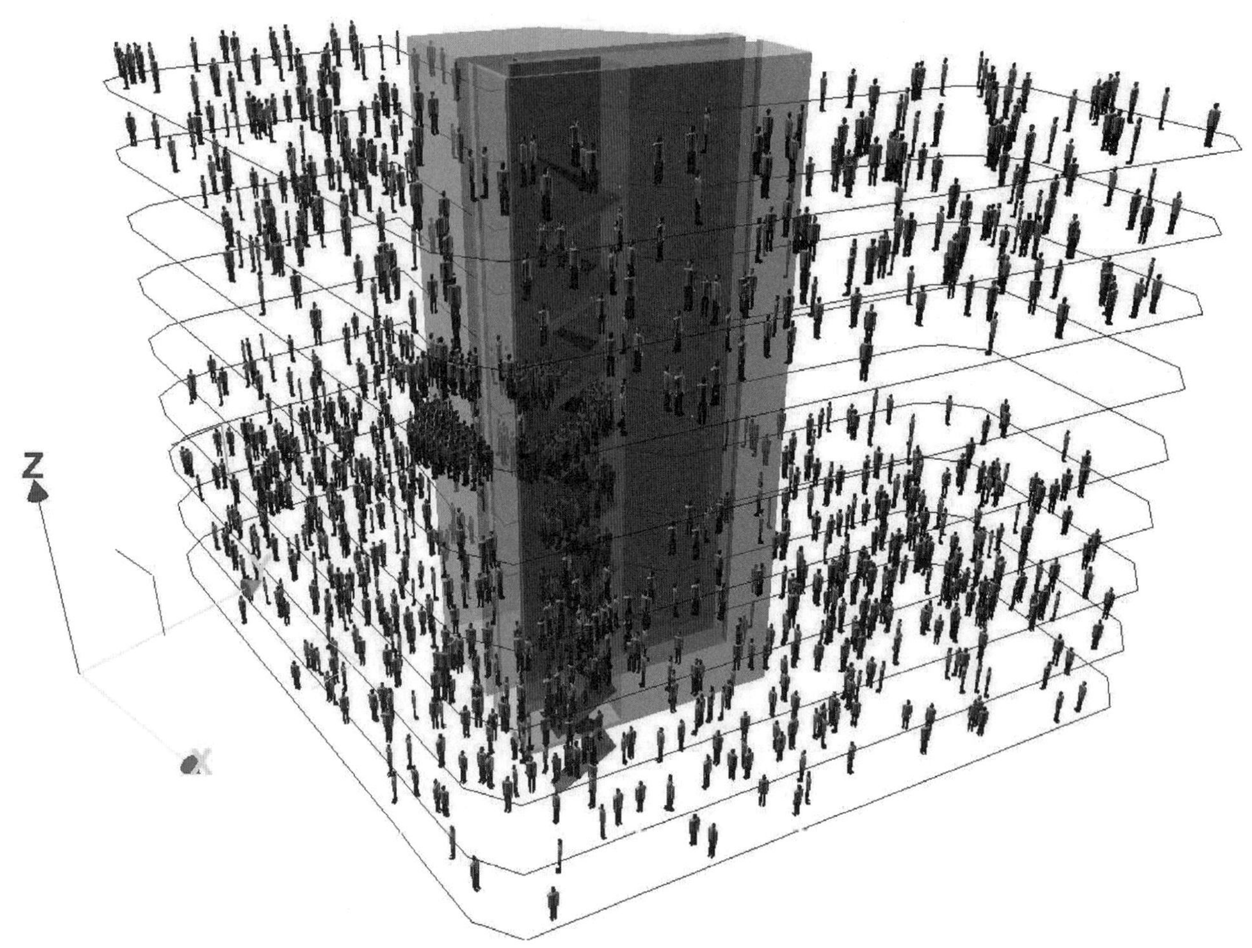

图 23.2　计算疏散模型是分析现代高层建筑方案的关键工具，允许模拟各种疏散场景，包括电梯疏散
版权方：James Bertwistle，WSP

替代疏散方法

除了电梯，还有许多其他新颖的疏散方案被提出。这些解决方案包括从直升机救援、个人火箭包、外部安装滑轨和轨道解决方案，以及连接邻近建筑和大型救援塔的吊索。这些系统被认为不太可能在实际建筑物的人员疏散中发挥重要作用；在许多情况下，它们可能是不安全的，被认为是不必要的。

今天建筑物中提供的电梯和楼梯在商业上是可以接受的，并且可以在火灾和其他紧急情况下提供足够的出口，而无须求助于未经充分测试的设计解决方案，这些未充分测试的设计方案还可能会使居住者感到困惑。对于新解决方案的成本和可靠性也存在着重大问题，这种设计还会占用建筑中的额外空间（图 23.3）。

高层建筑的消防活动

消防员高空作业的目标与挑战

高层建筑中的消防活动已被证明对应急响应人员是危险的。即使抛开诸如世界贸易中心“9·11 事件”这个等级的极端例子，高层建筑中更典型的火灾案例仍然夺去了许多紧急救援人员的生命。

高层应急活动面临的挑战可以概括为：

- 移动设备、人员和消防用水垂直距离较大
- 远程评估火灾危险程度
- 在复杂、隐蔽的环境中对多个团队进行命令和控制
- 维持紧急救援人员的逃生路线

图 23.3　芝加哥标志性的怡安中心利用分阶段疏散，以减少楼梯核心的要求。当地的城市条例还要求提供消防电梯
版权方：Jan Klerks

- *消防活动和疏散程序之间的相互作用。*

大多数高层建筑都位于消防设施完善的城市。然而，这可能会遇到通过拥挤街道到达建筑物的挑战。

高层建筑的一个核心原则是有效地分区和自动灭火，可以显著降低对应急响应人员（以及辅助疏散人员）的危害，所有高层建筑都应利用这种分区和自动灭火。

救援活动

人们通常认为，紧急救援人员应该冒着生命危险来营救住户。然而，重点首先应该保障应急响应人员的安全，以便他们能够在没有过度危险的情况下进入存在潜在危险的环境。自救应是所有高层建筑设计的基础，紧急救援人员的救援是最后的手段。高层建筑设计不应过分依赖紧急响应人员对居住者的救援。

应急响应人员可协助撤离，并向区域指挥官提供关键的沟通联系，该指挥官可查看更广泛的战术情况和人员。然而，他们的主要作用应该是设法控制或扑灭火灾，以便自我疏散可以继续不受影响。紧急救援人员支援疏散人员的情况，很可能是行动不便的人员，消防人员必须配备紧急电梯，以便他们能够接触到住户并在不堵塞楼梯的情况下将其从建筑物中转移走。

供水

水仍然是处理火灾的主要介质。长距离抽水相对简单，为消防员提供水源的解决方案也很成熟。在非常高的建筑物（通常超过 150m）中，可能需要多个集水箱将水转移到消防地点。所有高层建筑的消防供水应设计为每个立管至少提供两条高压消防软管。这是给将受火灾的主要人员及其后备或支援人员提供掩护。

在消防给水设计中，必须考虑自动灭火失效的情况。防火分区较小的后果之一是消防条件可能迅速变得非常严峻。英国和其他地方对消防策略的广泛研究表明，高压“脉冲”策略可以非常有效，并可以降低消防员的风险。因此，高层消防供水设计应达到最低 60bar。

人员及设备运输

直到最近，许多国际公认的建筑规范还没有完全认识到需要为应急响应人员提供专用的“消防核心”。此类规定的最长期设计标准之一是 BS 9999（取代了之前的 BS 55588，第 5 部分；BSI 2008，2004）。BS 9999 中定义的典型消防芯布置如图 23.4 所示。建议所有高层建筑均采用符合该标准或更高标准的核心。最新版本的建筑规范，如 NFPA 101（NFPA 2011）已经认可了这一条款，包括俄罗斯、法国和澳大利亚的一些国家的地方规范也认可了这一条款。

消防核心包括楼梯、电梯和连通的大堂，为消防人员扑灭火灾提供安全的基地，为消防人员撤退和逃生提供安全的场所。应注意的是，消防核心不必专门用于应急人员。在正常情况下，它们可用于出口和日常活动。然而，应认识到应急响应人员指挥这些核心的必要性。

特别值得注意的是，应急电梯不应专门用于应急响应人员，如果它们是建筑物日常垂直运输的一部分，则会更为可靠。

消防核心的一个关键特点是，它将电梯和楼梯紧密地放置在一起，将它们连接在一起，并通过大厅连接到建筑楼板。这与许多传统的消防核心设计非常不同；特别是它不同于通常在 NFPA 或 IBC 指导下衍生的核心，例如，电梯和楼梯可以直接打开到楼板上。

高层建筑火灾与结构设计

结构防火

虽然一些建筑规范可能建议高层建筑需要高达 240 分钟的耐火时间，但大多数规范要求的最常见最

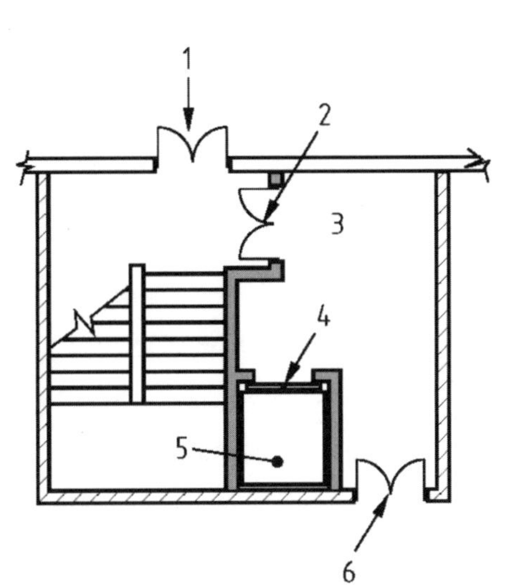

1）直接从露天场地进入

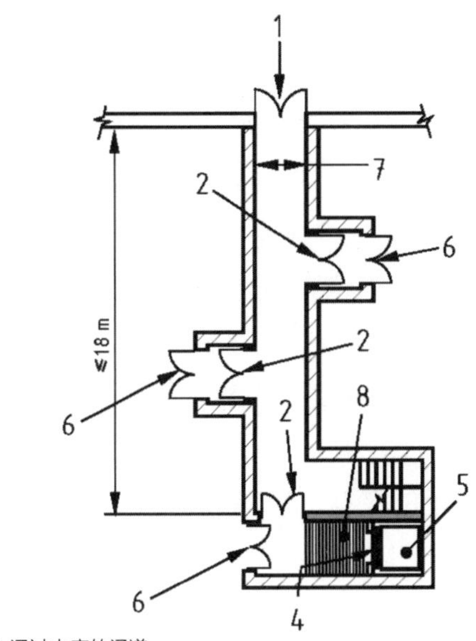

2）通过走廊的通道

a）在最低层的消防和救援服务通道

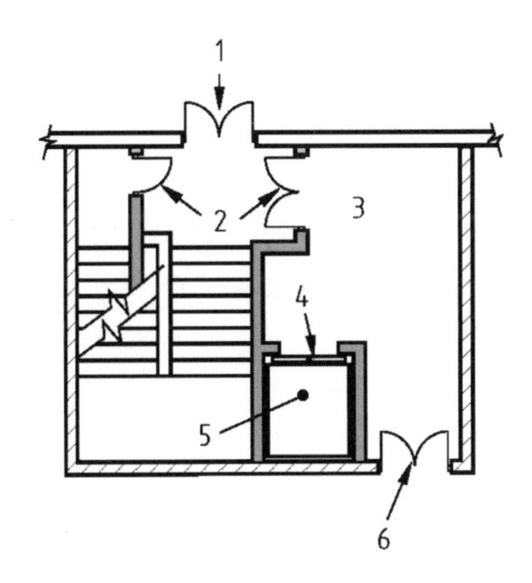

1）通过楼梯到上层进入地下室

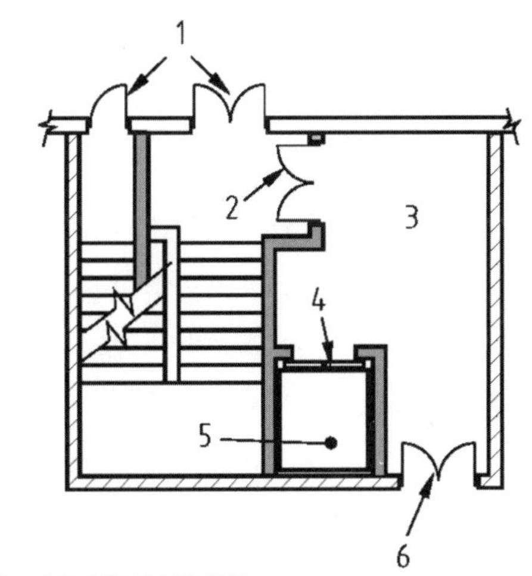

注意：走廊不得用作流通空间。

2）直接进入地下室

b）消防和救援服务直接从有地下室建筑物周围的露天场地进入

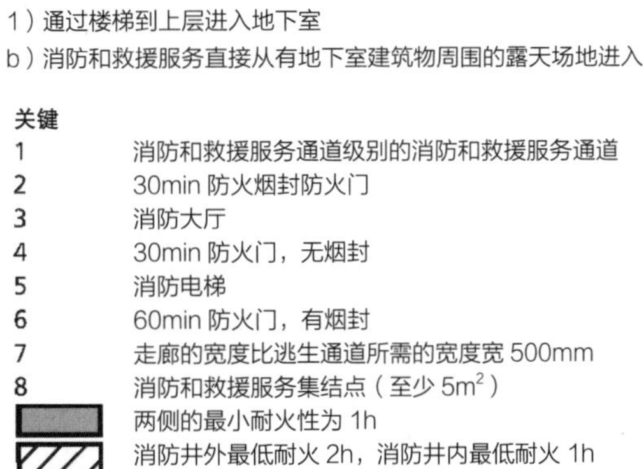

关键

1	消防和救援服务通道级别的消防和救援服务通道
2	30min 防火烟封防火门
3	消防大厅
4	30min 防火门，无烟封
5	消防电梯
6	60min 防火门，有烟封
7	走廊的宽度比逃生通道所需的宽度宽 500mm
8	消防和救援服务集结点（至少 $5m^2$）
（灰色填充图例）	两侧的最小耐火性为 1h
（斜线填充图例）	消防井外最低耐火 2h，消防井内最低耐火 1h

图 23.4 消防核心布置，根据 BS 9999：2008

大耐火时间是 120 分钟。这与典型火灾严重性分析（BSI 2002）相当，后者很少产生超过 120 分钟的结构耐火期（基于可能的隔间火灾）。将最大疏散时间固定在 120 分钟以下（表 23.3 中建议为 90 分钟），以确保即使建筑设计或操作无意中使火灾严重程度分析的假设失效，仍有时间完成疏散过程。为了在危险情况同时发生的情况下达到 90 分钟或更短的总疏散时间，很可能需要在非常高的建筑物中采取除简单楼梯疏散以外的措施。

重要的是，所有的高层建筑都要有足够的结构防火能力，以确保局部火灾不会导致如倒塌此类不相称的结构效应变化。火灾的影响应可以限制在受灾的局部地区，而不是大量地穿越建筑结构。确保火灾影响不会变得不成比例的一个广泛接受的方法是适合于各个防火分区的结构耐火性设计。可使用 BS EN 1991-1-2：2002 中规定的方法计算楼体结构暴露在火灾中的严重性，并计算出出现“烧毁”周期的结构耐火性。这种方法还可以通过减少某些结构构件的防火要求来产生效益。在某些情况下，可以考虑如何将火灾施加的结构荷载有效地从受影响构件扩散到未受影响的构件上。这种分析需要详细的、先进的计算分析，在高层建筑中已司空见惯。

任何结构防火建议都应考虑对建筑物寿命的影响。这在钢框架建筑中是一个特别值得关注的问题，因为结构的移动会对应用的防火产品施加额外的压力。还应注意维护和建筑改造不能损坏消防系统。在某些情况下（如对蜂窝梁的保护），小面积的损坏会使整个构件的保护失效。

分隔

分隔是降低高层建筑火灾危险性的关键因素。良好的分隔可以有效地将即使是最高的建筑物也降低到与低层建筑物相同的风险水平。有效分隔是高层建筑防火设计中最关键的一个环节。

为了达到足够坚固的保护水平，需要安装和维护干式墙面等建筑系统，并将其保持在尽可能高的水平，并且最好采用混凝土、砌块或其他坚固的施工方法，而不是采用轻质隔墙系统来保护高层建筑。

高层建筑的每一层都应该是一个隔间层。在建筑中引入中庭等性质的区域，这些可以代表一个需要解决的具体问题。楼层之间的开口应通过在危险空间和空隙之间引入分隔来保护，或通过抑制和控制烟雾的方法组合来保护。然而，主动消防系统和被动分隔之间的权衡需要一个高度稳健的设计。例如，烟雾控制应考虑到抑制系统的部分或完全故障，理想情况下，应使用概率风险研究来检查主动系统方法的稳健性。对于非常高的中庭，在使用经验计算方法进行烟雾控制时也应小心；通常更适合使用先进的流体力学计算方法来设计有效的解决方案。

外部火势蔓延

对于抵御建筑物外部垂直蔓延火灾的解决方案很难提供全面的指导。建筑物的外立面可占建筑成本的 35%，对建筑物的形式和功能至关重要。高层建筑通常由其外立面区分，每栋建筑都倾向于采用独特的设计。有太多的变数需要考虑，防止外部火灾蔓延的规定性指导并不是一个实际的命题。

在许多规范（例如 NFPA 5000、印度国家建筑规范和亚洲的许多建筑规范）中，要求在楼层之间的接口处提供耐火拱形板保护，特别是在没有洒水装置的建筑中。这是一种简单、被动的有效保护形式。然而，这并不能充分满足许多现代立面的要求，包括更复杂的设计，其中就有作为气候屏障的深通风空间。

基于性能的方法被认为是最可靠的评估建筑物外部火灾蔓延的方法。使用基于性能的方法，可以评估建筑设计中减少外部垂直火灾蔓延可能性的相对简单的变化方式。例如，在外立面引入密集的喷淋装置，喷淋系统的一个单独部分供给水源，即使在已占用空间的喷淋装置出现故障时，也能提供一个非常强大的主动保护外立面的解决方案。

防烟

消防和疏散保护核心

如果逃生核心和消防核心在发生火灾时可供使

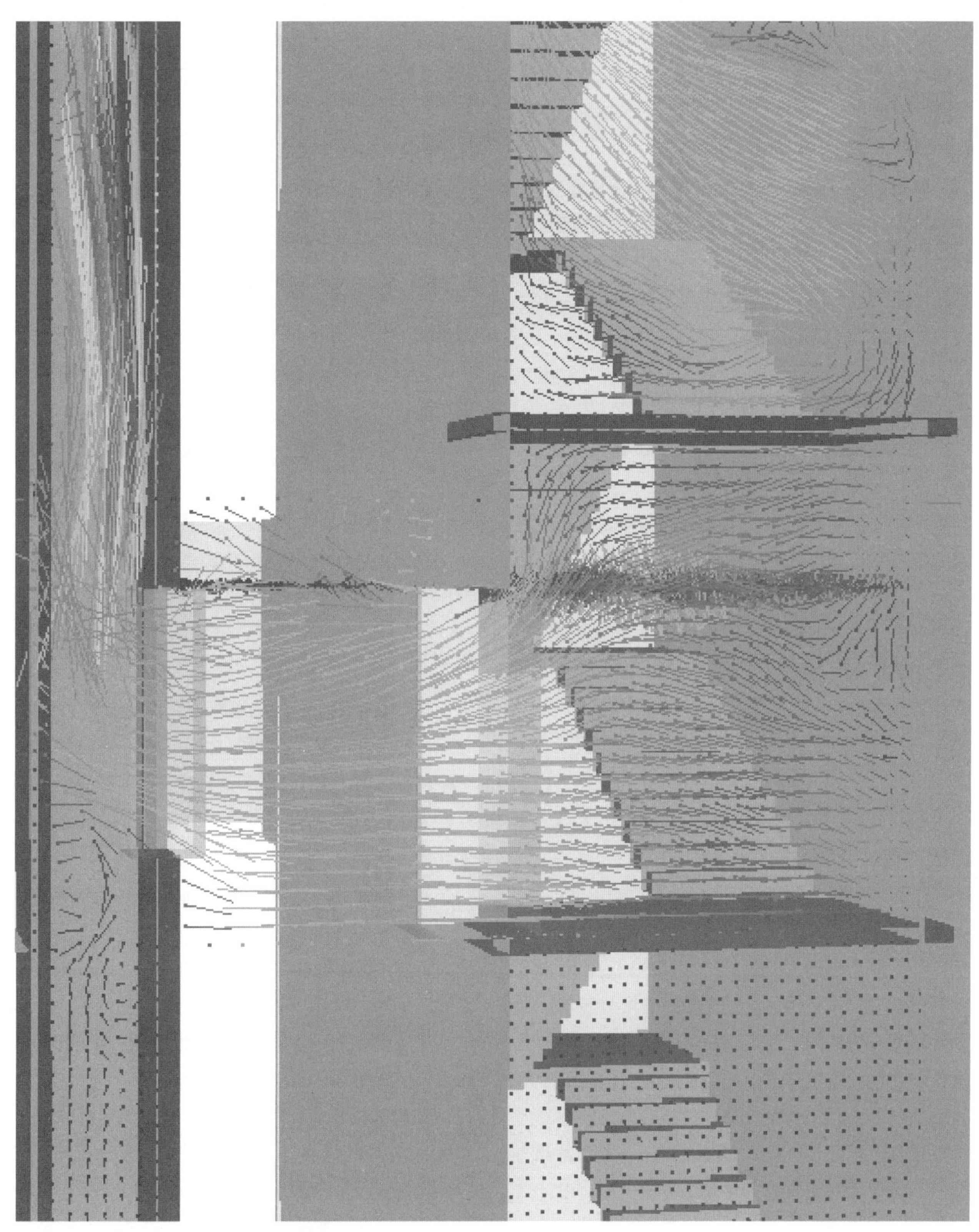

图 23.5 计算烟雾模型对于研究高层建筑中的烟雾运动和开发可靠的烟雾管理解决方案至关重要
版权方：James Bertwistle，WSP

用，则它们必须不受烟雾危害。通常，消防活动会将大量烟雾带入逃生路线的某些部分，而这一点至关重要，既不能损害建筑物的其他部分，也需要为消防员保留安全的逃生路线。大多数建筑规范都认为疏散所需的防烟措施与应急响应人员所需的防烟措施之间存在差异。

建筑规范意识到有必要保护核心不受烟雾侵入，这通常是通过大厅（门厅）与楼梯间的间隔或通过加压装置来保障的。一些规范（例如英国指南）建议将增压装置或通风系统与大厅结合起来。NFPA 指南允许在提供加压装置的情况下忽略大厅。

加压和替代方案

加压装置是高层建筑中常用的一种保护核心区的方法。它将核心空间的气压始终保持在足够大于邻近空间火灾所在位置的气压上，这样烟雾就不能进入核心区。虽然增压系统的设计原理很简单，但设计、安装、测试和维护的实际情况却很复杂，特别是在一座非常高的建筑物中，因为风和烟囱效应会产生相互竞争的压差。

如果要依赖增压系统，必须采用高质量的指南，如 NFPA 92A 或 BS 9999（NFPA 2009；BSI 2008）。

还有一个问题是，增压系统高度依赖于施工和装修的质量。即使增压系统在设计中提供了冗余，但如果由于工艺不当而出现故障，许多楼层也可能同时处于脆弱状态。

认识到与增压系统相关的实际挑战后，考虑设计替代解决方案已成为普遍现象。有两种方法，分别是在烟雾到达核心区之前将其排出（从防火分区直接排出），或者在核心区前面提供一个拦截空间（例如大堂或走廊），在烟雾到达核心区之前将其排出或稀释。标准设计规范未涵盖增压系统的替代方案，必须采用基于性能的规范进行设计。该设计过程需要仔细设置火灾参数和性能要求，以反映逃生和消防活动。关于此类典型系统的基于性能要求的建议，可在 BS 7974 或 SFPE 手册（BSI 2001；SFPE 2008）中找到。

如果设计得当，替代解决方案可以比传统增压解决方案更有效的方式为核心区提供灵活和强大的保护。基于性能的规范还可确保考虑到相关建筑存在的具体风险和挑战，如多层消防。这使得安全设计能够得到实际验证，而不是在遵从相关条款规定后产生的安全设计。

灭火

自动灭火作用

自动灭火系统是高层建筑设计中辅助分隔的重要组成部分。有效时，可显著降低火灾危险性。有大量的文件证明，自动灭火的介入甚至可以阻止发展迅猛的火灾，例如 1991 年费城子午线广场发生的火灾，当火灾到达一个洒满水的地板时就被扑灭了。

在高层建筑中不使用自动喷水灭火系统的情况非常少，这种设计手法可以说是很有道理的。

新兴技术与系统稳定性

最好的自动灭火方法是消防自动喷淋灭火系统。与流行的说法相反，自动喷淋灭火系统不会在整个建筑中触发；当火灾产生的热量直接影响到喷头时，标准建筑的自动喷淋灭火系统只会在火灾的局部区域启动。

在高层建筑中设计传统的喷淋灭火装置存在着许多困难，最重要的是大量的水存储。针对这一问题，开发了细水雾系统等替代解决方案。这些方案仅需要较少的水或可以使用饮用水存储支持消防。类似这样的解决方案可以提供与传统喷淋装置相当的保护级别，应被视为可靠的灭火设计选项。

在超高层建筑物中，应使自动灭火系统的设计具有良好的弹性水平，现有的标准自动喷淋灭火系统设计规范并没有很好地解决这个复杂的问题。虽然纯粹的消防安全场景通常不需要更大的弹性，但可能需要解决与其他极端事件相关的问题。

应急预案与消防安全管理

消防安全管理

良好的消防安全设计只是高层建筑消防安全的出发点。要实现消防安全，高质量的消防安全管理和持续的警觉同样重要。对房屋拥有者、建筑运营商和租户来说，共同合作是很重要的。

证据表明，定期的消防安全演习和对消防安全事项的认识，可以大大提高在极端事件中居民的反应能力。其中最引人注目的例子也许是2001年“9·11事件”期间，世贸中心组织良好的疏散，这常常归功于此前发生的恐怖袭击所带来的消防安全培训和管理方面的改善。

还应认识到，高层建筑虽然会发生火灾，但与日常业务活动相比，火灾仍然是罕见事件。因此，如果消防安全设计或管理要求妨碍了日常工作活动，则消防安全要求有向工作需要让步的趋势。因此，在消防安全设计中必须考虑建筑物的日常运行需求。

应急计划

高层建筑是大型、复杂的建筑物，对事故的反应将涉及建筑物内外各种机构的应急响应人员。除了规划建筑物内的安全管理外，还必须制定应对方案，以处理事故，并在所有相关方之间进行协调。应对方案需要考虑以下事项：

- 指挥层级
- 通信策略和方法
- 供水
- 街道封闭和紧急车辆通行
- 传播建筑物的细节
- 与媒体和公众的接洽
- 急救，人员分类和住院规定
- 事后调查
- 建筑和业务恢复。

与极端事件的互动：考虑因素

本章特别着重于高层建筑的消防安全要求，但也提到了在建筑火灾以外的情况下需要考虑疏散计划和系统稳定性。高层建筑的高知名度和高入住率使得考虑恐怖袭击、地震和海啸等其他极端事件成为设计的重要组成部分。

在发生其他极端事件时，许多消防安全规定可能会所帮助，但对于可能与消防安全设计冲突的极端事件，可能会有其他要求。还应注意的是，当纯粹为消防安全而设计时，火灾事件通常被假定为意外事件。但火灾也可能是极端事件的次要后果。在这种情况下，火灾发生前，消防安全系统和设计元素可能会严重受损。应评估高层建筑的风险状况，以确定是否需要评估包括关键消防安全系统失效在内的场景。

参考文献

BIS (2005) *National Building Code of India 2005*. New Delhi: Bureau of Indian Standards.

BSI (2001) *BS 7974:2001, Application of Fire Safety Engineering Principles to the Design of Buildings: Code of Practice*. London: BSI.

BSI (2002) *BS EN 1991-1-2:2002, Eurocode 1 – Actions on Structures – General Actions – Actions on Structures Exposed to Fire*. London: BSI.

BSI (2003) *BSI BS EN 81-72, Safety Rules for the Construction and Installation of Lifts: Particular Applications for Passenger and Goods Passenger Lifts – Part 72: Firefighters Lifts*. London: BSI.

BSI (2004) *BSI BS 5588-5, Fire Precautions in the Design Construction and use of Buildings – Part 5: Access and Facilities for Fire-Fighting*. London: BSI.

BSI (2008) *BS 9999:2008, Code of Practice for Fire Safety in the Design, Management and Use of Buildings*. London: BSI.

ICC (2005) *International Fire Engineering Guidelines*. Washington, DC: ICC.

ICC (2012) *International Building Code*. Washington, DC: ICC.

Lay, S. (2007) 'Alternative evacuation design solutions for high-rise buildings', *The Structural Design of Tall and Special Buildings*, 16(4): 487–500. Online. Available at: http://onlinelibrary.wiley.com/doi/10.1002/tal.412/pdf (accessed 3 September 2012).

NFPA (2009) *NFPA 92A, Standard for Smoke-Control Systems Utilizing Barriers and Pressure Differences.* Quincy, MA: NFPA.
NFPA (2011) *NFPA 101, Life Safety Code.* Quincy, MA: NFPA.
NFPA (2012) *NFPA 5000, Building Construction and Safety Code.* Quincy, MA: NFPA.
NYBC (2010) *Uniform Fire Prevention and Building Code.* Washington, DC: ICC.
SFPE (2008) *The SFPE Handbook of Fire Protection Engineering*, 4th edition. Quincy, MA: NFPA.
SNIP (1998) *SNIP 21-01-97, Fire Safety of Buildings and Structures.* SNIP.

注释

1. 应急响应人员可包括城市、州和军队消防员、救护人员、警察、专用救援队和内部响应队。

第 24 章
高层建筑设备

阿利斯泰尔·古思里（Alistair Guthrie），罗伯特·汉德森（Robert Henderson）

暖通空调系统：简介

能够带来通风和舒适气候的机械系统一直是高层建筑所必需的。在某些气候条件下，低层建筑可以依靠开放式立面进行通风和自然降温。从历史上看，高层建筑并非如此。最近，设计师们试图为高层建筑提供透气的外墙，以减少机械系统对通风的影响。这些建筑数量仍然很少，因为在世界大多数地区，极端的风和温度使得这种方法很难实现。

早期的高层供暖、通风和空调（HVAC）系统与今天安装的系统没有太大的不同。从 20 世纪早期就有这样的例子：机械通风系统由集中或分散的设备间供电，使用定容和变容风机。在早期的摩天大楼中，中央供暖和制冷都是由城市的蒸汽干管或电动水冷机组提供的。在过去的 100 年里，这些系统得到了显著的改进，其进步的动力来自于大规模的生产、成本的控制以及在过去十年中人们对于提高能源效率的需要。无论是单个组件还是整个系统，这些变化都是通过使用更好的控制手段来实现的。

此外，最近的一些设计人员意识到高层建筑具有开发风能或太阳能发电机的潜力。其他的可能性包括利用建筑物本身或周围的地面作为一种储存能量的机制，用于供暖或供冷。这在第 13 章中有进一步探讨；本章将介绍专门适用于高层建筑的通风和舒适控制系统。

气候

不同地点的标准气候设计参数可以通过各种来源确定，如 ASHRAE 和 CIBSE 指南。然而，这并没有考虑到高层建筑所在高度可能会发生的温度和风速变化。

风

环境风效应需要在项目开始时进行评估，这时可以采取措施消除或减少对缓解方案的需要。解决环境风的问题是任何规划应用的重要部分，风洞试验适合用于确定风对建筑系统影响的确切效果。需要仔细考虑进排气口、排烟系统和自然通风系统的位置。需要对来自开环冷却塔、锅炉、发电机的潮湿空气或烟雾进行扩散试验，以确保它们不会回流到建筑物内。在高层建筑的上层，风的影响可能会很严重，从而产生可能影响暖通空调系统运行的压力波动。

由于风的随机性和零星性，使得各种条件下的设计都很困难，设计人员应考虑各系统的局部风效应原则。在处理风的时候，有一个说法是一致的：风速随着高度的增加而增加。

考虑一个高层建筑的周围建筑环境，如图24.1所示。*Zd* 建成层高度以下的建筑物受到挡风保护，速度增加将从该建成层上方开始。这一保护层内的风效应将是不可预测的。暴露在外的单体建筑，如果周围没有建筑层，速度会从接近地面的高度增加。

一般来说，有三种类型的建筑位置需要处理：

- 当一栋建筑的高度等于周围其他建筑的平均高度时，
- 如果一栋建筑是其周围环境中最高的建筑，
- 一栋建筑位于另一栋高楼的旁边。

气压与速度平方成正比。因此，如果300m处的风速是30m以下风速的两倍，那么300m处作用在通风百叶窗上的空气压力将是30m处的四倍。在通风设计中，进排气百叶窗的位置应考虑到这种高压的不利影响，以减少常年大风的不利影响。空气处理装置和风机的设计还必须考虑到适当的压力。

考虑到风向的随机性，遮挡百叶窗使其不受风影响的装置只能提供有限的保护。相反，应考虑从所有建筑立面向同一空气处理装置提供管道连接，以消除压力状态，如图24.2所示。应计算适当的风附加压力，并将其包含在迎风面系统中。必要时，应包括测量该压力和调整风机设备压力变化的方法。

如图24.3所示，压力效应将穿过建筑物表面，在尖锐的边缘和拐角处出现极端情况。百叶窗应远离这些红色区域，朝向建筑表面的中心。

进排气距离

进气和排气通道应保持足够远的距离，以避免任何废气循环回楼内的问题。最小间隔距离为5m

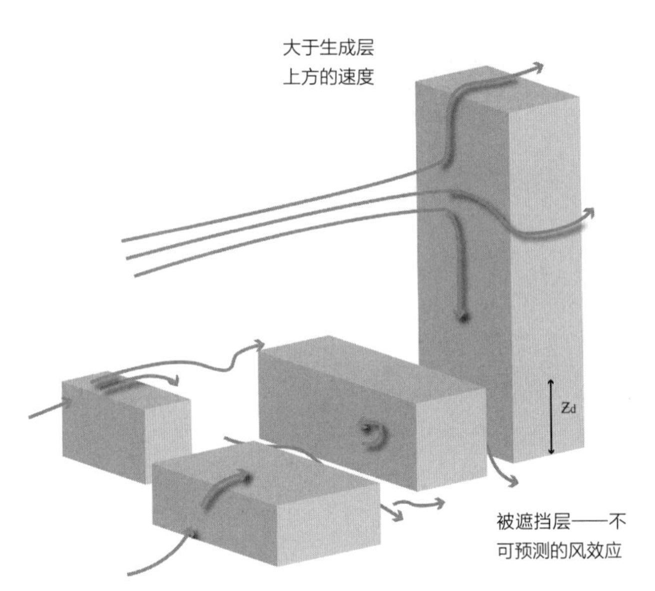

图 24.1　风对建筑环境中高层建筑的影响
版权方：Arup

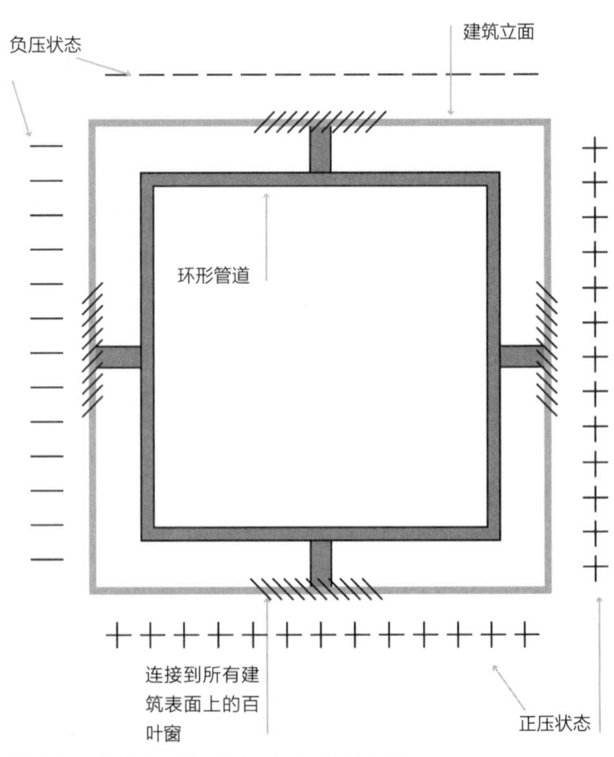

图 24.2　抵消风影响的通风连接（平面图）
版权方：Arup

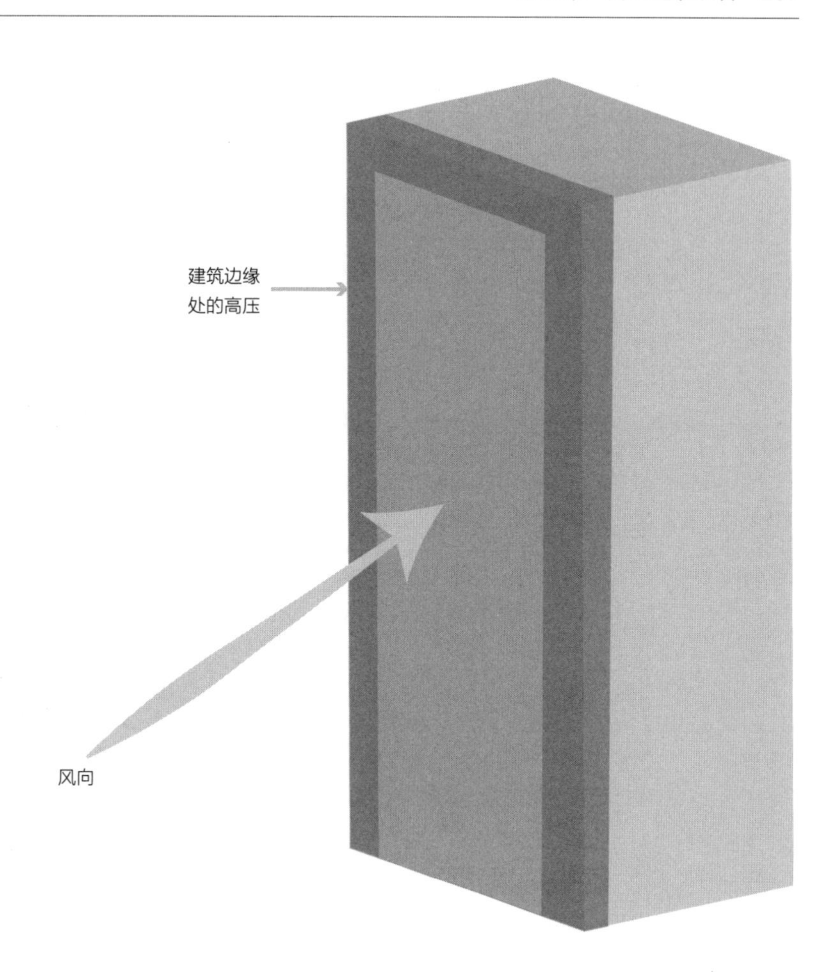

图 24.3　建筑物边缘的高压位置
版权方：Arup

（ASHRAE 2010），但标准和当地法规可能有所不同。

这些建议构成了一个可接受的起点，但可能需要风洞试验来检查和修改这些假设。风的影响会导致废气附着在建筑表面，然后被吸入进气百叶窗（图 24.4）。对于含有污染物的烟雾和厨房废气，这可能是一个特殊的问题。高速排气可能会降低再循环风险，但设计师应谨防产生噪声问题。进气入口必须远离外部污染源，如邻近建筑物的烟囱或厨房排气管。

温度

外部温度是暖通空调系统的关键设计考虑因素，每 100m 高度的外部温度平均下降 0.6—0.7℃。在此基础上，高层建筑的冷负荷会随着高度的增加而降低，而热负荷可能会增加。

环境空气温度越低，排热设备的性能越高。在一个具体的项目中发现，由于 450m 的温度较低，风冷式冷水机组的效率提高了 7%—9%。其他的好处是，更高的恒定风速有助于羽流扩散，并降低了再次卷吸的可能性以及与其他建筑系统的相互作用。同时任何处于高处的装置都应考虑其更换时的策略。

烟囱效应

烟囱效应是高层建筑中一种非常显著的暖气向上运动的现象。在寒冷气候条件下，内部和外部的温差最大，从而产生烟囱效应。在炎热的天气条件下也可能发生，但其影响效果是相反的。例如，如果建筑物内部被加热到 20℃，内部空气密度比外部较冷的

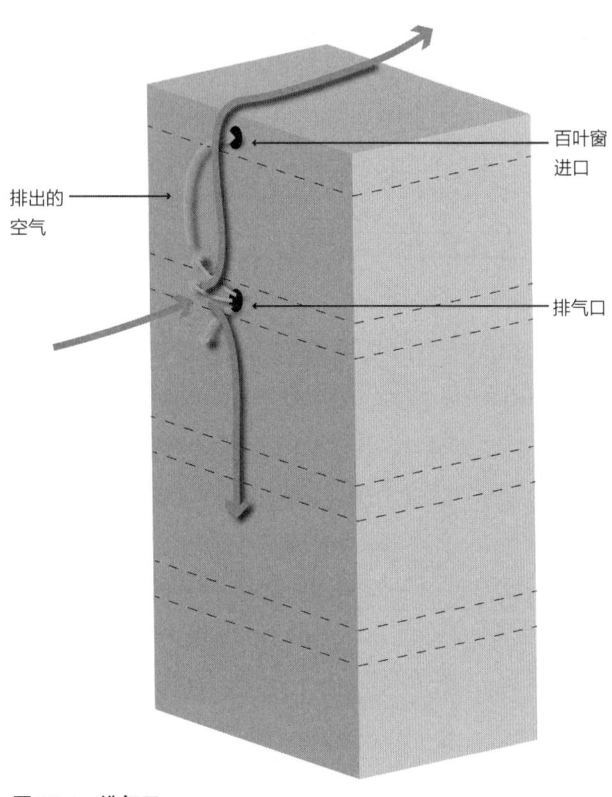

图 24.4 排气口
版权方：Arup

空气密度低，因此容易上升。温暖的空气试图通过渗漏的立面或其他高层开口渗出，而寒冷的外部空气则通过较低层的开口进入。

这种压差会导致大量的空气从建筑物外部进入建筑物内部，其后果可能包括：

- 噪声
- 电梯门无法关闭，阻碍电梯轿厢移动
- 空气流入电梯井
- 难以打开大堂入口门
- 大量未经过滤的空气进入建筑物
- 难以加热建筑物的较低层并且在极端情况下，由于不正常的压差而导致寒冷冻结的情况
- 建筑物低层的供暖困难，在极端情况下有冻结的危险
- 能量损失
- 由于压差不正确，导致楼梯加压（即消防安全系统）无法运行，消防门无法打开
- 通风系统中的逆向阀，例如厕所抽气系统
- 非常寒冷的入口
- 从地下停车场排出的有害气体被抽入建筑物内。

烟囱效应的管理

应尽可能采用被动的方法解决烟囱效应问题。图 24.5 简化了两种解决方案。实际解决方案是两种方法的结合。

第一个解决方案是把大楼变成一个密封的盒子。为了尽可能保障这种密封箱解决方案，有两个主要设计特点：

- 高性能立面（50Pa 时 2—5$m^3/m^2/hr$ 的渗透率）
- 防风入口（如旋转门）。

第二种解决方案将建筑物划分为分段式水平切片，以便将烟囱效应高度降低到不会引起极端压力差的水平。这种方法可以通过落地式空调和落地式进排气来实现。

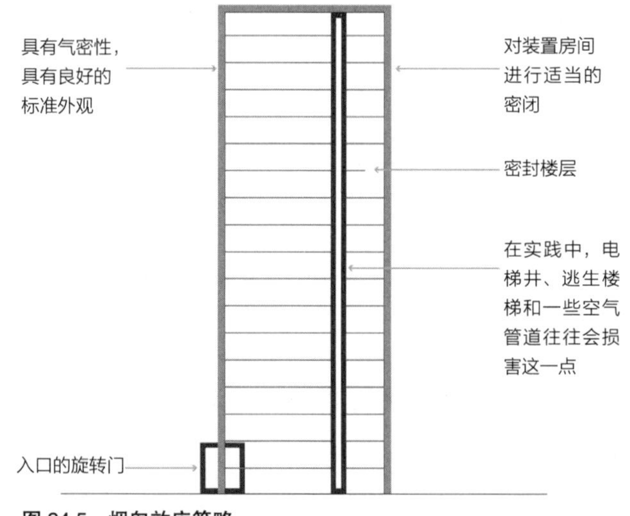

图 24.5 烟囱效应策略
版权方：Arup

核心和立管

暖通空调系统是影响高层建筑核心尺寸大小的主要因素之一。暖通空调服务占核心区域越少，每层楼的可利用面积会更大。因此，对核心尺寸的综合设计成为暖通空调工程师的一项重要任务。需要空间的主要暖通空调项目是空气分配管道系统，尽管大型管道系统也需要大量的立管空间，但由于需要容纳摇摆和膨胀装置，立管空间通常会增加。

核心可以位于中心或建筑周边。无论核心位置如何，核心内的立管应位于核心周边，最好位于结构核心外部，以减少开口，保持结构完整性并便于分布。

位于楼层中央的核心和立管最大限度地提高了建筑周边的采光机会。它们的中心位置也有助于减少分配工作。同时减少对结构渗透以及结构和建筑服务（SMEP）区域深度的影响。

周边或外部核心和立管可以放置在南部高地（北半球）的位置，以提供热聚集和遮阳效果。然而，这样的位置可能导致较长的配电线路和采光机会的减少。

在高层建筑中，主装置需要按建筑上的间隔分布在几个“装置楼层”上，这些“装置楼层”分布在建筑中。装置管道的位置和分布主要取决于管道系统内的压力限制和管道系统的尺寸。优化需要考虑：

- 较少的装置楼层为更大的立管提供了更多的空间，但在核心内需要更多的空间。
- 采用较小的立管，核心内的占用空间减少，但需要增加装置楼层的数量。

设计者应考虑立管的分布，使它们能够随着与中心装置距离的增加而下降。

另一种选择是从不同的层次进行分布，以保持整体立管空间不变。然而，这样的安排使得从回流的空气中回收热量变得十分困难。

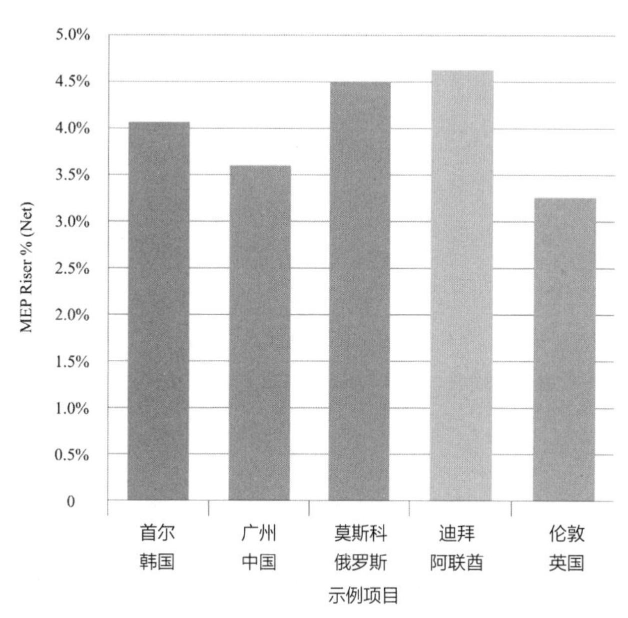

图 24.6　立管百分比面积（建筑净面积），案例项目
版权方：Arup

图 24.6 显示了一系列项目的立管空间。如图所示，所有地面立管的面积百分比往往占建筑净面积的 3.5%—4.5% 左右，在这一范围内的波动主要受建筑高度和空气供应解决方案的影响为主（例如，首尔项目的全空气变风量解决方案，而伦敦项目的新鲜空气最少）。图式范围适用于所有立管，包括消防、管道、电气、IT 和通信。

服务空隙和水平分布

层高是高层建筑设计的关键因素：

- 根据市场策略、日照深度、楼板厚度、计划用途和内部布置，确定每层楼的高度。
- 根据建筑跨度、结构方案和电力、数据和管道服务的适应情况，在 SMEP 区域设置楼层之间的高度。

SMEP 区域建筑通常包括：

- 天花板

- 建筑管道
- 喷淋系统
- 照明
- 电缆密封
- 通风管道
- 结构性板上面
- 结构板上方的地板
- 结构梁

由于占用区域通常在固定范围内，SMEP 区域的优化将对最终的楼层高度的确定产生显著的影响。

暖通空调和结构设计方案之间的协调在确定最终 SMEP 区域高度时尤为重要。这通常会影响在建筑高度限制范围内可容纳的楼层数量。

暖通空调系统的选择在这一集成设计中起着关键作用，因为空调系统及其相关的分布在天花板下方占用了最大的空间。无论采用何种结构方案，风机盘管（FCU）或冷风梁等水基最小新风系统都比变风量（VAV）系统具有更高的空间效率。通过有效的 SMEP 协调，可以减少这两种系统在空间效率上的差异。

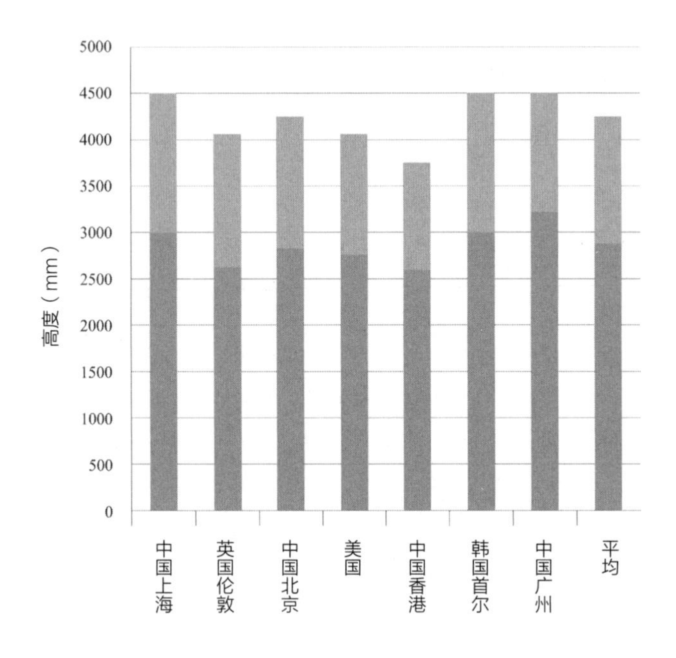

图 24.7 典型的楼层到楼层建筑
版权方：Arup

加热和冷却系统

高层建筑内的供热和供冷由于距离太远而变得复杂，需要从中央设备中抽出冷水和热水。这就需要增加系统内的泵送和水温增减效率。

还需要考虑在建筑物内的何处设置供暖和制冷设备的问题。与低层建筑相比，高层建筑楼板较小，因此，在屋顶放置大量装置的可能受到限制。因此，装置必须放置在建筑物的中间高度。决定这些装置位置的一个主要因素是管道系统的静压，这是高层建筑暖通空调的主要设计区别之一。

管道压力

高层建筑内通常使用的管道工程及相关接头和管件的压力额定值为 PN16（16bar，约 160m 静压）。这为确定装置放置位置提供了一个良好的起点。冷却器和锅炉等主要设备的额定值可能高于 PN20，如果该设备位于地下室，则允许第一个设备在建筑物上方。三级终端回路中的压力由最终设备决定，如 FCU 阀门（通常为 PN6 或 PN10），应仔细考虑高压设备的成本问题。

限制管道工作的压力可以用标准化的设备实现，降低故障风险、健康和安全风险，并可以提供经济的组件选择，减少重量和作用力。与此同时，增加压力等级也会产生更高的维护成本，因为高压操作会缩短设备寿命。

如果使用较低的压力设置，则可以每隔一段时间安装板式换热器，以打消回路之间的压力。请注意，每个热交换器之间都存在交换之间的温度损失，通常在 1℃左右。这降低了系统的效率。因此，采用更高额定压力的管道和装置，可以通过减小压力断路和串联回路来降低温度损耗，这可以节省装置空间，同时减少对额外泵站的需求，并可以降低运行成本。在使用高压额定值的中央分配系统，以及使用换热器的中央装置外的标准压力管道系统时，可能会出现损耗。

管道重量和支撑策略

高层建筑分布中的管道重量将是显著的，并且随着压力等级的提高而增加，相关阀门的重量也会增加。随着压力等级的增加，管道成本也将急剧上升。

管支架

随着温度的变化，立管中的长管道将随着温度的变化而扩大和收缩。这些力需要使用到管道锚固件和一种允许膨胀的方法。通常，所有管道都将采用滑动（低摩擦）支架进行支撑，以允许管道膨胀而不会产生应力或故障。在立管上，管道必须始终得到支撑，设计人员应仔细与结构人员相协调。混凝土框架建筑都或多或少地受到施工后蠕变和收缩的影响，即使建筑名义上是钢结构的，核心也可能是混凝土。

管道动力学、分析和缓解

高层建筑会摇晃，这种摇晃，加上立管内管道的膨胀，可能导致管道配件和固定装置损坏。建筑物和管道系统都将动态运行，因此预测和缓解可能出现的任何问题非常重要。

高层建筑中的管道立管必须根据热膨胀、运动和结构合力进行分析。特别是当系统首次运行时，设计人员应考虑管道从冷态开始升温的最坏情况，此时由温度波动引起的管道膨胀将是最严重的。

每个系统可接受的移动程度不同。如果发现主立管中的移动不可接受，则必须利用管道的自然弹性或机械应力来应对膨胀。如果移动受到限制，则

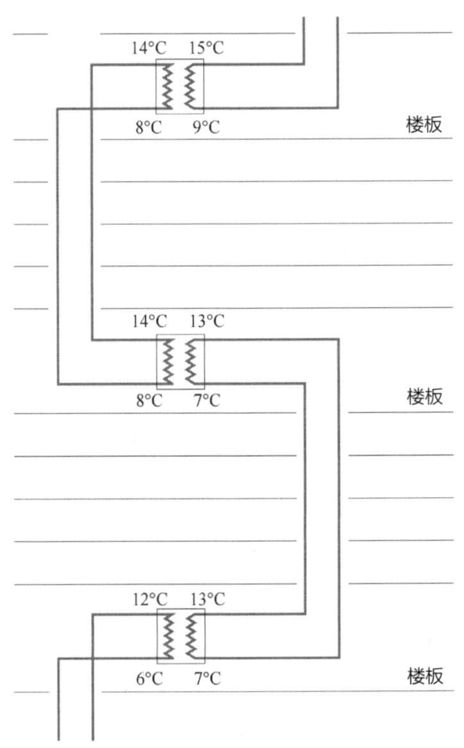

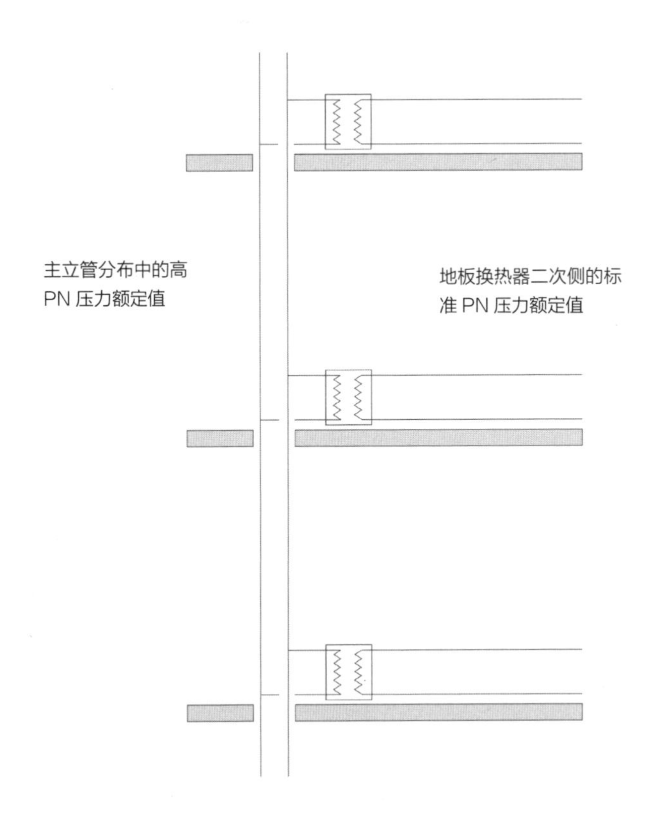

图 24.8 （左）示例 HX 温升；（右）高压管道
版权方：Arup

会产生应力，因此最好使管道尽可能不受限制。灵活性可以通过使用弯板和环路来设计。管道是柔性的，但这种柔性取决于管道的尺寸、材料和方向。

机械柔韧性

提供机械灵活性通常更适合于高层建筑，因为这样的解决方案可以吸收有限空间中大量的膨胀现象。轴向伸缩节（波纹管或滑动节）可用于长直管段，因为这是最有效的应力降低方法；它们的操作方式是通过锚定风箱的一边，允许另一边的膨胀朝着锚的方向压缩。然而，由于管道中的运动受到摩擦力的限制，管道中的膨胀将产生作用力。铰接式波纹管可用于启动，因为它们允许管道独立移动，从而阻止在启动或连接时产生的应力。立管系统可以结合以下方法运行：一个（或多个）垂直膨胀管，在每次启动时备有一个铰接波纹管。

机械系统的缺点是，每一个伸缩缝都会在管道工程中产生一个薄弱点，而这些伸缩缝本身必须得到很好的维护。这意味着，在可能的情况下，扩展的数量应该保持在最少。这些关节在运作过程中也会产生噪声。

这些尺寸的管道的波纹管很大，需要很大的空间进行维护或拆卸。表 24.1 给出了不同管道尺寸的波纹管的大致尺寸，维护空间应足以允许拆卸或更换整个膨胀节。

装置更新策略

在高层建筑中，大部分装置可能位于建筑物的高处，其尺寸、重量和结构不易更换。考虑到这一点，重要的是在早期设计规划期间制定适当的装置更换和维护策略，以确保足够的交付路线和基础设施。

应具有足够的垂直和水平移动装置的空间，并考虑更换路线的后续工作。模块化装置是一种有效的方法，可以减少从高层建筑中移除大型装置所固有的问题。这些物品可以在装置空间内进行分解、组装和拆卸。装置安装房内必须留出足够大的空间，以便进行组装和拆卸。

对于垂直移动设备，应考虑以下替换方案：

- 电梯和电梯井
- 临时起重机
- 直升机

散热

在考虑排热方案时，应同时考虑合适的冷却器技术和装置的位置。

冷水机组技术

蒸气压缩式制冷机是一种通过化学制冷剂的相变来生产冷冻水的装置。除了生产冷冻水，它还能产生热量，这些热量可以被利用（热量回收）或通过冷凝器回路和散热设备（例如冷却塔）分散到大气中。在一些冷却器中，所有部件都安装在一个单元中。

不同管道尺寸的近似伸缩缝尺寸 表 24.1

	膨胀节[缝]		
管径（mm）	长度（mm）	高度，包括底座（mm）	外径（mm）
150	750	450	201
200	800	450	256
300	900	600	364
500	950	800	580

离心式冷却器的效率或性能系数（COP）优于往复式风冷却器，尽管在低负荷下它们的效果会大致相同，但应考虑风机和冷凝器水泵的总能耗。

吸收式和吸附式制冷机通常由热水驱动，使用水作为制冷剂，溴化锂作为吸收剂（吸收式制冷机）或氨作为制冷剂（吸附式制冷机）。这两种类型的 COP 都很低，只应在适当的情况下使用，因为在这种情况下，余热是经济可用的。较低的 COPs 还会导致冷凝器的水流量要求更高，这是由于散热量增加产生的；因此，在相同容量下，吸收式制冷机需要比传统蒸气压缩式制冷机大得多的冷却塔。

风冷和水冷解决方案的总资本成本可能相当，而吸收成本明显较高。

风冷式和水冷式冷水机组的空间占用可能相似，总体而言（风冷式可能稍大）。水冷设备提供了在冷却塔和冷水机组之间划分区域的可能性。然而，单机组的优点是，机组外部没有冷凝水分配。吸收式制冷机所需空间可能是风冷和水冷解决方案所需空间的两倍。

在传统上很难获得空间的高层建筑中，采用吸收式制冷机可能很难证明其合理性，如果选择这些作为解决方案，则应在方案规划的早期确定合适的空间。

冷水机组布置

放置在塔顶可能会使维护和更换变得困难，但会让冬季形成云层的暖湿空气羽流散开。在高空的较低温度也可能有所优势，使冷却塔能够以更高的效率运行。

由于需要为进气和排气找到适当的空间，在中间高度放置可能比较困难。在一年中的某些时候，在建筑立面上形成的羽流会导致外墙染色和环境恶化。冷却塔可以安装通风罩，使温暖，潮湿的空气远离建筑物，但这些通风罩将影响使用效率。穿过建筑物表面的下风也会干扰排放，阻止适当的扩散，并可能影响建筑物底部的小气候。

自由冷却的可用性和影响

根据项目所在地的气候，可能有机会在排热系统内进行自由冷却。这意味着在不使用冷水机组的情况下运行冷却塔来提供冷冻水。一旦外部环境温度下降，就可以关闭制冷机，并单独使用散热电路对建筑物进行冷却。

自由冷却系统的设计应适用于较高温度的冷却水，这可能会产生更大的终端设备和额外的资本成本。自由冷却产生的较高冷却水温度可能会影响压力中断策略的选择，因为热交换将导致冷却水温度进一步升高。

气流分配

对于建筑内的气流分配，在早期设计阶段应考虑系统的集中或分散程度。

中央系统

所有空气处理装置（AHU）设备均位于建筑物的机房内，一般位于地下室和屋顶（视情况而定）。将空气处理机组集中在这些设备空间内，使设备从典型的楼层中解放出来，并提高每个楼层的效率。这些区域的隔离也使维护、噪声和其他问题远离楼层和被占用区域。

装置区域将产生噪声和振动，因此设计师应注意不要将装置放置在声敏感空间附近。必须使靠近设备层的楼层达到适当的声级，因为这些楼层代表暖通空调噪声影响的最坏情况。

在布置机房空间时，必须考虑铺面层、防震装置以及隔声层里的其他声学缓解措施对厂房可用空间的影响。

中央空调机组和其他中央机房可以提供以下好处：

- 简化消防区域和逃生路线

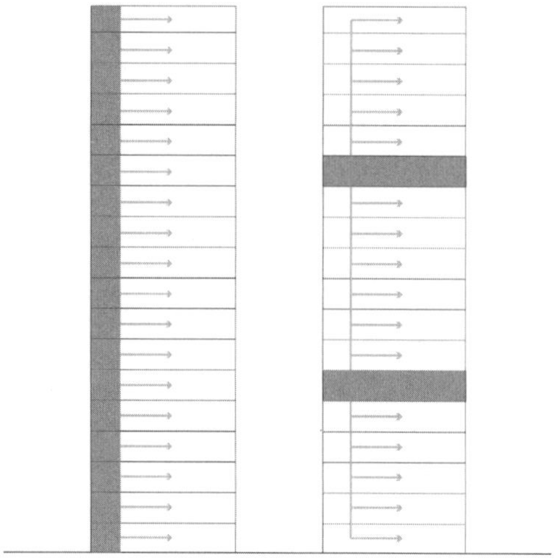

图 24.9 分散（左）和集中（右）厂房空间
版权方：Arup

- 将建筑物维护与使用隔离开来
- 消除额外的声学和防震动措施
- 减少电磁干扰
- 总净效率提高（取决于机房位置）。

分散系统

在分散系统中，空气处理机组位于每个典型楼层的独立机房内。分散式空气处理机组减少了管道分布运行的距离，从而减少了分布尺寸和立管尺寸。管道噪声也可能较低。

分散系统还可以为租户提供更多的灵活性，以及改进个人控制。这样的解决方案还允许空间作为完整的单元出售，并减少计算要求。

消极的一面是，由于更多的空气处理机组和更差的规模经济，分散会产生更高的成本。较高的维护工作量可能是另一个缺点。

另外两个考虑因素是需要对空气处理机组设备进行局部隔声，并为不受风压过度影响的送风和排风百叶窗找到可接受的位置（见“风”一节）。

空调机组和风机选择及热回收系统

应根据最佳可用数据计算的压力损失选择风机，并适当地调试公差。作为指导，将风机容量增加10% 会使系统压力增加约 21%，这将提供足够的公差以适应调试损失。还应考虑这些风扇的进一步变化范围。高层建筑的建设时间很长，不断变化的现代租户需求可能需要风扇升级，以在建设期间满足最终市场需求。选择合适的风扇，使其不在风扇曲线的限制范围内，提供额外的灵活性，也可在风扇电机上提供变速驱动器（VSDs）。应根据风机曲线上的最佳风机效率运行点考虑这些因素。

在第一次检查中，限制高层建筑中分配管道的尺寸似乎是一个有吸引力的建议：这可能会减少立管和配电空间，从而增加净可出租面积，并降低建筑楼层的层高。然而在风机功率和噪声问题上将付出很大的代价。通过使用声阱和衰减器，可以减轻噪声，但这需要增加立管和天花板空隙内的空间，这可能比增加空气流速获得的任何好处还要大。捕声器和衰减器同样增加了风扇的压力要求，降低了运行效率。

高速移动的空气通过较小的管道也对风扇的功率需求有很大的影响，从而影响能源消耗。在许多国家，为了满足建筑规范的规定，对风机功率的限制是必需的，并且会极大地影响 LEED、BREEAM 和 Greenstar 等系统的建筑可持续性评级。

排烟

生命安全系统的操作要求根据建筑所在国家和所采用的消防规范而有所不同。建筑物需要一种在发生火灾时保持楼层、逃生楼梯和大厅无烟的方法。在高层建筑中，通常不能打开外墙，因此需要机械排烟和送风系统。

机械系统的供应和提取通常用于达到所需的空气流量，通常每小时超过 6 次换气，也可以每小时超过 10 次换气。根据流速和速度 / 压力要求，消防要求可能会规定地板上分布的管道系统的尺寸大小。

电梯井的排烟将对建筑物的烟囱效应产生影响。

楼梯、提升井和大堂的加压要求也取决于当地法规的规定。一般来说，电梯井和楼梯井相对于大堂是正压的。大厅相对于地板施加正的压力。

暖通空调系统选择

暖通空调系统的选择问题包括供暖、供冷和通风如何以及在何种控制机制下输送到楼层。在暖通空调系统的选择中，必须考虑各种参数。其中包括租户最终用途、环境考虑、建筑复杂性、维护问题、建筑限制、热质量、声学、成本、空间占用、新鲜空气要求、易控制性、灵活性、租赁协议、厂房空间、设备寿命等。表 24.2 和图 24.10 提供了总结。

租户暖通空调要求

租户要求

高层建筑的一个特点是，建筑内可能包含有盛名的办公室，有价值和高要求的租户。这些租户对大楼的暖通空调服务提出了巨大的要求，例如：

- 较高的入住密度
- 较高的通风率
- 厨房抽气
- 增加冷却能力，特别是对计算机房
- 冷却弹性，以备用或备用立管的形式，特别是对金融服务业务。

高层建筑更依赖于基础建筑设计中提供的服务。通过立面引入额外空气的空间很小，在可用的小屋顶区域增加额外冷却设备的可能性很低。任何额外的立管必须安置在现有业主的立管内。

设计师应该预期租户可能希望改动楼层分区，例如，在相邻楼层之间重新分配布局，这样的重新分配可能需要对暖通空调系统进行更改。承租人也可能希望增加通风量。还应考虑租户立管或连接的空间。

在考虑租户最终用途时，设计师还应注意预测变化：

- 最佳实践
- 营销趋势
- 能源供应
- 气候
- 建筑负荷
- 占用水平。

设计师应该意识到高层建筑内居住水平的上升趋势。英国办公室理事会（BCO）2009 年进行的研究显示，与 1997 年相比，工作场所的平均密度增加了 40%，1997 年人均 16.6m^2，而 2009 年人均 11.8m^2。在日本和中国等国家，这一密度可以低至每人 5m^2。

新鲜空气供应相当稳定，每人每秒约 8—10 升，但会受到不断增加的入住密度影响。

设计师应该意识到细胞化的问题。带有蜂窝式办公室或会议室的办公空间需要的空气远远多于开放式平面。指南通常建议增加 10% 的新风量，以考虑会议空间和蜂窝办公室。

增加冷却能力和额外的弹性

通常需要在基础建筑上增加冷却能力。在某些情况下，租户需要容纳经销商楼层。在其他情况下，可以安装一个完整的 MER（主要设备室），包括计算机机架、UPS（不间断电源）和灭火系统。

表 24.3 列出了租户对金融服务的选择要求。该表显示了产生的高冷负荷。这些将对所提供的服务产生重大影响，需要设计团队尽早考虑，以满足其需求。

暖通空调系统的弹性

应考虑建筑物的运行需要，以及建筑物可以接受关闭某些系统和设备进行维护和更换的最大程度。

冷凝器和冷冻水立管缺乏冗余设计可能会限制可排放性。如果只有一个单独的冷冻水立管，那么如果发生故障，在不关闭整个建筑物管线的情况

不同暖通空调系统类型的特点 表 24.2

系统类型	控制	噪声级	空气分配	能量效率	维护费用	放置位置	管道尺寸
恒定体积 [1]	好但有限	低	非常好	良好到平均水平	低到平均	高	大
可变风量 [2]	好但复杂	低	非常好	非常好	平均到高	高	大
风机盘管末端 [3]	好	可以是高	正常到良好	平均水平	高	低	中等的
冷梁 [4]	好	无	见注释 6	非常好	低到平均	低	见注释 7
置换通风 [5]	好	非常低或没有	好	非常好	平均水平	高	大

1. 定容系统提供恒定的空气供应，具有可变的温度，以满足空间内的负荷。
2. 可变风量是一种全空气系统，其中空气在恒定的温度下供应，并调节供风量以满足空间内的负载。
3. 风机盘管单元提供局部控制的空间，通常是加热和冷却，有一个中央新风供应系统。
4. 冷梁由水冷的固定管对流器组成，它利用自然的和 / 或诱导的对流来提供合理的冷却。同样，新鲜空气是由一个中央系统提供的。
5. 置换通风系统在较高的温度下使用地下空气供应，以消除空间内的增益，并能提供比高层系统更好的通风效率。
6. 气流组织的质量很难分类，因为它将受到所安装的通风系统类型的影响。冷梁的有效性也将取决于它们是主动的还是被动的，也就是说，取决于它们是使用一个风扇来增强空气流动（主动），还是它们是否依赖于自然对流（被动）。
7. 不需要管道系统，但需要有一个单独的管道通风系统。

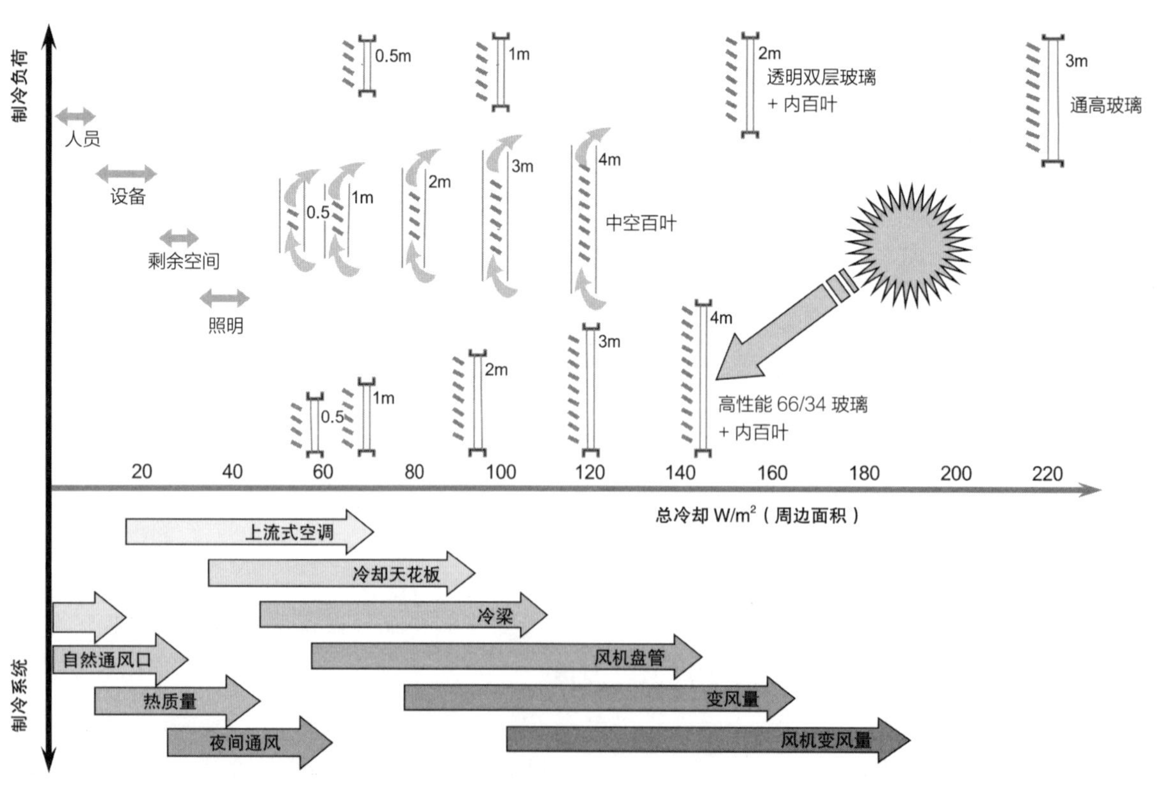

图 24.10 将立面解决方案与系统设计相匹配

版权方：Arup

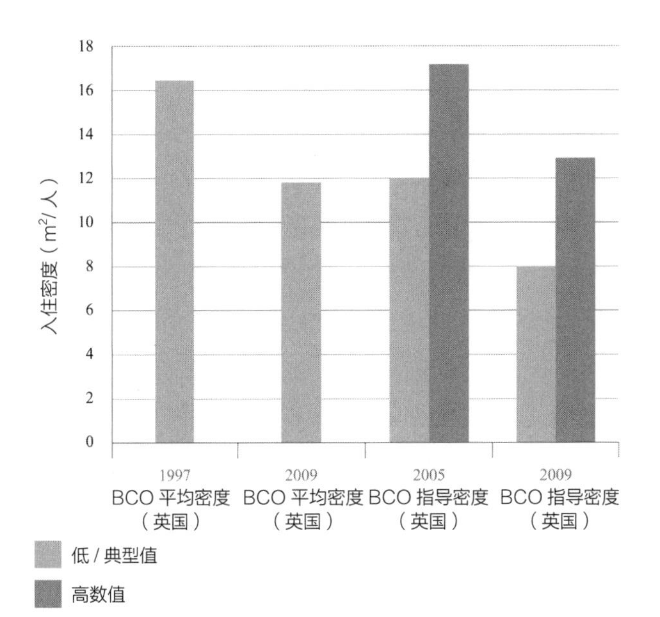

图 24.11 传统办公室人员密度
版权方：Arup Data：BCO（2009）

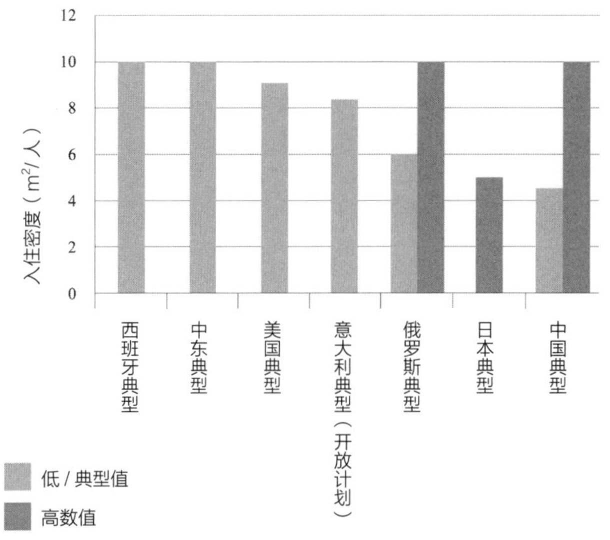

图 24.12 典型办公室人员密度
版权方：Arup Data：CTE-SI3（Spain）；ANSI/ASHRAE Standard 62.1- 2010，Ventilation for Acceptable Indoor Air Quality（USA）；SNiP 2.08.02- 89，Construction Standards & Regulations（SNiP）Public Buildings and Structures（Russia）；UNI 10339 - Air-Conditioning Systems for Thermal Comfort in Buildings（Italy）；Building Design Standard（Japan），National Technical Measures for Design of Civil Construction（China）

金融服务办公室的负荷示例　　表 24.3

建筑	空间类型	部门负荷
建筑 1	常规办公	120 W/ 人
建筑 2	金融机构办公	360 W/ 人
	经销商楼层	714 W/ 人
建筑 3	金融机构	300 W/ 人
建筑 4	金融机构	200 W/ 人
	经销商楼层	800 W/ 人

下，无法关闭系统来处理故障。对于大多数客户，尤其是金融服务客户来说，这是一种不可接受的情况。

中央制冷机组也应考虑部分富余量。N+1（单机组故障验收）被视为可能的最低限度规定。根据建筑物的占用和使用模式，可以考虑减少富余的部分，但通常设计团队已经在优化负荷能力时考虑过这些，如果冷水机组在夏季出现故障，这可能会导致制冷量供应不足。

高层建筑内的餐饮影响

在高层建筑中包括餐饮业（F&B）会占用大量的立管空间，并对空气排放产生不利影响。管道系统也可能存在风险。

如果高层建筑容纳酒店或住宅，必须提供厨房设施。对于酒店来说，这种管道系统可以非常大，将酒店厨房设置在靠近机房的楼层是有利的。

如果包括餐饮业（F&B）管道系统，则其布局方式应含有清洁管道系统和立管。设计人员应意识到油脂堵塞防火阀的风险，并应包括止回百叶窗、分流管道，或从餐饮区到外部的单根防火内衬管道。

餐饮系统的排放可能导致建筑物外部出现明显的羽流，并应尽可能位于屋顶高度。如果排放发生在较低的高度，羽流可能会污染建筑物立面。

低能耗暖通空调策略

正如在其他地方所述，设计低能耗暖通空调系统的秘诀在于通过高效、智能的表皮和低能耗输出和人员密度来最小化负荷。外表皮的热负荷和冷负荷将决定于建筑外区，在许多高层建筑中，外区占总面积的比例很大。内区取决于照明系统的效率、人员密度和小功率需求的考虑，主要是计算机（在暖通空调系统设计中如何反映立面和内部得热，见图 24.10）。如果安装了低能耗的空气或水系统，它将在这些低负荷下高效工作。大容量系统在低负荷时的效率就要低很多。

在高层建筑中，大量的能量被用来将热和冷输送到各个楼层。通过水系统输送这种能量的效率大约是空气系统的四倍。因此，低能耗暖通空调系统的主要组件是短低压风管系统、风机盘管以及冷梁等依靠水作为热和冷输配介质的系统。改变流量的系统，如变风量空气系统或可变流量泵送系统，将减少这种“输送”消耗的能量。这些系统已经在前面描述过了。

如果所有这些系统都减少了负荷，那么高效和低能耗的供热和制冷策略将对建筑的整体效率产生更大的影响。

地源热泵供冷供热

地源供暖与制冷是指在建筑物周围或下方的地面上提取或储存热能的一系列策略。在某些情况下，挖一口井，将温度相对恒定的地下水抽上来，并通过与热泵相连的热交换器。在供暖季节，热量从水中提取出来，然后在较低的温度下被泵回地面。在冷却季节，情况正好相反，该系统用于为建筑物提供冷却。

当建筑物下面的水不多时，有时也采用类似的策略。在这种情况下，管道被放置在深钻孔中，以便与土壤交换热量。当冬夏季节的冷热负荷相似时，这些地埋管的工作效果最好。如果热泵不必将

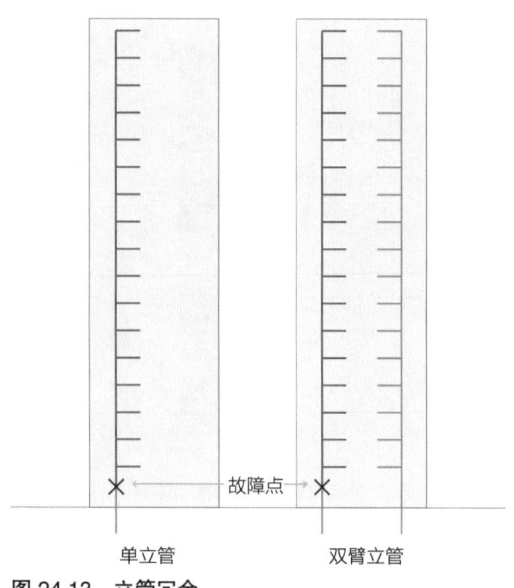

图 24.13　立管冗余
版权方：Arup

热水温度升得太高或将冷却水温度降得太低，这些系统的效率就会最大化。这意味着系统设计用于加热低温水和冷却高于正常温度的水。在高层建筑中，这将增加泵送能量，因此需要在这些因素之间找到平衡。

这些系统在高层建筑中的价值相当有限，因为与需要供暖和制冷的建筑面积相比，地面面积通常很小。

捕风器

有人曾试图设计高层建筑捕捉风，并利用这种风对建筑进行通风和／或冷却。一种策略可能是在建筑物顶部安装一个漏斗，漏斗转动，使其口始终处于负压风影中，并通过中心竖井或中庭将空气从建筑物中抽出。这通常与立面上的开口相连接，以允许空气被吸过。这是非常困难且往往不切实际的工作，因为风压是可变的，可能过高或过低。被吸入大楼的空气是室外温度，这将不可避免地在一年的大部分时间里过冷或过热。在冬季花园和中庭等有限区域使用这一原则的策略在某些情况下是成功的。

太阳能烟囱

太阳能烟囱的原理是利用太阳加热烟囱结构中的空气，使热空气上升并从下到上拉动空气。这在理论上可以用来给建筑物通风。当我们在炎热的气候条件下建造高烟囱状结构时，这个概念似乎很有吸引力。然而，与通过过滤、加热和冷却系统输送空气所需的压力相比，建筑物上方产生的压力较低。这意味着，除非该建筑是完全围绕这一原则进行设计的，否则它并不适用。

电气服务

与高层建筑内提供的其他 MEP 服务不同，电力不必克服重力问题，因为电子不受重力影响。然而，主要挑战之一是以最有效和成本效益最高的方式进行电力分配。通常最好的方法是使用比用户终端更高的电压。通常是数万伏，而不是数百伏，因为这能减少系统的损失。然而，使用高电压隐藏着安全问题，因为在故障条件下它们可能是危险的。因此，在决定分配电压时，必须确保地方当局允许采用高压解决方案。虽然这在英国是可以接受的，但在世界上有许多国家和地区，这种高压并不常见，可能需要特别协议。

维修高层建筑的另一个挑战是在事件发生期间需要一个消防和生命安全设备的替代电源。这种备用电源通常由一台或多台备用柴油发电机提供。然而，这样的装置很重，运行时会产生振动，同时需要排放废气。因此，一个常见的问题是在哪里安置这些设备。把它们放在屋顶上可以确保气体安全地排放到大气中；但是这意味着建筑物高度很高的位置有一个很重的、偶尔会振动的物体，以后需要进行结构和更换。当将机组定位在底层或底层以下时，就会出现相反的问题——如何确保废气的安全排放。

其他需要考虑的电气问题是：

- 高层建筑需要额外的防雷保护，因为建筑物的侧面和顶部总是有被雷击的危险。
- 如果建筑物足够高，它可能需要飞机警告灯。
- 由于垂直立管的长度，需要考虑电缆的重量，通常做法是在电缆中引入扭转，以免产生直接的垂直拉伸，从而减少重力的影响。

照明

良好的照明必须充分结合采光和电力照明。只有遵循这种综合和整体的照明设计方法，才能满足高质量和低能耗的照明装置需求。

应在项目开始时就考虑采光利用，通常应放在考虑电气照明设计之前。日光或者一个好的视野，似乎是大多数人的选择。然而，这在城市中心和金融区并不容易实现，因为那里的高层建筑和相对狭窄的街道是常态。

在现代办公环境，使用显示屏的环境中，窗户都是最有可能产生眩光和视觉不适的地方，也是主要的日光来源。这是第一个照明设计问题，通常会选择妥协处理。为了改善采光条件，应使用最高和最宽的窗户。但这会导致眩光、得热量增加和过度使用百叶窗及其他阴影元素。这些阴影元素减少了室内和室外的可用日光量。因此，有必要仔细平衡这些经常冲突的因素，以确保在提供舒适环境的同时实现降低能源消耗的目标。

在考虑电气照明时，必须避免使用“最小能量”或“最低能量”这两个术语。使用最小能量进行照明设计通常会导致照明效果不佳，且不一定低能耗。对于任何在良好照明方面投资相对较少的组织来说，都潜藏着巨大好处：事实证明，良好的照明可以改善员工的福利，减少旷工，提高生产率。“低能量”照明经常被错误地与“可持续”照明混淆。“可持续”并不意味着低能耗照明；可持续性与人有关，因此也与提供视觉上有趣和舒适的照明环境有关。所有的照明设计都应该考虑到这一点，而不是急于使用尽可能低的照明负荷设备。

要实现良好的照明设计，需要满足三个基本目标，一是使空间安全，二是使其能满足工作需求，三是创造正确的情绪。最后一个经常被遗忘，这会导致空间缺乏视觉趣味。将这些应用于电气照明设计，同时确保所有电气照明相对于日光可用性进行控制，可以产生真正可持续的低能耗照明装置，并为居住者带来视觉上的舒适感和趣味性。

供水

高层建筑的供水需要相对较高的压力，以克服静压。因此，如前所述，配电管道必须进行适当定额。

可以利用增压和重力供应系统的组合，通过去除高泵头和需求激增等措施，以确保更节能的系统。通过在整个高层建筑的不同楼层安装中间机房，整体能源使用更加均匀，可以减少泵送所需的能量。

每一组楼层都可以从中间装置空间的重力水箱中获得水，这些水箱位于装置的中间位置。每个机组级的热水系统都可以从中间冷水箱中供水，确保出口处的水压平衡。

高层建筑分项计量供水是监测用水量、检测渗漏的有效途径。服务于独立租赁设施或基础设施的水表可连接到建筑管理系统，并进行集中监控。

减少用水

由于高层建筑供水的能源消耗相对较高，同时自来水需求量也较高，因此选择低流量的卫生设施来减少用水是非常重要的。

可选择低用水量水龙头和双冲水马桶，以尽量减少用水量，使用红外线开关、震荡水龙头或充气装置，以避免水的浪费。选择低压过滤装置也将使供水系统的泵送和能量需求降至最低。

雨水收集

落在建筑物屋顶上的雨水可以被收集、过滤，

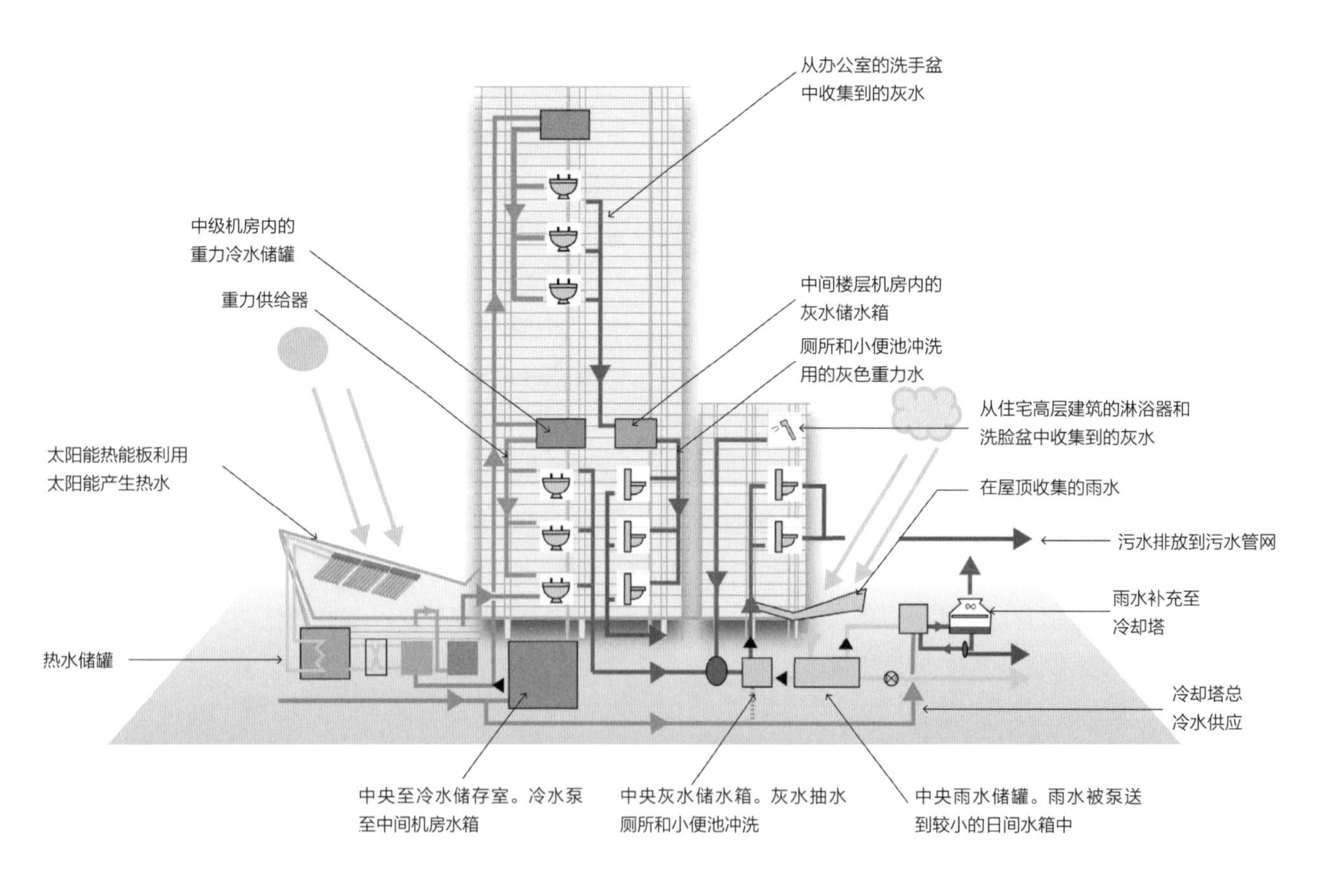

图 24.14 水的收集和再利用
版权方：Arup

并用作厕所冲洗、灌溉或立面冲洗的非饮用水供应。

通常雨水通过建筑物向下输送，并收集在地面或地下室的中央储水池中。然后，处理后的雨水被泵送到一个较小的日用水箱，并从这里分配到厕所冲水装置。在中间厂房内，每层可设置多个雨水储槽，可利用重力为卫生间服务，从而降低抽水要求。

由于可用屋顶面积相对较小，大多数高层建筑的雨水收集潜力有限。然而，雨水收集通常有助于将自来水需求降至最低，并降低整个建筑的用水量。

雨水也可用于冷却塔的补给，但需要物理过滤和化学处理。在混合用途或住宅使用中，厕所流量需求较低，冷却塔的水需求可由雨水补充。然而，通常情况下冷却塔的需求往往远大于可用的雨水收集供应。

灰水回用

“灰水”是指从洗手盆和淋浴间收集的废水。这些水可以在建筑物内处理、储存和再利用，作为厕所冲洗、灌溉或冲洗点的非饮用水供应。

厨房水槽中的灰水由于油脂含量高而不能重复使用，这会损坏处理灰水的膜过滤器。

相对较高的住宅高层建筑中，这种系统在高层建筑中的优点是可以收集大量的灰水，特别是在淋浴和洗澡用途占比较多时。

来自风机盘管和空气处理装置的冷凝水也可以在建筑物内收集和再利用，以便在与饮用水混合时，用于冲洗和补充灌溉用水。

绿色屋顶

绿色屋顶可以有效地融入高层建筑设计中，可在增加生物多样性和减少地表径流方面给城市地区带来好处。高层建筑通常有裙楼，绿色屋顶可以有效地用屋顶植物来掩盖以及管理雨水流动。

雨水可以在绿色屋顶中的土壤和排水层中被收集并重新吸收。地表水在屋顶层的衰减对于减少流入地表水污水管网的流量和缓解排水基础设施的压力具有积极的作用。

有各种各样的绿色屋顶类型，从需要高水平灌溉的密集绿色屋顶，到需要很少或没有灌溉的广泛绿色屋顶。防水系统可以适应全年减少的降雨量，不需要灌溉。这种类型的绿色屋顶种植更具可持续性，因为它不会增加建筑物的饮用水需求。

参考文献

ASHRAE (2009) *2009 ASHRAE Handbook: Fundamentals*. Atlanta, GA: ASHRAE.

ASHRAE (2010) ANSI/ASHRAE Standard 62.1-2010, *Ventilation for Acceptable Indoor Air Quality*. Atlanta, GA: ASHRAE.

BCO (2009) *BCO Guide to Specification 2009*. London: BCO.

CIBSE (2006) *Guide A: Environmental Design*. London: CIBSE.

第 25 章

垂直交通：过去、现在和未来

史蒂夫·埃吉特（Steve Edgett）

建造一座建筑物的根本原因是为了有一个封闭空间，以容纳人们和他们所从事的活动。因此，任何现代建筑的交通系统都是建筑的重要组成部分，除非建筑只是作为纪念碑而建。在所有建筑物中，交通系统需要具有进出口和供建筑物使用的作用。

楼梯和走道是任何建筑的重要组成部分，高层建筑在垂直交通方面显然是至关重要的。建筑居住者依靠机械化循环系统作为进出的主要手段。这种制度是如何规划的？在规划中使用了哪些标准？如何评估备选方案？还有哪些要求影响交通系统的规划？为满足大楼的通行需要，有哪些具体类型的设备？这是本章将要回答的问题。

电梯和自动扶梯：简介

在 19 世纪以前，大型建筑几乎完全通过楼梯、坡道或走道进入。虽然电梯出现在罗马时代，但正是蒸汽动力的发展促使它们在工厂、矿山和仓库中使用。早期设计的安全性能很差，因此没有更广泛地使用。1853 年，艾莉莎·奥蒂斯发明了一种安全装置，一旦悬索失效，就可以防止电梯坠落。对许多历史学家来说，这一事件预示着现代城市的发展，因为它使高楼大厦比过去更加实用。从经济学的角度来看，住宅和商业建筑上层的景观改善和噪声降低的结合改变了城市房地产的定价。

不久之后，实用的自动扶梯就接踵而至。一种类似自动扶梯的装置于 1859 年发明，并于 1891 年首次亮相，艾莉莎·奥蒂斯在 1899 年买下了制造自动扶梯的专利，现代交通系统的基础已经就位。

交通规划：入门

电梯系统的规划仅仅围绕着预期有多少人使用，而不考虑使用这些系统的建筑类型。决定是否使用电梯或自动扶梯的因素包括服务楼层的数量和建筑物的功能。服务楼层的数量决定了人们移动到他们的目的地时需要做多少工作，而建筑物的功能（例如商业、住宅、酒店、零售、体育设施）决定了系统要为其定制的交通类型。

在世界上最常见的高层建筑类型办公楼中，“交通高峰”通常发生在中午交通时段，主要集中在午休时间，人们在相对较短的时间内进入、离开并继续在大楼的楼层间移动。对于住宅和酒店占用来说，高峰交通通常发生在晚上，但这又是一种混合的双向交通，人们进出大楼都是在这种交通中进行的。零售设施的设置是为了确保流通能让购物者体验各种各样的选择，无论这些选择是位于大型多层商场的多家商店，还是单个百货商店的各种商品。在体育和娱乐设施中，交通高峰通常发生在活动结束时，即很大比例的人口希望离开该设施的时间点。

然而，在每一个设施中，最重要的一个因素是系统的使用人员数量。与规范的使用率最大值不同，估计数值表示建筑物的通常使用率。这一估计值将对建筑物的使用寿命产生持久的影响。

例如，根据使用面积，商业建筑的平均密度为 1 人 1—10m^2（1 ： 10）到 1 人 1—20m^2（1 ： 20），具体数量取决于位置和具体使用情况。平均密度在 1 ： 15 到 1 ： 18 之间的纽约或芝加哥，可能会有很大的租赁灵活性，但如果位于平均密度在 1 ： 8 到 1 ： 12 之间的上海或新加坡，同一栋楼无法满足人口的流通需求。实际上，不符合本地市场需要流通系统的建筑物，在交通高峰期会出现排队现象，排队所损失的时间会转化为租用该建筑物的所有企业的成本。

在交通系统的设计中，住宅楼也可能带来类似的问题；豪华出租房的入住率可能很低，大部分是空巢老人，而许多住宅楼必须规划为一些家庭入住。归根结底，决定交通体系性质的仍然是对预期人数的估计。

同样，酒店的入住率也可能不同，从人流密度大的度假酒店到城市核心区的五星级商务酒店。酒店的交通系统也可能受到餐厅或宴会厅与建筑的主要垂直交通系统相对位置的影响。

重要标准

一旦建筑的人口和功能达成一致，两个核心标准是其预计成本和随着时间推移的可投资价值。这些标准将决定建筑物交通系统的定量和定性标准。

预计成本 / 投资价值

在任何市场中，建筑物的平均成本都取决于其在市场中的位置、市场的性质。或许最重要的是业主投资的时机。如果不了解业主对该建筑的理想投资及其对该房产的投资目标，则该建筑的基本设计方案是不完整的。例如，业主的投资目标可能会导致一栋建筑的建设成本非常低，仅是作为业主通过快速提升自身市场价值的手段，从其投资中获得短期利润。

这样的楼盘往往伪装成真正的“甲级”楼盘，但实际上只是为了提前完成销售或初步租赁而完工。同样，在新兴市场，一栋建筑的开发可能达到真正 A 级建筑的所有标准，但随后将无法在质量较低的建筑市场中竞争，因为租户的成熟度尚未达到认可高质量建筑系统价值的程度。

这个等式的另一面是真正的长期投资。商住楼、办公楼、自住楼，甚至许多住宅和酒店物业，都可以由一个投资集团建造，其投资目标是物业的长期价值。

如果没有对业主投资目标进行透彻理解，那么设计一个建筑收入最大损失来源的循环系统是徒劳的。建筑交通系统最重要的一个方面不是系统本身的成本，而是建筑物所损失的空间以及随着时间的推移所损失的租金和使用空间。

定量标准

在高层建筑设计中，有无数的方法来确定适用的量化标准。对于商业、住宅或酒店设施，最常用的标准是“高峰五分钟处理能力”。对于地下车库，电梯系统最常设计为满足车库的最大出口。零售设施中的定量评价标准是设计师根据专业零售顾问评估的交通流进行设计。

定性标准

一旦定量标准达成一致，电梯系统的定性方面就要受到考验。对于商业、住宅或酒店设施，高峰期的等待时间是非常值得关注的。这些通常基于对到达或双向交通的简单计算，并且传统上只关注“平均”等待时间。如今，复杂的模拟可以证明，除了平均等待时间，设计师还可以计算等待时间的分布。然而，这一指标并非普遍适用，因此，更为常见的指标仍然依赖于过时和简化的人员流动模型。必须强调的是，向用户提供的服务质量不是以平均质量为前提的，而是必须考虑到在特定场景中可能发生的长时间等待情况的显著比例。模拟的一个副产物是“行程时间”的可用性，它标志着用户所经历的最大和平均等待时间。当行程时间显示用于运送乘客的系统总时间时，它们表示建筑物中特定电梯系统的总体效率。

对于服务的任何定性比较，必须仅在确定的交通高峰期间比较分析结果。因此，即使是有缺陷的模型，主要的问题也是实现与其他此类设施相匹配的定性服务。

评估备选方案

在确定了人数、投资模式和标准后，设计师开始根据建筑师制定的特定建筑群策略进行测试，以满足分区和客户计划的要求。在这些测试配合中，循环线路规划者必须遵守标准，作为评价备选方案的基础。从那时起，交通系统的设计者就要审查那些符合其他更微妙标准的替代品。哪个系统会产生最多可用空间的核心？哪个系统最适合建筑物的规划网格？哪个系统符合业主的租赁目标？这些标准往往相互矛盾，会受到房地产市场区域差异的影响。

例如，在纽约或伦敦这样的成熟市场，商业建筑的建筑交通系统应规划为多层租赁，并为租赁代理提供最大的灵活性，以确定潜在的租户。这种规划通常需要更大的电梯组（以允许最大数量的垂直相邻楼层）。较大尺寸的电梯组会使建筑中可租赁空间的减少，较大的轿舱尺寸会穿过许多楼层，因此核心比最大化楼层面积的电梯组要大。

在一个主要由多租户楼层组成的商业市场中，由于缺乏楼层间连通性的需求，较小体积的电梯配置通常会提供更高的效率和更低的总体成本。这是中国城市中比较典型的市场。在一些楼层非常高的商业建筑中，在提供“即时”交通的前提下，自动扶梯被设计成多层应用。当考虑到空间损失和更重要的客运时间损失时，这种安排确实非常昂贵。因此，对于电梯设计工程师来说，除了考虑与单个电梯系统性能相关的定量和定性标准外，还必须考虑当地租赁和空间损失等因素。

住宅塔楼经常会为电梯系统设计师带来挑战。如果商业建筑设计的前提是有足够数量的电梯来承载使用人群，那么居住建筑的人数和由此产生的电梯交通量要低得多，其设计通常是为了保持高质量的服务。因此，在一个特定的楼中，两台或三台电梯虽然可以移动足够数量的人；但可能仍需要四台或更多的电梯，以确保楼上的乘客可以忍受等待时间。

在预计会有大量行人的建筑物内部区域，设计团队必须仔细考虑行走空间的位置，以避免在停留点（如安全站）出现交通拥挤和受多股人流交叉的干扰。现代多层设施弥补了部分不足，行人交通的计算机模拟越来越成为此类设施设计的一个必要部分。

影响交通系统的其他目标

在现代建筑中，有许多其他因素会对电梯系统的设计产生重大影响。载货能力、生命安全、安全、能源效率和高质量使用体验的重要性都会影响到交通系统的基础建设。

载货能力

所有现代建筑物的交通系统都必须考虑到在建筑物使用期间货物的进出。在最终确定核心筒之前，设计团队必须了解需要内部运输的最大物体的尺寸和重量。在许多现代建筑中，设计好的货物升降机必须能够承载从大块玻璃（用于内部上釉的建筑）、体积庞大的变压器、暖通空调设备到家具，再到正常的货物。

在大多数建筑中，工作电梯的设计需要一个610mm×2134mm的担架，如国际建筑规范[1]所定义的，尺寸太大，无法安装在典型的乘客电梯中。虽然高层建筑的设计允许货物升降机运载叉车是不寻常的，但许多机构、零售和交通建筑都针对这一特点进行了设计。这不仅会对指定的电梯产生影响，还会影响平面尺寸，因为可承载叉车的电梯所需的结构非常重要，通常不包含在典型的墙体内。由于以上这些原因，设计团队必须严格定义工作电梯设计的所有参数。

生命安全

生命安全在高层建筑的设计中起着越来越大的作用，因为人们普遍认识到，在火灾中关闭电梯的传统做法会使残疾人陷入困境，并会要求消防员和其他应急人员在紧急状态下爬楼梯。大多数建筑规范现在要求电梯在发生火灾时保持可操作性。消防电梯通常与建筑中的货物电梯结合，包括加压和防火的前厅，在火灾条件下加压，并提供受保护的轿厅（加压和高级的围护结构防火等级适用于周围的墙壁）。此类电梯通常会确保管道泄漏或喷水器启动产生的水不会排入电梯井，以免使电梯无法运行。

电梯的地震响应已变得越来越重要，其目的是尽量减少地震后被困在电梯中的人数，并允许救援上层的受伤人员。任何高层建筑都必须有备用电源，以确保停电时乘客不会被困在电梯中，并在紧急情况下为电梯提供备用电源。

安全

大型建筑的安全性正成为其设计中越来越重要的组成部分。物理安全的前提是建筑物能够承受已知的威胁水平，无论是外部威胁，如火灾、地震或天气，还是内部威胁，如非法进入房间造成物品被盗或威胁。适当设计的交通系统能够用与建筑设计市场一致的方式应对这些威胁。内部安全可通过各种电梯控制措施加以补充，在未经授权进入的情况下限制进入上层楼层。此外，电梯的物理布局可以成为限制授权用户进入底层的重要手段。

能源效率

现代输送系统的建筑节能设计取得了很大进展。现在的自动扶梯，在没有乘客流量时会自动切换到低速运行，并且提供了电机控制装置，在大量行驶的下行自动扶梯上，可向自动扶梯电机提供再生电力。随着高效变频交流驱动器的出现，电梯的能效比上一代电梯提高了40%。减轻商场电梯的重量也有助于提高其能源效率。通过确保所有电梯使用更高效的无齿轮提升机和完全再生的驱动装置，电梯系统设计师可以在适当的规范下，使电梯系统比以前更加节能。

控制

电梯控制系统是电梯系统的核心，自微处理器控制引入以来，电梯控制系统的研发工作一直在发展，以改善多电梯组的调度性能。基于目的地的调度系统的出现，标志着现代建筑交通设计发生了巨大变化。基于目的地的调度员在每层楼使用键盘或触摸屏

图25.1 基于目的地的调度系统彻底改变了现代高层建筑的电梯设计
版权方：Otis

界面，在交通高峰期间，根据目的地装载客舱，而不是根据到达时间装载。

这有助于减少每次运送乘客所需的电梯使用时间，从而大大提高高峰使用期间的调度效率。此外，如果通过接近、RFID 卡或类似设备识别出个别乘客，那么电梯控制系统可以识别乘客及其日常目的地，或者，在某些系统的情况下，它实际上可以“学习”特定乘客最频繁的目的地。由于这些系统在单向交通中的效率高达 30%，例如在停车场的出口处，它们甚至可以减少这些设施所需的电梯数量。

不幸的是，由于这些系统中软件算法的专有性质，在实际应用中它们是否能被视为同样有效，目前还不清楚。它们的广泛使用是一个相对较新的现象，迄今为止很少有公布的数据能证明其可比较的优越性能。

设备类型

如果没有对用于创建建筑物电梯系统设备类型的描述，任何关于交通系统的讨论都是不完整的。

电梯

电梯有多种类型，针对特定市场和用途，从低速液压式到高速、高耸无齿轮牵引式。在功能和寿命被认为是重要设计标准的情况下，牵引式升降机通常都是可用的，但液压式升降机在北美市场上的低使用率电梯中仍然具有成本优势。在几乎所有其他国家市场中，牵引式升降机的应用占主导地位。

液压式电梯

这种升降类型非常简单，使用一个或多个液压活塞来升降轿厢，可以直接升降，也可以在某些情况下使用侧绳装置，该装置允许轿厢安装在液压活塞顶部的滑轮在钢索上进行移动。在液压电梯中，由交流电动机驱动的容积泵向上推动电梯轿厢的重量及其额定容量，电梯依靠重力向下移动；向下速度由控制流动的阀门控制。最常见的液压电梯将直接作用活塞安装在机舱底部。“无孔”型液压电梯在电梯轿厢侧面采用一个或多个活塞，这样就无须在电梯下方钻孔。“绳索液压”类型也用于可能需要超出正常液压升降机行程距离的场景。如前所述，这种电梯驱动系统主要在北美使用，在欧洲也取得了一定程度的成功。

牵引式电梯

牵引电梯通过电动曳引轮上下移动，牵引轮通过钢丝绳向电梯传递运动。近年来，钢和聚氨酯的复合材料被用于中层电梯（在 OTIS GE2 型电梯中使用的线缆），越来越多的证据表明，使用先进的芳纶纤维的全复合提升绳索将提供比传统钢绳更轻的重量。杜邦公司的芳纶提升绳 ™ Kevlar® 是首先应用于蒂森克虏伯的 Isis 产品线。

牵引式升降机的基本原理与 100 年前生产的升降机没有变化。升降舱通过吊绳与配重相连。总负载的平衡块使平衡的重量等于电梯轿厢的重量加上大约一半的额定负载。因此，用于牵引电梯的电机尺寸仅能移动相当于电梯容量一半的最大负载，从而产生能够高效地移动乘客或货物的机器。如果驱动系统设计得当，在检修负载条件下（空载轿厢向上或满载轿厢向下）的电梯将产生再生电流。现代变频驱动和永磁交流电机显著提高了电梯运行的整体能效，与采用直流电机和交流 / 直流发电机进行功率转换的旧技术电梯相比，能耗降低了 50%。

虽然最常见的牵引提升装置将提升机放置在提升机的顶部，但通过套索的运动传输使升降机位于电梯的侧面或底部，以符合建筑的特定设计需要。

双层电梯

双层电梯已成功用于增加单位井道面积载客量。在某些情况下，例如从建筑物底部到上层空中大厅的穿梭班次，双层电梯可以非常有效的最小化建筑核心筒尺寸。这种系统需要更换电梯，以达到天空大厅本地电梯服务的最高层，但实际上这是在 60 层或以上的建筑物中实现可行电梯核心尺寸的唯一

图 25.2 钢和聚氨酯复合皮带已经取代了奥的斯 gen2 型电梯上传统的钢绳
版权方：Otis

实际方法。在缺乏良好模拟数据的情况下，双层电梯过去一直用于本地服务，因为它们可以有效地满足单向交通条件。在更复杂的交通中，如现代办公楼的正午高峰，双层电梯提供的服务不如使用单层电梯的替代方案。在很大程度上，双层电梯提供的糟糕服务是由较长的行程时间和“陷阱”事件造成的，某些层楼的乘客必须等待电梯装载或卸载完成其他楼层的乘客。由于双层电梯比单层电梯要贵得多，因此必须仔细测量其使用情况，以平衡节省的空间和给用户带来的不便。

为了满足更为复杂的设计要求，可变楼层高度的双层电梯被开发出来。虽然这两个舱室仍然连接在一起，但它们有一个运行机制，允许两个舱室更靠近或更远地移动，以匹配不同的楼层高度。虽然这样的系统对于梭式升降机是实用的，但是单独移动机舱所需的时间使得它们在局部双层提升方案中是不实用的。无论如何，可变楼层高度机制大大增加了双层电梯系统的成本和整体复杂性。

同井道双电梯

戴森克虏伯首创了一种两台独立控制电梯在一个竖井内运行的系统。该系统被称为双电梯，采用两个电梯电机和一个独特的绳索布置，允许一个竖井内的两个电梯舱独立运动。使用这一概念需要高度复杂的控制，以确保电梯不会相互“干扰”，从而避免较低的舱室向上进入由较高舱室占据的空间。这一系统

图 25.3 双层电梯是一种非常有效的方法，可以最大限度地减小高层建筑的核心尺寸，但在现代办公楼中很难应付中午高峰
版权方：Otis

图 25.4 尽管尚未广泛使用，蒂森克虏伯的双胞胎™系统为设计师提供了一个独特的替代方案
版权方：ThyssenKrupp

尚未得到广泛使用，因此它在现实世界中的功效仍然很大程度上是未知的。与双层电梯一样，双电梯系统的成本需要考虑可能节省的楼层空间和减少给用户带来的不便。

无机房电梯

所谓无机房电梯系统的出现，终于让电梯厂商认识到，电梯使用的空间是其总成本的重要组成部分。这些升降机，应该更恰当地标记为“轴内机器”类型，使用各种方法放置机器，在大多数位置，控制在轴的轮廓内。轴系统中的机器由芬兰制造商通力公司首创，通力公司在电梯侧面安装了永磁同步电机，并使用悬挂式绳索安排，以尽量减少电梯上方所需的超限空间。通力公司理念的变体包括奥的斯电梯公司开发的一种创新布局，在这种布局中，小直径钢缆嵌入聚氨酯皮带中。使用较小直径的电缆可以在整个系统中使用较小直径的滑轮，从而减少轴系统中机器所需的超限空间。

60 层以上建筑的垂直交通

当建筑物达到 50—60 层以上时，每位乘客所需的运行时间显著增加，降低了服务于高楼层的电梯的效率。尽管个别电梯速度的提高了，也只能部分抵消高层建筑物所需的电梯数量，这导致较低楼

图 25.5 全景电梯和空中大厅是近期许多高层建筑的特色

版权方：Otis

层的楼层平面布局效率极低。大多数建筑采用的解决方案是引入空中大堂，用户必须从快速电梯转换到局部电梯系统。从字面上讲，这些电梯中最有效的是将源自空中大堂的高楼层电梯堆叠在源自地面的低楼层电梯之上。在混合使用的塔楼中（例如将办公室与住宅或酒店结合在一起的塔楼），形成空中大厅的连接点，并有机会为次要用途提供不同的垂直位置。由于电梯的数量与人数成正比，当最少使用人数位于塔楼的上层时，混合用途塔楼的服务效率总是最高的；这通常会使塔楼底部有办公楼部分，上部有住宅或酒店部分。

以 36 层的典型办公楼为例，每层平均使用人数 120 人（北美的净建筑面积可能超过 1900m^2，中国的净建筑面积约为 1300m^2），传统的单层电梯系统可能包括 18 个乘客电梯，分为三组，每组 6 个电梯。该系统将符合甲级写字楼的所有标准，考虑到总人口为 4200 人，电梯按一部电梯 233 人的有效比例分配。将高度增加一倍，达到 72 层，楼层净面积相似，将需要在四组（每组六个电梯）中增加 24 个乘客电梯。这一增长是由于当电梯在装卸乘客之前必须经过 40 或 50 层时，电梯效率大幅下降。然而，空中大厅可以位于 37 层以上的楼层，有效地在另一层之上创建一个 36 层的塔楼，并且高层电梯可以与下面的电梯堆叠在同一个竖井中。这种布局需要一些仔细的垂直规划，以确保为低层和高层电梯的机房和竖井分配足够的空间，但可以想象这样的塔楼可以堆叠起来。为空中大厅服务的快速电梯数量将大大低于为上述楼层服务的本地电梯数量。在这种相当简单的情况下，10 个单层电梯可以处理 37 至 72 层的所有乘客，或者 6 个双层电梯可以进一步减少竖井面积，但会使底层和空中大厅层更加复杂，空间效率更低。

注释

1. 见国际商会发布的 2012 年国际建筑规范 3002.4，“容纳救护车担架的电梯轿厢”。

第 26 章
施工组织与项目管理

伊恩·埃格斯（Ian Eggers），菲尔·所罗门（Phil Solomon），沃伦·亚历山大·派伊（Warren Alexander Pye），马尔科姆·汉农（Malcom Hannon）

简介

不可避免的是，开发一栋高层建筑并将其推进到建设阶段的决定，都是基于想要发表公开声明的愿望。因此，这些建筑物很少有不引人注目的地方。建造一座高楼所需的市场知识和专业知识是一项全球资产，这些如纪念碑般的大厦天际线也得到了全球的认可。

必须在早期发展团队文化，然后在整个建设过程中培养，以确保每个人的专业性得到认可，包容性的团队合作是非常重要的。虽然主要目标的定义通常是明确的，但交付这些项目所需的时间通常是几年，因此，中间目标和里程碑必须与所有人共享。

本章重点介绍了建设过程中对高层建筑产生影响的方面。这些技术和工具对于那些用于开发和建设的人来说很熟悉，但是这里的重点是那些在离地300m处对建设完成至关重要的东西。

规划、管理和调度

在开始制定高层建筑的计划、方案和时间表时，应考虑以下几个关键因素。

建立租赁分区

这是第一步。建筑用途的组合将对高层建筑的规划产生重大影响。

办公室楼层有时可能按照开发商的规范进行表面处理，只安装地板和天花板。对于其他楼层，可能有预出租的租户，他们与客户达成协议，要么将其装修纳入主建筑，要么在基地建筑团队移交后自行装修其区域。

酒店运营商将不可避免地寻求提前开业日期，并可能选择推动提前进入，以进行自己的装修工作（可能提前开业），或可能同意客户装修他们的空间。将家具、固定装置和设备（FF&E）与厨房和其他后台空间的早期接入结合在一起，直至开放，这对塔楼内的酒店来说，已成为一个更大的问题。不应忘记对运营商开办期提出要求，这通常需要在装修完成后三个月，所以这对装修计划的前端造成了更大的压力。塔楼内的住宅单元同样对该项目施加了类似的压力，可能需要提前或分阶段占用——时间、空间和通道，也可能提前向观景廊释放专用乘客电梯。

这些选项所呈现的变量使得在规划塔楼时，了解工程范围、实现人员和材料进出的方法以及早期进入或占用对工程顺序和总体施工物流策略的影响至关重要。这与准备工作区域和准备租户占有日期的服务特别相关。

建立协调的物流战略

对于大多数高层建筑来说，这是必不可少的，因为建筑的占地面积通常是相对于主场地边界的最大限度的，因此底层的空间是非常宝贵的。施工作业需要仔细规划，以保持物流路线畅通，并在不严重影响租户任何早期进入要求的情况下，找到最有效的升降机路线。

在选择起重机时也必须小心，以确保提升或顶升起重机的时间对主要施工顺序的影响最小，同时与现场的需要保持一致。

对于任何一个工程来说，垂直物料运输策略都是至关重要的，而对于高层建筑来说更是如此。起重机的位置及其对结构和覆层顺序的影响必须及早考虑。需要尽早决定使用起重机的位置、最小化外部起重机，以及尽可能最大限度地使用内部轴。当然，所有这些都必须与项目的关键路径相抵消，这可能有利于立管的完工，而不是在其他构件完工后建设。早期释放永久电梯的有益使用几乎总是解决这一权衡的一个关键优势。

尽早制定服务调试策略

对于塔架施工，施工人员需要尽早参与，方便影响设计，方便适应拟定的工程顺序。从早期开始，机械、电气和管道（MEP）服务建设策略必须在地下室、中间楼层和屋顶机房以及关键的立管等方面建设之前得以明确。早期的变动将影响调试策略，系统必须设计并能够安装，以满足分区区域释放的需要。

这些考虑因素，加上系统中必要的临时规定，应从规划过程开始就确定。建筑物的分区通常需要进一步细分，以便施工，更不用说某些系统最好尽早安装，并用于为施工阶段提供服务，而不是设计昂贵的临时系统。火灾报警器、干/湿立管和洒水装置就是此类系统的好例子。

确定工作周期

大多数高层建筑在其核心、楼层结构、覆层和立管服务方面具有高度的重复性，这使得它们能够建立工作周期，随着塔楼的上升，多个行业在多个连续的场合采用相同的顺序和界面管理制度。这些工作的规划依赖于最便捷的交易周转和后续跟进——在这个周期内，一些交易需要尽早进行，而其他交易可能需要尽可能晚地进行。周期的持续时间需要在不延长总持续时间的情况下计算清楚，从而降低与时间相关的成本。

塔楼的施工规划需要使用“平衡线”技术将建筑物视为生产线，从而制定周期时间，以尊重最慢交易的进展。其目标不是要被一个滑动形成的核心可以实现的快节奏所带走，而是为了观察核心周围区域的流动时间，以最有效的方式用覆层的方法封闭楼层。当需要高水平的精加工或装修时，这一点就变得很重要。

在查看楼层流动周期时间长度时，必须认识到，楼层越高吊装或卷扬材料所花费的时间损失越大，并会受到风和当地气候条件的影响。由于风的作用，起重机通常无法将自身提升到“高层”，但同时，它们也可以在“高层”工作得很愉快。该计划的目标应该是最大限度地发挥这一潜力，并引入额外的装置，如柱装“芝加哥吊杆”或微型起重机，可以大大抵消这一风险。

获得专家意见

高楼的规划必须在对最佳方案所需采用的建设过程有合理了解的情况下进行。使用专家建议来引导设计过程和现场工程的规划至关重要。可能需要自上而下地施工（地下室在地上结构施工开始后开挖）等特殊技术，以便尽早推进核心建设，同时，这反过来可能会限制核心的推进距离，然后才能使下面的楼层结构工程完全稳定。

应咨询起重机供应商，以审查现场的物流设计策略。承包商将就他们如何提升和建立系统提供建议。应联系电梯承包商考虑“跳跃式电梯”的可行性（即使在施工过程中也使用永久电梯井道进入）。并安装“自爬升”电梯系统（见下文）和渐进式电梯井道交接，应咨询MEP承包商，了解安装技术，以及如何完成系统竣工的调试，特别是在逐步移交和使用建筑的情况下。

使用清晰的计划技术

如前所述，高楼的施工计划会持续数年，确定一些中期里程碑可以为团队提供短期和中期目标，并建立衡量关键进度的方法，这非常重要。

关键路径分析（CPA）技术的使用是项目的规范，只要计划团队能够使用它在战略和详细层面上以连贯的方式传达计划，所使用的软件类型就没有多大的相关性。

高层建筑规划更容易使用图形技术来展示楼层周期的进展速度和各工种配合之间的提前时间。使用现代4D甚至5D技术（将规划软件的使用与基于CAD的图像结合起来）有助于进一步传达规划意图；图26.1显示了一个这样的例子。使用这些技术可以生成阶段图、实时视频和快照，在降低各工种配合过程中减少碰撞方面有很大帮助。

这些因素都有助于制定一个连贯的高层建筑规划。随着施工技术越来越依赖于场外生产技术和软件

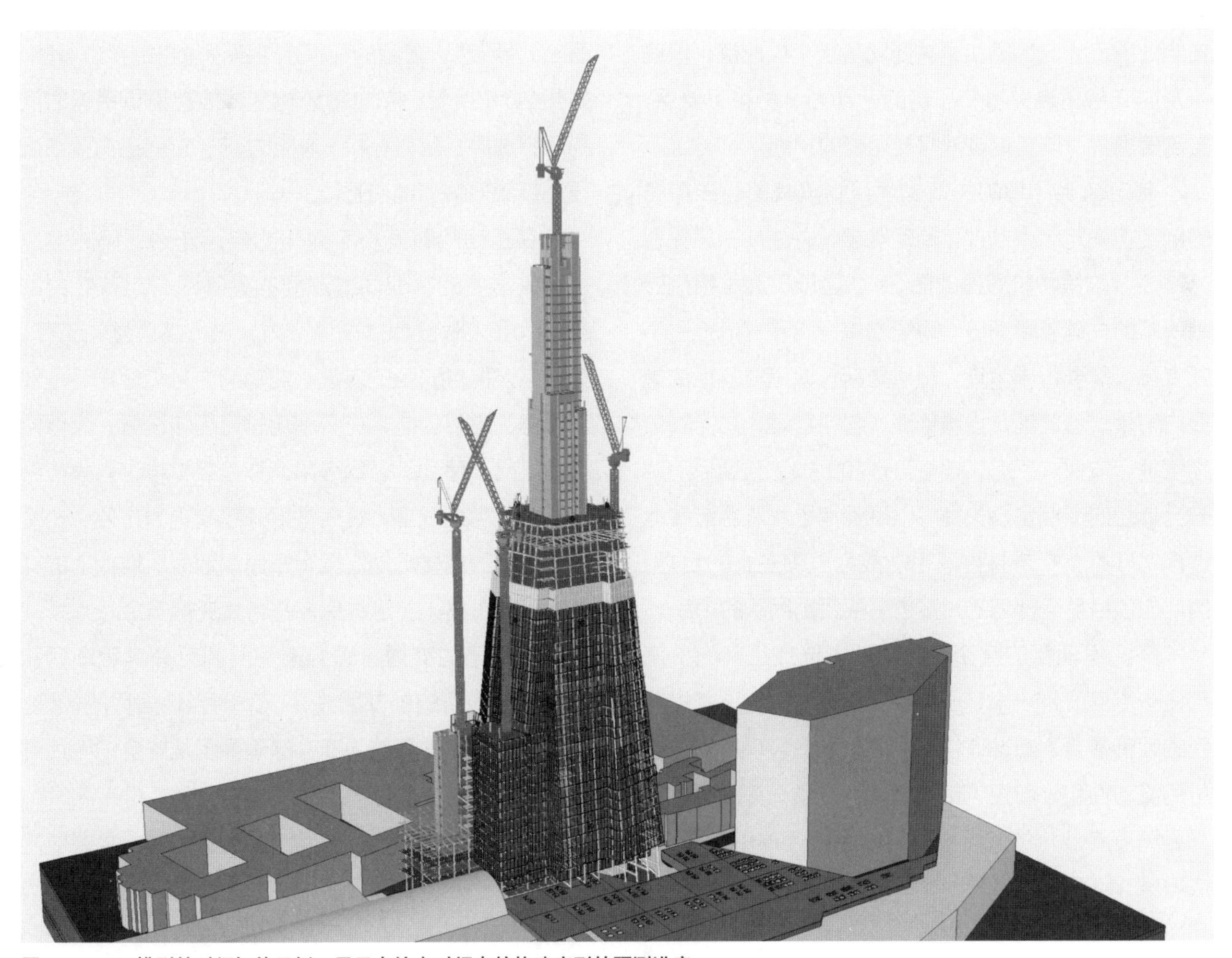

图26.1　4D模型的时间切片示例，显示在给定时间点的构建序列的预测进度
版权方：Mace

开发，这些技术和软件可以改进设计和施工的整合过程，因此规划方法也将得到改善。

后勤

传统上，施工的重点是安排和计算生产产出，而不是确保施工所需的资源是完整的。在建设项目中，很大一部分的延误情况和额外费用是由于资源没有在正确的时间、正确的地点得到配置。通过将重点放在与主项目计划相结合的物流战略的制定上，可以更容易地控制基于现场的执行，从而提高建筑施工人员的效率，降低基于现场的风险。

建筑物流不仅仅是材料的流动。其范围包括材料的收集、分配和储存，以及所有人员的福利及其他资源从源头到工作区域的移动。同时也涉及回程——从工作区域移除多余、损坏或不需要的材料，并将其返回来源或运送到其他地方，以便重新使用、回收或安全处置。物流运输策略需要涵盖整个供应链，以确保及时交付适当数量和质量的劳动力、材料、安保、安全信息等。所有这些都需要明确的规划。

制定精明计划的关键是项目物流战略。该策略的制定将确定约束条件，制定需求，并生成一套完整的程序、政策和阶段图。图 26.2 显示了底层物流计划所需的关键重要细节。现场物流策略和物流范围不断变化，需要每周审查，每月更新。该策略包括的主要内容是交通管理、人员管理、材料管理、内务和废物管理、安保、厂房和设备管理和维护。与项目消防安全计划的衔接也是关键，以确保消防和紧急疏散能够成功实现。标志性建筑可能成为恐怖主义的目标，因此与项目反恐计划的对接也需要后勤团队的帮助。

在建设项目的整个生命周期内选择正确的机房和设备本身就是一个专业项目。为高层建筑采购最有利的设备需要不断地评估和改进，以适应项目施工交付的流动性和外部建筑市场的影响。当一栋高层建筑需要高度专业化的成套设备时，由于全球供应受限，或者某个设备项目可能必须首先从另一个项目中停用，那么交货时间可能会增加。

无论结构是混凝土、钢还是复合材料，都需要对混凝土泵送能力和管道路线进行详细分析，以免妨碍后续交易。需要考虑计划的维护和故障津贴。在装修期间，电梯的有效使用、人和材料管理同样需要精心安排。

高层建筑施工中的一个主要困难是工人和材料通过传统的塔吊和升降机路线进入工作面。恶劣天气、高空风速、构件组装工人的施工速度和吊钩行程时间对塔式起重机吊钩时间造成的风险，加大了寻找替代材料运输方法的压力。起重机的停车次数会对物流计划产生重大影响，甚至会影响到覆盖几层楼的快速起重机的实际工作速度，以至于超过道路网络的交付速度。

需要对材料体积和交付速度进行详细计算。通过引入可替代的覆层安装设备，释放起重机的钩挂时间，从而提高施工速度。在伦敦桥塔超高碎片大楼项目上，外部耙式提升机将覆层面板运送到楼板上，如图 26.3 所示。最后的面板定位是通过机械手进行的，如图 26.4 所示。单轨系统也是释放起重机吊钩时间的理想选择，尽管在投入使用之前，它们还需要在现场进行额外的测试和验证。

在正确的时间将工人和材料运送到正确的地点是至关重要的，但同样重要的是确保制定有效的战略，以最大限度地提高生产力，进行高质量的工作，并为工人提供安全的环境。成功的内务和废物管理对交付至关重要。必须充分利用垂直运输设备，确保始终满载向下移动。必须考虑允许包装材料进入大楼的数量。通常情况下，在一楼拆开包装更为方便。一个运行良好的塔楼场地需要有干净的地板，地板上的材料损坏范围最小，这样保护材料就变得多余。

该策略的交通管理要素需要调查并确定车辆和工人进出项目的外部路线，以及对当地居民的影响、车辆和工人在现场的隔离。这确保了从安全门到后勤区及工作面的安全路线。

在施工场地外（尤其是市中心项目），需要对施工路线进行分析，以尽量减少对当地社区的干扰，确保项目及时到达。在车辆从主要干道转移到地方公路网的邻近行政区和地区时，可以适当与公路交通管理

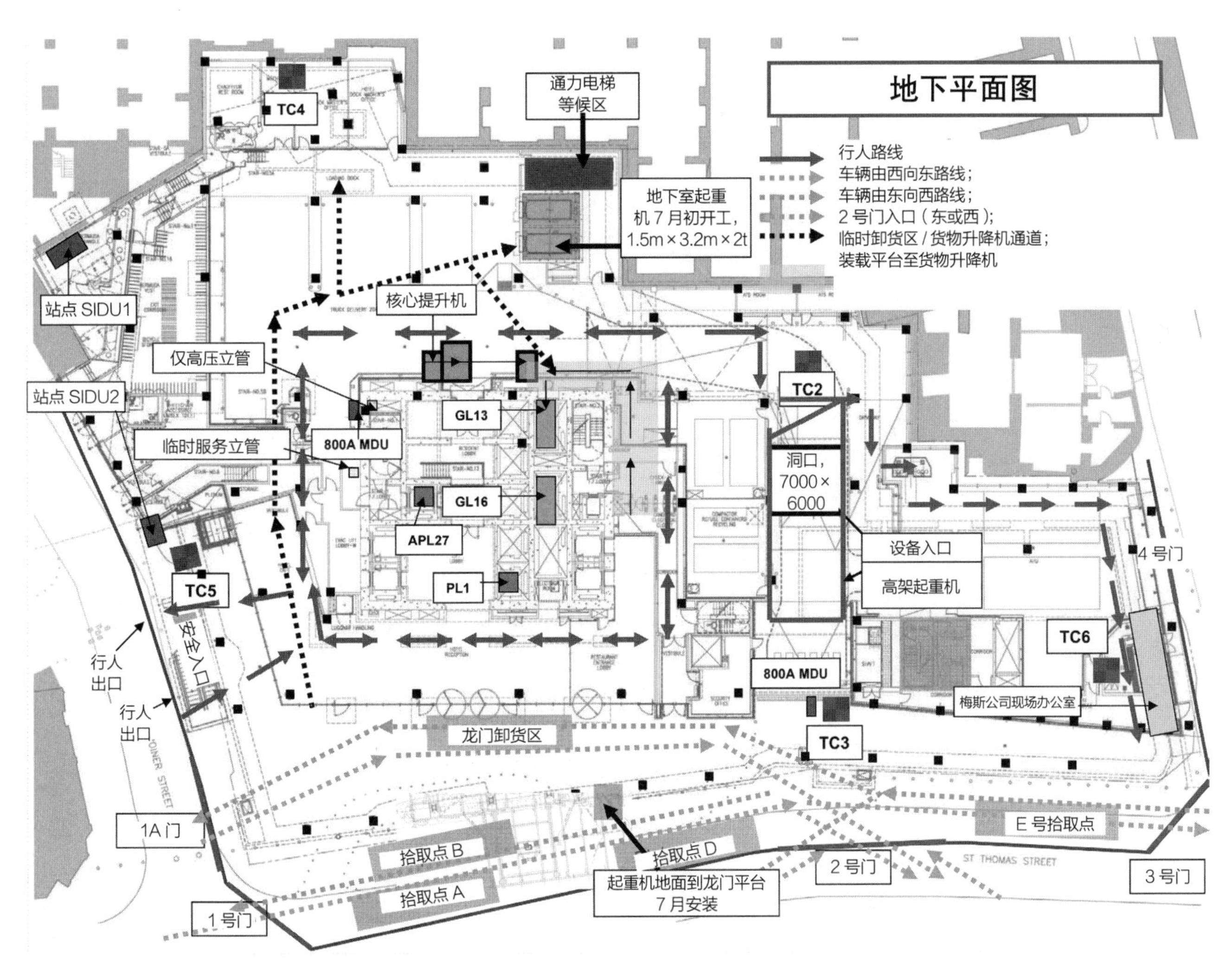

图 26.2　显示关键操作特征的底层物流布局示例
版权方：Mace

图 26.3　根据玻璃线定制的倾斜升降机，以克服建筑物上层立面线条的变化
版权方：Mace

图 26.4　高层建筑典型幕墙安装技术
版权方：Mace

部门进行联络，以确保他们知道额外的交通情况，并适时提供建议，特别是在需要避免公路交通管制或桥梁修缮等工程的影响。

根据交通计划，还可能需要建立材料整合中心。最简单的形式是卡车停车场—— 一个车辆可以无障碍停车的区域，可以检查货物并将其调往现场。最高的整合级别包括仓库和车队分布。合并的选择可能会有所不同，钢铁制造商的场地和油漆工的场地都是非正式的合并场地，材料在这里按顺序放置和调用。在城市地区的好处是巨大的，重新安排交货时间不会发生在工地大门上，使得所有其他各方畅通无阻地进行，并保持道路网络畅通。

建设项目的延误代价高昂。一个精心策划的项目安全策略会控制劳动力的使用，帮助确保材料被正确地交付和移除，并尽量减少由于劳动力或公众盗窃而造成的现场损失。安全价值需要与项目的潜在损失相比较。安全方面的压力也可能来自恐怖分子、跳楼者、抗议团体以及检查工作人员资格证件的移民官员。建造商有义务管理这些设施，而安全制度必须反映这一点。

当所述因素与物流的标准和常规方面相结合时，可以保证项目的顺利运行。物流经理控制这些方面的能力将进一步使施工经理能够集中精力控制交付高质量的现场工作，如本章后面所述。

创新

“创新”的定义引起了激烈的争论。当需要在某个级别上实现更改时，就会出现这种情况。对于高楼大厦来说，在需求出现之前，我们就必须改变做事的方式。高层建筑的独特性意味着交付团队必须具有开拓精神。

在最纯粹的形式下，创新不仅带来了预期的变化，而且可在更短的时间内以更低的成本、更小的努力实现这一变化。这和雷击一样罕见，所以我们需要做好准备接受这一现实，当团队成员之间相互开放、诚实和尊重时，创新就会蓬勃发展，每个人都在与其他人合作。最有可能出现创新的情况是在设计或方案研讨会、关键阶段设计审查和价值工程或价值管理研讨会上。一个警觉和充满活力的团队将发现机会，而那些仅仅遵循适当程序的人不太可能驾驭创新思维。

对于建筑和项目经理来说，最有可能进行创新的领域是技术。预制早已被确立为建筑创新的一种手段。卫浴舱是预制成品，包含工厂条件和制造技术的好处。更进一步地说，立管节段的预制以及主要的地面机械和电气配电正在对现场组装、测试和调试的方式进行创新性的改变。非现场制造改变了工厂和现场工程之间的平衡，改变了项目关键路径的过程，保证了交付产品的质量，降低了施工过程的风险。

行业间垂直整合的能力也是创新得以蓬勃发展的一个领域。最聪明的装潢师可以在与前面的行业建立联系的方式上进行创新。最近出现了一种新产品，为钢楼板提供黏弹性填充材料。这种材料的单板螺栓连接减少了与金属桥面板模板上的混凝土复合楼板相关交易链的需要。其结果是，当工程条件允许时，可以减小框架重量和基础荷载。图 26.5 显示了一种创新的方法，即在预制核心顶部安装塔式起重机，以克服现场空间不足的困难。

与高层建筑相关的创新思维的关键领域之一是电梯技术的发展。不仅高层电梯的乘坐质量得到了提升，安装技术也变得更加简单和安全。其中一项重大创新是因为需要提供更好和更有效的服务，近年来，这使得跳跃式电梯技术、双层高度电梯轿厢和目的地控制系统的发展。建筑商需要尽早为工人和材料的运输提供高层电梯，这也促使这些系统变得非常坚固，并在有益使用的情况下易于改造或翻新。图 26.6 说明了跃升技术背后的概念。

创新要谨慎。在有新想法和创造性思维的地方，可能需要时间让别人相信这些好处。需要说服客户、租户、保险公司和监管机构相信新的想法是正确的——该计划需要迎合这一点，在可能的情况下，应邀请这些人参与团队的发展历程。

在高度 300m 以上的恶劣大气条件下，对材料和规格的要求更高、更具创新性。创新的物流技术是

图 26.5　在极其狭窄的市中心场地创新性地使用安装在预制钢结构核心筒顶部的塔式起重机

版权方：Mace

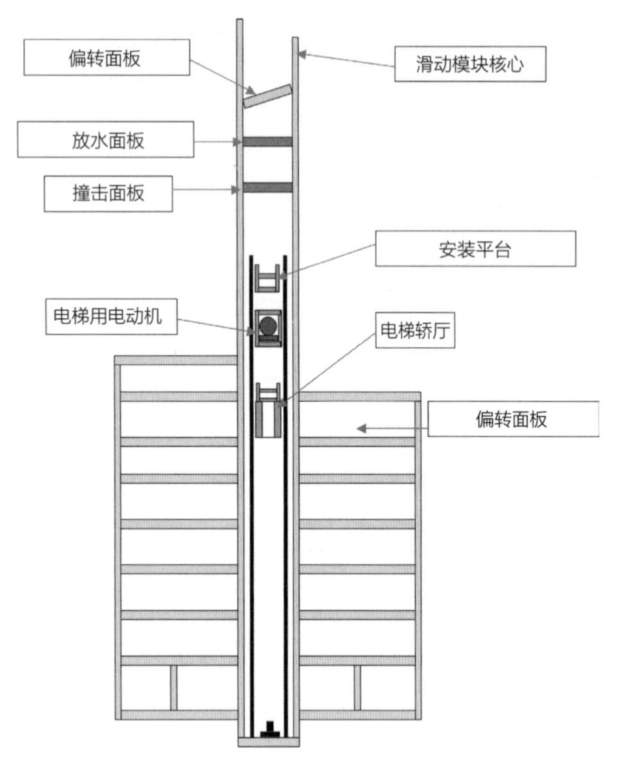

图 26.6 显示跳升技术的示意。这可以在仍在上层形成的提升轴中操作
版权方：Mace

由将更多的工人和材料在空中进行移动的需求推动的。要及时到达这些建筑物的顶部和底部，以最快的速度释放关键的设备区域，需要最创新的施工顺序。高层建筑推动创新思维。

设计管理与采购

设计管理和采购有着内在的联系。它们之间的共同点是，重复误差的范围是巨大的，这使得高楼与众不同。一层楼发生的问题可能会在该层出现四次，超过 50 层的问题会在 200 个地方出现。如果解决方案不正确，这 200 个问题，每一个成本 100 美元，将成为一个 20,000 美元的成本问题。如果每个楼层需要一周的时间来解决这个问题，那么必须在计划中增加 50 周的劳动时间。乘数效应不可低估。任何需要进行补充交易的事情都需要进行管理。

随着图纸从概念到方案再到细节的发展，设计管理需要在整个设计阶段有一个清晰的策略。对于构造函数，它包括对可构建性的彻底验证。每个阶段都应制作一份报告，所有各方都应参与其中，并要求客户批准其中的内容。这是关卡管理的基础，它将持续到采购阶段。每个关卡都需要建立信任的审查和检查，这意味着客户可以放心，简介和预算得到了遵守，专业团队知道客户的需求，并在每个设计停工待检点积极接受或拒绝他们的建议。

设计经理可以有所作为的典型领域是多种多样的。膨胀和防火处理总是需要仔细评估。声学里通常会增加大量的时间和成本。包层覆层和支架也需要仔细检查。楼梯的核心可以包含许多细节，也是非常棘手的，特别是完成弦板（事实上，为什么要完成它们呢？）。设计经理可以通过在所有这些实例中提供指导方案来增加价值。

设计经理可以进行的最有价值的工作需要与采购经理一起进行。价值工程至少可以分为两个阶段：第一阶段，根据成本计划进行设计；第二阶段，根据行业专家的建议提供投标信息。乘数效应在这里对团队有利，因为承包商可以通过提出节省、简单、重复的细节来显著的增加价值。

采购经理必须认识到，高层建筑市场需要丰富的经验和专业知识，而这些经验和专业知识可能不存在于他们自己公司的供应链中，因此，应留出时间在全球市场内进行更广泛的项目特定资格预审面试。必须承认进行海外访问的必要性，这些访问的管理资源必须反映出这样一个事实，即它们可能变得令人厌烦，并减少采购经理的工作时间。

采购经理的另一个优先事项是继续采用关卡管理制度，并根据主方案中确定的投标设置一系列关卡。简单的投标活动时间表（TES）是控制采购活动的最佳方式之一，使用红色 / 黄色 / 绿色（RAG）系统提供采购状态“一目了然”。如图 26.7 所示。在招标文件发布、投标推荐和合同安置时，需要团队和客户签字，以确保包容性的工作文化继续下去。

一旦签订了合同，就不能低估稳健的变更控制机制的重要性。变更控制的真正目的是授权专业团队

高层建筑 – 任何地方 投标

投标活动时间表 事件计划表 2010–10–7

工程包		初始设计版本	设计评审 / 标书	设计发布	编译投标文件	输出到投标	投标返回	投标期限	投标分析	建议	订购	引导入内	现场开始
3210 外包层	计划	2010–9–29	2010–12–29	2011–1–10	2011–1–10	2011–1–24	2011–3–7	2011–1–24	2011–3–7	2011–3–21	2011–3–25	2011–3–28	2011–12–2
	预测	2010–9–29	2010–12–29	2011–1–10	2011–1–10	2011–1–24	2011–3–7	2011–1–24	2011–3–7	2011–3–21	2011–3–25	2011–3–28	2011–12–2
	实际	2010–10–6	–	–	–	–	–	–	–	–	–	–	–
2800 钢结构工程	计划	2010–10–3	2010–12–6	2011–1–14	2011–1–17	2011–1–28	2011–3–11	2011–1–31	2011–3–14	2011–3–28	2011–4–1	2011–4–4	2011–9–12
	预测	2010–10–3	2010–12–6	2011–1–14	2011–1–17	2011–1–28	2011–3–11	2011–1–31	2011–3–14	2011–3–28	2011–4–1	2011–4–4	2011–9–12
	实际	2010–10–3	–	–	–	–	–	–	–	–	–	–	–
2400 上部结构混凝土	计划	2010–12–10	2010–12–13	2011–1–21	2011–1–24	2011–2–4	2011–3–18	2011–2–7	2011–3–21	2011–4–4	2011–4–8	2011–4–11	2011–7–18
	预测	2010–12–10	2010–12–13	2011–1–21	2011–1–24	2011–2–4	2011–3–18	2011–2–7	2011–3–21	2011–4–4	2011–4–8	2011–4–11	2011–7–18
	实际	–	–	–	–	–	–	–	–	–	–	–	–
7400 电梯安装	计划	2010–12–17	2010–12–20	2011–1–28	2011–1–31	2011–2–11	2011–3–11	2011–2–14	2011–3–14	2011–3–28	2011–4–1	2011–4–4	2011–4–16
	预测	2010–12–17	2010–12–20	2011–1–28	2011–1–31	2011–2–11	2011–3–11	2011–2–14	2011–3–14	2011–3–28	2011–4–1	2011–4–4	2011–4–16
	实际	–	–	–	–	–	–	–	–	–	–	–	–
5500 窗户清洁和框架	计划	2011–1–10	2011–1–10	2011–2–4	2011–2–7	2011–2–18	2011–3–18	2011–2–21	2011–3–21	2011–4–4	2011–4–8	2011–4–11	–
	预测	2011–1–10	2011–1–10	2011–2–4	2011–2–7	2011–2–18	2011–3–18	2011–2–21	2011–3–21	2011–4–4	2011–4–8	2011–4–11	–
	实际	–	–	–	–	–	–	–	–	–	–	–	–
3300 中庭玻璃	计划	2011–1–17	2011–1–17	2011–2–11	2011–2–14	2011–2–25	2011–4–8	2011–2–28	2011–4–11	2011–5–2	2011–5–6	2011–5–9	2011–3–26
	预测	2011–1–17	2011–1–17	2011–2–11	2011–2–14	2011–2–25	2011–4–8	2011–2–28	2011–4–11	2011–5–2	2011–5–6	2011–5–9	2011–3–26
	实际	–	–	–	–	–	–	–	–	–	–	–	–
6300 机械系统基础设施	计划	2011–1–21	2011–1–24	2011–2–18	2011–2–21	2011–3–4	2011–4–15	2011–3–7	2011–4–18	2011–5–9	2011–5–13	2011–5–16	2011–12–5
	预测	2011–1–21	2011–1–24	2011–2–18	2011–2–21	2011–3–4	2011–4–15	2011–3–7	2011–4–18	2011–5–9	2011–5–13	2011–5–16	2011–12–5
	实际	–	–	–	–	–	–	–	–	–	–	–	–
7000 电气服务	计划	2011–1–28	2011–1–31	2011–2–25	2011–2–28	2011–3–11	2011–4–22	2011–3–14	2011–5–2	2011–5–16	2011–5–20	2011–5–23	2012–1–27
	预测	2011–1–28	2011–1–31	2011–2–25	2011–2–28	2011–3–11	2011–4–22	2011–3–14	2011–5–2	2011–5–16	2011–5–20	2011–5–23	2012–1–27
	实际	–	–	–	–	–	–	–	–	–	–	–	–
7100 调试服务	计划	2011–1–31	2011–1–31	2011–2–25	2011–2–28	2011–3–11	2011–4–22	2011–3–14	2011–5–2	2011–5–16	2011–5–20	2011–5–23	2012–8–27
	预测	2011–1–31	2011–1–31	2011–2–25	2011–2–28	2011–3–11	2011–4–22	2011–3–14	2011–5–2	2011–5–16	2011–5–20	2011–5–23	2012–8–27
	实际	–	–	–	–	–	–	–	–	–	–	–	–
6200 洒水装置	计划	2011–2–4	2011–2–7	2011–3–4	2011–3–7	2011–3–18	2011–4–15	2011–3–21	2011–4–18	2011–5–9	2011–5–13	2011–5–16	2011–12–9
	预测	2011–2–4	2011–2–7	2011–3–4	2011–3–7	2011–3–18	2011–4–15	2011–3–21	2011–4–18	2011–5–9	2011–5–13	2011–5–16	2011–12–9
	实际	–	–	–	–	–	–	–	–	–	–	–	–
6500 管道系统	计划	2011–2–14	2011–2–14	2011–3–11	2011–3–14	2011–3–25	2011–4–22	2011–3–28	2011–5–2	2011–5–16	2011–5–20	2011–5–23	2012–1–13
	预测	2011–2–14	2011–2–14	2011–3–11	2011–3–14	2011–3–25	2011–4–22	2011–3–28	2011–5–2	2011–5–16	2011–5–20	2011–5–23	2012–1–13
	实际	–	–	–	–	–	–	–	–	–	–	–	–

说明

日期类型	相互比较	颜色代码			
计划日期	报告日期	完成	即将到期	过期	未到期
预测日期	报告日期	完成	即将到期	过期	未到期
实际日期	报告日期	完成	即将到期	过期	未到期

项目详细信息

创建者:	战略计划
修订编号:	B
项目编号:	RPTB/Str/01
计划日期:	2010-10-7

图 26.7 投标活动时间表基本示例

版权方：Mace

为变更提供建议而不受惩罚，确保整个团队评估变更的有效性，并确保只有可行的变更层次提交给客户。然后授权客户接受或拒绝变更。基本原则是，团队中的任何成员都不能单独花在预算上，整个团队应该作为一个单独的实体为项目选择前进的路线。

施工管理

必须意识到，在工具投入使用之前，现场施工经理是该环节中最后一个有机会接触的人。通过正确的准备，将确保质量标准得到满足，成本不会超支，项目按计划实现。施工经理也应确保安全施工。

高层建筑施工的一个共同特点是，任何一个人都无法管理现场，而且现场在施工过程中有大量的部门经理。如果给一个经理一座 10 层的高层建筑，那么在任何一个工作日都只能访问有限数量的区域。

高层建筑需要严格的纪律，以便把施工经理的作用降到最低限度，提高工作效率。这一过程需要施工经理在采购过程早期参与进来。检查工程范围、就工地出勤的合同规定提出意见并了解项目的质量要求是必不可少的活动。与包装经理一同参加启动会议，然后进行安全和质量培训，这些都是确保施工经理与即将交付的工作充分联系的关键任务。图 26.8 总结了任何给定任务的启动前思维过程。

施工经理应考虑其在以下方面的作用：

1. 确定开始工作所需的条件。工作计划和完成启动前的需求需要集中精力，使得绊脚石在成为问题之前将它们移除。

2. 确保工作区域准备就绪。仔细检查前一笔交易的完成要求，确保已达到要求。如果没有，需要赶紧改正！

3. 确保员工是否是适合这项工作的人。贸易合同经理是在投标阶段简历被审查的那个人吗？如果不是，为什么不是？这些人有资格和经验吗？

4. 预测整个包装材料的入库和报废情况，并确保物流团队得到简要汇报。同样地，确保重要的装置和材料的交付被预订，并且现场的停工区域被提前清理和标记。

5. 确定完成所需的条件。确保所有人都了解质量标准并且不接受低于规范要求的内容。确定下一笔交易的起始条件，并确保这些条件得到满足。

这些职责适用于任何建筑，但对于高层建筑，施工经理必须集中精力，必须聪明地工作。成功的高层建筑建设不需要“走马观花”，而需要有活力和高效的管理者。每天都会有很多分散注意力的事情发生，只有灵活、适应性强、积极主动的管理者才能做到。

总结和结论

因此，高层建筑有效的物流和项目管理的本质就是专注和控制。控制方面可以通过计划、战略和流程产生；但重点方面取决于分配给项目的领导和管理人员的质量。明确自身的角色和职责至关重要，有经验的项目经理需要让物流、规划、设计、采购和施工经理专注于各自的领域，与他人协调并磨合细节。

高楼的建设需要有远见的人，因此相关人员也需要有远见。项目经理必须能够建立一个有凝聚力的团队。他还必须能够密切吸引专业团队的其他成员，确保他们也能分享他们的最佳工作状态，并与其他人进行彻底的协调。本章中讨论的主题允许项目经理设定关键的中间目标，这些目标将统一团队并建立信心，同时成就真正独特的建设。

最后，记住西尔斯大厦项目总监理查德 · 哈尔彭的话是很重要的。当被问到建造高楼的秘诀是什么时，他回答说：“这不是一件大事情，只是小事情积累得很好罢了。”

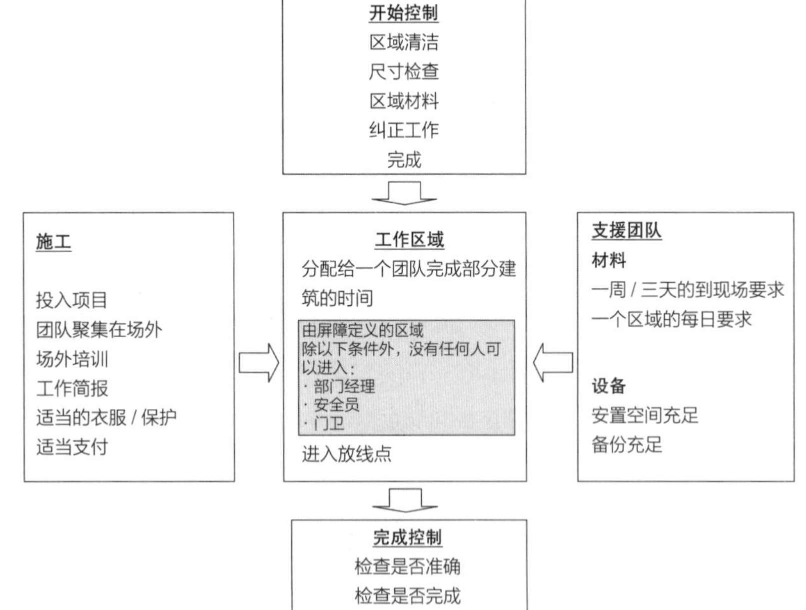

图 26.8　显示现场准备区域和交付完工工程的过程示意图。这是施工经理现场工作的核心
版权方：Mace

后记：
高层建筑的发展趋势？

安东尼·伍德（Antoy Wood）

这本书清楚地展示了过去 20 年左右在高层建筑方面所取得的进步。然而，尽管经历了 130 年的发展，许多人认为，高层建筑尚未达到令人满意的状态，特别是在环境和可持续性方面。从历史上看，大多数高层建筑似乎都是一个有效的楼层平面的垂直重复（即“商业”方法）或作为高层城市“雕塑”的独立部分（即“雕塑标志性”方法）而设计的。在这两种情况下，与城市环境的主要关系要么是商业的，要么是纯视觉的，高层建筑通常占主导地位。

这导致高层建筑产生了“孤立主义”建筑的综合征——独立的、非特定地点的模型，可以在世界各地的城市中方便地建设。这反过来又造成了全球城市中心惊人的同质化——一种“一刀切”的摩天大楼，在某些地方，这种摩天大楼打破了当地几千年的本土传统。天际线可能很快成为一个地方的同义词，但这并非意味着它是必不可少的。发展中国家的城市尤其如此，“西方”的所有东西往往被视为进步和现代。因此，国际上绝大多数的高层建筑都遵循直线、单调、西式“盒子”的标准模板。

此外，高层建筑无论是在具体的建设还是在运行中，都成为能源消耗过剩的代名词。尽管高层建筑可以提供明确的能源优势，通过更高的密度和更大的高度，可再生能源发电潜力创造，可持续的生活模式，但毫无疑问，作为目前的单体建筑形式，大多数高层建筑都是能源挥霍者。

需要承认的是，高层建筑绝不被所有人接受为一种可持续的建筑类型，并对其原因进行了调查。一些人认为此类建筑是反可持续的，大多数（并不是所有）采用的原因都有重要的实质原因（这些原因与“高层建筑”的情况一起在表 27.1 中总结）。同时，大部分这些独立观点都没有认识到单体建筑之外的大局：正如本书中所提到的，土地利用和基础设施集中的密集城市提供了更可持续的生活模式。

未来的建筑学面临的主要挑战是创造出与地方的具体情况相关联的——即与物理、环境以及文化相关的高层建筑。要做到这一点，我们需要高层建筑最大限度地与城市、气候和人联系在一起。关于是什么激发了最近建筑形式方法的多样化，以及它们在能源

“赞成”和“反对”高层建筑作为城市中心区适当类型的总结案例　表 27.1

“反对”高层建筑	“赞成”高层建筑
更高的自身能量，结构、材料等。	更密集的城市 = 减少了交通运输（以及对环境的相应影响）。
运行中的高能耗——电梯（高达建筑能源使用量的 15%）、服务等。	有效的土地利用和人口集中 = 减少了郊区的传播和农村的损失。
维护和清洁的高能耗（例如更换立面硅接头）。	集中城市 = 减少了基础设施网络（城市 / 郊区、电力、服务、废物等）的规模。
对城市规模的影响——下降、遮蔽（太阳能权）、风权、光照权等。	靠近居住和工作场所 = 减少旅行时间（减少浪费时间？）。
某些地方的人口过剩；对现有城市服务和基础设施的需求增加。	混合功能使用 = 潜力更大，减少旅行时间，减少建筑形式和资源的重复。
反社会的内部环境——缺乏开放、休闲、公共空间（尤其是住宅建筑）。	楼板的标准化和材料的使用 = 材料（预制？）效率。
高空风荷载对初级结构尺寸、立面设计等的影响。	高空风速更高，利用风能的潜力更大。
密封的“高空环境”；对空调、人工照明等的要求。	通过增加“烟囱效应”等来实现自然通气。
净使用面积到总面积和内部规划的限制 - 垂直循环核心等。	高“热质量”= 在自然通风、加热和冷却策略。
对安全和安全的担忧（特别是“9 · 11 事件”后），包括施工期间的安全。	长而窄的楼层平面 = 潜力为良好的内部日照明（从而减少能源）。
外部建筑表面积 / 单位建筑面积比率低 - 对太阳能电池组潜力的影响等。	天空空间 = 潜在的“安全”公共或娱乐空间，远离交通、污染等。
停电的影响 - 对垂直循环、安全等方面的影响。	实现更高效的能源生产和分配系统的潜力。
增加了步行的时间（浪费了时间）。	城市密度化为城市增加了价值和活力。
对患有眩晕症的人的影响，建设职业 / 人权立法?	城市的路标和寻路工作。
回收潜力，拆除的城市影响，拆除后材料的处置。	增加了高楼层拓宽视野、光线和通风。

和碳方面是否合理的问题是有意义的，需要成为行业对话中更重要的一部分。近年来关于可持续性的讨论几乎完全集中在运营能源上，虽然运营能源至关重要，但在建筑施工中体现能源的讨论却被忽视。甚至“净零能量”的定义似乎完全忽略了材料和施工过程。近年来，许多典型的高层建筑在降低运行能耗方面取得了长足的进步。然而，首先建造建筑形式所消耗的能量绝不是固定不变的，标志性的雕塑形式显然需要更多的材料（因此需要更多的碳）来提供相同数量的楼面面积，而不是更常规的形式。

但这一等式还有另一面：除了提供最大的建筑面积和最小的能源和碳消耗之外，还有建筑对社会的贡献。标志性的雕塑形式给我们的城市带来了什么样的美，或对城市和人类感官的影响？我们是否希望生活在一个充满超高能耗和高成本效益但相当乏味的盒子？对社会可持续性和城市多样性，以及对“可持续性”等其他一系列不太可量化方面的影响如何？与所有事物一样，这个等式中也会有一个最佳平衡点，但迄今为止，由于明显的原因，争论的焦点是可量化的指标，而不是主观判断。

显而易见的是，在高层建筑充分发挥其对密集城市和城市形态的贡献、减少能源消耗（体现和运行）、社会多样性和包容性之前，还有许多工作要做。作为后记，本篇提出了未来高层建筑设计应考虑的八个原则，以及作者作为教授与建筑专业学生共同承担的“设计研究”项目的插图。

一、形状随高度的变化

高层建筑不应是一个有效的楼层平面的整体垂直重复，而应在形式上随高度而变化。这种形式上的差异无论是物理上还是环境上都应该受到内部和外部建筑计划的启发。一栋高层建筑可以被视为一系列层叠的社区或水平面，每个水平面都有不同的潜力与场地或与城市的各个方面相联系。整个地平线的外部气候并不相同（哈利法塔顶部的外部空气温度比底部低几度）；作为对这种分层气候的反应，形状和外表也不应该是单一的。类似地，一座高层建筑可能与城市中的许多地方有着远而广的视觉关系，在其形式上处于不同的地平线上；与这些不同的地方（和其他建筑）进行视觉对话，有助于了解形式上的差异，以进一步将建筑与其位置联系起来。

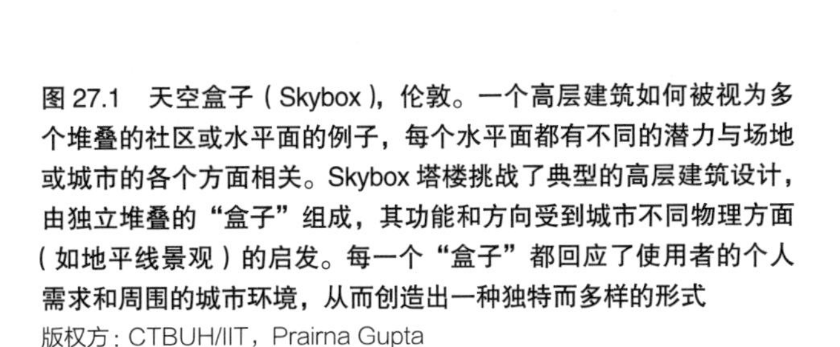

图 27.1 天空盒子（Skybox），伦敦。一个高层建筑如何被视为多个堆叠的社区或水平面的例子，每个水平面都有不同的潜力与场地或城市的各个方面相关。Skybox 塔楼挑战了典型的高层建筑设计，由独立堆叠的“盒子”组成，其功能和方向受到城市不同物理方面（如地平线景观）的启发。每一个“盒子”都回应了使用者的个人需求和周围的城市环境，从而创造出一种独特而多样的形式
版权方：CTBUH/IIT，Prairna Gupta

二、纹理和比例的变化

整个建筑的表皮和纹理也应该存在差异，这取决于建筑中每个不同水平面。规模的概念应该贯穿整个建筑——一座高楼可以被认为是在结构、系统、美学等的总体框架内相互叠放的若干小建筑，而不是一个由单一平面启发并相应设计的重复整体形式。

图 27.2 孟买斯瓦德希大厦（纺织大厦）。表明了整个建筑的表皮和纹理应该如何变化取决于形状中每个不同层次的责任。在斯瓦德希大厦（Swadeshi Tower），灵感来源于孟买的 Dobi Ghat 洗涤区，纺织品通过在正面应用编织状覆盖层，融入建筑美学和物质性，为住宅空间提供遮阳和隐私

版权方：CTBUH/IIT，Nishant Modi and Hiren Patel

三、新功能

传统的高层建筑规划需要受到挑战，以增加建筑学在未来可持续城市中的实用性。这种具有挑战性的设计应该发生在两个层面上：（1）传统上容纳在高层建筑中的功能类型；（2）在一个单一的高层建筑中可容纳的功能数量。高层建筑具有多功能性，可容纳目前占主导地位的标准办公室、住宅和酒店功能以外的其他用途。我们可以看到运动（外部太阳控制建筑表皮，如攀岩墙）或者是农业（水培温室，外墙农场）。此外，应鼓励高层建筑内的交叉规划或混合使用，以便适应更可持续的活动模式（例如停车场、辅助功能和服务的双重性）以及高层建筑设计和表达方式的变化，使城市形式多样化。气候变化的挑战要求我们加大每一笔碳消耗，我们需要让每一种创造出的元素有多种用途。

图 27.3 孟买安娜普纳塔（食品塔）。一个挑战高层建筑传统项目的例子，以增加建筑学在未来可持续城市中的实用性。安纳普纳“垂直农场”大厦旨在创建一个新的垂直居住社区，其高品质的居住空间由城市农业和食品供应方面结合在一起

版权方：CTBUH/IIT，Cindy Duong and Shin Young Park

四、公共空间

更开放的、公共的、娱乐性的空间（内部或外部的、硬的或景观的、大的和/或小的）需要引入高层建筑中，而不是坚持每平方米的建筑面积都有最大的经济回报。这些空间已经被证明可以改善内部环境的质量，这对可销售/出租回报、居住者满意度、工人的生产力等都有影响，这些空间的融入将使高层建筑更适合社会经济群体，因为缺乏这样的重要空间，社区意识可以从家庭、年轻人、老年人等中培养。城市规模的社会可持续性是我们未来城市面临的一个重大挑战。

图 27.4 塔塔（塔塔公司的城市发展），孟买。在高层建筑中引入更开放、公共、娱乐空间的例子。塔塔是印度最大汽车公司的城市停车场开发项目。该建筑充当了社区的垂直停车资源，通过可再生能源发电技术能够为自身、车辆和邻近的塔楼提供能源

版权方：CTBUH/IIT，Seth Ellsworth and JaYoung Kim

五、非透明围护结构

高层建筑的设计应具有更大的立面不透明度，而不是像所有的透明玻璃箱那样需要显著的外部遮阳设备来控制过度的光、热和眩光。尽管需要平衡室内采光和室外景观的影响，但这对全玻璃塔来说都没有意义，特别是在酷热的太阳能环境中。此外，更大的外立面不透明度会产生更大的热质量，使立面更远离外部温度和气候变化。更多的不透明度也为更大的外观变化和设计表达提供了机会。

六、立体绿化

植被应该成为高层建筑内部和外部材料调色板的重要组成部分。植被的存在将改善当地（作为建筑物本身遮阳或空气冷却系统的一部分）和城市（通过空气质量、减少热岛效应等）的环境质量。

图 27.5 首尔，吉约克塔（Gyoyook），（教育塔）。一个高层建筑的例子，其设计有更多的不透明度，而不是全玻璃透明框。吉约克大厦的目标是开发一个高层住宅，以促进首尔儿童的教育
版权方：CTBUH/IIT，Kevin Ford and Stevie Brummer

图 27.6 Moksha 塔（垂直墓地），孟买。作为高层建筑内部和外部材料调色板重要组成部分的植被示例。Moksha 塔项目采用了孟买四大宗教的传统埋葬设计方法，并将其转化为一种垂直的环境
版权方：CTBUH/IIT，Yalin Fu and Ihsuan Lin

七、空中连廊

城市正在变为越来越密集、越来越高的形态，但却让地平面成为塔楼之间连接的唯一物理平面，这似乎完全是荒谬的。天桥的潜力丰富，是高层建筑和城市，改善疏散方案的良好途径，并通过水平和垂直减少降低能耗。每一栋高层建筑都应该被视为一个整体的、三维的城市框架中的重要元素，而不是叠加在二维城市平面上的独立图标。

图 27.7 Khel 塔楼（垂直运动中心），孟买。作为塔楼通过天桥连接的一个例子，Khel 塔楼是孟买市中心的一个垂直运动设施。一系列的酒店塔楼相互倾斜，可以看到城市和海洋的景色，中间有悬挂的体育设施和场地。孟买缺乏这些大型娱乐设施

版权方：CTBUH/IIT，Kent Hoffman and Mark Swingler

八、我们要把城市的方方面面都搬上天空

如果城市希望通过建造高楼大厦将更多的人聚集在同一块土地上，那么他们需要复制地平面上的设施，包括公园和人行道、学校和医生手术室，以及其他公共设施。地平面需要被视为城市的一个重要的、可复制的层面，需要在天空中将建筑物内部和建筑物之间的战略层面进行复制，不是代替地平面，而是支持地平面。

图 27.8　亚特拉塔（游行塔），孟买。地平面的一个例子，被认为是城市的一个基本的、可复制的层，至少需要将天空中建筑物内部和建筑物之间的战略视野中复制一部分。雅特拉塔是孟买市中心的一系列连成一体的塔楼，保留了远离天空的低层地区的社区和工业感。每座塔楼都旨在提高居民的生活质量，同时解决孟买的许多城市问题

版权方：CTBUH/IIT，Irene Matteini and Nathaniel Hollister

上面概述的许多原则正在开始实现，本参考指南中显示的项目和概念就是证明。时间会告诉我们，这座高楼在能源和文化方面是否会达到一个完全令人满意的进化状态，但是，近年全球经济衰退对过去10年一些更为理想主义的高楼理念产生了影响，我真诚地相信它正朝着正确的方向发展。

安东尼·伍德
执行主任
高层建筑和城市人居委员会
美国，芝加哥

第六部分

案例研究

案例研究 1
水之塔

美国芝加哥

建筑高度：262m
建筑层数：81 层 + 6 层车库
总建筑面积：184,931m^2
主要用途：混合使用：公寓，酒店，办公室，零售
开工时间：2006 年
竣工时间：2010 年
项目成本：4.75 亿美元；建筑成本：3 亿 2500 万
业主 / 开发商：麦哲伦发展集团
建筑设计师：STUDIO GANG ARCHITECTS
注册建筑师：LOEWENBERG ARCHITECTS LLC
结构工程师：MAGNUSSON KLEMENCIC ASSOCIATES
土木工程师：IE CONSULTANTS，INC.
机电工程师：ADVANCED MECHANICAL SYSTEMS，INC.

项目说明

水之塔总面积超过 18 万 m^2，是一座位于芝加哥市中心的 81 层混合功能超高层建筑，包括酒店、公寓、停车场、零售商业和办公室多种功能空间。塔楼外立面如“地形”一般起伏变化，在不同的角度会形成特别的、意想不到的效果。巨大露台不仅塑造了建筑立面，也使得居住空间与城市相连。设计还致力于解决高层建筑设计中玻璃的遮阳和抗风压两大难题。

建筑设计

当整个 11.3hm^2 的湖滨东部开发区建成后，水之塔将位于高楼群之中。与空旷场地中的建筑不同，城市环境中的新建筑必须充分利用场地周边现有建筑之间的景观视线廊道。塔楼所塑造的立面与此相结合，使得从塔楼的不同位置可以看到意想不到的景色。在建筑立面的“山丘”上，视线穿过这些建筑物的间隙，在拐角处可以看到芝加哥地标。塔楼的室外露台，悬挑长达 3.6m，每层楼的形状都不一样，根据视野、遮阳、大小和居住类型等标准进行调整。

当这些独特的露台组合到一起，使建筑表面显得起伏不平，呈现出功能导向的高度雕塑感的外观。水之塔包括 15 层酒店、34 层出租公寓和 28 层住宅。裙楼功能复合，包括住宅大堂、零售商业、餐厅、酒店宴会厅和一个有大型室外花园的屋顶商业空间。

RANDOLPH
Aon Center

这个屋顶花园有 6811m^2，是芝加哥最大的屋顶花园之一，包括室外游泳池、跑道、花园、室外火炉和瑜伽露台。在低层部分，建筑的裙房通过跨越变电站等现有元素，并与周边相邻的三级道路相接，从而驾驭了场地的复杂性。裙房通过楼梯、电梯将步行区联系起来，连接各个街道、公园、湖滨和更远的地方。

建筑师和总承包商在早期就密切合作，使用现代的数字技术，使得变化复杂的楼板能够在不增加建筑施工工期的情况下得以实现。让这一座 82 层塔楼没有任何一层楼是完全相同的。

可持续性是设计的关键组成部分。东西朝向最大限度地发挥冬季太阳得热性能。在南立面上阳台多以悬挑形式存在，以提供遮阳，减少夏季的阳光照射，并在冬季被动节能取暖。除了所有玻璃上的 Low-E 膜外，设计团队还模拟了太阳季节性变化，以确定需要哪些区域需要更高性能的玻璃，以提高整个塔的能源效率。东立面和南立面没有外挑阳台的区域，玻璃是具有反射性，而朝西的玻璃具有有色涂层，可提高其遮阳系数。塔楼总共使用了六种不同类型的玻璃——透明的、有色的、反光的、拱形的和半透明的，这些玻璃的位置取决于内部空间的朝向和功能。建筑还使用了磨砂玻璃，并结合阳台扶手设计，用于最大限度地减少鸟撞击事故。

由于芝加哥市中心有一个区域供冷系统，该项目取消了冷水机组和冷却塔。区域供冷系统通过中央冷却器对外输送 4.5℃的水，与建筑中的换热器进行热交换。大部分混凝土结构具有显著的热惰性，可最大限度地减少建筑内部温差变化，并减少取暖和供冷高峰值需求。

该建筑也是在以前的棕地上建造的，其场地的 50% 是专用的绿色开放空间，超过芝加哥的标准区划 25%。建筑的绿色屋顶设有排水系统，可以收集雨水以灌溉植物。此外，项目中 90% 以上的空间的自然通风率和采光率都超过了芝加哥市最低要求的 50% 以上。

为了减少对汽车的依赖，带顶棚的人行道将游客引导至大楼的主入口，而两个宽敞的公共楼梯将哥伦布大道上的行人引导到地面上的公园，可由此通往芝加哥市区和湖滨。建筑还与芝加哥四通八达的地下人行道系统相连，将使用者、居民与环路和壮丽大道上的餐厅、零售商业、文化活动和工作地点联系起来。在设计塔楼地下车库出口时，考虑了人车分流等很多因素以尽量减少行人层的拥堵。为了进一步减少交通和混乱，六层的车库根据不同功能和使用者确定了相应的出入口。

结构设计

在超高层建筑的设计中，除了重力作用外，最需要考虑风力水平荷载影响。对于大多数建筑来说，相对简单的做法是提供足够的强度来抵抗这些力。但更大的问题是塔楼的摇晃以及由此产生的对居住者舒适度的影响。

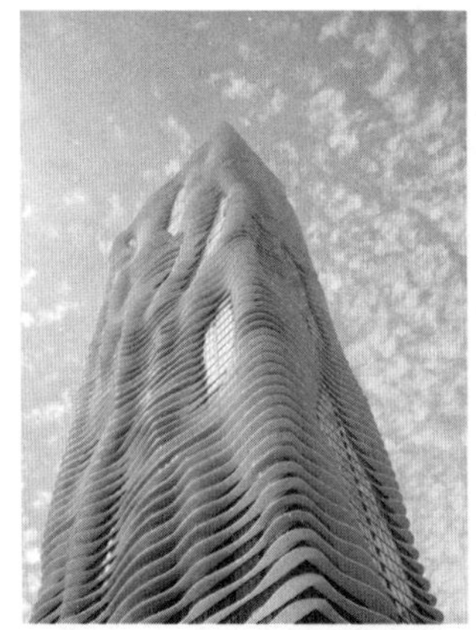

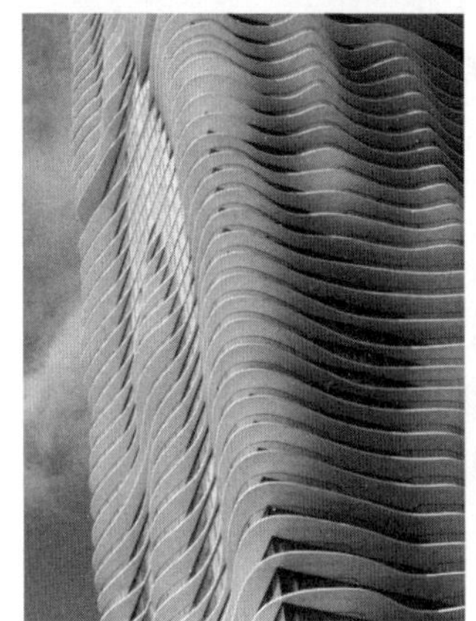

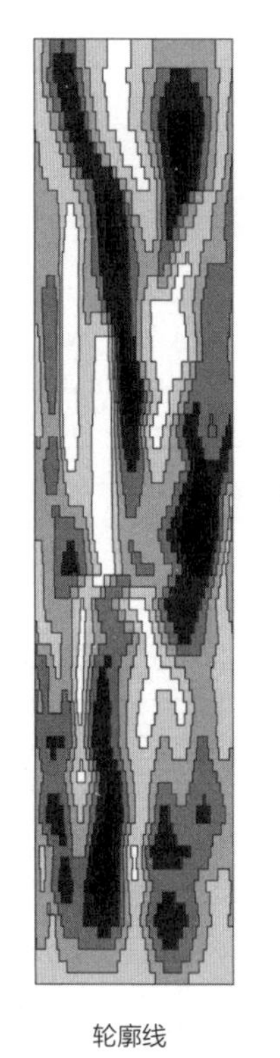

轮廓线

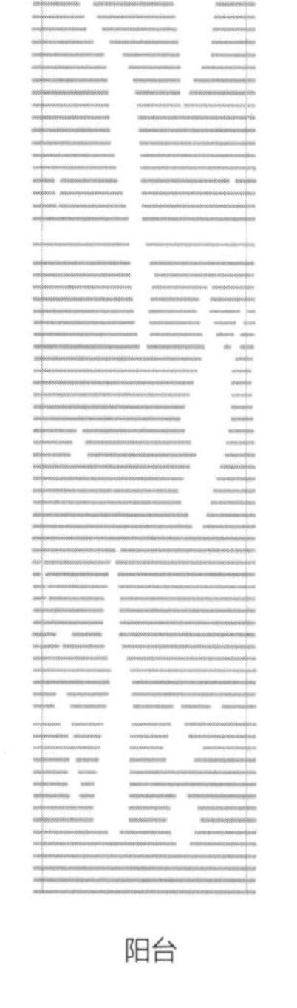

阳台

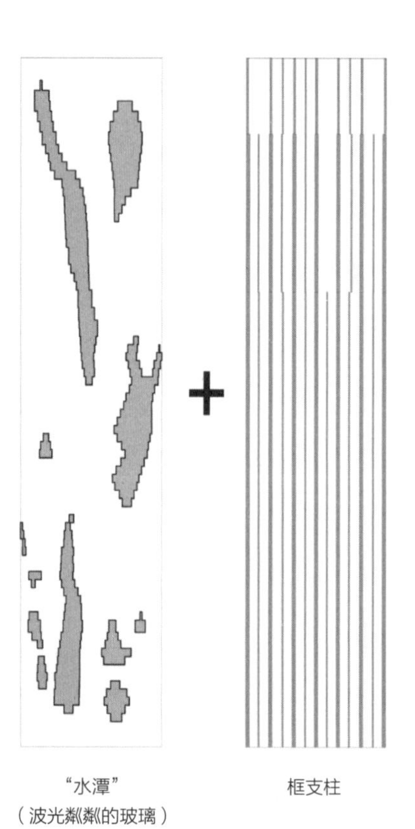

“水潭”
（波光粼粼的玻璃）

框支柱

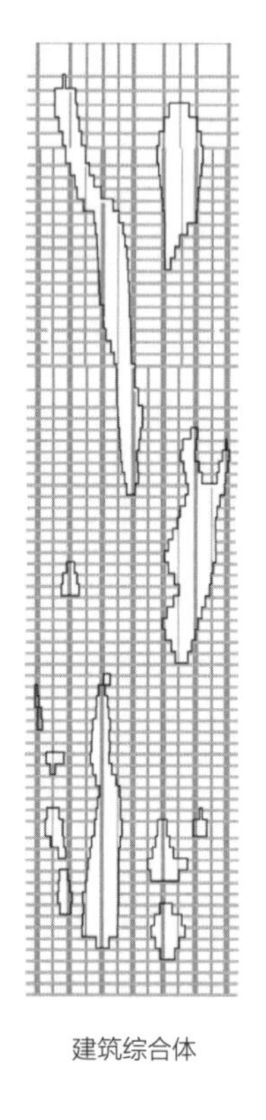

建筑综合体

该建筑巧妙地将传统的混凝土剪力墙与整个塔楼中的悬臂墙和环带墙相结合布置，以有效地减轻建筑物的运动。两片剪力墙和一个混凝土核心筒从塔的底层贯穿到屋顶。在 55—57 层和 81—82 层设置悬臂墙，在 57 层和 58 层之间设有环带墙。悬臂墙和环带墙与塔中的所有柱子一起以抵抗摇摆，同时补充了详细的风洞试验研究，表明起伏的楼板边缘扰乱了塔周围的气流，有效地降低了风荷载。

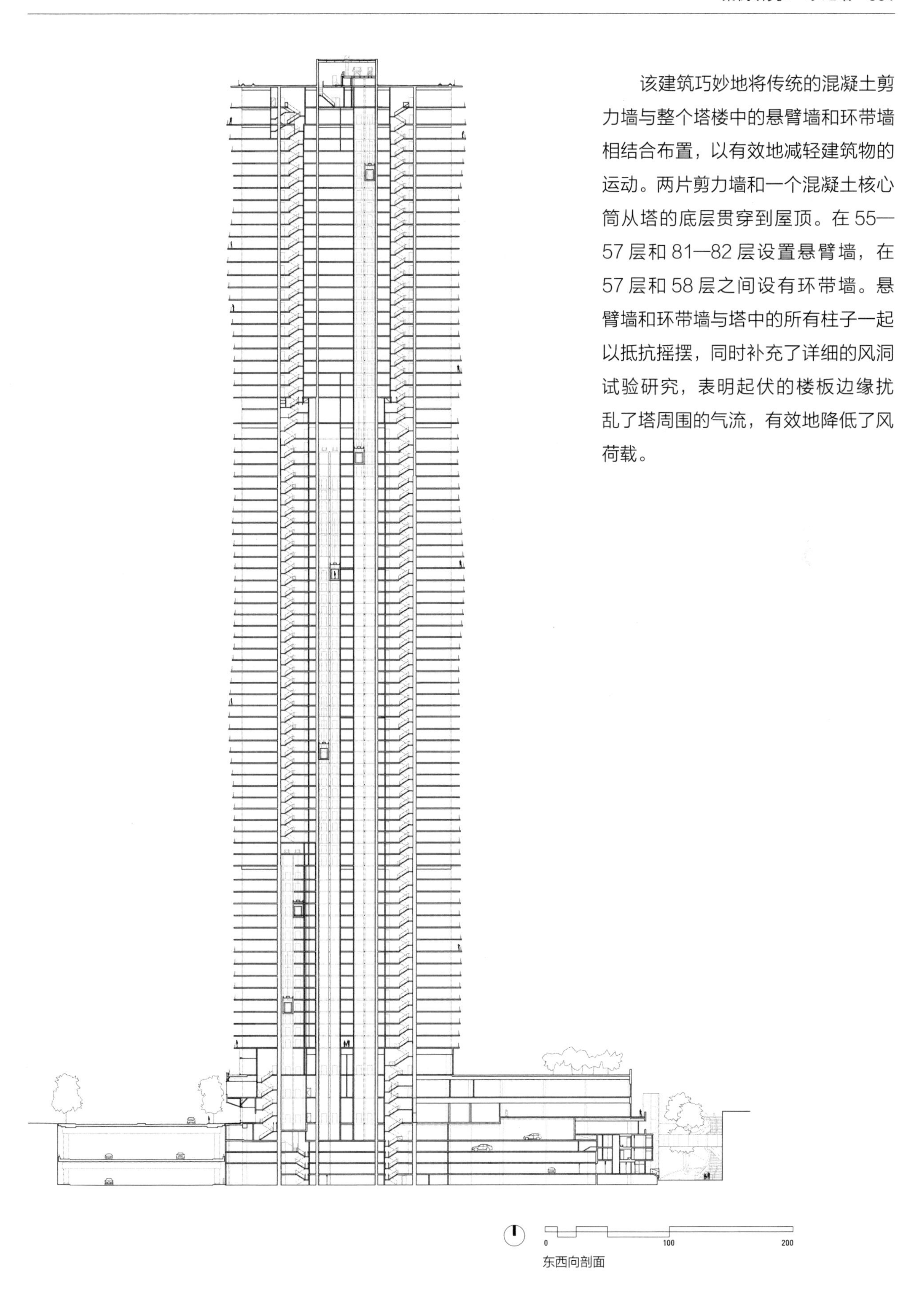

东西向剖面

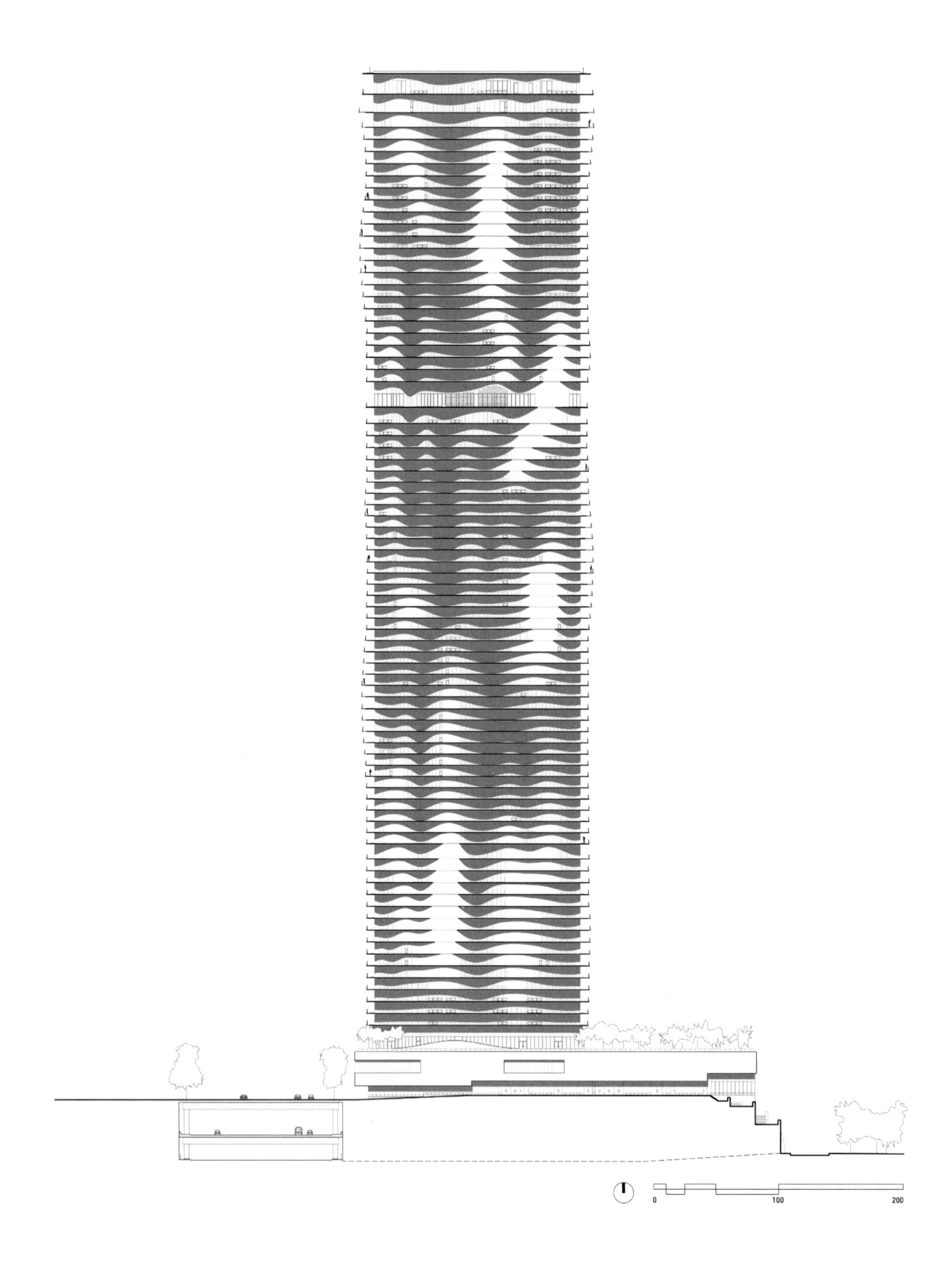
0
100
200

案例研究 2
美国银行大厦

美国纽约

建筑高度：366m
建筑层数：55 层
总建筑面积：195,098m^2
主要用途：商业
开工时间：2004 年
竣工时间：2010 年
项目成本：12 亿美元
业主 / 开发商：BANK OF AMERICA AT ONE BRYANT PARK，LLC，A JOINT VENTURE BETWEEN THE DURST ORGANIZATION AND BANK OF AMERICA
首席建筑师：COOKFOX ARCHITECTS
合作建筑师：ADAMSON ASSOCIATES ARCHITECTS
结构工程师：SEVERUD ASSOCIATES
机电工程师：JAROS BAUM&BOLLES
总承包商：TISHMAN CONSTRUCTION CORPORATION
室内设计师：GENSLER

项目说明

位于布莱恩特公园一号的美国银行大厦是一座 55 层、约 20 万 m^2 的大楼，为了大厦办公人员的舒适性，同时推动整个国家的可持续发展理念，树立塔楼设计的高性能建筑新标准。本项目是首个获得 LEED 白金认证的商业高层，这是美国绿色建筑委员会提供的绿色建筑标识最高评级。

借鉴生物友好的理念，以及人们对自然环境与生俱来的需求，希望通过强调日光、新鲜空气和与户外的内在联系来创造最高质量的现代工作场所。在城市尺度上，塔楼自然升起形成的标志性天际线，体现了该塔楼所处的曼哈顿中城的城市环境。

建筑设计

由于建筑周边城市环境密度较高，塔楼以高度透明的转角入口打破了城市和建筑内部空间的界限。大堂是一个日光充足的转换空间，将布莱恩特公园的公共区域与建筑内部进行多层次连接，绿色空间通过绿色屋顶和对外开放的城市花房延伸到建筑物中。坚固、天然的大堂材料将塔楼建造在场地上；白橡木门把手、嵌有化石的耶路撒冷石和皮革镶板等小巧而可触摸的细节使这座巨大的塔楼更打动人。

建筑从统一的街道路网中升起，将塔楼体量一分为二，使建筑体形更挺拔，同时增加了采光面。两个体形角部被切掉，产生棱角分明的斜面，展现着市中心摩天大楼城市森林各个视角的景象。水晶形态，灵感来源于 1853 年曾经矗立在布莱恩特公园附近的水晶宫和客户收藏的石英晶体。建筑体型模拟天然物质的有机属性。

通过建筑棱角分明的立面，晶体元素以一种直接的、可感知的方式呈现；从外面看，建筑外墙随着太阳和天空的变化而变化。在建筑的东南面，交错的双体量建筑物的整个朝向公园，这是布莱恩特同名公园，也是美国使用人数最密集的开放空间。

结构

结构重要部分使用的混凝土，用磨碎的高炉矿渣替代了 45% 的波特兰水泥。核心筒墙体中间是一块钢板，被包裹在钢筋混凝土剪力墙中，钢筋混凝土楼板和梁共同形成了核心筒内部空间，楼梯也在其中。外部楼板则是钢筋桁架楼承板。四周抗弯框架完善了水平结构体系。

持续性

美国银行大厦呈现了现代建筑设计思维的转变，大规模地实现了绿色建筑策略在节水、节能、材料效率和室内环境质量等方面最具变革性的理念。从根本上改变了大型商业开发的市场，并且在项目实施的做法中也改变了总承包商、供应商和城市管理机构之间的格局关系。场地中 4.6MW 的热电联产工厂为该建筑提供近 70% 的年度能源需求清洁、高效的能源，而不是仅仅依赖电能。发电机产生的热量用于空间供暖和生活热水；还可以根据需要驱动吸收式冷却器进行冷却。考虑对高密度的都市中心的影响，在建筑物地下室设置 44 个冰蓄冷罐在夜间生产冰，减少了建筑物在高峰时期对城市过度负荷的电网的需求。白天，融化的冰为建筑物的冷却系统提供能量。

选择该系统是因为现场监测表明风力条件太强而无法有效部署风力涡轮机，太阳能光伏电池也由于阴影过多而无法有效运行，且现场没有足够的空间用于地源热泵的安装。出于安全的考虑，厌氧消化器利用租户的废纸会产生甲烷，因此也被驳回。

节水措施，包括无水小便池、中水回收和雨水收集系统，将建筑物的消耗量减少了近 50%，每年可节省数百万加仑的饮用水。

凭借最先进的地送风系统和 95% 的过滤系统，输送到办公室的新鲜空气可以单独控制，并且当它从建筑物中排出时更清洁。该项目的落地玻璃幕墙通过 Low-E 玻璃和热反射陶瓷熔块最大限度地减少了太阳得热，同时提供通透的景观视线。

图案覆盖了幕墙层间 60% 的玻璃，每个板面的图案从天花到使用者视野高度覆盖率逐渐降低。铝制竖框系统中的非金属垫片和楼板上额外的矿棉绝缘材料有助于实现 0.38 的传热系数，该热阻优于过去十年纽约市建造的大多数玻璃幕墙。在现代摩天大楼定义的城市中，这座塔对 21 世纪的再生、城市管理和全球公民权益做出了清晰明显的阐述。

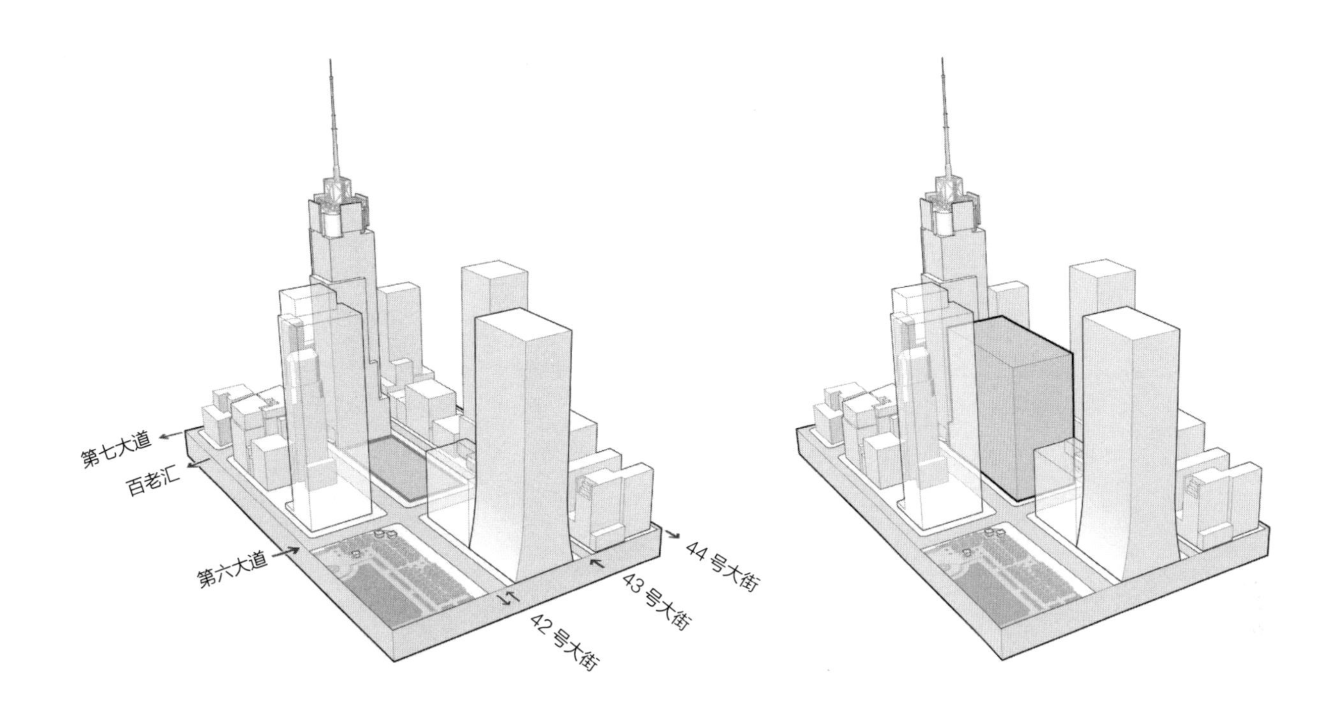
第七大道
百老汇
第六大道
44 号大街
43 号大街
42 号大街

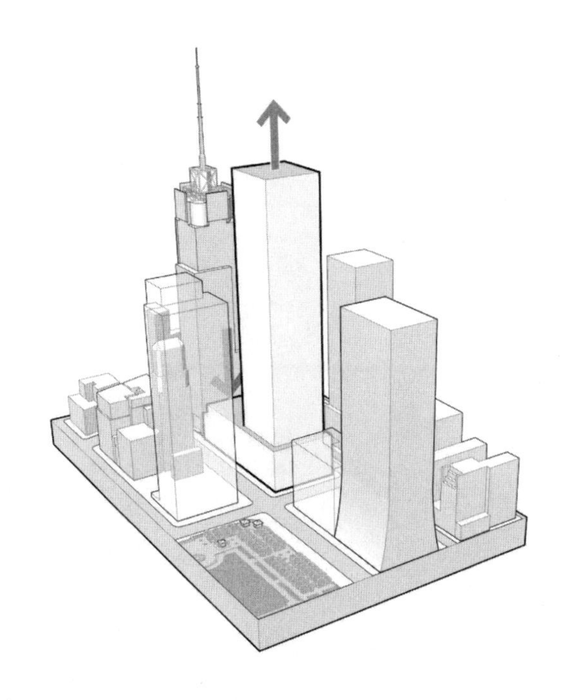

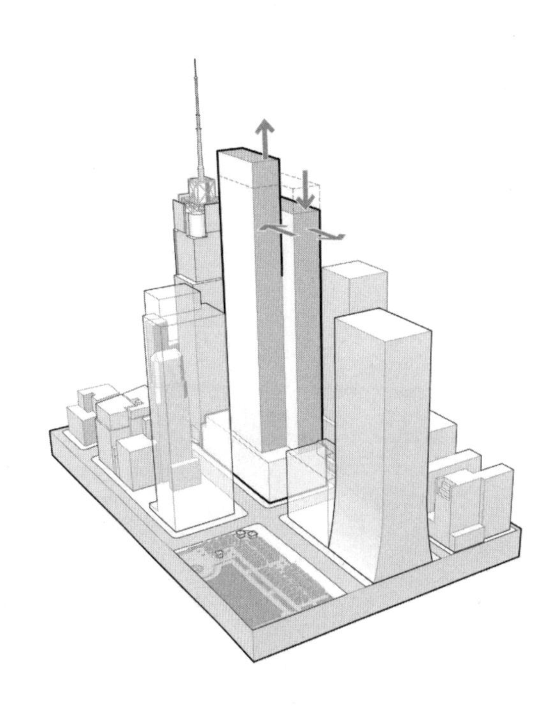

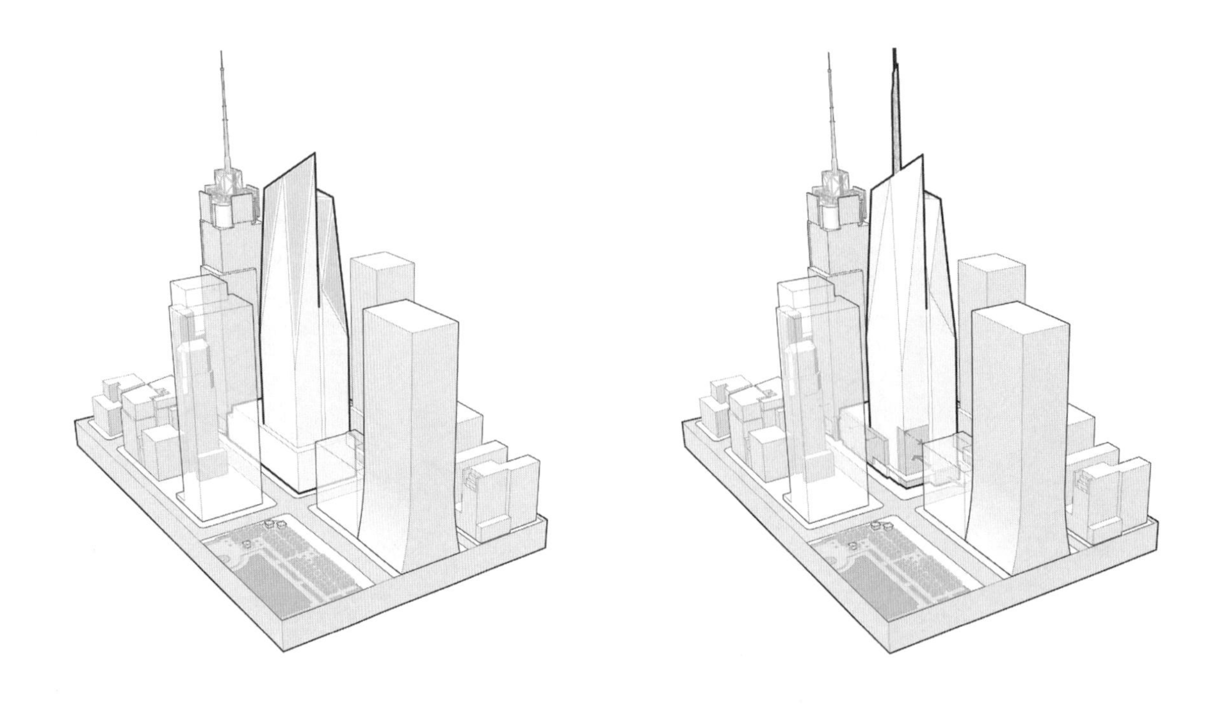

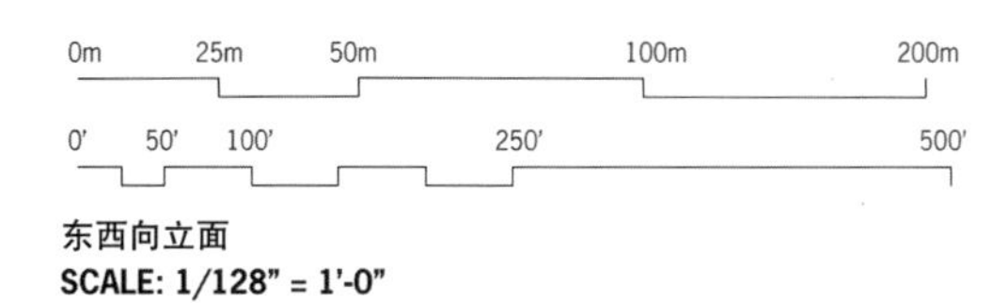

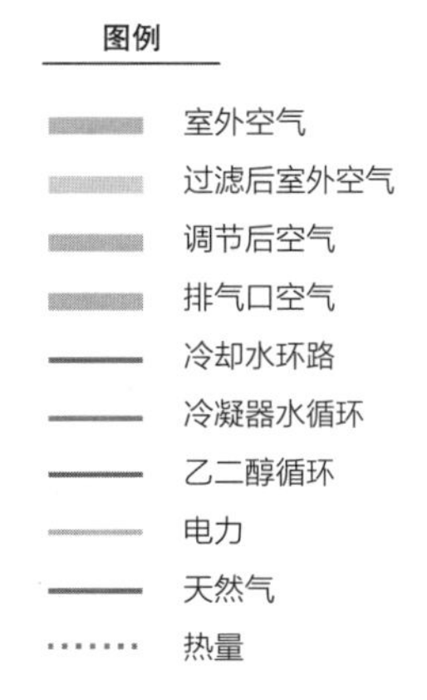

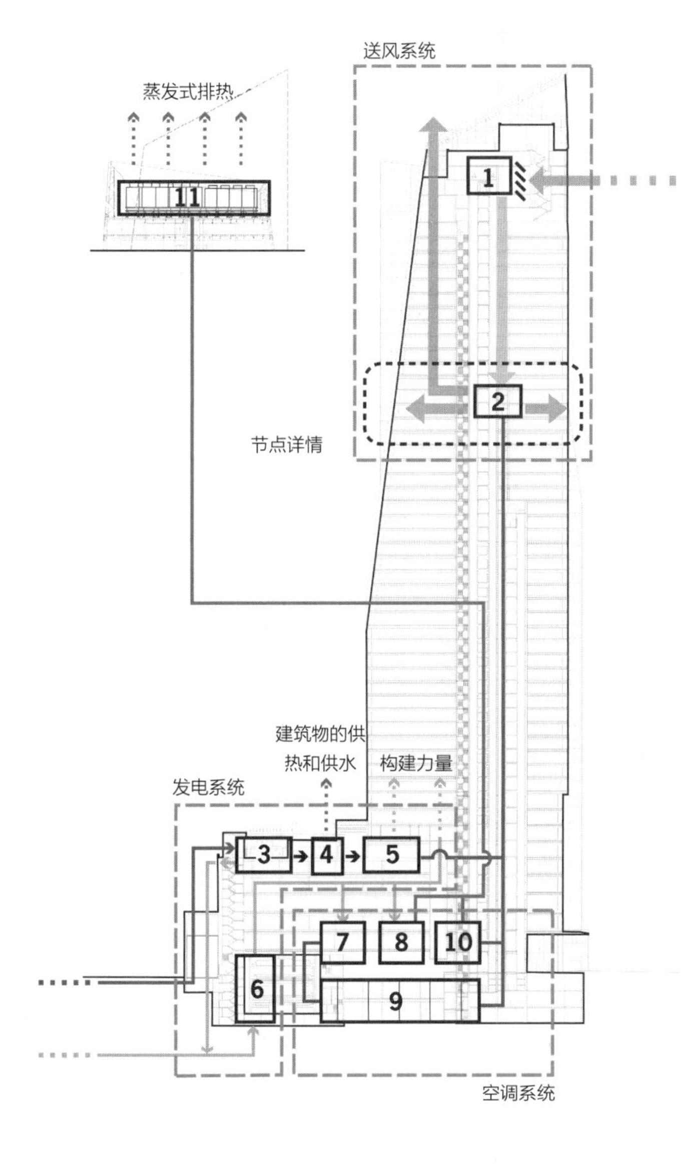

注释

1 95% 的微粒空气过滤器
2 每层楼的空气处理装置
3 燃气轮机和发电机
4 热回收蒸汽发生器
5 吸收式冷水机
6 变压器
7 制冰机
8 冷风机
9 储热系统
10 无水冷却循环的热交换器
11 冷却塔

图例

- 未经处理的源水管道（来自雨水、冷却盘管冷凝水或水槽排水）
- 生活用水管线
- 补充生活用水管道（在干旱情况下）
- 经处理的可再利用水
- 废水
- 满溢的废水
- # 雨水收集箱（# 表示加仑容量）
- 过滤器
- 盥洗室
- 厕所
- 无水小便池
- AC 每层楼的暖气设备的冷却盘管冷凝水

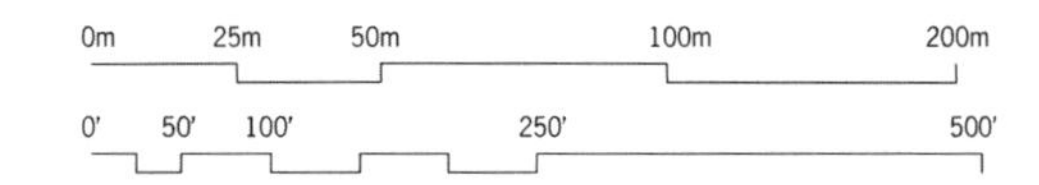

东西向剖面
SCALE: 1/128" = 1'-0"

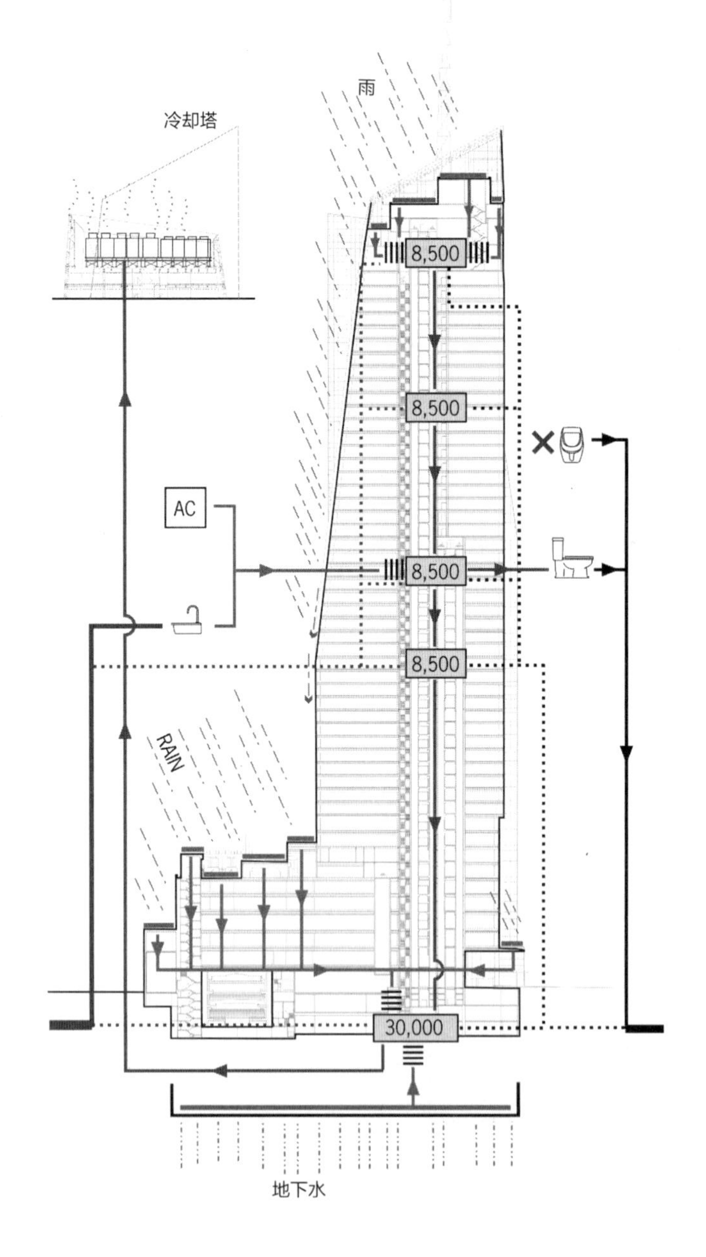

案例研究 3
赫斯特大厦

美国纽约

建筑高度：182m
建筑层数：46 层
总建筑面积：79,500m²
主要用途：办公室
开工时间：2003 年
竣工时间：2006 年
项目成本：未知
业主 / 开发商：赫斯特公司
首席建筑师：福斯特及合伙人
合作建筑师：主体建筑 / ADAMSON ASSOCIATES ARCHITECTS；装修 / GENSLER
结构工程师：CANTOR SEINUK GROUP
机电工程师：FLACK+KURTZ
总承包商：TURNER CONSTRUCTION
照明：主体建筑 / GEORGE SEXTON；装修 / KEUGLER ASSOCIATES

项目说明

赫斯特大厦重现了 20 世纪 20 年代的一个梦想，当时出版业巨头威廉 · 伦道夫 · 赫斯特（William Randolph Hearst）将哥伦布广场（Columbus Circle）设想为曼哈顿的一个新媒体区。赫斯特在第八大道委托建造了一座 6 层的装饰艺术建筑，并设想它将成为一座塔的基座，但这座塔一直没建成。在 70 年后设计这样一座塔的挑战是在新旧建筑之间建立创造性的互动，与大英博物馆大中庭的更新手法相呼应。

最初的“U”形建筑是威廉 · 伦道夫 · 赫斯特（William Randolph Hearst）当时拥有的 12 本杂志的办公所在地。工程于 1927 年动工，1928 年竣工，耗资 200 万美元。最初这座 3700m² 的建筑被命名为国际杂志大厦。这座建筑拥有一种不同寻常的风格，这种风格被归类到装饰艺术风格之外，是多种风格的组合。

外立面是铸石结构，有一个两层的底座和从底座向后退的四层建筑。这个设计由代表音乐、艺术、商业和工业的柱子和寓言人物组成。从一开始，这座建筑就为上部的办公楼进行了结构加强，并于 1946 年提交了另外 9 层的计划，但从未付诸实施。该建筑被纽约市地标保护委员会视为“纽约建筑遗产中的重要纪念碑”，于 1988 年被指定为地标建筑。

建筑设计

这座 42 层楼高的塔楼矗立在老建筑之上，上下之间由玻璃幕墙进行连接，给人一种塔楼失重漂浮在基座之上的印象。大堂是一个 6 层通高建筑空间，占据了老建筑的所有楼层，像一个熙熙攘攘的城市广场。这个戏剧性的空间汇集了通往建筑物各个部分的流线，包括主电梯厅、赫斯特自助餐厅和礼堂，以及用于会议和特殊活动的夹层。

这座建筑也很重视环境保护。它是用 90% 的再生钢建造的，设计的能耗比周边传统建筑低 26%。因此，这是曼哈顿第一座在美国绿色建筑委员会（US Green buildings Council's）领导的能源与环境设计（LEED）中获得金奖的办公楼。作为一家公司，赫斯特高度重视员工工作环境，相信这一点在未来将变得越来越重要，赫斯特的经验很有希望推动在该市建造更加针对环境敏感的建筑。

除了高比例的再生钢材外，外来材料和劳动力占总建筑成本的比例还不到 10%。与周边建筑传统的框架结构相比，塔的外围巨型斜撑结构使用钢量减少了大约 20%，节省了大约 2000t 钢材。高性能、低辐射玻璃依托外围巨型斜撑设置，给建筑内部带来丰富自然光的同时，减少太阳得热。光传感器根据自然光量控制每个楼层的照明；运动传感器会感应人的活动，并在房间空置时关闭灯和计算机。

高效的供暖空调设备在一年中有 75% 的时间利用室外空气进行冷却和通风。加上其他节能设计，例如按需控制通风的二氧化碳传感器应用，预计将比标准办公楼提高 26% 的能源效率。

屋顶设置雨水收集系统，在降雨期间，将减少 25% 的雨水排入城市下水道系统。收集的雨水储存在大楼地下室的 64m^3 回收罐中，用于补充办公室空调系统蒸发损失的水。还接入了一个特殊的泵送系统，用于灌溉室内外的植物。预计收集的雨水可以满足大约一半的灌溉需求。这些水也被用于大中庭的水景，具有对中庭微环境进行加湿和降温的功能。此外，电动水龙头的应用预计可将自来水使用量减少 25%。

结构设计

保留六层的地标性建筑外墙并将其纳入新的塔楼设计中是设计要求。新建建筑包括两层地下室和一个 7 层高的内部中庭，水平天窗从塔柱到保留的建筑立面大约 12m 进深。塔楼下部为天窗采光的大堂中庭、礼堂、自助餐厅和公共空间，上部从十层到四十六层为办公空间。

除了建筑物三个外立面外，所有现有建筑都被拆除。塔楼的新地基位于外立面后面，由其原有的钢柱、斜撑和一个新的框架系统支撑。

钢制核心筒和建筑周边每四层高的三角形巨型斜撑结构体系共同受力。钢筋混凝土超级柱可延伸至

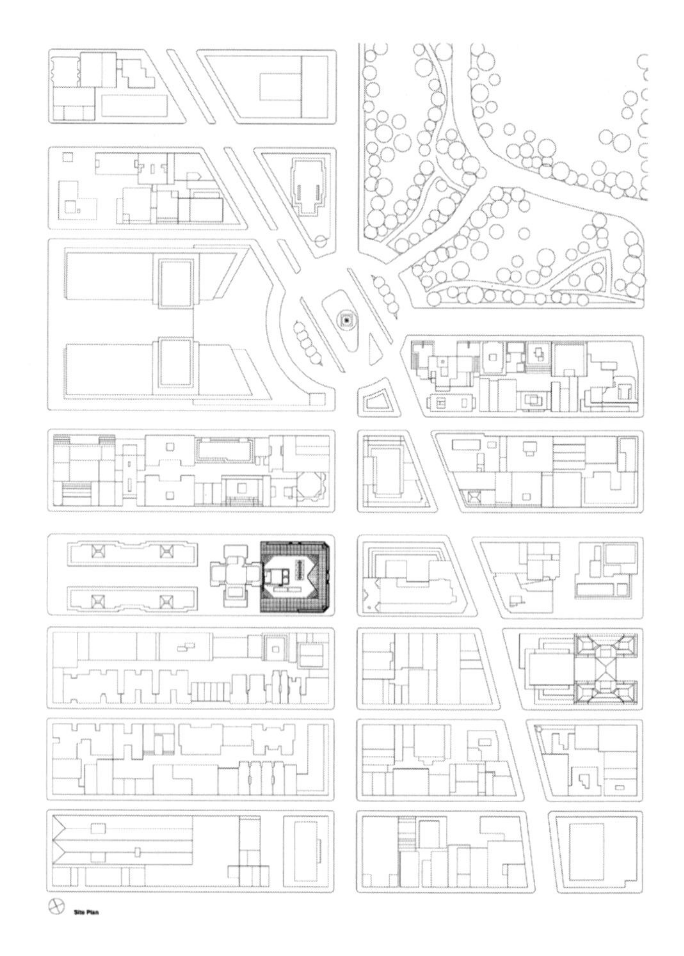

十楼。由设计团队 WSP 开发的外围巨型斜撑结构体系环绕塔的所有立面，提供更高的结构稳定性并赋予塔楼独特的多面外观。每个三角形高 16.5m。这种高效的结构系统消耗的钢材比传统的框架结构少 20%。结合钢筋桁架楼板的使用，开放式办公室的内部无柱跨度为 12m。

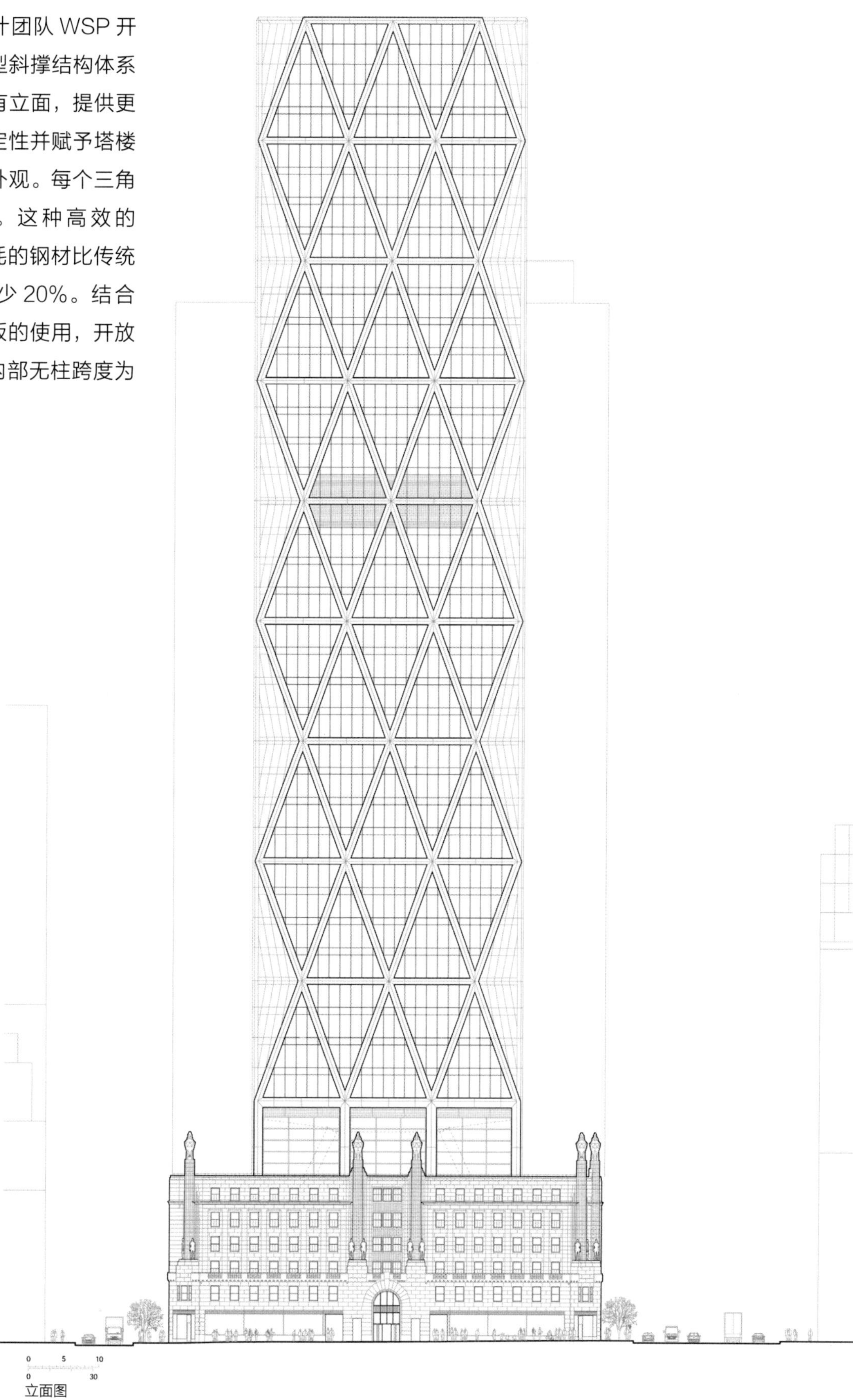

立面图

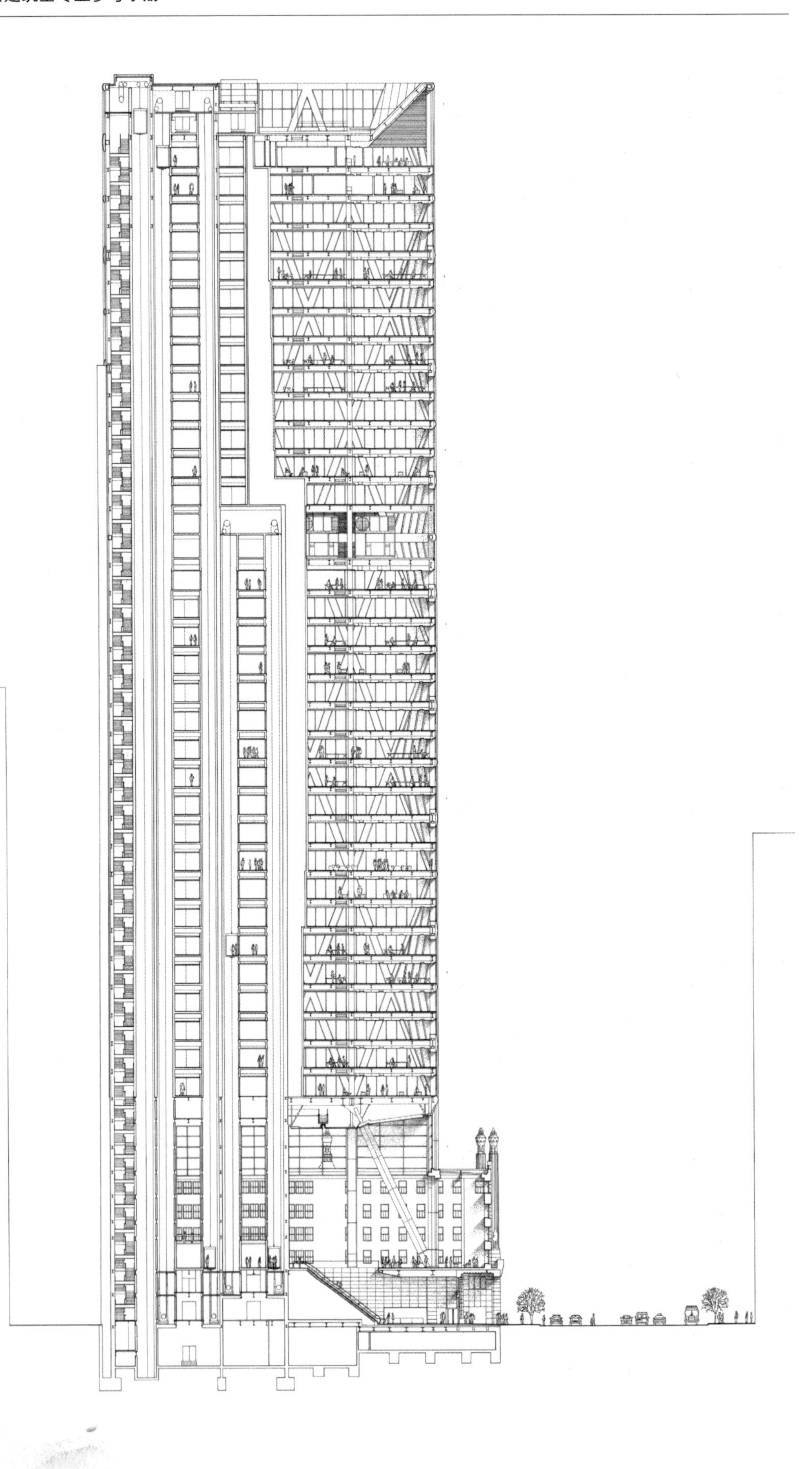

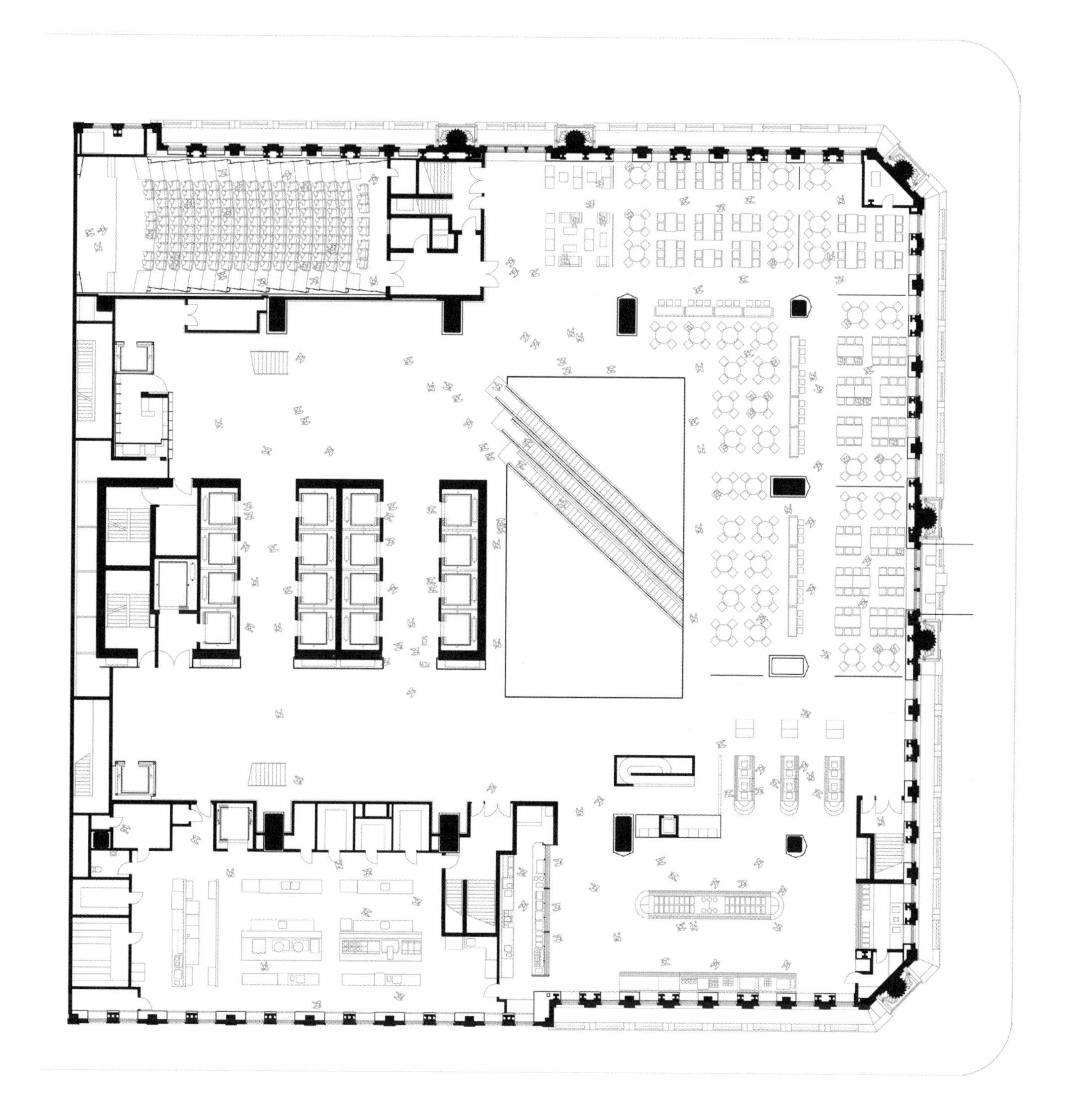

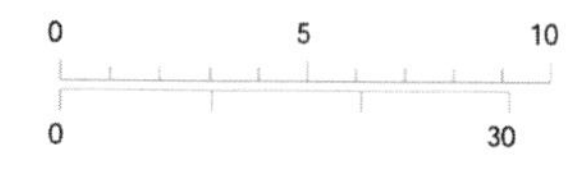

大堂平面图

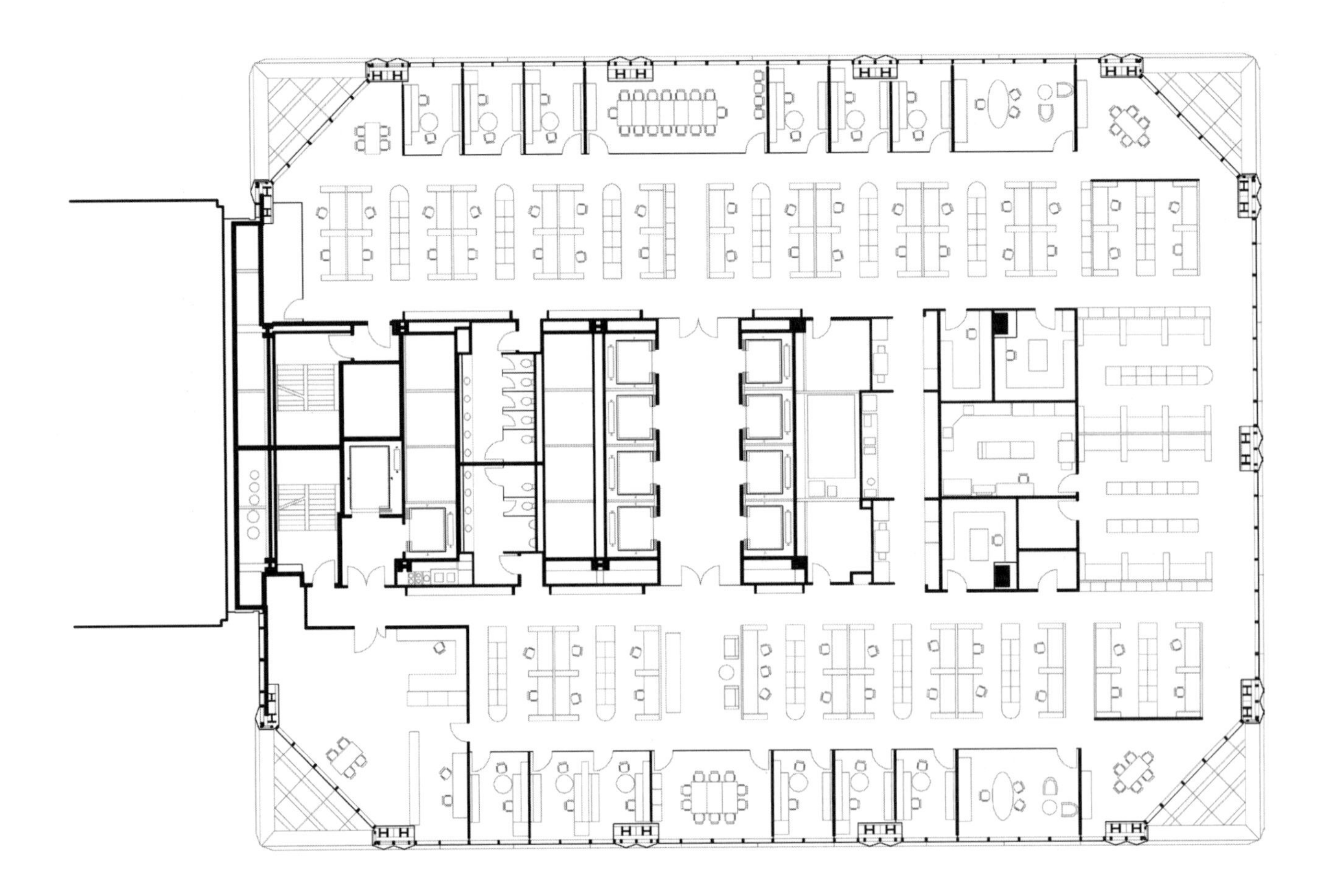

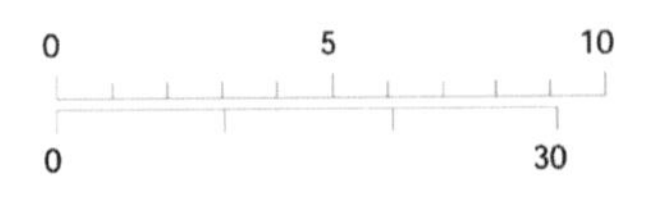

标准层平面图

案例研究 4

马尼托巴水电大厦

加拿大温尼伯

建筑高度：88.6m（到顶棚 98.6m，到太阳能烟囱顶部 115.45m）
建筑层数：22 层
总建筑面积：64,590m^2
主要用途：办公
项目开工：2005 年
项目竣工：2009 年
项目成本：2.83 亿美元
业主 / 开发商：马尼托巴水电站
首席建筑师：KUWABARA PAYNE MCKENNA BLUMBERG ARCHITECTS（KPMB）
合作建筑师：SMITH CARTER ARCHITECTS AND ENGINEERS
结构工程师：CROSIER KILGOUR & PARTNERS LTD. / HALCROW YOLLES
土木工程师：MTE CONSULTANTS INC
机电工程师：AECOM（FORMERL Y EARTH TECH）
总承包商：J.D.STRACHAN CONSTRUCTION LTD
施工经理：PCL CONSTRUCTORS INC
景观顾问：HILDERMAN THOMAS FRANK CRAM/ PHILLIPS FAREVAAG SMALLENBERG
气候工程师：TRANSSOLAR ENERGIETECHNIK GMBH
工程量测量师：HANSCOMB LTD

项目说明

2002 年，作为与马尼托巴水电公司谈判收购温尼伯水电公司的一部分，温尼伯市规定马尼托巴水电公司建造一座新的办公大楼，将 2000 名员工带到市中心，作为其城市振兴战略的一部分。马尼托巴水电站现在占据了一个完整的城市街区，前面是加拿大最宽的波特吉大道，相当于芝加哥密歇根大道。项目选址是为了能直接连接城市的交通系统和高架人行道系统。

马尼伯是一个兼有极端寒冷和炎热气候的城市，这里的室外温度从最低温 -35℃到最高温 35℃。在冬季，这个城市也拥有充足的阳光和强劲的南风。乍一看，这座新大楼像一座经典、现代的玻璃办公大楼。实际上，它是北美最节能的大型建筑之一，代表着新一代生态建筑，其目标是实现 60% 的能源效率、城市复兴、健康的工作场所和建筑的卓越上。马尼托巴水电大厦的特点是，在极端气候（ASHRAE Zone 7）下实现了这些目标。建筑已提交 LEED 白金认证，有望超越其最初 90kWh/m^{2}a 的 60% 节能目标。

建筑设计

采用多种形式、方向和聚集方式以利用温尼伯的极端气候作为被动能源，同时也为温尼伯创造一个新的标志性建筑。两座办公塔楼以 A 字形布局在三层裙楼上。透明玻璃幕墙有助于减轻街道上的建筑压迫感。两座塔楼在北面汇聚，向南张开，最大限度地暴露在充足的阳光和温尼伯气候所特有的持续强劲的南风中。在北端，115m 高的太阳能塔宣告着马尼托巴水电大厦在城市天际线上的标志性，并提示在波特吉大道上建筑物的主要入口。塔楼的后退还减轻了对该市历史悠久的主要购物街波特吉大道的日照影响。建筑的南端呈 45° 角，也为格雷厄姆街交通走廊上的新城市公园创造了空间。

作为主要的城市设计策略之一，对外开放的有顶廊道提供了一条穿过整个城市街区的步行空间，将裙楼一分为二。最初，项目有一个普通的“大堂”，但在综合设计过程（IDP）过程中，建筑师们提出了三层通高的中庭，既可以组织 2000 名员工的日常流线，又可以为城市提供一个新的室内公共聚集空间，以实现城市复兴的目标。

通过将办公空间设计为两个独立的塔楼，在中间引入多层通高的中庭空间，同时保证进深较浅，让自然日光渗透到建筑物深处并获得良好的景观视野。节能设计优先考虑全天候的新鲜空气，最大限度地利用自然光，使人们体会到极端气候的好处，特别是冬季充足的阳光和强劲的南风带来的效果。冬日花园的落地窗和朝南的景色，让人们既可以看到温尼伯宏伟的历史建筑和未来的希望，也可以看到加拿大人权博物馆等新建筑，以及马尼托巴广阔的蓝天和草原地平线。

结构设计

在 12—30.5m 深度的岩石中插入箱型基础以支撑主要混凝土框架，其中部分波特兰水泥成分被粉煤灰所取代。现浇混凝土地板，通常为 190mm 厚，在其中浇筑了用于辐射加热和冷却的水力管道——在最恶劣的冬季天气中，这些管道用于供应循环热水。中庭和楼梯内部使用钢材。

可持续性

出人意料的是，极端气候条件下，玻璃幕墙塔楼被证明是最有效的解决方案。当天气非常寒冷时，室内也阳光明媚，非常适合获得太阳能。“三层玻璃”用于所有外立面。围护结构分为单层和双层玻璃幕墙，中间有一个缓冲区。在冬季的大部分时间里，双层玻璃幕墙之间的温度都会自然波动，从而保持“三层玻璃”外墙的性能。缓冲区的作用随着季节而变化，在冬季主要用于隔热和新鲜空气加热（在南中庭的情况下）。该建筑最有名的特色之一是北端的太阳能烟囱。115m 高的烟囱有利于被动通风系统，依靠“烟囱效应”将空气排出建筑物。

在建筑的西面和东面，一个生物动力的双层立面创造了一个高性能的围护结构，通过为极端室外温度提供一个缓冲空间来减少热负荷和冷负荷。双立面内外墙上的可开启窗户允许在季节性适当的时间进行自然通风。

三个重叠的、六层高的冬季花园，面向正南，是一个巨大的被动节能空间。在传统的密封式北美办公楼环境中独一无二，它们充当建筑物的“肺”，并

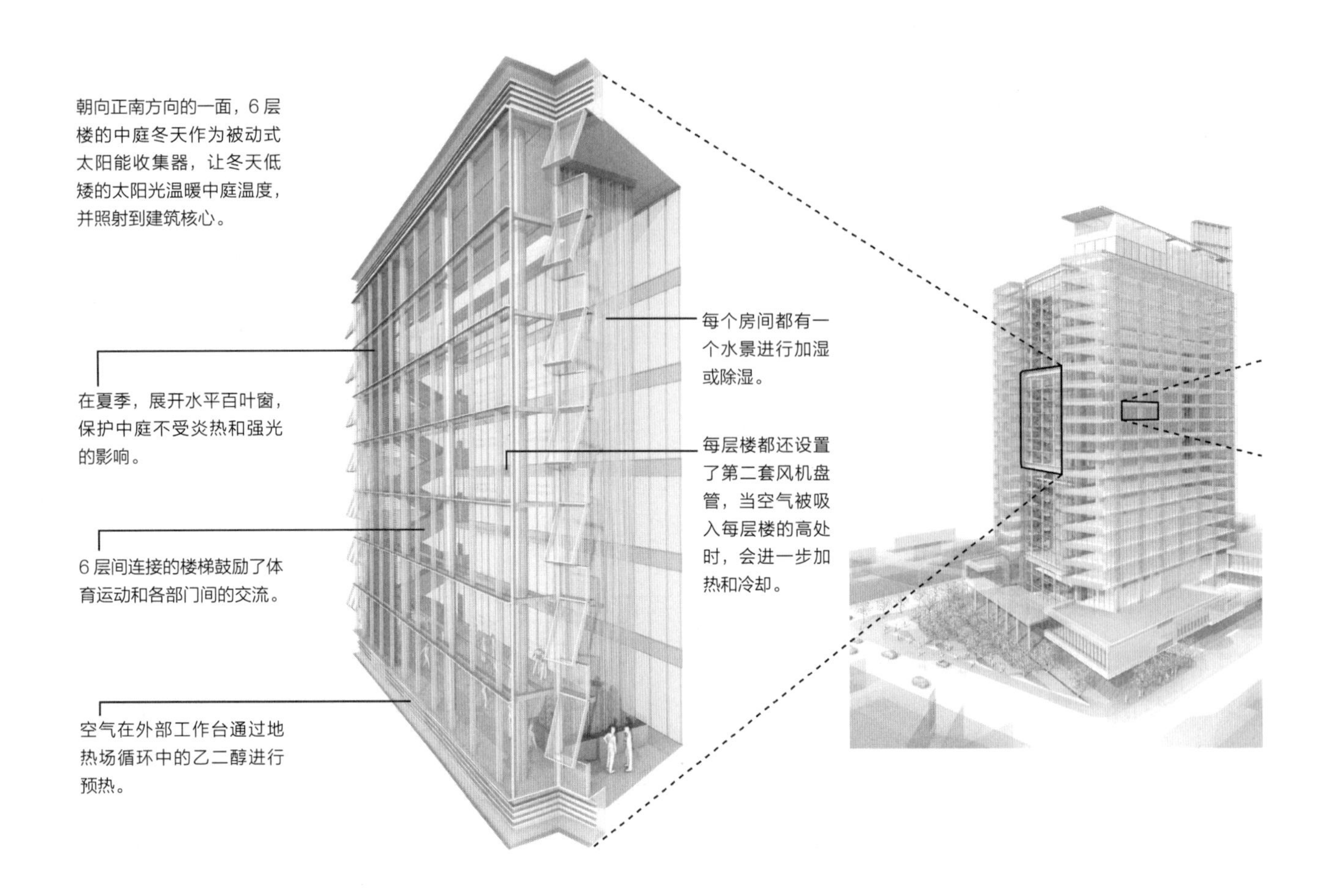

与太阳能烟囱一起工作，全年每天提供 100% 的新鲜空气。每个冬季花园都有一个 23m 高的水帘，由 280 条聚酯薄膜丝带组成，在空气进入建筑物之前对其进行调节。

由 280 个深达 125m 的钻孔组成的闭环地热（地源能源）系统提供了大约 60% 的供暖，在最冷的几个月里，高效节能的冷凝锅炉提供补充。建筑的主要能源是水力发电和天然气。热惰性强的现浇混凝土楼板提供辐射加热和冷却，热回收用于预热进入的新鲜空气。

这座建筑具有超过 25,000 个观察点的建筑管理系统（BMS）便于员工沟通和反馈，以控制照明、遮阳以及热舒适度。还可监测当地气候并使用数据自动调整设定值（楼板温度、可操作窗户、遮阳等）。

除了节能设计之外，玻璃幕墙系统还创造了一个高支持度、舒适和健康的工作场所。每个人都可以在 80% 的正常办公时间内获得自然照明。使用者通过可开启窗户、人工照明和遮阳设备来控制他们的个人工作环境。

通过使用低流量固定装置和无水小便器，可将饮用水需求降至最低。

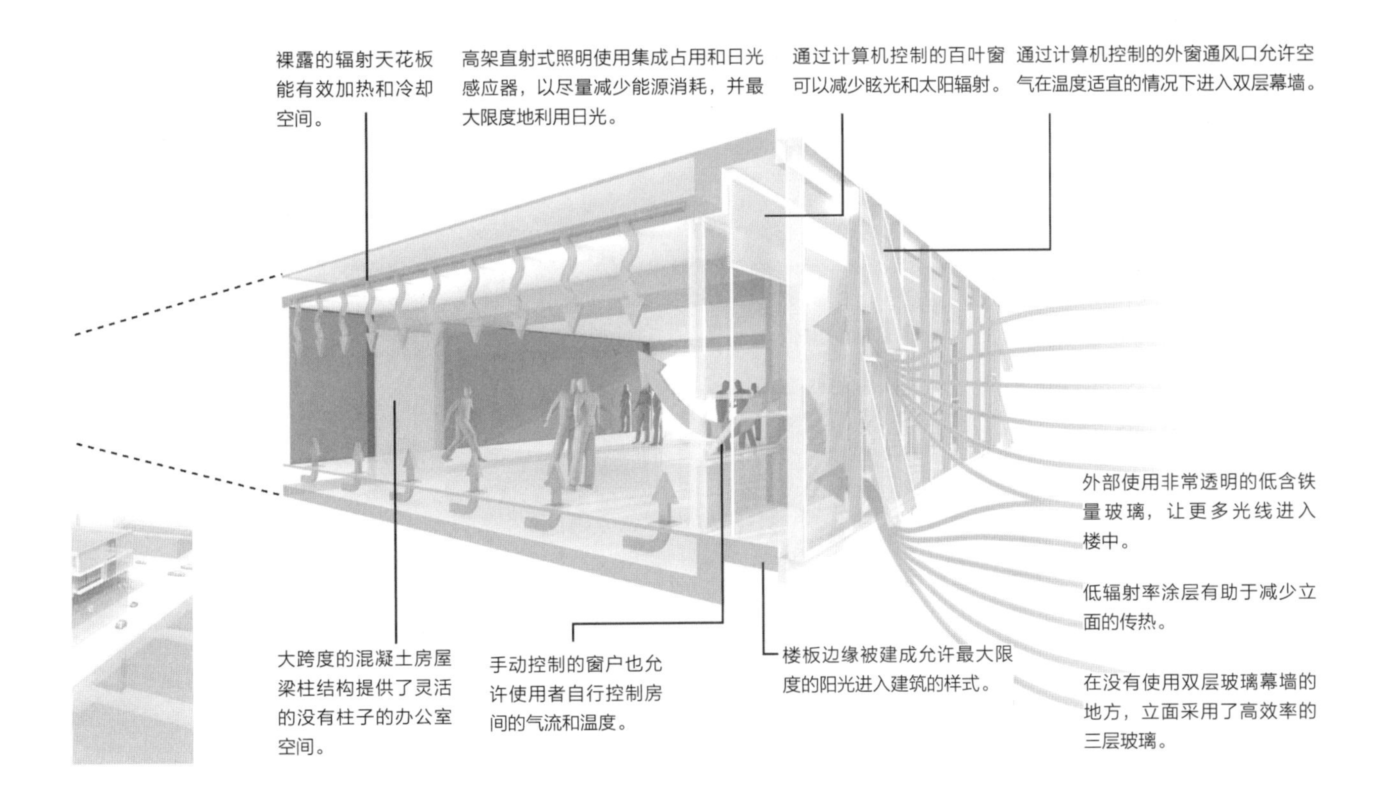

结论

自开放以来，这座建筑促进了文化和市民的重大转变。在马尼托巴水电站以前的郊区办事处，90%的雇员独自开车上班；现在 90% 的人乘坐公共交通工具。员工正在享受协作、开放的工作空间、新鲜空气和视野，以及与跨部门同事会面和互动的机会。2000 名员工从郊区涌入温尼伯市中心，已经对经济产生了影响，更重要的是，对公民的城市自豪感产生了影响。

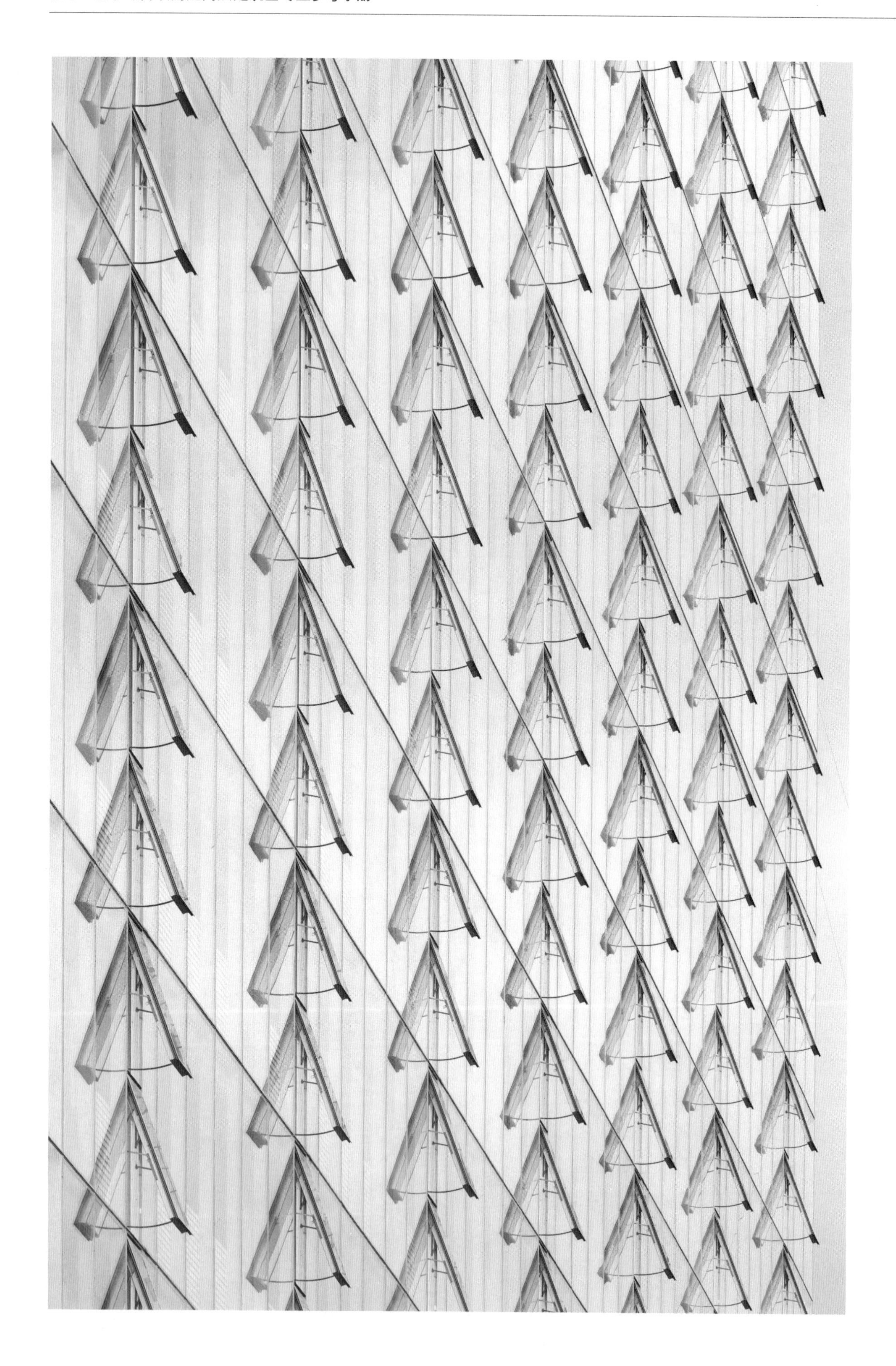

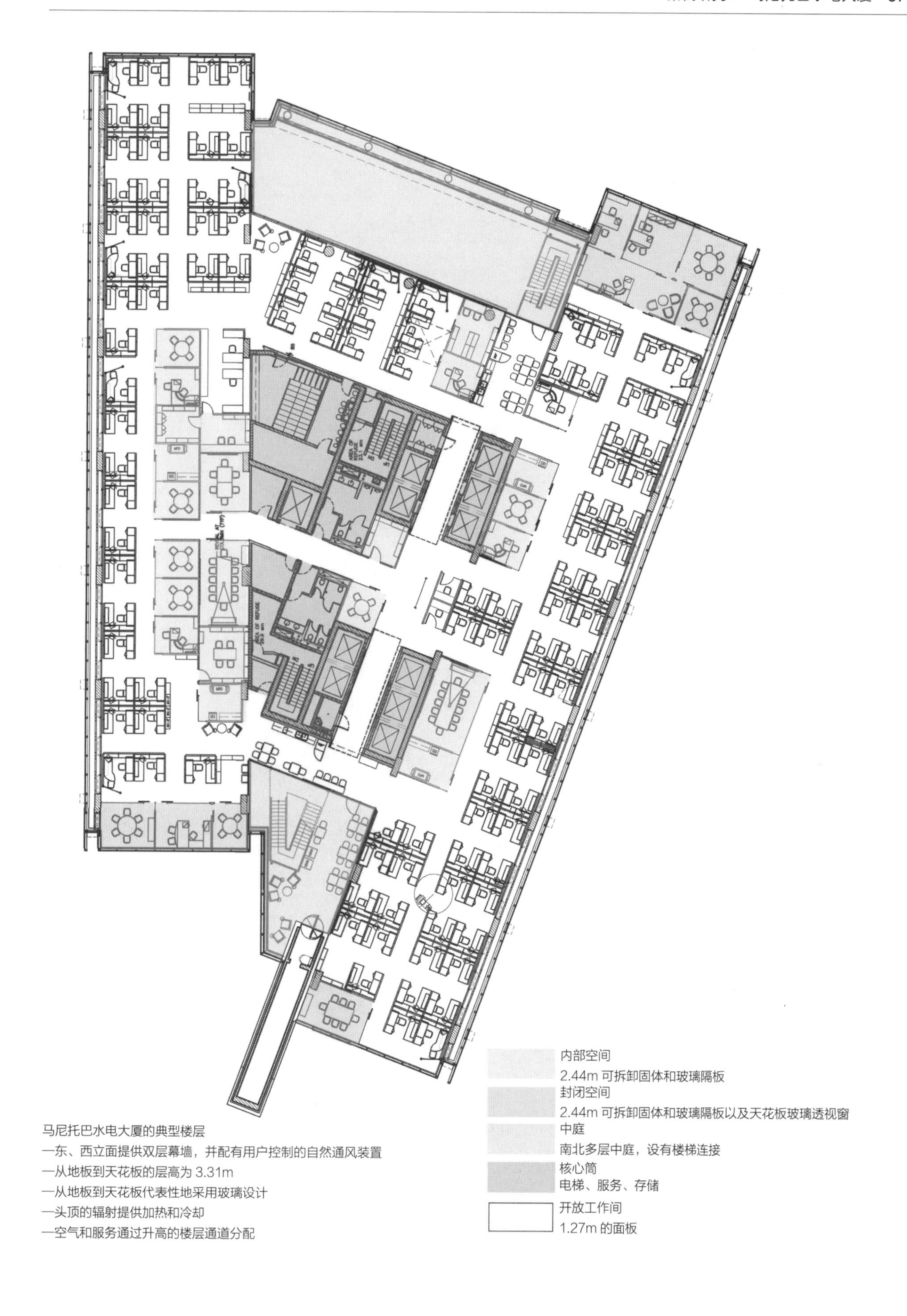

马尼托巴水电大厦的典型楼层

—东、西立面提供双层幕墙，并配有用户控制的自然通风装置

—从地板到天花板的层高为 3.31m

—从地板到天花板代表性地采用玻璃设计

—头顶的辐射提供加热和冷却

—空气和服务通过升高的楼层通道分配

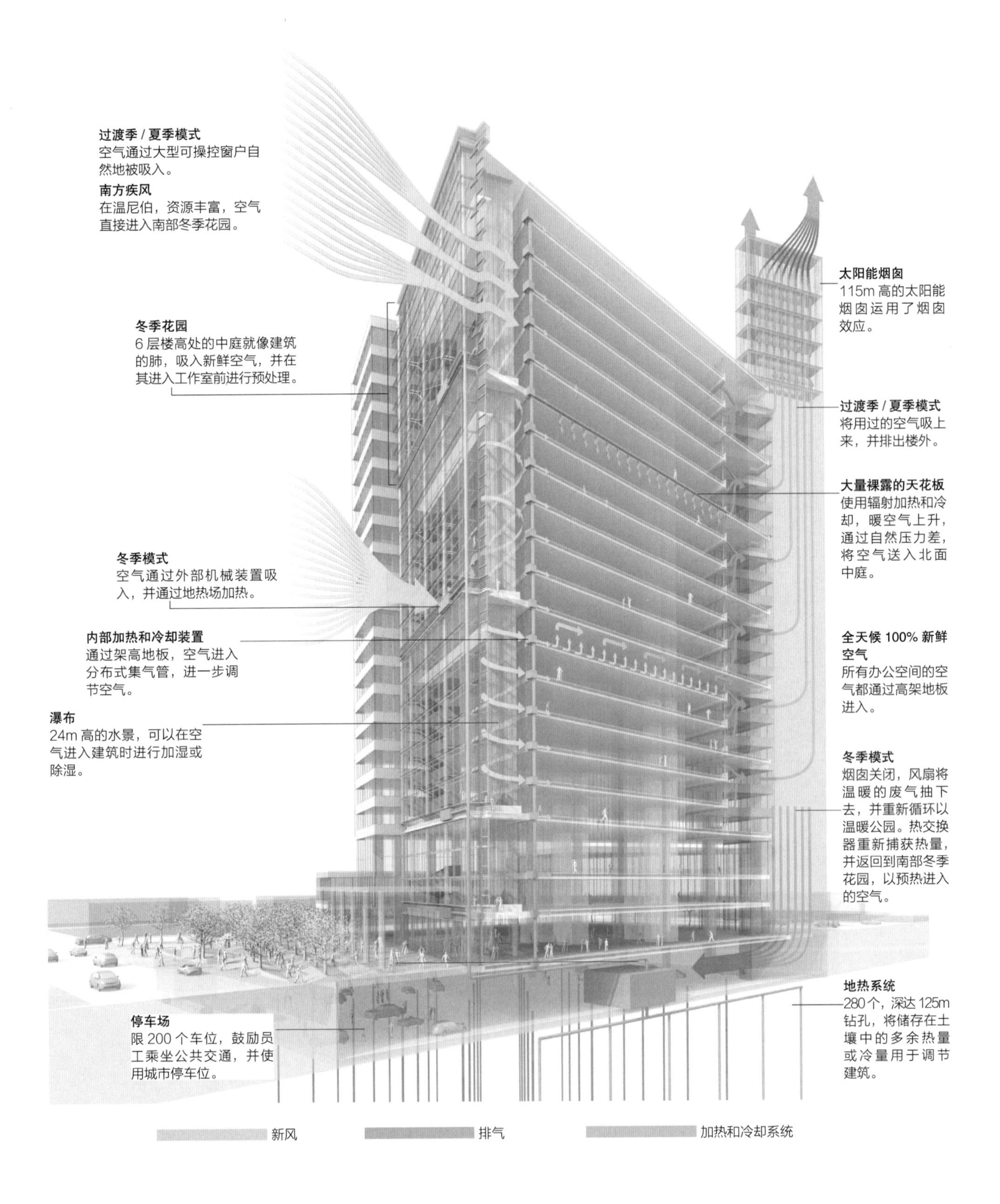
过渡季 / 夏季模式
空气通过大型可操控窗户自然地被吸入。
南方疾风
在温尼伯，资源丰富，空气直接进入南部冬季花园。
冬季花园
6 层楼高处的中庭就像建筑的肺，吸入新鲜空气，并在其进入工作室前进行预处理。
冬季模式
空气通过外部机械装置吸入，并通过地热场加热。
内部加热和冷却装置
通过架高地板，空气进入分布式集气管，进一步调节空气。
瀑布
24m 高的水景，可以在空气进入建筑时进行加湿或除湿。
停车场
限 200 个车位，鼓励员工乘坐公共交通，并使用城市停车位。
太阳能烟囱
115m 高的太阳能烟囱运用了烟囱效应。
过渡季 / 夏季模式
将用过的空气吸上来，并排出楼外。
大量裸露的天花板
使用辐射加热和冷却，暖空气上升，通过自然压力差，将空气送入北面中庭。
全天候 100% 新鲜空气
所有办公空间的空气都通过高架地板进入。
冬季模式
烟囱关闭，风扇将温暖的废气抽下去，并重新循环以温暖公园。热交换器重新捕获热量，并返回到南部冬季花园，以预热进入的空气。
地热系统
280 个，深达 125m 钻孔，将储存在土壤中的多余热量或冷量用于调节建筑。
新风
排气
加热和冷却系统

案例研究 5
麦迪逊公园

美国纽约

建筑高度：189m
建筑层数：50 层
总建筑面积：15,190m²
主要用途：住宅
开工时间：2006 年
竣工时间：2014 年
项目成本：未知
业主 / 开发商：SLAZER ENTERPRISES/ THE RELATED COMPANIES
首席建筑师：CETRARUDDY（CETRA/CRI ARCHITECTURE PLLC）
合作建筑师：无
结构工程师：WSP CANTOR SEINUK
机电工程师：MG ENGINEERING
总承包商：BOVIS LEND LEASE
景观设计：HM WHITE

项目说明

从 20 世纪 60 年代末和 70 年代初的城市更新中汲取灵感，麦迪逊公园塔楼采用模块化、插入式设计概念，通过悬挑在主塔东北侧的转角体量，为居民提供 360° 的城市风貌及更远的视野。设计团队的灵感受其他建筑的影响，例如 67 号栖息地（1967）、纽约大学广场（1967）和中银胶囊塔（1972）。以及其旁边的麦迪逊公园一号、西边的熨斗大厦（1902）和东北侧的大都市人寿大厦（1909）。麦迪逊公园一号旨在增强城市环境，与大都市人寿大厦相平衡，在三座塔之间创造出优雅的天际线。

对于建筑师和开发商来说，建造一座能改变曼哈顿天际线的建筑是一个难得的机会。麦迪逊公园的开发商购买了位于麦迪逊大道中间街区南部、东部和西部其他地块的所有剩余空间的上空开发权，使其能够建造一座更高的塔楼。麦迪逊公园一号楼高 189m，占地面积 480m²，底座宽 15m，是纽约市最高、最纤细的摩天大楼之一，高宽比为 12 ∶ 1。通过购买的空中权利保留了其 360° 的视野，使 15,329m² 的塔楼“统治”着周边建筑。

麦迪逊公园塔楼面向麦迪逊公园，位于第 23 街和麦迪逊大道两条主干道的交会处，在曼哈顿街区上独树一帜。与中央车站、时代华纳中心和华盛顿广场公园的拱门一样，麦迪逊公园塔楼位于麦迪逊大道的轴线上，使其在街道上远距离也可见，赋予该建筑突出的地位。

项目简介

开发商对麦迪逊公园寄予了很高的期望，打算打造一座顶级豪华住宅，与曼哈顿顶级公寓相媲美。更大的挑战是，客户希望塔楼施工不影响整个场地的使用，这需要施工顺序的分阶段。场地限制建筑物的基底，需要一个巧妙的设计来最大化利用空间和视野。

各种单元的组合旨在创建各种尺度的公寓，从 86.4m^2、半层居室、一居室到 307.5m^2、全层居室、三居室和 396m^2 三层跃层。此外，酒店将配备豪华设施，包括水疗中心、游泳池、健身中心、媒体室、酒窖和室外露台公园。为了营造一个宁静和更私密的入口，使用者通过 22 街的入口进入住宅楼。还有一个底层商业空间，以补充 23 街目前的零售商业。

设计理念

七个凸出的体量由透明的白色和绿色玻璃构成，构成了建筑的体型模块。立方体出挑解构了建筑的体量，并赋予它一种轻盈的感觉。与典型的住宅和商业建筑不同，这种模块化概念创造了不同的单元和效果组合，从而形成了独特而富有表现力的建筑形式。这些体量从主要构件悬挑出来，功能属性大于美学属性，将塔楼 250m^2 的楼板面积扩大到 307m^2，并影响了建筑体型的构成。这一独特的特点是为了加快主塔建设，以及提供多种公寓类型，同时为一些公寓搭建了露台。

在设计平面布局时，斜撑被放置在中心而不是周边。结构设计形成一个十字形剪力墙，隐藏在房间和竖井之间的隔墙，最大限度地减少了对房间布局的影响。这种高效的空间规划和工程整合为每个房间提供了开敞的空间和良好的视野。落地玻璃幕墙将视野延伸到城市空间，营造出随季节变化的城市景色。为了每个家庭都有良好的视野，每间公寓都提供多个可以同时看到南北景色的空间。标准楼层享有 360° 全景，每间客房均享有独特的景色。眺望曼哈顿的南端，或观览长岛或新泽西州，使用者会感受到与这座城市的特殊亲密感，仿佛在自己的天空城堡中俯瞰世界。

项目在建筑设计、结构设计、材质选择方面的挑战是如何创建一个让麦迪逊广场公园和附近的经典建筑相协调的现代建筑。主塔身覆盖着棕铜玻璃，使塔与周围的砖石建筑融为一体。麦迪逊公园塔楼和大都市人寿大厦（Met Life tower）相似的比例，创造了传统古典主义和现代主义建筑之间的对话。两座塔楼分别在了广场的南端和东端限定了麦迪逊公园入口。随着夜幕降临，这种对话变成了二维，大都市人寿大厦映在麦迪逊公园塔楼的棕铜玻璃立面上。

如果没有对技术和结构的创新使用，就不可能建造麦迪逊公园一号。由于建筑物的高度和高宽比，抵抗风力和地震是一项重大的工程挑战。为了满足建筑设计需要，必须最大限度地提高剪力墙的刚度和强度。同时通过在屋顶层结合建筑功能设计协调水阻尼系统，来减轻建筑的横向运动。当大风情况发生时，水来回晃动，并在两个烟囱中聚集，以减弱风荷载影响。

建设麦迪逊公园就像是拼最后一块拼图；建筑的轮廓形状、独特的属性和位置是整个场地设计和谐

完美的尾声。

麦迪逊公园的先进设计和巧妙工程设计得到了建筑界和其他领域的赞赏。诗意的形式，简洁但引人注目，传达了一种低调的优雅，不常见于当代建筑。这种独特的纤细外形，突破了当今摩天大楼的极限，吸引了许多外地游客。正是这种人与人之间的联系，使得麦迪逊公园引人注目，并使这座塔在纽约市塔的地标形象中占有一席之地。

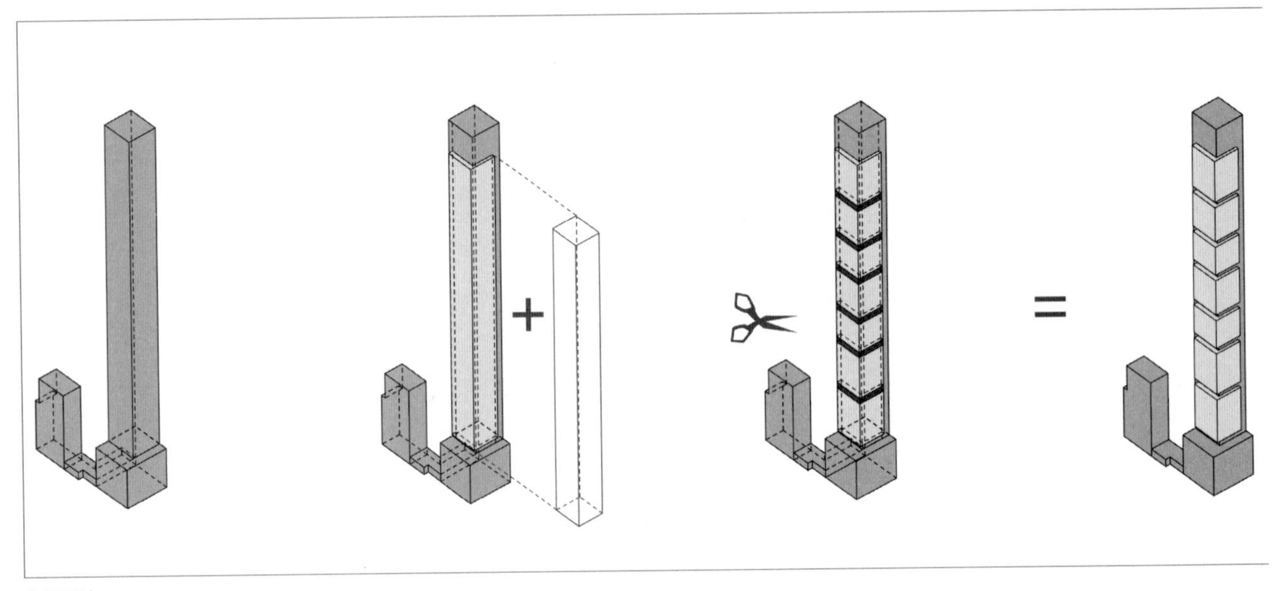

体量设计

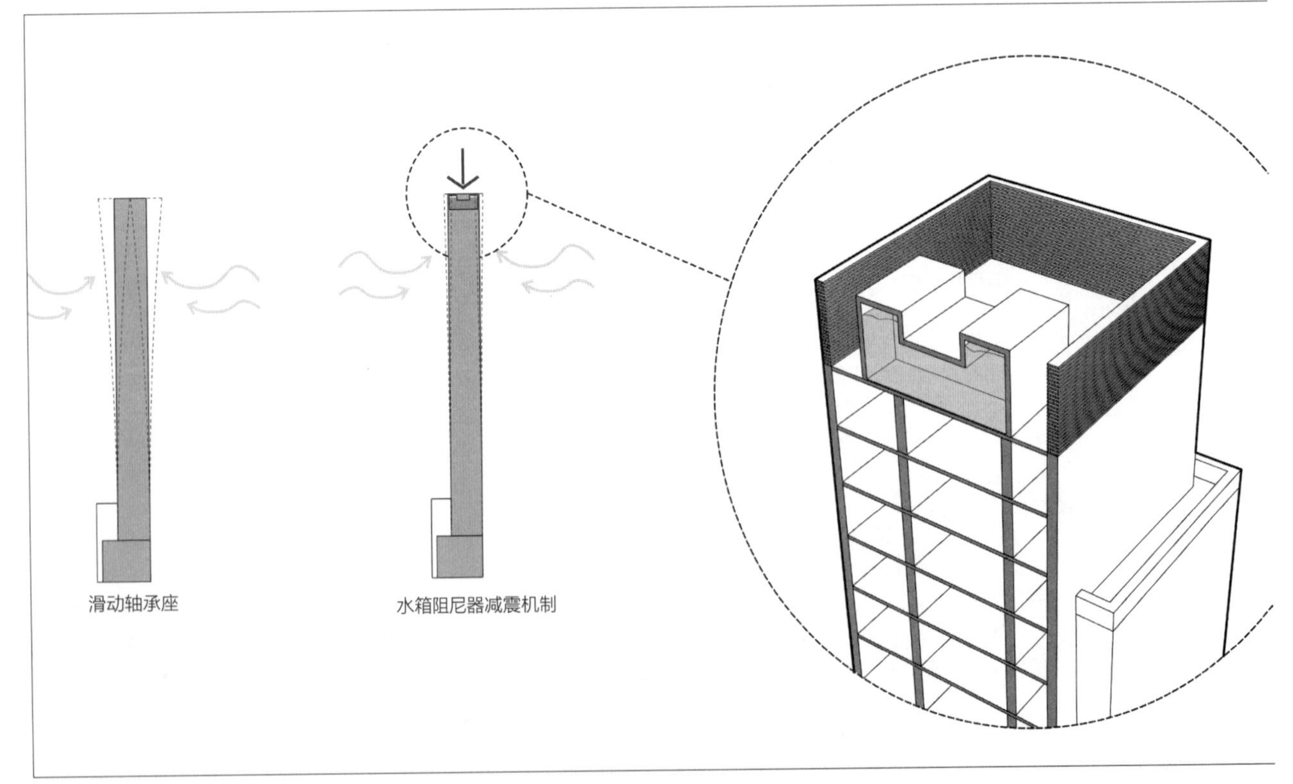

水箱阻尼器工程

案例研究 6
维尔双子塔

美国拉斯韦加斯

建筑高度：137m
建筑层数：37 层
总建筑面积：78,210m^2
主要用途：住宅、零售
开工时间：2006（设计）
竣工时间：2010 年
项目成本：未知
业主 / 开发商：米高梅度假村国际
首席建筑师：MURPHY/JAHN
合作建筑师：AAI ARCHITECTS，INC.
结构工程师：HALCROW YOLLES
特殊结构：WERNER SOBEK
机电工程师：WSP FLACK+KURTZ
总承包商：PERINI 和 TISHMAN CONSTRUCTION

项目说明

天际线可以说是城市的“指纹”。与芝加哥或纽约不同，拉斯韦加斯的天际线是由标志性建筑组成的拼贴画，而不是一个个相对高度的建筑轮廓。对其设计师而言，维尔双子塔（Veer Towers）的挑战是成为大型城市中心项目的一个组成部分，并为其独特和标志性做出贡献。通过一个新的标志性建筑来重建拉斯韦加斯，就像毕尔巴鄂的古根海姆、巴黎的蓬皮杜或柏林的索尼中心一样。让这个项目成为拉斯韦加斯的生活中心是我们的目标，希望将它建造成人们想去的地方、购物的地方、生活的地方。

建筑设计

维尔双子塔向相反方向倾斜 5°。住宅功能在商业零售和 24m 高大厅的上方。每一栋建筑都既坚固又精致。幕墙是没有反光的玻璃，项目将是拉斯韦加斯第一座真正透明的建筑。这本身就是一个巨大的技术进步甚至文化挑战。透明玻璃和熔块黄色玻璃错落有致使建筑的立面充满活力，给建筑带来了一种温暖宜人的色彩，而水平百叶窗则遮挡了强烈的沙漠阳光。

结构设计

承重结构是一个简单、重复性强的“Z”形核心筒。在这两座塔楼中，核心筒被战略性地建在建筑基底上，在最大限度减少重力倾覆影响的同时，使核心筒在整个建筑物中都能垂直。虽然所有室内柱垂直上升，南北建筑立面上的塔柱随着塔楼的倾斜而倾斜。

主楼大堂的南立面用直径 1200mm 和 1370mm 的细长混凝土柱支撑，独立支撑 24m 多高的空间，和塔楼的倾斜角度一致。考虑到空间的限制和通过最小化柱尺寸以最大化大堂可用空间的要求，设计引入了组合柱结构。

由于这些空间的独特性质，塔楼的主要大堂空间需要一个独特的供暖、制冷和通风解决方案。每个大厅都是一个多层通高空间，南立面有一大片玻璃幕墙。这个立面几乎有 24m 高，为大堂提供大量的自然光，也导致了大量的热量得失。通过对空间负荷的研究和流体力学（CFD）分析，确定了有效调节空间的最佳方案是采用冷热水的地板辐射系统，代替冷却或加热室外空气的通风系统。地板辐射系统可以使空间温度高于传统的全空气系统，在保持乘客舒适性的同时降低能耗。

公寓的供暖和制冷由垂直风机盘管机组提供。整个建筑最大限度地利用了自然空气和光线。水平式遮阳板为东、南、西立面提供遮阳，最大限度地降低技术设备要求和提高居住者舒适度，同时降低能耗。此外，所有四个立面上约 50% 的玻璃是彩色磨砂涂层的视觉玻璃，这进一步提高了立面的能源效率，同时赋予了设计鲜明的个性和美感。

可持续性

该项目的宣言是发挥城市责任，关注建筑在功能和结构方面的表现，使用先进可用的技术，展现建筑美学并将其提升到艺术水平，通过使用如日光和新鲜空气等自然资源，结合最少的设备利用，最大限度地提高用户的舒适度。

项目的最明显的可持续性元素就是在立面。广泛使用高性能 Low-E 玻璃可最大限度地增加采光

和室外视野，结合外部遮阳和建筑 50% 立面面积中 57% 的彩釉，提供所有遮阳，以控制和减少太阳能得热。虽然固定遮阳装置和高性能玻璃控制了太阳得热，但它们本身不足以满足项目目标，即超过美国采暖、制冷和空调工程师学会 1999 年制定的 ASHRAE 90.1 标准（ASHRAE 90.1-1999[1]）的 20%。在维尔双子塔和整个园区内采用的其他节能设计策略，如高效的中央能源供应和热电联产系统，加上高性能的围护结构，使建筑超过 ASHRAE 90.1-1999 标准的 37.6%。

为了以可持续的方式建造这一项目，项目团队采取了一些相匹配的技术。使用建筑垃圾管理技术，使 50%—75% 的建筑垃圾可再利用，以及使用当地生产和制造的材料、回收材料以及木材认证产品，可显著减少环境影响。控制流量的雨水过滤系统用于灌溉和中水系统的使用都有助于节约用水和减少饮用水的用量，从而降低公用事业费用和减少对自然资源影响。

2009 年，作为城市中心项目的重要组成部分，维尔双子塔获得了美国绿色建筑协会 LEED 金牌认证。

结论

维尔双子塔的设计方案力求简洁和充满活力，强化了整个建筑群的标志性。城市中心项目正在助力真正的城市结构发展。项目是有创意的、有远见的，构建了一个开放的微型城市体系。维尔双子塔在城市中意义重大，其形式简单优雅，技术先进，对环境负责。维尔双子塔充满了活力和乐观，具有很强的标志性；倾斜的体量为拉斯韦加斯的标志性拼贴画增添了雕塑元素。

注释

1. ASHRAE 标准 90.1-1999：非低层住宅建筑能源标准。

案例研究 7
广州国际金融中心（GZIFC）

中国广州

建筑高度：438.6m
建筑层数：103 层
总建筑面积：448,371m^2（含塔楼、裙楼、地下室）
主要用途：办公
其他用途：酒店、零售
开工时间：2006 年 1 月；封顶：2008 年 12 月
竣工时间：2010 年 10 月
项目成本：2.8 亿英镑
业主 / 开发商：广州越秀城建国际金融中心有限公司
首席建筑师：WILKINSON EYRE ARCHITECTS
合作建筑师：华南理工大学建筑设计研究院有限公司
结构工程师：ARUP
机电工程师：ARUP
总承包商：中国建筑工程总公司 / 广州市建筑集团有限公司
照明设计：LICHTVISION DESIGN & ENGINEERING GMBH
景观设计：ASPECT STUDIOS

项目说明

广州是中国制造业的发源地，也是中国工业化成功的代表，到 21 世纪初，现有的中央商务区（CBD）已经能不能满足发展需求。因此，广州着手规划一个新的中央商务区——珠江新城。

珠江新城位于城市东部的农田上，旨在为广州提供一个新的中央商务区，以赶上该市举办 2010 年亚运会。总体规划创建了一条纵贯南北的中轴线，从城市现有的火车站向南延伸至珠江两岸。这条轴线的核心，是可以辐射周边商业和住宅的中央绿地。总体规划中有一个可以俯瞰珠江的新文化区，在该区域内新的歌剧院、省级博物馆和图书馆已经建成。总体规划理念的核心是创建具有里程碑意义的双塔。双塔形成了城市之门，并在文化区和商业区之间形成了一个门户空间。

2005 年，广州市宣布举办一次国际超高层塔楼设计竞赛。WILKINSON EYRE 与 ARUP 合作，和其他 10 家公司入围该项目。设计团队赢得比赛，并受越秀集团委托完成其中一座塔楼——西塔（现更名为广州国际金融中心）的建设设计。塔高增加到 438.6m，103 层，并同时保留了塔楼的设计理念。在塔楼中，办公楼层位于 2 层—66 层，四季酒店位于 67 层—103 层。

设计理念

西塔被认为是符合空气动力学且造型优雅、流畅的建筑，并且它与其他现有的高层建筑完全不同。在立面造型上，塔楼的轮廓线采用了一条 5.6km 半径的优美曲线。底部较窄，在总高度的三分之一最宽，然后逐渐变细，到顶部最窄。西塔引人注目的外部巨型斜撑结构通过建筑物透明的玻璃表面清晰地表现出来。

在平面图上，塔的形状类似一个“三角形”，“三角形”的每条边都是由半径 71m 的弧线构成，并以半径 9m 的圆角相交。

塔楼的空气动力学形状、光滑的幕墙设计和朝向都经过了仔细研究，并在一定程度上反馈盛行季风和减少风荷载的影响。塔楼的朝向最大限度地为居住者提供南向的珠江景观。

建筑设计

三层共 12m 高的入口大堂环绕着塔楼的底部，让使用者安全方便地进入大楼的双层穿梭电梯和标准电梯。主大堂还通过自动扶梯连接到位于地下室的第二办公室大堂，从而便利地连接地下商业和地铁。此外，一楼还设有专门的酒店大堂。

西塔提供了约 16.5 万 m^2 高效灵活的办公楼空间。标准层的使用面积从 1500m^2 到 2500m^2 不等，以容纳更大的国际租户。同时，基于中国典型的市场状况，考虑使用灵活性，每层楼都可以分隔出一系列较小的租户空间。办公进深从 11m 到 15m 不等，可以实现良好的采光。

标准楼层设计为一个防火分区，而较大的楼层（超过 2000m^2）则设计为两个防火分区，以满足防火规范的要求。4.5m 的层高可以达到 2.8m 的净高。吊顶内通过钢梁开洞等方式实现管线综合布置，245mm 高的架空地板内可布置强电线路和弱电线路。

66 层是最高的办公楼层，上面部分则是四季酒店。为了节省造价，酒店客房的层高降低至 3.375m，净高为 2.8m。

酒店的健身俱乐部位于69层，包括无边际泳池、水疗中心。在下面的设备层设置了厨房和后勤区。展示酒店形象的主大厅位于 70 层，通过穿梭电梯直达。巨大的中庭从这一层开始，比伦敦圣保罗大教堂还要高。这个壮观的 120m 高的中庭空间顶部可采光，中庭底层是餐厅和酒吧，344 间酒店客房和套房占据在 74—99 层围绕中庭布置。酒店的机房位于塔楼上方，437.5m 处有一个直升机停机坪，为消防队和贵宾提供通往塔楼的通道。

在超高层建筑中，核心筒的设计比传统建筑更为重要。核心筒是大楼的生命线，必须高效地上下运送人员和服务，同时也是紧急情况下的逃生和消防通道。此外，核心筒一般承载绝大多数建筑的荷载。因此，为了最大化可出租空间，核心筒设计进行了大量的改进。

大楼的所有电梯都在核心筒内部，包括消防 / 货物电梯，另外还有三组疏散楼梯。为办公服务的卫生间位于非本区间电梯的电梯厅或电梯已废弃的地方。两个为本层服务的机房也在核心筒内设置，并连接到专用的设备机房。为了在平面中心形成中庭，核心筒在 70 层被转换到三个小核心筒上，小核心筒位于下面的主核心筒的外墙上。

设备楼层被精心布置在建筑物的双高度区域，与结构受力重要节点相协调，同时满足机电工程间距要求，力求防止设备“压力”过度积聚。设备避难层还设置了用于火灾时消防疏散的避难空间。

结构设计

该建筑采用了世界上最高的巨型斜撑结构，该结构通过建筑的立面清晰地表达出来，并赋予其“标志性”。钢管混凝土（CFT）构成的菱形构件，为结

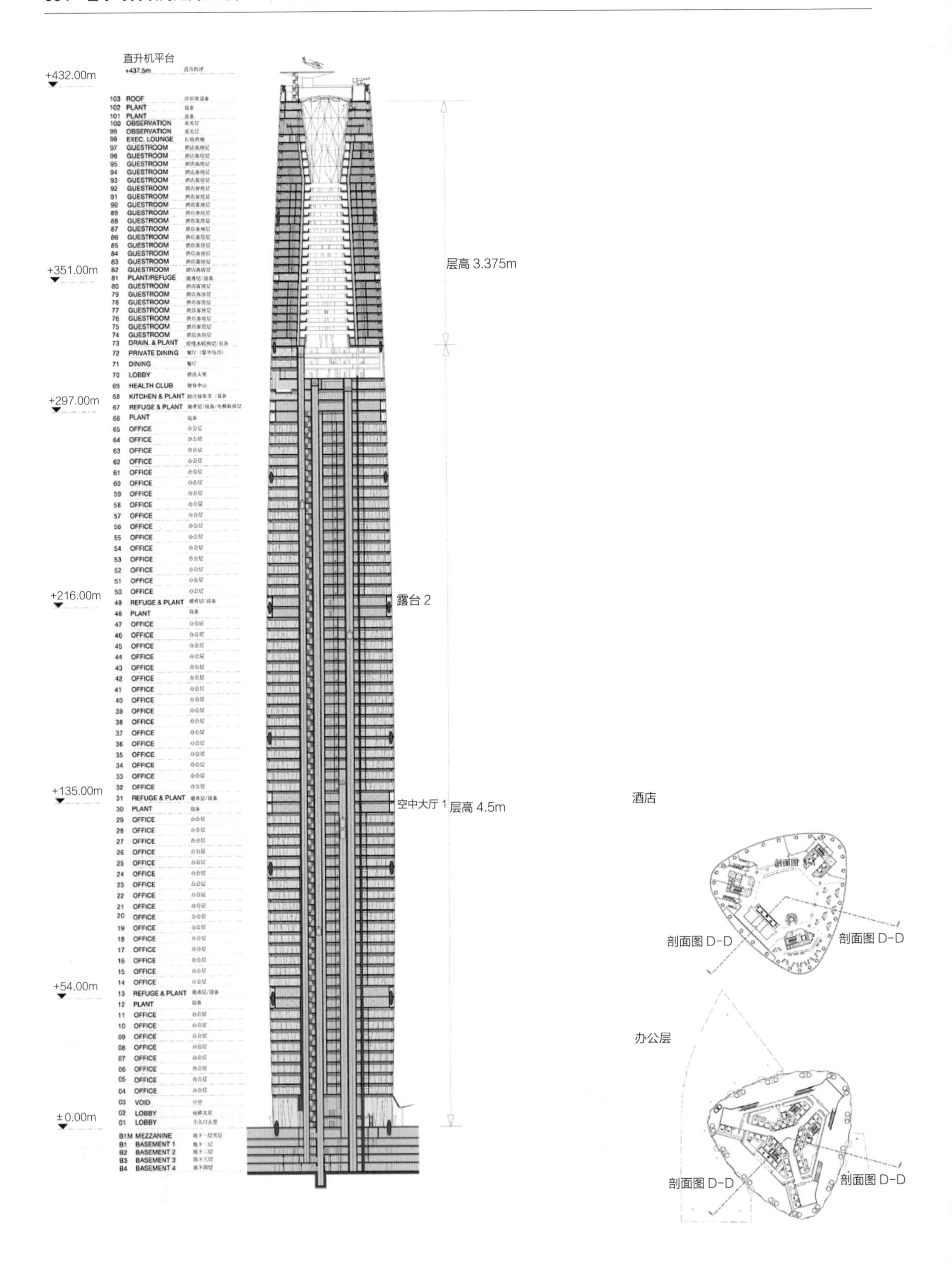

直升机平台
+437.5m
+432.00m
103 ROOF
102 PLANT
101 PLANT
100 OBSERVATION
99 OBSERVATION
98 EXEC. LOUNGE
97 GUESTROOM
96 GUESTROOM
95 GUESTROOM
94 GUESTROOM
93 GUESTROOM
92 GUESTROOM
91 GUESTROOM
90 GUESTROOM
89 GUESTROOM
88 GUESTROOM
87 GUESTROOM
86 GUESTROOM
85 GUESTROOM
84 GUESTROOM
83 GUESTROOM
+351.00m
82 GUESTROOM
81 PLANT/REFUGE
80 GUESTROOM
79 GUESTROOM
78 GUESTROOM
77 GUESTROOM
76 GUESTROOM
75 GUESTROOM
74 GUESTROOM
73 DRAIN. & PLANT
72 PRIVATE DINING
71 DINING
70 LOBBY
69 HEALTH CLUB
+297.00m
68 KITCHEN & PLANT
67 REFUGE & PLANT
66 PLANT
65 OFFICE
64 OFFICE
63 OFFICE
62 OFFICE
61 OFFICE
60 OFFICE
59 OFFICE
58 OFFICE
57 OFFICE
56 OFFICE
55 OFFICE
54 OFFICE
53 OFFICE
52 OFFICE
51 OFFICE
50 OFFICE
+216.00m
49 REFUGE & PLANT
48 PLANT
47 OFFICE
46 OFFICE
45 OFFICE
44 OFFICE
43 OFFICE
42 OFFICE
41 OFFICE
40 OFFICE
39 OFFICE
38 OFFICE
37 OFFICE
36 OFFICE
35 OFFICE
34 OFFICE
33 OFFICE
32 OFFICE
+135.00m
31 REFUGE & PLANT
30 PLANT
29 OFFICE
28 OFFICE
27 OFFICE
26 OFFICE
25 OFFICE
24 OFFICE
23 OFFICE
22 OFFICE
21 OFFICE
20 OFFICE
19 OFFICE
18 OFFICE
17 OFFICE
16 OFFICE
15 OFFICE
14 OFFICE
+54.00m
13 REFUGE & PLANT
12 PLANT
11 OFFICE
10 OFFICE
09 OFFICE
08 OFFICE
07 OFFICE
06 OFFICE
05 OFFICE
04 OFFICE
03 VOID
±0.00m
02 LOBBY
01 LOBBY
B1M MEZZANINE
B1 BASEMENT 1
B2 BASEMENT 2
B3 BASEMENT 3
B4 BASEMENT 4
层高 3.375m
露台 2
空中大厅 1
层高 4.5m
酒店
剖面图 D-D
剖面图 D-D
办公层
剖面图 D-D
剖面图 D-D

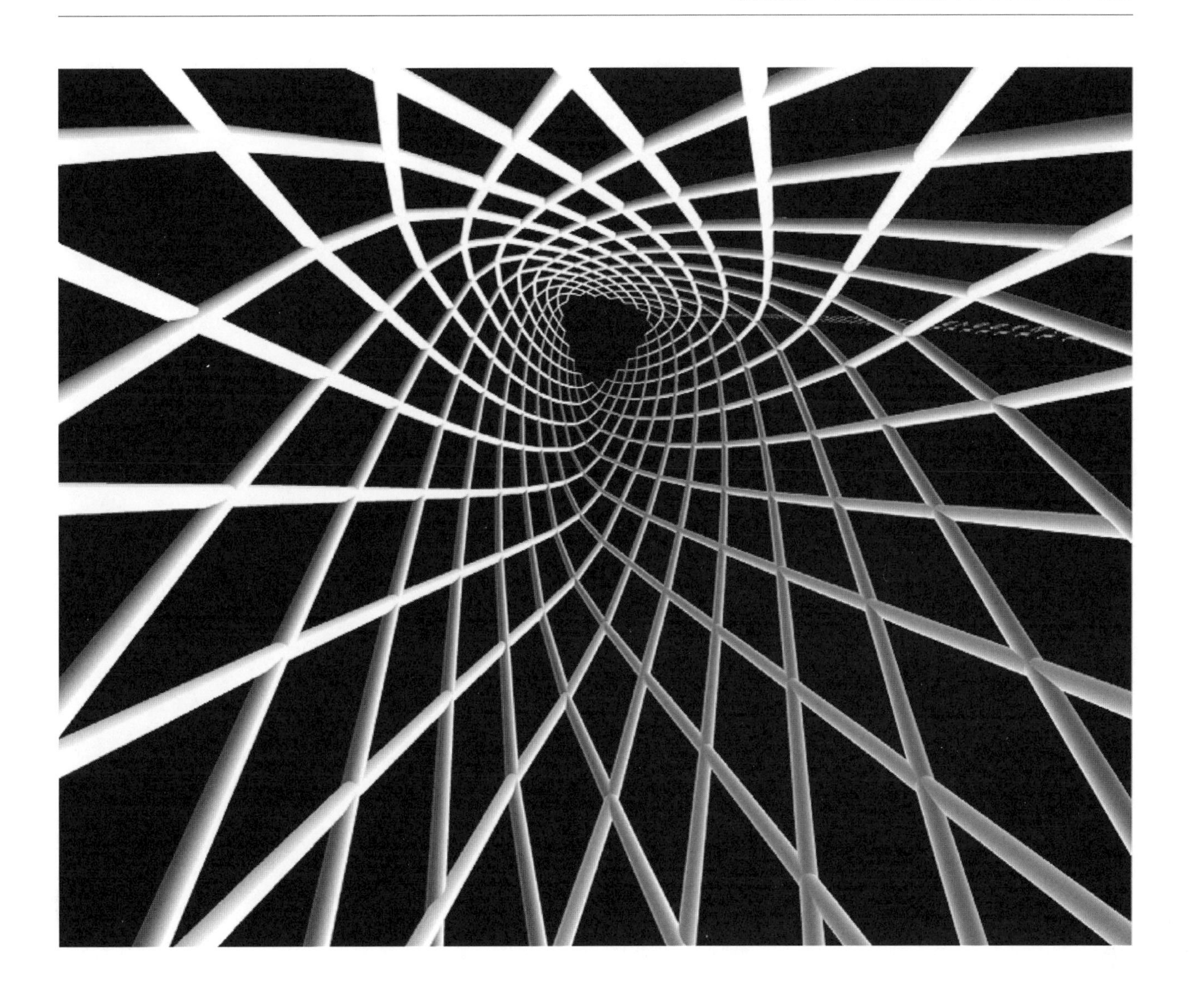

构提供良好的刚度和防火保护。然而为了满足 2 小时的防火规范，建筑结构仍然需要防火涂料的保护。每 12 层的管状菱形结构“节点”形成 54m 高的巨型钢制钻石。在塔的底部，结构构件直径为 1800mm，并逐渐减小尺寸，在建筑物顶部变为 900mm。

该建筑楼层的大部分重力荷载由核心筒承担，核心筒通过梁连接巨型斜撑结构，形成一个坚硬的“筒中筒”结构体系。该结构形成的刚度最大限度地减少了钢材吨位，同时提供了建筑对加速度和摇摆的抵抗力，从而为建筑物的居住者保持了高舒适度。这种刚度和加速阻力意味着不需要额外的结构阻尼。

广州国际金融中心的项目还设有一个大型裙楼，通过一个叹为观止的四层玻璃入口空间连接到塔楼底部，可以直接进入会议和宴会设施，进而进入 45,000m^2 的高端零售商场。六层的裙房环绕着主塔，上部为两个较小的住宅塔楼，每个塔高 100m，包含 286 套公寓。另外 18,000m^2 的地下零售空间连接到地上商场和塔楼大堂，同时能直接进入地铁系统。

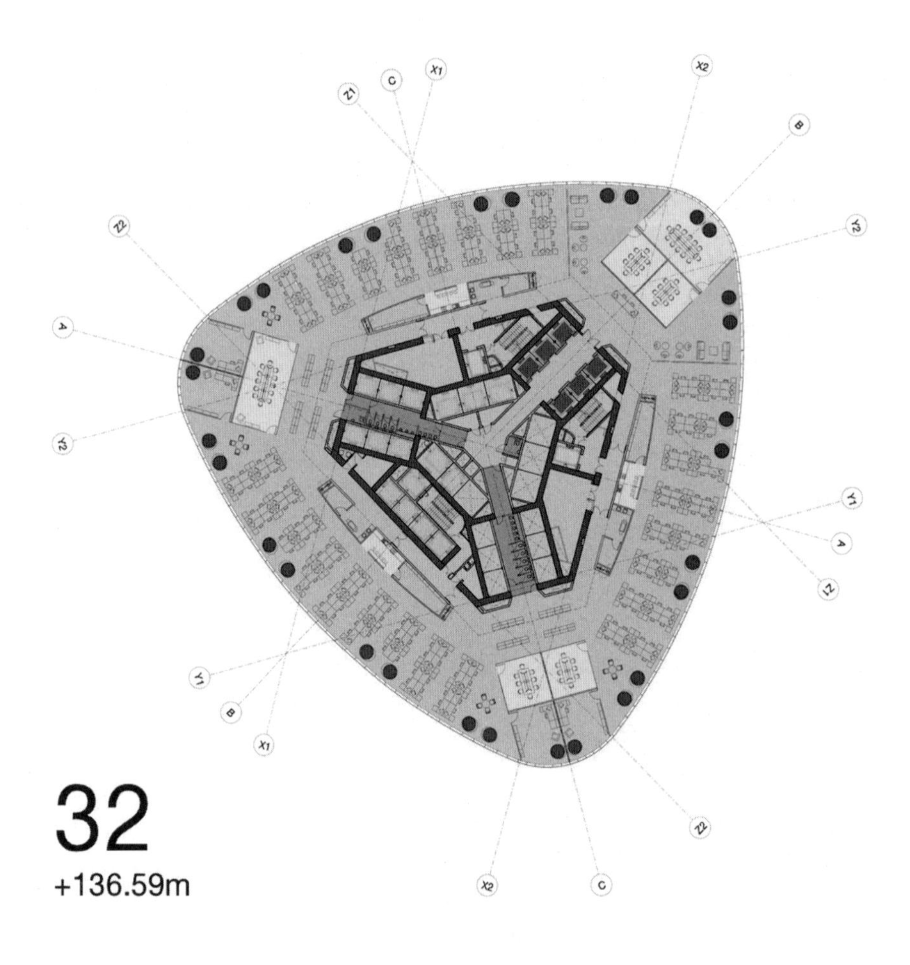
Z1
C
X1
X2
B
Z2
Y2
A
Y2
Y1
A
Z1
Y1
B
X1
32
+136.59m
Z2
X2
C

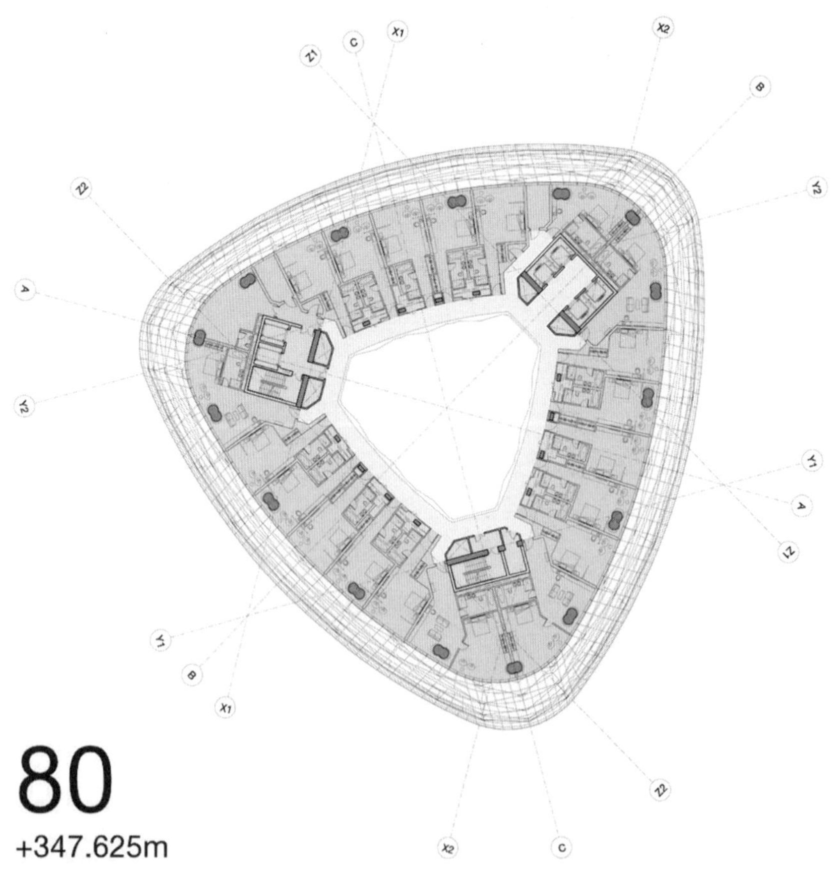
Z1
C
X1
X2
B
Z2
Y2
A
Y2
Y1
A
Z1
Y1
B
X1
80
+347.625m
Z2
X2
C

案例研究 8
环球贸易广场（ICC）

中国香港，西九龙

建筑高度：484m
建筑层数：108 层
总建筑面积：262,176m^2
主要用途：办公、零售、酒店和会议设施
开工时间：2003 年
竣工时间：2010 年
项目成本：未知
业主 / 开发商：新鸿基地产和地铁有限公司
首席建筑师：KOHN PEDERSEN FOX
合作建筑师：王欧阳（香港）有限公司
结构工程师：奥雅纳工程顾问公司
机电工程师：J. ROGER PRESTON LIMITED
总承包商：启盛管理服务有限公司
景观设计：BELT COLLINS & ASSOCIATES

项目简介

ICC 高耸于维多利亚港上方 490m 处，它无疑是整个香港岛的焦点之一：强大的金融系统、全球旅游、豪华购物和世界级的酒店服务都集中在了这栋横跨于珠江三角洲复杂交通网络上的大厦里。客户试图通过在超高层建筑中容纳各种动态的功能，并通过连接相邻的开发地块和多重交通来促进这个新城市中心的发展。ICC 的设计还旨在呼应对岸规模相似的国际金融大厦，因此两者可以作为香港的海上灯塔引路，构筑成维多利亚港的门户。最终建成的 ICC 大厦是联合广场填海工程的核心，其中包括一个拥有住宅、办公、零售、酒店和娱乐空间于一体的城市中心项目，以及一个连接着香港国际机场和香港岛的新交通枢纽——九龙站。

建筑设计

ICC 的设计理念是将地面、天空和水——香港的三大主要元素——连接起来。ICC 高耸于维多利亚港之上 490m，成为整个香港岛的焦点之一：强大的金融系统、全球旅游、豪华购物和世界级的酒店服务都集中在了这栋横跨于珠江三角洲复杂交通网络上的大厦里。

设计中的主要优先考虑事项，是创造一种能将最好的结构形式与最好的平面形式结合起来的塔楼造型。例如，圆形平面在风荷载下表现良好，然而香港

金融租户却更喜欢方形平面的高效布局。但是，一个完美的方形平面在风荷载下表现不佳，并将导致钢筋和混凝土的使用量增加。基于初步风洞研究的分析表明，带有凹口或“凹入”角的正方形平面在风荷载反应下的表现与圆形平面几乎相同。

从 ICC 的初始造型开始，通过逐渐加宽通向顶部的凹角并将主立面的上三分之一倾斜一度来改进体量，以创造塔楼的优雅轮廓并改善其在风荷载下的表现。该塔的八根巨型柱子向外展开 3°，以扩大塔底部的尺寸，显著减少其倾覆力矩，同时为酒店和展览设施提供更长的进深。

在其底部，塔楼轮廓分明的立面使平缓倾斜的曲线凸显出来。这些曲线从结构中升起，形成一连串重叠的鳞片，为俯瞰海港三侧的办公楼和酒店入口创造了巨型雨棚。在北面，塔楼立面以一种戏剧性的姿态向联合广场的中心扫去，包围了“龙尾”的中庭。而“龙尾”中庭又是塔楼的公共展示面与轨道交通的主要连接点。

主立面分为四个片状，部分延伸超出屋顶，从塔顶上方缓缓升起，形成塔顶的“皇冠”。立面设计为悬挑式片状幕墙，立面向下延伸的部分形成了一个三角形的雨棚，在平面四个角的办公室里创造了封闭的窗户，可以直接看到海港。在塔楼底部，三角形的雨棚与主立面分开，形成了独特的入口标志，构成了大堂的主要形象。

塔楼外部围护结构的美学与其环境性能是相匹配的。塔楼的单层外表皮采用银色低辐射绝缘玻璃包裹，在使用最少数量的立面材料的同时，减少了最多的太阳得热。银涂层具有反射太阳光发热光谱（红外线、紫外线）的独特性能，同时允许所需的可见光透过立面。该玻璃由上海耀华皮尔金顿提供，其光学特性包括 0.15 的辐射率、40% 的可见光透射率和 0.27

的遮光系数，是未镀膜玻璃效能的三倍以上。此外，玻璃面板的叠加还提供了主立面的自遮阳，在底部凹角处的水平挡板也提供了额外的遮阳。

结构设计

达到台风强度的风荷载是在香港设计项目的主要挑战。鉴于塔架位于60—130m深的悬崖状基岩之上，传统楼基础的使用存在很大的不确定性。采用灌注桩作为建筑物的基础会更加合适。共有241个平均深度为70m的矩形管。将水泥浆注入筒体和土壤的界面，以增加筒体的摩擦能力。ICC是香港第一座使用这种地基的高层建筑。

此外，这是香港高层建筑设计里首次研究并采用了真实风廓模拟技术。考虑场地地形影响和风向影响，采用了平均每小时梯度设计风速59.5m/s、梯度高度500m的风廓线来设计建筑结构的稳定体系。与传统设计风速64m/s相比，此次风廓线的设计更有利于成本效益。

ICC的主要结构骨架核心是一个坚固的高模量90级混凝土中心核心筒，通过四个伸臂桁架，在建筑高度的四个层级上与八个围绕在四边的混凝土柱相连。所有钢结构均采用绝缘材料（如水泥喷涂）进行防火保护，以确保在火灾中，钢截面的温度在设计耐火时间内不超过极限值。

周边巨柱的横截面达3.5m×3.5m，周边梁跨度为30m，并在核心筒外使用钢筋桁架楼承板。这些钢筋桁架楼承板连接核心筒和周边区，这种方式不仅可以抵抗横向风和重力载荷，还可以提供最好的景观视线。

选择骨料和弹性值为39GPa的90级混凝土有助于减小核心筒墙和柱的尺寸，从而减少自重、增加净建筑面积和更好地节约成本。它的流体特性和自密实特性也适用于钢筋密集的钢筋混凝土构件。

预应力混凝土被用在位于最底层的伸臂桁架上，这有助于在未知的2003年节约成本，当时的香港经济因严重急性呼吸系统综合征（SARS）大规模暴发的恐慌而遭受重创。上面三层的伸臂桁架为钢结构，旨在利用钢与混凝土之间的相互作用而锚固在核心筒中，这种方法有助于在核心筒的拥挤区域固定钢筋，并为楼栋的设备安装留下在核心筒上的开洞。此外，还采用了不同的计算机模拟工具进行结构的优化研究，以降低材料成本并增加可用建筑面积。

机电设备

塔楼分为办公区的五个电梯分区、办公楼以上的观景台区域以及塔楼顶层的酒店专用电梯分区。四个设备层以最经济和节能的方式为建筑物的每个单独区域提供服务。

塔楼共有85部电梯，为2万多人提供垂直运输，电梯的容量和速度分别为900—4500kg，每秒1.5—9m。良好的电梯设计对实现灵活方便的电梯服务具有重要作用。

以下概述了ICC采用的主要设计特点。

- *空中大堂*：总办公面积为150,000m² 和67层办公楼，大堂和所有本办公区域之间的直接运输需要大量的电梯井空间，这大大降低了建筑核心筒的使用效率。空中大堂的设置是克服这种效率低下的最好办法。在ICC，办公楼层分为五个电梯分区，设有两个空中大堂，分别位于第48层和第49层（电梯区2和电梯区3之间）和第88层（电梯区4和电梯区5之间）。
- *带目的地控制系统的双轿厢电梯*：为了进一步提高建筑核心筒的使用效率，除了空中大堂外，大部分区间电梯均为双轿厢电梯。ICC共设有40部双轿厢电梯：为写字楼租户共提供了32部1600—1800kg的双层电梯，速度可达9m/s；观景台和丽思卡尔顿酒店分别提供了4部1600kg、9m/s和4部1800kg、9m/s的双轿厢电梯。为了最大限度地提高双层电梯的效率，采用了目的地控制系统，即乘客在电梯大堂内拨打电话呼叫，从而使电梯控制系统能够实时地全面分析需求，并分配最合适的电梯层为乘客服务。总的来说，这将使电梯的处理能力提高15%。

ICC的管道系统包括自来水和冲洗水供应系统，分别使用淡水和海水。海水由当地水务局通过城市干管供应，并进入建筑物冲洗卫生设备，包括

坐便器和小便器。暖通空调系统采用淡水冷却，冷却塔排出的水经水处理后回用于冲洗。自来水只提供洗脸盆、淋浴和厨房所需的水，从而大大减少了自来水的消耗。从冷却塔装置排出的循环水用作冲洗水也减少了冲洗水的消耗。预计日泄洪量峰值为 $180m^3$。来自空调系统的冷凝水被收集并作为冷却塔中的补充水。据估计，每年可以收集和回收 4 个 50m × 25m 的游泳池的冷凝水，供冷却塔使用。

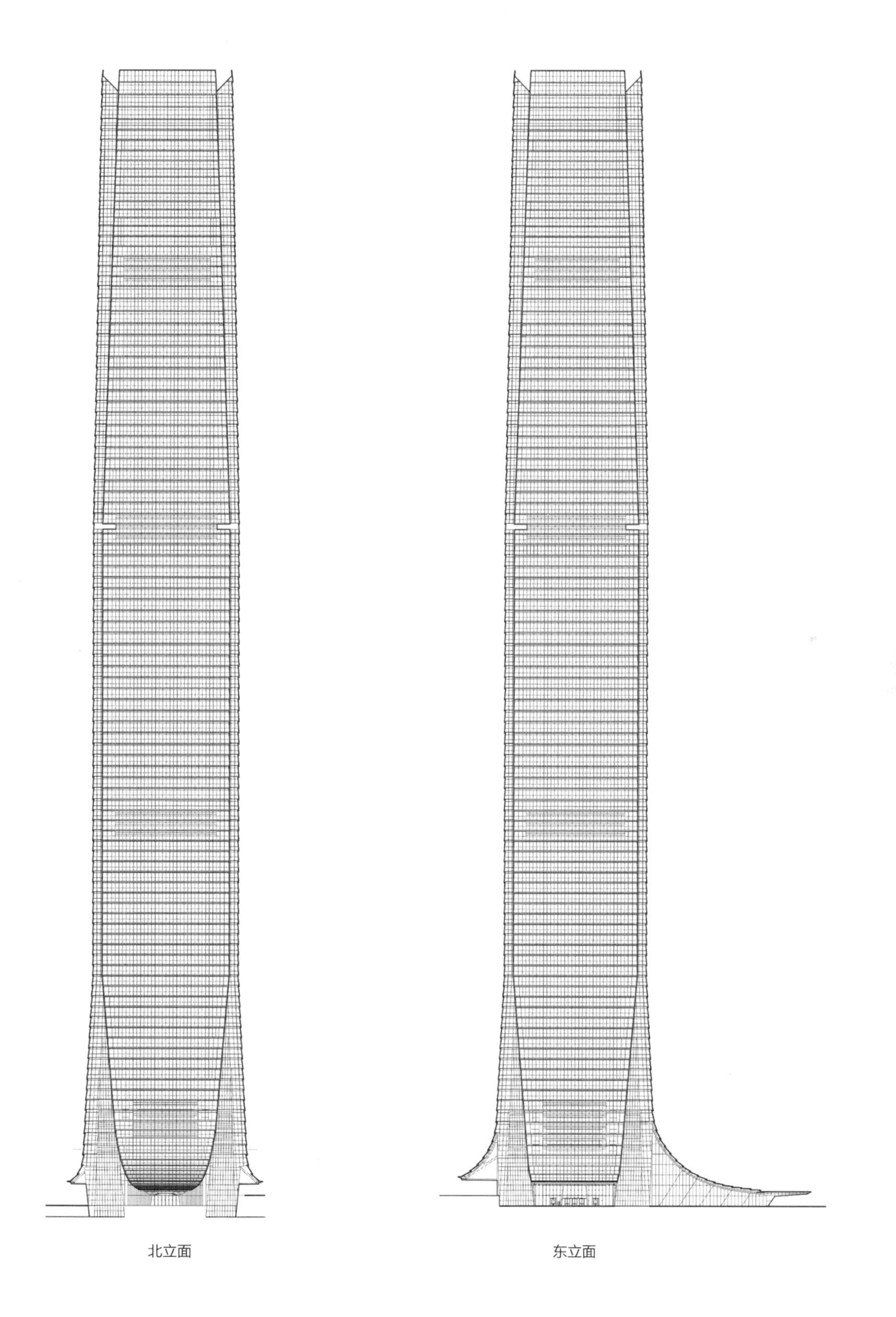

北立面　　东立面

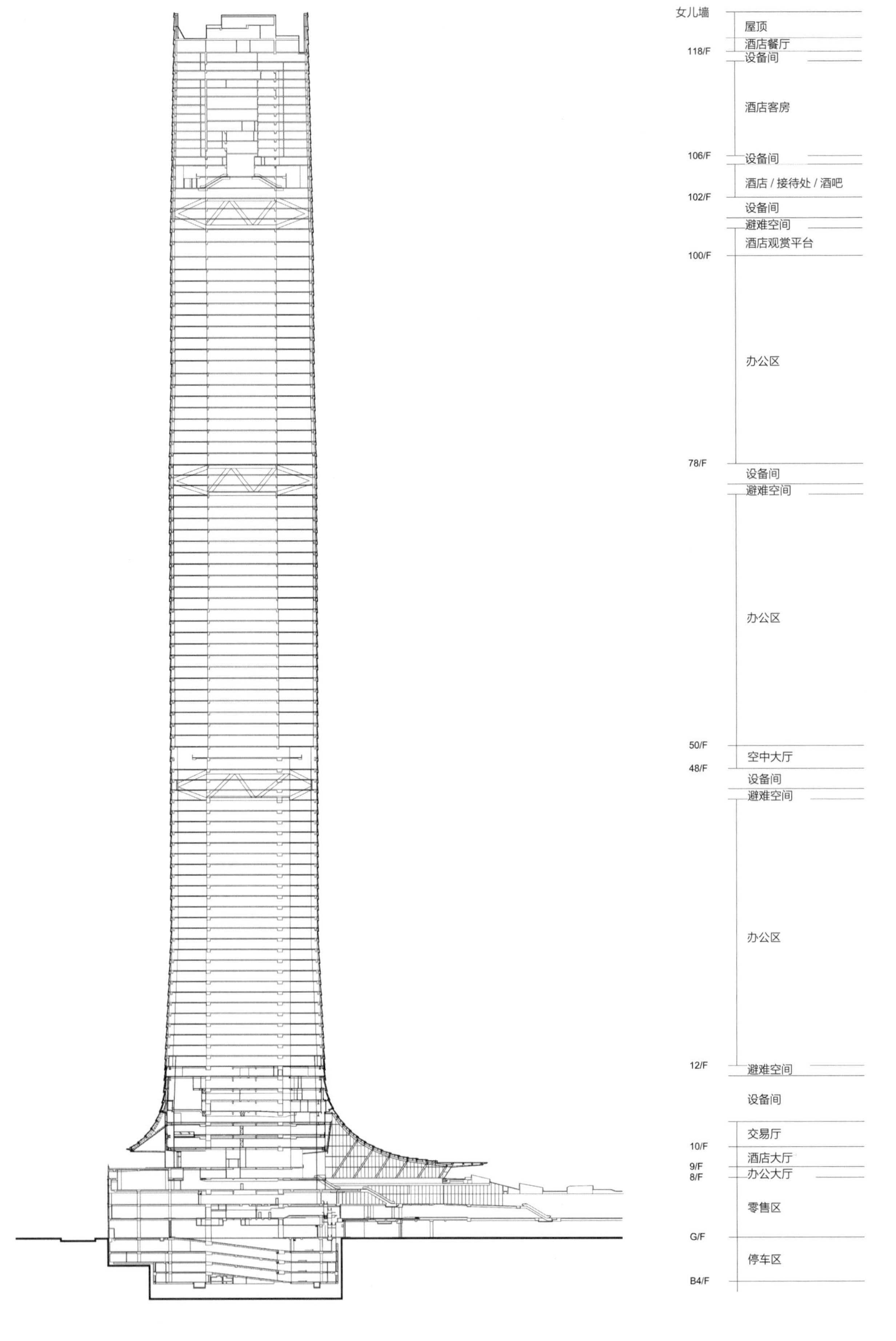
女儿墙
屋顶
酒店餐厅
118/F
设备间
酒店客房
106/F
设备间
酒店 / 接待处 / 酒吧
102/F
设备间
避难空间
酒店观赏平台
100/F
办公区
78/F
设备间
避难空间
办公区
50/F
空中大厅
48/F
设备间
避难空间
办公区
12/F
避难空间
设备间
交易厅
10/F
酒店大厅
9/F
8/F
办公大厅
零售区
G/F
停车区
B4/F

案例研究 9
丽晶广场：卢米埃住宅和弗雷泽套房酒店

澳大利亚悉尼

建筑高度：卢米埃住宅（A 座），151m；弗雷泽套房酒店（B 座），114m
建筑层数：A 座，48 层；B 座，33 层
总建筑面积：A 座，54,050m²；B 座，15,100m²；总面积，116,500m²
主要用途：A 座，住宅；B 座，酒店和服务式公寓
开工时间：2003 年
竣工时间：2007 年
项目成本：未知
业主 / 开发商：GREENCLIFF（CPL）DEVELOPMENTS PTY LTD
首席建筑师：诺曼 · 福斯特及其合伙人
合作建筑师：PTW ARCHITECTS
结构工程师：TAYLOR THOMPSON WHITTING/ROBERT BIRD GROUP
机电工程师：CONNELL MOTT MACDONALD
总承包商：MULTIPLEX CONSTRUCTIONS PTY LTD

项目简介

摄政街剧院位于乔治街（George Street）的一个显著的位置，而乔治街是贯穿悉尼的一条重要的轴线，两旁是一些最重要的市政建筑群，包括了市政厅和圣安德鲁大教堂（St Andrew's Cathedral）。1989 年剧院被拆除后，这块空地成了该市公众面前的一颗“缺失的门牙”。该项目在对这一历史背景做出敏锐反应的同时，大胆地背离了 19 世纪的低层建筑风格，在该地区开创了一个崭新的案例，致使其周围建造了越来越多的高层建筑。

这一位置的重要战略意义是该项目面临的关键挑战之一——市政府在该塔楼设计中对其体量和平面各方面都有着非常具体的目标，而建筑师则设计了一个与这些要求完全匹配的方案。该地区毗邻唐人街和中央商务区，一直也需要进行一些改造。摄政广场也因此对周边产生了重大影响。通过同时引进多种业态和引进 1000 多名居民，使得这一片区的发展为这个城市区的发展作出了重要贡献。

建筑设计

丽晶广场由两座塔楼组成：48 层高的卢米埃住宅，公寓围绕中央核心布置成 8 个细长的体量；33 层高的弗雷泽套房酒店，包含一个酒店和服务式公寓。在卢米埃住宅中，八个体量之间的垂直凹槽使塔楼的整个高度显得更加高耸，并将日光和自然通风引入中心核心筒中，其中包括了环形走廊和电梯大堂。日光也可以渗透到公寓后面没有窗户的房间里，这些缝隙也促进了自然通风。

塔楼底部有一个 5 层高的石材基，其映射了相邻传统建筑的规模和材料的使用，并与街道的屋顶天际线对齐，并将办公室与各种零售和娱乐设施结合在一起，包括一个在三层入口大堂上方悬空的游泳池。这两座塔楼通过大堂和塔楼中间的阴影间隙似乎飘浮在裙楼上方。卢米埃住宅的设计将约 1000 名新居民引入一个以商业和政府为主的社区，与该地区不同的建筑类型相协调，与邻近办公楼的干净线条相呼应。设计选择内阳台而不是阳台的做法保持了相似的平齐和无缝的外观，折叠屏风门和滑动窗在一个暗色的玻璃窗中，外部看起来不透明，内部却完全透明。

该项目位于悉尼的一个城市肌理非常密集的地区，此项目的开发范围横跨三个城市街区。规划方案将日光引入该方案的核心区域并增加阳光的渗透性，大的地块被划分为一系列较小的地块，这些地块向内部道路开放。这些场地之间的连接形式参照了悉尼维多利亚时代的拱廊，其顶部灯光覆盖的狭窄的街道是对历史城区高密度的回应。

结构设计

此项目在地下的砂岩基础上挖掘了不少于 9 层的地下室。塔楼的基础是浅层混凝土垫层，位于砂岩上，承载力超过 4000kPa（千帕）。

抗风和抗震是由中心现浇混凝土核心筒完成的，使用的混凝土强度高达 80MPa（兆帕）。在每个核心筒“盒子”的中心是一个电梯大堂，两侧是由“连接板”连接的电梯组，以增强刚度。

承重预制混凝土墙板贯穿始终，使卢米埃住宅成为悉尼最高的承重预制混凝土建筑。结构框架中既没有柱也没有梁：在 200—300mm 厚的预制墙之间横跨着 220mm 厚的楼板，楼板跨度达到了 9m。这种结构形式估计会减少三个月的施工进度。

机电系统

住宅均采用逆循环水冷机组的空调系统，并通过管道连接至卧室和起居室。所有设备单元都位于可从走廊进入的管井中，因此无须进入住户内部即可更换过滤器。室外新鲜空气被供应到每个空调机组，每层都由立面的入口逐层输送。所有的进气口都位于立面上将公寓分为八个独立的体量的垂直凹槽中。

两个塔都有冷凝器水回路，为机组提供服务。冷却塔和燃气热水器将水的温度保持在 20—30℃的范围内，这些热水器位于每个塔的屋顶机房。

所有的消防楼梯都进行了加压，塔楼还设有楼梯减压系统。走廊配有空调系统，空气从位于屋顶机房的逆循环水冷机组里向各楼层输送，并用于夏季高峰的冷却。所有的屋顶机房空气都是 100% 的室外空气，屋顶机房带有冷凝器水预处理管道。

公寓配有独立的专用卫生间排气管和厨房排气管，排气管通向屋顶。每层楼还包括一个带滑槽的垃圾房，垃圾排气管也通向屋顶。所有公寓均配有低用水量的配件和五金件。

裙楼

冷冻水和热水风机盘管装置服务于裙房的零售和商业区。冷水机组位于八层，而热水器位于弗雷泽公寓屋顶的机房。在裙楼里也同样提供了排烟机房。

冷凝器水循环系统还为入口大厅、剧院、办公、酒吧、水疗中心、健身房、多功能房间和休息室的反循环机组提供服务。两个游泳池都有专用的空调机组，对排出的废气进行热回收，并通过加热盘管提供 100% 的新风。

停车场

停车场采用机械通风，但设计方案允许设计气

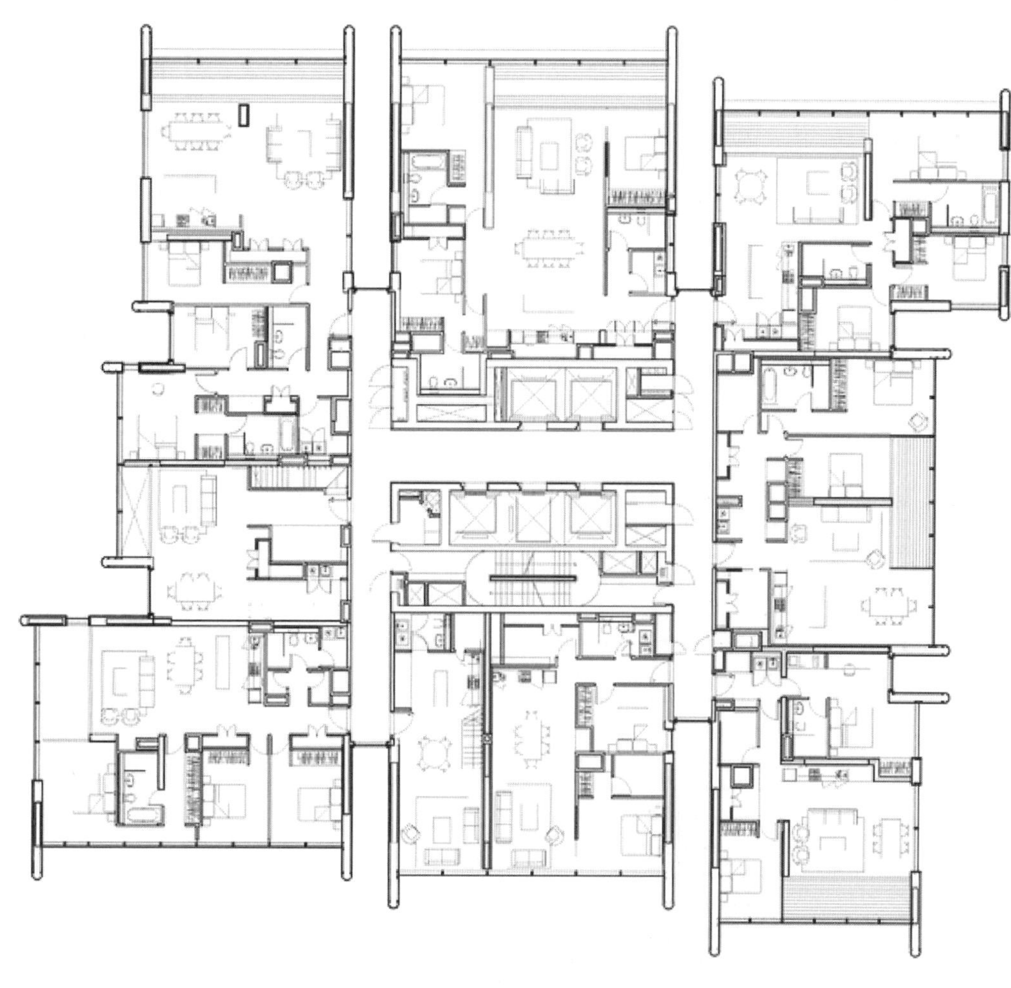

流降低至规范 AS 1668.2-1991[1] 的标准允许值以下。该系统还包括联合监测，以进一步减少低需求期间的气流。

注释

1. 澳大利亚国标规范 AS 1668.2-1991：建筑物的通风和空调使用：室内空气污染物控制的通风设计。

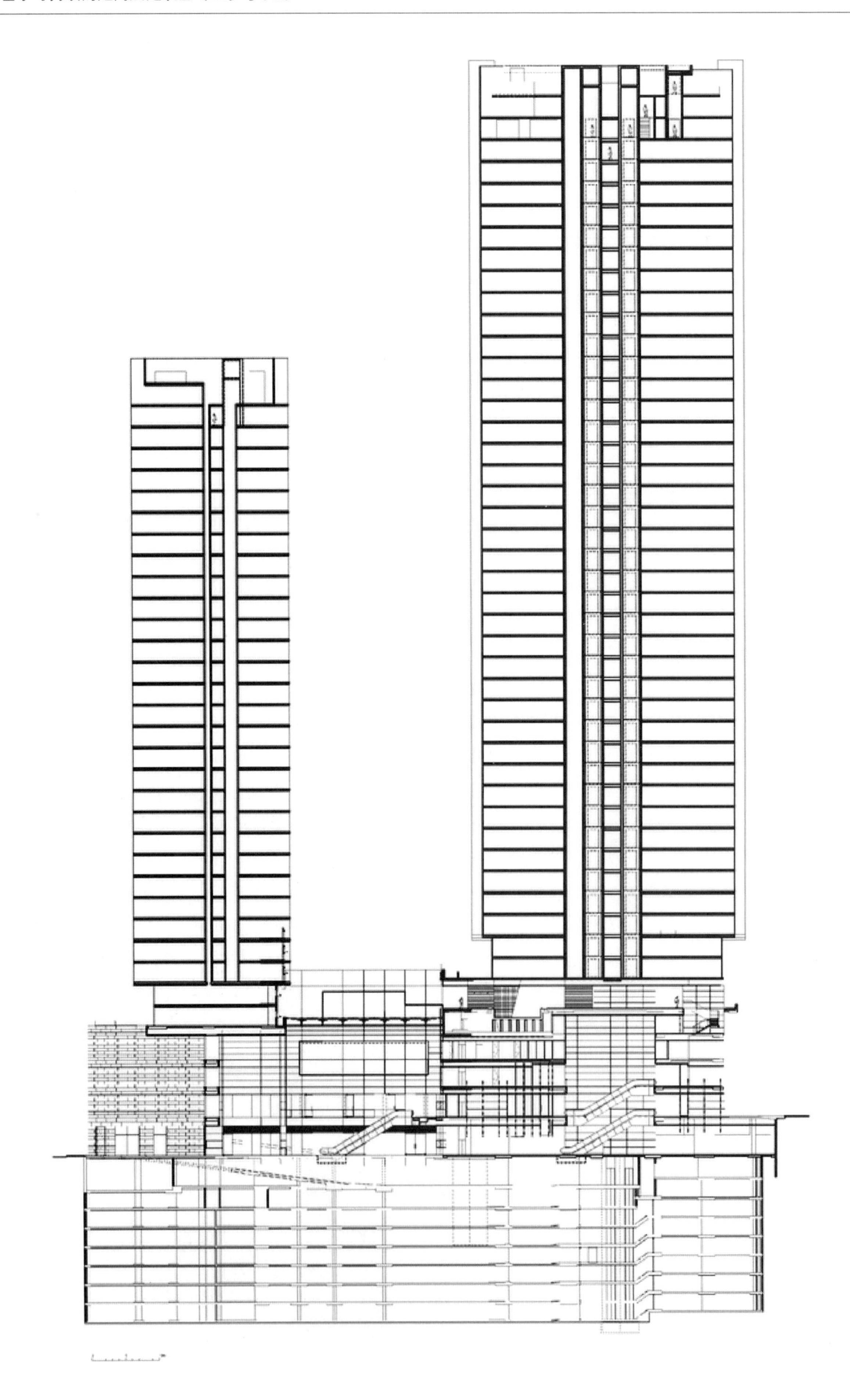

案例研究 10

滨海湾金沙酒店

新加坡

建筑高度：酒店空中公园，最高距地 195m
建筑层数：三栋塔楼，每栋 55 层
总建筑面积：929,000m^2
主要用途：综合度假区，包括酒店、赌场、会议中心、表演艺术剧院、艺术 / 科学博物馆、零售和餐饮、海滨大道、空中公园
开工时间：2005 年
竣工时间：2010 年
项目成本：57 亿美元（包括土地成本）
业主 / 开发商：拉斯韦加斯金沙集团（Las Vegas Sands Corp.）
首席建筑师：摩西 · 萨夫迪（Moshe Safdie）
合作建筑师：凯达环球有限公司（AEDAS）
结构工程师：奥雅纳工程顾问公司（ARUP）

机电工程师：R.G. VANDERWEIL，LLP（设计）；PARSONS BRINCKERHOFF（施工）
主承包商：（酒店、空中花园）SSANGYONG
景观设计师（设计）：PETER WALKER & PARTNERS
景观设计师（施工）：PERIDIAN ASIA PTE LTD
照明顾问：PROJECT LIGHTING DESIGN
水景设计：HOWARD FIELDS & ASSOCIATES
酒店 / 会议室内设计：HIRSCH BEDNER ASSOCIATES
赌场室内设计：ROCKWELL GROUP WITH SAFDIE ARCHITECTS
剧院顾问：FISHER DACHS ASSOCIATES
标识设计：PENTAGRAM

项目简介

滨海湾金沙酒店位于新加坡中央商务区对面的滨海南部，是 20 世纪 70 年代末填海造地的一个半岛，占地 92.9 万 m^2，是一个高密度、多用途的综合性度假综合体，是拥有 2560 间客房的酒店，是 12 万 m^2 的会议中心、一个购物中心、一个艺术博物馆、两个金沙剧院、多个餐厅和一个赌场。该项目不仅是一个建筑项目，也是植根于新加坡文化、气候和当代生活的城市缩影，它界定了新加坡的滨水地带，创造了通往城市的门户，为丰富多彩的公共生活提供了一个充满活力的环境。

由于该项目的位置突出，最终决定建造三座塔楼而非单独的一座。每个塔楼酒店的设计高度为 55 层。横跨三座塔楼的顶部，海拔 200m，是一个占地 1.2hm^2 的空中公园，也是一种全新的公共空间，塔楼之间有巨大的“城市窗户”。天空公园内树木繁茂，可容纳公共天文台、花园空间、150m 长的无边际游泳池、餐厅和慢跑道，并可提供全景景观——在新加坡这样的高密度的城市中这是一个令人惊叹的景观资源。

建筑设计

每座塔楼分别由两侧朝东和朝西的房间组成。在塔楼底部，空旷的空间由一个连续的玻璃中庭连接，塔楼之间的中庭空间用于餐厅、零售和公共通道。每一个塔楼的楼板的形式也按照东西相对的形式稍微扭曲，在其每栋塔楼的两个部分之间创造了一个舞蹈般的关系，并强调了建筑物的细长体量。

这样的楼板形式也赋予了建筑群更多的特征，并与现场环境相联系：玻璃西立面朝向市中心，而东面则面向植物园和远处的海洋，种植着郁郁葱葱的九重葛树。在平面图中，随着地块宽度的变化，塔楼的横截面也逐渐减小。

由于最大的热量来自西立面，因此，在不影响从酒店客房到新加坡市中心的视野的情况下，开发一种创新的解决方案来保持能源效率至关重要。最终实施的是一种定制双层玻璃单元幕墙的设计方案。安装垂直于立面的玻璃杆件以提供遮阳，并使用了 30% 的反光玻璃同时来遮蔽阳光，以消解 20% 的太阳得热。外部表皮遵循建筑的自然弯曲形状，反光玻璃的使用创造了一个教科书式的建筑立面。

结构设计

深而软的海洋黏土占据着复杂地基下的大部分土壤。更复杂的问题是，需要在现场靠近新加坡最长的桥梁边修建一条 35m 深的“盖顶”隧道。在这种条件下进行挖掘可能会有极大的风险，需要对挖掘墙进行大量的保护和支撑。

一系列大型围堰是结构工程师首选的解决方案。裙楼区域内有两个直径 122m 的圆形围堰，而酒店区域则采用两种不同的方法—— 一个直径 100m 的圆形围堰和一个直径 76m 的无横墙双室围堰。这种解决方案最大限度地减少了支撑需求，并加快了施工进度。

塔楼的结构设计主要是由所选的平面布局产生的复杂建筑动力学所主导的。单栋塔楼如何响应风和地震作用下的荷载是很难有效分析的。在屋顶层将三座塔楼连接在一起更是带来了一系列新的挑战，需要进行广泛的风洞测试，特别是这三栋塔楼在形态上并不完全相同。每座塔楼都必须进行单独分析，并与相邻塔楼进行对比，然后才能制定策略，使天空公园能够按计划运行，并确保建筑使用者的舒适度。

由于塔楼结构的不对称性，特别是塔楼底部的扩展性，重力对建筑物的主要横向荷载起主导作用，而不是风荷载或地震效应的影响。位于 10m 中心的钢筋混凝土剪力墙作为主要的垂直和横向结构，在纵向上受到位于每栋建筑两部分的额外混凝土核心墙限制。这些核心筒还起到抑制细长剪力墙平面外弯曲的作用，这些剪力墙从底部的 710mm 厚逐渐变薄到最高点的 500mm 厚。

在地面，倾斜的塔楼体量产生很明显的水平力，水平力产生后需要对底板进行张拉。当塔楼体量在中庭上方相交时，会产生较大的剪力，这些剪力由位于 23 层机房楼层内的整层高的钢桁架吸收。

为了结构简化和加快施工速度，结构首选后张力的 200mm 现浇混凝土楼板，直接横跨剪力墙之间。该解决方案还提供了布局和服务分配的灵活性，适应相对较紧张的 3m 层高。

天空公园的结构方案必须在设计早期进行评估。考虑了许多因素，包括钢和混凝土的变形，结构重量和施工的方便性也是主要考虑因素。最终，66.5m 的悬臂采用了 10m 深、3.7m 宽、35mm 侧壁和 60mm 翼缘的后张力节段钢箱梁系统，以及横跨酒店塔楼之间的部分采用主钢桥桁架系统。安装在剪力

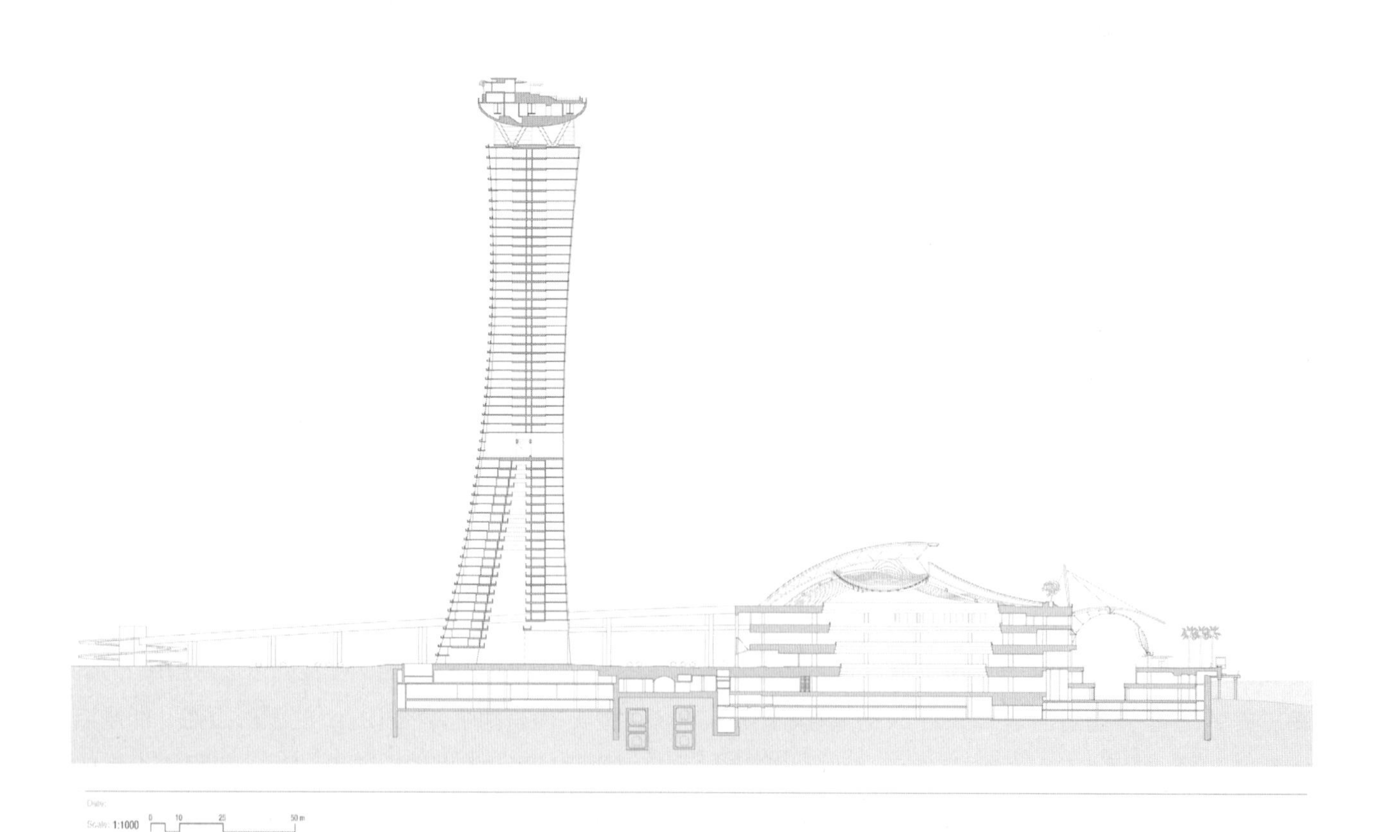

滨海湾金沙酒店剖面图（贯穿酒店、赌场、零售和长廊的部分）

版权方：Moshe Safdie and Associates, Inc. ©

墙正上方塔顶上的斜拉钢“V”形柱，支撑每个塔楼上方的桥梁，塔楼之间的体量仅由上述塔架节段的端部支撑。此外，还采用了成熟的桥梁施工技术：空中公园部分被支撑于塔顶。

为了适应风荷载、热膨胀、收缩和徐变引起的塔架之间的差异运动，需要特别注意变形缝的设计。与无边际游泳池相关的建筑细节有助于隐藏这些接缝，并给人一种横跨所有三座塔的整体式甲板的印象。

另一个潜在的问题是，在这样的高度上，以休闲为主的结构所承担的震动，无论是风力或是人类的活动（例如跑步或跳舞），为了防止任何此类运动发展到不舒适甚至危险的水平，故在悬臂梁上安装了一个 5t 调谐质量阻尼器，竣工后的动态测试表明，这会使结构运动保持在舒适水平内。

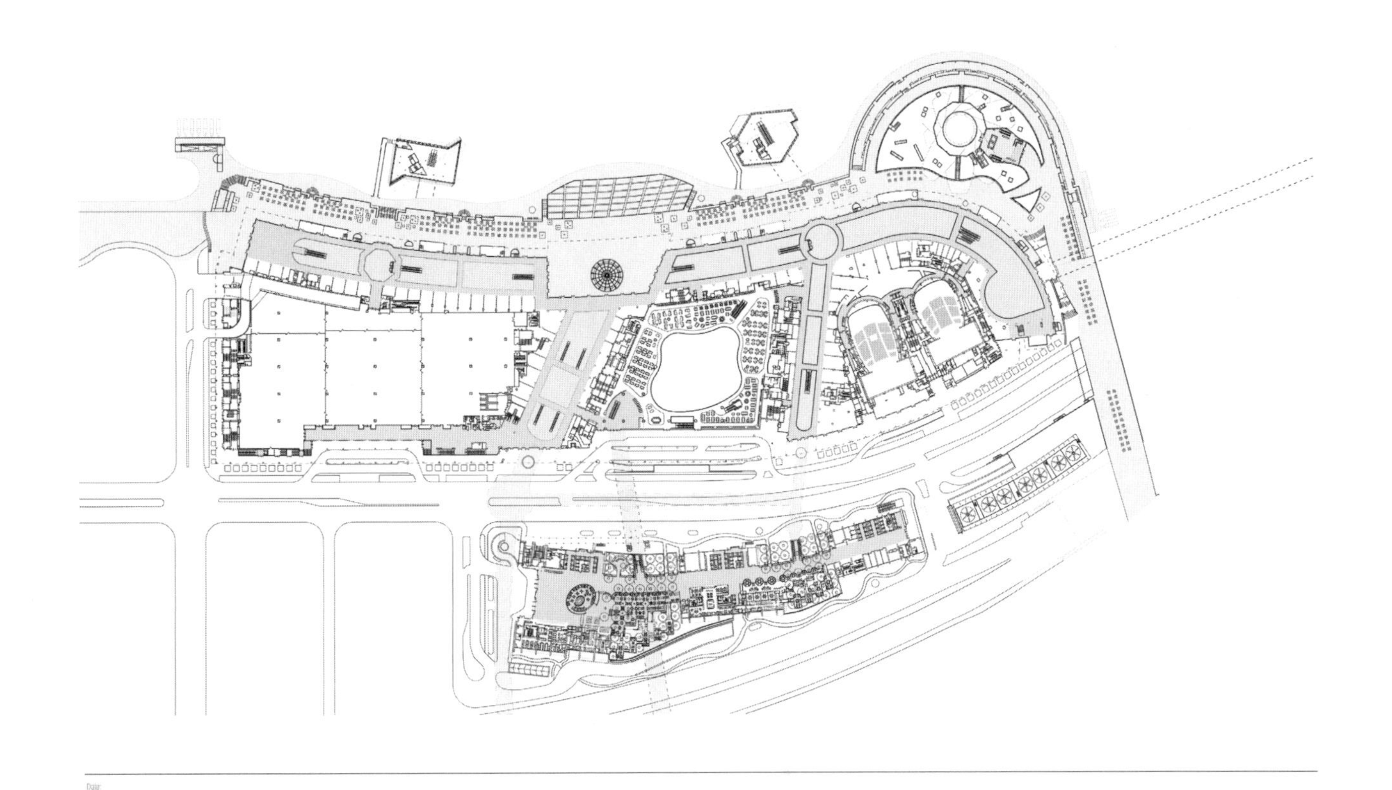

酒店一层平面图

版权方：Moshe Safdie and Associates, Inc. ©

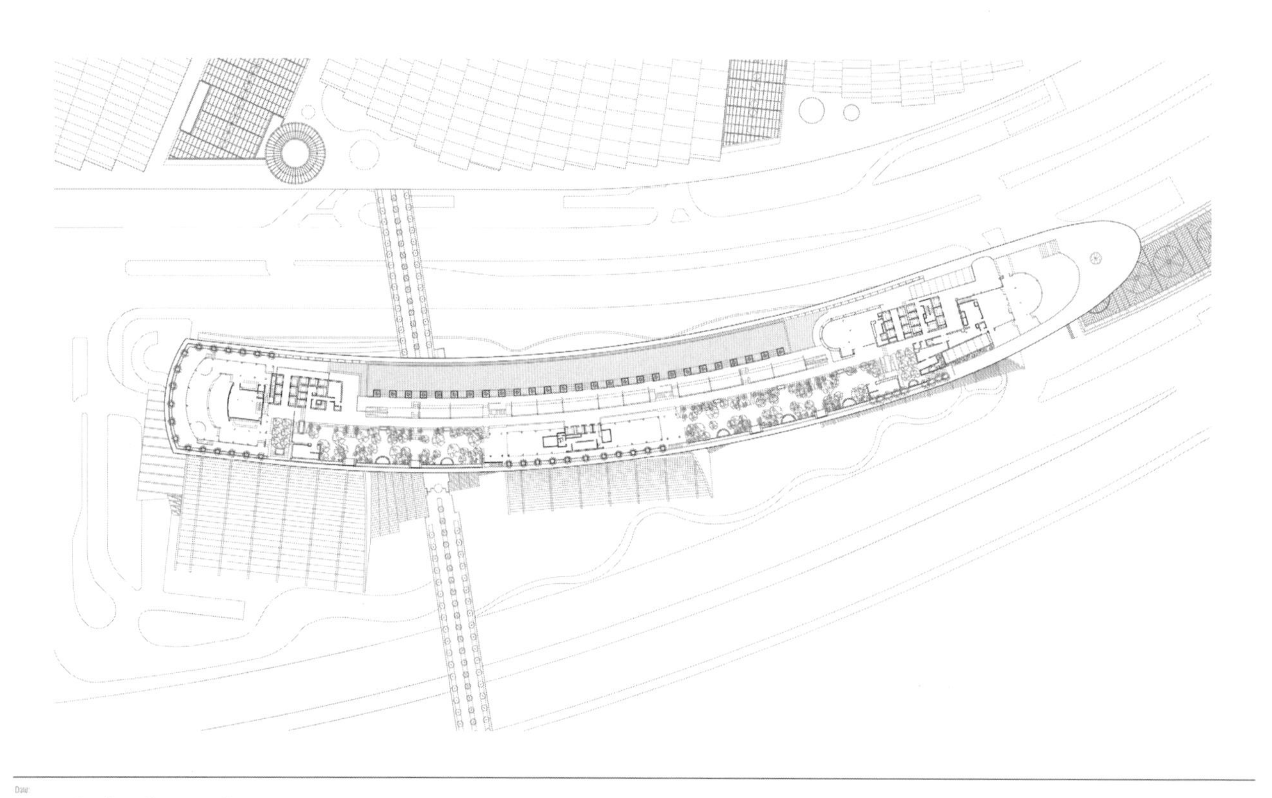

Date
Scale 1:1000 0 10 25 50 m

第五十七层平面图

版权方：Moshe Safdie and Associates, Inc. ©

案例研究 11

消失的矩阵大厦：摩纳哥精品酒店

韩国首尔

建筑高度：100m
建筑层数：27 层
总建筑面积：55,000m^2
主要用途：住宅、办公室
开工时间：2004 年
竣工时间：2008 年
项目成本：未知
业主 / 开发商：BUMWOO CO. LTD，LEADWAY CO. LTD
首席建筑师：MASS STUDIES
合作建筑师：ZONGXOO U
结构工程师：TEO STRUCTURE
机电工程师：HANA CONSULTING ENGINEERS CO.，LTD
总承包商：GS E&C
园林绿化顾问：ENVIRONMENTAL DESIGN STUDIO

项目简介

在韩国，50 年前城市人口与非城市人口的比例是 20% ：80%。现在，这一比例已经反转：82% 的韩国人口生活在城市化地区，剩下 18% 居住在非城市地区。这使韩国成为世界上人口最多的都市圈，预计到 2030 年，这一数字将增长到 90% 以上。

这种情况之所以存在是专注于建筑的垂直发展的结果。到目前为止，建筑物垂直发展的唯一方法是重重堆叠任意数量的相同楼板，以实现生产效率的最大化。然而，在过去的 40 年里，这种方法产生了巨大的、均质的城市空间，特别是在首尔，它现在是世界上密度最大的城市之一。

在过去的 10 年里，一种完全相反的设计思路开始在韩国萌芽，用以对抗这种系统性的力量。在建造垂直建筑时，无论是住宅还是办公楼，异质性或通过设计实现一种“差异性”已成为韩国痴迷于偶像经济情景下的一个重要特征，就像在世界其他大城市一样。

该项目包括建筑面积 5.5 万 m^2 的塔楼，其下层由商业、文化和社区空间组成，而上层从 5 层到 27 层则是“办公公寓”（officetels），即白天也可以用作办公室的住宅。为了确保最大的建筑密度（40%）以及最佳的自然光条件（南向采光），一个“C”形的平面往上生成了一座 27 层的塔楼，高度达到 100m——这是法律允许的最大高度。当垂直重复此具有最大占地面积比的平面时，整个塔楼总面积超过法律允许数量的约 10%。为了系统地减少这一面积，引入了“缺失矩阵”这一概念，用以满足整个建筑面积的最大建筑面积比（97%），并采用雕刻空间的模式。由于缺少这15个空间，建筑获得了更多的外表面积和拐角，以增加自然光照和视觉景观。

建筑设计

在缺失的矩阵所创造的空间中种植了建筑内外都可见的树木。塔楼内共布置了49个不同类型的单元，共172个单元，以反映和利用丰富的空间条件。例如，在由15个缺失矩阵创建的区域中，有40个单元带有桥梁，将公共（生活/餐饮）和私人（卧室）空间分开，还有22个单元带有花园。此外，在缺失的矩阵内规划了突出的螺旋楼梯，进一步增加了内部的异质性。

在一楼，建筑向外开放并通过城市公园与周围环境相连。人行道很宽敞，距离塔楼南端9m，西面10m，东面6m，提供了有小花园和长凳的休息空间。一楼的高大空间里有零售店和咖啡厅，进一步刺激了这一外部空间的使用并带来活力。这两个极端的“U”形楼层平面是住宅的大堂，在设计上放置于最接近停车场落客区的位置。建筑正面的中心面向电梯和自动扶梯，连接下面的文化功能和上面更多的零售店，以及位于场地中心的一个小型口袋公园，被当作在这座大都市中休憩的舒适的港湾。

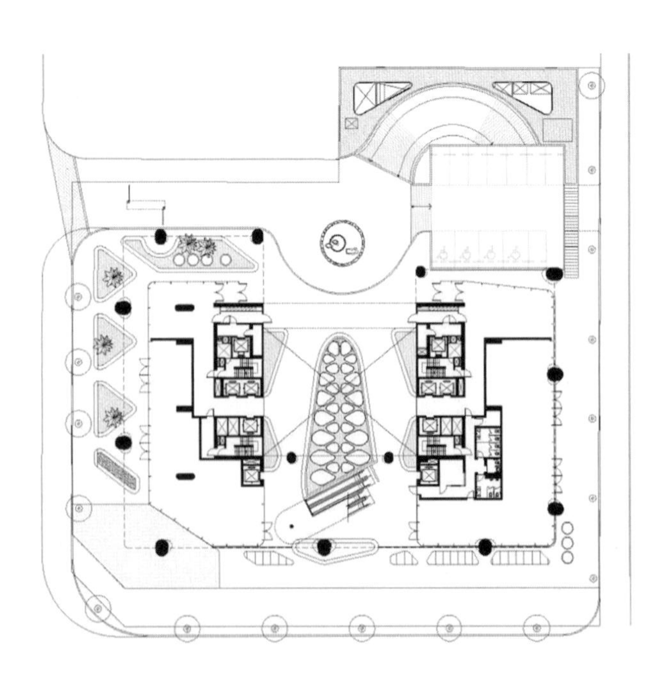

豪华的零售商业占据了二楼和三楼。与四楼一样，一座两边都有竹园的玻璃桥跨度为20m，将“U”形楼层平面变成一个完整的闭环，增强了其空间的功能性。

四楼为该楼居民提供社区设施。中心设有一个酒吧和休息室，为会议和聚会提供机会，东侧有一个商务中心、会议室和两个客房，西侧有健身中心、更衣室、淋浴设施和维修办公室。

从外观上看，摩纳哥精品酒店似乎是一座“C”形塔楼，但围绕两个核心的内部流线组织有时候允许建筑作为两个独立的塔楼，这取决于空间需要什么样的功能。底层将零售店和公共空间与居民私人空间适当分隔；2层至4层设置22m桥梁，使零售店和社区空间的公共空间连通；从5层到27层被分成东面和西面，每层都使用各自相应的核心筒，以加强每层5—10个单元的隐私。这将大楼的172个单元分成81个和91个这两组，确保每个核心筒只有一半的居民使用，或者每层只有2—5户居民使用。另外，在屋顶上设置有私人花园，仅供居民使用。与二楼、三楼和四楼一样，一座桁架桥连接着两端，从地面上100多米处可以看到壮观的景色。

结构设计

摩纳哥精品酒店由三种主要结构类型叠加而成。上层（第5层—第27层）为钢筋混凝土结构，后张预应力楼板用于支撑长悬臂跨度，这些楼层的总重量通过第5层（最大）1.9m高的转换梁转移并分布在2层至4层建筑外部的分支式桁架上，以及两个核心筒和剩余的柱之上。然后，13个大型组合钢/混凝土柱沿着建筑物底层的外部将该重量荷载转移到地下，构成了建筑物的整体组成。

这种特殊的结构和第五层的转换层允许相对较小的住宅或“办公公寓”模块（在这种情况下为 8.8m×9.5m），而这下面的空间中跨度却是两倍以上的宽度，这为底层的公共空间打造了一个 17.6—22m 的大跨度空间。

在许多方面，摩纳哥精品酒店比传统的商业楼超前设计了“几光年”。它充满活力的体量，缺失的 15 个空间将绿色空间引入整个塔楼，不同空间配置的单元种类繁多，包括适当的零售和休闲设施，为塔楼居民提供了丰富的生活体验。

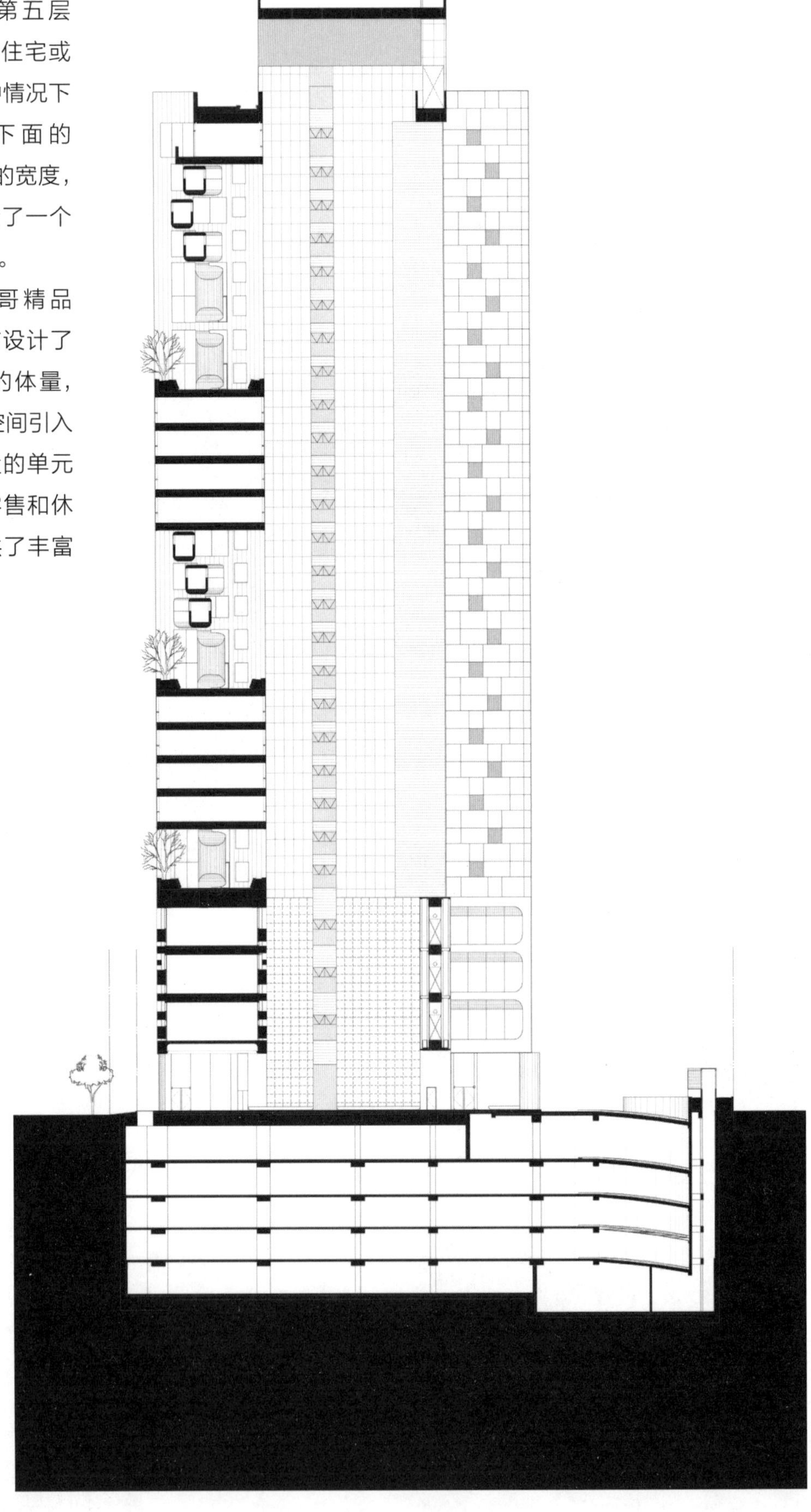

案例研究 12
Mode 学院螺旋塔

日本名古屋

建筑高度：170m
建筑层数：38 层 +3 层地下室
总建筑面积：48,989m²
主要用途：教育（设计和职业学校），零售商业
开工时间：2005 年 10 月
竣工时间：2008 年 2 月
项目成本：未知
业主 / 开发商：MODE GAKUEN
首席建筑师：日建设计
合作建筑师：日建设计
结构工程师：日建设计
机电工程师：日建设计
总承包商：OBAYASHI CORPORATION

项目简介

位于东京、大阪、名古屋和巴黎的设计和职业学校 Mode 学院（Mode Gakuen）举办了一次设计竞赛，该螺旋塔设计被选为获胜者。Mode 学院螺旋塔是位于名古屋车站前繁华街道上的一座高层建筑。这座建筑被叫作“螺旋塔”，因为由三个独特的塔交织成螺旋形。大楼内设有三所职业学校：时尚、计算机、信息技术学院，设计学院以及医学和福利学院。

按照整个名古屋车站区域共同的开发原则，规划设计用以优化步行网络和空间。因此，街道上的建筑退线距离统一，并种植行道树，拓宽人行道。此外，大楼前还设有咖啡馆和零售店，让这座城市焕然一新。特别的地下通道也按照战略规划用以提高安全标准。

设计目标是创造一个独特形状的建筑，其内部开放并有良好的通风，正如客户的设计理念所概述的那样，这就要求一个独特而有吸引力的形状，以激发其学生的创造力，并创造一个让学生感到自豪的校舍。三个侧翼塔楼被选为建筑的外轮廓，以反映建筑内部学校的三个不同学科。

建筑设计

尽管近年来名古屋车站周围修建了许多高层建筑，但螺旋塔作为一座真正独特的建筑，成为这座城市天际线上的新地标脱颖而出。从不同的角度看，这栋建筑的形状似乎在变化，表现出优雅而动感的外观。在建筑物底部建造的下沉花园起到了连接地面上下楼层之间连续性的作用。该建筑还为 8000 多名学生提供了极具创意的学习环境，为名古屋的未来繁荣做出了贡献。

在晚上，灯光突出了建筑物的标志性；在课后，窗户上的白色灯光逐渐被蓝色灯光所取代。此外，建

筑物内的三束光每小时为过路人提供一次灯光表演，使城市充满了阳光和色彩。

选择这种螺旋形式的造型得到了一个独特和有趣的内部空间。大多数教室都是扇形的，在平台后面和房间的角落里还留有额外的空间，用作储藏空间方便使用。此外，一个有 396 个座位的多功能大厅按照体育场座位的形式安排，也充分利用了塔楼的独特空间，利用内部融入的螺旋形来凸显平坦的声音。

门厅、图书馆和就业指导室被设计成三所不同学校的学生可以相互交流的公共区域。每层楼还设有休息室，为学生提供聚会和放松的空间。学生们还可以在每隔一层的高天井中庭进行社交活动。

在建筑中可以找到许多生态特征，包括双层玻璃窗，窗玻璃之间有气流系统，以保持外部的通透性，且能从内部获得清晰的视线。内部滑动窗框很窄，仅为 20mm，以适应外部三角形窗框的设计，双层玻璃窗之间安装了水平百叶窗。百叶窗外面是白色的以反射阳光，里面是黑色的，以创造良好的视野和舒适的教室环境。此外，高效荧光灯、室外空气冷却系统和自然通风系统也被用于节能设计。

结构设计

这座建筑呈现为一个由三个扇形的侧翼部分径向连接到一个椭圆形中心核心筒的平面结构。建筑物

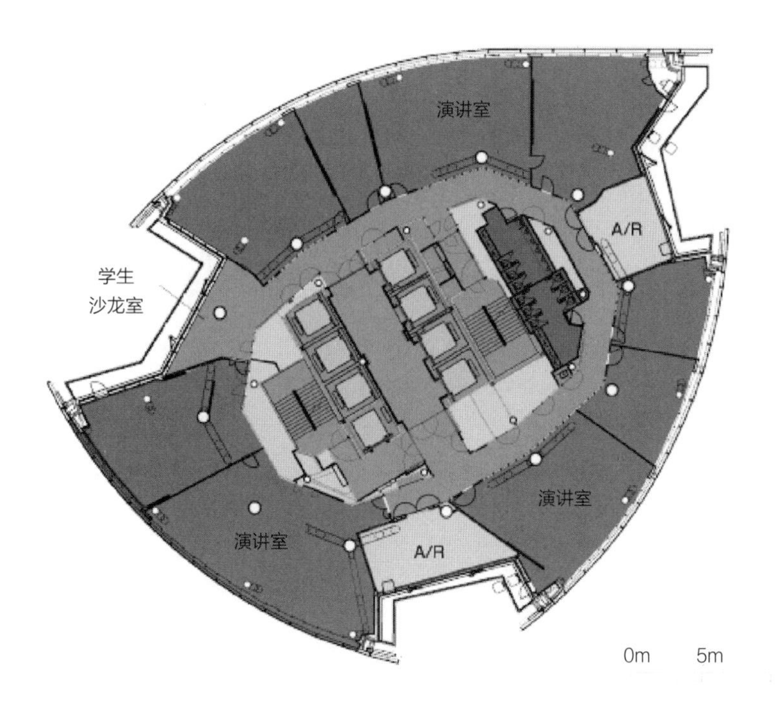

的螺旋形外观是侧翼截面逐层旋转（每层 3°）的结果，其尺寸每层逐渐减小（每层 1%）。

在地震多发的日本，设计有机螺旋形的建筑物时，建筑师决定不采用一种只取决于其结构配置的结构框架，而是建立一个结构框架体系，提供一个合理、强大而微妙的结构表达。采用钢构桁架—筒体结构作为核心，采用细长柱螺旋交织的框架结构，实现了与结构方案相协调的结构设计。

该核心筒周围设置 12 根钢管混凝土支柱，钢管支撑以网状结构连接到这些柱，形成内桁架筒。该内桁架管具有很高的强度和刚性，能够承受地震和强风对建筑物施加的水平力和扭转力，提供了必要的结构性能。在外部没有支撑的情况下，可以获得透明的外观，最小直径的细柱为不需要承受地震力的轻型框架提供较低的刚度。

由于重力的作用，建筑物外围的斜柱不断产生水平力。由此产生的力对整个建筑结构产生扭转，因此需要增加构件以防止柱的倒塌。产生的水平力通过水平桁架的大梁传递到内部桁架筒，从而抵消施加在整个建筑结构上的扭转。

在 26 个位置设置了带黏滞阻尼器的减震柱，可以实现较大的减震效果。在减震柱的最上面安装支撑，形成一个悬臂桁架，从内部桁架管延伸并支撑恒定荷载。

塔楼在屋顶处采用了减震系统。在该系统中，充分利用了建筑物顶部在地震作用下变形的增加，将上部结构总重量的 1% 加载在屋顶旋转支座的上表面，利用铅阻尼器的变形吸收地震能量。采用叠层橡胶隔离器，使附加体量的振动周期与建筑物的振动周期同步。作为故障保护机制，还增加了通常用作船舶和码头之间减震器的挡泥板。动态分析表明，采用减震柱和屋顶减震系统，可以使地震导致的变形最大减小 22%。

在基础施工中，由浇筑式混凝土地下连续墙和桩（扩大的基础）组成，由砂砾层支撑（桩顶在地下 41m）。地下部分采用钢框架结构，地下三层采用钢筋混凝土结构。内部桁架筒的最底层通过刚性承重墙连接到建筑物外围的地下连续墙，以防止建筑物旋转倒塌。

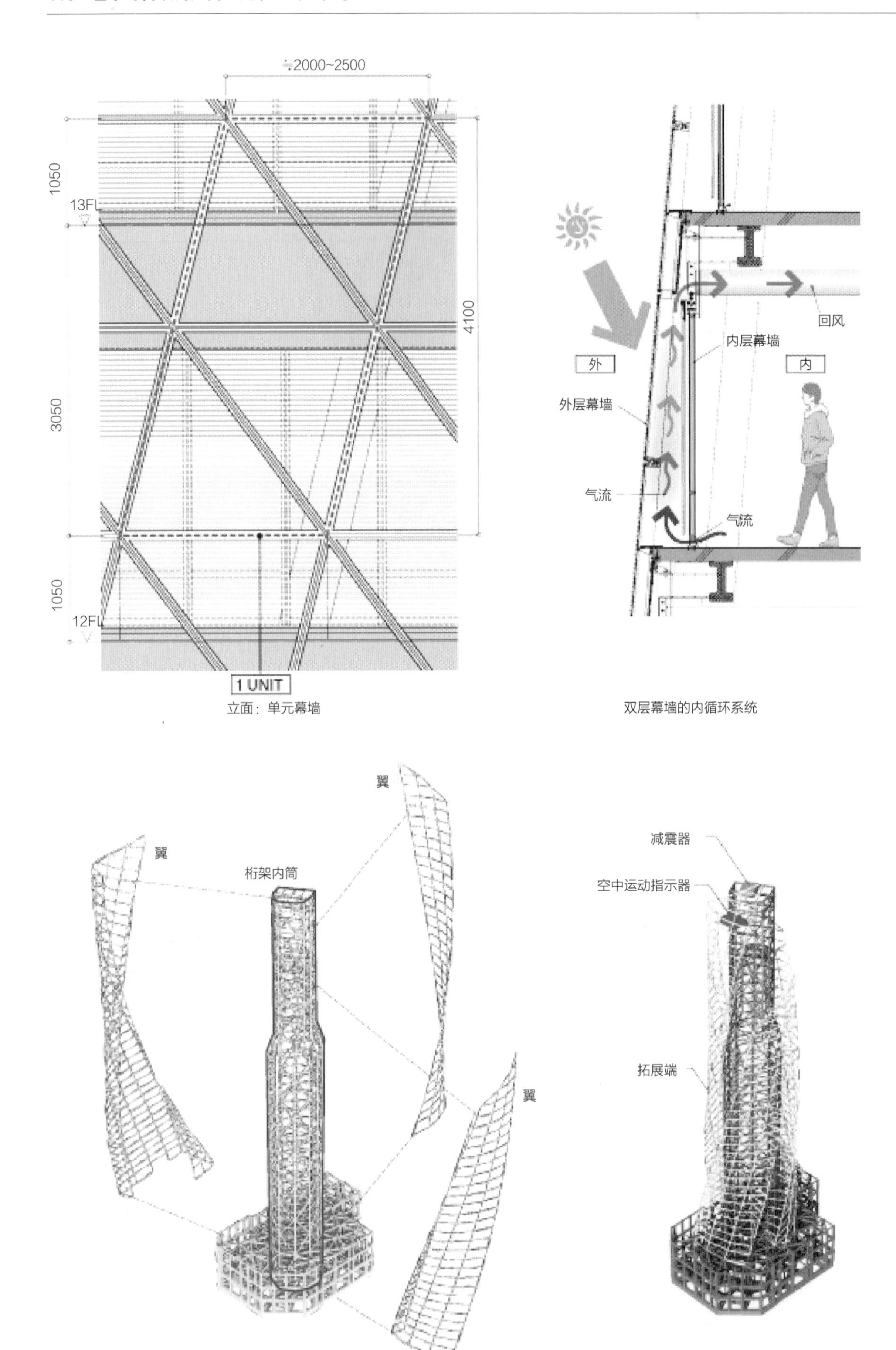

立面：单元幕墙

双层幕墙的内循环系统

结构设计

英会話
&留学
英語・中国語・韓国語

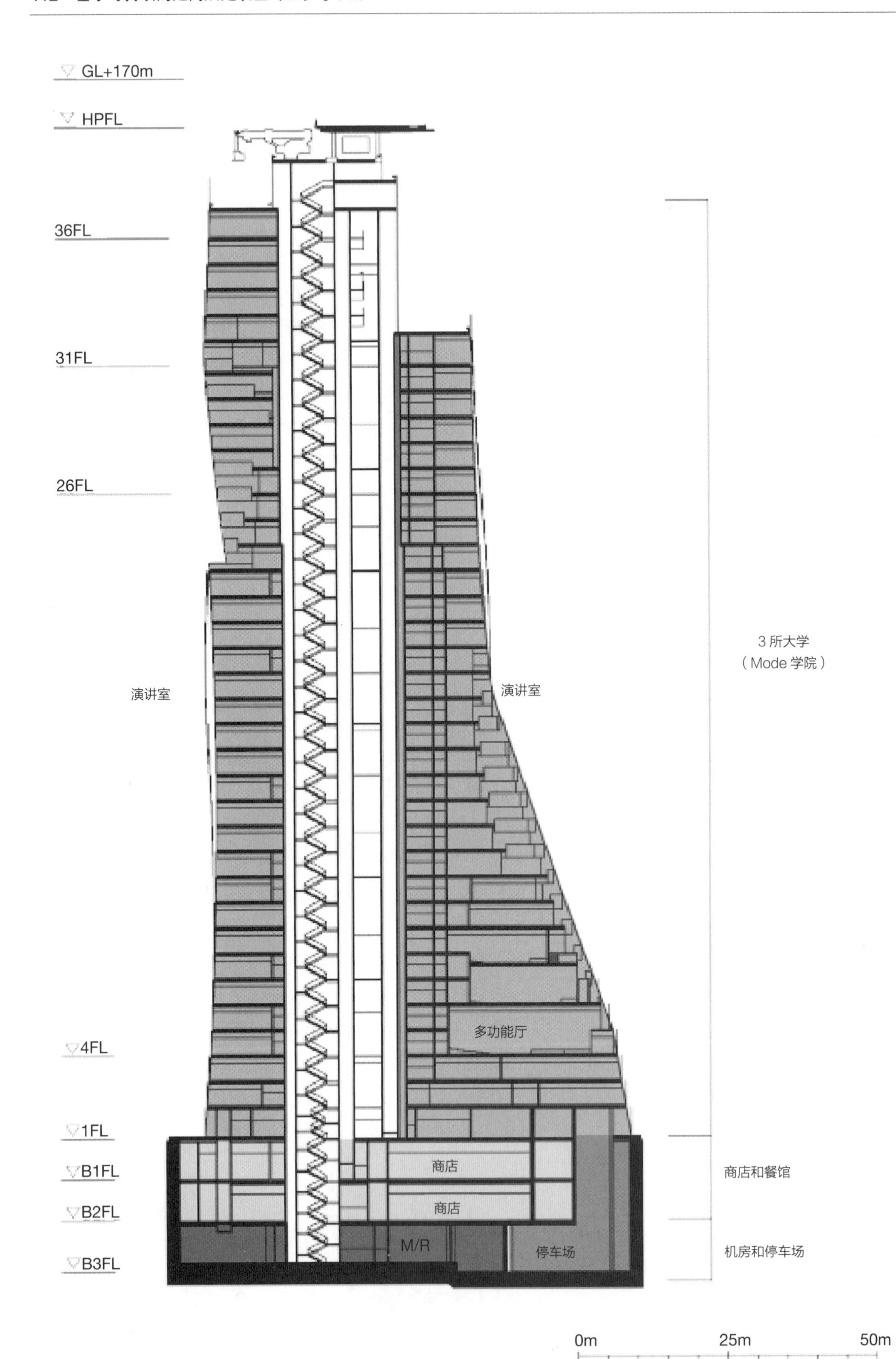
GL+170m
HPFL
36FL
31FL
26FL
演讲室
演讲室
3 所大学
（Mode 学院）
多功能厅
4FL
1FL
B1FL
B2FL
B3FL
商店
商店
商店和餐馆
M/R
停车场
机房和停车场
0m
25m
50m

案例研究 13
大都会大厦

泰国曼谷

建筑高度：231m
建筑层数：66 层住宅，3 层设备层
总建筑面积：124,885m^2
主要用途：住宅
开工时间：2005 年 8 月
竣工时间：2009 年 12 月
项目成本：1.32 亿美元
业主 / 开发商：PEBBLE BAY THAILAND CO. LTD.
首席建筑师：WOHA
合作建筑师：TANDEM ARCHITECTS LLC
结构工程师：WORLEY PTE. LTD.
机电工程师：LINCOLNE SCOTT NG PTE. LTD.
总承包商：BOUYGUES THAI LTD.

项目简介

该项目是目前（2012）泰国最高的公寓住宅和曼谷的第四高楼。北美不同于南亚，那里的气候寒冷且有强风，但大都会大厦却为这种在北美所兴起的高层居住模式提供了更多的可能性。在气候温和的南亚地区，住宅公寓楼通常设计得紧凑，隔热性能良好，户内与外部相分离。然而，在像曼谷这样的热带地区，温和的气候鼓励了更多的户外生活，且楼房的高度提供了更少的噪声和灰尘、更低的湿度、更强供降温的微风和更好的安全性。这个项目探索了如何将低层热带住宅的各个方面应用于创造空中的室外室内空间。住宅密度极高（容积率为 10.0），该建筑位于两个火车站之间，以鼓励在一个因交通堵塞而“臭名昭著”的城市使用公共交通。

建筑设计

设计灵感来自于传统的泰国瓷砖、纹理和木镶板。寺庙的瓷砖抽象应用于塔楼的外墙面，而阳台的独特布置让人想起传统泰国房屋上错落有致的柚木镶板。随机分布的刻面抛光不锈钢镶嵌在墙壁上，营造出令人愉悦的闪闪发光效果，立面大小规模与广阔的城市相适应，同时让人联想到泰国寺庙中闪闪发光的镜子。建筑体量与传统的西方高层实心竖直体量的不同，也可以在塔楼身上看到。空中露台每五层连接三个相互错开的体量，创造出富有戏剧性的、人性化的外部公共和私人空间。这一独特的建筑体量设计创造了热带的“空中房屋”，配有通风架空层、四面全方位的采光和壮观的景观视野、室外生活区和高层空中花园、公共露台、图书馆、温泉浴场和其他设施。

建筑物的每一个立面都有植物。此外，立面还被绿色的爬墙藤蔓遮住，在整个 66 层住宅楼上缓慢爬升。住宅还配有阳台，阳台上有私人种植园。所有的公寓都是对流通风的，而且都朝北和朝南，使得没有空调的生活成为可能并让人接受。

公共区域遍布整个塔楼，为居民提供各种体验，从地面景观水池、石头和植被，到有大量室内室外健身设施的游泳池层，再到图书馆和空中露台的烧烤区等。

为了减少能源消耗和减少对环境的影响，人们采用了各种各样的被动设计策略。突出的窗台进行遮光，加上穿孔金属板，这样最大限度地减少了阳光的热吸收，而在东侧和西侧以及停车场的绿植屏风通过蒸腾作用对建筑物进行遮阳和降温。进一步的冷却来自地面的水上花园和娱乐楼层，这些地方也储存了雨水，而广泛种植的植物所产生的光合作用又改善了当地的空气质量。

加上建筑物的高度和细长的体型，照明设计将大都会公寓变成一个戏剧性和标志性的城市天际线。突出的空中花园进一步强调了该建筑的独特特征，创造了一个令人向往的，郁郁葱葱的外观与鲜明的泰国色彩，在曼谷市中心的灰色混凝土景观中，带来了凉爽、树荫、自然和轻松。

结构设计

结构工程与建筑设计是完全结合的。这三座塔楼的外围柱是传统的钢筋混凝土柱，设置在 4.5m 的网格上，组成 9.0m 宽的公寓单元。柱的尺寸随着荷载的增加而增大，柱子在建筑物的外部也随之增大，为阳台和露台创造了受保护的室内外空间，即使在较低的楼层也允许了公寓布局的模块化。这些外露的扶壁柱既有结构上的严谨性又有建筑的表现力。塔楼采用预制混凝土楼板系统，每层标准层的施工周期为 5 天。

塔的细长轮廓导致南北方向的长宽比约为 8 ：1。这就要求利用建筑物的整个宽度来抵抗由于风和地震作用而产生的侧向力。为了保证天台的安全和舒适，进行了风洞试验。

风力作用控制着南北方向的横向系统设计，而地震力控制着东西方向上的设计。在南北（横向）方向，抗横向荷载系统由钢筋混凝土核心筒和其他剪力墙组成，这些剪力墙通过钢筋混凝土连梁和钢筋混凝土支座相互连接。塔楼框架的刚度也可用于固定 10 层以上的中间结构柱。这有效地提高了建筑物的侧向刚度，有效地利用了竖向的结构单元。在用于私人花园、私人游泳池和公共区域的空中花园的每五层的空中平台在结构上也被连接在一起。楼层地板设计在水平方向上传递荷载，从而有效地抵抗由动态风和地震效应产生的扭转荷载。在东西（纵向）方向上，采用了双重横向荷载抵抗系统，包括四周的钢筋混凝土抗弯框架和耦合剪力墙。

公寓的基础包括一个 400m 直径的钻孔桩和连续的 3m 深的钢筋混凝土桩基础，且桩的深度在 50m 以上。

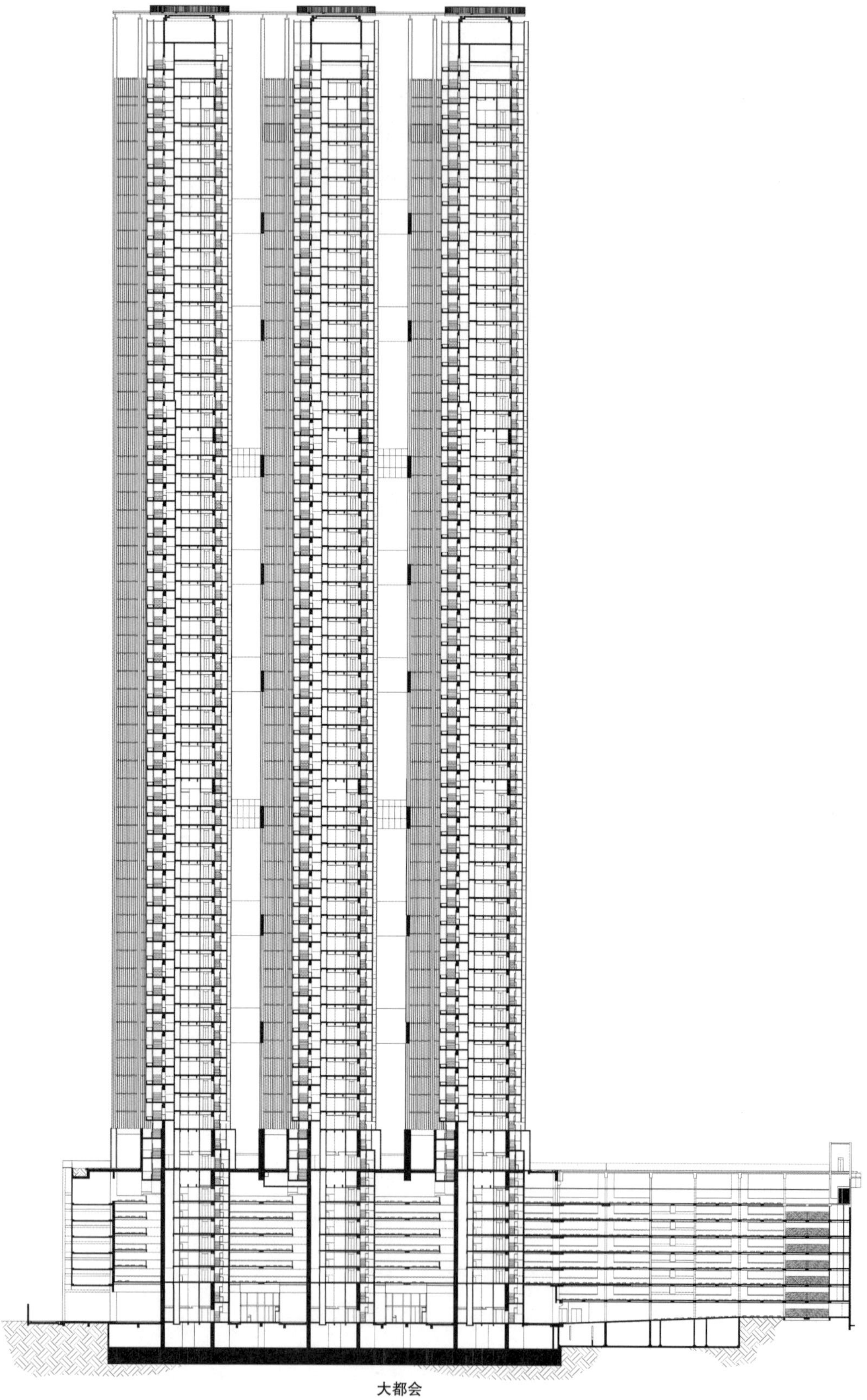

大都会

立面 A–A

0 5 10 20 50m

1 : 1000

沃哈设计有限公司 / 沃哈建筑有限公司

2008 年 10 月

案例研究 14
上海中心大厦

中国上海

建筑高度：632m
建筑层数：128 层
总建筑面积：521,000m²
主要用途：混合用途：办公、酒店，零售
开工时间：2008 年 11 月
竣工时间：2015 年
项目成本：未知
业主 / 开发商：上海中心大厦建设发展有限公司
首席建筑师：GENSLER
合作建筑师：同济大学建筑设计研究院
结构工程师：THORNTON TOMASETTI
机电工程师：COSENTINI
总承包商：上海中心大厦建设发展有限公司
景观设计：SW

项目简介

上海中心大厦在 2014 年底建成之际，伫立在陆家嘴金融的核心区——成为东亚首屈一指的金融中心。为体现上海丰富的文化，这座 632m 高的综合用途建筑将更加丰富这座城市的超高层建筑群体。这座新塔的灵感来自上海的公园和社区传统。它弯曲的立面和螺旋形的造型象征着现代中国的蓬勃发展。通过整合并采用最佳的可持续设计的实践理论，上海中心大厦处于新一代超高层设计的最前沿，实现了最高水平的建筑性能，提供了前所未有的社区便利性。

20 年来，上海陆家嘴地区从农田变成了金融中心，这里的天际线和周边景观都需要地标性的建筑来统一。上海中心大厦的圆弧三角形占地形状源自黄浦江的弯曲形状以及其与金茂大厦、上海环球金融中心的相互关系，它的建成将成为上海城市新的标志。与此同时，它让该区域的三座超高层建筑和谐共存，并赋予了自己鲜明的建筑轮廓。

建筑设计

上海中心大厦是一个城中城，包括九个垂直分区，每个 12—15 层楼高。上海中心大厦以公共空间为重点，其商店、餐馆和其他城市设施都带有公共中庭，它设想了一种居住在城市超高层塔楼中的新的生活方式。建筑的每个体块都从其底部的“空中大堂”往上升起，这是一个充满了自然光的花园中庭，营造

出一种社区感，并支持日常生活。空中大堂与这座城市历史悠久的开放式庭院相互呼应，可让人们全天都聚在一起。塔楼内部容纳酒店、文化场馆和一个可以俯瞰整个上海天际线的观景平台。中间楼层将容纳办公空间。一个 6 层的裙房将购物和餐饮集中在塔楼底部，使整个一层成为一个“都市集市”。

作为上海中心大厦的入口和媒介空间，商业裙楼将是购物者、办公人员和酒店客人首要目的地。裙楼立面覆盖着发光玻璃砖，融合了各种高级品牌、独一无二的专业零售商和高概念餐饮。精心布置的入口将行人汇集到由大厅、自动扶梯、楼梯和阳台组成的公共空间里。一个带有玻璃立面的五层中庭向城市开放，在塔楼内部和外部之间都建立了重要的联系。

设计团队预计，三个重要的设计策略—塔的形状不对称、逐渐变细的轮廓以及圆形平面将使建筑能够承受上海常见的台风风力。通过风洞试验，设计师们改进了塔楼的形状，确定了 120° 的旋转角度将会是最大限度减少风荷载的最佳选择。测试结果表明，这种结构和形状可以减少 24% 的风荷载，最终可以节省 5800 万美元的建造成本。

结构设计

这座塔的规模和复杂性为中国建筑业创造了许多个“第一”，已经建立了 100 多个专家小组来分析设计各个方面。然而，塔楼的结构体系相对简单，旨在应对多风气候、活跃地震带和黏土基土层而设计。结构的核心是混凝土核心筒。该核心筒与伸臂桁架巨柱系统协同工作，双层桁架支撑每个垂直区分段的底部。其结果是，施工过程更容易、更快，为客户也节省了大量成本。

为了承载透明玻璃表皮的荷载，Gensler 设计了一种创新的幕墙，它悬挂在每个区段上方的机械设备层，并由一个环和支柱系统固定。同时，将塔楼划分成不同的垂直区域的布局，为整个建筑的供暖、制冷、供水和供电提供生命线，这将使用更少的能源和更低的成本。

设计的一个创新点是将两个独立的幕墙结合在一起，外层幕墙为带缺口的圆导角三边形，内层为圆形。它们之间的空间形成了通高的中庭，将在整个建筑中以相同的垂直距离设置景观空中花园。这些明亮的中庭将改善空气质量，通过调节空间内的温度来节约能源，在城市和塔楼内部之间建立视觉联系，并为用户提供互动和交流。

可持续设计

上海中心大厦将是世界上最具可持续性的高层建筑之一，旨在实现 LEED 黄金认证和中国绿色建筑三星评级。为了达到目标评级，设计团队将许多对环境产生积极影响的设计策略纳入其中，设计的基础条件则是最先进的水资源管理系统和高效的建筑节能系统。整个场地 33% 的面积都是绿地美化景观，可以为城市提供新鲜空气，同时为散发热量的地面区域提供遮阳。当地采购的高回收率材料将在需要重复使用时再利用。该建筑的加热和冷却系统将利用地热（地源能源）技术通过冷媒从恒温的土地中输送能量。

项目中用到的其他可持续策略包括：

- *采光* 连续的玻璃表皮允许最大数量的日光进入中庭，减少了对人工照明的需求。办公室和酒店楼层的落地窗玻璃将充分利用中庭的采光。
- *遮阳* 为了减少热负荷和冷负荷，内外幕墙都将采用光谱选择性低的辐射涂层。外墙上的彩釉玻璃提供了额外的遮阳，每层楼间的水平杆件可以阻挡夏日的阳光。
- *建筑智能化控制* 上海中心大厦包含智能大厦控制，通过监测和调整系统，如照明、加热、冷却、通风和自发产生的能量以降低能源成本。仅是照明控制每年就可节省能源成本 55.6 万美元。
- *废气热能发电系统* 2200kW 天然气燃烧产生的废气热能系统为塔楼低区提供电能和热能。除了提供现场发电外，该系统将在天冷季节生产 640t 制冷量，并在冬季生产热量。

● *风力涡轮机* 为了满足客户展示尖端技术的愿望，建筑物顶部的风力涡轮机将为建筑物和一些公园区域的外部照明提供动力。这些涡轮机每年将产生约 5.4 万 kW 时的可再生能源。

● *地方建材* 设计团队的建筑材料都是在现场 800km 半径范围内制造和采购。当地的产品采购是可持续的，它减少了与运输有关的对环境的影响，促进了当地经济的发展。

● *围护结构* 建筑的两道幕墙之间形成了中庭，起到了类似于隔热毯的作用，降低了能源成本。使用过的室内空气在每个中庭中循环，以调节空间温度，在夏季将太阳的热量排出，在冬季将建筑物的热量保留。

● *景观* 三分之一的场地将是专用的景观绿地，广泛种植以减少铺装区域的热岛效应。高效的灌溉系统，加上低浇水量的植物，降低了总用水量。

总而言之，上海中心大厦的可持续战略将减少建筑物的碳排放，估计每年减少约 34,000t 的二氧化碳排放。

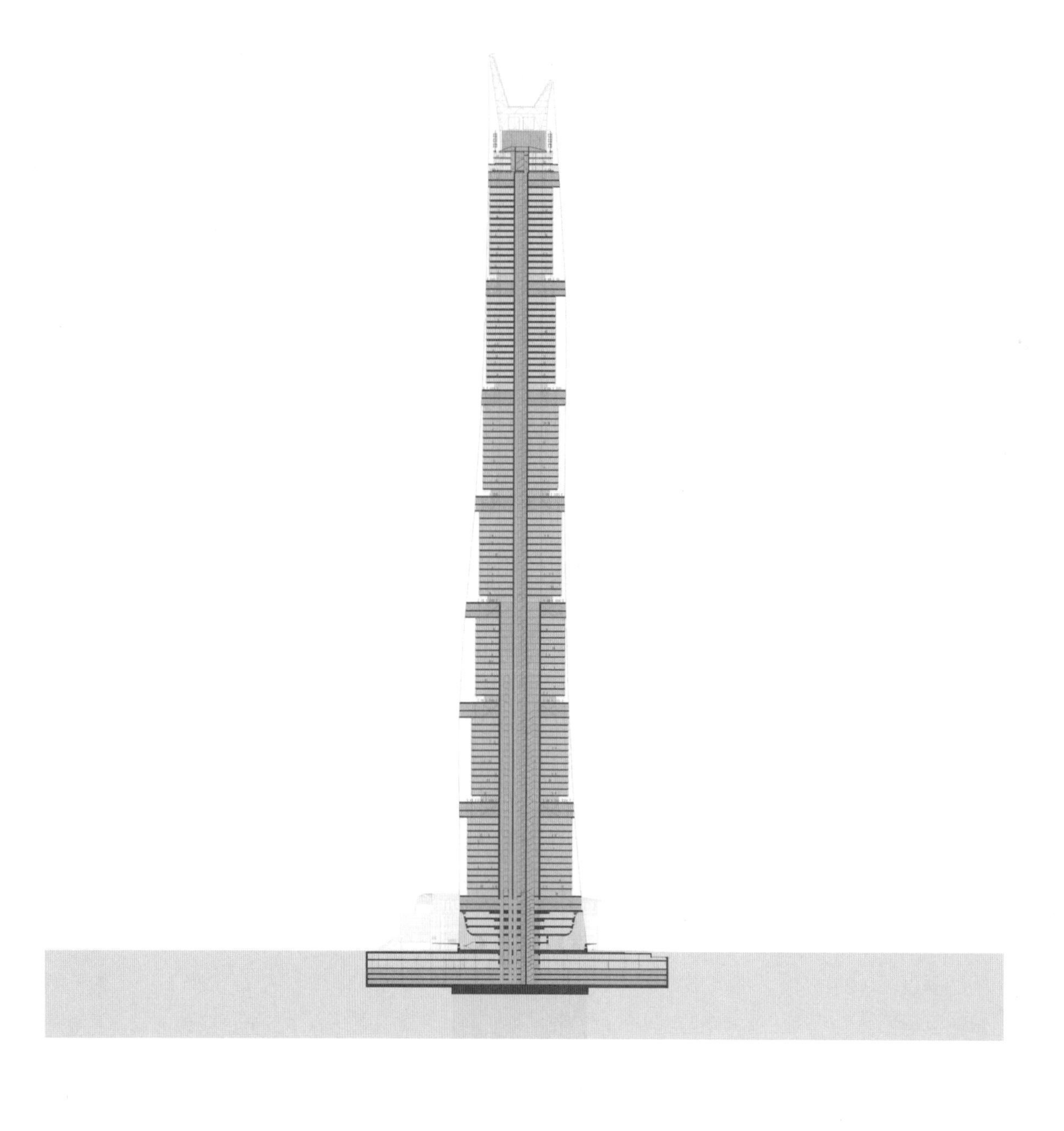

案例研究 15
三峰大厦

马来西亚吉隆坡

建筑高度：A、B、C 塔，204m
建筑层数：塔楼 A，38 层；塔楼 B，44 层；塔楼 C，50 层
总建筑面积：95,000m²
主要用途：混合功能
开工时间：2005 年
竣工时间：2011 年
项目成本：未知
业主 / 开发商：BANDAR RAYA DEVELOPMENTS BE RHAD
总建筑师：诺曼 · 福斯特及其合作人
合作建筑师：GDP ARCHITECTS
结构工程师：WEB STRUCTURES SINGAPORE
机电工程师：VALDUN（JURUTERA PERUNDING VALDUN SDN.BHD.）
总承包商：IJM CONSTRUCTION SDN.BHD.
景观建筑师：SEKSAN DESIGN

项目简介

三峰大厦开发区位于公园东北角、吉隆坡市中心——吉隆坡的“城中之城”，开发区将公寓、办公室、零售和餐厅结合在一个综合体中，设计目的希望在 21 世纪的城市中让人们的生活和工作联系更加密切。该项目包括三座住宅塔楼，分别为 38 层、44 层和 50 层，它们共同构成了马来西亚最高的住宅开发项目。

建筑设计

通过详细的模型分析，三座塔楼的几何形状逐渐演变，它们的形状被精细雕琢以回应周围的建筑，并最大限度地展示其所在场地的公园、双子塔和周围城市的壮丽景色。这个不寻常的外部结构由许多细长的混凝土剪力墙组成，剪力墙支撑着一系列堆叠的体块，这些体块巧妙地旋转，使得 230 套公寓中的主要生活区和阳台都有最佳的视野。由于剪力墙的布置和公寓内部相通的流线组织，因此可以有多种不同的平面尺寸，以方便每个住户的室内布置选择。公寓立面的延伸和出挑的部分为许多区域提供了遮阳，并为阳台提供了庇护。连桥连接着塔楼的二十四层，创造了一个观赏无与伦比开阔景观和吉隆坡城市天际线的空中大堂。

每个住宅单元都是自然通风的，并有各自低能耗可变制冷机（VRV）作为额外的冷却系统。雨水收集用于灌溉，减少了饮用水的消耗。

在地面层和四层的商业裙房包含了办公、零售和咖啡馆，并营造了一个景观庭院。由于完全没有汽车驶入，内庭形成了整个开发区域的核心—— 一个宁静的城市绿洲。居民通过宾甲路的入口进入庭院，该入口通向一个独立的电梯厅，且该电梯厅每层仅由两套公寓共享使用。在屋顶层为居民提供了各种娱乐设施，由遮阳的拱廊连接，全天可达，它们为高层城市生活增添了更多的舒适度。

结构设计

塔楼由直径达 2m、长度达 49m 的钻孔灌注桩支撑。四层地下室采用自上而下的建造方式，以避免昂贵的临时工程。

原则上，主塔结构框架由大跨度平板结构和剪力墙组成，剪力墙在平面上相互成不同的角度。楼板和墙壁之间的接口需要在混凝土内浇筑特殊的内置钢连接支架，以便在地板和墙壁之间提供无缝连接。

尽管剪力墙纵向延伸的高度达到 204m，但整个剪力墙只有 600mm 厚。为了达到规定的施工精度并消除胶合板模板的使用，使用了预制混凝土永久模板。它们的厚度只有 65mm，预制尺寸达 4000mm × 1100mm，在地面上三个成组地组装起来，并在经过改进的坚固框架上吊装到位。现场安装了定制橡胶垫圈，以密封预制板之间的接缝，防止现浇混凝土泄漏。因此，预制板是结构系统不可分割的一部分。

三个内部核心筒，两个在中心，一个稍微偏离，与剪力墙一起承重，通过楼板的抗侧力作用来抵抗风力导致的塔楼摇晃。这些楼板具有“虚拟”边梁在楼板四角加固，并在拐角处往外悬挑出 6m。屋顶公寓层的某些结构最大跨度达到了 18m。

案例研究 16
河高大厦

德国辛格

建筑高度：67.5m
建筑层数：18 层
总建筑面积：17,056m²
主要用途：办公
开工时间：1999 年（设计阶段）
竣工时间：2008 年
项目成本：24,659,000 欧元
业主 / 开发商：GVV STÄDTISCHE WOHNUNGSBAUGESELLSCHAFT
建筑师：MURFFY/JAHN
合作建筑师：RIEDE ARCHITECTS AND FISCHER & PARTNER ARCHITECTS
结构工程师：WERNER SOBEK
MEP 工程师：SCHREIBER ENGINEERS
总承包商：E.Z.BLIN AG

项目说明

辛格河大厦位于康斯坦斯湖以西 20km，紧邻瑞士边境的德国辛根。这两座大厦作为城市以火车总站为起点开始向南发展的城市计划的一部分，标志着这个 4.5 万人口的工业城市从生产型企业向服务型企业过渡。

建筑风格

在一个普通的建筑立面上植入了一块拉结两栋建筑的连续玻璃幕墙，将两栋建筑合并成为一栋。同时为了营造宽敞舒适的空间氛围，建筑师在设计时将单片玻璃板的模数控制在 2.7m。

立面不仅决定了建筑的视觉外观，而且在隔热、辐射、声学、视觉等方面形成了建筑内外的界面。通过大面积的高性能隔热玻璃，使建筑具有透明的外观和有效的遮阳效果。同时通过一些零部件的设计，在经济成本允许的条件下，使得立面能够对内部和外部环境的需求做出更多反应。

因此，立面设计成为该建筑结构和技术结合的重要方向。该建筑按照规定时间顺利竣工，同时其外观也从城市设计学、美学和技术相关性等方面与这个城市地区产生了很好的契合。

架空地板为建筑提供了修改电气和数据布线系统的可能性，轻量级的隔断使得室内空间可以更快更低的成本适应不断变化的需求。平面进深允许办公室布局从开放式到单元式到组合式办公室的多种需求。同时在这些变化中，始终保证最大的日光采光面积。直接和间接照明系统也持续为工作区提供高能效和无眩光照明。

在建筑师和客户的共同努力下，创造了这种清晰的现代主义的形式表达。而这种表达也符合对高功能性和节能性建筑的需求。

结构设计

建筑采用混凝土材料，核心筒加周边柱的结构形式。结构和立面的设计是为了办公室布局的灵活性，允许开放式、单元式和组合式办公室等，平面分隔也为每层有多个租户提供可能。

可持续性设计

自然通风是通过外推上悬窗提供的，窗口通过链条电机操作，并由剪刀铰链固定。这让使用者接触到新鲜空气的同时也改善了室内空气质量，增加了与外界接触的机会。西南立面的外遮阳板是一个可收缩的不锈钢窗帘。通过传感器可以对它进行控制，使遮阳板覆盖整个立面的同时，将太阳能负荷降至最低。遮阳板的起落对内外视觉联系并没有影响。由 Clauss Markisen 公司开发的遮阳屏具有很高的抗风性，在辛格河大厦工程中首次大规模应用。它与其他三个立面上的室内自动穿孔百叶窗配合使用。

浇筑在混凝土楼板中的 PVC 水管对暴露在结构外的热质系统进行冷却和加热。热质系统在白天吸收

热量，并在夜间主动和被动地冷却。因此，30% 的基本冷却在不消耗能量和空间的空气对流的情况下提供的。

建筑节能的目标是以最小的资源消耗实现最大的舒适度。所有加热、通风和冷却组件之间的相互作用以及它们对外部条件的共同响应形成了一个复杂而高效的系统，而这是由总线驱动的楼宇控制系统提供支持的。

风扇辅助加热和冷却换热器通过门面接收新鲜空气，并直接将空调空气引入，无须通过中央单元绕道。热回收是通过热交换器运行回风，并将其能量转移到热力系统的水中来的。

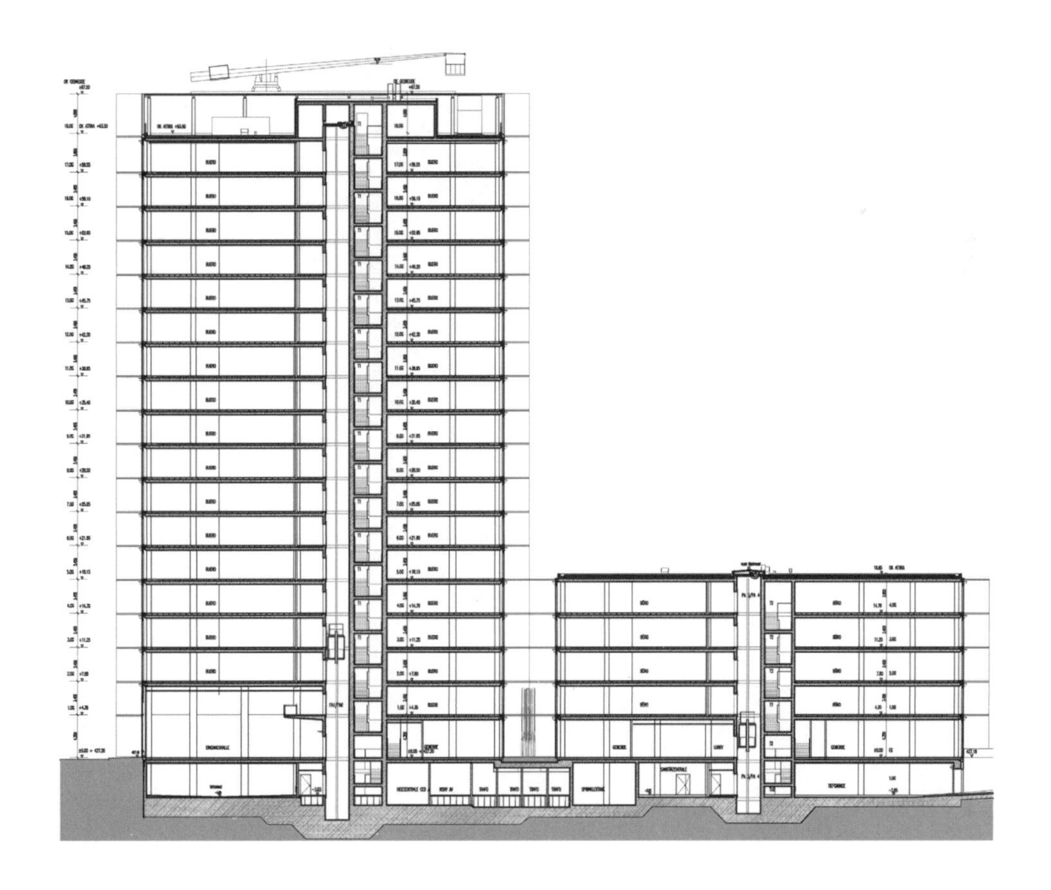

纵向剖面

0 2,5 12,5 25 m

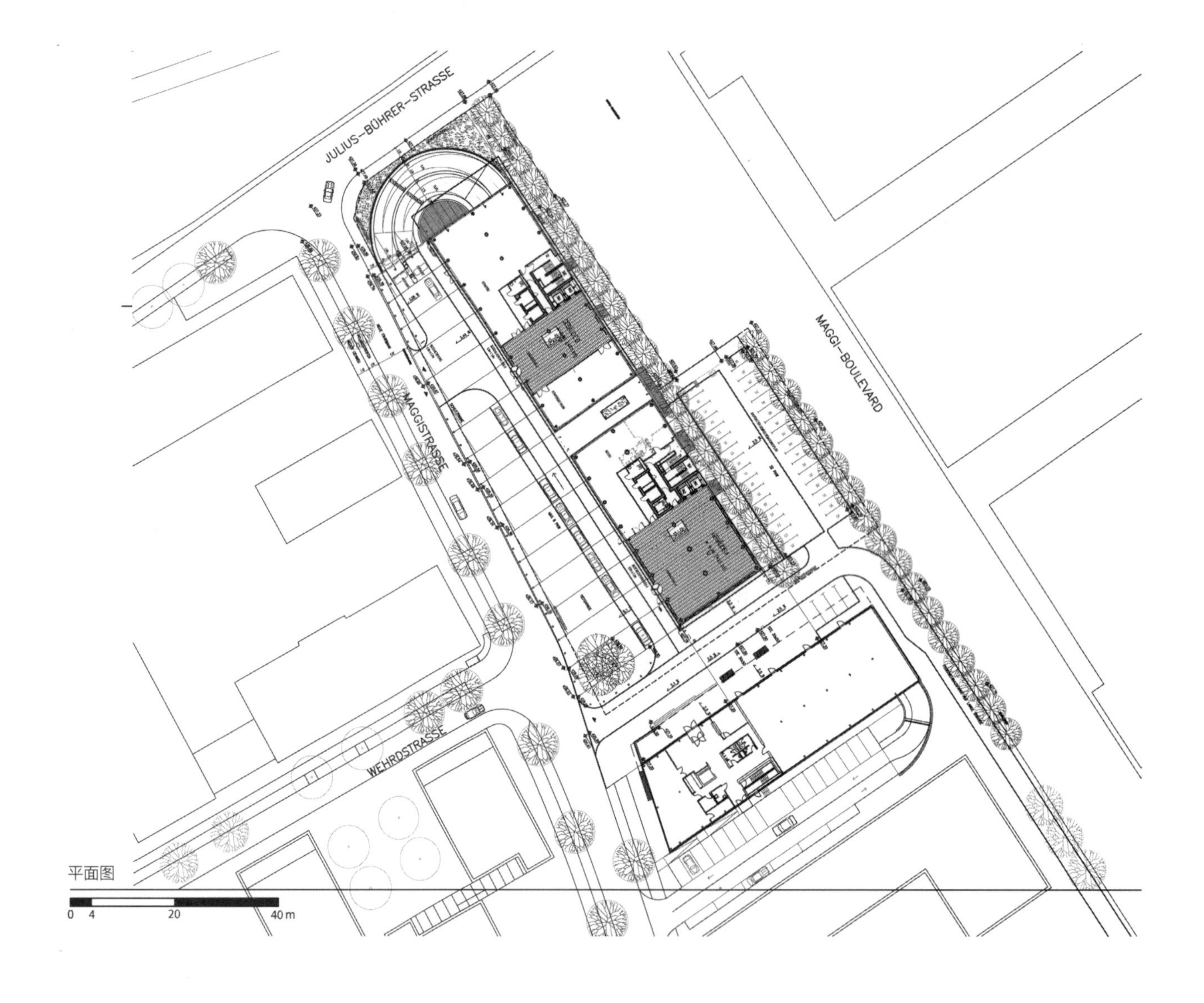
JULIUS-BÜHRER-STRASSE
MAGGISTRASSE
MAGGI-BOULEVARD
WEHRDSTRASSE
0 4 20 40 m

平面图

案例研究 17
希伦大厦

英国伦敦

建筑高度：202m；230m
建筑层数：46 层
总建筑面积：42,873m^2
主要用途：办公
其他用途：餐厅和酒吧
开工时间：2008 年 3 月（施工）；2007 年 7 月（拆除和启动工程）
竣工时间：2011 年 3 月
项目成本：2.42 亿英镑
业主 / 开发商：HERON INTERNATIONAL
建筑师：KOHN PEDERSEN FOX
结构工程师：ARUP
设备工程师：FOREMAN ROBERTS
总承包商：SKANSKA
项目经理：MACE
成本顾问：DAVIS LANGDON
规划设计：DP9
景观设计师：CHARLES FUNKE
立面工程师：EMMER PFENNINGER
照明设计：ILLUMINATING CONCEPTS
交通设计：奥雅纳工程顾问公司
消防设计：奥雅纳工程顾问公司

项目说明

希伦大厦位于伦敦金融城，在主教门和Camomile 街交界处的一个显眼的位置，限定了城市核心的北部边缘。与城市中早期的高层建筑整体形式在城市环境中“保持沉默”不同，希伦大厦有着透明且清晰的结构：通过其维护、操作和使用创新技术，它响应环境，缓和城市问题，对公共领域做出积极贡献。

为响应其城市环境，希伦大厦的重建还包括对塔底部周围的流通和通道的显著改善。通过向北沿猎犬沟渠街（Houndsditch）开辟步行区，植入绿植和咖啡馆增加空间的活力；沿主教门创建一个拱廊，为繁忙的街道提供宽敞的人行道的同时，与对面的圣博托尔夫教堂连通；将公共区域延伸至屋顶，在露台增加餐馆和酒吧等空间为伦敦提供了无与伦比的景色。这些都将这原本繁忙的交通拐角，狭窄的人行道变成了新的活力场所。

建筑风格

塔楼的设计提供了高度灵活的工作空间，满足不同的租户需求。一系列 10 个办公的“村庄”——一个位于顶层的六层高办公“村庄”，其中心有一个三层高的中庭创造了独立的空间，可以单独维护和操作，提供高水平的视觉连通性，最大限度地增加建筑内自然光渗入，化整为零的处理手法也增加了人的体验感。这些“村庄”在结构上通过不锈钢在北面斜支撑，并向东和西连接，使立面充满活力。

立面的设计是由建筑物的朝向决定的。东面和西面高度透明、通过自动整体百叶窗，控制太阳直射的低角度来创造一个通风良好的类生物气候的节能空间。在建筑南侧，优化后的核心筒也能降低热辐射的影响。核心筒内是十个双层玻璃电梯和两个通往屋顶公共餐厅和酒吧的穿梭电梯。这些电梯在垂直方向上都搭载了一个光伏（PV）单元。该单元面积 3374m^2，建成时是国内第二大光伏单元，最终将使整个建筑的碳排放量减少 2.2%。

不锈钢“亚麻”饰面层与中性 / 透明玻璃相结合的材料，使塔楼的耐用性和坚固性得到增强。这一点在街道上得到很好的体现：在主教门上有一个后置的有盖三层拱廊、将街道连接到塔楼和入口大厅的全高玻璃，入口大厅由一个 12m 高的热带鱼水族馆界定。建筑的体量也在上部——餐厅和酒吧——向后退了三层，直到西南角的最高点，顶部是一根 30m 的不锈钢天线。

通过 BREEAM“优秀”认证，塔楼的环境设计是对基于节能和节能环境战略的直接响应。通过被动设计，如保护性的核心筒和互动式三层玻璃幕墙，将能源使用降至最低。此外，大楼服务系统还融入了确保能源得到有效利用的设计，包括热回收、高效工厂和低能耗冷却系统。

该建筑的12个“村庄”中的每一个都是独立的环境，拥有自己的机械和电气系统、生命安全系统和控制系统，因此每个村庄都可以精确地调整到其居住者认为的舒适模式，从而节省能源，减少成本，并允许在未来改装新技术。该建筑的电梯也具有创新性，可以有效地为数量相对较多的小楼层提供服务。该设计结合了“双”全景高速电梯和门厅呼叫目的地控制软件。

结构设计

许多建筑物都有一个简单的混凝土核心，为结构提供稳定性和支撑。对于希伦大厦，建筑师希望实现一个开放的楼层，可以看到北部一览无余的景色，因此排除了使用中央核心筒的可能性。同时由于该地点也被四面八方的道路包围，可用于施工的建设的空间相对有限。出于此，建筑师最后决定用管状结构作为结构基础，以提供46层建筑所需的结构稳定性，同时最大限度地增加开放式楼面空间和可出租面积。

奥雅纳公司通过在一侧切出一个垂直的“块”来修改管结构，这对于管稳定的建筑物来说并不常见。管状结构的强度在于连续的外边缘，因此需要进行修改以恢复稳定性。这是通过一个框架系统实现的，该系统在关键位置将切割管的开放垂直边缘“缝合”在一起。因此，办公空间充满了日光，可以一览无余地欣赏伦敦金融城的景色。

该管还有其他优点，例如建造速度更快。没有核心，地下室的每一层都可以在没有支撑的情况下挖掘。一旦第一层完成，下一层的挖掘就可以在它下面开始，管子为上面的框架结构提供了最重要的稳定性。这种施工策略意味着地下室和上面的结构可以同时进行。

自上而下的方法也意味着基础的承载能力随着施工的推进而增加。通过设计施工顺序，使框架组件与地下室的施工保持一致，这将通常情况下的问题转化为优势。随着施工的推进，地基本身的配置可以满足它们对承重的要求，这使得施工成本大大降低。

案例研究 18
哈姆拉大厦

科威特

建筑高度：412.6m
建筑层数：80 层
总建筑面积：195,000m^2
主要用途：办公
开工时间：2004 年
竣工时间：2012 年
项目成本：未知
业主 / 开发商：AL HAMRA 房地产和娱乐公司
首席建筑师：SKIDMORE，OWINGS&MERRILL（SOM）
合作建筑师：AL JAZERA CONSULTANTS
结构工程师：SKIDMORE，OWINGS&MERRILL（SOM）
设备工程师：SKIDMORE，OWINGS&MERRILL（SOM）
总承包商：AHMADIAH CONTRACTING&TRADING CO.
项目经理：TURNER CONSTRUCTION CO., INTERNATIONAL

项目说明

哈姆拉塔位于科威特市中心，高 412m，是一座标志性的雕塑式办公大楼，可欣赏阿拉伯湾的壮丽景色。

当现场开始施工时，业主是当地开发商和总承包商的合资企业，他们计划建造一座 50 层的塔楼和四层裙楼，全部由当地建筑师设计。之后，该地区其他地方的建筑热潮促使科威特当局改变了分区，允许在现场建造更高的塔，以与科威特邻国涌现的超高层标志性建筑竞争。当 SOM 被请来时，场地已经完全挖掘，四层裙楼的建设正在进行中。由于业主希望保留原有的裙楼设计，SOM 受委托在场地北端设计一座新塔楼。

建筑风格

哈姆拉塔位于科威特半岛中心一个非常显眼的位置，在城市天际线上有着强烈的影响力。业主设想了一个标志性的结构，可以利用该地点，成为科威特的地标。他们还需要一座高效的办公楼，其租赁跨度恒定为 12m，面向大海。

精致的玻璃幕墙映衬着半岛的轮廓，这座建筑就像是一个被包裹起来的人物或一个微妙而优雅的现代雕像。它面向海湾的北部，东部和西部几乎为全透明，而在南部的强烈沙漠阳光下则近乎完全的不透明。

在规划过程中，建筑师沿场地整个 60m^2 的周边测试了租赁跨度，发现需要取出 25% 的楼板以满足面积要求。最大化回应对海面的视线朝向的需求，意味着这个楼板的取出位置应该位于这个建筑的南侧，并且尽可能地面向城市。与此同时，设计团队对不同切割方向会导致的结果分别进行了日照分析和风振响应分析。日照分析结果倾向于切割西南角，风振响应分析的结果表明不均匀切割比直切割更有利于建筑在

高空环境下的稳定性。

这个分析过程产生了一个最佳解决方案，即从南立面移除四分之一的楼板，从地面的建筑物西南角开始，并沿着整个塔逆时针递增旋转。

坚固的实体南墙有助于减少太阳辐射的影响。基于塔和太阳的位置关系设置门窗。内墙开口的几何形状响应了最大限度减少太阳得热。这面墙可以保护建筑物免受环境条件的影响，也可以作为建筑物的结构脊柱。塔尖处不仅解决了雕刻耀斑墙的复杂几何形状问题，而且还意味着雕塑形式的无限向上延伸。

从科威特城的天际线看，哈姆拉大厦给人一种运动的印象，不仅是其本身，它扭曲了周围的空间。作为漩涡中心，其非凡视觉活力是由螺旋状的中央空洞产生的。这座塔的诗意在于它将视觉体验感知具象化，产生了一种缺失的神秘感。

超高层建筑如何处理接地层——结构需求高峰、建筑服务与城市基础设施的连接、交通流量和进入现场的人流——始终是一项关键的设计挑战。哈姆拉大厦以 20m 高的公共空间作为入口大厅，解决了底层的所有实际挑战。塔的北面外伸 9m，增加了大堂的深度。网状混凝土薄板结构用于避免屈曲并将力平稳地施加到地基上。大堂的体验性特征——空间的桶形拱顶轮廓和透过混凝土构件网的过滤光——反映了结构的构造。

结构

由于该建筑物螺旋上升的形式，混凝土被选为主要结构材料。4m 深的筏板基础位于 289 根直径为 1.2mm、长达 27m 的现浇钻孔桩上。核心处的剪力墙和喇叭口的厚度从 1200mm 到 300mm 逐渐变窄。160mm 厚的现浇楼板由 700mm 高的梁支撑。

由于塔的形状 130° 旋转，因此模板设计在施工过程中是一个特别的挑战。另一个挑战是泵送混凝土的高度——在高达 400m 的上层楼板泵送近 20 万 m^3 的优质混凝土。

设备系统

该塔是一座全电力建筑，仅使用电力来产生热量。中央冷冻水系统用于初级冷却。制冷设备位于地下室的底层设备用房，由电动机驱动的离心式冷水机和相关的冷凝水泵以及初级和二级冷冻水泵组成，为所有使用中央冷冻水的系统提供冷冻水。冷冻水通过冷冻水管道系统分配。提供一台带泵的备用冷却器。多单元引风机式成套冷却塔位于裙楼屋顶，安装在弹簧隔振器和钢格架上，其尺寸与制冷负载基础设计相匹配。有一个备用冷却塔。

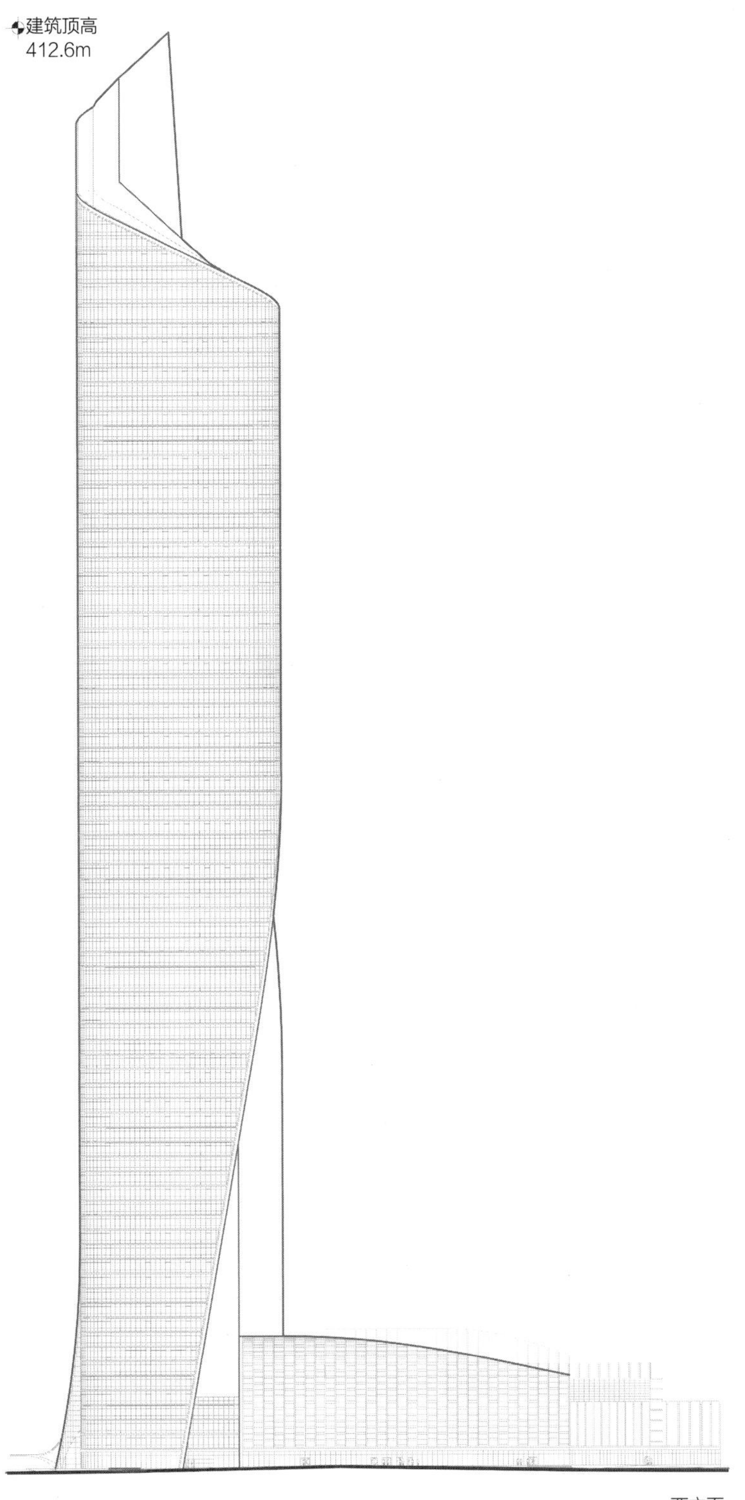

西立面

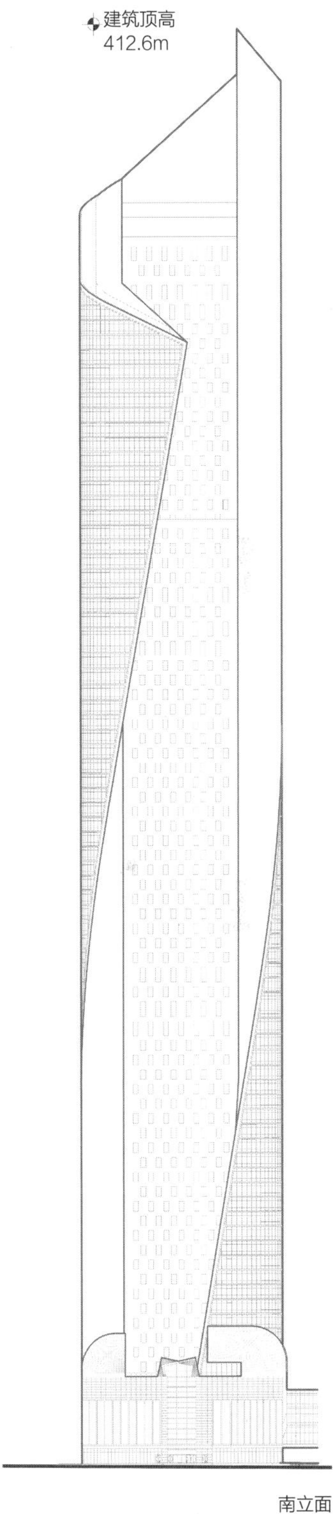

南立面

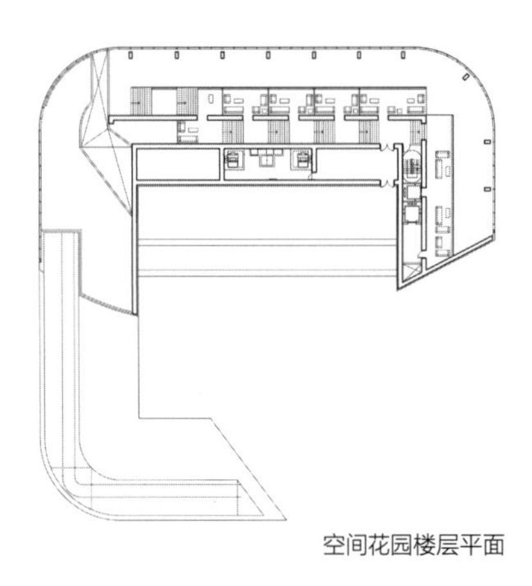
空间花园楼层平面

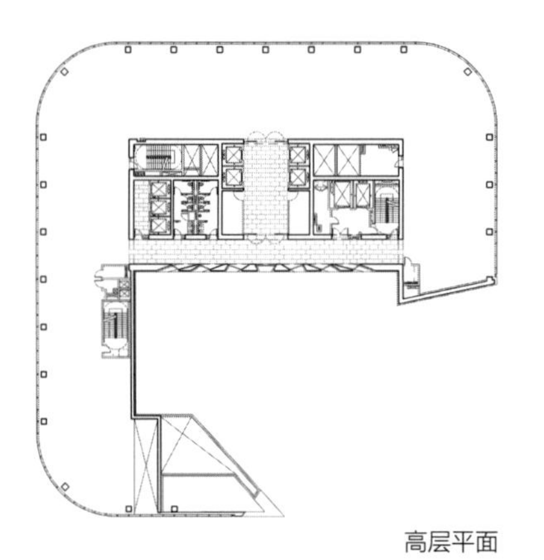
高层平面

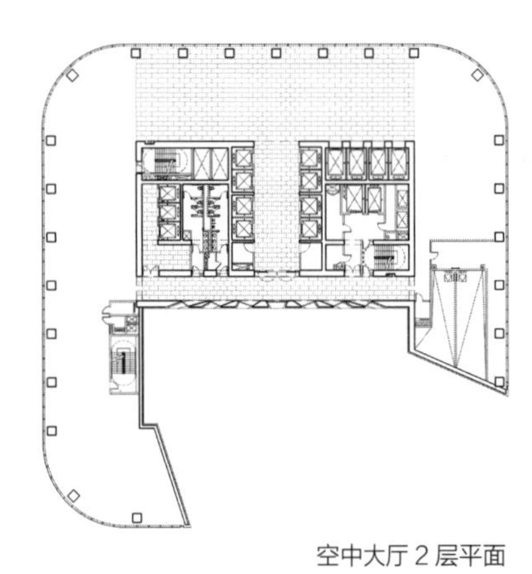
空中大厅 2 层平面

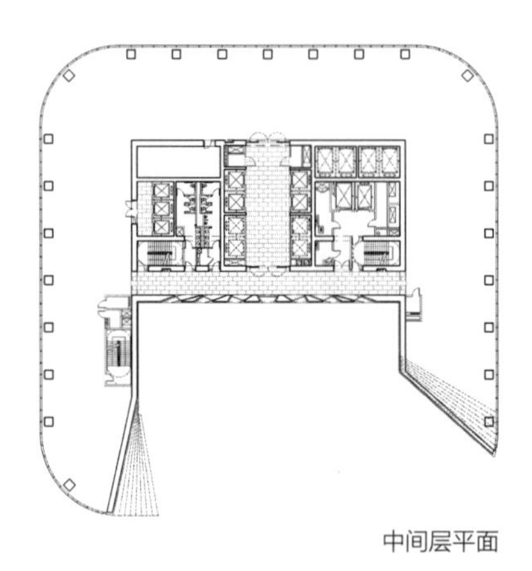
中间层平面

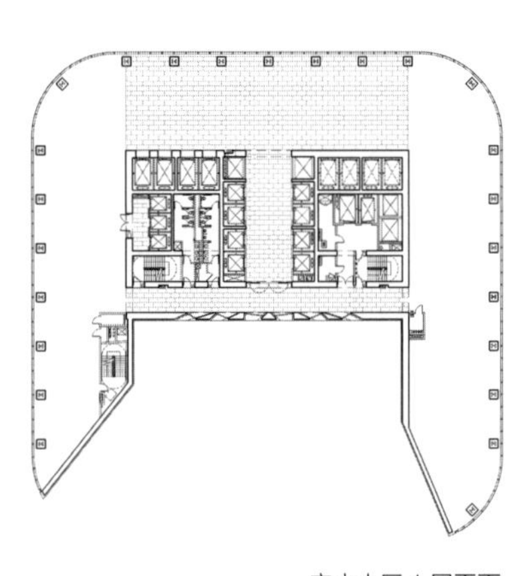
空中大厅 1 层平面

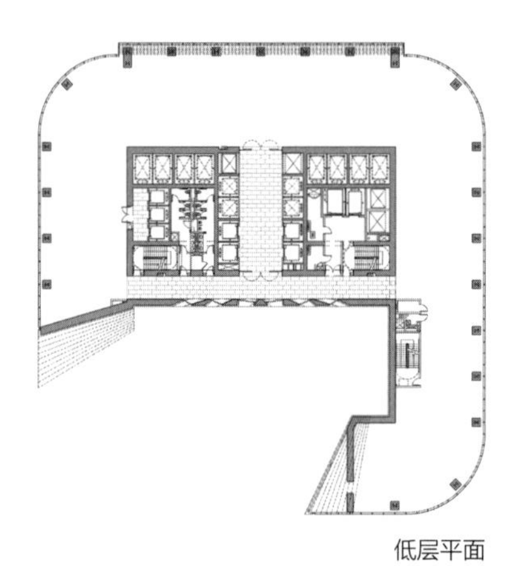
低层平面

案例研究 19
巴林世界贸易中心

巴林麦纳麦

建筑高度：240m
建筑层数：42 层
总建筑面积：120,000m^2
主要用途：办公、零售和酒店
开工时间：2004 年 6 月
竣工时间：2008 年 3 月
项目成本：未知
业主 / 开发商：机密
首席建筑师：ATKINS
结构工程师：ATKINS
设备工程师：ATKINS
总承包商：NASS MURRAY & ROBERTS，阿特金斯（合资）
风力涡轮机桥设计：RAMBOLL DANMARK A/S
风力涡轮机供应商：NORWIN A/S

项目说明

巴林世界贸易中心是世界上第一座将大型风力涡轮机集成到其结构中的建筑。在这方面，以及它所包含的许多其他能源减少和回收系统，代表着在世界范围内，特别是海湾地区，在发展节能和能源可持续结构方面向前迈出了一大步。它表明，商业发展可以通过强有力的环境议程来创造，并且在这个过程中具有良好的经济意义。

背景、简介和设计生成

巴林世界贸易中心是一项总体规划的重点，该规划旨在使一座位于麦纳麦市中心中央商务区、可以俯瞰阿拉伯湾著名景点的、拥有 30 年历史的酒店和购物中心焕然一新。

客户最初的任务书要求将购物中心与酒店整合，并将综合体与费萨尔国王高速公路连接，创建一个带有必要停车设施的新办公综合体。

该场地的初步规划是通过将现有购物中心的主轴向大海延伸，并从酒店创建一条辅助轴线，以产生“商业街道”。这需要一条新的内部道路将现有的地下停车场与拟建的多层停车场建筑连接起来，并结合坡道，以避免干扰商场内的内部行人活动。商场本身在商业方面也被重新定位：通过紧凑、豪华的商店提供世界上最重要的品牌商店的同时，建筑本身是私密的传统阿拉伯露天市场现代演绎的作品。

最后，开发商和设计师决定创造一条通往大海的主轴，将开发与巴林的海洋遗产和岛屿地位重新联系起来。这又反向引导了面向大海位于轴线两侧的双塔形象建筑的出现。

在 2003 年 10 月的第一次现场勘探中，设计团队注意到了盛行陆上风的方向和强度。将涡轮机集成到结构中的想法很快被采纳，并从那时起在很大程度上影响了建筑。塔的形状完全由风塑造而成，设计师也通过它汇集和利用来自阿拉伯湾的每日陆上海风，为三台直径 29m 的诺文水平轴 225kW 风力涡轮机提供动力。它们反过来产生超过 20% 大厦的能源需求，并每年减少约 55,000kg 的二氧化碳产量。

地块和风动力学

沿海场地的设计不可避免地会受到场地位置的影响；海洋、风帆、波浪等的考虑总是会影响设计概念。除此以外，风塔——阿拉伯海湾一种将来自上方清洁空气的微风汇集到房屋的中心，为室内降温和清新的独特的本土建筑形式也是一个额外的影响因素。

在为双子塔设计概念时，巴林超过 70% 的风能直接来自陆上，不受建筑物的阻碍，并且垂直于场地——直接沿着新的购物中心轴线。这使得该项目非常适合将风力涡轮机整合到提案中。

这座 42 层、240m 高的双子塔从传统风塔的概念，建筑结构如何汇集风运动，传统阿拉伯单桅帆船的巨大风帆中获得灵感，设计团队通过对风环境的塑造和引导，在确保其产生恒常持久的能量的同时服务于建筑设计，有利于建筑的稳定。

塔的形状是经过仔细的计算机建模和大范围的风洞测试后，逐渐生成的。并且在不断地修正设计以确保在建筑物周围创造最佳气流。椭圆形的平面形式充当巨大的机翼：通过让气流在它们之间汇集空气的方式，控制气流的方向并最大化其功率。除此以外在下游创建的一个加速风的负压区也使气流的功率得到加强。塔的垂直造型也符合气流动力学的函数的规则。当它们向上逐渐变细时，翼型截面减小，当结合高度增加的陆上微风的速度增加时，在每一个涡轮机上产生几乎相等的风速。这使它们能够以相同的速度旋转，从而在恒定相位中产生相同的能量。

通过理解和利用这些原理，设计团队将风力涡轮机实际集成到商业建筑设计中。经风洞测试证实，塔的形状和空间关系改变了气流，形成了一个“S”形曲线系统，其中任一侧的 60° 风方位角内，风流的中心几乎保持垂直于涡轮机的中轴线。这种体量的结果是在更长的时间和更广泛的风力条件下，发电的潜力大大增加，从而大大增加了年发电量。

可持续性设计

除风力涡轮机外，该建筑还包括许多其他主动和被动系统，以减少碳排放。其中包括：

- 设置外部环境与空调空间之间的缓冲空间；例如，商场南端有一个停车场平台，可降低太阳能温度和传导太阳能得热。
- 在外部玻璃幕墙上设置大量遮阳板。
- 在建筑尾部设置阳台，提供空中的悬垂荫蔽场所，并在冬季提供休息空间和新鲜的空气来源。
- 高品质、技术先进的玻璃系统提供建筑内部出色的热性能值，以最大限度地减少太阳能得热。
- 良好的施工密闭处理，使得烟囱效应和建筑中冷热空气传递的影响进一步降低。同时通过增设开窗，为冬季以混合模式运行保证建筑内环境稳定的方式提供可能。
- 运用高标准的隔热玻璃减少室外温度对室内环境的影响。
- 建筑内密集混凝土核心筒和楼板可平衡负载并减小对空气和冷冻水运输系统的峰值需求。
- 可变容量冷冻水泵可随着冷却负荷的减少而降低所需的泵功率。
- 在新风入口设置能量回收轮，将新风中的热

量从新风传递到废气，进而避免新风中的热量对建筑内环境造成影响，减少建筑内冷却负荷。

- 具有分区控制系统的节能高频照明灯，可在建筑使用期间提供灵活的照明方案。
- 分离污水和废水的双重排水系统，实现中心循环。
- 与周边区域的制冷系统的连接，使建筑物能够从规模经济中受益。
- 在建筑物入口处设置的反射池（reflection pools），以提供局部蒸发冷却。
- 采用太阳能为周边道路提供舒适照明。

结论

环境问题显然得到了全面解决，项目的商业方面也同样受益。这座建筑是海湾地区可持续发展的灯塔，也是一座本身就很有吸引力的建筑，因此，开发商希望将其作为商业住宅组织中心，并将其视为具有前瞻性和渐进性发展的建筑。这对建筑出租率和收入都有积极影响。在最近的金融低迷时期，对客户来说是一个显著的好处。以上两点都使客户在设计和建设方面的投入远低于后期为其产生的价值。

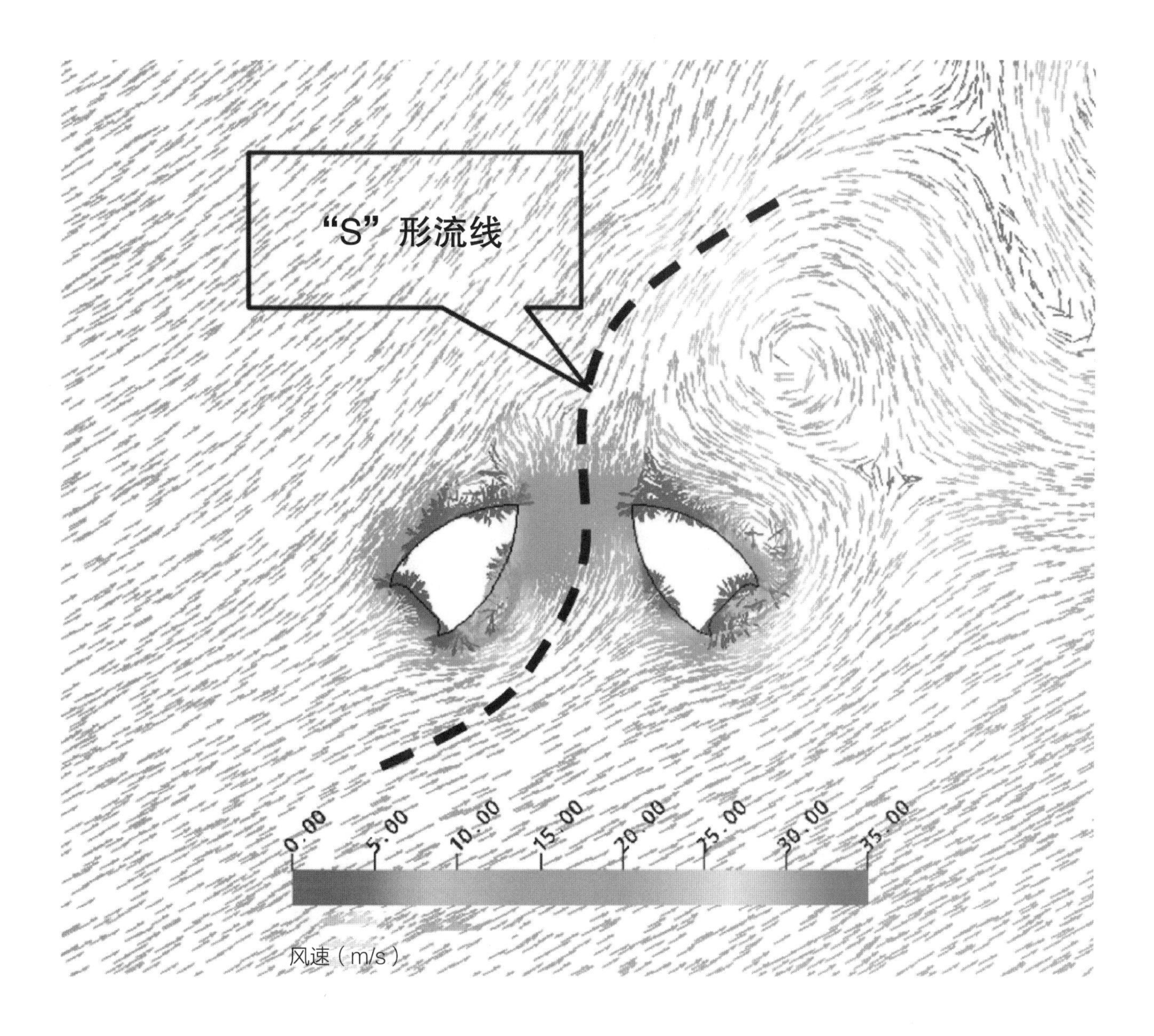

"S"形流线
0.00
5.00
10.00
15.00
20.00
25.00
30.00
35.00
风速（m/s）

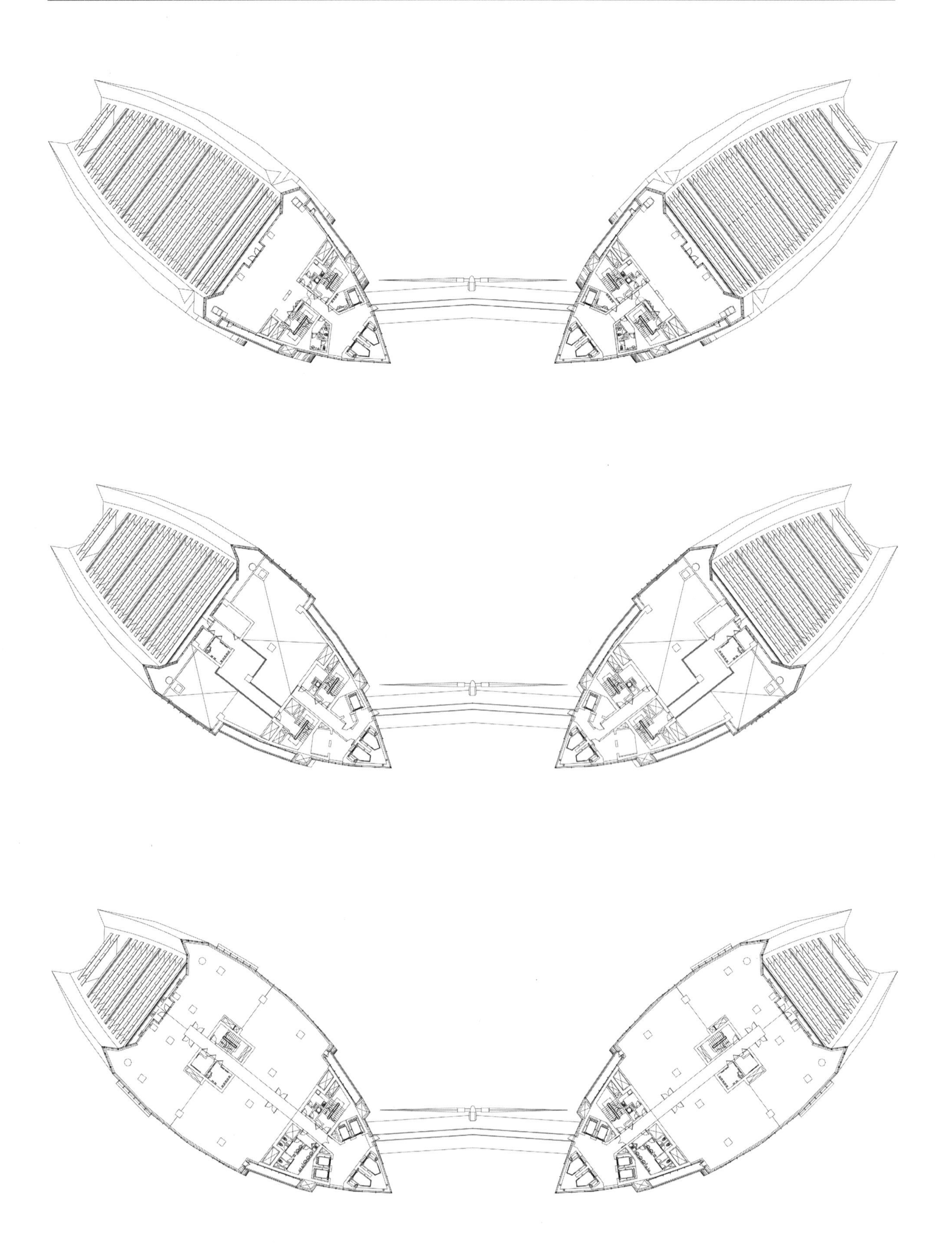

案例研究 20
哈利法塔

阿联酋迪拜

建筑高度：828m
建筑层数：162 层居住，46 层维护，2 层停车
总建筑面积：186,000m²
主要用途：混合使用，办公室、酒店、住宅
开工时间：2004 年 1 月
竣工时间：2010 年 1 月
项目成本：未知
业主 / 开发商：EMAAR PROPERTIES PJSC
总建筑师：SKIDMORE，OWINGS&MERRILL（SOM）
结构工程师：SKIDMORE，OWINGS&MERRILL（SOM）
MEP 工程师：SKIDMORE，OWINGS&MERRILL（SOM）
总承包商：三星公司
施工经理：TURNER CONSTRUCTION WIND
ENGINEERING：RWDI INC

项目说明

迪拜在 20 世纪末和 21 世纪初经历了巨大的经济发展和财务增长，从一个小型贸易港口发展成为中东海湾地区的商业和旅游之都。在城市经济爆炸的高峰期，总部位于迪拜的房地产开发商——艾马尔地产公司设想建造一座超高层塔楼，它将成为迪拜新市中心的核心。2003 年，作为竞赛的一部分，艾马尔聘请 SOM 设计未来将成为世界最高建筑的哈利法塔。该塔于 2004 年 1 月开始建造，并于 2010 年 1 月 4 日正式启用。如今，该塔在世界高层建筑和都市人居学会指定的所有三个类别中均位居世界第一，超过之前的身高纪录保持者 319m。

除了是世界上最高的建筑，哈利法塔的总体规划响应了全球向紧凑、宜居的城市地区发展趋势。迪拜市中心寻求创建一个新的城市中心来解决贸易、交通、旅游、工业和金融问题，以呼应城市的经济繁荣。哈利法塔位于新的市中心社区的中心，促进了周边的发展，并以类似于小型垂直城市的方式运作。

该项目由具有综合功能裙楼的超高层塔楼、附属的 12 层办公楼和 4 层泳池附楼组成，与塔楼底部相辅相成，并在地面上限定广场空间。在地面入口层，“Y”形平面图允许每个用途都有自己独特的入口，通过铺装、景观和喷泉来创造独特体验。该塔的混合用途由酒店、住宅和办公空间组成，响应了该地区的发展密度，并为居民、客人和游客提供了与邻近场地设施、购物和公共交通系统的直接连接。

建筑设计

哈利法塔高达 828m，意味着将当前的分析方法、材料和建筑技术推向新的高度。然而，由于以前从未尝试过这样的建筑高度，因此有必要确保所使用的所有技术和方法都经过良好的发展和实践。因此，设计师以传统的系统、材料和施工方法为基础，并在此基础上进行前所未有的大胆改进。

该建筑的“Y”形平面的产生不仅是由于结构稳定所需的几何形状，同时也因为这种形状可以产生最大的采光面。这个“Y”可以使租户在保留隐私性的同时欣赏景观和日光，虽然这在文化上是不可接受的。随着锥形塔的上升，每个“机翼”的末端都会以向上的螺旋式后退，随着高度的增加，螺旋状的肌理也会逐渐减小。螺旋形让人想起古代阿拉伯方尖碑和纪念碑上的螺旋形特征。在其设计过程中，建筑师与结构工程师经过不断的共同合作，通过对这种后退结构在风洞中进行不断建模，以确定最安全和最有效的方法来最小化风力影响。

外部幕墙由铝和带纹理的不锈钢拱肩板组成，旨在抵御迪拜夏季的极端环境。同时设计师为塔添加垂直抛光不锈钢翅片来突出哈利法塔的高度和细长，这些翅片在早晚被阳光照射时外表面会产生一些阴影轮廓，从而提高塔的壮观质量。

哈利法塔的设计室内面积高达约 27.8 万 m^2，而建筑室内设计是从设计的最初阶段就开始了。设计团队为打造室内空间提出了三个目标——充分认识了解建筑的高度，在室内设计中整合其结构和建筑原理，充分了解当地的遗产、历史和文化。

建筑结构

哈利法塔前所未有的高度要求它成为最具创新性的工程建筑。设计技术、建筑系统和施工实践都需要重新思考、重新定义，并且在许多情况下重新调整已经存在的应用程序，以创建实用且高效的建筑。该结构系统专为哈利法塔打造，由一个六面高性能钢筋混凝土中央核心筒和三个“机翼”组成——该系统也被称为“支撑核心”。来自一个机翼的载荷通过六面核心传递到另一机翼。走廊墙从中央核心延伸到每个翼的末端附近，终止于加厚的剪力墙。周边立柱和楼地板结构完善了该系统。

为了使建筑物的刚度和稳定性最大化，伸臂墙将垂直结构连接在机械地板上。这些努力最终成就了一个非常有效的结构。建筑物的整个垂直结构用于支撑重力和横向载荷。塔的形状和朝向受到其在强风方面的性能的显著影响。为了开发出最佳性能的解决方案，需要进行大量的风洞测试和设计迭代。建造这座塔需要有史以来最高的单级混凝土泵送——令人惊叹的 606m。塔顶有一个约 230m 高的钢结构尖顶。

可持续性设计

哈利法塔采用了新的方法来提高结构和施工效率，同时减少材料的使用和浪费，有助于未来的超高层项目减少与建筑和原材料开采相关的环境影响。哈利法塔的可持续元素包括：

- 高空通风系统

通过利用稍冷的空气温度降低了室内的空气密度，减少了高空的相对湿度，使得高空的新风系统成为可能。

- 冷凝水回收系统

哈利法塔拥有世界上最大的冷凝水回收系统之一。通过对空调冷凝水回收，可以防止排放物进入废水流，减少对市政饮用水的需求。

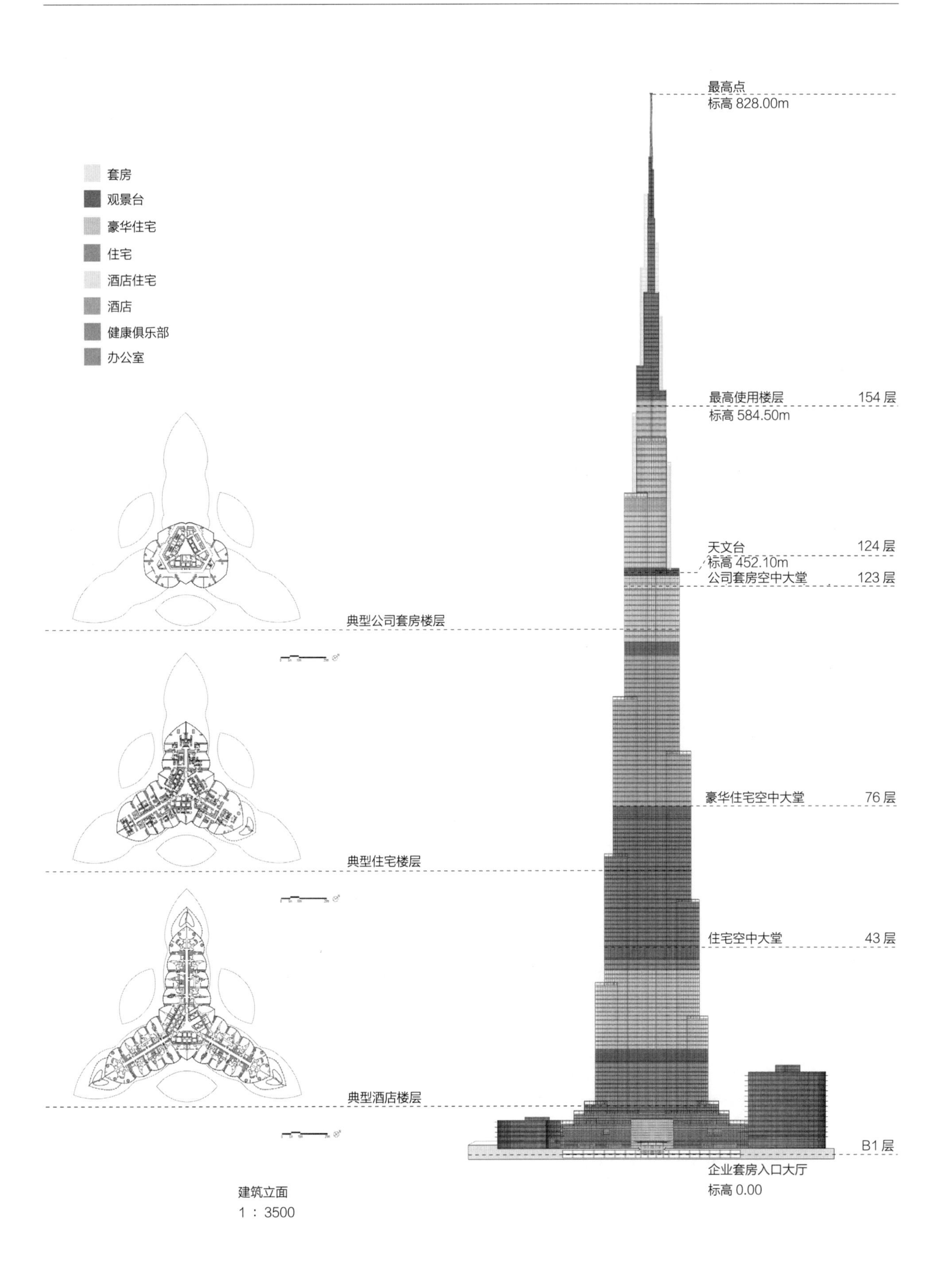

最高点
标高 828.00m
套房
观景台
豪华住宅
住宅
酒店住宅
酒店
健康俱乐部
办公室
最高使用楼层
154 层
标高 584.50m
天文台
124 层
标高 452.10m
公司套房空中大堂
123 层
典型公司套房楼层
豪华住宅空中大堂
76 层
典型住宅楼层
住宅空中大堂
43 层
典型酒店楼层
B1 层
企业套房入口大厅
标高 0.00

建筑立面
1 ∶ 3500

- 高性能玻璃

低辐射玻璃为哈利法塔提供了增强的隔热效果，可抵御迪拜的高环境温度。

- 高压配电

与低压系统相比，使用较高电压传导电力可减少能量损失并提高能源效率。

- 电子计量

单独的电能监测系统可在其生命周期内对塔的系统进行能源优化。这将减少哈利法塔对周边环境的影响。

- 智能照明和机械控制

该建筑的管理系统可降低运营成本，更有效地利用建筑资源和服务，更好地控制内部舒适条件，并有效监控和确定能源消耗。

- 控制烟囱效应带来的影响

建筑物内部和外部的热差产生烟囱效应。哈利法塔旨在通过被动方式控制这些影响，以减少为维持室内气压导致的需要通过对机械加压的需求，节省能源。

结论

塔的设计需要建筑师和工程师之间的密切合作。虽然高度是项目开发的核心，但哈利法塔代表了设计和工程的逐步转变，为复杂问题提供了新的解决方案。通过结合尖端技术和区域文化灵感，SOM 打造了一个垂直城市，成为未来城市中心发展的典范，并呼应了全球向紧凑、宜居城市地区发展的趋势。哈利法塔代表了全球新一代建筑师和工程师的重大成就，也是迪拜市中心未来增长和发展的催化剂。

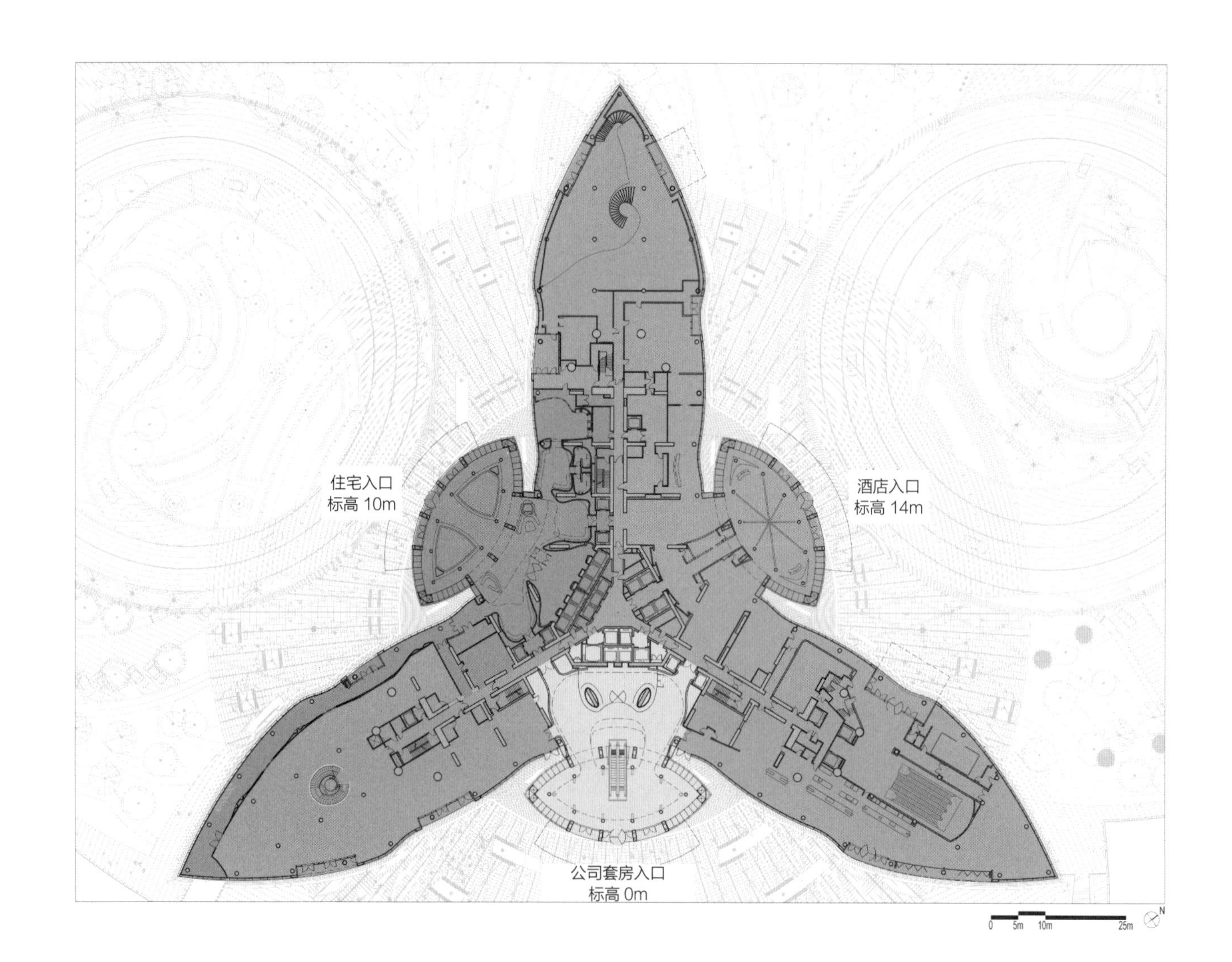

屋顶平面图

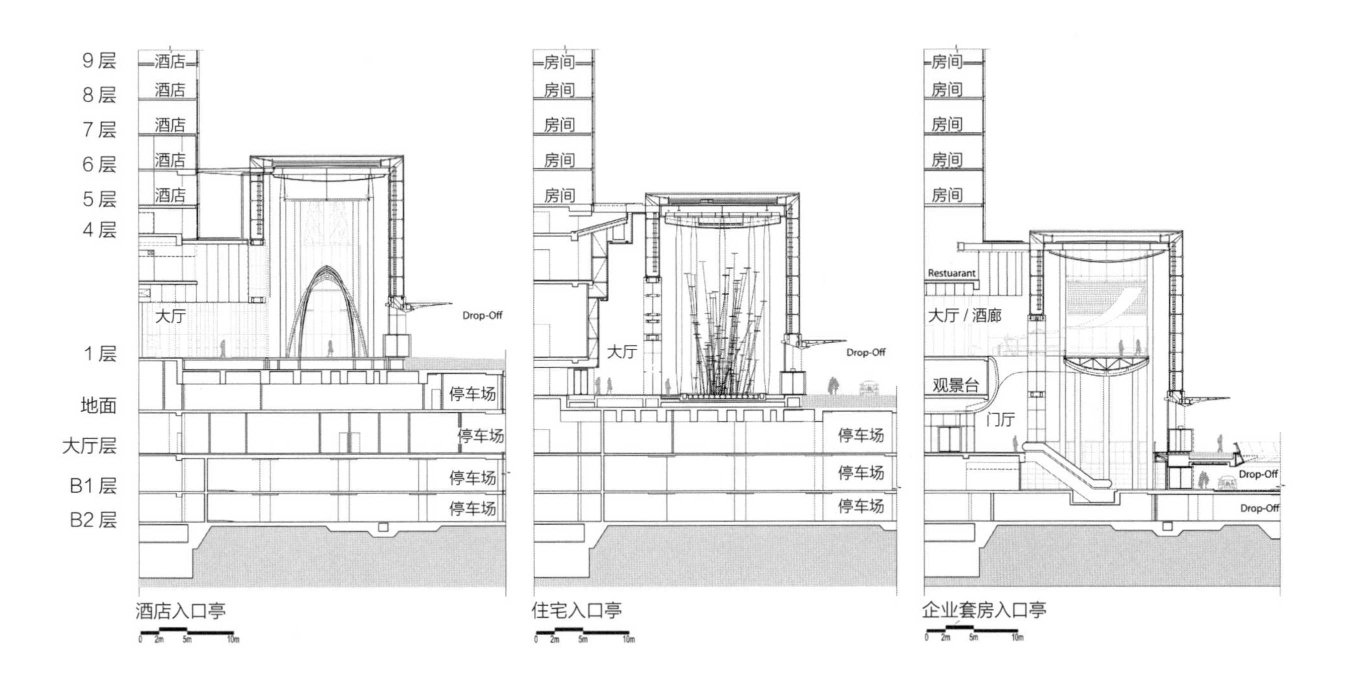

酒店入口亭

住宅入口亭

企业套房入口亭

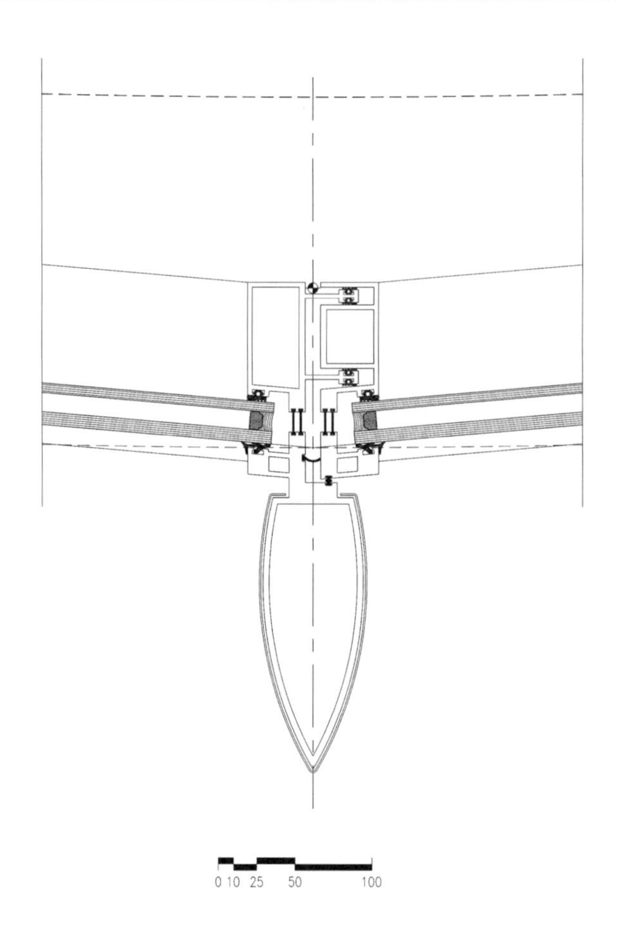
0 10 25 50 100

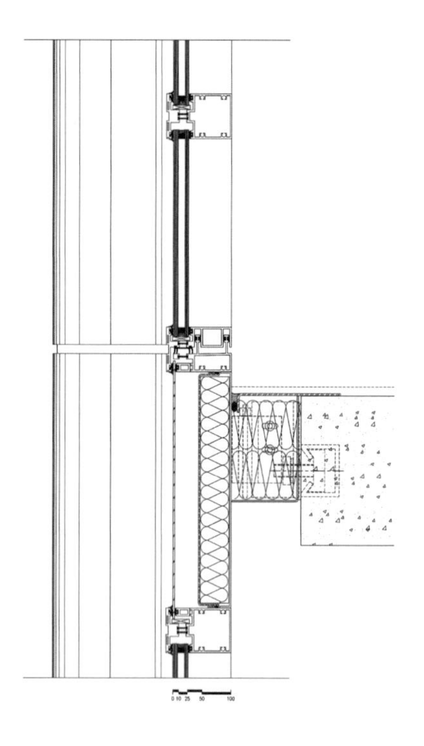

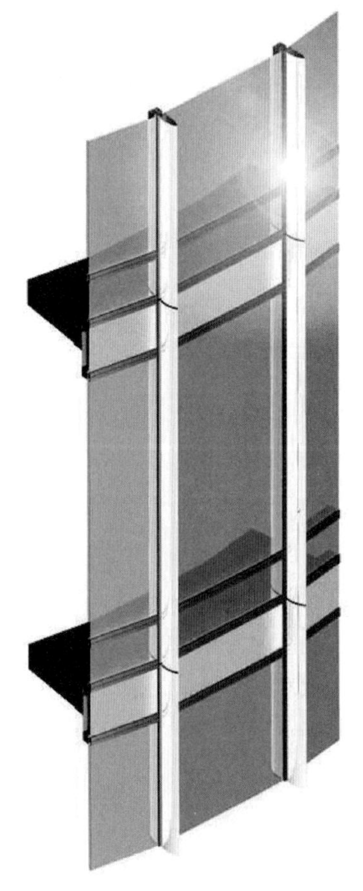

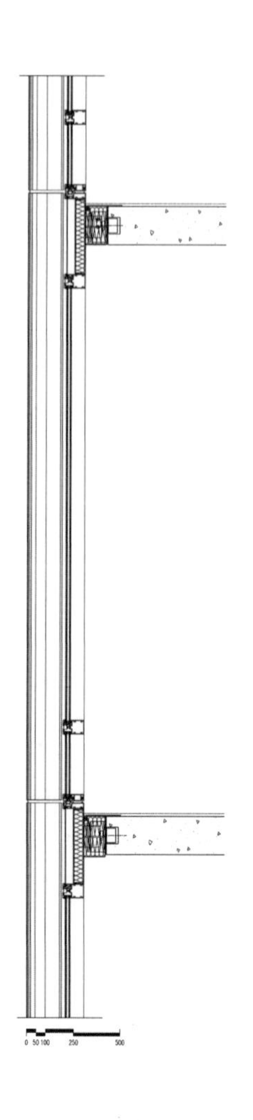

案例研究 21
首都之门

阿联酋阿布扎比

建筑高度：160m，包含直升机停机坪（4.5m）
建筑层数：35 层 +1 层地下
总建筑面积：总建筑面积，53,100m^2；总办公面积，20,900m^2；
总酒店面积，25,050m^2
主要用途：办公，酒店
开工时间：2007 年
竣工时间：2011 年
项目成本：未知
业主 / 开发商：ADNEC
首席建筑师：RMJM
结构工程师：RMJM（设计）；AL HABTOOR 工程企业（安装）
设备工程师：RMJM（设计）；ETA（安装）
总承包商：AL HABTOOR 工程企业
钢结构分包商：EVERSENDAI
项目经理：MACE
景观设计师：RMJM STRATA
室内设计师（酒店）：RPW
室内设计师（办公）：RMJM

项目说明

阿布扎比国家展览中心由阿布扎比国家展览公司（ADNEC）拥有和运营，该公司是一家现代且充满活力的组织。除管理运营该项目外，公司还有负责策划“首都中心”——一个由 23 座与展览场地相邻的多用途塔楼组成的微型城市的项目。这个令人惊叹的展览场地，也是阿拉伯湾最大的展览中心，体现了 ADNEC 致力于为阿拉伯联合酋长国首都阿布扎比提供世界一流的各种活动设施，以支持该城市的持续发展，打造著名的商业目的地的计划。

RMJM 与 ADNEC 合作，在毗邻 RMJM 设计

的国家展览中心的 15hm^2 黄金地段上交付这一重要项目的第一至第四阶段。该设计与 ADNEC 共同开发，旨在为不断增长的展览社区和企业提供服务和支持。设计平衡了室内和室外公共空间，将办公室、酒店和居住空间进行合理的组合。除此以外，设计团队还受到纽约项目的影响，创建了一个行人友好区域—— 一个真正的以游客最终目的地为设计目标的空间。其中，最好的例子就是一个 35,000m^2 的户外展览空间“首都广场”。

总体规划中，设计者着重于运河和滨水区的景观。较高的建筑物被安排在东部边缘，并向南逐级递减。这种独特的布置为整个海港提供了一个可见且可识别的地标。阿布扎比首都门（Capital Gate）是第三阶段的建设重点。

该建筑采用了一个倾斜的核心筒，向西面倾斜 18°。建筑包括 2000m^2 的办公空间，并设有阿布扎比第一家凯悦酒店——凯悦首都门。该建筑还希望通过与阿布扎比国家展览中心——世界上最现代化的展览场地之一的看台相结合进行改造设计，与旧建筑进行部分融合，反映出在时间层面上建筑的连续性。最终，阿布扎比首都门通过一个创新的天篷连接到这个历史悠久的看台，强调了新旧之间的联系，从塔楼的 18 层开始，连接看台，营造出波浪般的效果。

建筑设计

首都门是一座高质量的标志性建筑，以引人注目的有机形式的钢和玻璃立面而著称。茶室悬挑高出地面 80m，19 层为露天游泳池，为阿布扎比的天际线创造了独特的氛围，也让展览中心与众不同。一个雕塑般的不锈钢“飞瀑”从前面流下来，在低层形成了酒店入口的顶棚，继续在已有的看台上流动，作为阿布扎比国家展览中心看台座位的遮阳装置。

锥形内部中庭带有动态玻璃屋顶，由一个 60m 多高（从 19 层到屋顶）的独立钢结构斜交网架构成，并将自然光和空间带入塔的深处。在外部设计中，通过低亮度景观照明和立面照明的结合，包括集成到钢制玻璃系统上的紧凑 LED 集群网络，旨在将光污染和能源消耗降至最低。双层表皮立面采用了低辐射玻璃，这也是阿联酋首创。

首都门没有什么模块化的标准设计。每个房间都不一样。每一块玻璃都是不同的，每一个角度都是不同的。它的设计目的是提供不对称性，并激励塔内外的人。它戏剧性地终止了有机自由形式的不锈钢网雨棚，形成了看台屋顶，并为阿布扎比城市天际线内的 ADNEC 资本中心整体发展提供了视觉中心。

塔楼为混合用途设计，设有两个入口，分别为甲级商务办公空间和五星级酒店服务，酒店位于塔楼的最高楼层，并在 19 层设置双层特色空中大堂。玻璃和钢制走道将这两个设施的大厅与看台和展览中心连接起来。

建筑结构设计

2010 年 6 月，吉尼斯世界纪录认证首都门为世界上倾斜最远的人造塔。在西面 18° 处，它的倾斜度是比萨斜塔的 4 倍多。加上其形态的不断扭曲和每一层楼面板的独特性，首府大门不仅是一座独特的建筑，更是世界上最具技术挑战性的建筑之一。

约 490 根 30m 深的桩提供了抵抗重力、风力和地震力的基本能力。结构的核心筒是一个坚固的混凝土核心筒。

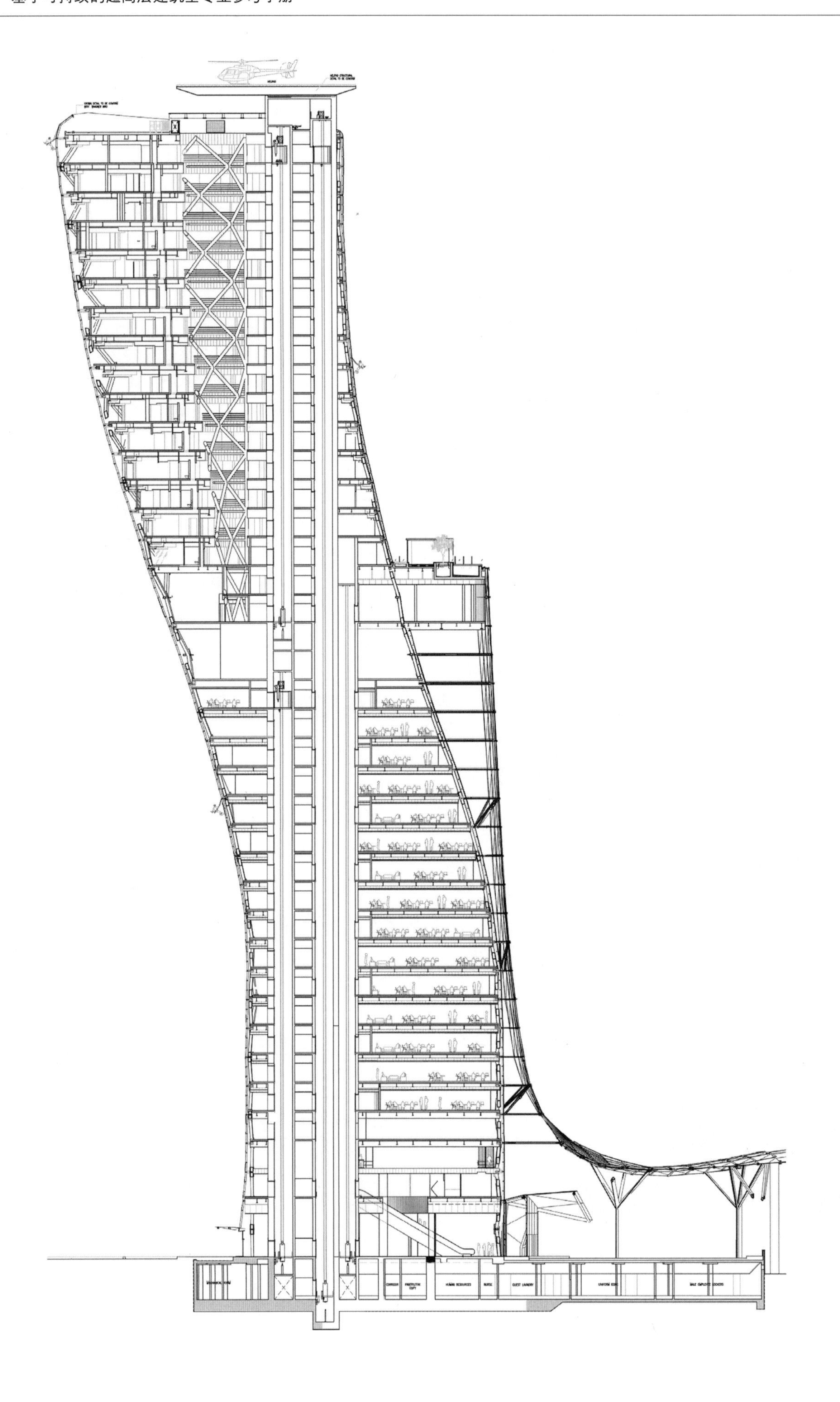
CORRIDOR
HUMAN RESOURCES
NURSE
GUEST LAUNDRY

案例研究 22
O-14

阿联酋迪拜

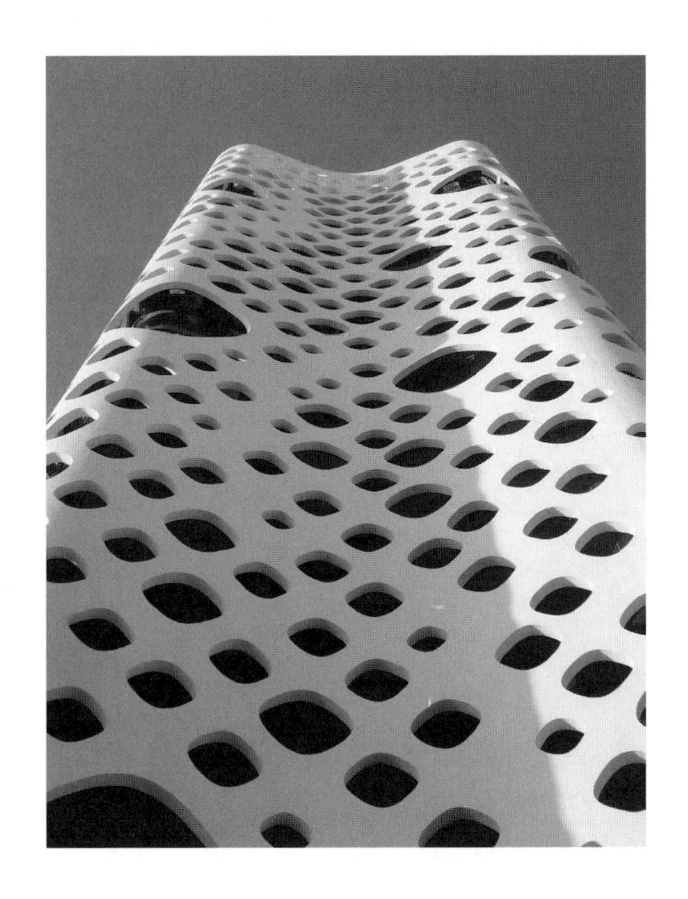

建筑高度：105.7m
建筑层数：23 层 +4 层停车库
总建筑面积：15,979m^2
主要用途：办公
开工时间：2007 年
竣工时间：2010 年，2011 年 3 月开业
项目成本：未知
业主 / 开发商：CREEKSIDE DEVELOPMENT CORPORATION
首席建筑师：REISER+UMEMOTO
合作建筑师：ERGA PROGRESS
结构工程师：YSRAEL A.SEINUK，P.C.
设备工程师：ERGA PROGRESS
总承包商：迪拜承包公司（DCC）
窗墙顾问：R.A.HEINTGES&ASSOCIATES

项目说明

O-14 是一座高 22 层的商业大厦，坐落在两层的裙楼上，于 2007 年 2 月破土动工，包括超过 27,870m^2 的迪拜商务湾办公空间。O-14 位于迪拜河的延伸段，占据了河岸海滨的一个突出位置。通过 O-14，办公楼的类型已经从内到外——由表皮到结构彻底被改变，毫无疑问，O-14 的出现为办公建筑提供了一个新构造和全新的经济空间。

建筑设计

迪拜城市的状态特点是有众多的城市新兴经济体。一般来说，最典型的就是塔楼位于街道之上，塔楼底部还有一条步行街和一个停车楼。不幸的是，这种情况经常会在建筑物后面造成一条毫无生气的街道。O-14 虽然也是这种典型的塔楼之一，却试图能在有限的场地中尽力创造出更好的城市条件。相较于一般典型的塔楼，O-14 并没有只将塔楼的裙房前部视作一个活力的入口广场，而是将一个拱廊包含在它的建筑外壳中，并在裙房顶部的更高处创造了另一层活动空间。停车场被移至地下四层，我们通常的地面层裙房空间被抬高，从而解放了地面层原有的、较为拥挤的空间状态，除此以外，建筑团队也在街道上方创造了一个连续的高架行人层，一个“新地面”。O-14 团队希望 O-14 和周边建筑都可以利用这些活动空间举办活动，这样后街和长廊之间就会建立新的联系，从而将激活的滨水区作

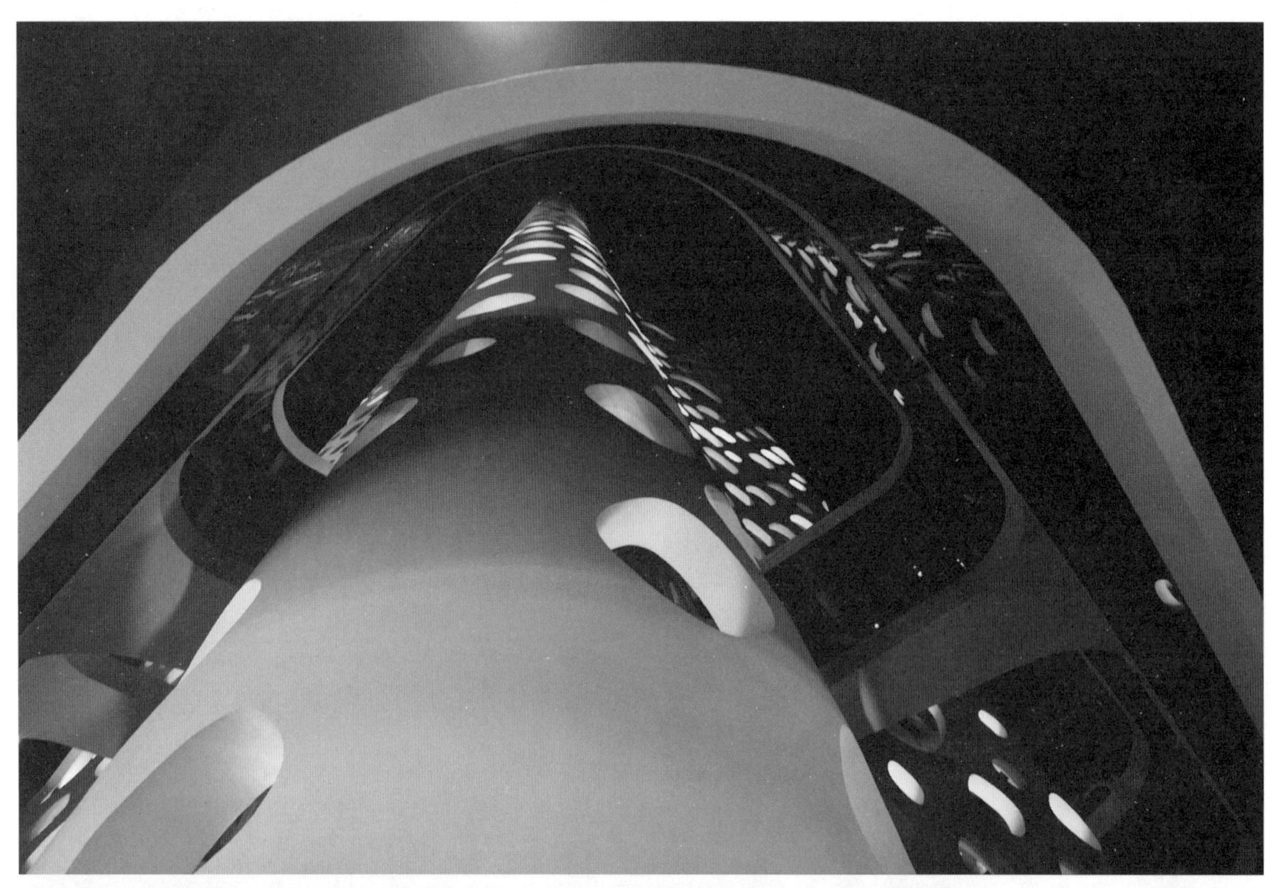

为该区域的一种基础设施。

在 O-14 中，开窗与建筑外立面几何形状无关。在典型的办公楼设计中，形式的细分将以可预测的方式定位建筑空间布局（如较大的窗户和角落的办公室等）。在这里，立面图案倾向在保留崇高、不朽感觉的基础上减弱单调感。它故意模糊了楼板与立面的协调关系，并且让楼板和立面的联系是随机的——所有这些都混淆了楼层的易读性和人们对建筑环境的尺度感。通过这种方式，破坏了建筑物高度的易读性，并重新组织了办公空间的层次结构。图案的调制就像伪装一样，对建筑的体量感具有破坏性，并且也给人以非物质化的感觉。外壳的图案随着它与观察者的关系的变化而变化，并结合另外的一些光影图案产生一种“虚拟形式”之感。因为这个虚形的效果，建筑的形式被简化，建筑仅受制于生产方式、结构分析和经济成本而无关功能布局等内容。

结构设计

O-14 的混凝土外壳——厚达 600mm，超过 1300 个开口，占表面积的 40% 以上——这提供了一种高效的结构外骨骼，可将核心筒的压力通过侧向力解放出来，并创造出高效的无柱开放空间。高强度钢丝网增强的自密实混凝土用于建造外壳，开口由聚苯乙烯空隙形式形成。这种外骨骼成为建筑物的主要垂直和横向结构，由无柱办公楼板连接它和最小的核心筒。通过将建筑物的横向支撑移动到周边，大多数幕墙办公大楼中被扩大以接收横向载荷的核心筒，可以设计为仅用于竖向荷载，设备设施和垂直运输。此外，传统的幕墙—核心筒高层建筑配置要求楼板必须加厚，才能将侧向载荷传递到核心筒，但在 O-14 中，这些可以最小化，只考虑建筑跨度和振动。未来租户可根据个人需求安排灵活的楼面空间。

外壳不仅作为建筑物的主要结构，也作为遮阳板，但对光线、空气和景观并不阻隔。外壳上的开口根据结构要求、室内阳光照射和亮度进行调节。建筑外壳的整体形式不是针对某个特定项目（在塔楼类型学中它本质上是可变的），更确切地说，这种模式，实和虚的不断分配，会影响到各种各样的建筑。

主外壳和外壳之间有 1m 的间隙会产生所谓的“烟囱效应”——热空气有上升空间并有效冷却穿孔外壳后面的玻璃窗表面的现象。这种被动式太阳能技术是 O-14 冷却系统的自然组成部分，可将能耗和成本降低 30% 以上；这只是该建筑设计的众多创新方面之一。

结论

该项目引起了国际建筑界的极大兴趣，因为它是在众多通用办公大楼中建造的首批创新设计之一，这些办公大楼已成为迪拜当前建筑热潮的标准。O-14 出现在“不可能的城市”中，这是一部关于迪拜近期发展的长达一小时的电视纪录片，由 CBS 新闻制作，并于 2008 年 10 月在美国探索频道播出。2009 年 5 月，该塔的混凝土结构竣工并封顶，使 O-14 成为第一批出现在迪拜商业湾天际线上的塔楼之一。它于 2011 年 3 月开业。

案例研究 23

美国纽约世界贸易中心

建筑高度：541m
建筑层数：104 层
总建筑面积：$325,160m^2$
主要用途：办公、零售
开工时间：2006 年 4 月
竣工时间：2013 年
项目成本：未知
业主 / 开发商：ONE WORLD TRADE CENTER LLC
总建筑师：SKIDMORE，OWINGS & MERRILL，LLP
合作建筑师：未知
结构工程师：WSP；WEIDLINGER ASSOCIATES；SCHLAICH BERGERMANN & PARTNER（SPIRE）
MEP 工程师：JAROS，BAUM & BOLLES
主要承包商：TISHMAN CONSTRUCTION
景观设计师：PETER WALKER AND PARTNERS；THEWS NIELSEN LANDSCAPE ARCHITECTS

背景

全世界都知道 2001 年 9 月 11 日在曼哈顿下城发生的事情。世贸中心的双子塔和周围的众多建筑遭到破坏或摧毁，2800 多人遇难。地面燃烧了几个月。随后的八个月，破坏的场地逐步恢复，从被称为“归零地”的地方清除了数千吨碎片。大多数人没有意识到的是，$6.5hm^2$ 场地的重建实际上是在清理过程中开始的，最初的工作是在地下和邻近场地，因此是看不见的。现在，从纽约市大都市区的所有地方都可以清楚地看到对“归零地”及其周边地区的雄心勃勃的重建。由 SOM 设计的世界贸易中心一号大楼（1WTC）正在场地的西北角拔地而起。这座拥有约 32.5 万 m^2 空间的公共商业建筑，建成后将成为北美最高的建筑，代表重生、毅力、创新，是城市现代主义的标志。

总体规划

世界贸易中心一号大楼（1WTC）将建设在一

个 6.5hm^2 的场地，其核心是国家“9 · 11 事件”纪念馆和博物馆。建筑师 Michael Arad 的和景观设计师 Peter Walker 的设计，包含一个 3.25hm^2 的纪念广场，其中心特色是一对水池——每个水池 61m×61m——标志着原址的双子塔的印记。每个倒影池都有 9m 高的瀑布，是有史以来最大的喷泉，流入下方的中央空隙——隐喻了城市中心的生命损失。纪念广场周围环绕着 400 棵沼泽白橡树，池边有一块青铜板，上面刻着遇难者的名字。由 Snohetta 设计的钢和玻璃构成的亭子作为进入纪念博物馆的入口，该博物馆位于纪念广场和水池下方。这将存放“9 · 11 事件”和 1993 年爆炸事件的文物，并讲述这些事件的故事。国家“9 · 11 事件”纪念馆和博物馆讲述着过去和记忆，而 1WTC 代表着对未来的希望，因此它升到了天空。

简介

1WTC 项目的组织如下：一个 15m 的公共大厅将从地面层升起，其顶部将是一系列设备层；这些共同构成了 57m 的建筑裙楼。71 层办公楼层（20—90 层）从基地上升到 345m 的高度。通过设备层和三层观景台之后，在玻璃护栏之上是世界贸易中心一号大楼顶层，护栏的顶部标记了 415m 和 417m——原始双塔的高度。几个圆形通信平台从栏杆上方升起，围绕在 137m 的斜拉式尖顶的底部。

该塔从地下五层开始建设，新旧设施在地下系统相互交织在一起。楼层包括办公大楼和观景台的大堂、设备区、装卸区、停车场、接收和支持区，以及与交通枢纽和毗邻的世界金融中心的连接区——总面积约为 46452m^2。在基岩层面，PATH 铁路轨道、通风系统和管道以三维的方式存在于不同深度的重叠平面中。根据简报，PATH 列车服务将继续运营，并且必须在整个挖掘和施工过程中保留现有结构，以稳定哈德逊河的泥浆墙，这些墙在“9 · 11 事件”之后没有得到支撑。钢构件、管道和止漏环的设置需要精确的时间和协调，不仅要避免服务或施工中断，还要确保后续开发不会受到阻碍。这导致工程的进展缓慢；现场常听到的一句话是：“我们在黑夜里用勺子挖了几个小时。”

生命安全

该建筑采用了先进的生命安全系统，超过了纽约市建筑规范的要求，并在制定新的高层建筑标准方面处于领先地位。

安全策略将纳入冗余措施，包括混合结构：围绕垂直混凝土核心筒的钢矩框架。该核心筒将包裹和保护电梯、楼梯间、公用设施、通信和设备系统，以及两用的紧急电梯。混凝土包裹的楼梯作为紧急情况的密封楼梯使用。还有相互连接的消防立管和额外的储水装置，以允许大容量喷头。如果一个立管被切断或损坏，互连阀会自动切断该立管的供水并将其重新定向到另一个立管，确保每个楼层都有喷淋保护。消防楼梯比规范要求宽 20% 并且完全加压，除了靠近地板的部位安装的发光标记和出口标志外，还配备了带发电机和备用电池的应急照明。

持续性设计

可持续性和节能措施对建筑的影响是深远的。1WTC 的用水量将比纽约市建筑规范允许的此类建筑少 30%。建立一个收集场地内雨水的系统；这些再生水将用于景观灌溉和冷却系统的补充水。租户将接受建筑基础设施方面的教育，从主要入口的简易金属走道格栅到 MERV 16 高效微粒过滤器和气相过滤器，为每层楼的外部进气系统和空气处理装置提供服务。单独的供电电表将鼓励租户减少能源消耗，并达到建筑节能 25% 的目标。

该塔楼将部分由 12 个氢燃料电池供电，预计将为 1WTC 产生 3.1MW 的电力。作为美国绿色建筑委员会（USGBC）能源与环境设计领导（LEED）计划的一部分，该建筑旨在促进、支持和鼓励租户的室内装修获得 USGBC LEED 认证，并为此将纳入一个可持续示范空间，以展示 1WTC 的潜力。

设计理念

该塔的占地面积为 61m×61m，位于场地的西北角。裙楼墙基高 57m，由垂直夹层玻璃模块和水平不锈钢板条组成。整面墙由 LED 进行内部照明。超过 4000 个玻璃模块，每个尺寸为 3.96m×0.6m，以不同的角度、以规则的方式在裙楼的高度上排列。这种图案既可以为裙楼墙后面的设备层提供通风，又可以与反射涂层相结合，折射和透射光线，创造出动态的、闪闪发光的玻璃表面。

入口由玻璃雨棚和高度透明的玻璃电缆网幕墙提升标识性，贯穿所有四个立面。主大厅环绕着中央核心筒，东西两侧的入口和南北墙的天窗都充满了日光。随着塔从底部升起，它逐渐变细，其方形边缘逐渐倒角，从而将正方形变成了 8 个高高的等腰三角形（4 个朝上，4 个朝下，交替进行）。

结构体系

塔的结构是围绕一个巨大的钢矩框架设计的，该框架由梁和柱组成，通过焊接和螺栓连接相结合。与巨大的混凝土核心筒剪力墙配合使用，力矩框架为整体建筑结构提供了相当大的刚度和冗余度，同时提供了无柱内部跨度以实现最大的灵活性。由于纽约建筑市场的特殊性，工会规定，混凝土核心筒的建造遵循钢制地板框架的安装，采用创新的混凝土模板自顶升系统。结果是在棱柱的优雅中隐藏了力量。

1WTC 是纽约市第一个使用抗压强度为 15000 psi 的混凝土的项目。在这个项目之前，纽约高层建筑的标准最高为 8000 psi。从那时起，

该市的许多项目都使用了 12000 psi 的压力，包括世界贸易中心七号楼（位于 1WTC 场地北面的 Vesey 街对面，这是“9 · 11”事件之后在场地上重建的第一座建筑）。

一个完美的八角形位于塔楼的中间高度，在第一百零四层形成；它的顶点是与底座呈 45° 旋转的玻璃晶体。由此产生的晶体将捕捉到不断变化的折射光显示。当太阳在天空中移动或旁观者在塔周围移动时，晶体表面会像万花筒一样，随着光线和天气条件的变化全天变化。

幕墙从第二十层开始，一直延伸到观景台。这些单元式幕墙模块是从地板到上一层地板的高性能绝缘单元，尺寸是 1.52m×4.06m。每个单元重达 680kg。设计团队还开发了一种热破碎单元式墙体系统，该系统是一个新的、巨大的绝缘玻璃单元（IGU），能够承受超高层建筑所经历的风压，同时还满足严格的安全要求。

定位钢结构部分的桁架起重机也投入使用，用于将大型角落幕墙单元吊装到位。这些单元从第二十层开始，就在裙房上方，是最重的地方，因为防爆要求更坚固的连接、加固和层压内部结构。

结论

该塔将达到地面以上417m的高度。艺术家肯尼思·斯内尔森和Schlaich Bergermann及其合伙人与结构工程师Hans Schober博士合作设计的，137m高，位于栏杆上方的一个通信平台的斜拉式尖顶将为该项目加冕。尖顶达到了象征性的541m。

在尖顶附近，LED灯将形成一个广阔的信标，让人联想到轻型船只，这些轻型船只用于识别驶过地平线的船舶港口。灯塔不仅仅是一种姿态，它还让人想起纽约的海上历史，并在约4.2万m以外的地方发出安全港的欢迎。在微妙之处，它标志着重生。

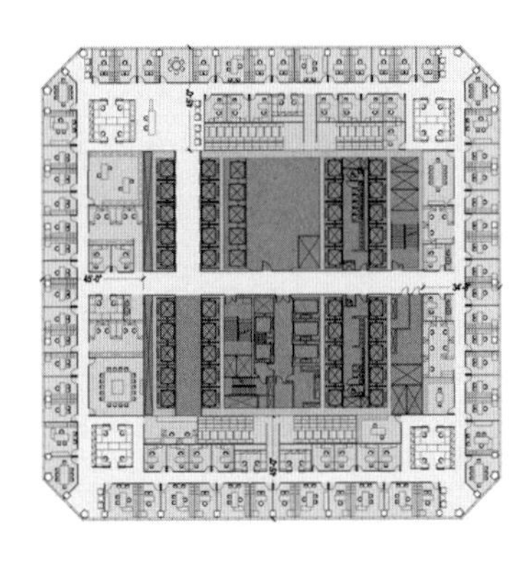
典型的低层建筑平面图

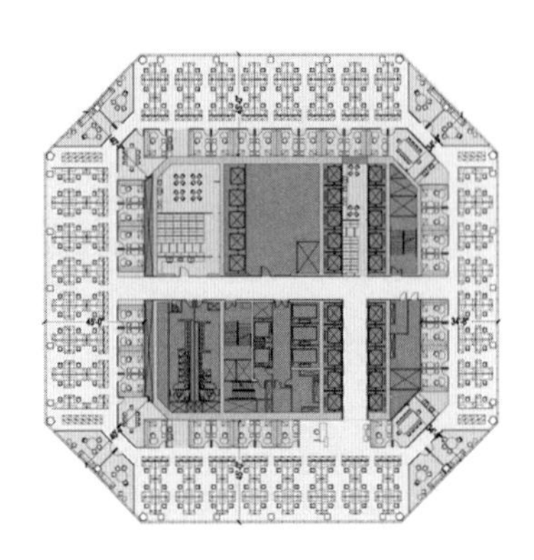
典型的中层建筑平面图

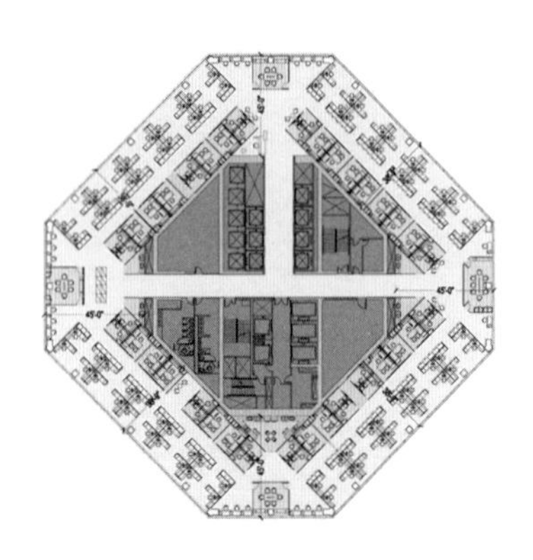
典型的高层建筑平面图

案例研究一览

案例研究 1　水之塔
Studio Gang Architects
Images on pages 364–7: Steve Hall © Hedrich Blessing
All others: © Studio Gang Architects

案例研究 2　美国银行大厦
COOKFOX Architects
All images: © COOKFOX Architects

案例研究 3　赫斯特大厦
Foster + Partners
All images: © Nigel Young/Foster + Partners

案例研究 4　马尼托巴水电大厦
Kuwabara Payne McKenna Blumberg Architects (KPMB)
Photographers: Eduard Hueber, Gerry Kopelow,
Tom Arban
Diagrams: © Bryan Christie

案例研究 5　麦迪逊公园
CetraRuddy (Cetra/CRI Architecture PLLC)
All images: © David Sundberg/Esto

案例研究 6　维尔双子塔
Murphy/Jahn Architects
All images: © Rainer Viertlbock

案例研究 7　广州国际金融中心（GZIFC）
Wilkinson Eyre Architects
Image on page 398: © Christian Richters
Image on page 400: © Jonathan Leijonhufvud
All drawings: © Wilkinson Eyre Architects

案例研究 8　环球贸易广场（ICC）
Kohn Pedersen Fox Associates
All images: © Kohn Pedersen Fox Associates

案例研究 9　丽晶广场：卢米埃住宅和弗雷泽套房酒店
Foster + Partners
Gerard Evenden
All images: © Nigel Young/Foster + Partners

案例研究 10　滨海湾金沙酒店
Safdie Architects
Moshe Safdie
Images on pages 414 and 416: © Timothy Hurley
Image on page 415 and all drawings © Safdie Architects

案例研究 11　消失的矩阵大厦：摩纳哥精品酒店
Mass Studies
Zongxoo U
Images on pages 420 and 422: © Yong-Kwan Kim
Images on page 421 and 423: © Mass Studies

案例研究 12　Mode 学院螺旋塔
Nikken Sekkei Ltd
Images on page 424: © Osamu Murai
Images on pages 425 and 428: © Kenichi Suzuki

案例研究 13　大都会大厦
WOHA
Image on page 430: © Tim Griffith
Image on page 432 (top): © Patrick Bingham-Hall
Image on page 432 (bottom): © Kirsten Bucher

案例研究 14　上海中心大厦
Gensler
All images: © Gensler

案例研究 15　三峰大厦
Foster + Partners
All images: © Nigel Young/Foster + Partners

案例研究 16　河高大厦
Murphy/Jahn Architects
All images: © Rainer Viertlbock
All drawings: © Murphy/Jahn Architects

案例研究 17　希伦大厦
Kohn Pedersen Fox Associates
All images: © Kohn Pedersen Fox Associates

案例研究 18　哈姆拉大厦
Skidmore, Owings & Merrill (SOM)
Image on page 452: © Pawel Sulima
Image on page 453: © Tim Griffith
All others: © SOM

案例研究 19　巴林世界贸易中心
Atkins
All images: © Atkins

案例研究 20　哈利法塔
Skidmore, Owings & Merrill (SOM)
Image on page 464: SOM | Nick Merrick © Hedrich Blessing
All others: © SOM

案例研究 21　首都之门
RMJM
All images: © RMJM/ADNEC

案例研究 22　O–14
Reiser + Umemoto
Image on page 476: © John Hauser
Image on page 477 (top): © Sebastian Optiz
All others: © Reiser + Umemoto

案例研究 23　美国纽约世界贸易中心
Skidmore, Owings & Merrill (SOM)
Image on page 480: © 2012 Tower 1 Joint Venture LLC.
All others: © SOM

译后记

本书是一本基于群体智慧的书，参加本书编著的50多位作者均在高层建筑方面具有丰富的实践经验，更难能可贵的是，他们来自于不同的专业背景，且均秉承着高层建筑可持续的理念。正是由此，这是一本“基于可持续的超高层建筑全专业参考手册”。

本书翻译者均有在大型工程设计研究院长期从事建筑设计工作经历，并关注建筑的可持续设计。中海地产本打算在成都市修建一座677m的摩天大楼，郑勇先生是该项目设计的总负责人，带领团队从项目投标之时就开始思索如何以可持续的理念设计一栋超高层建筑，在查询资料的过程中发现了这本著作。在该项目初设阶段以及施工图阶段也多次翻阅，越来越觉得这本已经出版5年多（截至2018年）的书，仍不失为一本不可多得的超高层建筑的参考书，并且适用于全专业进行参照，故而翻译出来，供同行参考。

在阅读本书的过程中尤需要注意的是，本书中高层建筑大部分均为200m以上的建筑，所以本书中的“高层建筑”按照行业习惯应该称之为“超高层建筑”或“摩天大厦”。另外，本书虽然是专业技术类图书，但是由于汇集了几乎建筑各专业，属于建筑技术中的“科普类图书”，翻译的过程虽然经过多次修改，但由于知识和能力所限，仍有些拗口、词不达意或者错误之处，敬请读者批评指正！

本书翻译过程中，承蒙英国皇家特许资深建造师、四川大学罗隽教授百忙之中进行译校。中国建筑西南设计研究院的刘云娜女士，四川大学建筑与环境学院硕士研究生周幸、何意、陈姝亚和杨昕宜也做了大量耐心细致的工作，在此一并感谢。

本书内容深入浅出，业主、项目管理者，以及对高层建筑感兴趣的读者，可以针对性地选择感兴趣的部分章节进行阅读，如果潜心通读会对超高层建筑可持续设计和建设有比较全面的理解。

是以后记！

高庆龙

2022年10月